# 中 国 国 家 标 准 汇 编

2015 年修订-20

中国标准出版社　编

中国标准出版社

北　京

**图书在版编目(CIP)数据**

中国国家标准汇编:2015 年修订.20/中国标准出版社编.—北京:中国标准出版社,2016.10
ISBN 978-7-5066-8370-8

Ⅰ.①中…　Ⅱ.①中…　Ⅲ.①国家标准-汇编-中国-2015　Ⅳ.①T-652.1

中国版本图书馆 CIP 数据核字(2016)第 211652 号

中国标准出版社出版发行
北京市朝阳区和平里西街甲 2 号(100029)
北京市西城区三里河北街 16 号(100045)

网址 www.spc.net.cn
总编室:(010)68533533　发行中心:(010)51780238
读者服务部:(010)68523946

中国标准出版社秦皇岛印刷厂印刷
各地新华书店经销

*

开本 880×1230　1/16　印张 40.25　字数 1 218 千字
2016 年 10 月第一版　2016 年 10 月第一次印刷

*

定价 220.00 元

# 出 版 说 明

1.《中国国家标准汇编》是一部大型综合性国家标准全集。自1983年起，按国家标准顺序号以精装本、平装本两种装帧形式陆续分册汇编出版。它在一定程度上反映了我国建国以来标准化事业发展的基本情况和主要成就，是各级标准化管理机构，工矿企事业单位，农林牧副渔系统，科研、设计、教学等部门必不可少的工具书。

2.《中国国家标准汇编》收入我国每年正式发布的全部国家标准，分为"制定"卷和"修订"卷两种编辑版本。

"制定"卷收入上一年度我国发布的、新制定的国家标准，顺延前年度标准编号分成若干分册，封面和书脊上注明"20××年制定"字样及分册号，分册号一直连续。各分册中的标准是按照标准编号顺序连续排列的，如有标准顺序号缺号的，除特殊情况注明外，暂为空号。

"修订"卷收入上一年度我国发布的、被修订的国家标准，视篇幅分设若干分册，但与"制定"卷分册号无关联，仅在封面和书脊上注明"20××年修订-1，-2，-3，……"字样。"修订"卷各分册中的标准，仍按标准编号顺序排列（但不连续）；如有遗漏的，均在当年最后一分册中补齐。需提请读者注意的是，个别非顺延前年度标准编号的新制定的国家标准没有收入在"制定"卷中，而是收入在"修订"卷中。

读者配套购买《中国国家标准汇编》"制定"卷和"修订"卷则可收齐由我社出版的上一年度我国制定和修订的全部国家标准。

3. 由于读者需求的变化，自1996年起，《中国国家标准汇编》仅出版精装本。

4. 2015年我国制修订国家标准共2 113项。本分册为"2015年修订-20"，收入新制修订的国家标准15项。

中国标准出版社

2016年8月

# 目　　录

ICS 11.080.01
C 47

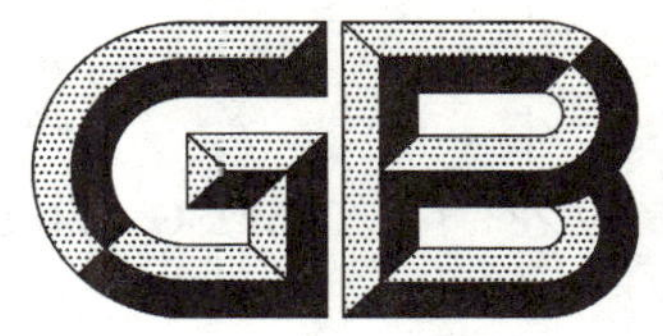

# 中华人民共和国国家标准

GB 18281.1—2015/ISO 11138-1:2006
代替 GB 18281.1—2000

# 医疗保健产品灭菌　生物指示物
# 第1部分:通则

**Sterilization of health care products—Biological indicators—**
**Part 1:General requirements**

(ISO 11138-1:2006,IDT)

2015-12-10 发布　　　　2017-01-01 实施

中华人民共和国国家质量监督检验检疫总局
中国国家标准化管理委员会　发布

# 前　言

**GB 18281 的本部分的全部技术内容为强制性。**

GB 18281《医疗保健产品灭菌　生物指示物》分为以下五个部分：

——第 1 部分：通则；

——第 2 部分：环氧乙烷灭菌用生物指示物；

——第 3 部分：湿热灭菌用生物指示物；

——第 4 部分：干热灭菌用生物指示物；

——第 5 部分：低温蒸汽甲醛灭菌用生物指示物。

本部分是 GB 18281 的第 1 部分。

本部分按照 GB/T 1.1—2009 给出的规则起草。

本部分代替 GB 18281.1—2000《医疗保健产品灭菌　生物指示物　第 1 部分：通则》，与 GB 18281.1—2000 相比，主要技术变化如下：

——增加了自含式生物指示物的具体信息；

——增加了对标签的综合要求的图表；

——增加了生物指示物的使用关于具体的最低生物量和/或抗力标准的范围等其他方面的要求，这些范围在产品标签上有详细说明；

——在附录 D 中规定可以用 HSKP、LHSKP 或 SMCP 方法计算 $D$ 值。

本部分使用翻译法等同采用 ISO 11138-1:2006《医疗保健产品灭菌　生物指示物　第 1 部分：通则》。

与本部分中规范性引用的国际文件有一致性对应关系的我国文件如下：

——GB/T 7408—2005　数据元和交换格式　信息交换　日期和时间表示法（ISO 8601:2000，IDT）；

——GB 18278.1—2015　医疗保健产品灭菌　湿热　第 1 部分：医疗器械灭菌过程的开发、确认和常规控制要求（ISO 17665-1:2006，IDT）；

——GB 18279.1—2015　医疗保健产品灭菌　环氧乙烷　第 1 部分：医疗器械灭菌过程的开发、确认和常规控制的要求（ISO 11135-1:2007，IDT）；

——GB/T 18279.2—2015　医疗保健产品灭菌　环氧乙烷　第 2 部分：GB 18279.1 应用指南（ISO 11135-2:2008，IDT）；

——GB 18280.1—2015　医疗保健产品灭菌　辐射　第 1 部分：医疗器械灭菌过程的开发、确认和常规控制要求（ISO 11137-1:2006，IDT）；

——GB 18280.2—2015　医疗保健产品灭菌　辐射　第 2 部分：建立灭菌剂量（ISO 11137-2:2006，IDT）；

——GB/T 18280.3—2015　医疗保健产品灭菌　辐射　第 3 部分：剂量测量指南（ISO 11137-3:2006，IDT）；

——GB/T 19633.1—2015　最终灭菌医疗器械的包装　第 1 部分：材料、无菌屏障系统和包装系统要求（ISO 11607-1:2006，IDT）；

——GB/T 19633.2—2015　最终灭菌医疗器械的包装　第 2 部分：成形、密封和装配过程的确认要求（ISO 11607-2:2006，IDT）；

——GB/T 19973.1—2015　医疗器械的灭菌　微生物学方法　第 1 部分：产品上微生物总数的测定（ISO 11737-1:2006，IDT）；

——GB/T 24628—2009 医疗保健产品灭菌 生物与化学指示物 测试设备(ISO 18472:2006,IDT);

——YY/T 0287—2003 医疗器械 质量管理体系 用于法规的要求(ISO 13485:2003,IDT);

——YY/T 0466.1—2009 医疗器械 用于医疗器械标签、标记和提供信息的符号 第1部分:通用要求(ISO 15223:2008,IDT)。

本部分做了下列编辑性修改:

——按照GB/T 1.1的要求进行了一些编辑上的修改;

——删除了国际标准的前言。

请注意本文件的某些内容可能涉及专利。本文件的发行机构不承担识别这些专利的责任。

本部分由国家食品药品监督管理总局提出。

本部分由全国消毒技术与设备标准化技术委员会(SAC/TC 200)归口。

本部分起草单位:山东新华医疗器械股份有限公司、3M中国有限公司、国家食品药品监督管理局广州医疗器械质量监督检验中心。

本部分主要起草人:王久儒、黄秀莲、黄靖雄、赵健存。

本部分所代替标准的历次版本发布情况为:

——GB 18281.1—2000。

# 引　言

本部分规定了用于灭菌周期监测的生物指示物(包括染菌载体和菌悬液)在生产、标签、检测方法和性能等方面的通用要求。GB 18281 的其他部分规定了对用于不同灭菌过程的生物指示物的具体要求。

附录 F 中介绍了生物指示物的详细图解和组成部分,其中包含 GB 18281 中的两类生物指示物,这表明染菌载体可不用包装,也可以用灭菌物质可穿透的初级包装,暴露于灭菌因子中。

抗力特性取决于试验微生物的种类、数量、准备方式和初级包装的效果。关于生物指示物的选择、使用以及结果的指南参考 ISO 14161。

对于任何一个(包括 GB 18281 的其他部分所描述的)灭菌过程,生物指示物的抗力也取决于测试时的微生物环境。理论上,这可能导致生物指示物的准备过程中产生很多不确定因素。此外,灭菌过程中可能会出现各种情况,这就要保证产品在各种条件下能充分暴露。因此,当暴露在特定灭菌过程各种条件下时,规范生产的生物指示物的抗力性能表现为 $D$ 值和相关的 $z$ 值。这些值在 GB 18281 的其他部分中都有所规定。

专业制造商、使用者和权威管理部门都参与了 GB 18281 的第 1 部分～第 5 部分的起草,其代表了当今科技的发展水平。

在 GB 18281 的其他部分中所未涉及的具体灭菌过程的生物指示物也要遵循 GB 18281 的通用要求,包括抗力性能的测试。这类指示物不能准确定义,可能用于新的灭菌过程,也可用单独的微生物负载来代表。如果这些生物指示物含有世界卫生组织风险评估小组一组以外的微生物,应满足合适的保藏方法和安全等级。

GB 18281 规定了确认要求和灭菌过程的控制。

# 医疗保健产品灭菌　生物指示物
# 第1部分:通则

## 1　范围

### 1.1　适用

1.1.1　GB 18281 的本部分规定了拟用于确认和监测灭菌周期的生物指示物(包括染菌载体、试验菌悬液)及其他组成部分在生产、标识、检测方法和性能方面的通用要求。

1.1.2　本部分的基本要求适用于 GB 18281 的其他各部分。对于用于特殊灭菌过程中的生物指示物的要求在 GB 18281 的其他部分都有所规定。本部分适用于没有特殊要求的生物指示物。

### 1.2　不适用

本部分不适用于依靠物理方式去除微生物的检测体系,例如过滤过程或利用清洗消毒器或流通蒸汽等物理和/或机械方法去除微生物的过程。然而,本部分应包含相应的微生物测试系统的内容。

## 2　规范性引用文件

下列文件对于本文件的应用是必不可少的。凡是注日期的引用文件,仅注日期的版本适用于本文件。凡是不注日期的引用文件,其最新版本(包括所有的修改单)适用于本文件。

ISO 8601　数据元和交换格式　信息交换　日期和时间表示法(Data elements and interchange formats—Information interchange—Representation of dates and times)

ISO 11135-1　医疗保健产品灭菌　环氧乙烷　第1部分:医疗器械灭菌过程的开发、确认和常规控制的要求(Sterilization of health care products—Ethylene oxide—Part 1:Requirements for development,validation and routine control of a sterilization process for medical devices)

ISO 11135-2　医疗保健产品灭菌　环氧乙烷　第2部分:ISO 11135-1 应用指南(Sterilization of health care products—Ethylene oxide—Part 2:Guidance on the application of ISO 11135-1)

ISO 11137-1　医疗保健产品灭菌　辐射　第1部分:医疗器械灭菌过程的开发、确认和常规控制要求(Sterilization of health care products—Radiation—Part 1:Requirements for development,validation and routine control of a sterilization process for medical devices)

ISO 11137-2　医疗保健产品灭菌　辐射　第2部分:建立灭菌剂量(Sterilization of health care products—Radiation—Part 2:Establishing the sterilization dose)

ISO 11137-3　医疗保健产品灭菌　辐射　第3部分:剂量测量指南(Sterilization of health care products—Radiation—Part 3:Guidance on dosimetric aspects)

ISO 11607-1　最终灭菌医疗器械的包装　第1部分:材料、无菌屏障系统和包装系统要求(Packaging for terminally sterilized medical devices—Part 1:Requirements for materials,sterile barrier systems and packaging systems)

ISO 11607-2　最终灭菌医疗器械的包装　第2部分:成形、密封和装配过程的确认(Packaging for terminally sterilized medical devices—Part 2:Validation requirements for forming,sealing and assembly processes)

ISO 11737-1 医疗器材的灭菌 微生物学方法 第1部分:产品上微生物总数的估计(Sterilization of medical devices—Microbiological methods—Part 1:Determination of a population of microorganisms on products)

ISO 13485 医疗器械 质量管理体系 用于法规的要求(Medical devices—Quality management systems—Requirements for regulatory purposes)

ISO 15223 医疗器械 用于医疗器械标签、标记和提供信息的符号(Medical devices—Symbols to be used with medical device labels,labelling and information to be supplied)

ISO 17665-1 医疗保健产品灭菌 湿热 第1部分:医疗器械灭菌过程的开发、确认和常规控制要求(Sterilization of health care products—Moist heat—Part 1:Requirements for the development, validation and routine control of a sterilization process for medical devices)

ISO 18472 医疗保健产品灭菌 生物与化学指示物 测试设备(Sterilization of health care products—Biological and chemical indicators—Test equipment)

## 3 术语和定义

下列术语和定义适用于本文件。

3.1

**生物指示物 biological indicator**

对规定的灭菌过程有特定的抗力,含有活微生物的测试系统。

[ISO/TS 11139:2006,定义 2.3]

3.2

**载体 carrier**

可涂覆试验微生物的支持材料。

3.3

**菌落形成单位 colony forming unit**

**CFU**

由单个或多个细胞生长构成的肉眼可见的活的微生物群落。

3.4

**菌种保藏编号 culture collection number**

由科学界公认的菌种保藏机构提供的试验微生物的唯一编号。

3.5

**培养条件 culture conditions**

促进微生物复苏、生长和(或)繁殖所采用的生长培养基和接种方式的组合。

[ISO/TS 11139:2006,定义 2.10]

注:接种方式包括接种温度、接种时间和其他特定接种条件。

3.6

**$D$ 值 $D$ value**

**$D_{10}$ 值 $D_{10}$ value**

在规定的条件下,灭活试验微生物总数的90%所需的时间或剂量。

[ISO/TS 11139:2006,定义 2.11]

3.7

**$F_{BIO}$ 值 $F_{BIO}$ value**

反映了生物指示物的抗力,其根据 $D$ 值与微生物的对数减少量的乘积计算得到。

3.8

**灭活　inactivation**

微生物生长和(或)繁殖能力的丧失。

[ISO/TS 11139:2006,定义 2.21]

3.9

**灭活曲线　inactivation curve**

在设定的条件下,试验微生物的灭活与对灭菌介质暴露增强的关系曲线图。

3.10

**染菌载体　inoculated carrier**

已染上规定数量试验微生物的载体。

注:见附录 F。

3.11

**标定的微生物总数　nominal population**

制造商标定的活的微生物数量。

注:一般以 lg 的函数来表达(如,$10^6$)。

3.12

**包装系统　package system**

无菌屏障系统和保护性包装的组合。

[ISO/TS 11139:2006,定义 2.28]

3.13

**初级包装　primary package**

包装系统的一部分,用于维持产品的完整性。

注:保护染菌载体免受损坏和污染,而不阻碍灭菌因子穿透的系统。

3.14

**过程挑战装置　process challenge device;PCD**

对某一灭菌过程构成特定抗力的装置,用于评价该灭菌过程的性能。

[ISO/TS 11139:2006,定义 2.33]

3.15

**抗力仪　resistometer**

为测量灭菌过程中产生的物理和/或化学参数相关组合而设计的测量设备。

3.16

**次级包装　secondary package**

装有已包装的生物指示物,供运输和贮存的包装系统。

3.17

**自含式生物指示物　self-contained biological indicator**

初级包装中含有试验微生物恢复生长所需培养基的生物指示物。

3.18

**存活-杀灭区间　survival-kill window**

在规定的条件下灭菌处理时,生物指示物从全部存活微生物(存活时间)过渡到全部杀灭微生物(杀灭时间)的暴露程度。

3.19

**菌悬液　suspension**

包含活的试验微生物的液体。

注:装在密封好的安瓿内的菌悬液可以作为一种生物指示物使用,菌悬液也可以是染菌载体或者生物指示物的中间体。

3.20

**活菌量 viable count**

实际可回收的菌落形成单位或其他合适单位的数量。

**注：**见附录A。

3.21

***z* 值 *z* value**

使 *D* 值变化一个数量级所需温度的数值。

**注：**见ISO 11138-3和ISO 11138-4。

## 4 生产通用要求

### 4.1 生产控制

#### 4.1.1 质量体系

制造商应按照本部分建立、记录和持续运行一套完整的质量体系(例如ISO 13485、GMPS或国家其他要求)用以覆盖所有的操作要求。特别是制造商要在生产的各个阶段采取有效措施来降低对生物指示物产生的不良影响。

#### 4.1.2 可追溯性

4.1.2.1 制造的组成成分的可追溯内容应保存。

4.1.2.2 制造的组成成分应包括掺入或直接接触试验菌悬液、染菌载体或其初级包装的所有材料和组成成分。

#### 4.1.3 最终产品要求

最终产品应符合本部分的要求：

a) 生产(第5章)；

b) 标签(4.3)；

c) 抗力特性(6.4)；

d) 储存和运输(4.4)。

**注：**生物指示物的使用方法参见ISO 14161。

#### 4.1.4 人员

本部分规定的步骤和方法应由经过专业培训和经验丰富的实验室人员来实施(见4.1.1)。

### 4.2 试验微生物

#### 4.2.1 菌株

4.2.1.1 试验微生物应为被确定的菌株，来源于公认的菌种保藏机构，并能通过正确的检测方法进行确认。

4.2.1.2 试验微生物应为符合以下条件的菌株：

a) 试验微生物需用合适的方法来处理，不需要特殊保藏方法，不需要特殊的操作条件，不需要特殊的运输和邮递要求(例如世界卫生组织风险评估小组一组要求)；

b) 在规定的保质期内运输和储存，可以有效保持其菌株的抗力。

**注：**一般来说，生物指示物使用的试验微生物来自细菌芽孢。

4.2.1.3 除细菌芽孢外，试验微生物也可以是被证明对灭菌过程有合适抗力的微生物。

### 4.2.2 菌悬液的初始接种物

4.2.2.1 每批试验微生物悬液的最初接种物应符合以下要求：

a) 可追溯到公认的菌种保藏机构的标准菌株；

b) 验证其种类和纯度。

4.2.2.2 指定保存试验微生物菌种的方法应当能保证培养物不受污染，且引起其固有的性质发生变化的不利影响减少到最小。

4.2.2.3 制造商应记录和验证每株试验菌的详细确认检验。

### 4.2.3 试验微生物数量

4.2.3.1 对试验微生物悬液的活菌计数按照附录 A 的规定进行。

4.2.3.2 用户需要试验微生物生长指数情况时，应将有效试验微生物数表达为占显微镜检测所得细菌总数的百分比。

## 4.3 制造商提供的信息(标签)

4.3.1 每批菌悬液、染菌载体和生物指示物的标签上应有以下说明：

——可追溯生产过程的唯一性编号；

——试验微生物的名称；

——适合菌悬液、染菌载体和生物指示物的灭菌工艺；

——按照 ISO 8601 规定的方式标明失效期，例如，××××年××月××日；

——制造商的名称、商标、地址或其他识别方法；

在适当的地方使用国际公认的符号(见 4.1.3 和 ISO 15223)。

4.3.2 每批产品的外包装应该包括表 1 中给出的信息。

4.3.3 标签使用的符号可参照 ISO 15223 的规定。

**表 1 制造商提供的信息**

| 信息要求 | 菌悬液 | 染菌载体 | 生物指示物 |
|---|---|---|---|
| 提供试验微生物的菌种名称或缩写和该菌种的编号 | 必需 | 必需 | 必需 |
| 菌悬液的标称容积(mL) | 必需 | — | — |
| 产品适用过程、抗力以及影响抗力的操作过程和载体[a] | 必需 | 必需 | 必需 |
| 详细的储藏条件 | 必需 | 必需 | 必需 |
| 处置方法 | 必需 | 必需 | 必需 |
| 使用指南，尤其是有关灭菌处理后用于恢复试验活菌的培养基和培养条件的数据 | 必需 | 必需 | 必需 |
| 每毫升试验微生物的数量(菌悬液)或每单位菌含量(染菌载体或生物指示物) | 必需 | 必需 | 必需 |
| 次级包装中产品的数量 | — | 必需 | 必需 |
| 参考本部分 | 必需 | 必需 | 必需 |

[a] 根据要求对制造商提供的抗力以及数量进行检测的方法。

### 4.4 储存和运输

4.4.1 应遵照试验微生物悬液的存储和运输条件，确保试验微生物悬液符合本部分和 GB 18281 的其他部分的要求。

4.4.2 对染菌载体的包装方式应不影响其标明的数量和每个染菌载体的性能。

4.4.3 应遵照染菌载体的存储和运输条件，确保染菌载体符合本部分和 GB 18281 的其他部分的要求。

4.4.4 单独包装的生物指示物应放入次级包装中才能进行运输和储存。用于运输和储存的包装应确保生物指示物符合本部分和 GB 18281 的其他部分的要求。

## 5 生产具体要求

### 5.1 菌悬液

5.1.1 合适的培养基和培养条件应能保证稳定地生产出符合本部分和 GB 18281 的其他部分性能要求的试验菌悬液。

5.1.2 菌悬液培养基应不影响试验微生物的稳定性，同时要与染菌载体和生物指示物制造工艺和材料相兼容。

5.1.3 收集及随后的处理方法应保证载体染菌时使用的菌悬液不含有对染菌载体或生物指示物的效能可能产生不良影响的培养基残留物。

### 5.2 载体、初级和次级包装

5.2.1 载体、内层和次级包装的材料应不得含有任何对生物指示物的性能产生不良影响的污染物(物理的、化学的或微生物的)。

5.2.2 载体、内层和次级包装以及特殊的储藏条件的标识应符合本部分要求，保证生物指示物在有效期内性能良好。制造商应向购买者提供每种载体尺寸的最大值和最小值。

5.2.3 在灭菌过程中或灭菌后，载体和初级包装应不得残留或释放任何物质到培养基，否则会抑制少量存活菌在培养条件下的生长。应按附录 B 进行试验，检查是否符合这一要求。

5.2.4 载体、初级和次级包装使用前应耐受预期的运输和处理，保证无破损。

5.2.5 用于载体和初级包装的原材料应能经受暴露于灭菌过程，以保证染菌载体和生物指示物性能在预期用途下稳定。应通过观察灭菌过程中载体和初级包装暴露于极限变化范围及其物理和化学变化的程度来检验是否符合标准。

注：相关的灭菌条件见 GB 18281 的其他相关部分。

5.2.6 生物指示物的制造商应研究灭菌条件，并对生物指示物灭菌条件的适用性进行测试。

### 5.3 染菌载体

5.3.1 制造染菌载体的材料应能经受暴露于灭菌过程中不会变形、熔化、腐蚀或其他损坏，从而影响染菌载体的使用。

5.3.2 除非制造商已经证明多个菌种的使用不会严重影响在特殊灭菌过程中试验微生物的性能，否则只能采用同一株试验微生物，制备一批染菌载体。

5.3.3 接种前，需要依据 ISO 17665-1、ISO 11135、ISO 11137 的相关灭菌方法，对载体进行灭菌。如果灭菌不可行，接种前应依据 ISO 11737-1 建立可接受的生物负载量限度要求(见附录 B)。

5.3.4 载体的接种应保持一致的微生物数量。

### 5.4 生物指示物

5.4.1 应把单个载体分别装入初级包装内作为生物指示物。

5.4.2 预期适用的初级包装应被确认(见附录B)。

5.4.3 包装应符合国际标准或国家标准(见ISO 11607-1和ISO 11607-2)。

### 5.5 自含式生物指示物

自含式生物指示物的性能应经过验证,其中包括经过灭菌过程后试验微生物在培养基中的恢复能力。

## 6 抗力测定

### 6.1 抗力的通用要求

6.1.1 每批次/批量生物指示物的抗力应经过试验,以证明符合本部分及GB 18281的其他部分的性能要求。

6.1.2 灭菌过程中生物指示物的抗力性能在GB 18281的其他部分中没有规定时,应该按照已经描述灭菌过程的试验条款确定。

6.1.3 某些灭菌过程中使用不符合GB 18281要求的生物指示物的最小菌量和抗力,需确定和明示,并被公认。能够提供以下信息的生物指示物是可以被接受的:

a) 符合GB 18281所有其他要求(包括菌量和抗力的检测方法);

b) 产品信息中,包括对活菌数和抗力的详细说明;

c) 当菌量和/或抗力(若适用)低于GB 18281的相关部分的规定值时,产品标签要有明确警示。

6.1.4 抗力试验应包括活菌计数和抗力特性的测定(见6.3和6.4)。

6.1.5 生物指示物的抗力可用$F_{BIO}$值表示。

### 6.2 试验微生物

应规定试验微生物。

### 6.3 试验微生物的数量

应确定活菌数量(见附录A)。

在有效期内,制造商或第三方机构利用制造商给出的方法检测出活菌的数量,应介于制造商标定值的50%~300%之间。

### 6.4 抗力特性

6.4.1 抗力特性的确定应使用至少以下两种方法的组合:

a) 通过建立存活曲线测定$D$值(见附录C);

b) 通过部分阴性分析法测定$D$值(见附录D);

c) 验证存活-杀灭反应特性(见附录E)。

6.4.2 由这些方法获得的数值应在GB 18281的其他部分规定的范围之内。在生物指示物标签上至少标有两个上述数据。

6.4.3 在有效期内,利用制造商给出的检测方法,检测标定的$D$值,范围应在±20%之内。

理想状态下,存活菌曲线在整个灭活区间呈线性关系。实际上有些误差,但是线性应保持在可接受范围之内。通过计数法建立的存活菌的抗力曲线大于 $5\times10^1$，而通过部分阴性分析法基于存活试验微生物统计分析建立的曲线则低于 $5\times10^1$。通过两种方法获得的 $D$ 值有良好的相关性，与线形存活曲线无严重偏差。

GB 18281 的其他部分可增加其他的要求[例如用于湿热灭菌（ISO 11138-3）或者干热灭菌（ISO 11138-4）的生物指示物的 $z$ 值]。

本部分和 GB 18281 的其他部分规定的抗力特性规定了测试条件的细节。

6.4.4 用所得的全部存活菌数的常用对数值的一半对时间作图，所得的曲线的线性相关系数应不小于 0.8。

### 6.5 试验条件

抗力特性的测定应在指定的试验条件下进行，见表 2。

**表 2 试验所需要的最少样本**

| GB 18281.1 的测试方法 | 检测样品的最少量 | 最少暴露次数 | 检测样品的最小总量 |
|---|---|---|---|
| 测试活菌的初始数量[a] | 4 | — | 4 |
| 附录 C 存活曲线方法 | 4 | 5 | 20 |
| 附录 D 部分阴性分析法 | 20 | 5[b] | 100[b] |
| 附录 E 存活-杀灭区间 | 50 | 2 | 100 |
| 最小总数应取决于方法组合的选择 | | | 124 或 204 |
| **注**：对于特殊灭菌过程的一般性检测方法在 GB 18281 的其余部分有所解释。 | | | |
| [a] 未经过灭菌的染菌载体和生物指示物的活菌数。<br>[b] 随后的 $t_6$（见表 D.1）在暴露条件下额外的检测不用于计算，但却是作为评判结果有效与否的条件。 | | | |

## 7 培养条件

### 7.1 培养箱

7.1.1 培养箱应能设置、监测与确认具体的培养条件。

7.1.2 除了对常规的温度进行监测以外，培养箱温度分布也要被验证。

### 7.2 生长培养基

7.2.1 生长培养基应当被规定和证明，可以支持不少于 100 个试验微生物接种体的生长。

7.2.2 标签上应包括暴露于灭菌过程后培养条件的信息。

7.2.3 生长培养基应当被确认以确保它可以去除任何可能影响测试菌活性的灭菌因子残留。

### 7.3 培养

7.3.1 应确认培养温度和时间。

7.3.2 制造商应提供培养指南（见表 1）。对于一个公认的灭菌过程例如湿热灭菌和环氧乙烷灭菌，利用合适性能测试菌，分别为嗜热脂肪芽孢杆菌和枯草芽孢杆菌，其培养时间通常为 7 d。对于一个新的灭菌方法，7 d 的培养时间是不充裕的，基于验证，至少 14 d 才能用来作为一个参考培养周期。

# 附 录 A
## （规范性附录）
## 试验活菌数测定

### A.1 概述

**A.1.1** 通过菌落形成单位检测方法统计染菌载体或已包装的生物指示物上的试验活菌。这种方法常用于预期回收菌量在 $5\times10^1$ CFU 以上的情况。

**A.1.2** 应按照 A.2～A.4 规定的方法检查相关产品恢复的试验菌。这种方法适用于处理和未处理的样品，同时也可以用于初始活菌数（未处理的样品）的检测以及利用存活曲线（处理过的样品）检测 $D$ 值。

**A.1.3** 可以使用已证明的与平板计数法等效的其他方法。

### A.2 试验样品的最小检测数量

每批量/批次或每次暴露至少使用 4 个测试样品。

### A.3 样品的准备和培养方法

**A.3.1** 应把检测样品放入一定体积的培养液中。通过已确认的程序（例如用玻璃珠振荡、研磨和/或用混匀器和/或混合器混匀、漩涡振荡、超声波或其他合适的方法）将试验微生物从试验样品上洗脱下来（见 ISO 11737-1）。

**A.3.2** 若需要，应通过稀释的方法，用合适的无菌稀释液调整微生物在菌悬液中的浓度。在任何情况下，利用上述方法，使菌落形成单位的数量控制在特定范围之内。

将培养物与融化的固体琼脂培养基混合或涂布在有固体培养基的平板上，菌落数控制在 30 CFU～300 CFU 之间最为精确。

**A.3.3** 应利用合适的检测方法统计活菌数。

方法包括膜过滤法、半固体培养基涂布法，以及固体培养基混合法（见 ISO 11737-1）。

**A.3.4** 生物指示物制造商应确认或提供合适的试验微生物恢复培养基，和/或准备培养基的全部资料和说明。

### A.4 培养和计数

**A.4.1** 平板样本或滤膜应在制造商规定的温度和时间下培养。

通常，嗜热菌的培养温度在 55 ℃～60 ℃下，时间不少于 48 h；常温菌的培养温度在 30 ℃～37 ℃下，时间不少于 48 h。

注：在较高的培养温度下，培养基的干燥性会显著影响生长。

**A.4.2** 经过适当的时间培养后，应对平板或滤膜上的菌落数进行计数，再计算出每个合适单位上恢复试验微生物的平均数。

# 附 录 B
## （规范性附录）
## 用经过灭菌处理的载体和初级包装材料测定细菌的生长抑制

### B.1 概述

本方法通过确定载体和初级包装材料对灭菌后试验微生物生长可能的抑制效果来测定其在确定灭菌过程中的适用性。这些材料物理性能的适用性应经过测定。检测方法在 GB 18281 的其他部分已给出。抗力仪的相关要求见 ISO 18472。

### B.2 材料

**B.2.1** 试验菌悬液与染菌载体使用的细菌同株，而且制备方法相同。悬液内细菌总数应可知，可经活菌计数确定，分成含有少于 100 CFU 活菌的试样。

**B.2.2** 培养箱应能设定特定培养条件的温度，并能监测确认。

**B.2.3** 培养基应符合培养条件规定。

**B.2.4** 检测样品应为根据 B.3 要求准备的未染菌载体和初级包装材料。

### B.3 方法

**B.3.1** 准备 9 管培养基，均放置在培养条件规定的培养温度下，装入与通常菌悬液、染菌载体和生物指示物相同体积的生长培养基。

**B.3.2** 取具有代表性的 12 个未染菌载体，分成 6 组，每组 2 个。应用制造生物指示物的材料进行包装。

**B.3.3** 取 B.3.2 中的 3 组样品，每组包含 2 个载体，并将其暴露在灭菌过程中。

**B.3.4** 按照本部分以及 GB 18281 的其他相关部分要求的数值确定抗力检测仪的操作条件。

**B.3.5** 灭菌终止时，除去载体的包装，在无菌条件下未经中间处理直接转移到培养基中，在 3 管预温至培养温度的培养基中分别加入一组 2 个载体（见 B.3.1）。记录完成转移的时间。

**B.3.6** 将包含载体样本的生长培养基在规定的温度下培养 2 h±10 min 以便载体上的抑制物解除吸附。将此培养基取出培养箱，每管接种不多于 100 个活菌的试验微生物悬液，再把此接种细菌的培养基放回培养箱。在正常使用条件下，按确定的恢复生物指示物的时间进行培养。

**B.3.7** 将未经暴露过程，包含 2 个载体的剩余 3 组转移到 3 管培养基中作为对照，培养 2 h±10 min，再每管接种不少于 100 个试验微生物，在确定时间内按照 B.3.6 相同的方法培养。

**B.3.8** 如果发现有菌载体的使用会影响检测结果，应进行微生物的鉴定。

**B.3.9** 生长培养基对照，将 3 管无载体生长培养基培养 2 h±10 min，再每管接种不少于 100 个试验微生物，在确定时间内按照 B.3.6 相同的方法培养。

**B.3.10** 在确定的培养周期结束时，从培养箱中取出全部 9 管培养基，再按制造商确定的常规条件使用方法进行活菌检查。

**B.3.11** 以试验微生物“有菌生长”或“无菌生长”报告结果。

## B.4 结果分析

**B.4.1** 如果在阳性对照中出现一个或多个“无菌生长”，则本次试验无效。

注：阳性对照无菌生长可能是由于接种试验菌总数失控或恢复条件不合适(如生长培养基、培养时间、培养温度等)。

**B.4.2** 如在载体对照中出现一个或多个“无菌生长”，则表明载体不适合生产染菌载体或者生物指示物。

注：在载体对照中“无菌生长”而在生长培养基中有生长，则表明载体材料对试验微生物的生长有抑制。

**B.4.3** 若被灭菌过的载体在三次试验中出现一个或者多个“无菌生长”，则表明载体材料不适合生产染菌载体或者生物指示物。

注：无菌生长可能是由于处理过程中载体材料上吸附高浓度的灭菌剂或发生降解引起的。

## B.5 初级包装材料生长抑制性的确定

**B.5.1** 初级包装材料应按照类似载体的方法进行试验(用初级包装材料作为检测样品，按照本部分给出的步骤检测)。

**B.5.2** 试验中被测试的初级包装材料与培养基接触的部分，应是正常染菌载体面积的两倍。对自含式生物指示物，则等于正常接触恢复培养基面积。检测样品应该浸没在生长培养基中。

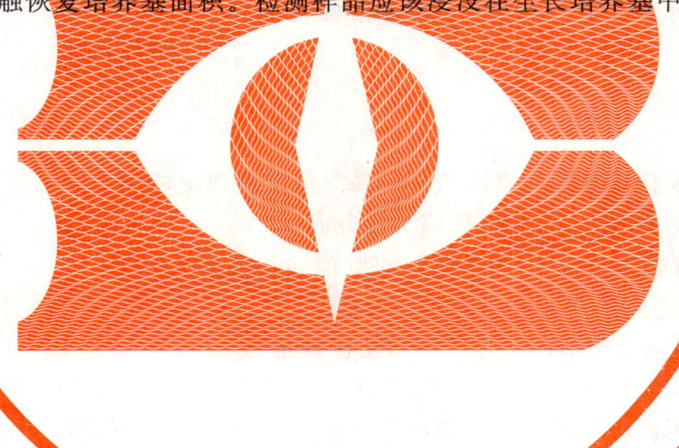

# 附 录 C
（规范性附录）
存活曲线方法测量 *D* 值

## C.1 概述

本方法是通过直接计数菌落数(CFU)检测存活试验微生物的数量。利用活菌计数法检测存活被测微生物的数量。这个方法也称为直接计数法，见附录 A。

注：这种方法可行的最低限约为 $5\times10^1$ CFU。

## C.2 材料

**C.2.1** 测试样品如芽孢悬液、染菌载体或已包装的生物指示物，应包含在材料当中。

注：检测方法在 GB 18281 的其他部分给出。抗力仪的其他规定由 ISO 18472 给出。

**C.2.2** 培养箱应能设定特定培养条件的温度，并能监测确认。

**C.2.3** 符合培养条件的生长培养基应包含在材料当中。

## C.3 步骤

**C.3.1** 测试样本应暴露于规定的暴露条件。暴露范围应规定，见表 2。

**C.3.2** 应至少有 5 次暴露，而且应包括以下几方面：

a) 有一次暴露中样本未经灭菌因子处理(例如 0 暴露时间)；

注：灭菌因子可不存在或由惰性气体或介质替代。

b) 至少有一次暴露使活菌数降低到最初接种量的 0.01%(减少 4lg)；

c) 至少有三次暴露介于 a)和 b)情况之间。

**C.3.3** 每次测定中每次暴露所用的试验样本应不少于 4 个，每次暴露应采用相同数量的试验样本。

**C.3.4** 如果灭菌因子在试验样本上或内部有残留，要尽快去除以免影响测试结果。如果需要去除程序，应被验证。

**C.3.5** 每次暴露 2 h 内，应对测试样本进行处理，让试验微生物从载体上脱落。在常用条件下恢复，采用制造商规定的培养条件和方法进行活菌计数(见附录 A)。

**C.3.6** 应用合适的无菌稀释液调整菌悬液浓度。将培养物与融化的固体琼脂培养基混合或涂布在有固体培养基的平板上，菌落数在 30 CFU～300 CFU 之间视为有效。

**C.3.7** 用所得的全部存活菌数的常用对数值，对时间(min)或剂量作图，用最小二乘法进行回归分析，确定最佳线性曲线。回归分析时不应包括原先细菌数 0.5lg 范围内的存活数据点。计算所得直线斜率的负倒数值，即等于以时间(min)或剂量表示的指定暴露条件下的 *D* 值。

a) 利用以下公式确定最佳线性拟合曲线的斜率：

$$m=\frac{nG-AB}{nC-A^2}$$

式中：

$m$ ——最佳线性拟合曲线的斜率；

$n$ ——数据点的个数；

$G$ —— $\sum(t\lg y)$；

$A$ —— $\sum t$；

$B$ —— $\sum \lg y$；

$C$ —— $\sum t^2$。

计算所需要的数据在表 C.1 给出。

**表 C.1　回归分析需要的样本数据**

| 回收菌量[a]($y$) | 暴露间隔($t$)<br>min | $\lg y$ | $t^2$ | $t\lg y$ | $(\lg y)^2$ |
|---|---|---|---|---|---|
| $y_1$ | $t_1=0.0$ | $\lg y_1$ | $t_1{}^2=0$ | $t_1\lg y_1=0$ | $(\lg y_1)^2$ |
| $y_2$ | $t_2$ | $\lg y_2$ | $t_2{}^2$ | $t_2\lg y_2$ | $(\lg y_2)^2$ |
| $y_3$ | $t_3$ | $\lg y_3$ | $t_3{}^2$ | $t_3\lg y_3$ | $(\lg y_3)^2$ |
| $y_4$ | $t_4$ | $\lg y_4$ | $t_4{}^2$ | $t_4\lg y_4$ | $(\lg y_4)^2$ |
| $y_5$ | $t_5$ | $\lg y_5$ | $t_5{}^2$ | $t_5\lg y_5$ | $(\lg y_5)^2$ |
| | $A=\sum_{i=1}^{i=5} t_i$ | $B=\sum_{i=1}^{i=5} \lg y_i$ | $C=\sum_{i=1}^{i=5} t_i{}^2$ | $G=\sum_{i=1}^{i=5}(t_i\lg y_i)$ | $E=\sum_{i=1}^{i=5}(\lg y_i)^2$ |
| 分配变量 | $A$ | $B$ | $C$ | $G$ | $E$ |

[a] 按照 C.3.7，回归分析时不应包括 $0.5\lg y_1$ 范围内的数据点。

b)　最佳线性曲线斜率的示例见表 C.2 和以下计算过程：

$$
\begin{aligned}
m &= \frac{nG-AB}{nC-A^2} \\
&= \frac{5\times 66.641\ 4-20\times 21.930\ 0}{5\times 120-20^2} \\
&= \frac{333.207\ 0-438.600\ 0}{600-400} \\
&= \frac{-105.393\ 0}{200} \\
&= -0.527\ 0
\end{aligned}
$$

**表 C.2　斜率的计算示例**

| 回收菌量[a]($y$) | 暴露间隔($t$)<br>min | $\lg y$ | $t^2$ | $t\lg y$ | $(\lg y)^2$ |
|---|---|---|---|---|---|
| $y_1=2.5\times 10$ | $t_1=0.0$ | $\lg y_1=6.397\ 9$ | $t_1{}^2=0$ | $t_1\lg y_1=0$ | $(\lg y_1)^2=40.933\ 1$ |
| $y_2=3.4\times 10^5$ | $t_2=2.0$ | $\lg y_2=5.531\ 5$ | $t_2{}^2=4$ | $t_2\lg y_2=11.063\ 0$ | $(\lg y_2)^2=30.597\ 5$ |
| $y_3=3.1\times 10^4$ | $t_3=4.0$ | $\lg y_3=4.491\ 4$ | $t_3{}^2=16$ | $t_3\lg y_3=17.965\ 6$ | $(\lg y_3)^2=20.172\ 7$ |
| $y_4=1.7\times 10^3$ | $t_4=6.0$ | $\lg y_4=3.230\ 4$ | $t_4{}^2=36$ | $t_4\lg y_4=19.382\ 4$ | $(\lg y_4)^2=10.435\ 5$ |
| $y_5=1.9\times 10^2$ | $t_5=8.0$ | $\lg y_5=2.278\ 8$ | $t_5{}^2=64$ | $t_5\lg y_5=18.230\ 4$ | $(\lg y_5)^2=5.192\ 9$ |
| | $A=\sum_{i=1}^{i=5} t_i$ | $B=\sum_{i=1}^{i=5} \lg y_i$ | $C=\sum_{i=1}^{i=5} t_i{}^2$ | $G=\sum_{i=1}^{i=5}(t_i\lg y_i)$ | $E=\sum_{i=1}^{i=5}(\lg y_i)^2$ |
| 分配变量 | $A=20$ | $B=21.930\ 0$ | $C=120$ | $G=66.641\ 4$ | $E=107.331\ 7$ |

[a] 按照 C.3.7，回归分析时不应包括 $0.5\lg y_1$ 范围内的数据点。

c) $D$ 值相当于所得的斜率的负倒数值，用下面公式计算：

$$D = -\left(\frac{1}{m}\right)$$

利用上面计算出来的斜率，结果 $D$ 值为：

$$D = -\left(\frac{1}{-0.527\ 0}\right) = 1.897\ 5\ \text{min}（精确到小数点后一位，D = 1.9\ \text{min}）$$

**C.3.8** 所得线性存活菌曲线的线性相关系数应不小于 0.8。

a) 存活菌曲线的线性相关系数用以下公式计算：

$$r^2 = \frac{[g - A(B/n)]^2}{(C - A^2/n)(E - B^2/n)}$$

其中 C.3.7a)给出了所有变量的定义，$E = \sum (\lg y)^2$。

b) 存活曲线的线性相关系数的计算示例：

利用表 C.2 的数：

$$r^2 = \frac{[66.641\ 4 - 20 \times (21.930\ 0/5)]^2}{(120 - 20^2/5)(107.331\ 7 - 21.930\ 0^2/5)}$$

$$= \frac{(66.641\ 4 - 87.720\ 0)^2}{(120 - 80)(107.331\ 7 - 96.185\ 0)}$$

$$= \frac{(-21.078\ 6)^2}{40 \times 11.146\ 7}$$

$$= \frac{444.307\ 4}{445.868\ 0}$$

$$= 0.996\ 5$$

# 附 录 D
# (规范性附录)
# 部分阴性分析法测定 *D* 值

## D.1 总则

**D.1.1** 本方法是通过直接观察液体培养基的生长情况确定的可回收微生物的数量,来间接确定存活试验微生物的数量。部分阴性分析法是一种部分测试样没有表现出生长情况(部分阴性范围),并且这种计算是建立于获得的数据的结果之上的方法。"全部杀灭分析法"也是一种部分阴性分析法,它是所有的测试样本没有表现出生长,并且计算建立于获得符合该要求的结果之上。这种方法适用于当测量的单位面积上的可回收试验微生物的数量少于 5×100 CFU 的情况。

**D.1.2** Holocomb-spearman-karbe 法(见 D.3.1)与有限 Holocomb-spearman-karbe 法(见 D.3.2)要求覆盖整个部分阴性区域的连续暴露过程。

注:尤其在存活-杀灭区间一致的情况下,也可使用其他方法。一种类似方法如通过 Stumbo-Murphy-Cochran 方法得到的方法。

**D.1.3** 试样应暴露在除时间外的满足所有过程变量要求确定的暴露条件下,并保持在规定区间内(稳定状态)。如果认为过程变量范围小,可以接受,则时间用"$t$"表示。如果认为过程变量控制范围大,不属于恒定量,则应采用积分法计算等效时间"$U$"。这两个术语均可在文献中查到。

每次暴露过程中的暴露试样数量 $n$、相邻两次暴露过程之间的间隔时间 $d$ 均会影响试验可靠性。

## D.2 材料

**D.2.1** 测试样本应能代表芽孢悬液、染菌载体或者包装的生物指示物。

**D.2.2** 使用相关的抗力仪。

注:检测方法在 GB 18281 的相关部分给出。抗力仪的要求在抗力仪的标准中给出(ISO 18472)。

**D.2.3** 培养箱应能够提供特定的培养条件中规定的温度,并且能监测和验证。

**D.2.4** 生长培养基应能满足培养条件的规定。

## D.3 方法

### D.3.1 Holocomb-spearman-karbe 法(HSKP)

#### D.3.1.1 简介

**D.3.1.1.1** 应将试样分级暴露在除时间外,符合所有过程变量规定的确定暴露条件下,并保持稳定状态。试验样本总数量不应少于 100 CFU。每次暴露过程中最少使用 20 个重复。

**D.3.1.1.2** 至少应使用 5 个暴露条件,至少包括 1 组所有试样出现有菌生长的试样、2 组部分试样出现有菌生长的试样、2 组经过连续暴露后没有观察到出现有菌生长的试样。

**D.3.1.1.3** 当灭菌因子在样品里面或上面有残留时,残留应该尽快被去除,以免影响测试结果。如果样本需要去除过程,此过程应经过验证。

**D.3.1.1.4** 试样经过暴露后应按照制造商指定的方法培养。

**D.3.1.1.5** 每个染菌载体在无菌条件下转移至装有适当的液体培养基的试管中去。每个试管内的液体培养基应该一致。如果液体培养基已经由制造商提供在生物指示物里,应按照制造商规定的方法进行。生物指示物制造商应确定或者能提供制备一份生物指示物所需的合适回收培养基和/或完整的数据(见 4.3)。

**D.3.1.1.6** 应按照制造商指定的方法为试样接种。经过制造商建议的培养期后,或经确认的培养时间,应检查培养基(见 7.3)。根据试验微生物的特点,液体培养基的浑浊度、培养基表面的生长情况或试管底部沉淀物将表明试验微生物的生长情况。如果生长培养基属于生物指示物的一部分,如自含式生物指示物,则应按照制造商提供的使用说明判断试验微生物是否出现生长情况。

**D.3.1.1.7** 通过观察 pH 值颜色变化,从而显示自含式生物指示物中试验微生物的生长情况。

**D.3.1.1.8** 结果应记录为在每次亚致死暴露过程中带有非回收试验微生物的染菌载体与染菌载体的总数之比。

#### D.3.1.2 利用 HSKP 计算

**D.3.1.2.1** 此计算方法是建立在 5 组暴露试验条件的最小数基础之上,至少应包含以下条件:

——其中 1 组样品是全部试验菌生长;

——其中 2 组样品有部分样品生长;

——其中 2 组样品是全部不生长菌(见表 D.1)。

注:HSKP 类似于有限 HSKP 法(见 D.3.2)。不同之处在于,HSKP 利用通用公式,该公式不受限于在每个暴露条件或在暴露的过程中恒定的时间间隔的相同数量重复。

**D.3.1.2.2** $D$ 值的平均值用以下公式计算:

$$D=\frac{U_{\mathrm{HSK}}}{\lg N_0+0.2507}$$

式中:

$U_{\mathrm{HSK}}=\sum_{i=1}^{k-1}U_i$

$N_0$——每个生物指示物的活菌平均数,用活菌计数法计算(见附录 A),计算时需要的数据见表 D.1。

**表 D.1 HSKP 计算时所需要的样品数据**

| 暴露在灭菌因子下的时间 $t$ | 暴露样品数量 $n$ | 无菌生长的样品数量 $r$ |
|---|---|---|
| $t_1(U_1)$ | $n_1$ | $r_1(r=0)$[a] |
| $t_2$ | $n_2$ | $r_2$ |
| $t_3$ | $n_3$ | $r_3$ |
| $t_4$ | $n_4$ | $r_4$ |
| $t_5(U_{k-1})$ | $n_5$ | $r_5$ |
| $t_6(U_k)$ | $n_6$ | $R_6(r=n_6)$ |
| $t_7$ | $n_7$ | $r_7(r=n_7)$ |

注:$t_1$ 为所有测试样均出现生长情况的暴露组中,暴露在灭菌因子下的最长暴露时间;$t_2-t_5$ 是部分阴性区域的增加时间;$t_6$ 和 $t_7$ 是所有试样均没出现生长情况的连续暴露时间。

[a] 如果未出现阴性单元,即,未出现阴性试样($r=0$),且所有单元在暴露时间 $t_1$ 前出现生长情况;同时,在暴露时间 $t_6$ 之后的过程中全部为阴性试样($r=n_7$),即未出现生长情况,则测试有效。

**D.3.1.2.3** 对于暴露在灭菌因子下的暴露时间 $t_1-t_6$,因子 $\chi$ 和 $\gamma$ 按如下公式计算:

$$\chi_i = \frac{t_i + t_{(i+1)}}{2}$$

$$\gamma_i = \frac{r_i + 1}{n_i + 1} - \frac{r_i}{n_i}$$

式中：

$r_i$——在暴露时间 $t_i$ 时出现未生长试样的数量；

$n_i$——在暴露时间 $t_i$ 下暴露的数量。

在 $t_1$ 时间下，所有试样表现出生长，所以 $\gamma_i = \frac{r_i + 1}{n_i + 1}$。

从以上 $\chi_i$ 和 $\gamma_i$ 的计算值中，在每一次暴露时间 $t_i$ 的 $U_i$ 值可以被计算如下：

$$U_i = \chi_i \gamma_i$$

**D.3.1.2.4** 任何试样的平均无菌时间 $U_{HSK}$，可以通过对每一次暴露时间 $t_1 - t_6$ 的 $U_i$ 值的求和来计算：

$$U_{HSK} = \sum_{i=1}^{i=6} U_i$$

**D.3.1.2.5** 当暴露时间间隔 $d$ 是一个常量，在每一个暴露时间下，测试样品数量 $n$ 也是一样的，平均无菌时间的 $U_{HSK}$ 可以用以下公式计算：

$$U_{HSK} = U_k - \frac{d}{2} - \frac{d}{n} \sum_{i=1}^{i=6} r_i$$

**D.3.1.2.6** $D$ 的平均值 $\overline{D}$，可用下面的公式中计算：

$$\overline{D} = \frac{U_{HSK}}{\lg N_0 + 0.250\ 7}$$

**注**：lg(Euler 常量)＝lg(0.577 2)＝－0.250 7。

式中：

$N_0$——每个试样的初始活菌数量(见附录 A)。

**D.3.1.2.7** 按照以下公式计算 $\overline{D}(p = 0.05)$ 的 95％置信区间 $D_{calc}$：

$$D_{calc} = \overline{D} \pm 2\sqrt{V}$$

**D.3.1.2.8** 方差 $V$ 用以下公式计算：

$$V = a\left(\frac{2.302\ 6}{\ln N_0 + 0.577\ 2}\right)^2$$

**D.3.1.2.9** 用于计算方差的"$a$"可以用以下公式计算：

$$a = 0.25 \sum_{i=2}^{i=6} (t_{i+1} - t_{i-1})^2 \left[ r_i \frac{(n_i - r_i)}{n_i^2 (n_i - 1)} \right]$$

**D.3.1.3 HSKP 计算方法举例**

**表 D.2 可变的时间间隔和可变的样本数量的数据示例**

| 灭菌剂暴露时间 $t$<br>min | 暴露试样数量 $n$ | 表现未生长试样的数量 $r_i$ |
|---|---|---|
| $t_1 = 10$ | $n_1 = 20$ | $r_1 = 0$ |
| $t_2 = 18$ | $n_2 = 19$ | $r_2 = 4$ |
| $t_3 = 28$ | $n_3 = 21$ | $r_3 = 8$ |
| $t_4 = 40$ | $n_4 = 20$ | $r_4 = 12$ |

表 D.2（续）

| 灭菌剂暴露时间 $t$<br>min | 暴露试样数量 $n$ | 表现未生长试样的数量 $r_i$ |
|---|---|---|
| $t_5=50$ | $n_5=20$ | $r_5=16$ |
| $t_6=60$ | $n_6=20$ | $r_6=20$ |
| $t_7=70$ | $n_7=20$ | $r_7=20$ |

**D.3.1.3.1** $\chi_i$ 和 $\gamma_i$ 的计算（每次暴露）：

$$\chi_i=\frac{t_i+t_{i+1}}{2}$$

$$\chi_1=\frac{t_1+t_{1+1}}{2}$$

$$\chi_1=\frac{10+18}{2}=14$$

$$\chi_2=\frac{18+28}{2}=23$$

$$\chi_3=\frac{28+40}{2}=34$$

$$\chi_4=\frac{40+50}{2}=45$$

$$\chi_5=\frac{50+60}{2}=55$$

$$\chi_6=\frac{60+70}{2}=65$$

$$\gamma_i=\frac{r_{i+1}}{n_{i+1}}-\frac{r_i}{n_i}$$

$$\gamma_1=\frac{r_{1+1}}{n_{1+1}}-\frac{r_1}{n_1}$$

$$\gamma_1=\frac{4}{19}-\frac{0}{20}=0.21$$

$$\gamma_2=\frac{8}{21}-\frac{4}{19}=0.17$$

$$\gamma_3=\frac{12}{20}-\frac{8}{21}=0.22$$

$$\gamma_4=\frac{16}{20}-\frac{12}{20}=0.2$$

$$\gamma_5=\frac{20}{20}-\frac{16}{20}=0.2$$

$$\gamma_6=\frac{20}{20}-\frac{20}{20}=0$$

**注**：为了 $\gamma_4$ 和 $\gamma_5$ 的计算，两者的 $\gamma_S=0.2$，这是因为在这个例子中表现出未生长的试样的数量以恒定比率增长。

**D.3.1.3.2** 计算每个暴露时间 $t_i$ 的 $U_i$：

$$U_i=\chi_i\gamma_i$$

$$U_1=\chi_i\gamma_i=14\times0.21=2.94$$

$$U_2 = 23 \times 0.17 = 3.91$$
$$U_3 = 34 \times 0.22 = 7.48$$
$$U_4 = 45 \times 0.2 = 9.0$$
$$U_5 = 55 \times 0.2 = 11.0$$
$$U_6 = 65 \times 0 = 0$$

**D.3.1.3.3** 用以下公式计算平均无菌时间 $U_{\mathrm{HSK}}$：

$$U_{\mathrm{HSK}} = \sum_{i=1}^{i=6} \mu_i$$
$$U_{\mathrm{HSK}} = \mu_1 + \mu_2 + \mu_3 + \mu_4 + \mu_5 + \mu_6$$
$$U_{\mathrm{HSK}} = 2.94 + 3.91 + 7.48 + 9.0 + 11.0 + 0 = 34.33$$

**D.3.1.3.4** 用以下公式计算 $D$ 的平均值 $\overline{D}$：

$$\overline{D} = \frac{U_{\mathrm{HSK}}}{\lg N_0 + 0.250\ 7}$$

式中：

$N_0$——初始菌量 $1\times10^5$。

$\overline{D} = \dfrac{34.33}{5.000 + 0.250\ 7} = 6.54$。

**D.3.1.3.5** 按照以下公式计算 $\overline{D}(p=0.05)$ 的 95% 置信区间 $D_{\mathrm{calc}}$：

$$D_{\mathrm{calc}} = \overline{D} \pm 2\sqrt{V}$$

**D.3.1.3.6** 方差 $V$ 用以下公式计算：

$$V = a\left(\frac{2.302\ 6}{\ln N_0 + 0.577\ 2}\right)^2$$

**D.3.1.3.7** 每一个时间 $t_i$ 方差公式中的"$a$"和所有结果的求和可以用以下公式计算：

$$a = 0.25 \sum_{i=2}^{i=6} \left\{ (t_{i+1} - t_{i-1})^2 \left[ r_i \frac{n_i - r_i}{n_i^{\,2}(n_i - 1)} \right] \right\}$$

$$a = 0.25\left\{ (t_{1+1} - t_{1-1})^2 \left[ r_1 \frac{n_1 - r_1}{n_1^{\,2}(n_1 - 1)} \right] + (t_{2+1} - t_{2-1})^2 \left[ r_2 \frac{n_2 - r_2}{n_2^{\,2}(n_2 - 1)} \right] + (t_{3+1} - t_{3-1})^2 \left[ r_3 \frac{n_3 - r_3}{n_3^{\,2}(n_3 - 1)} \right] \right\}$$
$$+ (t_{4+1} - t_{4-1})^2 \left[ r_4 \frac{n_4 - r_4}{n_4^{\,2}(n_4 - 1)} \right] + (t_{5+1} - t_{5-1})^2 \left[ r_5 \frac{n_5 - r_5}{n_5^{\,2}(n_5 - 1)} \right] + (t_{6+1} - t_{6-1})^2 \left[ r_6 \frac{n_6 - r_6}{n_6^{\,2}(n_6 - 1)} \right]$$

$$a = 0.25 \times \left[ (28 - 10)^2 \times 4\left(\frac{19 - 4}{361 \times 18}\right) + (40 - 18)^2 \times 8\left(\frac{21 - 8}{441 \times 20}\right) \right.$$
$$+ (50 - 28)^2 \times 12\left(\frac{20 - 12}{400 \times 19}\right) + (60 - 40)^2 \times 16\left(\frac{20 - 16}{400 \times 19}\right)$$
$$\left. + (70 - 50)^2 \times 20\left(\frac{20 - 20}{400 \times 19}\right) \right]$$
$$a = 0.25(2.991\ 7 + 5.707\ 0 + 6.113\ 7 + 3.368\ 4 + 0.000\ 0)$$
$$a = 0.25 \times 18.180\ 8 = 4.545\ 2$$

**D.3.1.3.8** "$a$"被计算出后，方差 $V$ 用以下公式计算：

$$V = a\left(\frac{2.302\ 6}{\ln N_0 + 0.577\ 2}\right)^2$$

式中：

$N_0 = 1\times10^5$。

$$V = 4.545\ 2\left[\frac{2.302\ 6}{\ln(1\times10^5) + 0.577\ 2}\right]^2$$

$$=4.545\,2\times\left(\frac{2.302\,6}{11.513+0.577\,2}\right)^2$$
$$=4.545\,2\times(0.190\,45)^2$$
$$=4.545\,2\times0.036\,27$$
$$=0.164\,9$$

**D.3.1.3.9** 按照以下公式计算 $\overline{D}(p=0.05)$的 95%置信区间 $D_{\text{calc}}$：

$$D_{\text{calc}}=\overline{D}\pm2\sqrt{V}$$

**D.3.1.3.10** 置信下限：

$$D_{\text{calc}}=\overline{D}-2\sqrt{V}$$
$$=6.54-2\sqrt{0.164\,9}$$
$$=6.54-(2\times0.406\,1)=5.73$$

**D.3.1.3.11** 置信上限：

$$D_{\text{calc}}=\overline{D}+2\sqrt{V}$$
$$=6.54+2\sqrt{0.164\,9}$$
$$=6.54+(2\times0.406\,1)=7.35$$

### D.3.2 LHSKP

#### D.3.2.1 用 LHSKP 计算

**D.3.2.1.1** LHSKP 计算方法是建立在至少 5 组暴露试验条件下的基础之上，至少包含以下条件：

——其中 1 组样品应是全部试验菌生长；

——其中 2 组样品应有部分样品生长；

——其中 2 组样品应是全部不生长菌(见表 D.3)。

**表 D.3 相同时间间隔和相同样品数量的 LHSKP 计算所需的数据示例**

| 灭菌因子下的暴露时间 $t$<br>min | 暴露试样数量 $n$ | 表现无菌生长的试样数量 $r_i$ |
|---|---|---|
| $t_1(U_1)$ | $n_1$ | $r_1(r=0)$ |
| $t_2$ | $n_2$ | $r_2$ |
| $t_3$ | $n_3$ | $r_3$ |
| $t_4$ | $n_4$ | $r_4$ |
| $t_5(U_{k-1})$ | $n_5$ | $r_5$ |
| $t_6(U_k)$ | $n_6$ | $r_6(r=n)$ |
| $t_7$ | $n_7$ | $r_7(r=n)$[a] |

[a] 如果未出现阴性单元，即，未出现阴性试样($r=0$)，且所有单元在暴露时间 $t_1$ 前出现生长情况；同时，在暴露时间 $t_6$ 之后的过程中全部为阴性试样($r=n_7$)，即未出现生长情况，则测试有效。

**D.3.2.1.2** LHSK 方法类似于有限 HSKP 法(见 D.3.1)。不同之处在于，LHSK 利用公式计算，该公式要求在每个暴露条件下有相同数量重复和在暴露的过程中恒定的时间间隔。

**D.3.2.1.3** 无菌生长平均时间 $U_{\text{HSK}}$ 用以下公式计算：

$$U_{\text{HSK}}=U_k-\frac{d}{2}-\frac{d}{n}\sum_{i=1}^{k-1}r_i$$

式中：

$U_{HSK}$ ——无菌生长的平均时间；

$U_k$ ——所有试样显示无菌生长的第一次暴露；

$d$ ——暴露条件之间的时间间隔或剂量差别(是一个恒量)；

$n$ ——每次暴露条件下样品的重复数量(每次暴露的相同样品数量,例如 20)；

$N_0$ ——每个指示物的平均活菌数,用活菌计数法(见附录 A)；

$\sum_{i=1}^{k-1} r_i$ ——$U_2 \sim U_{k-1}$中包含的所有的阴性数的总和。

**D.3.2.1.4** $D$ 的平均值 $\overline{D}$ 可以用以下公式计算：

$$\overline{D} = \frac{U_{HSK}}{\lg N_0 + 0.250\ 7}$$

注：当按照上述方法时,LHSK 方法可以计算变量 $V$、标准偏差($SD$)和 95%置信区间(置信上限和置信下限)。

**D.3.2.1.5** 变量 $V$ 可用以下公式计算：

$$V = \frac{d^2}{n^2(n-1)} \times \sum_{i=1}^{k-1} r_i(n - r_i)$$

**D.3.2.1.6** 标准偏差($SD$)用以下公式计算：

$$SD = \sqrt{V}$$

**D.3.2.1.7** $\overline{D}(p=0.05)$的 95%置信区间 $D_{calc}$用以下公式计算：

$$D_{calc} = \overline{D} \pm 2SD$$

**D.3.2.1.8** 置信下限：

$$D = \frac{U_{HSK} - 2SD}{\lg N_0 + 0.250\ 7}$$

**D.3.2.1.9** 置信上限：

$$D_{calc} = \frac{U_{HSK} + 2SD}{\lg N_0 + 0.250\ 7}$$

**D.3.2.2 LHSKP 的计算方法示例**

**D.3.2.2.1** $D$ 值用以下公式计算：

$$\overline{D} = \frac{U_{HSK}}{\lg N_0 + 0.250\ 7}$$

式中：

$N_0 = 1 \times 10^6$。

**表 D.4 相同时间间隔和相同数量的样品的数据**

| 暴露时间 $t$<br>min | 暴露菌片的数量 $n$ | 不长菌的测试样品数量 $r_i$ |
|---|---|---|
| $t_1=20(U_1)$ | $n_1=20$ | $r_1=0\ (r=0)$ |
| $t_2=22$ | $n_2=20$ | $r_2=1$ |
| $t_3=24$ | $n_3=20$ | $r_3=7$ |
| $t_4=26$ | $n_4=20$ | $r_4=15$ |
| $t_5=28(U_{k-1})$ | $n_5=20$ | $r_5=19$ |
| $t_6=30(U_k)$ | $n_6=20$ | $r_6=20(r=n)$[a] |

表 D.4（续）

| 暴露时间 $t$<br>min | 暴露菌片的数量 $n$ | 不长菌的测试样品数量 $r_i$ |
|---|---|---|
| $t_7=32$ | $n_7=20$ | $r_7=20(r=n)$[a] |

[a] 如果未出现阴性单元，即，未出现阴性试样（$r=0$），且所有单元在暴露时间 $U_1$ 前出现生长情况；同时，在暴露时间 $U_k$ 之后的过程中全部为阴性试样（$r=n$），即未出现生长情况，则测试有效。

**D.3.2.2.2** 无菌保证的平均暴露时间 $U_{\text{HSK}}$ 用以下公式计算：

$$U_{\text{HSK}}=U_k-\frac{d}{2}-\frac{d}{n}\sum_{i=1}^{k-1}r_i$$

式中：

$U_k=30$；

$d=2$；

$n=20$；

$N_0=1\times10^6$；

$U_{\text{HSK}}=30-\frac{2}{2}-\frac{2}{20}\times(0+0+1+7+15+19)=24.8$；

$\overline{D}=\frac{24.8}{6.000+0.250\ 7}=3.97\ \text{min}$（保留小数后一位，$D=4.0\ \text{min}$）。

**D.3.2.2.3** 变量 $V$ 用以下公式计算：

$$V=\frac{d^2}{n^2(n-1)}\times\sum_{i=1}^{k-1}r_i(n-r_i)=\frac{2^2}{20^2\times(20-1)}\times(1\times19+7\times13+15\times5+1\times19)=0.107\ 4$$

**D.3.2.2.4** 标准误差 $SD$ 用以下公式计算：

$$SD=\sqrt{V}=\sqrt{0.107\ 4}=0.327\ 7$$

**D.3.2.2.5** $D$ 值（$p=0.05$）的 95％置信区间 $D_{\text{calc}}$ 用以下公式计算：

$$D_{\text{calc}}=\overline{D}\pm2SD$$

$$\text{置信下限值}=\frac{U_{\text{HSK}}-2SD}{\lg N_0+0.250\ 7}=\frac{24.8-(2\times0.322\ 7)}{6.000+0.250\ 7}=\frac{24.144}{6.250\ 7}=3.86\ \text{min}$$

$$\text{置信上限值}=\frac{U_{\text{HSK}}+2SD}{\lg N_0+0.250\ 7}=\frac{24.8+(2\times0.322\ 7)}{6.000+0.250\ 7}=\frac{25.445}{6.250\ 7}=4.07\ \text{min}$$

### D.3.3 SMCP

#### D.3.3.1 简介

**D.3.3.1.1** 经过验证等同于 D.3.1 和 D.3.2 的分析方法也可以用于部分阴性数据的分析。

**D.3.3.1.2** 当反应特性可以预见时，SMCP 作为一种稀释培养计数法可以实际应用。

**D.3.3.1.3** SMCP 的计算需要在部分阴性区域内的时间 $t$，表现无菌生长的数量 $r$，样品的重复数量 $n$，在阴性区域内的一个暴露时间和每一个样品上的注释菌量 $N_0$。

**D.3.3.1.4** 为了通过 SMCP 得到正确的数据，$D$ 值应为在部分阴性区域内的至少三个可重复循环的平均值。

**D.3.3.1.5** 材料的应用与 D.2 相同。

**D.3.3.1.6** 为了得到 95％的置信区间，每一个暴露条件下要不少于 50 个重复，同时为了建立相同于

D.3.1 和 D.3.2 的测试标准，需满足 $r/n<0.9$。试样应在同一批/次的存活-杀灭区间内的确定的暴露条件下进行。

**D.3.3.2 用 SMCP 计算**

**D.3.3.2.1** $D$ 值用以下公式计算：

$$D=\frac{t}{\lg A-\lg B}$$

式中：

$t$ ——暴露时间；

$\lg A$——每个样品中初始染菌量 $N_0$ 的 lg 值；

$\lg B$——暴露 $t$ 时间之后的含菌量的 lg 值。

**D.3.3.2.2** 以下公式可以重新定义部分阴性的数据库：

$$D=\frac{t}{\lg N_0-\lg\left(\ln\frac{n}{r}\right)}$$

或

$$D=\frac{t}{\lg N_0-\lg N_{\mu i}}$$

式中：

$\lg B$ ——$\lg(\ln n/r)$ 或 $\lg[2.303\lg(n/r)]$；

$N_{\mu i}$ ——被检测样品的数量除以阴性样品的数量的商的自然对数；

$N$ ——每一个暴露时间下的试样的数量；

$r$ ——空白或者无菌生长的试样数量。

**D.3.3.2.3** $\bar{D}(p=0.05)$ 的 95% 置信区间 $D_{calc}$ 用以下公式计算：

$$D_{calc}=\frac{t}{\lg N_0-\lg\left(\ln\frac{1}{a}\right)}$$

式中：

$$a=\frac{r}{n}\pm1.96\sqrt{\frac{r}{n}\times\frac{1-r/n}{n}}$$

**D.3.3.2.4** 上述公式只有在 $n\times\frac{r}{n}\times\frac{n-r}{n}\geqslant0.9$ 下可用。

**D.3.3.3 SMCP 的计算实例**

**表 D.5 仅用部分阴性区内一组数据计算 *D* 值**

| 暴露时间 $t$<br>min | 暴露测试样品的数量 $n$ | 不长菌的测试样品数量 $r_i$ |
|---|---|---|
| $t=24$ | $n=100$ | $r=37$ |

**D.3.3.3.1** 用下以下公式计算 $D$ 值：

$$D=\frac{t}{\lg N_0-\lg\left(\ln\frac{n}{r}\right)}$$

式中：

$t$ ——暴露时间；

$N_0$ ——每个试样中初始活菌数$=1\times10^6$；

$\lg A$——每个样品中初始染菌量 $N_0$的 lg 值；

$\lg B$——暴露 $t$ 时间之后的含菌量的 lg 值，或 $\lg(\ln n/r)$或 $\lg[2.303\ \lg(n/r)]$；

$n$ ——每一个暴露时间下的试样的数量；

$r$ ——空白或者无菌生长的试样数量。

$$\begin{aligned}D&=\frac{24}{6.000-\lg(\ln 2.702\ 7)}\\&=\frac{24}{6.000-\lg(0.994\ 3)}\\&=\frac{24}{6.000-(-0.002\ 5)}\\&=\frac{24}{6.002\ 5}\\&=4.00\ \text{min}(\text{保留小数后一位},D=4.0\ \text{min})\end{aligned}$$

**D.3.3.3.2** $\overline{D}(p=0.05)$的 95%置信区间 $D_{\text{calc}}$用以下公式计算。只有当 $n\times\frac{r}{n}\times\frac{n-r}{n}\geqslant0.9$ 时，95%置信区间才可以用以下公式计算：

$$D\text{ 值的置信下限}=\frac{t}{\lg N_0-\lg(\ln 1/a)}$$

式中：

$$a=\frac{r}{n}+1.96\sqrt{\frac{r}{n}\times\frac{1-\frac{r}{n}}{n}}$$

$$D_{\text{calc}}=\frac{24}{6.000-\lg(\ln 1/a)}$$

式中：

$$\begin{aligned}a&=\frac{37}{100}+1.96\sqrt{\frac{37}{100}\times\frac{1-37/100}{100}}\\&=0.37+1.96\sqrt{0.37\times\frac{0.63}{100}}\\&=0.37+1.96\sqrt{0.37\times0.006\ 3}\\&=0.37+1.96\sqrt{0.002\ 331}\\&=0.37+1.96\times0.048\ 28\\&=0.465\end{aligned}$$

$$\begin{aligned}D_{\text{calc}}&=\frac{24}{6.000-\lg\left(\ln\frac{1}{0.465}\right)}\\&=\frac{24}{6.000-\lg(0.765\ 7)}\\&=\frac{24}{6.000-(-0.115\ 9)}\\&=\frac{24}{6.000+0.115\ 9}\end{aligned}$$

$$=\frac{24}{6.115\ 9}$$

$$=3.92$$

$$D\text{ 值的置信上限值}=\frac{t}{\lg N_0-\lg(\ln 1/a)}$$

式中：

$$a=\frac{r}{n}-1.96\sqrt{\frac{r}{n}\times\frac{1-\frac{r}{n}}{n}}$$

$$D_{\text{calc}}=\frac{24}{6.000-\lg(\ln 1/a)}$$

式中：

$$a=\frac{37}{100}-1.96\sqrt{\frac{37}{100}\times\frac{1-37/100}{100}}$$

$$=0.37-1.96\sqrt{0.37\times\frac{0.63}{100}}$$

$$=0.37-1.96\sqrt{0.37\times0.006\ 3}$$

$$=0.37-1.96\sqrt{0.002\ 331}$$

$$=0.37-1.96\times0.048\ 28$$

$$=0.37-0.095$$

$$=0.275$$

$$D_{\text{calc}}=\frac{24}{6.000-\lg(\ln\frac{1}{0.275})}$$

$$=\frac{24}{6.000-\lg(\ln 1.291)}$$

$$=\frac{24}{6.000-0.111}$$

$$=\frac{24}{5.889}$$

$$=4.08$$

# 附　录　E
（规范性附录）
存活-杀灭反应特性

## E.1　概述

监测一次/批生物指示物的存活-杀灭反应特性，是为该次/批所有生物指示物性能一致提供保证的又一方法。

## E.2　材料

E.2.1　试样应是芽孢悬液、染菌载体或包装好的生物指示物。

E.2.2　应使用相关的抗力仪。

注：GB 18281 的后续部分给出了相关检测方法。抗力仪的要求在抗力仪标准给出（见 ISO 18472）。

E.2.3　培养箱应能设定特定培养条件的温度，并能监测确认。

E.2.4　培养基应满足培养条件。

## E.3　方法

E.3.1　应不少于 50 个相同的试样，证实存活时间和杀灭时间（见表 2）。通过存活曲线（见附录 C）或者部分阴性分析法（见附录 D）计算的 $D$ 值应被用于存活-杀灭反应特性的规定。

E.3.2　样品暴露后应按照制造商给出的方法进行培养。

E.3.3　所标明的每个生物指示物中试验微生物存活的暴露时间表示存活特性。所标明的每个生物指示物中杀灭所有试验微生物的暴露时间表示杀灭特性。

E.3.4　存活-杀灭反应特性应用相关的抗力仪测定，使用相关的抗力仪过程参数。

注：GB 18281 的后续相关部分给出了特殊灭菌过程的相关条件。

E.3.5　存活时间和杀灭时间的相关数值用以下公式计算：

存活时间 $\geqslant (\lg N_0 - 2) \times D$ 值

杀灭时间 $\leqslant (\lg N_0 + 4) \times D$ 值

E.3.6　每次暴露中使用的样品数，应根据所使用的生物指示剂物抗力仪的容积和操作特点确定。在测定存活和杀灭时间时，为了测试样品总数是否符合要求，可能需要进行几次暴露。

# 附 录 F
## (规范性附录)
## 生物指示物组成部分的关系

生物指示物组成部分的关系见表 F.1。

**表 F.1 生物指示物组成部分的关系**

| 图解 | 组成 | 术语 |
|---|---|---|
|  | 微生物 | 试验微生物 |
| 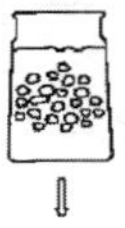 | 悬浮在液体中的微生物[a] | 试验微生物悬液[b] |
| 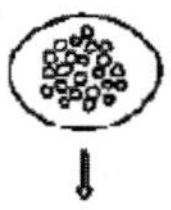 | 接种在表面的微生物[c] | 染菌载体[b] |
| 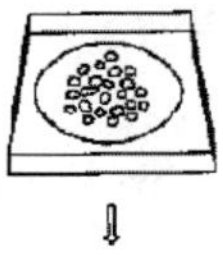 | 初级包装染菌载体 | 单独包装的生物指示物 |
|  | 包含有处理过的染菌载体的生长培养基 | 处理好的染菌载体的生长性能测试 |
| 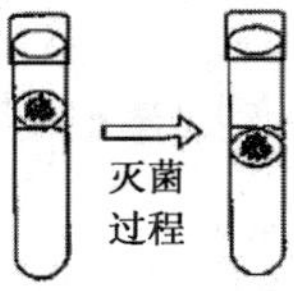 灭菌过程 | 准备使用的染菌载体和生长培养基结合的系统 | 自含式生物指示剂 |

注:插图反映了常见的物理配置的图形演示。液体状的试验微生物悬液将悬浮的培养基作为载体介质,而非固体物质(见 3.2)。

[a] 根据微生物的目的是用来保存还是检测,采用的液体可能会发生变化。

[b] 如果用于监测灭菌过程,可以被定义为一种生物指示物。

[c] 在某些情况下,表面可以作为检测目的的产品。

# 参 考 文 献

[1] ISO 31(all parts) Quantities and units

[2] ISO 690:1987 Documentation—Bibliographic references—Content, form and structure

[3] ISO 1000:1992 SI units and recommendations for the use of their multiples and of certain other units

[4] ISO 1000:1992/Amd 1:1998 SI units and recommendations for the use of their multiples and of certain other units—Amendment 1

[5] ISO 10241:1992 International terminology standards—Preparation and layout

[6] ISO/TS 11139 Sterilization of health care products—Vocabulary

[7] ISO 14161:2000 Sterilization of health care products—Biological indicators—Guidance for the selection, use and interpretation of results

[8] ISO 14937:2000 Sterilization of health care products—General requirements for characterization of a sterilizing agent and the development, validation and routine control of a sterilizing process for medical devices

[9] IEC 60027(all parts) Letter symbols to be used in electrical technology

[10] ARMITAGE, P. and ALLEN, I., Methods of Estimating the LD 50 in Quantal Response Data, J. of Hyg. Vol. XLVIII, pp.298-322, 1950.

[11] COCHRAN, W.G., Estimation of Bacterial Densities by Means of the "Most Probable Number", Biometrics, Vol.6, No.1, pp.105-116, 1950.

[12] GADDUM, J.H., Reports on biological standards, III, Methods of biological assay depending on a quantal response, Spec. Rep. Ser. Med. Res. Council, London, No.183, 1933.

[13] HALVORSON, H.O. and ZIEGLER, N.R., Application of statistics to problems in bacteriology, J. Bact. 25, pp.101-121, 1933.

[14] HOLCOMB, R.G. and PFLUG, I.J., The Spearman-Karber method of analyzing quantal assay microbial destruction data, in: Pflug I.J., ed., Selected Papers on the Microbiology and Engineering of Sterilization Processes, 5th edn., Minneapolis, Environmental Sterilization Laboratory, pp. 83-100, 1988.

[15] JOHNSON, E.A. and BROWN, B., Wm., Jr., The Spearman Estimator for Serial Dilutions Assays, Biometrics, Vol.17, pp.79-88, 1961.

[16] LEWIS, J.C., The Estimation of Decimal Reduction Times, Appl. Micro., Vol. 4, pp. 211-221, 1956.

[17] MOSLEY, G.A. and GILLIS, J.R., Operating Precision of Steam BIER vessels and the Interactive Effects of varying Z Valves on the Reproducibility of Listed D Values, PDA Journal of Pharmaceutical Science and Technology, Vol.56, No.6, pp.318-331, 2002.

[18] MOSLEY, G.A., Estimating the Effects of EtO BIER-Vessel Operating Precision on D Value Calculations, M D & D I, vol.24(4), pp.46-52, 2002.

[19] Mosley, G.A., Gillis, J. and Whitbourne, J., Calculating Equivalent Time for Use in Determining the Lethality of EtO Sterilization Processes, M D & D I, vol.24(2), pp.54-63, 2002.

[20] PFLUG, I.J., HOLCOMB, R.G. and GOMEZ, M.M., Thermal Destruction of Microorganisms, in Disinfection, Sterilization and Preservation, Block, Seymor S. (ed) Philadelphia, Lippincott, Williams & Wilkins, pp 79-129, 2001.

[21] PFLUG, I.J., Microbiology and Engineering of Sterilization Processes, 11th Edition, Environmental Sterilization Services, Minneapolis, 2003.

[22] PFLUG, I.J., Microbiology and Engineering of Sterilization Processes, St.Paul, University of Minnesota, 1992, ISBN 0-929340-01-9.

[23] REED, L.J.and MUENCH, H.A., Simple Method of Estimating Fifty per cent Endpoints, Amer.J.of Hyg.Vol.27, No.3, pp.493-497, 1938.

[24] SCHMIDT, C.F., Thermal resistance of microorganisms, in Antiseptics, Disinfectants, Fungicides and Sterilization. (G.F.Reddish, ed) 1st., pp.720-759, Lea and Febiger, Philadelphia.

[25] SPEARMAN, C., 1908. The method of 'right and wrong cases' ('constant stimuli') without Gauss's formulae, Brit.J.Psychol.2, p.227.

[26] STUMBO, C. R., MURPHY, J. R. and COCHRAN, J., Nature of Thermal Death Time Curves for P.A.3679 and Clostridium Botulinum, Food Technology, 4, pp.321-323, 1950.

[27] World Health Organization, Laboratory Biosafety Manual, 2nd edn., WHO, Geneva, 1993 ISBN 92-4-154450-3.

[28] United States Pharmacopoeia, official revision and Monographs for specific BIs; <55>, Biological Indicators—Resistance Performance Tests; <1035> Biological Indicators for Sterilization.

[29] GRAHAM, G.S. and C.A., BORIS, Chemical and Biological Indicators, Sterilization technology: A Practical Guide for Manufacturers and Users of Health care Products, Eds. Morrissey, R.F. and Phillips, G.B, Van Nostrand Reinhold, NY, 1993, ISBN 0-442-23832-0.

[30] FRITZE and PUKALL, International Journal of Systematic and Evolutionary Microbiology, 51, pp.35-37, 2001.

ICS 11.080.01
C 47

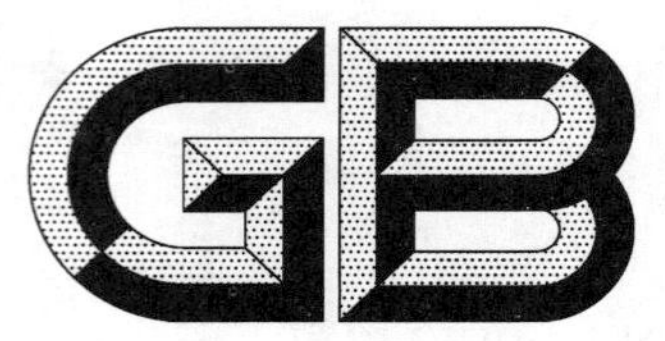

# 中华人民共和国国家标准

GB 18281.2—2015/ISO 11138-2:2006
代替 GB 18281.2—2000

# 医疗保健产品灭菌　生物指示物
# 第2部分:环氧乙烷灭菌用生物指示物

**Sterilization of health care products—Biological indicators—**
**Part 2:Biological indicators for ethylene oxide sterilization processes**

(ISO 11138-2:2006,IDT)

2015-12-10 发布　　　　2017-01-01 实施

中华人民共和国国家质量监督检验检疫总局
中国国家标准化管理委员会　发布

# 前　言

**GB 18281 的本部分的全部技术内容为强制性。**

GB 18281《医疗保健产品灭菌　生物指示物》分为以下五个部分：

——第 1 部分：通则；

——第 2 部分：环氧乙烷灭菌用生物指示物；

——第 3 部分：湿热灭菌用生物指示物；

——第 4 部分：干热灭菌用生物指示物；

——第 5 部分：低温蒸汽甲醛灭菌用生物指示物。

本部分是 GB 18281 的第 2 部分。

本部分按照 GB/T 1.1—2009 给出的规则起草。

本部分代替 GB 18281.2—2000《医疗保健产品灭菌　生物指示物　第 2 部分：环氧乙烷灭菌用生物指示物》，与 GB 18281.2—2000 相比，主要技术变化如下：

——第 5 章完善了试验微生物；

——第 9 章增加了微生物数量的要求；

——修改了附录 A。

本部分使用翻译法等同采用 ISO 11138－2:2006《医疗保健产品灭菌　生物指示物　第 2 部分：环氧乙烷灭菌用生物指示物》。

与本部分中规范性引用的国际文件有一致性对应关系的我国文件如下：

——GB 18281.1—2015　医疗保健品灭菌　生物指示物　第 1 部分：通则(ISO 11138-1:2006，IDT)；

——GB/T 24628—2009　医疗保健产品的灭菌　生物与化学指示物　测试设备(ISO 18472:2006，IDT)。

本部分做了下列编辑性修改：

——按照 GB/T 1.1 的要求进行了一些编辑上的修改；

——删除国际标准的前言；

——引言及参考文献中出现的部分国际标准替换为对应的我国标准。

请注意本文件的某些内容可能涉及专利。本文件的发行机构不承担识别这些专利的责任。

本部分由国家食品药品监督管理总局提出。

本部分由全国消毒技术与设备标准化技术委员会(SAC/TC 200)归口。

本部分起草单位：国家食品药品监督管理局广州医疗器械质量监督检验中心、3M 中国有限公司、杭州优尼克消毒设备有限公司。

本部分主要起草人：卢文娟、黄秀莲、黄靖雄。

本部分所代替标准的历次版本发布情况为：

——GB 18281.2—2000。

# 引　言

GB 18281.1 规定了生物指示物生产、标签、试验方法和性能要求，这些指示物包含预期用于灭菌过程的确认和常规控制的染菌载体和菌悬液。本部分规定了用于环氧乙烷灭菌过程中的生物指示物的专用要求。

GB 18281 提供了通用要求和试验方法。本标准是由专业制造商、用户和监管部门共同参与制定。本标准制定的目的不是提倡在不推荐使用的场合使用生物指示物，而是为目前使用的生物指示物提供规范。

环氧乙烷灭菌确认与常规控制参见 GB 18279。

生物指示物的选择、使用及检验结果判断参见 GB/T 19972。

# 医疗保健产品灭菌　生物指示物
# 第2部分:环氧乙烷灭菌用生物指示物

## 1　范围

GB 18281的本部分规定了拟在评价灭菌器性能和灭菌过程时采用的试验微生物、菌悬液、染菌载体、生物指示物的专用要求和试验方法,该灭菌器使用纯环氧乙烷或它与其他稀释气体混合进行灭菌,灭菌温度范围为29 ℃～65 ℃。

注1:关于环氧乙烷灭菌确认与常规控制见GB 18279。

注2:工作场所的安全参照国家的相关规定。

## 2　规范性引用文件

下列文件对于本文件的应用是必不可少的。凡是注日期的引用文件,仅注日期的版本适用于本文件。凡是不注日期的引用文件,其最新版本(包括所有的修改单)适用于本文件。

ISO 11138-1:2006　医疗保健品灭菌　生物指示物　第1部分:通则(Sterilization of health care products—Biological indicators—Part 1:General requirements)

ISO 18472　医疗保健产品的灭菌　生物与化学指示物　测试设备(Sterilization of health care products—Biological and chemical indicators—Test equipment)

## 3　术语和定义

ISO 11138-1界定的术语和定义适用于本文件。

## 4　通则

ISO 11138-1的要求适用于本部分。

## 5　试验微生物

5.1　试验微生物应为萎缩芽孢杆菌芽孢、枯草芽孢杆菌芽孢或其他符合本部分要求的菌株。

注1:原枯草芽孢杆菌中的一些菌株已被重新归类为萎缩芽孢杆菌。

注2:据证实,萎缩芽孢杆菌ATCC 9372、NCTC 10073、NCIMB 8058、DSM 2277、NRRL B-4418和CIP 77.18是合适的菌株。

5.2　如果试验微生物不是萎缩芽孢杆菌,应确定此试验微生物抗力的适宜性。

## 6　菌悬液

ISO 11138-1的要求适用于本部分。

## 7 载体和初级包装

7.1 环氧乙烷灭菌用生物指示物的载体和初级包装应符合 ISO 11138-1:2006 中 5.2 和附录 B 的要求。

7.2 确认环氧乙烷灭菌用生物指示物载体和初级包装是否符合要求的试验条件应为:

a) 最低暴露温度:≥55 ℃;

b) 灭菌剂:在相对湿度≥70%条件下,环氧乙烷浓度≥800 mg/L;

c) 最高暴露温度:由制造商规定;

d) 暴露时间:≥6 h。

注:只要被选条件仍处于环氧乙烷灭菌工艺的实效范围内,则这些被选条件就代表了对载体的实际检验。

## 8 染菌载体和生物指示物

ISO 11138-1 的要求适用于本部分。

## 9 微生物数量和抗力

9.1 制造商应声明生物指示物的抗力符合 ISO 11138-1:2006 中 6.4 的要求。

9.2 生物指示物上每单位活菌增量应以≤$0.1\times10^n$ 的整倍数来表示,每单位可以是每毫升菌悬液、每个染菌载体或每片生物指示物。

9.3 染菌载体和生物指示物的活菌数应≥$1.0\times10^6$。

9.4 抗力应用在 54 ℃和/或 30 ℃时的 $D$ 值表示,单位为分(min)。每批生物指示物 $D$ 值应保留一位小数。

9.5 按附录 A 的测试方法,含萎缩芽孢杆菌芽孢的悬液、染菌载体和生物指示物的 $D$ 值在 54 ℃时应≥2.5 min,和/或在 30 ℃时应≥12.5 min。其他微生物应有不影响其使用的 $D$ 值。

9.6 生物指示物的抗力也可表示为 $F_{\mathrm{BIO}}$(见 ISO 11138-1:2006 中 3.7)。

本部分和 GB 18281 的其他部分的抗力特性都是在其特定的条件下才有效。

9.7 $D$ 值按 ISO 11138-1:2006 中附录 C 和附录 D 的规定确定。

9.8 $D$ 值和存活-杀灭响应特性的确定要用抗力仪,要在使用抗力仪相应过程参数下确定(见附录 A)。

9.9 存活-杀灭区间可以用 ISO 11138-1:2006 中附录 E 的公式计算。

注:此信息对使用者在对比同一制造商不同批次产品时很有价值。

示例:

据 ISO 11138-1:2006 中附录 E 的公式,已知本部分所述的最少活菌数和最小 $D$ 值,存活-杀灭响应特性为:

——在 54 ℃时:存活时间≥10 min,杀灭时间≤25 min;

——在 30 ℃时:存活时间≥50 min,杀灭时间≤125 min。

# 附 录 A
# (规范性附录)
# 环氧乙烷灭菌抗力的测定方法

## A.1 概述

本方法需要特定的设备:抗力仪。环氧乙烷灭菌用抗力仪过程参数的规范见 ISO 18472。

试验方法见 A.2。

## A.2 试验方法

**A.2.1** 把样品置于合适的载样器材上。

**A.2.2** 把抗力仪的反应室预热到测试温度(54 ℃或 30 ℃)。

**A.2.3** 把载样器放入反应室内,关闭反应室,开始处理周期。

**A.2.4** 按下面的步骤开始操作:

步骤 1:反应室抽真空至 10 kPa±0.5 kPa。

步骤 2:通入充足的水蒸气,使反应室的相对湿度为 60%±10%。并维持此条件 30 min±1 min。在通入蒸汽前,样品宜允许加热到露点以上,以避免可能形成冷凝水。

步骤 3:往室内通入环氧乙烷,在 60 s 内达到 600 mg/L±30 mg/L。当暴露时间为 0 min 时,应无环氧乙烷通入。

步骤 4:维持此条件在设定时间的±5 s 之内。

步骤 5:在暴露阶段结束时,反应室抽真空,在 60 s 内降到 10 kPa 或更低,接着通入经过滤的空气或惰性气体(如氮气),至环境气压。

步骤 6:再重复第五步 4 次。

步骤 7:最后,取出样品并放入培养基培养。(见 ISO 11138-1:2006 中第 7 章)

**A.2.5** 转移期间宜作记录,所有的测试宜使用相同的时间周期。

## A.3 抗力的确定

应按照 ISO 11138-1:2006 中附录 C、附录 D 和附录 E 的方法测定抗力。

# 参考文献

[1] GB 18279(所有部分) 医疗保健产品灭菌 环氧乙烷

[2] GB/T 19972—2005 医疗保健产品灭菌 生物指示物 选择、使用及检验结果判断指南(ISO 14161:2000,IDT)

ICS 11.080.01
C 47

# 中华人民共和国国家标准

GB 18281.3—2015/ISO 11138-3:2006
代替 GB 18281.3—2000

# 医疗保健产品灭菌　生物指示物
# 第3部分:湿热灭菌用生物指示物

Sterilization of health care products—Biological indicators—
Part 3:Biological indicators for moist heat sterilization processes

(ISO 11138-3:2006,IDT)

2015-12-10 发布　　2017-01-01 实施

中华人民共和国国家质量监督检验检疫总局
中国国家标准化管理委员会　发布

# 前　　言

**GB 18281 的本部分的全部技术内容为强制性。**

GB 18281《医疗保健产品灭菌　生物指示物》分为以下五个部分：

——第 1 部分：通则；

——第 2 部分：环氧乙烷灭菌用生物指示物；

——第 3 部分：湿热灭菌用生物指示物；

——第 4 部分：干热灭菌用生物指示物；

——第 5 部分：低温蒸汽甲醛灭菌用生物指示物。

本部分是 GB 18281 的第 3 部分。

本部分按照 GB/T 1.1—2009 给出的规则起草。

本部分代替 GB 18281.3—2000《医疗保健产品灭菌　生物指示物　第 2 部分：湿热灭菌用生物指示物》，与 GB 18281.3—2000 相比，主要技术变化如下：

——试验微生物嗜热脂肪芽孢杆菌（*Bacillus strarothermophilus*）更名为嗜热脂肪地芽孢杆菌（*Geobacillus stearothermophilus*），增加了枯草芽孢杆菌（*B.subtillis*）ATCC 35021(5230)；

——更改了最高暴露温度、121 ℃时 $D$ 值精确度；

——给出了 $z$ 值和相关系数 $\gamma^2$ 的详细计算方法。

本部分使用翻译法等同采用 ISO 11138-3:2006《医疗保健产品灭菌　生物指示物　第 3 部分：湿热灭菌用生物指示物》。

与本部分中规范性引用的国际文件有一致性对应关系的我国文件如下：

——GB 18281.1—2015　医疗保健品灭菌　生物指示物　第 1 部分：通则（ISO 11138-1:2006，IDT）；

——GB/T 24628—2009　医疗保健产品的灭菌　生物与化学指示物测试设备（ISO 18472:2006，IDT）。

本部分做了下列编辑性修改：

——按照 GB/T 1.1 的要求进行了一些编辑上的修改；

——删除了国际标准的前言。

请注意本文件的某些内容可能涉及专利。本文件的发行机构不承担识别这些专利的责任。

本部分由国家食品药品监督管理总局提出。

本部分由全国医用消毒技术与设备标准化技术委员会（SAC/TC 200）归口。

本部分起草单位：山东新华医疗器械股份有限公司、国家食品药品监督管理局广州医疗器械质量监督检验中心。

本部分主要起草人：王洪敏、苗晓琳、黄秀莲。

本部分所代替标准的历次版本发布情况为：

——GB 18281.3—2000。

# 引　言

GB 18281.1 规定了生物指示物的生产、标签、试验方法和性能要求，这些指示物包含预期用于灭菌过程的确认和常规控制的染菌载体和悬液。本部分给出了用于湿热灭菌过程中的生物指示物的专用要求。

GB 18281 提供了通用要求和试验方法。代表目前先进水平的系列国家标准是由专业的制造商、使用者和监管部门共同制定的。本部分制定的目的不是推进生物指示物的使用，而是为目前使用的生物指示物提供规范。

标准中提供了用于确认和控制灭菌过程的通用要求(见 ISO 17665-1)。

对生物指示物的选择、使用和检验结果判断见 ISO 14161。

# 医疗保健产品灭菌　生物指示物
# 第3部分:湿热灭菌用生物指示物

## 1　范围

GB 18281 的本部分规定了拟在评价使用湿热作为灭菌介质时的湿热灭菌过程中的试验微生物、悬液、染菌载体、生物指示物的要求和试验方法。

本部分所规定的生物指示物适用于使用于饱和蒸汽的湿热灭菌过程,不适用于使用空气混合物蒸汽的湿热灭菌过程。

注 1:关于湿热灭菌确认与常规控制参见 ISO 17665-1。

注 2:工作场所的安全参照国家的相关规定。

## 2　规范性引用文件

下列文件对于本文件的应用是必不可少的。凡是注日期的引用文件,仅注日期的版本适用于本文件。凡是不注日期的引用文件,其最新版本(包括所有的修改单)适用于本文件。

ISO 11138-1:2006　医疗保健品灭菌　生物指示物　第1部分:通则(Sterilization of health care products—Biological indicators—Part 1:General requirements)

ISO 18472　医疗保健产品的灭菌　生物与化学指示物　测试设备(Sterilization of health care products—Biological and chemical indicators—Test equipment)

## 3　术语和定义

ISO 11138-1 界定的术语和定义适用于本文件。

## 4　通则

ISO 11138-1 的要求适用于本部分。

## 5　试验微生物

5.1　本部分所列试验过程应使用的试验菌为嗜热脂肪地芽孢杆菌(*Geobacillus stearothermophilus*)的芽孢或其他已被证明符合本部分要求的同等性能的菌种。

注 1:嗜热脂肪芽孢杆菌(*Bacillus strarothermophilus*)现已更名为嗜热脂肪地芽孢杆菌(*G.stearothermophilus*)。

注 2:嗜热脂肪地芽孢杆菌(*G.stearothermophilus*) ATCC 7953(NCTC 10007、DSM 22 和 CIP 52.81)和 ATCC 12980(同 NRRL B-4419)均已被证实可以满足试验的要求。

5.2　在使用除嗜热脂肪地芽孢杆菌(*G.stearothermophilus*)和枯草芽孢杆菌(*Bacillus subtillis*) ATCC 35021(5230)以外的菌种进行试验时,应先对其进行抗力测定。

注:在低于 121 ℃的情况下,可以使用枯草芽孢杆菌(*B.subtillis*) ATCC 35021(5230)等菌种,尤其是对热敏液体进行的灭菌过程。

## 6 菌悬液

ISO 11138-1 的要求适用于本部分。

## 7 载体和初级包装

7.1 载体和初级包装的专用要求应符合 ISO 11138-1:2006 中 5.2 和附录 B 的要求。

7.2 暴露条件的确定应遵循以下程序:

a) 最低暴露温度:应高于生产商规定的最大暴露温度 5 ℃或以上。

b) 灭菌因子:干饱和蒸汽。在未使用干饱和蒸汽的湿热灭菌过程中,例如使用空气/蒸汽混合物时,应选择适宜条件并作为本部分的例外加以注明。

c) 最高暴露温度:应遵照生产商规定。如生产商未作规定,应采用 140 ℃。

d) 暴露时间:≥30 min。

注:只要载体处于蒸汽灭菌工艺的实效范围之内,这些被选条件就代表了对载体的实际检验。

## 8 染菌载体和生物指示物

ISO 11138-1 的要求适用于本部分。

## 9 接种数量与抗力

9.1 生产商应根据 ISO 11138-1:2006 中 4.3 的规定,标明生物指示物的各项抗力参数。

9.2 活菌数应以每个单位(如每毫升菌悬液、每个染菌载体或每个生物指示物)中微生物的增量值 $\leqslant 0.1\times 10^{n}$ 的形式来表述。

9.3 染菌载体和生物指示物的总活菌数应不少于 $1.0\times 10^{5}$。

9.4 抗力值应以 121 ℃时的 $D$ 值表示,单位为分(min)。每批次的生物指示物或染菌载体的 $D_{121}$ 值应以分(min)为单位,精确度为 0.1 min。

9.5 在根据附录 A 进行试验时,用于检验的菌悬液、染菌载体或生物指示物所使用的嗜热脂肪地芽孢杆菌(*G.strarothermophilus*)芽孢的 $D_{121}$ 值应≥1.5 min。在确定其他菌种的 $D$ 值时应根据灭菌的实际需要。菌悬液、染菌载体和生物指示物上试验微生物的 $z$ 值,必须在 110 ℃~130 ℃范围内至少 3 种温度下进行测定。这些数据应用于计算 $z$ 值,$z$ 值必须不低于 6 ℃($z$ 值应根据附录 B 进行计算)。

9.6 生物指示物的抗力也可以用 $F_{\mathrm{BIO}}$ 值表示(见 ISO 11138-1:2006 中 3.7)。

本部分及 GB 18281 的其他部分中所述的抗力特征在标准规定的测试条件下确定。

9.7 $D$ 值的测定方法见 ISO 11138-1:2006 中的附录 C 和附录 D。

9.8 可通过存活曲线法获得生物指示物上试验微生物总数的 $D$ 值(见附录 A)。

9.9 计算存活-杀灭曲线可参照 ISO 11138-1:2006 的附录 E 中的公式。

注:对同一制造商不同批次产品进行比较,可以为使用者提供更有价值的信息。

示例:使用 ISO 11138-1:2006 中附录 E 提供的公式,以最小活菌数和最小 $D$ 值计算可得:

——温度为 121 ℃时:存活时间≥4.5 min,杀灭时间≤13.5 min。

# 附 录 A
（规范性附录）
# 湿热灭菌抗力的测定

## A.1 概述

本部分所述方法需要特定的设备：抗力仪。湿热灭菌用抗力仪的特定参数参见 ISO 18472。

有关测试方法的具体要求见 A.2。

## A.2 方法

**A.2.1** 将测试样本置于合适的载样器材上。

**A.2.2** 让测定器预热到所需温度，如：121 ℃±0.5 ℃。

**A.2.3** 把固定好的载样器材和样品放入室内，关闭反应室，并启动操作程序的循环过程。

**A.2.4** 按以下程序进行操作：

第一步：反应室抽真空，2 min 内达到 4.5 kPa±1 kPa。

第二步：向室内通入蒸汽，使温度和压强在 10 s 内达到规定值。暴露时间为 0 min 时，应无蒸汽通入。

第三步：在规定的暴露时间内维持该条件。

第四步：在暴露阶段结束时，应在 1 min 之内将室内的压力减到 10 kPa 以下。温度必须在 5 s 内降到 100 ℃以下。通入经过滤的空气直至达到外界大气压。

第五步：该周期结束后，迅速从反应室取出载样器材和样品，并迅速冷却。将样品转移到生长培养基并培养（见 ISO 11138-1:2006 中的第 7 章）。

**A.2.5** 样品的转移过程应作书面记录，所有的测试需使用相同的时间周期。

## A.3 抗力的测定

应按照 ISO 11138-1:2006 中附录 C、附录 D 和附录 E 规定的方法测定抗力。

# 附 录 B
（规范性附录）
## $z$ 值和相关系数 $\gamma^2$ 的计算

**B.1** 根据 ISO 11138-1:2006 中附录 C 或附录 D 里提供的方法获得数据，通过 lg$D$ 值对暴露温度作图可求得 $z$ 值，单位为摄氏度(℃)。在使用线性回归分析法时，$z$ 值等于“最佳拟合曲线”斜率的负倒数。

注：$z$ 值与相关系数 $\gamma^2$ 的计算方法参见 9.5。

**B.2** 通过式(B.1)计算最佳拟合曲线的斜率：

$$m=\frac{nG-AB}{nC-A^2} \qquad \text{(B.1)}$$

式中：

$m$ ——最佳拟合曲线的斜率；

$n$ ——$D$ 值/温度的对数值；

$G$ —— $\sum(t\lg y)$；

$A$ —— $\sum t$；

$B$ —— $\sum \lg y$；

$C$ —— $\sum t^2$。

计算所需数据见表 B.1。

**表 B.1 示例：使用线性回归分析法计算数据**

| $D$ 值($y$)<br>min | 暴露温度($t$)<br>℃ | $\lg y$ | $t^2$ | $t\lg y$ | $(\lg y)^2$ |
|---|---|---|---|---|---|
| $y_1$ | $t_1$ | $\lg y_1$ | ${t_1}^2$ | $t_1\lg y_1$ | $(\lg y_1)^2$ |
| $y_2$ | $t_2$ | $\lg y_2$ | ${t_2}^2$ | $t_2\lg y_2$ | $(\lg y_2)^2$ |
| $y_3$ | $t_3$ | $\lg y_3$ | ${t_3}^2$ | $t_3\lg y_3$ | $(\lg y_3)^2$ |
| $y_n$ | $t_n$ | $\lg y_n$ | ${t_n}^2$ | $t_n\lg y_n$ | $(\lg y_n)^2$ |
|  | $A=\sum_{i=1}^{i=n}t_i$ | $B=\sum_{i=1}^{i=n}\lg y_i$ | $C=\sum_{i=1}^{i=n}{t_i}^2$ | $G=\sum_{i=1}^{i=n}(t_i\lg y_i)$ | $E=\sum_{i=1}^{i=n}(\lg y_i)^2$ |
| 赋值变量 | $A$ | $B$ | $C$ | $G$ | $E$ |

**B.3** 表 B.2 给出了具体的计算示例。

**表 B.2 斜率的计算示例**

| $D$ 值($y$)<br>min | 暴露温度($t$)<br>℃ | $\lg y$ | $t^2$ | $t\lg y$ | $(\lg y)^2$ |
|---|---|---|---|---|---|
| $y_1=2.0$ | $t_1=121$ | $\lg y_1=0.301\ 0$ | ${t_1}^2=14\ 641$ | $t_1\lg y_1=36.421\ 0$ | $(\lg y_1)^2=0.090\ 6$ |
| $y_2=1.1$ | $t_2=124$ | $\lg y_2=0.041\ 4$ | ${t_2}^2=15\ 376$ | $t_2\lg y_2=5.133\ 6$ | $(\lg y_2)^2=0.001\ 7$ |
| $y_3=0.4$ | $t_3=129$ | $\lg y_3=-0.397\ 9$ | ${t_3}^2=16\ 641$ | $t_3\lg y_3=-51.329\ 1$ | $(\lg y_3)^2=0.158\ 3$ |
|  | $A=\sum_{i=1}^{i=3}t_i$ | $B=\sum_{i=1}^{i=3}\lg y_i$ | $C=\sum_{i=1}^{i=3}{t_i}^2$ | $G=\sum_{i=1}^{i=3}(t_i\lg y_i)$ | $E=\sum_{i=1}^{i=5}(\lg y_i)$ |
| 赋值变量 | $A=374$ | $B=-0.055\ 5$ | $C=46\ 658$ | $G=-9.774\ 5$ | $E=0.250\ 6$ |

$$m=\frac{nG-AB}{nC-A^2}$$
$$=\frac{3\times(-9.774\ 5)-374\times(-0.055\ 5)}{3\times(466\ 58)-374^2}$$
$$=\frac{-29.323\ 5-(-20.757\ 0)}{139\ 974-139\ 876}$$
$$=\frac{-8.566\ 5}{98}$$
$$=-0.087\ 4$$

**B.4** $z$ 值为上述斜率的负对数,可用下列公式求得:

$$z=-\left(\frac{1}{m}\right)$$

使用上式计算斜率,得到 $z$ 值:

$$z=-\left(\frac{1}{-0.087\ 4}\right)=11.441\ 6\ ℃$$

保留一位小数,得到 $z=11.4$ ℃。

**B.5** 相关系数 $\gamma^2$ 可使用下列公式计算:

$$\gamma^2=\frac{\{(G)-[(A)(B/n)]\}^2}{[(C)-(A^2/n)][(E)-(B^2/n)]}$$

式中所有变量均同 B.2,$E=\sum(\lg y)^2$。

**B.6** 下面是计算 $z$ 值相关系数的实例,使用 B.2 相同数据:

$$\gamma^2=\frac{[-9.774\ 5-374\times(-0.055\ 5/3)]^2}{(466\ 58-374^2/3)\times[0.250\ 6-(-0.055\ 5^2/3)]}$$
$$=\frac{[-9.774\ 5-(-6.919\ 0)]^2}{(466\ 58-46\ 625.333)\times(0.250\ 6-0.001\ 0)}$$
$$=\frac{(-2.855\ 5)^2}{32.667\times0.249\ 6}$$
$$=\frac{8.153\ 9}{8.151\ 36}$$
$$=1.000\ 0$$

# 参考文献

[1] ISO 14161 Sterilization of health care products—Biological indicators—Guidance for the selection,use and interpretation of results

[2] ISO 17665-1 Sterilization of health care products—Moist heat—Part 1:Requirements for the development,validation and routine control of a sterilization process for medical devices

ICS 11.080.01
C 47

# 中华人民共和国国家标准

GB 18281.4—2015/ISO 11138-4:2006

# 医疗保健产品灭菌　生物指示物 第4部分:干热灭菌用生物指示物

**Sterilization of health care products—Biological indicators—Part 4:Biological indicators for dry heat sterilization processes**

(ISO 11138-4:2006,IDT)

2015-12-10 发布　　2017-01-01 实施

中华人民共和国国家质量监督检验检疫总局
中国国家标准化管理委员会　发布

# 前　　言

**GB 18281 的本部分的全部技术内容为强制性。**

GB 18281《医疗保健产品灭菌　生物指示物》分为以下五个部分：

——第 1 部分：通则；

——第 2 部分：环氧乙烷灭菌用生物指示物；

——第 3 部分：湿热灭菌用生物指示物；

——第 4 部分：干热灭菌用生物指示物；

——第 5 部分：低温蒸汽甲醛灭菌用生物指示物。

本部分是 GB 18281 的第 4 部分。

本部分按照 GB/T 1.1—2009 给出的规则起草。

本部分使用翻译法等同采用 ISO 11138-4:2006《医疗保健产品灭菌　生物指示物　第 4 部分：干热灭菌用生物指示物》。

与本部分中规范性引用的国际文件有一致性对应关系的我国文件如下：

——GB 18281.1—2015　医疗保健品灭菌　生物指示物　第 1 部分：通则（ISO 11138-1:2006，IDT）；

——GB/T 24628—2009　医疗保健产品的灭菌　生物与化学指示物　测试设备（ISO 18472:2006，IDT）。

本部分做了下列编辑性修改：

——按照 GB/T 1.1 的要求进行了一些编辑上的修改；

——删除了国际标准的前言；

——引言及参考文献中出现的部分国际标准替换为对应的我国标准。

请注意本文件的某些内容可能涉及专利。本文件的发行机构不承担识别这些专利的责任。

本部分由国家食品药品监督管理总局提出。

本部分由全国消毒技术与设备标准化技术委员会（SAC/TC 200）归口。

本部分起草单位：国家食品药品监督管理局广州医疗器械质量监督检验中心、山东新华医疗器械股份有限公司。

本部分主要起草人：李仕宁、赵健存、胡昌明、朱晓明。

# 引　言

GB 18281.1 规定了生物指示物的生产、标签、试验方法和性能要求，这些指示物包含预期用于灭菌过程的确认和常规控制的染菌载体和菌悬液。本部分规定了用于干热灭菌过程中的生物指示物的专用要求。

GB 18281 提供了通用要求和试验方法。本标准是由专业制造商、用户和监管部门共同参与制定。本标准制定的目的不是提倡在不推荐使用的场合使用生物指示物，而是为目前使用的生物指示物提供规范。

干热灭菌确认与常规控制参见 GB/T 19974。

生物指示物的选择、使用及检验结果判断参见 GB/T 19972。

# 医疗保健产品灭菌　生物指示物　第4部分:干热灭菌用生物指示物

## 1　范围

GB 18281的本部分规定了拟在评价灭菌器性能和灭菌过程时采用的试验微生物、菌悬液、染菌载体、生物指示物的专用要求和试验方法,该灭菌器使用干热空气进行灭菌,灭菌温度范围为120 ℃～180 ℃。

注1:干热灭菌确认与常规控制参见GB/T 19974。

注2:工作场所的安全参照国家的相关规定。

## 2　规范性引用文件

下列文件对于本文件的应用是必不可少的。凡是注日期的引用文件,仅注日期的版本适用于本文件。凡是不注日期的引用文件,其最新版本(包括所有的修改单)适用于本文件。

ISO 11138-1:2006　医疗保健品灭菌　生物指示物　第1部分:通则(Sterilization of health care products—Biological indicators—Part 1:General requirements)

ISO 18472　医疗保健产品的灭菌　生物与化学指示物　测试设备(Sterilization of health care products—Biological and chemical indicators—Test equipment)

## 3　术语和定义

ISO 11138-1界定的术语和定义适用于本文件。

## 4　通用要求

ISO 11138-1的要求适用于本部分。

## 5　试验微生物

5.1　试验微生物应为萎缩芽孢杆菌的芽孢或其他符合本部分要求的微生物菌株。

注1:一些枯草芽孢杆菌菌株已重新归类为萎缩芽孢杆菌。

注2:据证实,萎缩芽孢杆菌CIP 77.18、NCIMB 8058、DSM 675、NRRL B-4418和ATCC 9372或者枯草芽孢杆菌DSM 13019是合适的菌株。

5.2　如果试验微生物不是萎缩芽孢杆菌,应确定此试验微生物抗力的适宜性。

## 6　菌悬液

ISO 11138-1的要求适用于本部分。

## 7 载体和初级包装

7.1 干热灭菌用生物指示物的载体和初级包装的材料应符合 ISO 11138-1:2006 中 5.2 和附录 B 的要求。

7.2 确定合格的暴露条件应为:

a) 最低暴露温度:高于制造商规定的最高温度 5℃或以上;

b) 灭菌因子:干热空气;

c) 最高暴露温度:由制造商规定;如果制造商未规定,最高暴露温度应≥180 ℃;

d) 暴露时间:≥30 min。

注:只要被选条件仍处于干热灭菌工艺的实效范围内,则这些被选条件就代表了对载体的实际检验。

## 8 染菌载体和生物指示物

ISO 11138-1 的要求适用于本部分。

## 9 微生物数量和抗力

9.1 制造商应声明生物指示物的抗力符合 ISO 11138-1:2006 中 6.4 的要求。

9.2 生物指示物上每单位活菌量的增量应以≤$0.1\times10^n$ 的整数倍来表示(例如:每毫升菌悬液、每一染菌载体或每一生物指示物)。

9.3 染菌载体和生物指示物的活菌量应≥$1.0\times10^6$。

9.4 抗力应用 160 ℃时的 $D$ 值表示,单位为分钟(min)。每一批生物指示物或染菌载体的 $D$ 值应用 160 ℃时的 $D$ 值表示,保留一位小数。

9.5 按附录 A 的条件测试时,含萎缩芽孢杆菌芽孢的菌悬液、染菌载体或生物指示物的 $D_{160}$ 值(160 ℃时的 $D$ 值)应≥2.5 min。其他微生物应有不影响其使用的 $D$ 值。菌悬液中、染菌载体上或生物指示物里的试验微生物的 $z$ 值应在 150 ℃~180 ℃范围内取不少于三个温度点来确定。这些数据将用来计算 $z$ 值,$z$ 值应≥20 ℃(见附录 B)。

9.6 生物指示物的抗力也可以用 $F_{BIO}$ 值表示(见 ISO 11138-1:2006 中 3.7)。

本部分和 GB 18281 的其他部分中规定的抗力特性应通过标准中规定的特定的测试条件确定。

9.7 $D$ 值按 GB ISO 11138-1:2006 中附录 C 和附录 D 的方法确定。

9.8 $D$ 值和存活-杀灭反应特性的确定需要使用一个可应用其过程参数的抗力仪(见附录 A)。

注:上文所述的数值适合于强制送风、保持 160 ℃、运行周期为 2 h 的干热灭菌器。

9.9 存活-杀灭区间可由 ISO 11138-1:2006 中附录 E 的公式计算得出。

注:这些信息对使用者用来比较同一制造商的不同批次的产品是有价值的。

示例:按 ISO 11138-1:2006 中附录 E 的公式,用本部分规定的最少活菌量和最小的 $D$ 值,存活-杀灭反应特性为:

——在 54 ℃:存活时间≥10 min,杀灭时间≤25 min;

——在 30 ℃:存活时间≥50 min,杀灭时间≤125 min。

# 附 录 A
## (规范性附录)
## 干热灭菌抗力的测定方法

### A.1 概述

本方法需要使用特定的设备:抗力仪。用于干热灭菌过程的抗力仪特定的过程参数按 ISO 18472。

试验方法见 A.2。

### A.2 方法

**A.2.1** 把样品装在合适的样品架上。

**A.2.2** 预热抗力仪反应室到必需的运行温度,如:160 ℃±1 ℃。

**A.2.3** 放置装好样品的样品架到反应室内,关上门并启动过程周期。

**A.2.4** 完成以下操作顺序:

步骤 1:保持上述条件至必需的保持时间±5 s。

步骤 2:暴露时间结束时,从反应室内取出测试样品,并迅速降温。转移样品到培养基并进行培养(见 ISO 11138-1:2006 中的第 7 章)。

**A.2.5** 转移时间宜记录,所有测试宜使用相同的时间。

### A.3 抗力的测定

抗力特性应按 ISO 11138-1:2006 中附录 C、附录 D 和附录 E 给出的方法测定。

# 附 录 B
## （规范性附录）
## $z$ 值的计算

**B.1** 使用所有从 ISO 11138-1:2006 中附录 C 或附录 D 任何一个中获得的数据，绘出 $D$ 值的 lg 和以摄氏度表示的暴露温度的对比图。$z$ 值等于由回归分析所确定的最佳线性拟合曲线的斜率的负倒数。

注：见 9.5 中关于 $z$ 值的计算要求和相关系数，$r^2$。

**B.2** 最佳线性拟合曲线的斜率使用下列公式计算：

$$m=\frac{nG-AB}{nC-A^2}$$

式中：

$m$ ——最佳线性拟合曲线的斜率；

$n$ ——$D$ 值的数目/温度对；

$G$ ——$\sum(t\lg y)$；

$A$ ——$\sum t$；

$B$ ——$\sum \lg y$；

$C$ ——$\sum(t^2)$。

所需的用于计算的数据由表 B.1 给出。

**表 B.1 收集的用于回归分析的数据示例**

| $D$ 值($y$)<br>min | 暴露温度($t$)<br>℃ | $\lg y$ | $t^2$ | $t\lg y$ | $(\lg y)^2$ |
|---|---|---|---|---|---|
| $y_1$ | $t_1$ | $\lg y_1$ | $t_1{}^2$ | $t_1\lg y_1$ | $(\lg y_1)^2$ |
| $y_2$ | $t_2$ | $\lg y_2$ | $t_2{}^2$ | $t_2\lg y_2$ | $(\lg y_2)^2$ |
| $y_3$ | $t_3$ | $\lg y_3$ | $t_3{}^2$ | $t_3\lg y_3$ | $(\lg y_3)^2$ |
| $y_n$ | $t_n$ | $\lg y_n$ | $t_n{}^2$ | $t_n\lg y_n$ | $(\lg y_n)^2$ |
| | $A=\sum_{i=1}^{i=n}t_i$ | $B=\sum_{i=1}^{i=n}\lg y_i$ | $C=\sum_{i=1}^{i=n}t_i{}^2$ | $G=\sum_{i=1}^{i=n}(t_i\lg y_i)$ | $E=\sum_{i=1}^{i=n}(\lg y_i)^2$ |
| 分配<br>变量 | $A$ | $B$ | $C$ | $G$ | $E$ |

**B.3** 表 B.2 给出了最佳线性拟合曲线的斜率计算结果的示例。

**表 B.2　斜率计算结果示例**

| $D$ 值($y$)<br>min | 暴露温度($t$)<br>℃ | $\lg y$ | $t^2$ | $t\lg y$ | $(\lg y)^2$ |
|---|---|---|---|---|---|
| $y_1=4.2$ | $t_1=150$ | $\lg y_1=0.623\ 2$ | $t_1{}^2=225\ 00$ | $t_1\lg y_1=93.480\ 0$ | $(\lg y_1)^2=0.388\ 4$ |
| $y_2=2.1$ | $t_2=160$ | $\lg y_2=0.322\ 2$ | $t_2{}^2=256\ 00$ | $t_2\lg y_2=51.552\ 0$ | $(\lg y_2)^2=0.103\ 8$ |
| $y_3=1.2$ | $t_3=170$ | $\lg y_3=0.079\ 2$ | $t_3{}^2=289\ 00$ | $t_3\lg y_3=13.464\ 0$ | $(\lg y_3)^2=0.006\ 3$ |
| | $A=\sum_{i=1}^{i=3} t_i$ | $B=\sum_{i=1}^{i=3}\lg y_i$ | $C=\sum_{i=1}^{i=3} t_i{}^2$ | $G=\sum_{i=1}^{i=3}(t_i\lg y_i)$ | $E=\sum_{i=1}^{i=3}(\lg y_i)^2$ |
| 分配<br>变量 | $A=480$ | $B=1.024\ 6$ | $C=77\ 000$ | $G=158.496\ 0$ | $E=0.498\ 5$ |

$$m=\frac{nG-AB}{nC-A^2}$$
$$=\frac{3\times158.496\ 0-480\times1.024\ 6}{3\times77\ 000-480^2}$$
$$=\frac{475.488\ 0-491.808\ 0}{231\ 000-230\ 400}$$
$$=\frac{-16.320\ 0}{600}$$
$$=-0.027\ 2$$

**B.4**　$z$ 值等于斜率的负倒数，使用以下公式计算：

$$z=-\left(\frac{1}{m}\right)$$

使用上述公式计算斜率，$z$ 值的结果是：

$z=-\left(\frac{1}{-0.027\ 2}\right)=36.764\ 7$ ℃，四舍五入到一个小数点：

$z=36.8$ ℃

**B.5**　线性的 $z$ 值曲线的相关系数 $r^2$，使用以下公式计算：

$$r^2=\frac{[G-A(B/n)]^2}{(C-A^2/n)(E-B^2/n)}$$

式中所有变量由 B.2 定义，$E=\sum(\lg y)^2$。

**B.6**　使用表 B.2 的数值计算线性的 $z$ 值曲线的相关系数的结果的示例：

$$r^2=\frac{[158.496\ 0-480\times(1.024\ 6/3)]^2}{(77\ 000-480^2/3)(0.498\ 5-1.024\ 6^2/3)}$$
$$=\frac{(158.496\ 0-163.936\ 0)^2}{(77\ 000-76\ 800)(0.498\ 5-0.349\ 9)}$$
$$=\frac{(-5.440\ 0)^2}{200\times0.148\ 6}$$
$$=\frac{29.593\ 6}{29.720\ 0}$$
$$=0.995\ 7$$

## 参 考 文 献

[1] GB/T 19972—2005 医疗保健产品灭菌 生物指示物 选择、使用及检验结果判断指南(ISO 14161:2000,IDT)

[2] GB/T 19974—2005 医疗保健产品灭菌 灭菌因子的特性及医疗器械灭菌工艺的设定、确认和常规控制的通用要求(ISO 14937:2000,IDT)

ICS 11.080.01
C 47

# 中华人民共和国国家标准

GB 18281.5—2015/ISO 11138-5:2006

# 医疗保健产品灭菌　生物指示物
# 第5部分:低温蒸汽甲醛灭菌用生物指示物

**Sterilization of health care products—Biological indicator—Part 5: Biological indicators for low-temperature steam and formaldehyde sterilization processes**

(ISO 11138-5:2006,IDT)

2015-12-10 发布　　2017-01-01 实施

中华人民共和国国家质量监督检验检疫总局
中国国家标准化管理委员会　发布

# 前　言

**GB 18281 的本部分的全部技术内容为强制性。**

GB 18281《医疗保健产品灭菌　生物指示物》分为以下五个部分：

——第 1 部分：通则；

——第 2 部分：环氧乙烷灭菌用生物指示物；

——第 3 部分：湿热灭菌用生物指示物；

——第 4 部分：干热灭菌用生物指示物；

——第 5 部分：低温蒸汽甲醛灭菌用生物指示物。

本部分是 GB 18281 的第 5 部分。

本部分按照 GB/T 1.1—2009 给出的规则起草。

本部分使用翻译法等同采用 ISO 11138-5:2006《医疗保健产品的灭菌　生物指示物　第 5 部分：低温蒸汽甲醛灭菌用生物指示物》。

与本部分中规范性引用的国际文件有一致性对应关系的我国文件如下：

——GB 18281.1—2015　医疗保健品灭菌　生物指示物　第 1 部分：通则(ISO 11138-1:2006，IDT)。

本部分做了下列编辑性修改：

——按照 GB/T 1.1 的要求进行了一些编辑上的修改；

——删除国际标准的前言。

请注意本文件的某些内容可能涉及专利。本文件的发行机构不承担识别这些专利的责任。

本部分由国家食品药品监督管理总局提出。

本部分由全国消毒技术与设备标准化技术委员会(SAC/TC 200)归口。

本部分起草单位：国家食品药品监督管理局广州医疗器械质量监督检验中心、杭州泰林生物技术设备有限公司、山东新华医疗器械股份有限公司。

本部分主要起草人：徐红蕾、夏信群、黄鸿新、朱晓明。

# 引　言

GB 18281 规定了用于监测灭菌周期的生物指示物在生产、标签、测试方法和性能方面的通用要求，还包括运营商打算用于验证和监控灭菌过程的菌悬液。GB 18281 的本部分给出了具体的用于低温蒸汽甲醛灭菌处理的生物指示物的要求。

GB 18281 标准系列所提供的是一般要求和所需的测试方法。目前这个先进的标准系列是由专业的制造商、使用者和监管部门参与制定的标准。其意图不仅仅是不提倡在不建议使用的方面使用生物指标，而是提供现今为人所知的生产那些生物指示物通用的要求。

标准中提供了用于验证和监控低温蒸汽甲醛灭菌过程的一般要求(见 ISO 14937)。

**注意**：一些国家或地区已经出版的标准可能涵盖灭菌或生物指示物的要求。

对生物指示物结果的选用、使用和解释可见 ISO 14161。

# 医疗保健产品灭菌　生物指示物
# 第5部分:低温蒸汽甲醛灭菌用生物指示物

## 1　范围

GB 18281的本部分规定了测试微生物、菌悬液、染菌载体、生物指示物和利用低温蒸汽甲醛为灭菌剂来评估灭菌处理效果的生物指示物测试方法的通用要求。

注1:低温蒸汽甲醛灭菌过程的控制和确认的要求见ISO 14937。

注2:关于工作场所的安全要求见国家或区域条例。

## 2　规范性引用文件

下列文件对于本文件的应用是必不可少的。凡是注日期的引用文件,仅注日期的版本适用于本文件。凡是不注日期的引用文件,其最新版本(包括所有的修改单)适用于本文件。

ISO 11138-1:2006　医疗保健品灭菌　生物指示物　第1部分:通则(Sterilization of health care products—Biological indicators—Part 1:Genral requirements)

## 3　术语和定义

ISO 11138-1中界定的以及下列术语和定义适用于本文件。

3.1

**低温蒸汽甲醛灭菌　low-temperature steam and formaldehyde sterilization**

通过动力排气,使预先包装的物品处于负压状态暴露于蒸汽,在低于100 ℃温度下,注入甲醛气体,使得灭菌剂在维持时间保持稳态的工艺。

## 4　通用要求

ISO 11138-1的要求适用于本部分。

## 5　试验菌

5.1　试验菌应是嗜热脂肪地芽孢杆菌或其他已被证明符合本部分要求的等效性能的微生物菌株。

注1:嗜热脂肪芽孢杆菌已重新分类为嗜热脂肪地芽孢杆菌。

注2:目前被认为适用的嗜热脂肪地芽孢杆菌,如NCIB 8224、DSM 6790、ATCC 10149和ATCC 12980。

5.2　如使用嗜热脂肪地芽孢杆菌以外的一株试验菌,那么这株试验菌的抗力适宜性应待确定。

## 6　菌悬液

ISO 11138-1的要求适用于本部分。

## 7 载体和内层包装

7.1 用低温蒸汽甲醛为灭菌剂的生物指示物的载体和内层包装的材料应符合 ISO 11138-1:2006 中5.2 和 ISO 11138-1:2006 中的附录 B 的要求。

注:由于纤维素表面对甲醛的化学吸附作用,滤纸类不适宜作载体。

7.2 应遵守确定的暴露条件:

a) 最低暴露温度:不小于 5 ℃(上述制造商声称的最高温度);

b) 最高暴露温度:依照制造商声称的最大值;如果制造商未声明,最大暴露温度应不小于 100 ℃;

c) 暴露时间:不小于 60 min。

注:这些条件已成为一种告戒,对带菌体的实际限制在低温蒸汽甲醛灭菌过程的应用范围内。条件的选择要能显示出实际的低温蒸汽甲醛灭菌过程对载体的实际要求。

## 8 染菌载体和生物指示物

ISO 11138-1 的要求适用于本部分。

## 9 微生物数量和抗力

9.1 制造商应根据 ISO 11138-1:2006 中 6.4 的要求规定抗力特性。

9.2 活菌计数的增殖量应不大于 $0.1\times10^{n}$/每个单位(如:每毫升菌悬液、每个待接种的带菌体、每个生物带菌体)。

9.3 待接种的带菌体和生物带菌体的增殖量应不小于 $1.0\times10^{5}$。

9.4 抗力应表示为 60 ℃时的 $D$ 值,单位为分(min)。每一批/批次的生物指示物或者染菌载体的 $D$ 值应用 60 ℃时的 $D$ 值表示,保存至一位小数。

9.5 当按照附录 A 进行测试时,培养基、染菌载体或生物指示物包括嗜热脂肪地芽孢杆菌的 $D_{60}$ 值应≥6 min。其他微生物也应有 $D$ 值以便应用。

9.6 生物指示物的抗力也可以用 $F_{BIO}$ 值表示(见 ISO 11138-1:2006 中 3.7)。本部分和 GB 18281 的其他部分特指的抗力应按照标准规定的特定条件测试。

9.7 应按照 ISO 11138-1:2006 的附录 C 和附录 D 所给定的方法测定 $D$ 值。

9.8 $D$ 值的测定和存活-杀灭反应特性基于附录 A 中的过程参数。

9.9 存活-杀灭区间可用 ISO 11138-1:2006 中附录 E 的公式来计算。

注:比较同一生产商的不同批号的产品信息对于使用者是有用的。

示例:套用 ISO 11138-1:2006 中附录 E 的公式以及本部分给出的种群和最小 $D$ 值,存活-杀灭反应特性值是:

——60 ℃时:存活时间≥18 min,杀灭时间≤54 min。

# 附 录 A
## （规范性附录）
## 测定低温蒸汽甲醛灭菌过程中抗力的方法

### A.1 通则

本方法是基于一种染菌载体浸入到甲醛水溶液的定性的测试。本方法的测试结果比使用气相腔式方法的结果有更好的重现性。

A.3 提供了测试方法的特别要求。

### A.2 染菌载体的暴露条件

**A.2.1** 测试系统中包含装有 10 mL 甲醛水溶液的试管，并使试管放在一个自动控温的水浴装置中。测试系统应能在 1 min～150 min（精确至±10 s）时间段内保持特定的暴露条件。

**A.2.2** 甲醛水溶液的浓度应用化学分析方法确定。

**A.2.3** 该方法应被验证过。

### A.3 方法

**A.3.1** 将染菌载体完全浸入测试试管中已预热至 60 ℃±0.5 ℃的 1 mol/L±0.01 mol/L 的甲醛水溶液中。

**A.3.2** 确认染菌载体完全浸入甲醛水溶液中而不是漂浮于表面。

**A.3.3** 进行测试时使用防护技术以防止偶发污染。

**A.3.4** 在设定的暴露时间终了，取出甲醛溶液中的染菌载体。

**A.3.5** 去除载体上的多余液体，将其将在室温下浸入装有过滤过的 2%$Na_2SO_3$ 溶液的试管 10 min，以反应掉载体上残留的甲醛。盖上试管。要注意尽量不要搅动甲醛及中和剂溶液，以防止“冲走”测试微生物。

注：组氨酸和半胱氨酸是有效的中和剂。

**A.3.6** 特定的生长培养基应能保证覆盖测试微生物。

注：本测试中大豆酪蛋白消化酶适用。

**A.3.7** 将载体转移至装有 10 mL 生长介质（A.3.6）的试管中。盖上试管。

**A.3.8** 将试管保持 90 ℃ 60 min 以激发孢子的活性。

**A.3.9** 最后，进行载体的培养（见 ISO 11138-1:2006 中第 7 章）。

### A.4 测定抗力

抗力特性值应用 ISO 11138-1:2006 的附录 C、附录 D 和附录 E 给定的方法测定。

# 附 录 B
（资料性附录）
低温蒸汽甲醛用生物指示物的液相测试方法原理

## B.1 通则

为了指示物测试方法的可重复性，应使用特定的测试设备（电阻测试仪）和测试方法。在低温蒸汽甲醛灭菌过程中，电阻测试仪中的甲醛气体浓度极难达到稳定，因为当一定量的甲醛注入容器中后，会有甲醛溶于出现的少量的水珠（冷凝物）中。甲醛在水中的溶解浓度依照温度的不同，高于其在气体状态浓度的 1 000 倍～10 000 倍。

因此，本部分采用甲醛浓度可以明确的液相测试方法，以达到测试方法的可重复性。

## B.2 低温甲醛蒸汽灭菌过程

即使在连续的蒸汽条件下和稳定的甲醛气体浓度中，灭菌过程仍然严重依赖于灭菌腔的设计和负载物的特性。甲醛灭菌过程可以简单地划分为两步：

a） 在蒸汽灭菌过程中，在负载物表面会产生水珠冷凝物膜，这个冷凝过程非常快；

b） 因为甲醛在气液平衡状态下的浓度变化极大（1∶1 000～1∶10 000），达到平衡所需要的时间相对较长，在实际情况下，需要的时间为 10 min～2 h。

灭菌过程取决于甲醛在液态中的浓度，比如，冷凝物的表面。确认这种平衡条件的时间常数项非常难。

# 参 考 文 献

[1] ISO 14161:2000 Sterilization of henlth care products—Biological indicators—Guidance for the selection, use and interpretation of results

[2] ISO 14937:2000 Sterilization of henlth care products—General requirements for characterization of a sterilizing agent and the development validatine control of sterilization process for medical devices

[3] EN 14180:2003 Sterilizers for medical purposes—Low temperature steam and formaldehyde sterilizers—Requirements and testing

ICS 11.080.01
C 47

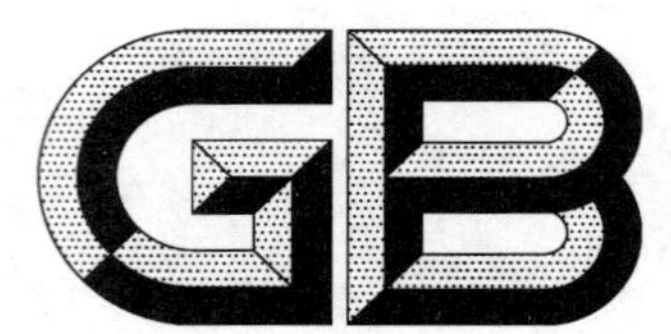

# 中华人民共和国国家标准

GB 18282.1—2015/ISO 11140-1:2005
代替 GB 18282.1—2000

# 医疗保健产品灭菌　化学指示物
# 第1部分:通则

**Sterilization of health care products—Chemical indicator—**
**Part 1:General requirements**

(ISO 11140-1:2005,IDT)

2015-12-10 发布　　　　2017-01-01 实施

中华人民共和国国家质量监督检验检疫总局
中国国家标准化管理委员会　发布

# 前　言

**GB 18282的本部分的全部技术内容为强制性。**

GB 18282《医疗保健产品灭菌　化学指示物》分为以下几部分：

——第1部分：通则；

——第3部分：用于BD类蒸汽渗透测试的二类指示物系统；

——第4部分：用于替代性BD类蒸汽渗透测试的二类指示物；

——第5部分：用于BD类空气排除测试的二类指示物。

注：GB 18282.2《医疗保健产品灭菌　化学指示物　测试设备和方法》被GB/T 24628—2009《医疗保健产品灭菌　生物与化学指示物　测试设备》代替。

本部分为GB 18282的第1部分。

本部分按照GB/T 1.1—2009给出的规则起草。

本部分代替GB 18282.1—2000《医疗保健产品灭菌　化学指示物　第1部分：通则》，与GB 18282.1—2000相比，主要差异如下：

——增加了渐进反应、指示物系统、偏移、渗透、衬底、可视变化的术语和定义；

——增加了对“汽化过氧化氢”灭菌过程指示物关键参数的要求；

——增加了第6章对指示物性能的要求和第7章指示物的测试方法；

——增加了附录A～附录E的内容。

本部分等同采用ISO 11140-1:2005《医疗保健产品灭菌　化学指示物　第1部分：通则》。

与本部分中规范性引用的国际文件有一致性对应关系的我国文件如下：

——GB/T 7408—2005　数据元和交换格式　信息交换　日期和时间表示法(ISO 8601:2000，IDT)；

——GB 18281(所有部分)　医疗保健产品灭菌　生物指示物[ISO 11138(所有部分)]；

——GB/T 19633.1—2015　最终灭菌医疗器械的包装　第1部分：材料、无菌屏障系统和包装系统要求(ISO 11607-1:2006，IDT)；

——GB/T 19633.2—2015　最终灭菌医疗器械的包装　第2部分：成形、密封和装配过程的确认要求(ISO 11607-2:2006，IDT)；

——GB/T 24628—2009　医疗保健产品灭菌　生物与化学指示物　测试设备(ISO 18472:2006，IDT)。

本部分做了下列编辑性修改：

——删除了国际标准的前言；

——引言及参考文献中出现的部分国际标准替换为对应的我国标准。

请注意本文件的某些内容可能涉及专利。本文件的发布机构不承担识别这些专利的责任。

本部分由国家食品药品监督管理总局提出。

本部分由全国消毒技术与设备标准化技术委员会(SAC/TC 200)归口。

本部分起草单位：国家食品药品监督管理局广州医疗器械质量监督检验中心、北京吉卡意科技有限公司、山东新华医疗器械股份有限公司。

本部分主要起草人：吴伟荣、张扬、钱英杰、王洪敏。

本部分所代替标准的历次版本发布情况为：

——GB 18282.1—2000。

# 引　言

GB 18282 的本部分规定了化学指示物性能要求和(或)测试方法,化学指示物预期用于蒸汽、干热、环氧乙烷、$\gamma$ 和 $\beta$ 辐照、蒸汽甲醛或汽化过氧化氢灭菌过程的测试。

对于本部分没有具体提供预期用于其他灭菌方法的指示物(如湿热灭菌的其他形式)的附加要求,本部分的通用要求将适用。

对于特定测试指示物(例如 B-D 测试指示物)的要求包括在 GB 18282 的其他部分。

用于灭菌器及用于灭菌过程控制与确认的标准,分别描述了灭菌器的性能测试和日常控制与确认方法。

本部分预期用于化学指示物制造商,并规定了化学指示物的通则。GB 18282 的随后部分规定了特定用途的化学指示物,以及用于医疗保健产品包括工业的特定灭菌过程的测试的特定要求,本部分规定的化学指示物的用途,在 ISO 15882、EN 285、GB 18279 和 ISO 17665 中描述。

抗力仪(见 ISO 18472)用于表征本部分描述的化学指示物的性能。抗力仪允许有特定测试条件和周期结果的精确变化,以形成受控的物理研究。抗力仪与常规的灭菌器不同,因此,如果常规的灭菌器用于尝试重复抗力仪的条件,可能发生错误的和(或)令人误解的结果。

# 医疗保健产品灭菌　化学指示物
# 第1部分:通则

## 1　范围

1.1　GB 18282 的本部分规定了指示物一般要求和测试方法,这些指示物是通过物理的和/或化学的物质变化来显示其暴露于灭菌过程,并用于监测获得规定的单个或多个灭菌过程参数,它们不依赖于对微生物的存活或失活反应。

注:生物学测试系统依靠对有机体生存能力的证明来进行测试。关于该类测试系统应在 ISO 11138 系列的生物指示物(BIs)涉及。

1.2　本部分的要求和测试方法适用于 GB 18282 的其他部分规定的所有指示物,除其他部分修改或增加的要求外,这种情况特定的部分的要求将适用。

相关的测试设备在 ISO 18472 中描述。

注:特定测试指示物(二类)的附加要求在 GB 18282.3、GB 18282.4 和 GB 18282.5 给出。

## 2　规范性引用文件

下列文件对于本文件的应用是必不可少的。凡是注日期的引用文件,仅注日期的版本适用于本文件。凡是不注日期的引用文件,其最新版本(包括所有的修改单)适用于本文件。

ISO 8601　数据元和交换格式　信息交换　日期和时间表示法(Data elements and interchange formats—Information interchange—Representation of dates and times)

ISO 11138(所有部分)　医疗保健产品灭菌　生物指示物系统(Sterilization of health care products—Biological indicators systems)

ISO 11607　最终灭菌医疗器械包装(Packaging for terminally sterilized medical devices)

ISO 18472　医疗保健产品灭菌　生物与化学指示物　测试设备(Sterilization of health care products—Biological and chemical indicators—Test equipment)

## 3　术语和定义

下列术语和定义适用于本文件。

3.1

**洇开　bleed**

超出指示剂印刷边界的指示剂的迁移。

3.2

**关键变量　critical variable**

灭菌过程中必需的参数(并要求监测)。

3.3

**终点　endpoint**

指示物暴露于规定的标定值后,出现的由制造商定义的可观察到变化的点。

3.4

**渐进反应　graduated response**

暴露于一个或多个允许评估达到水平的过程变量后，出现的渐进的可视变化。

3.5

**指示物　indicator**

指示剂与其衬底以最终应用形式的组合(参见附录 E)。

注：与特定测试负载组合的指示物系统也定义为指示物。

3.6

**指示剂/指示试剂　indicator agent/indicator reagent**

活性的物质或活性物质的组合(参见附录 E)。

3.7

**指示物系统　indicator system**

指示剂与其衬底组合，随后用于与特定测试负载组合。

3.8

**脱落　off-set**

指示剂转移到与指示物表面紧密接触的材料上。

3.9

**参数　parameter**

过程变量的规定值。

3.10

**渗透　penetration**

指示剂穿过衬底达到指示剂所在面的反面的迁移。

3.11

**饱和蒸汽　saturated steam**

处于冷凝和汽化平衡状态之间的水蒸气。

3.12

**标定值　stated value;SV**

当指示物变化达到指示物制造商定义的终点时，过程关键变量的值或值的范围。

3.13

**衬底　substrate**

适用于指示剂的载体或支持物质(参见附录 E)。

3.14

**变量　variable**

灭菌过程的条件，其变化可影响杀灭微生物效果。

3.15

**可视变化　visible change**

由制造商定义的，指示物暴露于一个或多个过程关键变量后，肉眼可视的变化。

注：可视变化用于描述一类过程指示物反应。

## 4　分类

### 4.1　概述

在 GB 18282 的随后部分，指示物是通过它们的预期用途进行分类。本部分所描述的化学指示物被分成六类，化学指示物中的每一个类型根据它们用于使用的灭菌过程而进一步划分，分类结构仅表示特性及使用由制造商定义的每个型号指示物的预期用途。这种分类没有等级意义。

### 4.2 一类：过程指示物

过程指示物预期用于单个单元（如灭菌包、容器），用于表明该灭菌单元曾直接暴露于灭菌过程，并区分已处理过和未处理的灭菌单元。它们应对灭菌关键过程变量中的一个或多个起反应（见表1～表6）。

### 4.3 二类：用于特定测试的指示物

二类指示物预期用于相关灭菌器/灭菌标准中规定的特定测试步骤。

注：特定测试指示物（二类指示物）的要求在GB 18282的其他部分中给出。

### 4.4 三类：单变量指示物

单变量指示物应对灭菌关键变量的其中一个起反应（见5.2），并用于表明在其所暴露的灭菌过程中它所起反应的那个变量达到了标定值的要求（见5.7和5.8）。

### 4.5 四类：多变量指示物

多变量指示物应对灭菌关键变量中的两个或多个起反应（见5.2），并用于表明在其所暴露的灭菌周期中它所起反应的那些变量达到了标定值的要求（见5.7和5.8）。

### 4.6 五类：整合指示物

整合指示物应对所有灭菌关键变量起反应，产生的标定值等同于或超过ISO 11138系列标准所给出的对生物指示物的性能要求（见第11章～第13章）。

### 4.7 六类：模拟指示物

模拟指示物是灭菌周期验证指示物，它应对特定灭菌周期的所有灭菌关键变量起反应，其标定值是从特定灭菌过程的关键变量中产生的。

## 5 一般要求

5.1 本章规定的要求适用于所有的指示物，除在GB 18282的随后部分或章中特别排除或修订外。

5.2 对于不同灭菌过程，下列参数被定义为关键变量：

——蒸汽：时间、温度和水（通过饱和蒸汽传输）；

——干热：时间和温度；

——环氧乙烷：时间、温度、相对湿度和环氧乙烷（EO）浓度；

——辐照：总吸收剂量；

——蒸汽-甲醛：时间、温度、水（通过饱和蒸汽传输）和甲醛浓度；

——汽化过氧化氢：时间、温度、过氧化氢浓度。

5.3 制造商应建立明文规定和维持一个正式的质量体系，用以覆盖本部分规定的所有操作。

注：GB/T 19001和YY/T 0287描述了质量体系设计、制造和测试的要求。

5.4 每一指示物应清晰标记适用于预期使用的过程类型（见5.6和5.7），包括指示物的类别（见第4章），对于三类、四类、五类、六类指示物，还包括标定值。

如果指示物的尺寸和规格不允许这些信息以每厘米6个字符或更大的字体进行标记时，这些信息应在标签上和/或使用说明书中提供。

5.5 对于制造商规定的指示物有效期,应符合本部分要求(参见附录 A)。

5.6 灭菌过程的缩写描述应与下列符号一致:

STEAM:所有蒸汽灭菌过程。

DRY:所有干热灭菌过程。

EO:所有环氧乙烷灭菌过程。

IRRAD:所有辐照灭菌过程。

FORM:所有蒸汽-甲醛灭菌过程。

$VH_2O_2$:所有汽化过氧化氢灭菌过程。

这些描述均是符号,不宜被翻译使用。

5.7 如果指示物是预期用于特定灭菌周期,这些信息应在指示物上标示或编码。例如:

STEAM

121 ℃ 15 min

(见 3.12 和 5.6)

5.8 指示物的每个包装或附在包装里的技术信息说明书应提供下列信息:

a) 预期发生的变化;对于颜色变化的指示物,如果颜色变化不能准确描述,则提供预期颜色范围的变化和不变化指示物的样品;

b) 指示物反应的关键变量,它们的标定值(如适用);

c) 分类(见第 4 章),过程(见 5.6),指示物预期用途(见 5.7);

d) 使用前和使用后的贮存条件;

e) 在规定的贮存条件下的有效日期,或生产日期加保存期限,标示应符合 ISO 8601 的规定(例如:YYYY-MM);

f) 提供可溯源的唯一编码(例如批次号码);

g) 确保指示物正常功能的使用说明书;

h) 在指示物预期使用中,对指示物性能有不良影响的任何可能遇见的干扰物质,或者可能发生的情况;

i) 在使用期间和/或使用后需采取的任何安全预防措施;

j) 制造商或供应商的名称和地址;

k) 当按制造商说明书规定贮存完全/不完全变化的指示物时,任何可能发生的变化的性质。

**注:** 国家或者地方法规可以包括附加的或者不同的要求。

5.9 制造商应保留文件证据,证明指示物在用于其指定的灭菌过程进行前、进行中及进行后,均不释放任何已知的、足以损害健康或对被灭菌产品的预期性能产生损害的有毒物质。

## 6 性能要求

### 6.1 概述

6.1.1 当指示物暴露于灭菌过程期间所有变量均已达到或者超过产生可视变化、渐进反应以及终点的水平时,这些变化按照指示物制造商的规定贮存条件,从使用日期开始不少于六个月时间应保持不变。

6.1.2 不完全变化的指示物在贮存中会变质,或回到不变化的条件或缓慢完成变化反应。如果发生了此类的变质,这些信息应在制造商提供的技术信息说明书中声明[见 5.8 k)]。

### 6.2 一类指示物

6.2.1 指示物暴露后出现的可视变化应清晰可见，并应从浅到深，或从深到浅，或从一种颜色到另一种可辨别的不同颜色（见第 8 章）。

6.2.2 当按照 ISO 11607 在一次性使用包装材料印刷时，指示剂不应洇开或偏移至损害指示物的使用或者对包装材料造成危害的程度。当按 7.2 给出的方法进行测试时（同样见 5.9），其设计的灭菌过程前、中、后不应出现渗透现象。

### 6.3 二类指示物

GB 18282.3、GB 18282.4 和 GB 18282.5 给出了二类指示物的特定要求。

### 6.4 三类、四类、五类和六类指示物

6.4.1 指示物暴露于关键变量的标定值之后，出现的终点应清晰可见，并应从浅到深，或从深到浅，或应从一种颜色到另一种可辨别的不同颜色。

6.4.2 当按 7.2 给出的方法进行测试时（同样见 5.9），指示剂不应脱落或者渗透所用的衬底或与其设计的灭菌过程前、中、后所接触的材料。

## 7 测试方法

### 7.1 概述

与本部分中第 6 章、第 7 章和第 14 章规定符合的测试，应通过将指示物暴露于规定的条件下执行，以及使用的设备应符合 ISO 18472 的要求，然后检查指示物的符合性。

用于辐照指示物的特定测试方法没有规定，性能要求在 8.5 中规定。

注：二类指示物的测试设备和方法包含在 GB 18282.3、GB 18282.4 和 GB 18282.5 中。

### 7.2 脱落（转移）

在指示物上放置与衬底相似的第二层，并与指示剂紧密接触。按指示物制造商的规定，在灭菌过程处理指示物，目力检查指示物，其衬底和第二层衬底在灭菌过程前后，符合 6.2.2 或 6.4.2 规定。

### 7.3 步骤——蒸汽指示物

7.3.1 将指示物装载在一个合适的样品装载架上，样品装载架应不影响指示物的性能。

样品装载架宜能使指示物暴露在指示物制造商规定的测试条件中。不同指示物要求不同样品装载架的设计。咨询制造商的指导意见。

7.3.2 开始测试周期之前，应将抗力仪的内表面加热到所需温度。

7.3.3 将装载好的样品装载架放入抗力仪内，按以下顺序进行操作：

a) 在 2 min 内将抗力仪抽真空至 4.5 kPa±0.5 kPa[化学指示物制造商可选择规定不同真空深度的使用；如果有具体规定，这信息应包括在每个指示物的包装内，或提供在每个包装的技术信息说明书里（见 5.8）]；

b) 注入蒸汽，在 10 s 内使抗力仪内的温度达到所需的测试温度；

c) 在规定的暴露时间里保持测试条件；

d) 在暴露时间末，在 1 min 之内将抗力仪抽真空至 10 kPa 或更低，然后注入空气至环境压力。

7.3.4 将指示物从抗力仪中迅速移出，并按要求进行目力检查，记录结果。

指示物应尽快从抗力仪中移出，以避免在测试中长期暴露于过程关键变量。

### 7.4 步骤——干热指示物

7.4.1 将指示物装载在一个合适的样品装载架上,样品装载架应不影响指示物的性能。

样品装载架宜能使指示物暴露在指示物制造商规定的测试条件中。不同指示物要求不同样品装载架的设计。咨询制造商的指导意见。

7.4.2 预热抗力仪至规定的测试温度。

7.4.3 将装载好的样品装载架放入抗力仪内,关闭入口并开始过程周期。在抗力仪内,要求达到指示物表面规定温度的时间应不超过 1 min。

7.4.4 在规定的暴露时间内保持测试条件。

7.4.5 在暴露时间末,迅速将样品从抗力仪中移出,并在 1 min 之内冷却至 100 ℃或以下。

7.4.6 将指示物从抗力仪中迅速移出,并按要求进行目力检查,记录结果。

指示物应尽快从抗力仪中移出,以避免在测试中长期暴露于过程关键变量。

### 7.5 步骤——EO 指示物

7.5.1 将指示物装载在一个合适的样品装载架上,样品装载架应不影响指示物的性能。

样品装载架宜能使指示物暴露在指示物制造商规定的测试条件中。不同指示物要求不同样品装载架的设计。咨询制造商的指导意见。

7.5.2 在开始测试周期前,样品、样品装载架和抗力仪内表面应平衡至规定温度。

7.5.3 将装载好的样品装载架放入抗力仪内,按以下顺序进行操作:

a) 将抗力仪抽真空至 10 kPa±0.5 kPa[化学指示物制造商可选择规定不同真空深度的使用;如果有具体规定,这信息应包括在每个指示物的包装内,或提供在每个包装的技术信息说明书里(见 5.8)];

b) 注入足量的水蒸气,将抗力仪内的湿度升至规定的水平;

c) 在 1 min 之内,注入环氧乙烷气体至规定的浓度(在无气体暴露周期,不应注入环氧乙烷气体;如适用,应注入混合气体至工作压力。测试不应在可能有残留环氧乙烷的容器中进行);

d) 在规定的暴露时间内保持测试条件;

e) 在暴露时间末,在 1.5 min 内,将指示物周围的 EO 浓度减少至不再影响指示物的水平。

7.5.4 将指示物从抗力仪中迅速移出,并按要求进行目力检查,记录结果。

指示物应尽快从抗力仪中移出,以避免在测试中长期暴露于过程关键变量。

### 7.6 步骤——蒸汽甲醛指示物

**注**:参见附录 D。

7.6.1 准备浓度为 1 mol/L±0.01 mol/L 的甲醛水溶液。该甲醛溶液的浓度应通过使用已确认过的分析方法进行建立。

7.6.2 预热甲醛溶液至 60 ℃±0.5 ℃。

7.6.3 将指示物装载在一个合适的样品装载架上,样品装载架应不影响指示物的性能。

样品装载架宜能使指示物暴露在指示物制造商规定的测试条件中。不同指示物要求不同样品装载架的设计。咨询制造商的指导意见。

7.6.4 将指示物装载在样品装载架上,并浸入甲醛溶液。

确保指示物完全被浸入甲醛溶液中,且不浮于表面。

7.6.5 在规定的暴露时间内保持测试条件。

7.6.6 在暴露时间末,在 1.5 min 内,将指示物周围的甲醛浓度减少至不再影响指示物的水平。并按要求进行目力检查,记录结果。

指示物应尽快从甲醛溶液中移出。

### 7.7 步骤——汽化过氧化氢指示物

7.7.1 将指示物装载在一个合适的样品装载架上,样品装载架应不影响指示物的性能。

样品装载架宜能使指示物暴露在指示物制造商规定的测试条件中。不同指示物要求不同样品装载架的设计。咨询制造商的指导意见。

7.7.2 在开始测试周期前,样品、样品装载架和抗力仪内表面应平衡至规定温度。

7.7.3 将装载好的样品装载架放入抗力仪内,按以下顺序进行操作:

a) 如有规定,注入足量的水蒸气将抗力仪内的湿度升至规定的水平;

b) 在 2 s 之内,注入汽化过氧化氢至规定的测试条件浓度(在 0 min 的暴露时间,不宜注入过氧化氢);

c) 在规定的暴露时间内保持测试条件;

d) 在暴露时间末,将指示物周围的过氧化氢浓度减少至不再影响指示物的水平。

7.7.4 将指示物从抗力仪中迅速移出,并按要求进行目力检查,记录结果。

指示物应尽快从抗力仪中移出,以避免在测试中长期暴露于过程关键变量。

## 8 过程(一类)指示物的附加要求

### 8.1 印刷或使用在包装材料上的过程指示物

过程指示物可以印刷在包装材料上或者出现在自粘标签、袋、包装带(打包胶带)、挂签、插入式标签等上面。

### 8.2 用于蒸汽灭菌过程的过程指示物

过程指示物暴露于表 1 规定的测试条件,应符合要求。

**表 1 用于STEAM的一类指示物的测试和性能要求**

| 测试环境 | 测试时间 | 测试温度 | 不变化或与制造商规定的可视变化有显著区别的变化 | 制造商规定的可视变化 |
|---|---|---|---|---|
| 饱和蒸汽 | 3.0 min±5 s | $121^{+3}_{0}$ ℃ | 可接受的结果 | 不可接受的结果 |
| 饱和蒸汽 | 10.0 min±5 s | $121^{+3}_{0}$ ℃ | 不可接受的结果 | 可接受的结果 |
| 饱和蒸汽 | 0.5 min±5 s | $134^{+3}_{0}$ ℃ | 可接受的结果 | 不可接受的结果 |
| 饱和蒸汽 | 2 min±5 s | $134^{+3}_{0}$ ℃ | 不可接受的结果 | 可接受的结果 |
| 干热 | 30 min±1 min | $140^{+2}_{0}$ ℃ | 可接受的结果 | 不可接受的结果 |
| 注:干热测试用于保证蒸汽灭菌过程指示物只有在蒸汽存在的条件下才发生反应。 | | | | |

### 8.3 用于干热灭菌过程的过程指示物

过程指示物暴露于表 2 规定的测试条件,应符合要求。

表 2　用于 DRY 的一类指示物的测试和性能要求

| 测试环境 | 测试时间 | 测试温度 | 不变化或与制造商规定的可视变化有显著区别的变化 | 制造商规定的可视变化 |
|---|---|---|---|---|
| 干热 | 20 min±1 min | $160^{+5}_{0}$ ℃ | 可接受的结果 | 不可接受的结果 |
| 干热 | 40 min±1 min | $160^{+5}_{0}$ ℃ | 不可接受的结果 | 可接受的结果 |

## 8.4　用于环氧乙烷灭菌过程的过程指示物

过程指示物暴露于表 3 规定的测试条件，应符合要求。

无 EO 气体测试宜在无 EO 气体残留的条件下进行。如果环氧乙烷在不明显存在的条件下出现颜色变化，则需对完全无 EO 气体进行确认。

表 3　用于 EO 的一类过程指示物的测试和性能要求

<table>
<tr><th>测试环境</th><th>测试时间</th><th>测试温度</th><th>相对湿度</th><th>气体浓度</th><th>不变化或与制造商规定的可视变化有显著区别的变化</th><th>制造商规定的可视变化</th></tr>
<tr><td>无 EO 气体</td><td>90 min±1 min</td><td>60 ℃±2 ℃</td><td>≥85%</td><td>无</td><td>可接受的结果</td><td>不可接受的结果</td></tr>
<tr><td rowspan="2">EO 气体测试</td><td>5 min±15 s</td><td>30 ℃±1 ℃</td><td rowspan="2">60%±10%</td><td rowspan="2">600 mg/L±30 mg/L</td><td rowspan="2">可接受的结果</td><td rowspan="2">不可接受的结果</td></tr>
<tr><td>2 min±15 s</td><td>54 ℃±1 ℃</td></tr>
<tr><td rowspan="2">EO 气体测试</td><td>30 min±15 s</td><td>30 ℃±1 ℃</td><td rowspan="2">60%±10%</td><td rowspan="2">600 mg/L±30 mg/L</td><td rowspan="2">不可接受的结果</td><td rowspan="2">可接受的结果</td></tr>
<tr><td>20 min±15 s</td><td>54 ℃±1 ℃</td></tr>
<tr><td colspan="7">注：一些环氧乙烷指示物的反应会被二氧化碳或者其他气体损坏。如果是此类配方的话，损坏可能出现，指示物宜在一个采用不少于 80%二氧化碳或者其他气体与环氧乙烷混合的系统中进行测试[见 5.8 h)]。</td></tr>
</table>

## 8.5　用于辐照灭菌过程的过程指示物

过程指示物暴露于表 4 规定的测试条件，应符合要求。

表 4　用于 IRRAD 的一类过程指示物的测试和性能要求

<table>
<tr><th>测试环境</th><th>强度</th><th>峰值波长</th><th>吸收剂量</th><th>测试时间</th><th>不变化或与制造商规定的可视变化有显著区别的变化</th><th>制造商规定的可视变化</th></tr>
<tr><td>紫外辐照</td><td>≥3.3 W/m²</td><td>254 nm</td><td>不适用</td><td>120 min±5 min</td><td>可接受的结果</td><td>不可接受的结果</td></tr>
<tr><td>电离辐照</td><td>不适用</td><td>不适用</td><td>1 kGy±1 kGy</td><td>不适用</td><td>可接受的结果</td><td>不可接受的结果</td></tr>
<tr><td>电离辐照</td><td>不适用</td><td>不适用</td><td>10 kGy±1 kGy</td><td>不适用</td><td>不可接受的结果</td><td>可接受的结果</td></tr>
<tr><td colspan="7">注：紫外辐照测试是用于保证指示物不会对因疏忽暴露在阳光下的非电离辐照进行反应，已证明水银蒸气灯能提供适合的峰值波长。</td></tr>
</table>

## 8.6 用于蒸汽甲醛灭菌过程的过程指示物

8.6.1 过程指示物暴露于表 5 规定的测试条件,应符合要求。

无甲醛测试宜在无残留甲醛下进行。如果在不明显甲醛存在下出现颜色变化,完全无甲醛需要确认。

**表 5 用于 FORM 的一类过程指示物的测试条件和性能要求**

| 测试条件 | 测试时间 | 测试温度 | 气体浓度 | 不变化或与制造商规定的可视变化有显著区别的变化 | 制造商规定的可视变化 |
|---|---|---|---|---|---|
| 无甲醛 | 90 min±1 min | 80 ℃±2 ℃ | 无 | 可接受的结果 | 不可接受的结果 |
| 甲醛 | 20 s±5 s | 60 ℃±0.5 ℃ | 1.0 mol/L±0.01 mol/L | 可接受的结果 | 不可接受的结果 |
| 甲醛 | 15 min±15 s | 70 ℃±2 ℃ | 1.0 mol/L±0.01 mol/L | 不可接受的结果 | 可接受的结果 |

8.6.2 对于在 55 ℃以下或者 65 ℃以上的温度条件下进行操作的蒸汽甲醛灭菌周期指示物,表 5 中描述的测试应在指示物制造商规定的最大温度和甲醛浓度下进行。

注:制造商可能需要用蒸汽甲醛过程来完成指示物的附加功能测试,以证明指示物与特定过程的适用性(见 5.7、5.8 和附录 D)。

## 8.7 用于汽化过氧化氢灭菌过程的过程指示物

过程指示物暴露于表 6 规定的测试条件,应符合要求。

无过氧化氢测试应在无残留过氧化氢情况下进行。如果在无明显过氧化氢存在时出现颜色变化,完全无过氧化氢的状态需要确认。

**表 6 用于 $VH_2O_2$ 的一类过程指示物的测试条件和性能要求**

| 测试条件 | 测试时间 | 测试温度 | 气体浓度 | 不变化或与制造商规定的可视变化有显著区别的变化 | 制造商规定的可视变化 |
|---|---|---|---|---|---|
| 无过氧化氢测试 | 45 min±5 min | 50 ℃±0.5 ℃ | 无 | 可接受的结果 | 不可接受的结果 |
| | 45 min±5 min | 27 ℃±0.5 ℃ | 无 | | |
| 过氧化氢测试 | 7 s±1 s | 50 ℃±0.5 ℃ | 2.3 mg/L±0.4 mg/L | 可接受的结果 | 不可接受的结果 |
| | 10 s±1 s | 27 ℃±0.5 ℃ | 2.3 mg/L±0.4 mg/L | | |
| 过氧化氢测试 | 6 min±1 s | 50 ℃±0.5 ℃ | 2.3 mg/L±0.4 mg/L | 不可接受的结果 | 可接受的结果 |
| | 10 min±1 s | 27 ℃±0.5 ℃ | 2.3 mg/L±0.4 mg/L | | |

# 9 单变量(三类)指示物的附加要求

9.1 应能监测 5.2 所列的关键变量之一。

9.2 在标定值下(测试点 1)测试应达到终点(见表 7)。

9.3 在标定值减去公差下(测试点 2)测试不应达到终点(见表 7)。

## 10 多变量(四类)指示物的附加要求

10.1 应能监测5.2所列的两个或多个的关键变量。

10.2 在标定值下(测试点1)测试应达到终点(见表7)。

10.3 在标定值减去整合公差下(测试点2)测试不应达到终点(见表7)。

10.4 用于蒸汽和蒸汽甲醛的多变量指示物,在干热条件下的时间和温度标定值测试时,即:在无水分,但所有参数都在标定值下,指示物不应达到终点(见表7)。

注:干热测试是用于保证蒸汽和蒸汽甲醛用多变量指示物所需的用于反应的蒸汽的存在。

**表7 三类和四类指示物的测试和性能要求**

| 灭菌过程 | 测试点[a] | 测试时间 | 测试温度 | 灭菌剂浓度 mg/L | 相对湿度 % |
|---|---|---|---|---|---|
| 蒸汽 | 1 | SV | SV−0 ℃ | | |
| | 2 | SV(1−25%) | SV−2 ℃ | | |
| 干热 | 1 | SV | SV−0 ℃ | | |
| | 2 | SV(1−25%) | SV−5 ℃ | | |
| 环氧乙烷 | 1 | SV | SV−0 ℃ | SV | >30 |
| | 2 | SV(1−25%) | SV−5 ℃ | SV(1−25%) | >30 |
| 蒸汽甲醛 | 1 | SV | SV−0 ℃ | SV | |
| | 2 | SV(1−25%) | SV−3 ℃ | SV(1−20%) | |
| 注:多变量(四类)指示物测试的示例,参见附录B。 | | | | | |
| [a] 测试点1:当指示物在标定值下测试时应达到其终点。<br>测试点2:当指示物在所有标定值减去整合允差下测试时不应达到终点。 | | | | | |

## 11 蒸汽整合(五类)指示物的附加要求

注:参见附录C。

11.1 蒸汽过程整合指示物应经历一终点,指示暴露在已达11.2~11.10给出的相应允差范围内各个规定变量的蒸汽灭菌周期。

11.2 应规定121 ℃时的标定值时间,并应不少于16.5 min。

11.3 暴露于121 ℃±0.5 ℃,相当于121 ℃时标定值时间的饱和蒸汽条件下,整合指示物应达到或超过其终点(通过条件)。

11.4 暴露于121 ℃±0.5 ℃,相当于121 ℃时63.6%标定值时间的饱和蒸汽条件下,整合指示物不应达到其终点(失败条件)。

11.5 在135 ℃±0.5 ℃和在121 ℃~135 ℃范围内的一个或多个等差温度测试点的干饱和蒸汽条件下,指示物反应终点应被确立。在这些温度测试点下达到终点的时间应是制造商确定的并给出的标定值。

11.6 整合指示物温度系数应通过lgSV和/或SV对温度所绘出的曲线的斜率进行确定。

注:在这些附加温度下制造商的标定值可用于确定整合指示物的温度系数。

11.7 整合指示物温度系数应不小于6 ℃,并且不大于14 ℃,且通过最小二乘回归曲线的数据分析建立的曲线相关系数应不小于0.9。

11.8 暴露于 135 ℃±0.5 ℃,相当于 135 ℃时 63.6%标定值时间(已确定)的饱和蒸汽条件下,整合指示物不应达到终点(失败条件)。

11.9 暴露于 11.5 中使用的温度,相当于 63.6%标定值时间(已确定)的饱和蒸汽条件下,整合指示物不应达到终点(失败条件)。

11.10 暴露于 $137^{+1}_{0}$ ℃,$30^{+1}_{0}$ min 的干热条件下,整合指示物不应达到终点。

11.11 制造商应明确说明任何可能对灭菌过程效力产生不良影响的,但又不能被指示物所检测到的,或通过保证获得满意关键变量仍未被检测到的因素[见 5.8 h)]。

注:一些认证机构要求蒸汽整合指示物性能的证明与适当的生物指示物同时进行。

## 12 干热整合(五类)指示物的附加要求

12.1 干热过程整合指示物应经历清晰、可以觉察的变化,指示暴露在已达 12.2~12.9 给出的相关允差范围内各个规定变量的干热灭菌周期。

12.2 应规定 160 ℃时的标定值时间,并应大于 30 min。

12.3 暴露于 160 ℃±1.5 ℃,相当于 160 ℃时标定值时间的干热条件下,整合指示物应达到或超过终点(通过条件)。

12.4 暴露于 160 ℃±1.5 ℃,相当于 160 ℃时 63.6%标定值时间的干热条件下,整合指示物不应达到终点(失败条件)。

12.5 在 180 ℃±1.5 ℃和一个或多个下列温度:140 ℃±1.5 ℃、170 ℃±1.5 ℃的干热条件下,终点应确定。在这些温度下达到终点的时间应是制造商规定的标定值(已确定)。

12.6 整合指示物的温度系数应通过 lgSV 和/或 SV 对温度所绘出的曲线的斜率进行确定。

注:在这些附加温度下制造商的标定值可用于确定整合指示物的温度系数。

12.7 整合指示物温度系数应不小于 20 ℃,并且不大于 40 ℃,且通过最小二乘回归曲线的数据分析建立的曲线相关系数应不小于 0.9。

12.8 暴露于 180 ℃±1.5 ℃,相当于 180 ℃时 63.6%标定值时间(已确定)的干热条件下,整合指示物不应达到终点(失败条件)。

12.9 暴露于 12.5 中所用的 140 ℃±1.5 ℃、170 ℃±1.5 ℃,相当于 63.6%标定值时间(已确定)的干热条件下,整合指示物不应达到终点(失败条件)。

12.10 制造商应明确说明任何可能对灭菌过程效力产生不良影响,但又不能被指示物所检测到,或通过保证获得满意关键变量仍未被检测到的因素[见 5.8 h)]。

注:一些认证机构要求蒸汽整合指示物性能的证明与适当的生物指示物同时进行。

## 13 环氧乙烷整合(五类)指示物的附加要求

注:参见附录 C。

13.1 环氧乙烷过程整合指示物应经历一清晰、可以觉察的变化,指示暴露在已达 13.2~13.5 给出的相应允差范围内各个规定变量的环氧乙烷周期。

13.2 在 54 ℃±0.5 ℃,600 mg/L±30 mg/L,相对湿度 60%±10%下的标定值时间应至少 30 min,和/或在 37 ℃±0.5 ℃,600 mg/L±30 mg/L,相对湿度 60%±10%下的标定值时间应至少 9 0min(见 5.7 和 5.8)。

13.3 暴露于 54 ℃±0.5 ℃,600 mg/L±30 mg/L,相对湿度 60%±10%,相当于标定值时间的环氧乙烷过程,和暴露于 37 ℃±0.5 ℃,600 mg/L±30 mg/L,相对湿度 60%±10%,相当于标定值时间的环氧乙烷过程,整合指示物应达到终点(通过条件)。

13.4 暴露于 54 ℃±0.5 ℃,600 mg/L±30 mg/L,相对湿度 60%±10%,相当于 66.7%标定值时间的环氧乙烷过程,和暴露于 37 ℃±0.5 ℃,600 mg/L±30 mg/L,相对湿度 60%±10%,相当于 66.7%标定值时间的环氧乙烷过程,整合指示物不应达到终点(失败条件)。

13.5 暴露于 54 ℃±0.5 ℃,相对湿度 60%±10%,相当于标定值时间的无环氧乙烷条件下,和暴露于 37 ℃±0.5 ℃,相对湿度 60%±10%,相当于标定值时间的无环氧乙烷条件下,整合指示物不应达到终点(失败条件)。

注:一些认证机构要求蒸汽整合指示物性能的证明与适当的生物指示物同时进行。

13.6 制造商应明确说明任何可能对灭菌过程效力产生不良影响,但又不能被指示物所检测到,或通过保证获得满意关键变量仍未被检测到的因素[见 5.8 h)]。

## 14 模拟(六类)指示物的附加要求

14.1 模拟指示物应按 5.2 列出的所有关键变量进行设计,并经历一终点,指示暴露在已达表 8 给出的相应允差范围内各个规定变量的某个灭菌周期。

14.2 模拟指示物在标定值下(测试点 1)测试时,应达到终点(通过条件)。

14.3 模拟指示物在标定值减去整合公差(测试点 2)测试时,不应达到终点(失败条件)。

14.4 用于蒸汽的模拟指示物暴露于 $137^{+1}_{0}$ ℃,$30^{+1}_{0}$ min 的干热条件下,不应达到终点。

注:干热测试用于保证蒸汽用模拟指示物所需的用于反应的蒸汽的存在。

14.5 制造商应明确说明任何可能对灭菌过程效力产生不良影响的,但又不能被指示物所检测到的,或通过保证获得满意关键变量仍未被检测到的因素[见 5.8 h)]。

**表 8 六类指示物测试和性能要求**

| 灭菌过程 | 测试点[a] | 测试时间<br>min | 测试温度 | 气体浓度<br>mg/L | 相对湿度<br>% |
|---|---|---|---|---|---|
| 蒸汽 | 1<br>2 | SV<br>SV(1−6%) | SV−0%<br>SV−1% | | |
| 干热 | 1<br>2 | SV<br>SV(1−20%) | SV−0%<br>SV−1% | | |
| 环氧乙烷 | 1<br>2 | SV<br>SV(1−10%) | SV−0%<br>SV−2% | SV<br>SV(1−15%) | >30<br>>30 |
| 注:模拟(六类)指示物测试的示例,参见附录 B。 | | | | | |
| [a] 测试点 1:当指示物在标定值下测试时应达到其终点(通过条件)。<br>测试点 2:当指示物在所有标定值减去组合允差下测试时不应达到终点(失败条件)。 | | | | | |

# 附　录　A
（资料性附录）
## 证明产品有效期的方法

**A.1**　产品有效期的确定应按照测试前订立的书面方案进行测试。书面方案宜规定样品尺寸、抽样方法和数据计算的要求。

注：国家或地方法规包括附加或不同要求，遵循质量管理标准(特别是 GB/T 19001 和 YY/T 0287)可能要求附加或不同的规定。

**A.2**　产品的样品应保存在常规包装内，贮存于不低于最大温湿度推荐值的环境中。这些条件应被控制和监测。

**A.3**　所有产品的特征在有效期期间应保持其原有的性能指标。

**A.4**　所有贮存测试结果应在测试结束后保留有效期加 1 年的时间。此后，在产品销售期间应保留结论性报告。

# 附 录 B
（资料性附录）
测试指示物的示例

## B.1 测试干热过程单变量(三类)指示物的示例

标定值为160 ℃的指示物。

制造商应指明该指示物的性能是在标定值为160 ℃的条件下进行鉴定的(见5.8)。当在160 ℃(标定值,测试点1)测试时,使用本部分规定的测试方法,指示物应达到其终点。当在155 ℃(标定值减允差,测试点2)(见注)测试时,指示物不应达到其终点。没有要求在测试点1和测试点2之间测试指示物,但是,如果指示物将在测试点1和测试点2之间进行测试,它可能产生一个不明确的结果(即:指示物可能达到终点或不能达到终点)。

注:参照表7,单变量(三类)指示物测试温度的允差是－5 ℃,因此,160 ℃－5 ℃＝155 ℃,这成为测试点2。

## B.2 测试蒸汽过程多变量指示物的示例

标定值为121 ℃、15 min的指示物。

制造商应指明该指示物的性能是在标定值为121 ℃、15 min的条件下进行鉴定的(见5.7和5.8)。制造商也可以给出在不同温度和时间下产品的附加标定值。当在121 ℃、15 min(标定值,测试点1)测试时,使用本部分规定的测试方法,指示物应达到终点。当在119 ℃、11 min 15 s(标定值减去温度和时间公差或测试点2)测试时,指示物不应达到终点(见注)。没有要求在测试点1和测试点2之间测试指示物,如果指示物将在测试点1和测试点2之间进行测试,它可能产生一个不明确的结果(即:指示物可达到终点或不达到终点)。

注:参照表7,多变量(四类)指示物测试温度的允差是－2 ℃,测试时间的允差是－25%(15 min的25%是3 min 45 s)。因此,121 ℃－2 ℃＝119 ℃,15 min减去3 min 45 s等于11 min 15 s,这成为测试点2。

## B.3 测试整合(五类)指示物的示例

整合指示物的测试步骤和背景参见附录C。

## B.4 测试蒸汽过程模拟(六类)指示物的示例

标定值为134 ℃和3.5 min的指示物。

制造商应指明该指示物的性能在标定值为134 ℃、3.5 min的条件下进行鉴定的(见5.7和5.8)。制造商也可以给出在不同温度和时间下产品的附加标定值。当在134 ℃、3.5 min测试时(标定值,测试点1)使用本部分规定的测试方法,指示物应达到终点。当在133 ℃、3 min 17 s(标定值减去温度和时间公差或测试点2)测试时,指示物不应达到终点(见注)。没有要求在测试点1和测试点2之间测试指示物,如果指示物将在测试点1和测试点2之间进行测试,它可能产生一个不明确的结果(即:指示物可达到终点或不达到终点)。

注:参照表8,模拟(六类)指示物测试温度的允差是－1 ℃,测试时间的允差是－6%[30 min 30 s的6%是12.6 s(上舍入至13 s)],因此,134 ℃－1 ℃＝133 ℃,3 min 30 s减去13 s等于3 min 17 s,这成为测试点2。

# 附 录 C
# (资料性附录)
# 整合指示物的要求的原理及其与 ISO 11138 规定的生物指示物的要求和微生物灭活的关联性

## C.1 蒸汽

### C.1.1 概述

当暴露于灭菌过程的关键变量时,整合指示物是以生物指示物相似的方式进行反应。基于本部分的目的,整合指示物的性能与 ISO 11138-3 规定的湿热灭菌的生物指示物的最小要求相关联。以下提供背景信息, 五类整合指示物要求的具体原理在第 11 章中规定。

### C.1.2 背景信息

ISO 11138-3 规定用于湿热蒸汽灭菌过程的生物指示物应有一不小于 1.5 min 的 $D_{121}$ 值,最小菌量为 $1\times10^5$,以及 $z$ 值大于 6。对于许多种类的嗜热脂肪芽胞杆菌,$z$ 值通常更加接近 10(ISO 14161)。与湿热过程的确认相关的理论计算,例如:$F_0$,通常使用 $z$ 为 10(Pflug1999[18])。

生物指示物的性能可以通过存活杀灭窗口期(SKW)来定义,采用 121 ℃和以上规定变量的最小值,通常是:存活 4.5 min 和在 13.5 min 灭活。可通过以下公式计算出 SKW 值:

$$存活时间=(\lg P-2)\times D_{121}$$

$$杀灭时间=(\lg P+4)\times D_{121}$$

式中:

lg ——底数是 10 的对数;

$P$ ——标称菌量;

$D_{121}$——在 121 ℃时的 $D$ 值,单位为分(min)。

## C.2 整合指示物标定值(SV)与生物指示物失活之间的关联

为了获得至少 $1\times10^{-6}$ 的微生物菌量灭活水平,有必要将一个 $D_{121}=1.5$ min、菌量为 $1\times10^5$ 的生物指示物暴露于 121 ℃、16.5 min 的条件下。

因为:

$$(\lg10^5-\lg10^{-6})\times1.5=16.5\ \text{min}$$

因此对于五类整合指示物的最小标定值,即:在 121 ℃达到终点的时间,要求不小于 16.5 min。通过规定最小标定值为 16.5 min,在整合指示物终点、等效生物指示物的满意灭活水平以及与之对应的最终灭菌过程的目标之间建立了直接的关系。

在制造商规定标定值为 121 ℃、大于 16.5 min 的情况下,整合指示物达到其终点时将会获得更高的灭菌水平(因此安全系数更高)。尽管如此,当测试暴露于等同标定值时间时,整合指示物宜达到或者超过其终点。

以上描述的是整合指示物通过或者可接受条件。

考虑到失败条件,理论上,当暴露时间足够用来将菌量减少至少于一个生存有机体时,单个生物指示物将显示不增长。但是,当实际中使用多个生物指示物时,由于与生物学系统相关联的自然变化,暴露时间将会大于以上规定的时间。通常是,如果测试50或更多生物指示物,那么排除任何阳性的生长所需要的时间为将菌量减少至小于$10^{-2}$理论水平所需要的时间(ISO 14161)。SKW的确定表征了所需增加暴露时间的多少,因此$(\lg P+4)\times D$的暴露时间用于定义杀灭时间。即在杀灭至一个存活的微生物后再减少4个对数值,也就是$1\times10^{-4}$。因此,它可以推测一些生物指示物在$10^{-2}$暴露水平显示阳性增长,而在$10^{-4}$暴露水平不增长。

将最大菌量为$10^5$和$D=1.5$ min的生物指示物,在121 ℃时减少7个对数值而达到$10^{-2}$的杀灭水平作为标准,以此定义整合指示物的失败反应。失败反应的暴露时间为:

$$(\lg P+2)\times D=10.5\ \text{min}$$

因此,当暴露于121 ℃、10.5 min时,整合指示物不宜达到终点。然而,制造商在121 ℃规定的标定值可能大于16.5 min,因此,失败条件须与此值相关联且不少于10.5 min,使用10.5 min作为失败的底线,16.5 min作为通过的底线:

$$\frac{10.5}{16.5}=0.636$$

因此,对于标定值超过16.5 min的指示物,测试失败的暴露时间宜是标定值的63.6%。因此,当暴露于121 ℃、标定值的63.6%时,必须显示失败反应或不通过反应。

与生物指示物相比,整合指示物的标定值与菌量减少11个对数值的时间相关。标定值的63.6%与菌量减少7个对数值的时间相关。因此,符合ISO 11138-3的生物指示物的$D$值与整合指示物的标定值有如下关系:

$$(\lg P+6)\times D=\text{SV}$$

$$(5+6)\times1.5=16.5$$

即,菌量减少11个对数值达到$1\times10^{-6}$的灭活水平。

因此:

$$D=\frac{\text{SV}}{(\lg P+6)}=\frac{\text{SV}}{11}$$

在生物指示物中,存活数将被观察,当暴露时间(存活时间,ST)是:

$$(\lg P+2)\times D=\text{ST}$$

将$D$替换:

$$(\lg P+2)\times\frac{\text{SV}}{11}=\text{ST}$$

当前:

$$\lg P+2=7$$

因此:

$$\text{SV}\times\frac{7}{11}=\text{SV}\times0.636=\text{ST}$$

因此,整合指示物的存活时间,即:整合指示物的失败反应,从而不能达到终点的时间,是标定值时间的63.6%。

### C.3 与ISO 11140-1:1995(GB 18282.1—2000)中整合指示物要求的比较

ISO 11140-1:1995(GB 18282.1—2000)规定整合指示物暴露于温度标定值减1 ℃、时间标定值减15%的条件下应显示失败反应。如标定值为121 ℃、16.5 min的整合指示物,当整合指示物暴露于120 ℃、14.025 min时,宜观察到失败条件。与此关联的生物指示物反应,如果$D_{121}$为1.5、$z$值为10 ℃的指示物,那么$D$在120 ℃时是:

$$D_{120}=D_{121}\times 10^{-[(T_1-T_{ref})10]}$$

式中：

$D_{120}$——120 ℃的 $D$ 值；

$D_{121}$——121 ℃的 $D$ 值；

$T_1$ ——工作温度(在此是 120 ℃)；

$T_{ref}$ ——参考温度(在此是 121 ℃)。

$D_{120}=1.5\times 10^{-[(120-121)/10]}=1.88$ min。

假设生物指示物的菌量为 $1\times 10^5$，那么将生物指示物暴露于 120 ℃、14.025 min，所获得的对数值减少将是：

$$\frac{14.025}{1.88}=7.427$$

即：减少 7.4 个对数值。

因此，生物指示物存活水平的对数值将是：

$$5-7.427=-2.427$$

因此，存活菌量将是：

$$1\times 10^{-2.427}=3.7\times 10^{-3}$$

这与本部分的要求很接近，即当整合指示物的暴露时间产生减少 7 个对数值，即降低至 $1\times 10^{-2}$ 时，宜显示灭菌失败。

因此对于这个示例来说，本部分列出的要求与以前的要求相当接近。

当生物指示物的 $z$ 值为 6 时，那么其在 120 ℃的 $D$ 值应为：

$$D_{120}=1.5\times 10^{-[(120-121)/6]}=2.2\ \text{min}$$

假设生物指示物的菌量为 $1\times 10^5$，那么将生物指示物暴露于 120 ℃、14.025 min 所获得的对数值减少将是：

$$\frac{14.025}{2.2}=6.375$$

因此：生物指示物存活水平将是：

$$5-6.375=-1.375=\lg(4.6\times 10^{-2})$$

考虑到 $z$ 值为 14 的生物指示物：

$$D_{120}=1.5\times 10^{-[(120-121)/14]}=1.768\ 1\ \text{min}$$

假设生物指示物的菌量为 $1\times 10^5$，那么将生物指示物暴露于 120 ℃、14.025 min 所获得的对数值减少将是：

$$\frac{14.025}{1.768\ 1}=7.93$$

因此：生物指示物存活水平将是：

$$5-7.93=-2.9=\lg(1.25\times 10^{-3})$$

对以上的总结见表 C.1。

**表 C.1　生物指示物存活水平**

| $z$ 值 | $z=6$ | $z=10$ | $z=14$ |
|---|---|---|---|
| 生物指示物存活水平 | $4.6\times 10^{-2}$ | $3.7\times 10^{-3}$ | $1.25\times 10^{-3}$ |

在最高温度下检查相同的数据：

如果整合指示物标定值为 135 ℃、0.66 min，生物指示物的 $D_{121}$ 值为 1.5、菌量为 $1\times 10^5$、$z$ 值为

10 ℃，那么在 135 ℃下的 $D$ 值将是：

$$D_{135}=1.5\times10^{-[(135-121)/10]}=0.06\ \text{min}$$

达到通过或可接受的灭菌条件，需要减小 11 个对数值：

$$11\times0.06\ \text{min}=0.66\ \text{min}$$

对于失败或不可接受的灭菌条件，需要减少 7 个对数值：

$$7\times0.06\ \text{min}=0.42\ \text{min}$$

按照要求，整合指示物的暴露时间为其标定值的 63.6%时，宜指示灭菌失败，即：

$$0.66\times0.636=0.42\ \text{min}$$

根据之前定义的灭菌失败标准："温度标定值－1 ℃"及"时间标定值－15%"，得到在 134 ℃时为 0.56 min。

对于生物指示物：

$$D_{134}=1.5\times10^{-[(134-121)/10]}=0.075\ \text{min}$$

因此，暴露 0.56 min 减少的对数值是：

$$\frac{0.56}{0.075}=7.47$$

因此，存活水平将是：

$$5-7.47=-2.47=\lg(3.3\times10^{-3})$$

这也与以上声称失败的可接受水平接近，即：$1\times10^{-2}$。

## C.4 环氧乙烷

ISO 11138-2 规定了环氧乙烷(EO)生物指示物在 54 ℃、相对湿度 60%、600 mg/L、最大菌量为 $1\times10^{6}$ 下，$D$ 值应不小于 2.5 min。生物指示物的性能可以通过存活杀灭窗口期(SKW)来定义，通常是：在 54 ℃，基于以上规定的最小值，存活时间至少 10 min，杀灭时间不超过 25 min。可计算出 SKW 值从：

$$存活时间=D\times(\lg P-2)$$

$$杀灭时间=D\times(\lg P+4)$$

通常是为了得到一个最终的微生物存活菌量为 $1\times10^{-6}$ 的置信度，这样产品才可以标示为无菌。

基于以上信息，有必要将 $D=2.5$、菌量为 $1\times10^{6}$ 的生物指示物暴露于 54 ℃、600 mg/L 和相对湿度 60%的条件下 30 min，以获得 $10^{-6}$ 的灭菌水平。

即：

$$(\lg10^{6}-\lg10^{-6})\times2.5=30.0\ \text{min}$$

因此，对于五类整合指示物而言，为充分达到等效生物指示物的灭活因子，其最小标定值，即达到终点所需时间，不宜少于 30.0 min。

当标定值在 54 ℃、相对湿度 60%和 600 mg/L 条件下大于 30.0 min 时，当其达到终点时，就可以获得一个更高的灭活水平。无论如何，五类指示物的暴露时间达到其标定值时，宜达到或超过其终点。

以上描述了通过条件，以下将描述失败条件。

理论上，当暴露时间足够用来将菌量减少至少于一个生存有机体时，单个生物指示物将显示不增长。但是，当实际使用多个生物指示物时，由于生物系统的自然差异，其暴露时间将会大于以上规定的时间。通常是，如果测试 50 或更多生物指示物，那么将菌量减少至小于 $10^{-2}$ 理论水平的暴露时间要求排除任何阳性的增长。它反映在存活/灭活特性的计算中，$(\lg P+4)\times D$ 的暴露时间用于定义杀灭时间，即在杀灭至一个存活的微生物后再减少 4 个对数值，也就是 $1\times10^{-4}$。因此，我们可以推测一些生物指示物在 $10^{-2}$ 暴露水平显示阳性增长，而在 $10^{-4}$ 暴露水平不增长。

当整合指示物在 54 ℃、600 mg/L、相对湿度 60%、最大菌量为 $1\times10^6$ 和 $D=2.5$，减少 8 个对数值达到 $10^{-2}$ 的水平作为失败反应的标准，以此定义整合指示物的失败反应。要求的暴露时间是：

$$(\lg P+2)\times D=20\ \text{min}$$

因此，当暴露于 54 ℃、600 mg/L 和相对湿度 60%，20 min 或更少时不宜达到终点。然而，制造商在 54 ℃规定的标定值可能大于 30 min，因此，失败条件须与此值相关联并不少于 20 min，使用 20 min 作为失败的底线，30 min 作为通过的底线：

$$\frac{20}{30}=0.667$$

因此，对于标定值超过 30 min 的指示物，测试的失败条件的暴露时间宜是标定值的 66.7%，因此，当暴露于 54 ℃、600 mg/L、相对湿度 60%、标定值的 66.7%条件下，须显示失败反应。

从生物学角度看，标定值与要求获得菌量减少 12 个对数值的时间有关，整合指示物标定值的 63.6% 与要求获得菌量减少 8 个对数值的时间有关。

# 附 录 D
# （资料性附录）
# 蒸汽甲醛指示物液相测试方法的原理

## D.1 概述

为了在可重复方式下测试指示物，有必要使用特定的测试仪器（抗力仪）和方法。对于低温蒸汽甲醛过程来讲，在抗力仪内很难产生一个稳定的甲醛气体浓度，因为在注入容器的时候有一定量的甲醛溶于生成的冷凝水滴中，依赖于具体温度的不同，甲醛此时在水中的浓度比在气相中的浓度高 1 000 倍～10 000 倍（Gömann et al[9]）。

因此，ISO 11138-5 中使用液相测试方法，在方法中明确规定了甲醛浓度，并允许重复的条件。

## D.2 低温蒸汽甲醛过程

即使在持续的蒸汽条件和稳定的甲醛气体浓度下，灭菌过程很大程度上取决于灭菌器腔体的设计以及装载物品的性质。蒸汽甲醛过程可以简单地划分为两个阶段：

a） 和蒸汽灭菌过程一样，在装载物品的表面上将迅速产生一层冷凝水；

b） 因为甲醛在气相和液相之间平衡条件下的浓度相差很大（1/1 000～1/10 000），此平衡出现所需时间相对比较长，在实际条件下，它可能需要 10 min～2 h 的时间段。

灭菌过程的杀灭效果因此很大程度上取决于液相甲醛的浓度，即：表面冷凝物。很难按绝对值确定获得这些平衡条件时所花费的时间。

## D.3 化学指示物

对于无水溶性成分的化学指示物，基于以上所述的原因，建议使用类似液相的测试方法。然而，对于确实含有水溶性成分的化学指示物，指示物可能必须在气相条件下使用符合 ISO 11138-5 要求的生物指示物作为测试过程参考并且在一个蒸汽甲醛灭菌器里进行测试和校准。这种情况同样适用于除一类指示物之外的指示物。

# 附 录 E
## （资料性附录）
## 指示物组成之间的关系

指示物组成之间的关系见图 E.1。

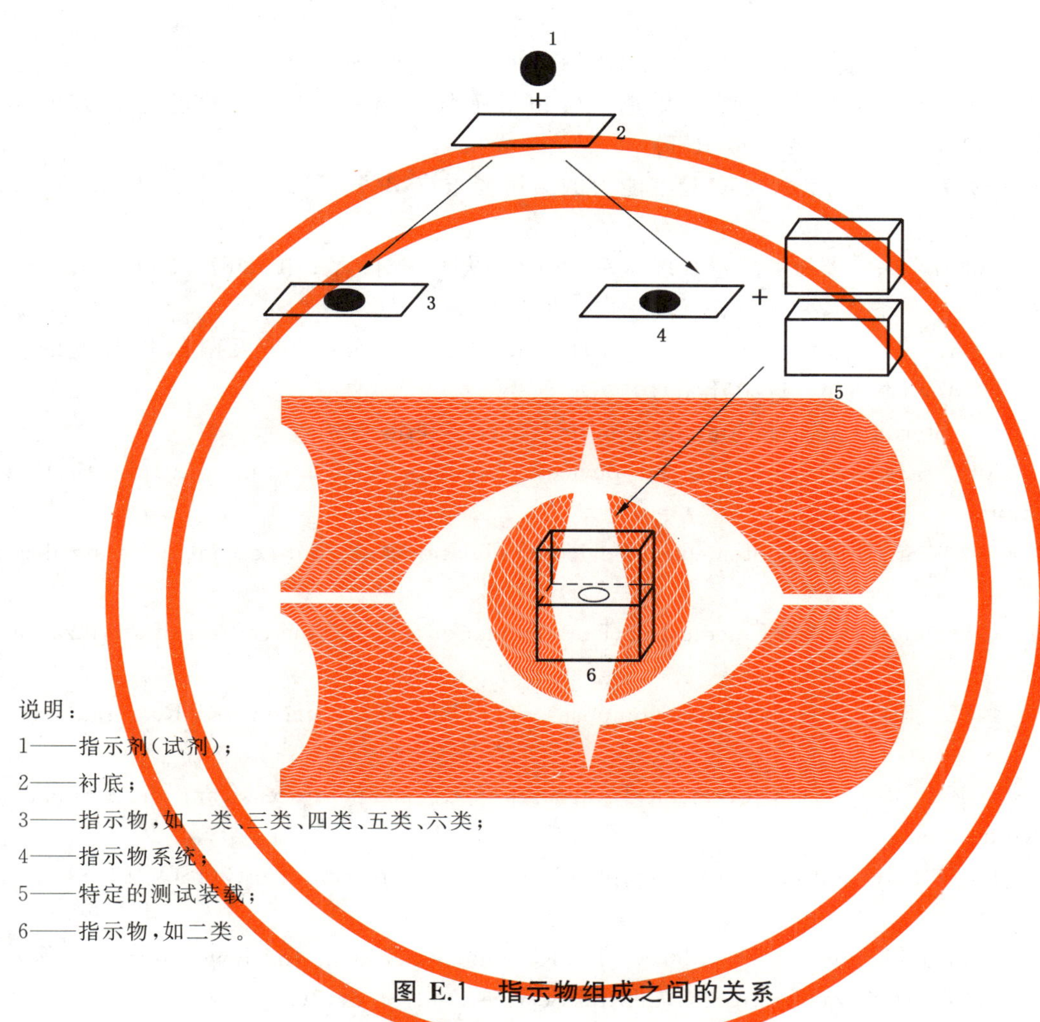


说明：

1——指示剂(试剂)；

2——衬底；

3——指示物，如一类、三类、四类、五类、六类；

4——指示物系统；

5——特定的测试装载；

6——指示物，如二类。

**图 E.1 指示物组成之间的关系**

## 参 考 文 献

[1] GB 18279 医疗器械 环氧乙烷灭菌确认和常规控制(GB 18279—2000,ISO 11135:1994,IDT)

[2] GB 18280 医疗保健产品灭菌 确认和常规控制要求 辐射灭菌(GB 18280—2000,ISO 11137:1995,IDT)

[3] GB/T 19001 质量管理体系 要求(GB/T 19001—2008,ISO 9001:2008,IDT)

[4] GB/T 19972 医疗保健产品灭菌 生物指示物 选择、使用及检验结果判断指南(GB/T 19972—2005, ISO 14161:2000,IDT)

[5] GB/T 27025 检测和校准实验室能力的通用要求(GB/T 27025—2008,ISO/IEC 17025:2005,IDT)

[6] YY/T 0287 医疗器械 质量管理体系 用于法规的要求(YY/T 0287—2003,ISO 13485:2003,IDT)

[7] YY/T 0615.1 标示无菌医疗器械的要求 第1部分:最终灭菌医疗器械的要求(YY/T 0615.1—2007, EN 556-1:2001,IDT)

[8] EN 285 Sterilization—Steam sterilization—Large sterilizers

[9] EN 550 Sterilization of medical device—Validation and routine control of ethylene oxide sterilization

[10] EN 552 Sterilization of medical device—Validation and routine control of sterilization by irradiation

[11] EN 554 Sterilization of medical device—Validation and routine control of sterilization by moist heat

[12] EN 1422 Sterilizers of medical puiposes—Ethylene oxide sterilizers—Requirements and test method

[13] EN 14180 Sterilizers for medical purposes—Low temperature steam and formaldhyde sterilizers—Requirements and testing

[14] EN 45014 General criteria for supplier's declaration of conformity(ISO/IEC Guide 22:1996)

[15] Gömann, J., Kaiser, U. and Menzel, R., Reaction kinetics of the low-temperature-steam-formaldehyde (LTSF) sterilization process, Central Service, ZentrSteril, 8(5)2000, pp 290-296.

[16] ISO 15882 Sterilization of health care products—Chemical indicator—Guidance for the selection use and interpretation of results

[17] ISO 17665 Sterilization of health care products—Moist heat—Guidance for selection, use and interpretation of results

[18] Pflug, I. J., Microbiology and engineering of sterilization process, 10th Edition, Evironmental Sterilization Laboratary, 1920 South First Street, Minneapolis, MN55454, USA, 1999.

[19] Russell, A.D., The destruction of bacterial spore, Academic Press, London, 1982.

ICS 11.080.01
C 47

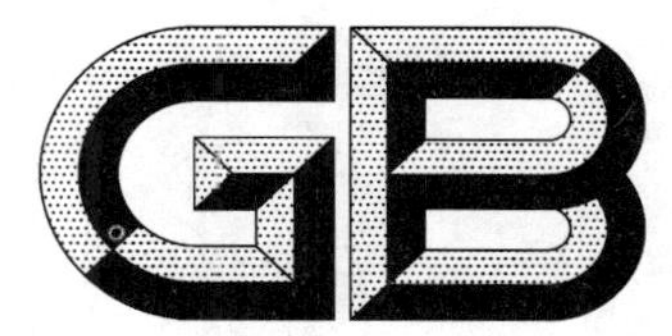

# 中华人民共和国国家标准

GB 18282.5—2015/ISO 11140-5:2007

# 医疗保健产品灭菌 化学指示物 第5部分:用于BD类空气排除测试的二类指示物

## Sterilization of health care products—Chemical indicators—Part 5:Class 2 indicators for Bowie and Dick-type air removal tests

(ISO 11140-5:2007,IDT)

2015-12-10 发布　　2017-01-01 实施

中华人民共和国国家质量监督检验检疫总局
中国国家标准化管理委员会　发布

# 前　　言

**GB 18282 的本部分的全部技术内容为强制性。**

GB 18282《医疗保健产品灭菌　化学指示物》分为以下几部分：

——第 1 部分：通则；

——第 3 部分：用于 BD 类蒸汽渗透测试的二类指示物系统；

——第 4 部分：用于替代性 BD 类蒸汽渗透测试的二类指示物；

——第 5 部分：用于 BD 类空气排除测试的二类指示物。

注：GB 18282.2《医疗保健产品灭菌　化学指示物　测试设备和方法》被 GB/T 24628—2009《医疗保健产品灭菌　生物与化学指示物　测试设备》代替。

本部分为 GB 18282 的第 5 部分。

本部分按照 GB/T 1.1—2009 给出的规则起草。

本部分等同采用 ISO 11140-5:2007《医疗保健产品灭菌　化学指示物　第 5 部分：用于 BD 类空气排除测试的二类指示物》。

与本部分中规范性引用的国际文件有一致性对应关系的我国文件如下：

——GB/T 12823.4—2008　摄影　密度测量　第 4 部分：反射密度的几何条件(ISO 5-4:1995，IDT)；

——GB/T 16839.2—1997　热电偶　第 2 部分：允差(IEC 60584-2:1982+A1:1989,IDT)；

——GB 18282.1—2015　医疗保健产品灭菌　化学指示物　第 1 部分：通则(ISO 11140-1:2005，IDT)。

本部分做了下列编辑性修改：

——按照 GB/T 1.1 的要求进行了一些编辑上的修改；

——删除了国际标准的前言；

——将引言和参考文献中出现的部分国际标准替换为对应的我国标准。

请注意本文件的某些内容可能涉及专利。本文件的发布机构不承担识别这些专利的责任。

本部分由国家食品药品监督管理总局提出。

本部分由全国消毒技术与设备标准化技术委员会(SAC/TC 200)归口。

本部分起草单位：国家食品药品监督管理局广州医疗器械质量监督检验中心、3M 中国有限公司、山东新华医疗器械股份有限公司。

本部分主要起草人：范雅文、黄靖雄、王洪敏、胡相华、黄鸿新。

# 引　言

空气排除测试用于评估预真空灭菌周期中预真空阶段的空气排除效果。在空气排除阶段，由于低效的空气排除、空气泄漏或存在非冷凝气体而形成的空气残留会导致试验失败。GB 18282 的本部分描述了用于 BD 类空气排除测试纸和包的二类指示物的要求。

化学指示物分类的描述，见 GB 18282.1—2015。

蒸汽渗透测试(GB 18282.3—2009 和 GB 18282.4—2009)和空气排除测试(本部分)的差异在化学指示物的指导文件(GB/T 32310—2015)中描述。

# 医疗保健产品灭菌 化学指示物 第5部分:用于BD类空气排除测试的二类指示物

## 1 范围

GB 18282的本部分规定了用于BD类空气排除测试的二类指示物,用于评估预真空灭菌周期中预真空阶段的空气排除效果。

此外,本部分包括符合这些性能要求所使用的测试方法和设备。

## 2 规范性引用文件

下列文件对于本文件的应用是必不可少的。凡是注日期的引用文件,仅注日期的版本适用于本文件。凡是不注日期的引用文件,其最新版本(包括所有的修改单)适用于本文件。

ISO 5-4:1995 摄影 密度测量 第4部分:反射密度的几何条件(Photography—Density measurements—Part 4: Geometric conditions for reflection density)

ISO 5636-3 纸和纸板 透气度的测定(中等范围) 第3部分:本特生法(Paper and board—Determination of air permeance (medium range)—Part 3: Bendtsen method)

ISO 11140-1:2005 医疗保健产品灭菌 化学指示物 第1部分:通则(Sterilization of health care products—Chemical indicators—Part 1: General requirements)

IEC 60584-2:1982 热电偶 第2部分:公差(Thermocouples—Part 2: Tolerances)

IEC 60751:1983 工业铂热电阻技术条件及分度表(Industrial platinum resistance thermometer sensors)

## 3 术语和定义

ISO 11140-1界定的以及下列术语和定义适用于本文件。

### 3.1

**指示物系统 indicator system**

指示剂与其衬底组合,随后用于特定测试负载组合。

注:本部分中,特定测试负载即附录E中定义的标准测试包。

### 3.2

**指示物 indicator**

指示剂与其衬底以最终应用形式的组合。

见ISO 11140-1:2005的附录E。

注:指示物可为用户组装或预组装。测试负载可能是一次性的、有限重复使用或者重复使用。

### 3.3

**平衡时间 equilibration time**

从灭菌器室达到灭菌温度到负载各部分达到灭菌温度的时间。

## 4 通用要求

除本部分另有规定外，ISO 11140-1 的要求适用于本部分。

## 5 指示物系统

### 5.1 构成

5.1.1 指示剂应均匀地分布在衬底上并覆盖该衬底一面不少于 30%的面积。

指示剂的分布宜易于判断颜色变化的均匀性。

5.1.2 指示物系统衬底应有均匀的底色，底色与变色或未变色的指示剂之间色度差异均应不小于 0.3。色度差异用反射密度计按制造商规定测定。

按照附录 A 的要求进行测试。

5.1.3 指示物系统的尺寸应为：(200±20)mm×(275±25)mm。

5.1.4 当在 1.47 kPa 的气压下，按 ISO 5636-3 进行测试时，指示物系统的空气空隙应不小于1.7 μm/(Pa·s)。

### 5.2 性能

5.2.1 当暴露在 134 ℃的饱和蒸汽 3.5 min±5 s，或 121℃的饱和蒸汽 15 min±5 s，或制造商规定产品使用的其他时间和温度组合后，指示物系统应显示均匀的颜色变化(由制造商规定)。在所有情况下，测试温度允差应为$^{+1.5}_{0}$ ℃，所给测试时间应在指示物系统发生颜色变化的时间内。

按照附录 B 的要求进行测试。

5.2.2 在放置附录 E 规定的标准测试包的中心时，若蒸汽暴露装置的暴露阶段 134 ℃、3.5 min 周期中最后 1 min 开始时，或在 121 ℃、15 min 周期中最后 5 min 开始时，标准测试包中心的温度低于室体排气口的温度 $2^{+1}_{0}$℃，指示物系统应显示不均匀的颜色变化。这是空气排除不足而产生的标准失败情况。制造商规定的其他任何时间和温度的组合，应在暴露时间的最后 30%的开始阶段表现出类似的反应。

按照附录 F 的要求进行测试。

5.2.3 暴露于干热(140±2)℃不少于 30 min 后，指示剂应显示无变化，明显不同于暴露于蒸汽灭菌过程后的颜色变化。

按照附录 C 的要求进行测试。

5.2.4 指示剂到标准测试包的转移应不影响测试结果。

按照附录 D 的要求进行测试。

注：虽然有些转移对指示物系统和测试包的性能并未产生不利的影响，但是目前没有用来验证指示剂转移可接受限的测试方法。

5.2.5 在制造商规定的保质期内，指示物系统应符合本部分的要求。

文件化的加速老化过程可用于证实符合性。

## 6 指示物

### 6.1 构成

6.1.1 指示剂应均匀地分布在衬底上并覆盖该衬底一面不少于 30%的面积。

6.1.2 指示物系统衬底应有均匀的底色，底色与变色或未变色的指示剂之间色度差异均应不小于 0.3。

色度差异用反射密度计按制造商规定测定。

按照附录 A 的要求进行测试。

## 6.2 性能

6.2.1 按 6.1.2，当暴露在 $134^{+1.5}_{0}$ ℃的饱和蒸汽 3.5 min±5 s，和/或 $121^{+1.5}_{0}$ ℃的饱和蒸汽 15 min±5 s，或由制造商规定产品使用的其他时间和温度组合后，指示物系统应显示均匀的颜色变化(由制造商规定)。在所有情况下，测试温度允差应为 $^{+1.5}_{0}$ ℃，所给测试时间应在指示物系统发生颜色变化的时间内。

按照附录 B 的要求进行测试。

6.2.2 接触附录 E 规定的标准测试包所产生的标准失败情况(见 5.2.2)的条件后，指示物系统应显示不均匀的颜色变化。

按照附录 F 的要求进行测试。

6.2.3 暴露于干热(140±2)℃不少于 30 min 后，指示剂应显示无变化，明显不同于暴露于蒸汽灭菌过程后的颜色变化。

按照附录 C 的要求进行测试。

6.2.4 指示剂到测试负载的转移应不影响测试结果。

6.2.5 在制造商规定的保质期内，指示物系统应符合本部分的要求。

文件化的加速老化过程可用于证实符合性。

# 7 包装与标签

7.1 ISO 11140-1 的要求适用于本部分。

7.2 另外，每个指示物、指示物系统及其包装应有以下显著标识：

# 8 质量保证

ISO 11140-1 的要求适用于本部分。

# 9 样品预处理

测试样品应在临测试前在温度(23±7)℃、相对湿度 30%～70%的环境中平衡至少 1 h。

# 附　录　A
## （规范性附录）
## 衬底与指示剂之间的颜色对比程度的评价

### A.1　仪器

**A.1.1**　蒸汽暴露装置，见附录G。
**A.1.2**　反射密度计，见ISO 5-4，经可溯源至国家标准的校准。
**A.1.3**　标准测试包，见附录E，由制造商选定。

### A.2　方法

**A.2.1**　为确定衬底和变化后指示剂间的对比程度，将指示物置于测试包中心，并以指示物发生均匀颜色变化所需的操作温度暴露于蒸汽暴露装置一个周期。
**A.2.2**　应用反射密度计对指示物的至少3对测量点进行测试，以确定衬底的底色与变化和/或未变化的指示剂的底色之间的色度差异。指示物配对读数点应等距。
**A.2.3**　分别对3个不同产品批次的指示物重复测试5次。

# 附 录 B
（规范性附录）
暴露于饱和蒸汽后颜色改变均匀性的确定方法

## B.1 仪器

**B.1.1** 蒸汽暴露装置，见附录 G，空室内仅包含装载附件。

**B.1.2** 温度传感器，符合 IEC 60751 要求的 A 级铂电阻温度计或者符合 IEC 60584-2 要求的公差等级为 1 的热电偶。

**B.1.3** 温度记录设备，误差 0.5 ℃。

**B.1.4** 标准测试包，见附录 E。

## B.2 空气排除指示物系统

**B.2.1** 在一个空室内，按附录 E 所述的温度传感器以及指示物系统插入测试包几何中心的标准测试包，应在规定的操作温度（见 5.2.1）下接触一个试验周期的蒸汽暴露装置并记录温度。当蒸汽暴露装置排气口测试温度达到饱和蒸汽温度时，测试口温度和测试包中心温度之差应小于 0.5 ℃，除了 15 s 达到平衡的时间，应在整个蒸汽暴露时间内继续保持这种情况。本周期结束，指示物系统应从标准测试包移出，按 5.2.1 进行检查。

**B.2.2** 分别对 3 个不同产品批次的指示物和指示物系统重复测试 5 次。

## B.3 空气排除指示物

**B.3.1** 进行测试的空气排除指示物应放置在另一个空室内。温度传感器应放置在该暴露装置排气口处。按 B.2.1 所述的试验周期运行。周期结束，应将指示物从系统中移出并按 6.2.1 进行检查。

**B.3.2** 测试程序应包括：

a） 内置温度传感器的标准测试包（见附录 E），重复运行两次符合 5.2.1 的周期；

b） 交替使用内置温度传感器的标准测试包（见附录 E）和空气排除指示物，运行三次符合 5.2.1 的测试周期。

# 附 录 C
# （规范性附录）
# 暴露于干热后指示物颜色变化的确定方法

## C.1 仪器

**C.1.1** 样品架，由制造商规定。

**C.1.2** 干热炉，能保持（140±2）℃的恒温。

在测试过程中，炉内相对湿度宜小于5%。测试可能需样品架。参考制造商的建议。

## C.2 空气排除指示物系统

**C.2.1** 将干热炉预热至操作温度。

**C.2.2** 将测试样品放置于干热炉中并在（140±2）℃下干热（30±1）min。将样品移出并按照5.2.3检查颜色变化。

**C.2.3** 分别对3个不同产品批次的空气排除指示物系统重复测试5次。几个样品可同时进行测试。

## C.3 空气排除指示物

**C.3.1** 将干热炉预热至操作温度。

**C.3.2** 空气排除指示物系统里的指示物应装有一个温度传感器来监测指示物系统的温度，置于（140±2）℃的干热中，以确定指示物达到135 ℃所需的时间（加热时间）。

**C.3.3** 空气排除指示物须在（140±2）℃的干热温度下持续加热时间（30±1）min。将指示物系统移出并按照6.2.3检查颜色变化。

**C.3.4** 分别对3个不同产品批次的空气排除指示物重复测试5次。几个样品可同时进行测试。

# 附　录　D
（规范性附录）
# 指示剂向标准测试包转移的确定方法

## D.1　仪器

**D.1.1**　硬板(例如缩醛、聚碳酸酯、聚砜)，覆盖约 200 mm×100 mm×5 mm 标称厚度的标准测试包(见附录 E)材料。

**D.1.2**　蒸汽暴露装置，见附录 G。

## D.2　方法

**D.2.1**　指示物系统应置于硬板中心，指示剂一面朝上。在指示物系统上覆盖第二层材料，并沿边缘扎紧，以确保与指示剂紧密接触。

**D.2.2**　将以上组合与硬板一起水平放置在蒸汽暴露装置最底层，并置于(134±1)℃干饱和蒸汽中 3.5 min和/或(121±1)℃干饱和蒸汽中 15 min。

**D.2.3**　该指示物系统应被移出并按照 5.2.4 检查因指示剂向标准测试包转移引起的不均匀颜色变化。

**D.2.4**　分别对 3 个不同产品批次重复测试 5 次。

# 附　录　E
（规范性附录）
标准测试包

**E.1**　标准测试包由100%棉手术巾折叠而成。测试包应经清洗而未经熨烫。

**E.2**　手术巾应折叠成(250 mm±20 mm)×(300 mm±20 mm)大小，并摞起。

**E.3**　测试包高度应为250 mm～280 mm。

根据手术巾的厚度和耐磨性，不同的测试手术巾的总数可不同。

**E.4**　测试包的质量应为(4±0.2)kg。

**E.5**　应将一个由经纬均为5.5线/mm的100%棉线制成的双层织物包松散地包裹在测试包上。

**E.6**　测试包应用宽度不超过25 mm的扎带固定。

# 附　录　F
（规范性附录）
暴露于标准失败情况后颜色改变不均匀性的确定方法

## F.1　仪器

**F.1.1**　蒸汽暴露装置，见附录 G。

**F.1.2**　温度传感器，符合 IEC 60751 要求的 A 级铂电阻温度计或符合 IEC 60584-2 中 1 级允差的热电偶。

**F.1.3**　温度记录设备，误差 0.5 ℃。

**F.1.4**　标准测试包，见附录 E。

## F.2　空气排除指示物系统

**F.2.1**　通过入口连接将两个温度传感器引入灭菌器室内。

**F.2.2**　应将一个传感器置于标准测试包的几何中心，用一层材料将其与指示物系统分离。应注意防止因传感器导致提供一个通道使空气进入测试包。第二个传感器应放置在距灭菌器排气口至少 10 mm 深处。应注意不要让传感器与排气口的任何表面接触。

**F.2.3**　测试负载应水平放置在室体设备底部物架上，在另一个空室排气口之上。

**F.2.4**　正确放置温度传感器和指示物系统的标准测试包应暴露于 5.2.2 中所述标准失败情况的暴露装置中运行一个周期。记录每个温度传感器的温度。

**F.2.5**　周期结束，指示物系统应从测试负载移出并按 5.2.2 检查。

**F.2.6**　分别对 3 个不同产品批次重复测试 5 次。

## F.3　空气排除指示物

**F.3.1**　在暴露装置排气口放置温度传感器，空气排除指示物应在 F.2.4 所述的相同条件下暴露一个周期。

**F.3.2**　周期结束，指示物系统应从测试负载移出并按 5.2.2 检查。

**F.3.3**　测试程序应包括：

a)　内置温度传感器的标准测试包（见附录 E），重复运行两次符合 5.2.2 的周期；

b)　交替使用内置温度传感器的标准测试包（见附录 E）和空气排除指示物，运行三次符合 5.2.2 的测试周期。

# 附 录 G
（规范性附录）
蒸汽暴露装置

## G.1 概述

蒸汽暴露装置应为用于已包装物品和多孔负载用医疗保健设施的预真空蒸汽灭菌器，其容积在54 L～800 L之间。它应符合本附录规定的周期控制的附加要求。控制系统应允许多孔负载灭菌周期在不同的机器上进行模拟操作，以及建立标准失败情况。周期重复运行时应有良好重复性。

## G.2 仪器

### G.2.1 室温

G.2.1.1 蒸汽暴露装置应配备一个在整个测量周期中采样频率至少为2 s的连续的室温显示仪器。显示和记录仪器可为同一个。

G.2.1.2 显示和记录的传感器应放置于所测温度可代表室内实际条件的位置。

G.2.1.3 当对实验室认证标准进行测试时，温度显示和记录器的精度应在灭菌器规定操作范围的±0.5 ℃以内。

G.2.1.4 记录图表上的温度刻度不得超过1 ℃，并应在设定操作温度±5 ℃范围内。

### G.2.2 压力

G.2.2.1 蒸汽暴露装置应配备一个用于指示室内真空度和压力的显示装置（机械式、数字式或其他设备）。

显示装置应精确到满刻度值的±3%以内。显示装置应有刻度或10 kPa或以下的分辨率。

G.2.2.2 当装有一个蒸汽夹套，蒸汽暴露装置应配备一个显示夹套压力的显示装置。显示装置应精确到满刻度值的±3%以内，每个刻度或分辨率增量应为10 kPa或以下。

### G.2.3 定时器

G.2.3.1 蒸汽暴露装置应配备一个用于定时暴露的复位定时器。

G.2.3.2 定时器的准确度至少应为设定值的±1%。

### G.2.4 灭菌器控制系统

G.2.4.1 控制系统应将室温控制在设定温度的$^{+1}_{0}$ ℃内。

G.2.4.2 操作人员设置的操作温度应能显示或可调整，在110 ℃～140 ℃范围内增量应不大于1 ℃。

## 参 考 文 献


[1] GB/T 32310—2015 医疗保健产品灭菌 化学指示物 选择、使用和结果判断指南

[2] BOWIE, J.H., KELSEY, J.C. and THOMPSON, G.R., Lancet, i, (1963), p.586

[3] ISO 187:1990 Paper, board and pulps—Standard atmosphere for conditioning and testing and procedure for monitoring the atmosphere and conditioning of samples

[4] ISO 17665-1 Sterilization of health care products—Moist heat—Part 1: Requirements for the development, validation and routine control of a sterilization process for medical devices

[5] ISO 17665-2 Sterilization of health care products—Moist heat—Part 2: Guidance on the application of ISO 17665-1


---

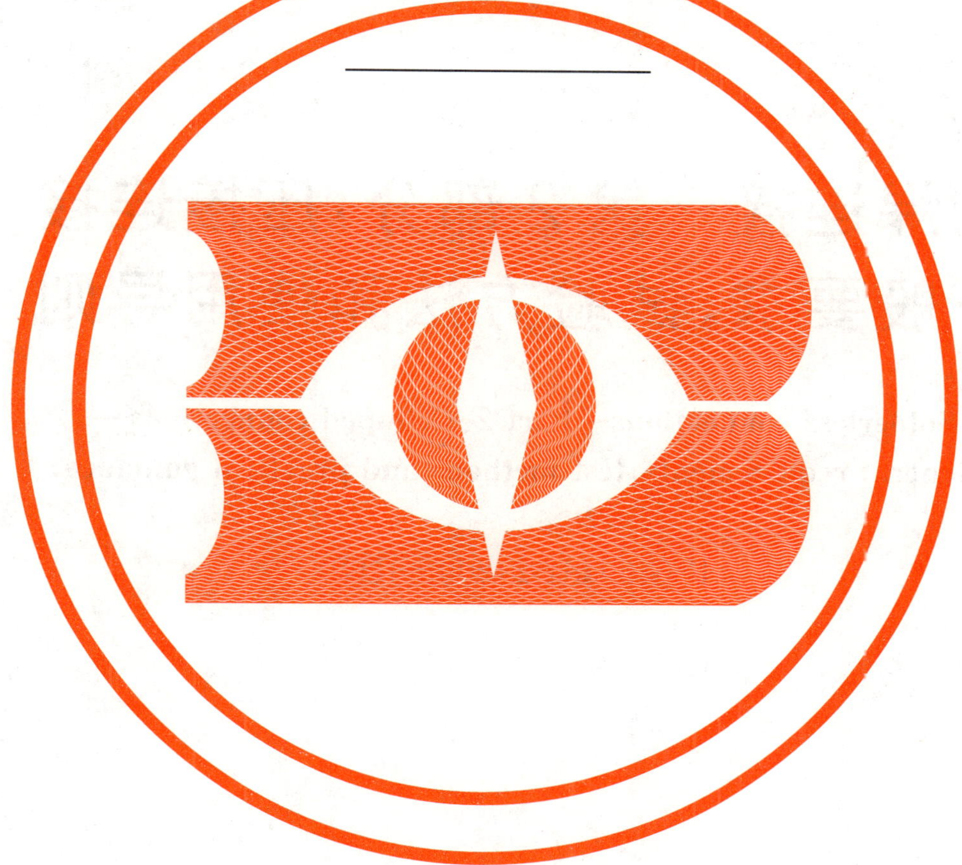

ICS 31.220.10
L 23

# 中华人民共和国国家标准

GB/T 18290.2—2015/IEC 60352-2:2006
代替 GB/T 18290.2—2000

# 无焊连接　第2部分:压接连接 一般要求、试验方法和使用导则

**Solderless connections—Part 2:Crimped connections—General requirements,test methods and practical guidance**

(IEC 60352-2:2006,IDT)

2015-12-31 发布　　2016-07-01 实施

中华人民共和国国家质量监督检验检疫总局
中国国家标准化管理委员会　发布

# 前　言

GB/T 18290《无焊连接》由下列部分组成：

——第1部分：无焊连接　绕接连接　一般要求、试验方法和使用导则；

——第2部分：无焊连接　压接连接　一般要求、试验方法和使用导则；

——第3部分：无焊连接　可接触无焊绝缘位移连接　一般要求、试验方法和使用导则；

——第4部分：无焊连接　不可接触无焊绝缘位移连接　一般要求、试验方法和使用导则；

——第5部分：无焊连接　压入式连接　一般要求、试验方法和使用导则；

——第6部分：无焊连接　绝缘刺破连接　一般要求、试验方法和使用导则；

——第7部分：无焊连接　弹簧夹连接　一般要求、试验方法和使用导则；

——第8部分：无焊连接　压紧安装式连接　一般要求、试验方法和使用导则。

本部分为GB/T 18290的第2部分。

本部分按照GB/T 1.1—2009给出的规则起草。

本部分代替GB/T 18290.2—2000《无焊连接　第2部分：无焊压接连接　一般要求、试验方法和使用导则》。本部分与GB/T 18290.2—2000相比，主要变化如下：

——章条号重新编排，(见第4章，2000年版第5章、第6章、第7章、第8章和第9章)；

——压接筒的材料要求由单一维氏硬度增加了更多强度要求(见4.3.1)；

——锡-铅合金已经被锡合金替代，以满足RoHS指令，其他镀层材料，比如镍，也可以使用，只要证明其适合(见4.3.3)；

——增加了试验恢复项(见5.1.4)；

——删减了其他材料(见表2)；

——改变两样品间导线长度为“最小150 mm”以满足区域要求(见5.2.4.5和图7)；

——删除了老产品使用尺寸(2000年版15.4)。

本部分使用翻译法等同采用IEC 60352-2:2006《无焊连接　第2部分：压接连接　一般要求、试验方法和使用导则》。为便于使用，本部分作下列编辑性修改：

——删除了英制单位。

请注意本文件的某些内容可能涉及专利。本文件的发布机构不承担识别这些专利的责任。

本部分由中华人民共和国工业和信息化部提出。

本部分由全国电子设备用机电元件标准化技术委员会(SAC/TC 166)归口。

本部分起草单位：贵州航天电器股份有限公司、深圳迪诺威科技有限公司、中国电子技术标准化研究院。

本部分主要起草人：李凌志、廖朝顺、邵正华、陈奥、丁然。

本部分所代替标准的历次版本发布情况为：

GB/T 18290.2—2000。

# 引　言

本部分包括要求、试验和使用导则资料，并给出两个试验一览表：

——基本试验一览表：适用于符合第4章中所有要求的无焊压接连接；

——全面试验一览表：适用于不完全符合第4章中所有要求的无焊压接连接，例如，用实心导线压接，不同的材料等。

IEC 指南 109:1995 提倡在产品寿命周期内减小产品对自然环境的影响。本部分中所允许一些材料的使用可能会对环境有负面影响。为了从技术上引导替代这些材料，这些材料将在本部分中消失。

# 无焊连接　第2部分:压接连接<br>一般要求、试验方法和使用导则

## 1　范围和目的

GB/T 18290的本部分适用于无焊压接连接,其连接导线的绞线横截面积为0.05 $mm^2$～10 $mm^2$或直径为0.25 mm～3.6 mm实心线以及适当的设计成非绝缘或预绝缘压接筒的无焊压接连接。这种连接用于通信设备和使用类似技术的电子设备中。

为了在规定的环境条件下获得稳定的电气连接,除了在试验程序外,本部分还规定了从工业使用实际出发的一些经验数据资料。

注:本部分不适用于同轴电缆的压接。

本部分的目的是确定在规定的机械、电气和大气条件下无焊压接连接的适用性。当用来连接的工具的设计或加工不同时,提供一种试验结果可比的方法。

## 2　规范性引用文件

下列文件对于本文件的应用是必不可少的。凡是注日期的引用文件,仅注日期的版本适用于本文件。凡是不注日期的引用文件,其最新版本(包括所有的修改单)适用于本文件。

GB/T 2421.1—2008　电工电子产品环境试验　概述和指南(IEC 60068-1:1988,IDT)

GB/T 4210—2001　电工术语　电子设备用机电元件(idt IEC 60050(581):1978)

IEC 60189-3:1988　有PVC绝缘和PVC护套的低频电缆和导线　第3部分:有实心或绞线导体的设备导线,用PVC单层、双层、三层绝缘保护(Low-frequency cables and wires with PVC insulation and PVC sheath—Part 3:Equipment wires with solid or stranded conductor,PVC insulated,in singles,pairs and triples)

IEC 60512(所有部分)　电子设备用连接器　试验和测量(Connectors for electronic equipment—Tests and measurements)

IEC 60512-1-100:2001　电子设备用连接器　试验和测量　第1-100部分:总则　适用的出版物(Connectors for electronic equipment—Tests and measurements—Part 1-100:General—Applicable publlcations)

IEC 60760:1989　扁平的快速连接终端(Flat,quick-connect terminations)

修改单1(1993)(Amendment 1)

ISO 6892:1998　环境温度下的金属材料　拉伸试验(Metallic materials—Tensile testing at ambient temperature)

## 3　术语和定义

GB/T 4210—2001、IEC 60512-1-100:2001界定的以及下列术语和定义适用于本文件。

3.1

**压接筒　crimp barrel**

设计用于能容纳一根或多根导线并采用压接工具进行压接的导线筒。

3.2

**开式压接筒　open crimp barrel**

压接前呈敞开状如 U 或 V 形的压接筒(见图 1)。

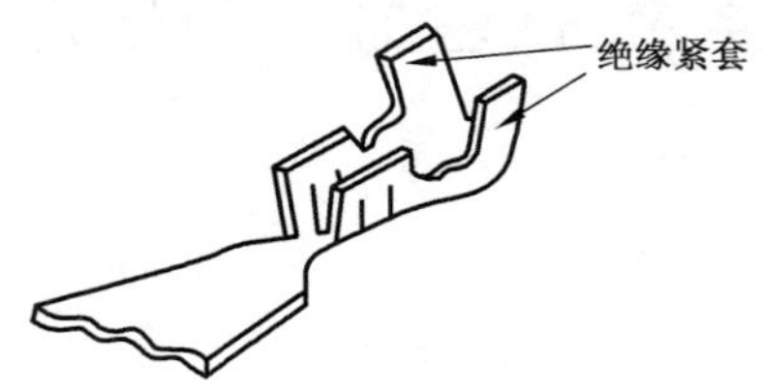


图 1　开式压接筒

3.3

**闭式压接筒　closed crimp barrel**

压接前呈闭合状的压接筒(见图 2)。

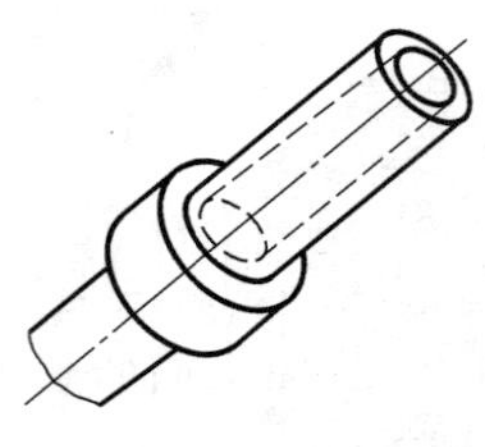

a)　车制压接筒

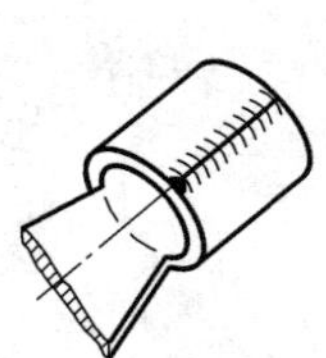

b)　焊制压接筒

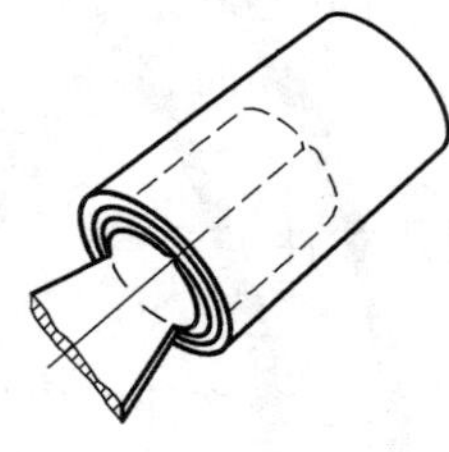

c)　冲制/卷制压接筒

图 2　闭式压接筒

3.4

**预绝缘压接筒　pre-insulated crimp barrel**

具有保证完善电气性能的永久绝缘层的压接筒,压接筒和预绝缘层将在同一次操作中压接(见图 3)。

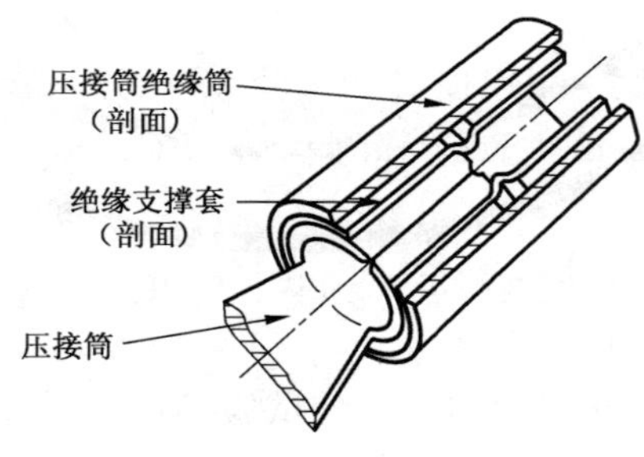


图 3　预绝缘压接筒

3.5

**压接区域　crimping zone**

压接筒的一部分,在此处施加压力使包住导线的压接筒产生变形或重新成型以形成压接连接(见图 4)。

注:压接筒配备绝缘紧套,这也是压接工具施加压力进行再次变形来保证导线的绝缘层。

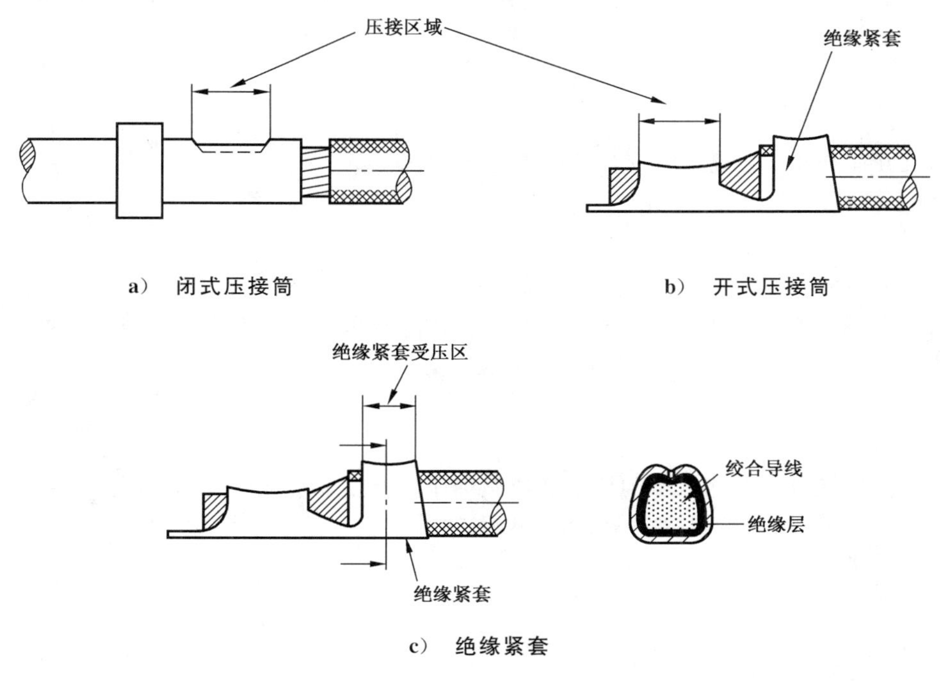


a） 闭式压接筒　　b） 开式压接筒

c） 绝缘紧套

图 4 压接区域

3.6

**压模 crimping die**

使压接筒成形的压接工具部分，通常包括压砧、压头和定位件。

## 4 要求

### 4.1 加工质量

应按照通常切实可行的方法采用精细和熟练的方式进行加工连接。

### 4.2 工具

应按照工具制造厂提供的说明书来使用和检验压接工具。

压接工具在整个使用寿命期间应能进行稳定可靠的压接连接。

压接工具应配有相适应的压模。压模可调节时，应具有适应于压接筒的正确调节的装置。

手动压接工具应具有全周期压接机构。

自动压接工具应具有全周期压接机构或等效的安全装置。这些机构应能正确的设置，并且应能保持所进行的设置。

工具应根据对压接连接的试验结果来进行评定。

### 4.3 压接筒

#### 4.3.1 材料

压接筒应采用铜或含铜 60％以上的铜合金制造。

按 ISO 6892:1998 的规定，材料的抗拉强度应大于 600 MPa。

可采用其他合适特性的材料，例如镍、钢、不锈钢。具有高电阻系数（*K* 值，见 5.2.3.1）的材料或抗拉强度超过上述规定的材料,可能不适用于特定用途。在此情况下,应采用5.3.3规定的全面试验一览表(见5.1.1)。

#### 4.3.2 尺寸

压接筒的尺寸应与4.4中规定的绞合导线匹配。

#### 4.3.3 表面涂覆层

压接筒可不电镀或电镀锡、锡合金、银、金或钯。

表面应无污染和腐蚀。其他镀层材料,如镍(除用作底镀层外),在能提供其适用性证明的情况下可以使用。在此情况下,应采用5.3.3规定的全面试验一览表(见5.1.1)。

#### 4.3.4 结构特性

压接筒的结构应能对剥去绝缘层的导体部位施加压力产生变形或改变形状时达到压接连接。

注:本部分没有规定压接筒刺穿导线绝缘层达到连接的技术。

应采用下列压接筒类型:

——未绝缘的开式压接筒;

——未绝缘或预绝缘的闭式压接筒。

压接筒应无损伤导体的锐边等。

### 4.4 导线

#### 4.4.1 概述

应采用绞合导线,在能提供其适用性证明的情况下,可以采用线径为0.25 mm～3.6 mm的实心圆导线。

#### 4.4.2 材料

应采用退火铜,其断裂伸长率不小于10%。

#### 4.4.3 尺寸

绞合导体的横截面积应在0.05 $mm^2$～10 $mm^2$范围内。

#### 4.4.4 表面涂覆层

采用未电镀导体或镀有锡、锡合金或银的导体。

表面应无污染和腐蚀。

#### 4.4.5 绝缘层

绝缘层应能很容易地从导线的导体上剥离,而不会改变导线或绞合导线的物理特性。

### 4.5 压接连接

工具、压接筒和导线的组合应适配。

压接筒配备有绝缘支撑套或绝缘紧套时,绝缘导线的外径应能与绝缘支撑套或绝缘紧套的尺寸匹配。

导线的剥离长度应正确,剥离的绞合线应无损伤,例如个别断裂或完全断裂。

导线剥离部分应清洁,并且应无绝缘微粒。

多股线的捻扭应正确。如果导线的捻扭已扰乱，可以轻微捻扭一下使其恢复。

导线在压接筒的位置应正确，即有正确的深度。可按下列方法检查：

——具有检查结构的开式或闭式压接筒中，应采用目视检查；

——在无检查结构（如检查孔）的闭式压接筒中，应进行测量以确定深度是否正确（间接测量压接筒的允许插入深度；导线剥离长度以及压接筒端部与导线绝缘层起始点之间的距离）。

绞合线的所有股线应在压接筒内，并且应无损伤。

压接筒具有绝缘支撑套或绝缘紧套时，绝缘层应正确位于支撑套或紧套内。

注：多根导线的压接连接见 10.2。

## 5 试验

### 5.1 试验

#### 5.1.1 概述

按引言中的说明，适用于下列条件的有两个试验一览表：

——符合第 4 章中所有要求的压接连接应按 5.3.2 的基本试验一览表进行试验并满足其要求；

——不完全符合第 4 章中所有要求（例如，压接所用的不同实心导线，不同材料等），应按 5.3.3 的全面试验一览表进行试验并满足其要求。

注：多根导线的压接连接见 10.2。

#### 5.1.2 试验的标准条件

除非另有规定，所有试验应在 IEC 60512 中规定的试验的标准条件下进行。

在试验报告中应注明测试时的环境温度和相对湿度。

对试验结果有争议时，应采用 GB/T 2421.1—2008 的仲裁条件之一进行重复试验。

#### 5.1.3 预处理

当规定时，按照 IEC 60512-1-100:2001 规定，连接产品应在试验的标准条件下预处理，历时 24 h。

#### 5.1.4 恢复

当规定时，试验后样品应在标准条件下恢复 1 h～2 h。

#### 5.1.5 样品安装

当试验中要求安装时，除非另有规定，试验样品应采用正常安装方法进行安装。

### 5.2 试验方法和试验要求

#### 5.2.1 一般检查

应按 IEC 60512 中试验 1 a 和试验 1 b 进行。外观检查可用约为 5 倍放大镜进行检查。

所有压接连接应进行外观检查，以确定是否满足 4.3～4.5 的有关要求。

#### 5.2.2 机械试验

##### 5.2.2.1 抗张强度

应按 IEC 60512 中试验 16 d 进行试验。

除压接筒(端子)的制造厂另有规定外,最小抗张强度的值应按表1中的规定。

**表1 压接连接部分抗张强度**

| 导线横截面积 | | 抗张强度<br>N |
|---|---|---|
| $mm^2$ | AWG[a] | |
| 0.05 | 30 | 6 |
| 0.08 | 28 | 11 |
| 0.12 | 26 | 15 |
| 0.14 | | 18 |
| 0.22 | 24 | 28 |
| 0.25 | | 32 |
| 0.32 | 22 | 40 |
| 0.5 | 20 | 60 |
| 0.75 | | 85 |
| 0.82 | 18 | 90 |
| 1.0 | | 108 |
| 1.3 | 16 | 135 |
| 1.5 | | 150 |
| 2.1 | 14 | 200 |
| 2.5 | | 230 |
| 3.3 | 12 | 275 |
| 4.0 | | 310 |
| 5.3 | 10 | 355 |
| 6.0 | | 360 |
| 8.4 | 8 | 370 |
| 10.0 | | 380 |

**注**:对于压接连接试验,同样的值包括在IEC 60760:1989的第17章和IEC 61210的表9中。

[a] 仅供参考。

#### 5.2.2.2 绝缘紧套有效性

应按IEC 60512中试验16 h进行试验。

缠绕周期数:2。

施加的张力:使导线进入接触件处贴于心轴上的最低张力。

### 5.2.3 电气试验

#### 5.2.3.1 接触电阻

应按IEC 60512中试验2a或2b进行试验(按相关规范规定)。

合适的试验装置如图5所示。

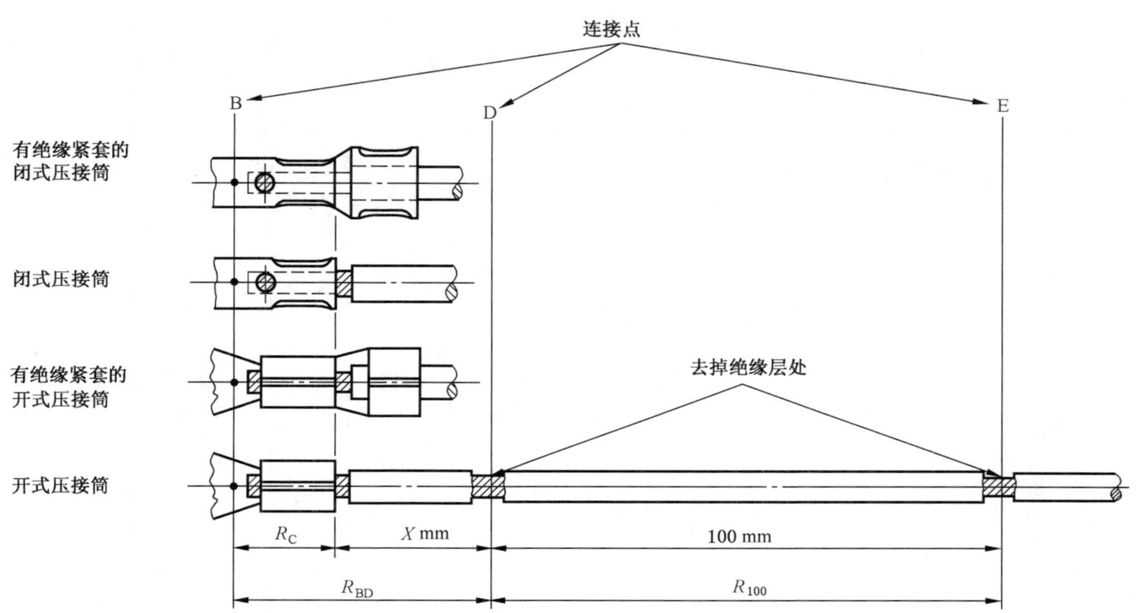


$$R_C = R_{BD} - \frac{X}{100} \times R_{100}$$

式中：

$R_C$ ——压接连接的接触电阻，Ω；

$R_{BD}$——连接点 B 和 D 之间测得的电阻，Ω；

$R_{100}$——100 mm 导线长度(D-E)测得的电阻，Ω；

$X$ ——压接筒尾端和连接点 D 之间的距离，mm。

**注：**距离 $X$ 推荐为 25 mm～100 mm。

**图 5 接触电阻测量试验装置**

接触点 B 尽可能靠近压接筒中导线的端头，但是，在开式压接筒中不要触到导线端头。

为了达到试验结果的可信性和重现性，在连接点处对所有绞合线需要有良好的接触。

离压接连接的安全距离的 D 点，可以采用任何方法确保对绞合线的所有股数有良好的接触。

应采用合适的试验装置保证对所有连接点有良好的接触。试验装置应保证所有连接点应固定在预先端接的固定距离不变。在采用试验探针时，为了避免损伤绞合线，探针头应为圆头。

在采用试验 2b 时，试验电流应为 1 A/$mm^2$ 导线横截面积。为了防止试验样品发热，施加试验电流的时间应尽可能短。

图 6 中的横截面是由绞合线每股的标称直径和股数进行计算的。

图 6 中初始接触电阻最大值(曲线 A)和电阻最大变化值(曲线 B)仅适用于符合 4.3 中的压接筒进行压接的连接，而导体符合 4.4 中的规定，式中 $K=1$。

压接筒的材料非铜质时，曲线 A 和曲线 B 的值乘以 $K$，其 $K$ 值为：

$$K = \frac{\text{使用材料的电阻率}}{\text{铜的电阻率}}$$

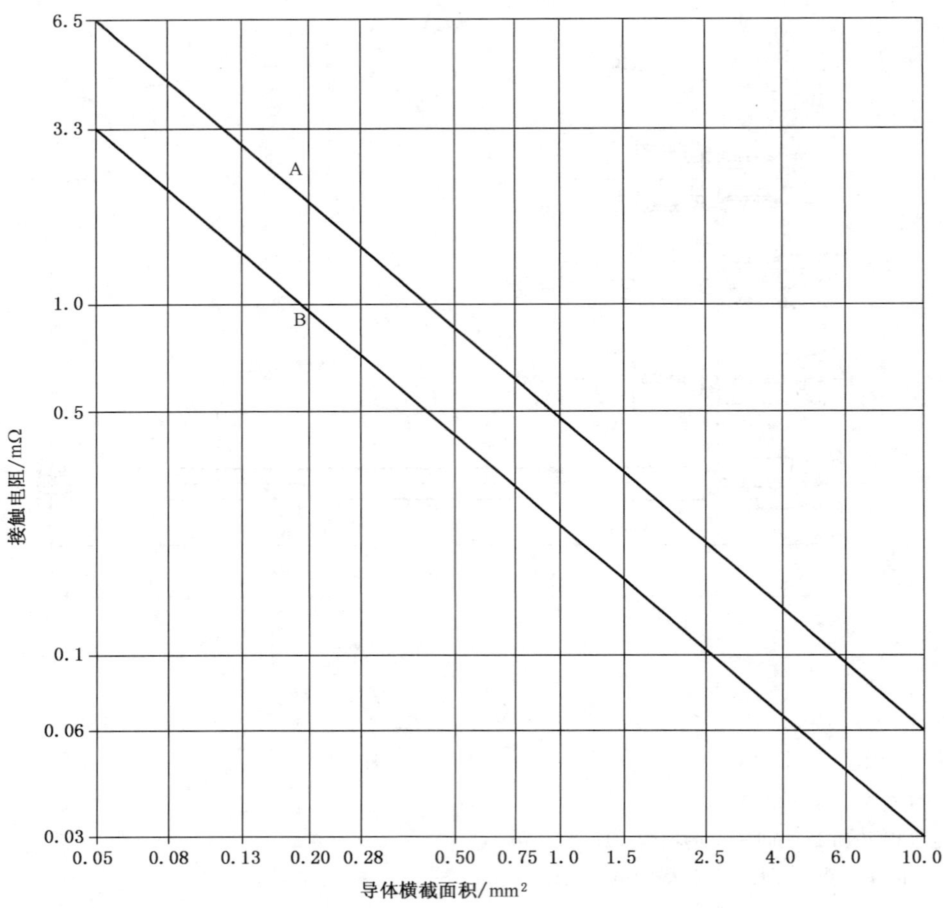


说明：

曲线 A——初始接触电阻最大值；

曲线 B——电气或气候试验后，阻值的最大变化值。

**图 6 铜压接筒和铜导线压接连接的接触电阻 $R_C$($K=1$)**

表 2 列举了其他材料的电阻率和 $K$ 值。

**表 2 其他材料举例**

| 材料 | 电阻率<br>Ω·mm²/m | $K$ |
|---|---|---|
| 退火铜，100.0 Cu | 0.017 2 | 1 |
| 铜锌合金(黄铜) | 0.030～0.061 | 1.74～3.55 |
| 例如 70.0 Cu，30.0 Zn | 0.061 | 3.55 |
| 铜锡合金(青铜) | 0.083～0.15 | 4.83～8.72 |
| 例如 94.0 Cu，6.0 Sn | 0.11 | 6.40 |

条件试验后接触电阻所允许的最大值等于测得的最初值加上图 6 曲线 B 给出并用 $K$ 值修正的最大允许变化值(如适用)。

注:多根导线的压接连接见 10.2。有关导线的详细资料见 IEC 60189-3:1988。

#### 5.2.3.2 耐电压(预绝缘压接筒的压接连接)

应按 IEC 60512 中试验 4c 进行。

除用户和制造厂之间另有协议外,耐电压为 1 500 V r.m.s.,45 Hz~60 Hz。

### 5.2.4 气候试验

#### 5.2.4.1 概述

除非另有规定,在下列试验中应采用上限类别温度(UCT)和下限类别温度(LCT):

UCT:125 ℃(镀锡压接筒为 100 ℃)

LCT:−55 ℃

#### 5.2.4.2 温度快速变化

应按 IEC 60512 中试验 11 d 进行试验。

应采用下列细则:

——低温 $T_A$:LCT;

——高温 $T_B$:UCT;

——暴露时间 $t_1$:30 min;

——循环次数:5。

该试验不检查导线绝缘层和预绝缘压接筒的绝缘特性。

#### 5.2.4.3 高温

应按 IEC 60512 中试验 11i 进行试验。

应采用下列细则:

——试验温度:UCT;

——试验持续时间:96 h。

该试验不检查导线绝缘特性。

#### 5.2.4.4 气候序列

应按 IEC 60512 中试验 11 a 进行试验。

应采用下列细则:

——高温

试验温度:UCT;

——循环湿热

上限试验温度:55 ℃

循环次数:6;

规定方式:1 或 2;

——低温

试验温度:LCT。

本试验不检查导线的绝缘特性和预绝缘压接筒的绝缘特性。

### 5.2.4.5 循环电流负载

应按 IEC 60512 中试验 9 e 进行试验。

应采用 D 型试验样品进行试验(见 5.3.1.5)。

除详细规范另有规定,试验样品应串联,以便同时对所有试验样品加上电流负载。如果采用串联并且结构允许,可以用两个端头连接的试验样品。在这种情况下,两试验样品之间的导线长度最小为 150 mm。为了避免散热,试验样品的环线在导线处应固定并且用热导率低的绝缘材料作为固定装置。端头重量大到需要另外支撑时,也可采用热导率低的绝缘材料支撑装置。

注:压接连接试验样品构成零件整体的一部分时,要注意零件对试验结果的影响(例如散热作用)。

在图 7 和 IEC 60760:1989 中给出下列示例。

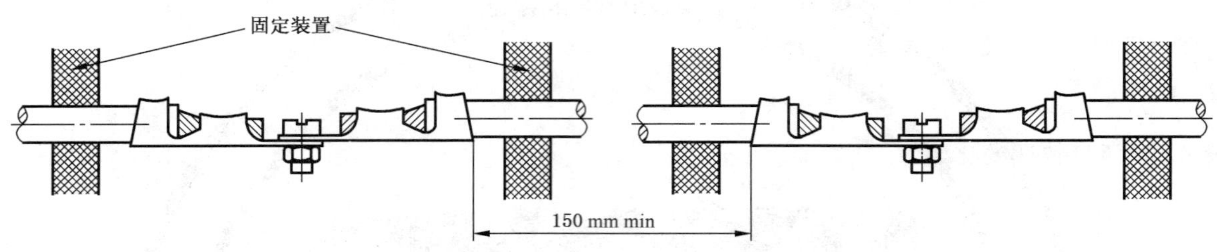


a) 接线端头压接筒示例

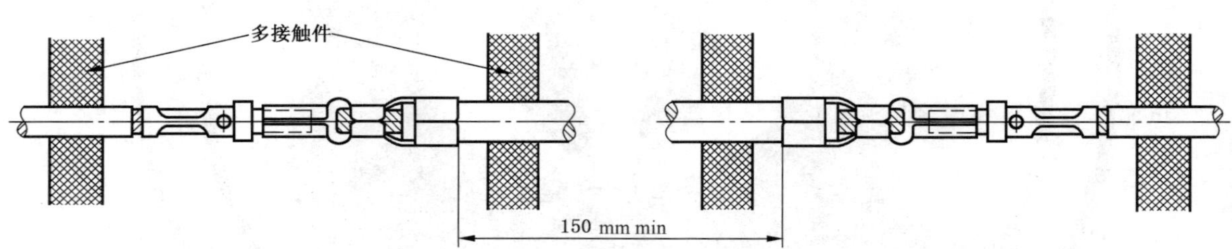


b) 可分离接触件压接筒示例

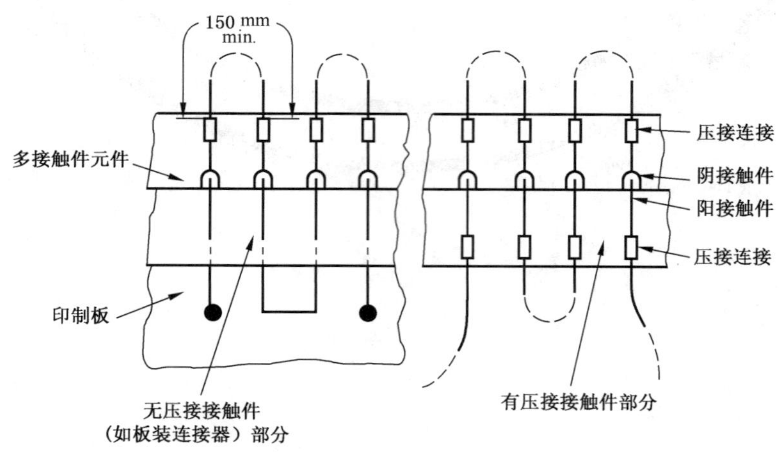


c) 多接触件元件(例如接线板或连接器)的接触件压接连接示例

图 7 试验装置示例

图 8 中给出了施加的试验电流。

图 8 中的横截面是由绞合线每股的标称直径和股数进行计算的。

图 8 中的试验电流仅适用于符合 4.3 的压接筒和符合 4.4 规定的导体。

试验严酷度:20 次或 500 次循环。

注:有关导线的详细资料见 IEC 60189-3:1988。

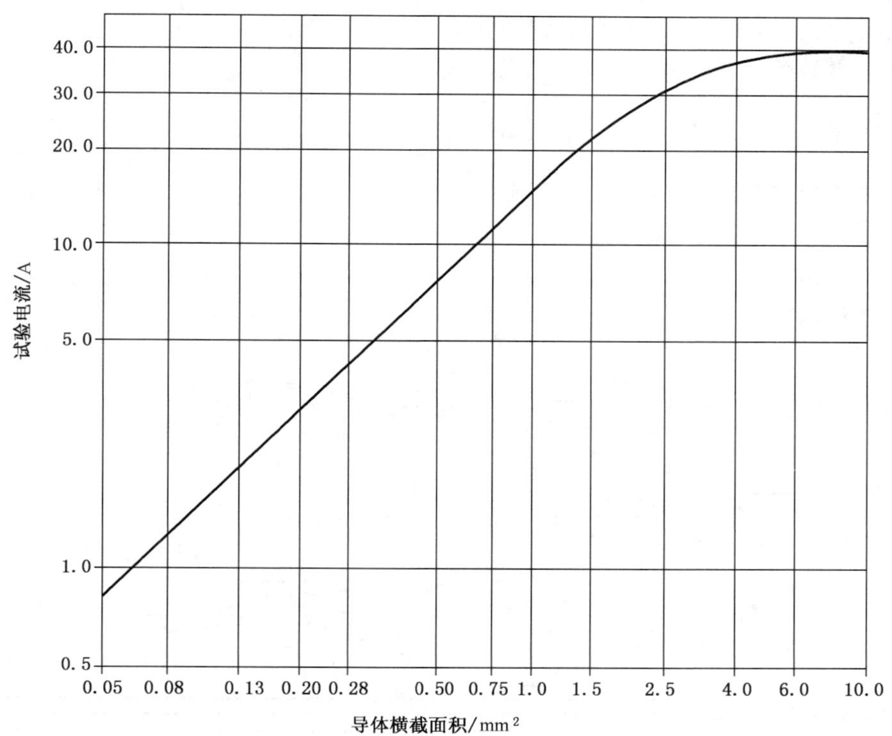


图 8 压接连接的试验电流

#### 5.2.4.6 低温压接(预绝缘压接筒的压接连接)

在考虑中。

### 5.2.5 其他试验

#### 5.2.5.1 预绝缘压接筒耐液体

如果要求本试验,应按 IEC 60512 中试验 19a 进行试验。

仅用清洁液体进行试验,液体和温度应由详细规范规定。

耐电压:1 500 V r.m.s.,45 Hz~60 Hz。

## 5.3 试验一览表

### 5.3.1 概述

#### 5.3.1.1 概述

试验前,应准备好所需数量和类型的样品。

当压接连接的压接筒适配的导线横截面积有一定范围时,应进行有关试验一览表的全部试验项目。

——规定数量的样品接上最大横截面的导线;另外

——规定数量的样品接上最小横截面的导线。

试验样品准备前应检查:

——采用的压接筒和导线是否正确;

——采用的压接工具是否正确;

——工具的工作是否正常;

——操作人员能否按 4.5 的要求进行正确压接连接。

所有样品的最小导线长度应为 150 mm 或按 5.3.1.5 的规定。

### 5.3.1.2 A 型样品(按 5.3.2.3.1 和 5.3.3.3.2 试验)

A 型样品由未绝缘或预绝缘压接筒(有或无绝缘紧套)和压接的导线(仅在压接筒和导线之间产生电气连接)组成。

绝缘紧套不应起作用。

A 型样品的典型示例如图 9 所示。

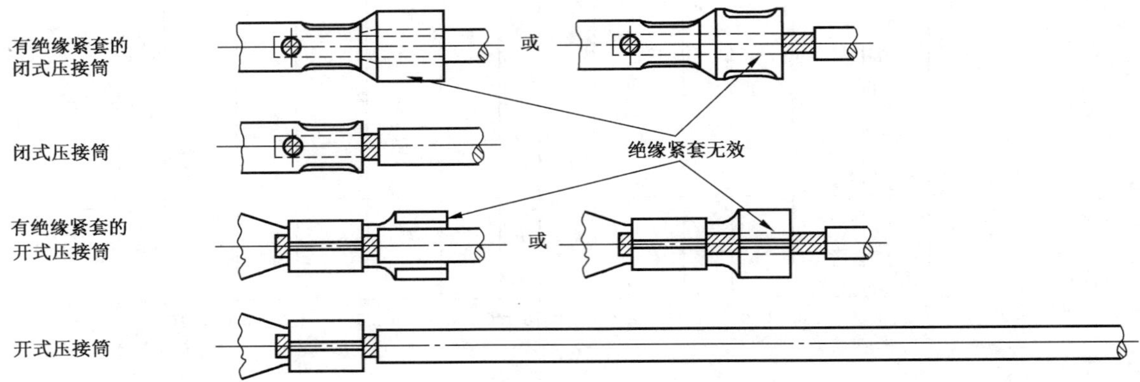


图 9 A 型样品示例

### 5.3.1.3 B 型样品(绝缘紧套有效性试验,按 5.3.2.3.3 和 5.3.3.4)

B 型样品由带绝缘紧套的未绝缘或预绝缘压接筒和未剥离导线组成,仅由绝缘紧套压紧未剥离的导线。

未剥离的导线仅插入绝缘紧套中,在进行正常压接时仅在绝缘紧套处压紧。在压接筒上提供电气连接的那部分和导线之间应无电气或机械连接。

B 型样品的典型示例如图 10 所示。

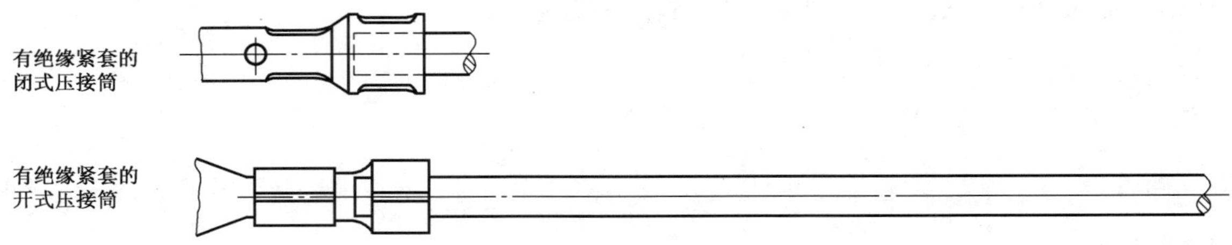


图 10 B 型样品示例

#### 5.3.1.4 C 型样品(仅预绝缘压接筒的试验,按 5.3.2.3.4 和 5.3.3.5)

C 型样品由有或无绝缘紧套的预绝缘压接筒并压接上导线构成,导线和压接管之间具有电气连接。

有绝缘紧套时,也应压紧。

在导线的另一端,应将绝缘层去掉,以便能按 IEC 60512 中试验 4c 进行试验。

C 型样品的典型示例如图 11 所示。

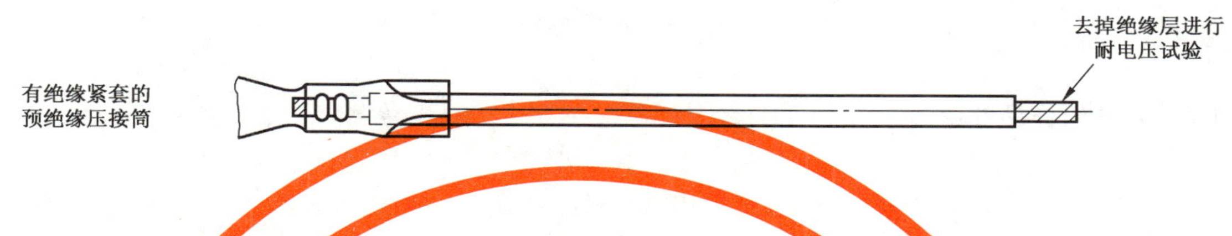


图 11 C 型样品示例

#### 5.3.1.5 D 型样品(按 5.3.2.3.2、5.3.3.3.3 和 5.3.3.3.4 试验)

D 型样品由有或无绝缘紧套的未绝缘或预绝缘压接筒并压接上导线构成。导线和压接筒之间具有电气连接。

有绝缘紧套时,也应压紧。

导线的绝缘层应去掉,以便能按 5.2.3.1 测量接触电阻。

D 型样品用于 5.2.4.5 的循环电流负载试验时,导体截面积应是适配压接筒的最大值,其导线长度最小应为 200 mm。

D 型样品的典型示例如图 12 所示。

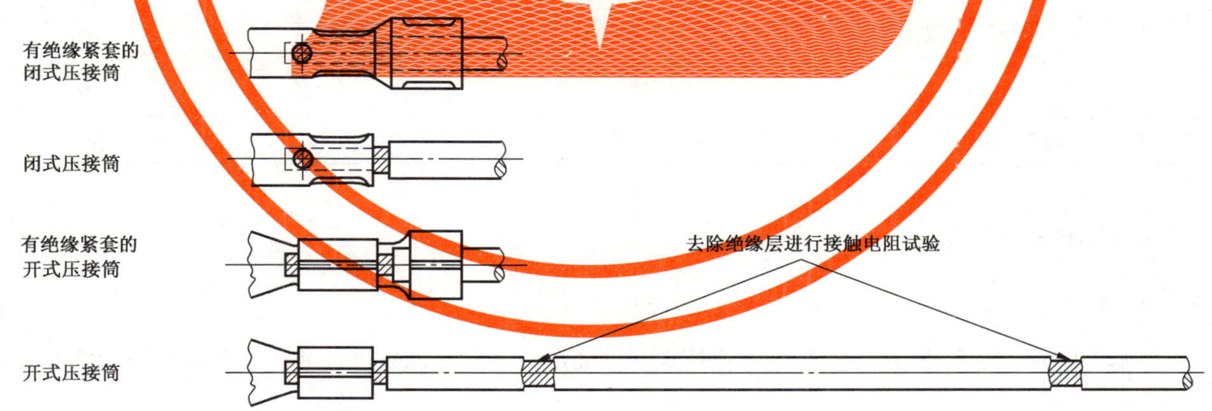


图 12 D 型样品示例

#### 5.3.1.6 E 型样品(按 5.3.3.5.4 进行预绝缘压接筒试验)

E 型样品由有或无绝缘紧套的预绝缘压接筒和剥离的导线组成,并进行压接连接。

在导线的另一端,绝缘层也应去掉,以便能按 IEC 60512 中试验 4 c 进行试验。

在此步骤,仅要求按 5.2.4.6 进行低温试验时,压接筒和导线要先分开。

E 型样品的典型示例如图 13 所示。

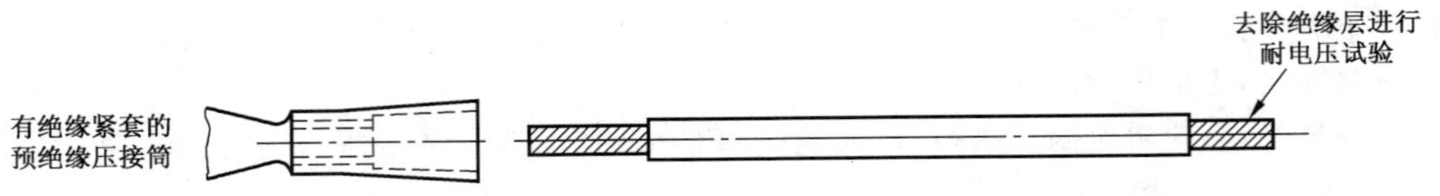


图 13 E 型样品示例

#### 5.3.1.7 要求的样品数量

表 3 样品数量

| 试验一览表 | 样品类型按 5.3.1 | 在所有情况下要求 | 当附加要求时 | | |
|---|---|---|---|---|---|
| | | | 未电镀压接筒和/或导线的试验 | 绝缘紧套有效性试验 | 预绝缘压接筒试验 |
| 5.3.2 基本试验一览表 | A | 20 | — | — | — |
| | B | — | — | 6 | — |
| | C | — | — | — | 6 |
| | D | — | 20 | — | — |
| 5.3.3 全面试验一览表 | A | 16 | — | — | — |
| | B | — | — | 6 | — |
| | C | — | — | — | 6,若要求试验组 F |
| | D | 24 | — | — | |
| | E | — | — | — | 6 |
| 注：压接筒结构适配有一定范围的导线截面压接连接试验，见 5.3.1。 | | | | | |

### 5.3.2 基本试验一览表

#### 5.3.2.1 概述

当基本试验一览表适用时(见 5.1.1)，应按表 3 中规定的 A 型样品数进行准备并应承受 5.3.2.3.1 规定的试验。

当用未电镀的压接筒和/或未电镀的导线进行压接连接时，应按表 3 中规定的附加 D 型样品数进行准备并应承受 5.3.2.3.2 规定的试验。

当用带有绝缘紧套的压接筒进行试验时，应按表 3 中规定的附加 B 型样品数进行准备并应承受 5.3.2.3.3 规定的试验。

当用预绝缘压接筒进行试验时，应按表 3 中规定的附加 C 型样品数进行准备并应承受 5.3.2.3.4 规定的试验。

#### 5.3.2.2 初始检查

全部试验样品应按 IEC 60512 中试验 1a 的规定进行外观检查。如果具有压接接触件的零件的详细规范有规定，应按 IEC 60512 中试验 16 g 的规定进行试验。

#### 5.3.2.3 压接连接试验

##### 5.3.2.3.1 用符合 4.3 的压接筒和符合 4.4 的导线进行压接连接试验

A 型样品：20 只。

全部试验样品进行初始检查后应经受表 4 中的下列试验。

表 4 试验组 P1

| 试验步骤 | 试验 | | 要进行的测量 | | 要求<br>章条号 |
|---|---|---|---|---|---|
| | 项目 | 试验严酷度或条件<br>章条号 | 项目 | IEC 60512<br>试验号 | |
| P1 | 抗张强度(压接连接) | 5.2.2.1 | | 16d | 5.2.2.1 |

##### 5.3.2.3.2 用符合 4.3 的未电镀的压接筒和/或符合 4.4 的未电镀的导线进行压接连接附加试验

D 型样品：20 只。

全部试验样品进行初始检查后应经受表 5 中的下列试验。

表 5 试验组 P2

| 试验步骤 | 试验 | | 要进行的测量 | | 要求<br>章条号 |
|---|---|---|---|---|---|
| | 项目 | 试验严酷度或条件<br>章条号 | 项目 | IEC 60512<br>试验号 | |
| P2.1 | | | 接触电阻 | 2a 或 2b | 5.2.3.1 |
| P2.2 | 循环电流负载 | 5.2.4.5，20 次循环 | | 9e | 5.2.4.5 |
| P2.3 | | | 接触电阻 | 同 P2.1 | 5.2.3.1 |

##### 5.3.2.3.3 带绝缘紧套压接筒的附加试验

B 型样品：6 只。

全部试验样品进行初始检查后应经受表 6 中的下列试验。

表 6 试验组 P3

| 试验步骤 | 试验 | | 要进行的测量 | | 要求<br>章条号 |
|---|---|---|---|---|---|
| | 项目 | 试验严酷度或条件<br>章条号 | 项目 | IEC 60512<br>试验号 | |
| P3 | 绝缘紧套有效性(压接连接) | 5.2.2.2 | | 16h | 5.2.2.2 |

##### 5.3.2.3.4 带预绝缘压接筒进行压接连接的附加试验

C 型样品：6 只。

全部试验样品进行初始检查后应经受表 7 中的下列试验。

表7 试验组 P4

| 试验步骤 | 试验 | | 要进行的测量 | | 要求<br>章条号 |
|---|---|---|---|---|---|
| | 项目 | 试验严酷度或条件<br>章条号 | 项目 | IEC 60512<br>试验号 | |
| P4 | 预绝缘压接筒耐电压 | 5.2.3.2 | | 4c | 5.2.3.2 |

### 5.3.3 全面试验一览表

#### 5.3.3.1 概述

当全面试验一览表适用时(见 5.1.1),应按表 3 规定的 A 型和 D 型试验样品数进行准备,并按照 5.3.3.3 的规定进行试验。

带绝缘紧套的压接筒试验时,应按表 3 规定的 B 型附加试验样品数进行准备,并按照 5.3.3.4 的规定进行试验。

预绝缘压接筒试验时,应按表 3 规定的 C 型和 E 型附加试验样品数进行准备,并按照 5.3.3.5 的规定进行试验。

#### 5.3.3.2 初始检查

所有样品应按 IEC 60512 中试验 1a 的规定进行外观检查。

采用压接接触件的零件的详细规范有规定时,应按 IEC 60512 中试验 16 g 的规定进行试验。

#### 5.3.3.3 压接连接试验

##### 5.3.3.3.1 概述

初始检查后(5.3.3.2):

——16 只 A 型样品应经受 5.3.3.3.2(试验组 A)规定的试验;

——8 只 D 型样品应经受 5.3.3.3.3(试验组 B)规定的试验;

——16 只 D 型样品应经受 5.3.3.3.4(试验组 C)规定的试验。

##### 5.3.3.3.2 试验组 A

A 型样品:8 只。见表 8。

表8 试验组 A

| 试验步骤 | 试验 | | 要进行的测量 | | 要求<br>章条号 |
|---|---|---|---|---|---|
| | 项目 | 试验严酷度或条件<br>章条号 | 项目 | IEC 60512<br>试验号 | |
| AP1 | 抗张强度 | 5.2.2.1 | | 16d | 5.2.2.1 |

##### 5.3.3.3.3 试验组 B

D 型样品:8 只。见表 9。

表 9 试验组 B

| 试验步骤 | 试验 | | 要进行的测量 | | 要求章条号 |
|---|---|---|---|---|---|
| | 项目 | 试验严酷度或条件章条号 | 项目 | IEC 60512 试验号 | |
| BP1 | | | 接触电阻 | 2a 或 2b | 5.2.3.1 |
| BP2 | 电流负载循环 | 5.2.4.5<br>500 次循环 | | 9e | 5.2.4.5 |
| BP3 | | | 接触电阻 | 同 BP1 | 5.2.3.1 |

#### 5.3.3.3.4 试验组 C

D 型样品:16 只。见表 10。

表 10 试验组 C

| 试验步骤 | 试验 | | 要进行的测量 | | 要求章条号 |
|---|---|---|---|---|---|
| | 项目 | 试验严酷度或条件章条号 | 项目 | IEC 60512 试验号 | |
| CP1 | | | 接触电阻 | 2a 或 2b | 5.2.3.1 |
| CP2 | 温度快速变化 | 5.2.4.2 | | 11d | |
| CP3 | 气候循环 | 5.2.4.4 | | 11a | |
| CP3.1 | 高温 | 5.2.4.4 | | 11i | |
| CP3.2 | 循环湿热 | 5.2.4.4<br>1 次循环 | | 11m | |
| CP3.3 | 低温 | 5.2.4.4 | | 11j | |
| CP3.4 | 循环湿热,剩余循环 | 5.2.4.4<br>5 次循环 | | 11m | |
| CP4 | | | 接触电阻 | 同 CP1 | 5.2.3.1 |

#### 5.3.3.4 试验组 D(绝缘紧套有效性)

B 型样品:6 只。

初始检查后,试验样品应承受表 11 中下列试验。

表 11 试验组 D

| 试验步骤 | 试验 | | 要进行的测量 | | 要求章条号 |
|---|---|---|---|---|---|
| | 项目 | 试验严酷度或条件章条号 | 项目 | IEC 60512 试验号 | |
| DP1 | 绝缘紧套有效性(压接连接) | 5.2.2.2 | | 16h | 5.2.2.2 |

#### 5.3.3.5 预绝缘压接筒的压接连接试验

##### 5.3.3.5.1 概述

初始检查(5.3.3.2)后,6 只 C 型样品应按 5.3.3.5.2 的规定进行试验(试验组 E)。

如果要求耐液体试验时(5.2.5.1),附加的 6 只 C 型样品应进行初始检查,然后按 5.3.3.5.3 的规定进行试验(试验组 F)。

一般检查后,6 只 E 型样品(6 套未压接的零件)应按 5.3.3.5.4 的规定进行试验(试验组 G)。

##### 5.3.3.5.2 试验组 E

C 型样品:6 只。见表 12。

表 12 试验组 E

| 试验步骤 | 试验 | | 要进行的测量 | | 要求章条号 |
|---|---|---|---|---|---|
| | 项目 | 试验严酷度或条件章条号 | 项目 | IEC 60512 试验号 | |
| EP1 | 高温 | 5.2.4.3 | | 11i | |
| EP2 | | | 外观检查 | 1a | |
| EP3 | | | 预绝缘压接筒耐电压 | | 5.2.3.2 |

##### 5.3.3.5.3 试验组 F(如果需要)

C 型样品:6 只。见表 13。

表 13 试验组 F

| 试验步骤 | 试验 | | 要进行的测量 | | 要求章条号 |
|---|---|---|---|---|---|
| | 项目 | 试验严酷度或条件章条号 | 项目 | IEC 60512 试验号 | |
| FP1 | 预绝缘压接筒耐液体 | 5.2.5.1 | | 19a | 5.2.5.1 |

##### 5.3.3.5.4 试验组 G

E 型样品:6 只。见表 14。

表 14 试验组 G

| 试验步骤 | 试验 | | 要进行的测量 | | 要求章条号 |
|---|---|---|---|---|---|
| | 项目 | 试验严酷度或条件章条号 | 项目 | IEC 60512 试验号 | |
| GP1 | 低温压接 | 5.2.4.6 考虑中 | | | |
| GP2 | | | 外观检查 | 1a | |
| GP3 | | | 预绝缘压接筒耐电压 | | 5.2.3.2 |

#### 5.3.4 流程图

为了快速查找,5.3.2 和 5.3.3 的试验一览表的细则分别表示在图 14 和图 15 中。

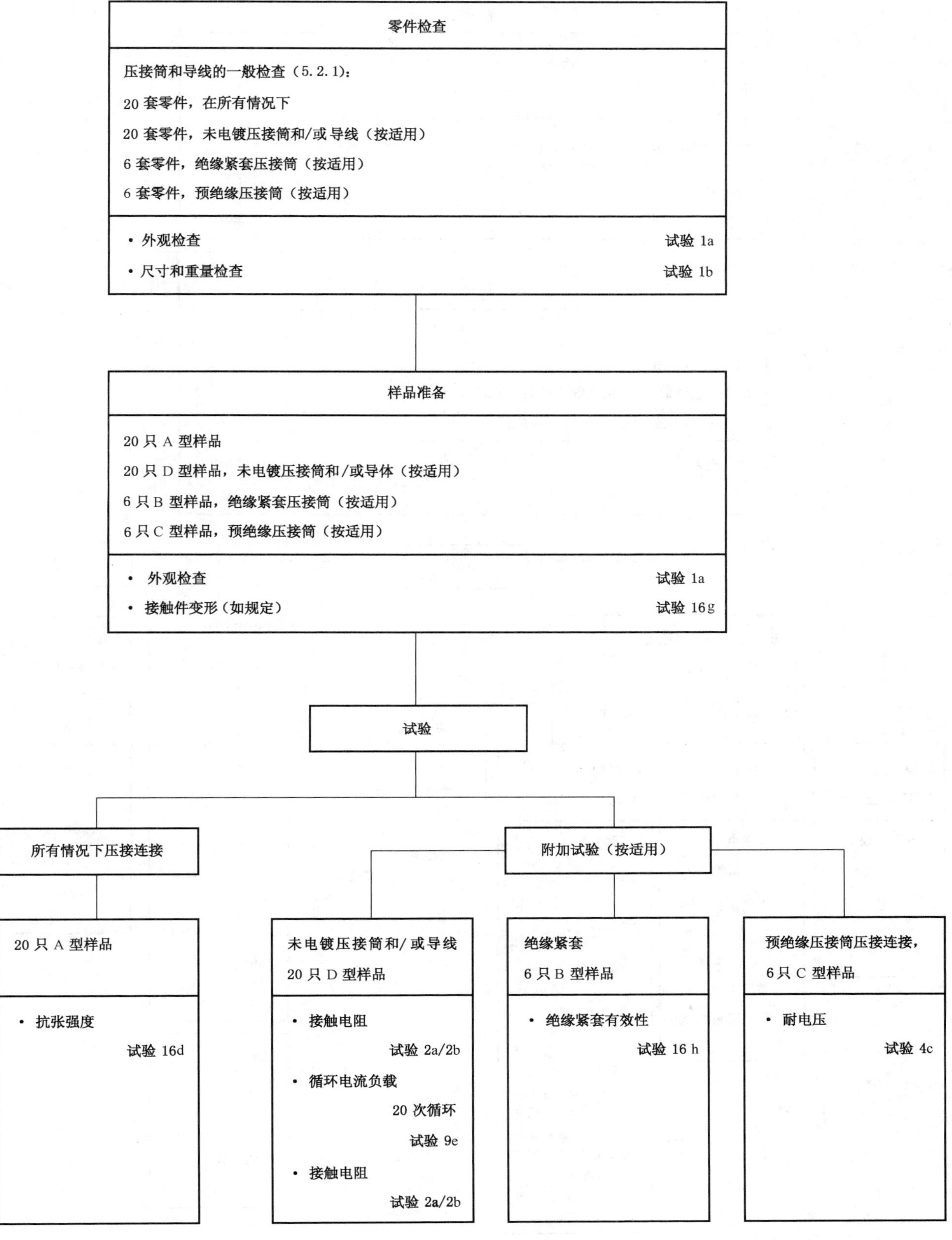


图 14 基本试验一览表（见 5.3.2）

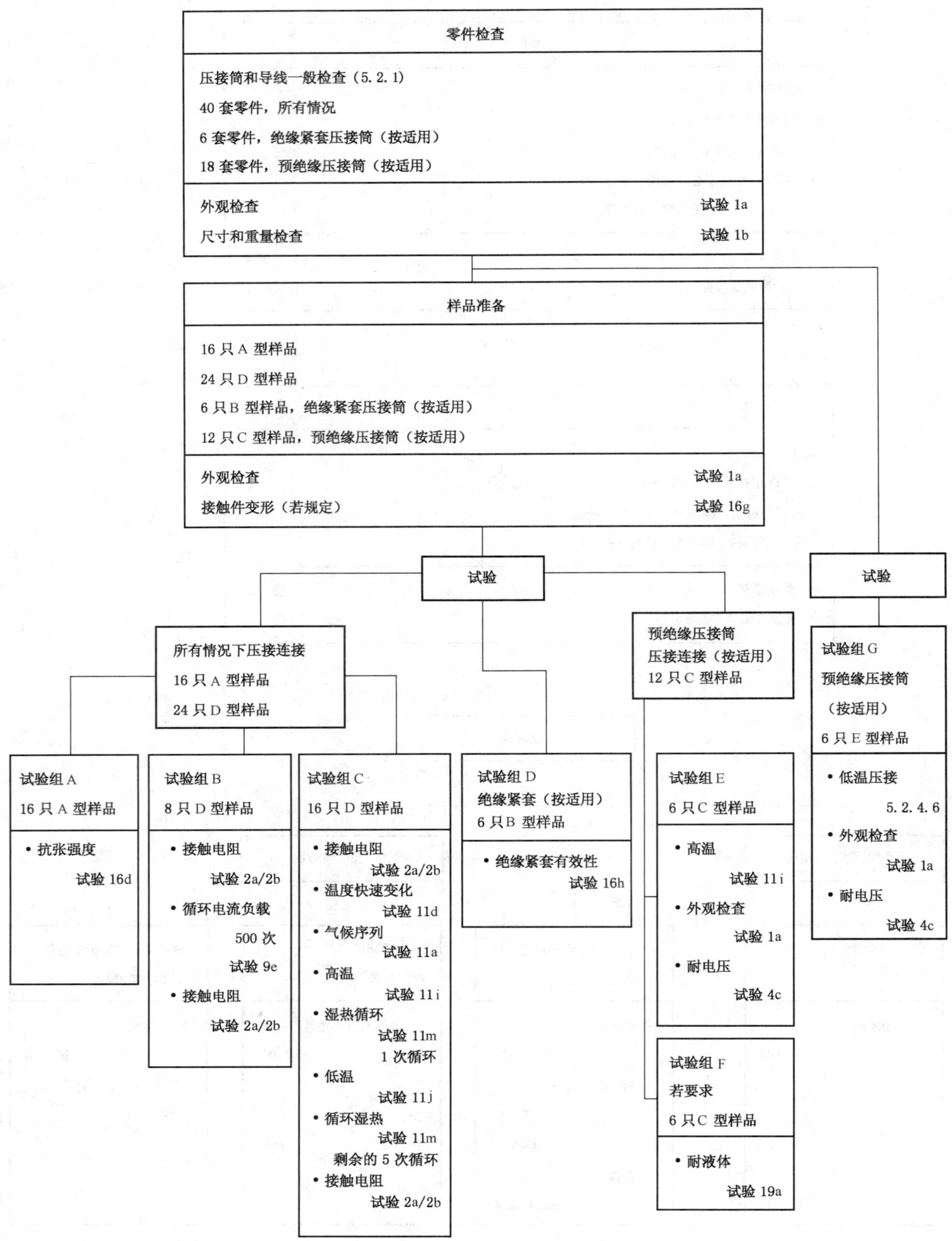


图15 全面试验一览表（见5.3.3）

# 6 压接连接一般资料

## 6.1 概述

本部分适用于用压接工具(全自动、半自动压接机或手动压接工具)压接绞合铜导体的压接连接。实心铜导体或其他材料(铝、钢等)的导体常常要特别考虑接触件和压接工具,要与制造厂的要求一致。

## 6.2 压接连接优点

在一根或多根导体与任何形状的接触件之间由压接技术产生的连接无电气连接的不良现象。要获得这种好的电气连接,压模、压接筒以及的截面变形量和压接筒的成形之间要有正确的配合。

优点:

——是各种生产规模高效连接加工方法;

——能采用全自动或半自动压接机,或手动工具进行加工;

——无虚焊点;

——没有使阴接触件弹性受损坏的焊接温度;

——无对人体伤害的重金属和溶剂气体;

——压接连接后仍能保持导体柔软性;

——无导体绝缘层的烧焦、变色和过热;

——电气和机械特性具有重现性的良好连接;

——易于生产控制。

## 6.3 载流容量

一般而言,本部分中压接连接的导体和压接筒之间的接触总面积大于所用导线的横截面积。

应考虑载流能力会受到下列因素影响:

——环境温度;

——接触件材料;

——接触件表面涂覆;

——导体横截面积;

——导体表面涂覆;

——多接触件连接器中接触件孔位数;

——多接触件连接器接触件间距。

# 7 工具资料

下列条款包括了对压接工具的要求和建议。

a) 采用压接工具和接触件要由同一个制造厂提供,否则压接连接质量由用户负责;

b) 工具应能正确工作并应正确形成压接而不损伤压接筒或压接的零件;

c) 为了得到可靠的压接连接,压接工具通常需要有一种全周期压接机构,完整压接周期完成时,手柄和压模或压头会自动返回到完全打开位置,全自动和半自动压接机自动地完成全周期压接过程;

d) 在任何情况下,压接操作应一步完成,要避免重复操作;

e) 工具的可拆卸零件,如压模和定位件,应设计成仅能以正确方式装入工具;

f) 在压接中工具应具有一种使压接筒和导线能正确定位的装置;

g) 工具应设计成仅能进行必要的调节;

h) 在一次操作中,工具应能同时对压接筒和绝缘紧套(如有)都进行压接或压紧;

i) 工具结构应能保证同一型号工具的压模能互换;不能互换时,应标明它们只适用于某一工具;

j) 工具设计成可在压接筒上产生压模标记或代码,以便在压接后能检查是否使用了正确的压模;

k) 工具结构应允许用压模标准规评定磨损情况,规测法应按制造厂的规定进行。

## 8 压接筒资料

### 8.1 概述

#### 8.1.1 有或无绝缘紧套的开式压接筒

这些接触件的压接筒在压接前是U型或V型的,如图16所示。这些接触件在用于全自动或半自动压接机中通常以成卷(纵向或横向送料)的带料供货。在压接过程中,压接的接触件将从带料上切下。在低效率和维修情况下,用手工压接工具也可以散件供货。有开式压接筒和绝缘紧套的接触件的特性是有第二个压接筒,它在压接过程中重新成型并箍紧导线绝缘层端头。

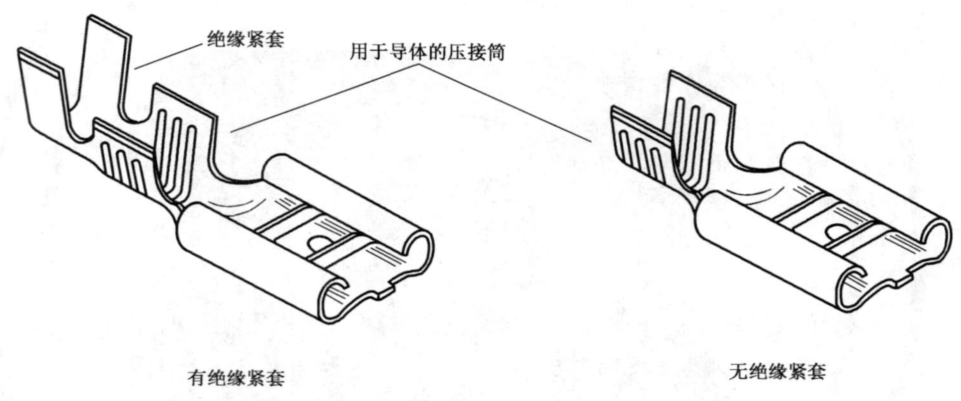


图16 开式压接筒

绝缘紧套的基本功能是要吸收诸如振动或弯曲时在压接连接处产生的机械应力。在实际上大多采用有绝缘紧套的接触件。

#### 8.1.2 有或无绝缘紧套的未绝缘或有预绝缘的闭式压接筒

这些是冲制成型、压制成型、搓制成型或车制成型的端子或接触件的压接筒。预绝缘压接筒通常具有由聚氯乙烯、尼龙等制成的绝缘套。

建议将压接筒的导线进入口处倒角,以便:

——避免导体受损;

——易于导体插入。

闭式压接筒端子和接触件通常是散件产品,但是在市场上也有带状产品(卷装等)。

图17给出了典型的有或无绝缘套的闭式压接筒。

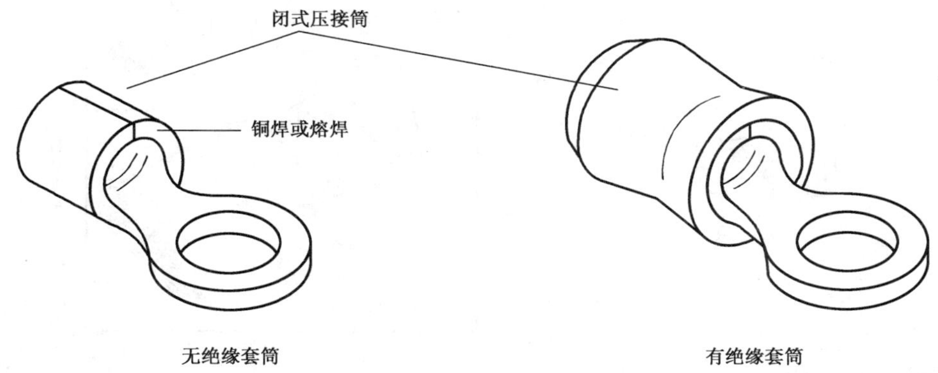


图 17 闭式压接筒

## 8.2 材料

除 4.3.1 规定的压接筒材料外,可采用其他合适特性的材料,例如镍、钢和不锈钢。

高电阻率系数(*K* 值,见 5.2.3.1)的材料不适用于某些使用场合。

在这种情况下,应使用 5.3.3 的全面试验一览表(见 5.1.1)。

## 8.3 表面涂覆

通常采用未镀的压接筒或用 4.3.3 规定材料镀后的压接筒。其他镀层材料,比如镍,只要证明适用也可以采用。

在这种情况下,应采用 5.3.3 的全面试验一览表(见 5.1.1)。

## 8.4 压接连接的形状

### 8.4.1 概述

在图 18～图 22 中示出了使用的一些不同的压接连接的形状和横截面。在压接时对压接筒的原截面产生变形并沿其纵轴方向变形。由于变形可能使有关尺寸增加,如果在一个有限空间要采用压接连接(如零件的腔体中),就要限制尺寸增加。

### 8.4.2 开式压接筒压接连接的形状

见图 18 和图 19。

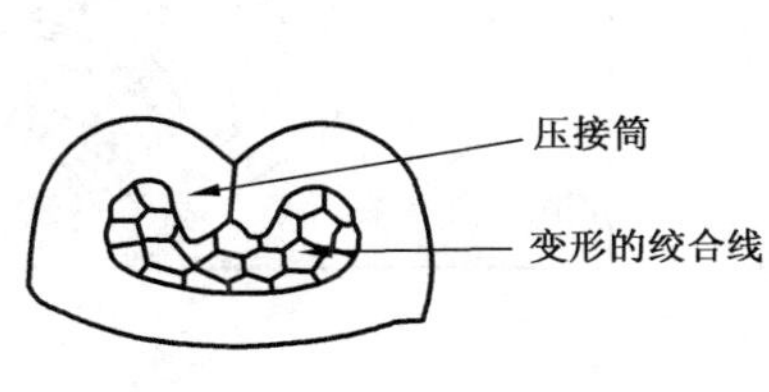


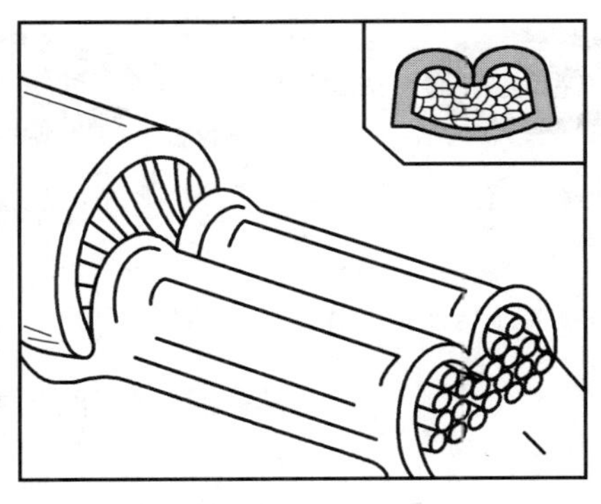

压接连接的接合面与导线轴线一致时优先采用的压接形状。

图 18 导线轴向的压接形状

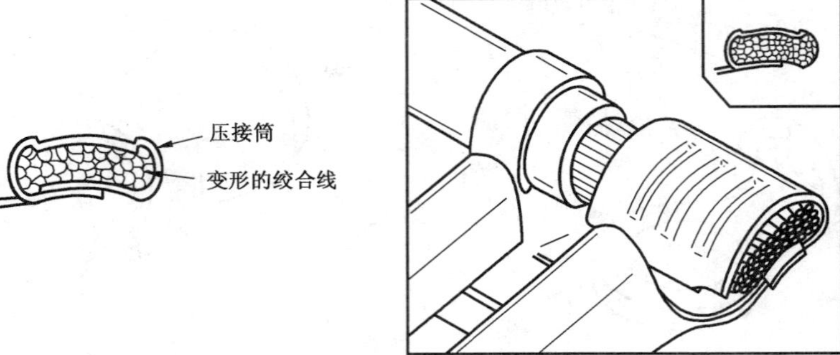


压接连接的接合面与导线轴线成90°时优先采用的压接形状。

图 19 与导线轴向成 90°的压接形状

### 8.4.3 闭式压接筒端子和接触件压接连接的形状

见图20和图21。

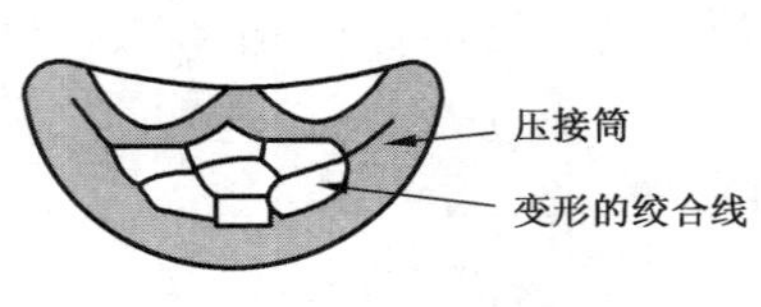


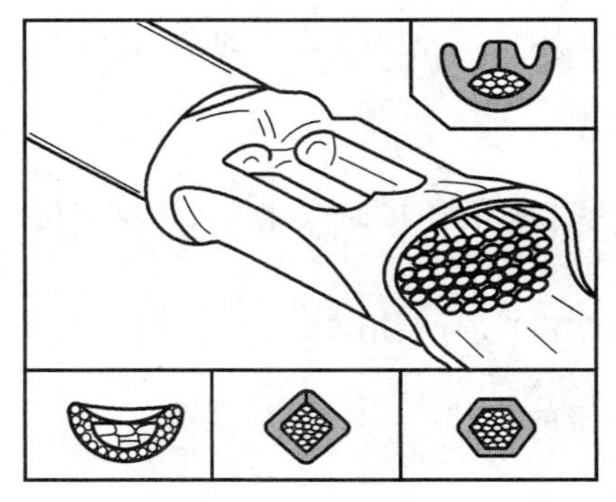

无绝缘紧套压接连接时优先采用的压接形状。

图 20 无绝缘紧套的压接形状

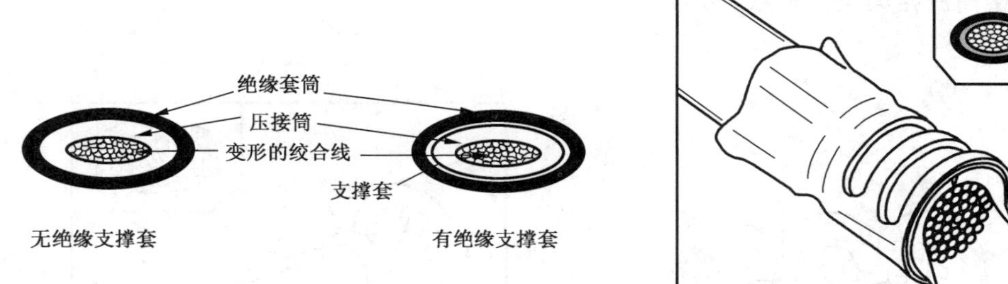


有预绝缘压接筒压接连接时优先采用的压接形状。

图 21 有预绝缘压接筒的压接形状

### 8.4.4 车制接触件闭式压接筒压接连接的形状

见图22。

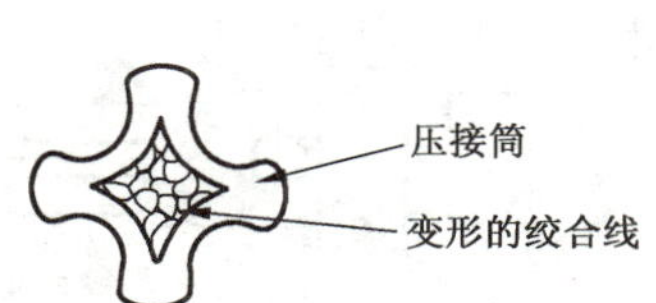


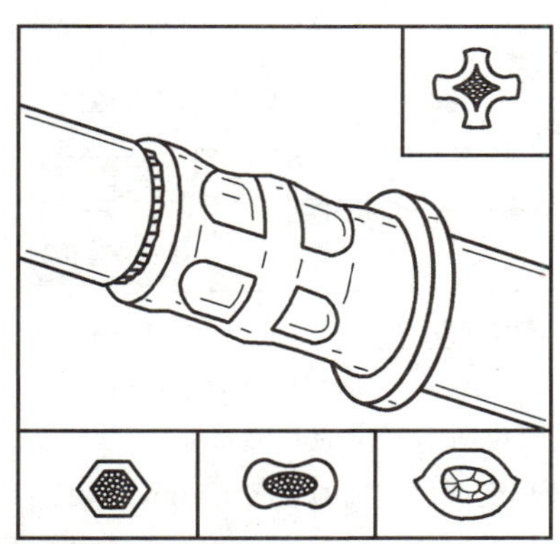

无预绝缘压接筒压接连接时优先采用的压接形状。

**注**：接触件可具有箍紧导线绝缘层端头的第二个压接筒。

图 22 无预绝缘压接筒的压接形状

## 9 导线资料

### 9.1 概述

在压接连接中通常采用绞合导线(见 4.4)。

直径在 0.25 mm～3.6 mm 的实心圆导体证明适用时也可采用。

采用实心圆导体的压接连接应按 5.3.3(也可见 5.1.1)的全面试验一览表进行试验并应符合其要求。

要压接的那部分绞合导体不应锡焊或浸锡。

压接后不要另行焊接。

### 9.2 材料

根据 4.4.2 的规定，通常采用退火铜合金制成的导体用于压接连接。

另外，也可采用下列导体材料：

——铜合金；

——镍合金。

在这些情况下，应采用 5.3.3 的全面试验一览表(也可见 5.1.1)。

### 9.3 表面涂覆

通常可采用未电镀或镀锡、锡合金或银的导体(见 4.4.4)。

也可采用其他电镀材料(如镍)，这种情况下应采用 5.3.3 的全面试验一览表(见 5.1.1)。

### 9.4 剥线资料

为了获得良好可靠的压接连接，导线剥离必须正确。例如剥线长度，它取决于采用的压接筒的型别和尺寸。见图 23。

压接后：

——在压接筒和绝缘紧套之间应可见导体(绞合线)；

——在压接筒前端要露出压接导体端头。插合或接端处应不受到妨碍。

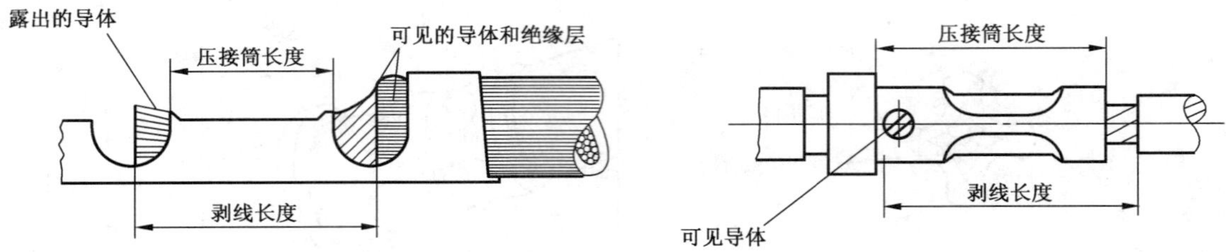


注1：应符合制造厂说明书规定的剥离长度。

注2：凭经验：剥线长度＝压接筒长度＋1 mm（最大达1 $mm^2$）；

剥线长度＝压接筒长度＋2 mm（最大达10 $mm^2$）。

图23 剥线长度

如果在剥离导线时弄乱了绞合线或使绞合线散开，可以轻微捻一下，使之恢复。对镀银导体应戴手套操作。要注意不要扭得过紧[见图25h)]。

正确导线剥离如图24所示，图25所示为一些导线剥离不正确的例子，应予以避免。

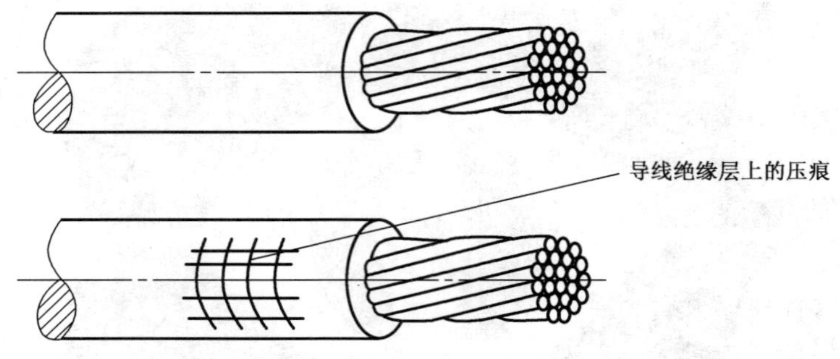


注：只要不损伤绝缘层，剥线工具在导线绝缘层上造成的压痕是允许的。

图24 正确剥线

在剥离过程中为了避免损伤导体，剥离工具的刀口深度应根据导体直径和绝缘层厚度决定。

对图25所示的导线剥离不正确的一些例子，常见的原因是：

——操作不适当；

——剥离工具调节不正确；

——剥离工具的刃口损坏。

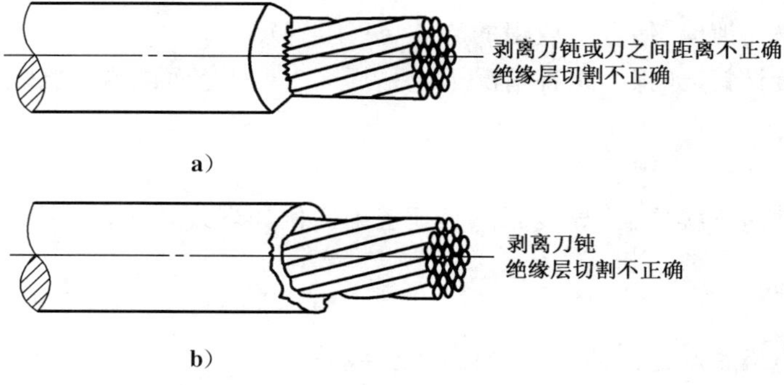


图25 剥线错误示例

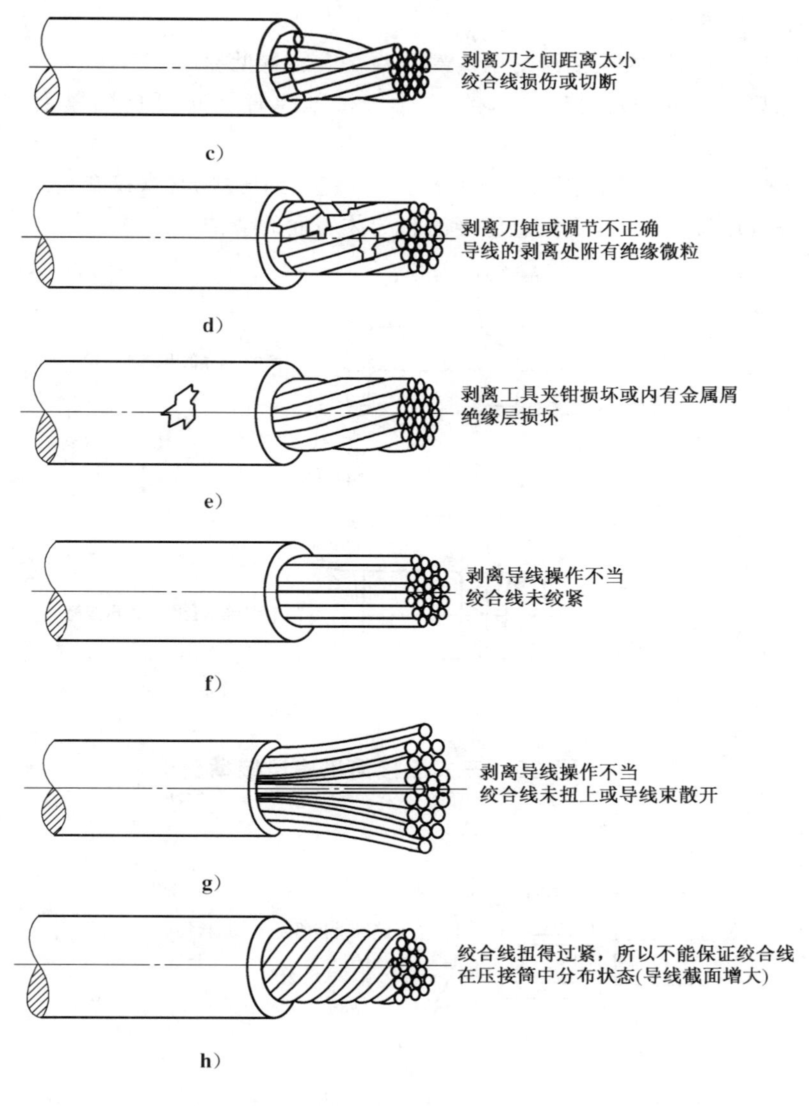


图 25（续）

## 10 连接资料

### 10.1 概述

为了获得好的可靠压接连接并应完全满足电气和机械性能要求，制造厂应规定下列细则：

——可能配用的导体截面；

——压接筒形状(厚度、长度、U 形等)；

——压接形状(压接宽度)；

——压接高度；

——绝缘紧套形状。

附加资料：

a) 导线应正确位于压接筒中(见图 26 和图 27)；

b) 压痕在压接筒上的位置应正确(见图 27)；

c) 导线绝缘层末端与压接筒之间的距离应合适，但不能过大[见图 26a)和 26b)中"$d$"]。此距离应符合制造厂的说明书；

d) 为了能够检查，在开式压接筒的压接部分两端应能看见导体(绞合线)；

e) 采用绝缘紧套的开式压接筒时，绝缘紧套和压接筒之间可见到紧套中的导线绝缘层[见图 26b)]；

f) 采用有检查孔的闭式压接筒时，在检查孔中应能见到压接导体(绞合线)[(见图 26b)]；

g) 在野外进行压接操作时，要注意压接筒和导体表面的清洁。

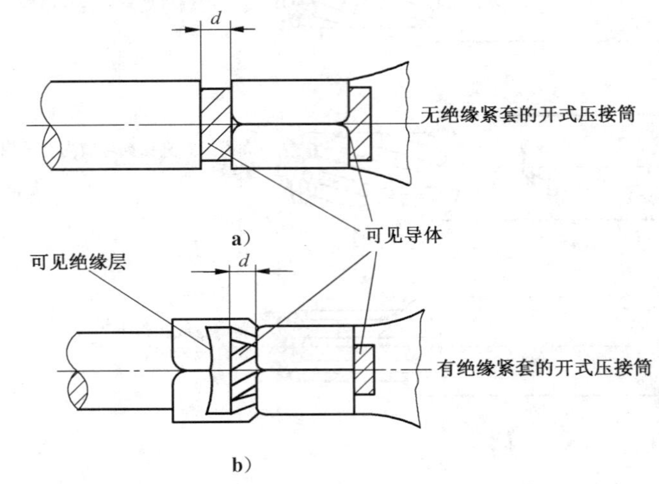


图 26 开式压接筒正确压接举例

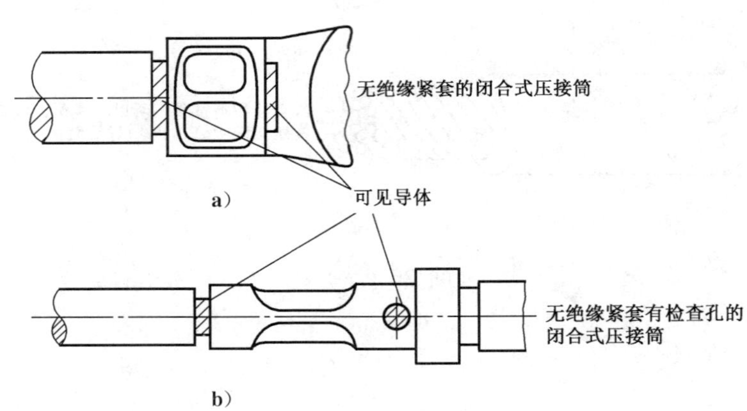


图 27 闭式压接筒正确压接举例

图 28 中所示开式压接筒的压接连接要予以避免，并不能采用。

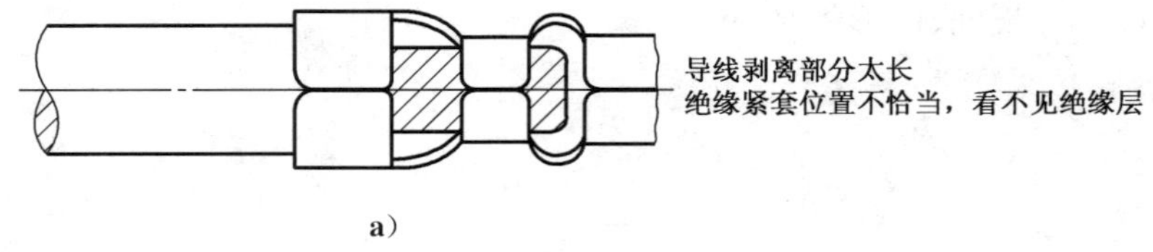


图 28 有绝缘紧套的开式压接筒压接错误举例

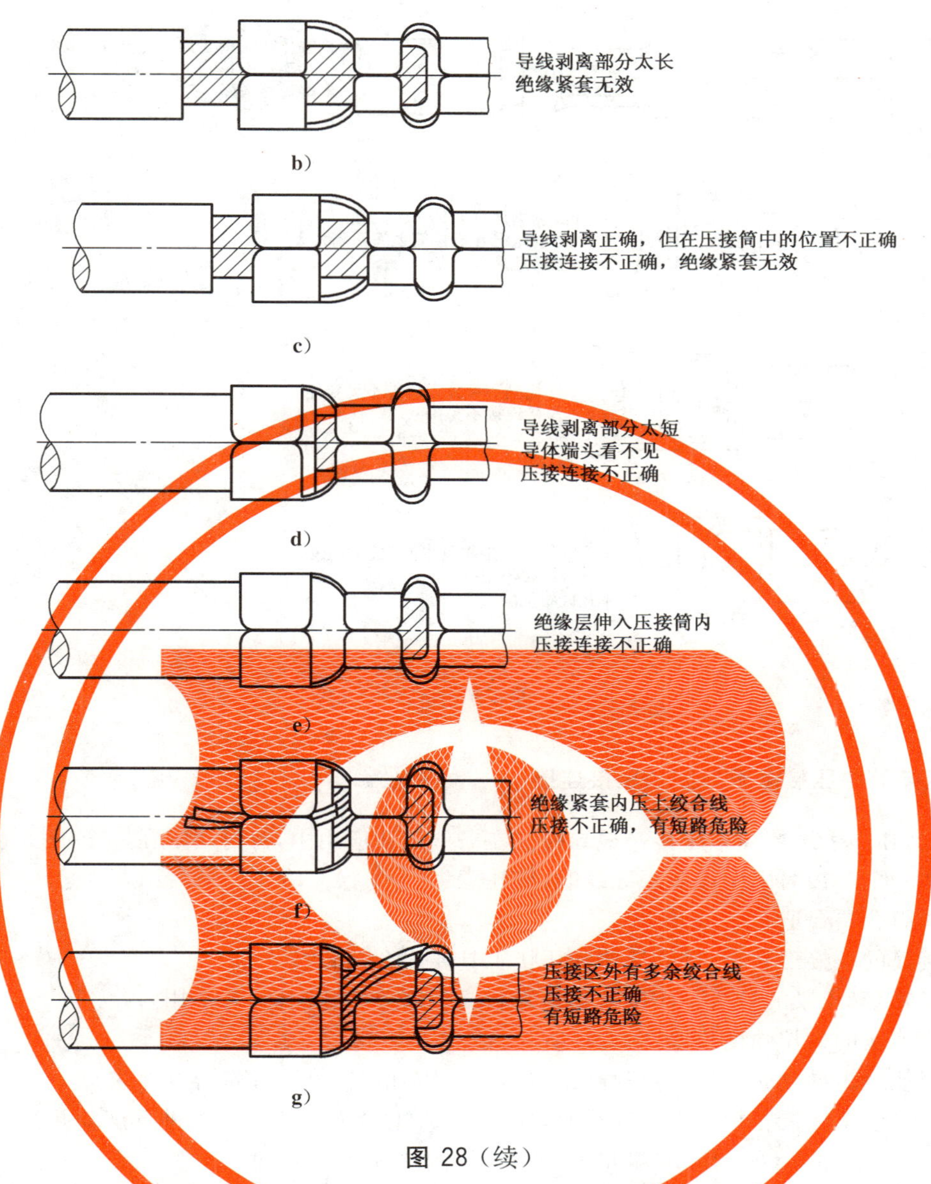


图 28（续）

无绝缘紧套闭式压接筒压接错误举例，如图 29 所示，应予以避免且不能采用。

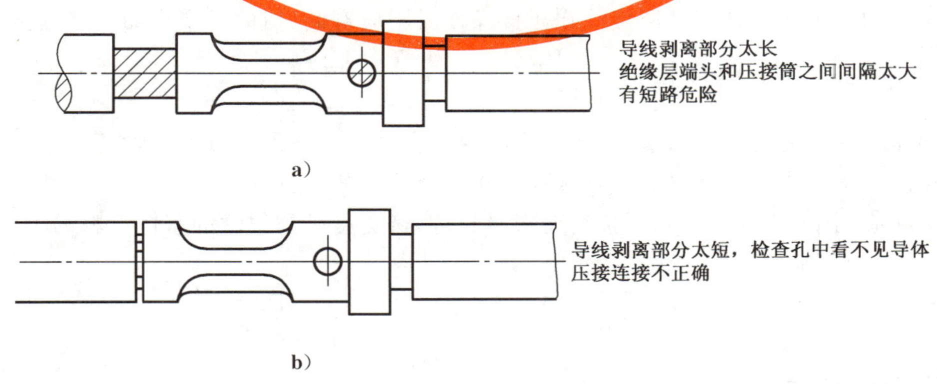


图 29　无绝缘紧套闭式压接筒压接错误举例

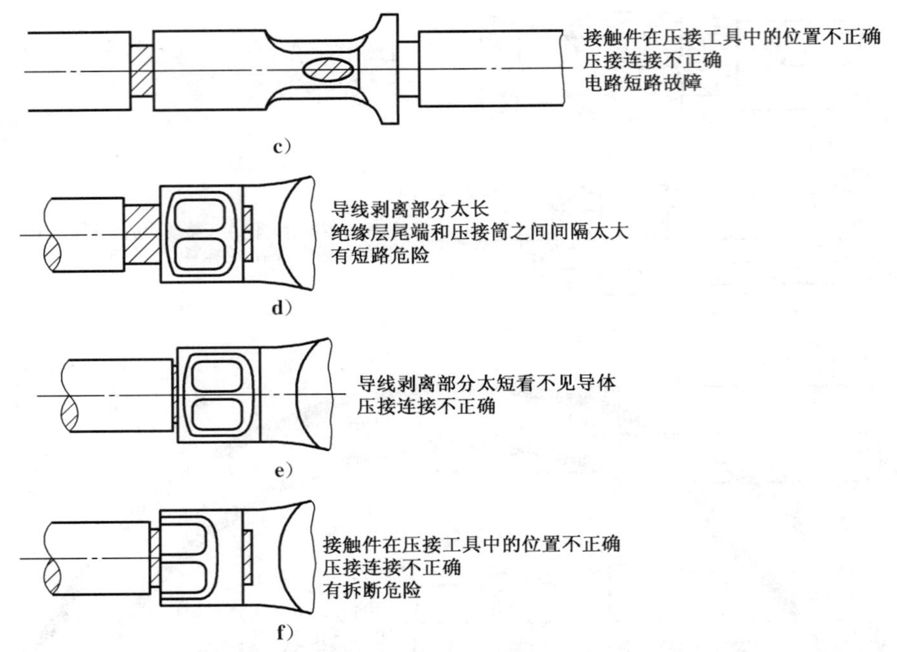


图 29(续)

### 10.2 一个压接筒中压接多根导线的压接连接

通常情况,在一个压接筒中压接一根导线。在一些工业应用中,有时要求在一个压接筒中用一根以上的导线。在一个压接筒中压接多根导线时,应注意:

——导线组合要合适;

——压接筒的压接部分、压接的导体和压接工具要配合一致;

——绝缘紧套、压紧的导线与压接工具绝缘套成型部分的适配性(若适用);

——压接连接的抗拉强度要求。

压接两根或更多导线时,应在每根导线上进行机械和电气试验,并符合其要求。

在一个压接筒中压接一根以上的导线时,应按 5.3.3 的全面试验一览表进行试验并符合其要求。

注:如用于密封的连接器(在导线入口端密封),建议在一个导线筒中只压一根导线。

### 10.3 压接后尺寸

压接连接的加工工艺应良好。压接筒在压接操作时不应弯曲、扭曲或变形而引起连接质量问题。

### 10.4 材料

当选择导体和压接筒材料及涂覆时,应注意确保其金属电化序列尽可能接近。

压接连接的质量取决于表面材料的状况和压接筒及导体的质量。

通常在实际应用中,要求导体和压接筒变形量相近,避免很硬和很软的基体材料的组合。

## 11 压接工艺

### 11.1 开式压接筒接触件的压接

这类接触件通常以成卷的带料(侧向或纵向送料)供货。这些接触件要采用全自动或半自动压接机进行压接。

## 11.2 开式压接筒接触件(散件供货)的压接

在低效率生产或维修时,可定购散件接触件。这些接触件冲制成带料并按正确长度切成条状。为了得到好的压接,开式压接筒及绝缘紧套压接筒常用手动工具对压接筒进行压接预成形。

注意:不推荐用钳子从带状产品上绞下成接触件散件,通常带状接触件和散件接触件有不同的零件号。

## 11.3 工艺说明

压接接触件的压接操作要注意到制造厂的说明书。说明书应包括下列资料:

——加工质量;

——接触件在手动压接工具(具有一个以上压接形状)中压接形状的确定;

——带料接触件在压接机的模具中的定位;

——接触件采用的导线范围;

——适用于接触件的导线绝缘层直径的范围;

——接触件进入手动压接工具中压接成型的位置;

——导线剥线长度;

——剥离的导线进入压接筒位置;

——车制接触件用 4 或 8 个齿的压接高度或深度;

——压接工具的检查程序;

——压接工具的维修。

图 30 示出了开式压接筒的压接程序。

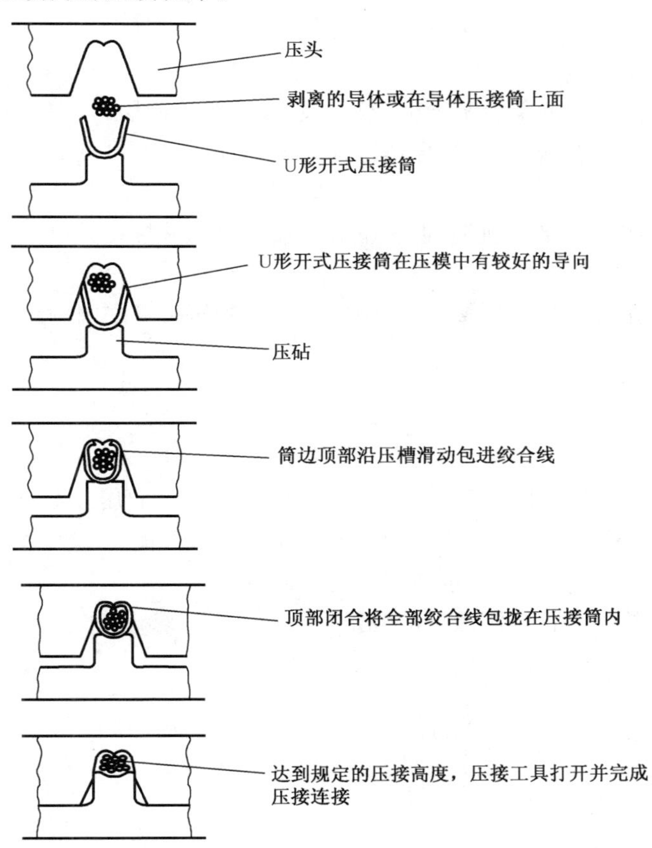


图 30 开式压接筒的压接程序

## 12 正确压接连接(附加资料)

### 12.1 有开式压接筒的接触件正确压接连接

图31示出了正确压接连接的压接处的侧视图和截面。

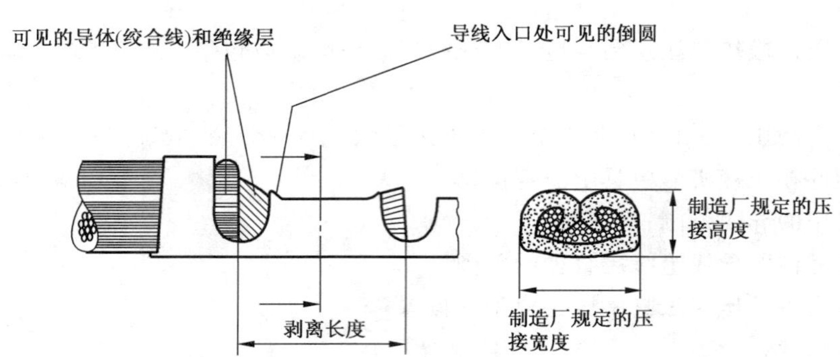


注:凭经验,剥离长度=压接筒长度+1 mm(最大达1 $mm^2$);
剥离长度=压接筒长度+2 mm(最大达10 $mm^2$)。

图31 接触件有开式压接筒的正确压接连接

为了达到图31所示结果,要注意以下几点:

——导体截面与接触件使用导线范围之间的对应关系要正确;

——要符合规定的压接高度;

——在压接筒和绝缘紧套之间能看见导体(绞合线)和导线绝缘层;

——为了防止损伤导体绞合线,压接筒导体进入口端(喇叭口)有可见的倒圆,在相反的一端也可以倒圆;

——压接导体的端头露出压接筒前端,但应不妨碍插合处和端接处;

——导线绝缘紧套要正确;

——无绝缘紧套的压接接触件的压接,导线绝缘层端头和压接筒之间的距离恰当,但不要太大。

### 12.2 压接高度/深度的测量

#### 12.2.1 概述

在压接连接非破坏性试验时,在生产过程中用千分尺控制规定的压接高度。压接高度直接与压接连接的质量和寿命有关,并直接影响压接连接的电气性能和机械性能。

压接工具中换掉磨损的零件时,要求重新调节压接高度。

压接高度或压接深度的值应符合制造厂的规定。

#### 12.2.2 测量说明

压接高度/深度的测量举例,见图32。

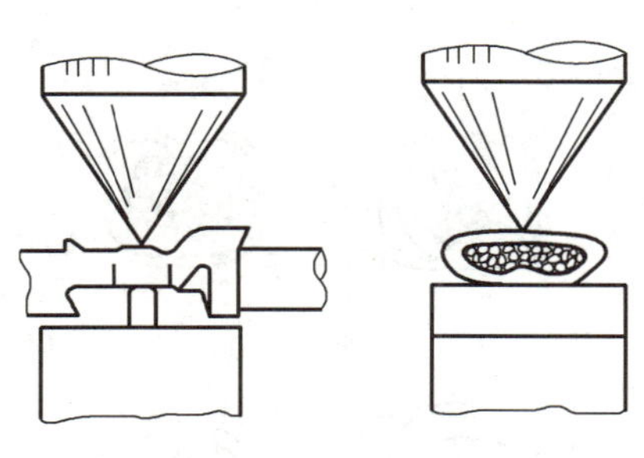

a） （见图 18）

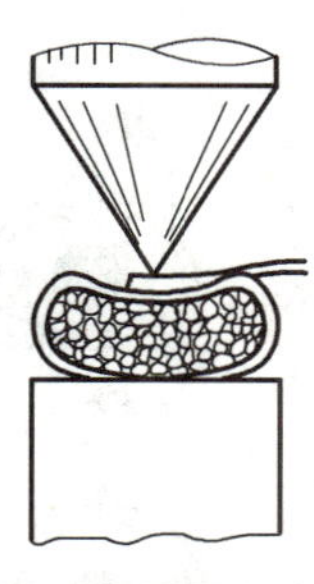

b） （见图 19）

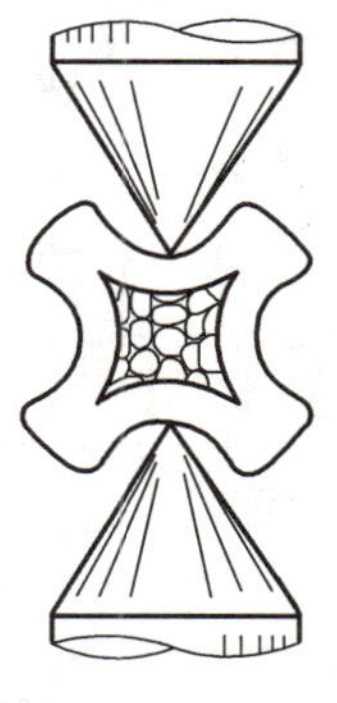

c）[a] （见图 22）

[a] 对于这种压接连接，应使用有两个测试头的千分尺进行测量。

注：手动压接工具的压接高度/深度可用标准规控制。要符合工具制造厂的说明书。

图 32　测量说明

### 12.2.3　测量程序

图 33 示出了对图 32 中压接连接 a)型的压接高度如何进行测量。

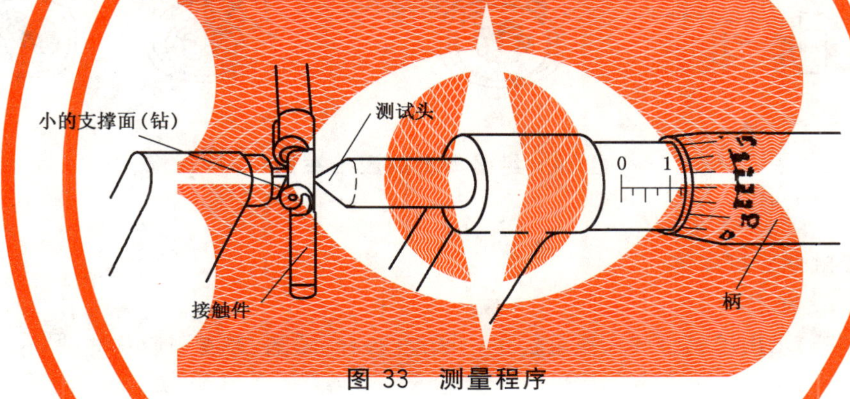


图 33　测量程序

压接连接的变形区域放在千分尺的顶砧上，然后，旋转刻度筒直到试验探头将近接触到压接筒底部。通过旋转棘轮，使试验探头与压接筒底部接触，直到棘轮旋紧为止。该过程保证了所测量的压接高度都是相同压力下测出的。然后，从刻度上读出数值。

## 12.3　绝缘紧套

大多数接触件除了导体压接筒外有绝缘紧套的卡爪。这个卡爪的目的是直接吸收导线束/电缆产生的机械压力，特别对振动和弯曲应力非常有效。

绝缘紧套功能不像电缆夹。绝缘紧套夹紧但不能刺穿绝缘层(见图 34)。

注：绝缘紧套的压接高度通常不规定，对其要求和试验，见 5.2.2.2 和 IEC 60512 中试验 16 h。

有绝缘紧套的开式压接筒接触件通常设计用于一根导线；一根以上导线的压接包括绝缘紧套的压接见 10.2。要求特别注意，应与制造商协商。

图 34 示出了有开式压接筒接触件的绝缘紧套的形状举例；并示出了压接正确、过松和过紧的绝缘紧套。

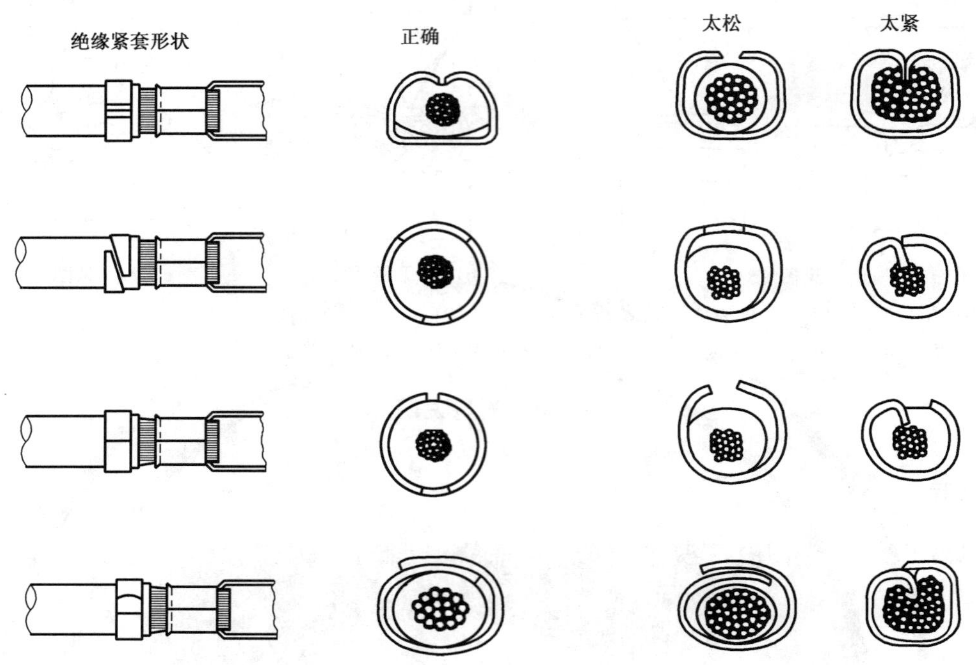


图 34　绝缘紧套的压接举例

## 13　开式压接筒接触件压接缺陷

图 35a)和图 35b)示出了接触件在压接加工中产生的一些缺陷;通常引起这些缺陷的原因是:

——操作不合适;

——压接工具/压接机的调节不正确;

——采用了不正确的压接工具/压接机;

——压接前和压接后存放不正确等。

在质量控制中要拒绝接收有这些缺陷的接触件。

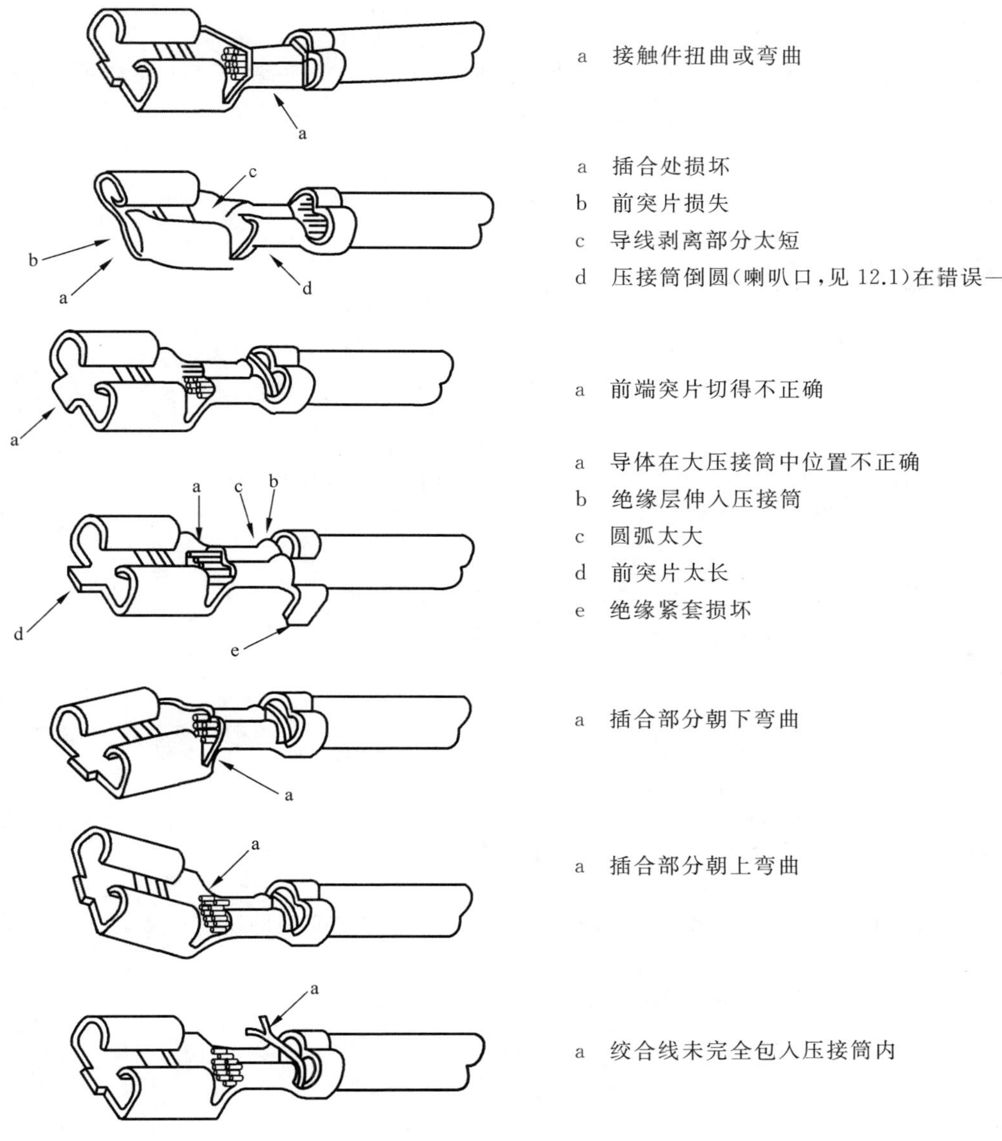


注:接触件压接后,对线束/电缆要小心处理。

**a) 接触件压接缺陷示例——端头送料接触件(纵向送料接触件)**

**图 35 压接接触件缺陷示例**

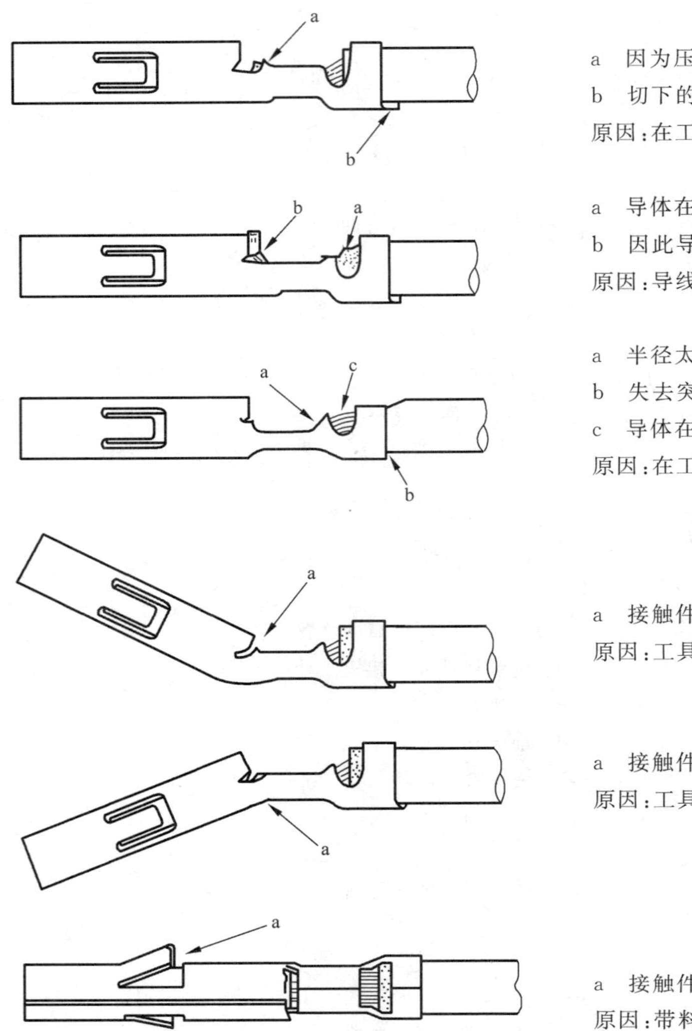


a 因为压模安装不正确,压接筒倒圆位置不正确
b 切下的突片太长
原因:在工具中条形导板定位错误

a 导体在压接筒中位置不正确
b 因此导线端头太长和绝缘层伸入压接筒中
原因:导线定位不到位或不正确

a 半径太大
b 失去突片
c 导体在压接筒中的深度不够
原因:在工具中条形导板定位错误

a 接触件朝上弯曲
原因:工具的固定件调节不正确

a 接触件朝下弯曲
原因:工具损坏或不正确

a 接触件扭曲
原因:带料在工具中传送不正确

**注**:接触件压接后,对线束/电缆要小心处理。在运输和存放中要避免对接触件的损伤,尤其是要避免引起固定弹簧爪变形。

b) 接触件压接缺陷示例——侧面送入接触件

图 35(续)

## 14 关于多接触件连接器中压接接触件的说明

### 14.1 压接的接触件嵌入连接器体的接触件孔眼中

这些接触件要很直而且不用很大的力嵌入接触件孔眼中直到听见“咔嗒”声为止。要轻拉导线以试验接触件的正确锁紧。要避免压接的接触件不对准,因为可能使固定弹簧爪弯曲,从而影响接触件在孔穴内的固定。

图 36 示出了压接的接触件正确地嵌入连接器体的孔眼中。

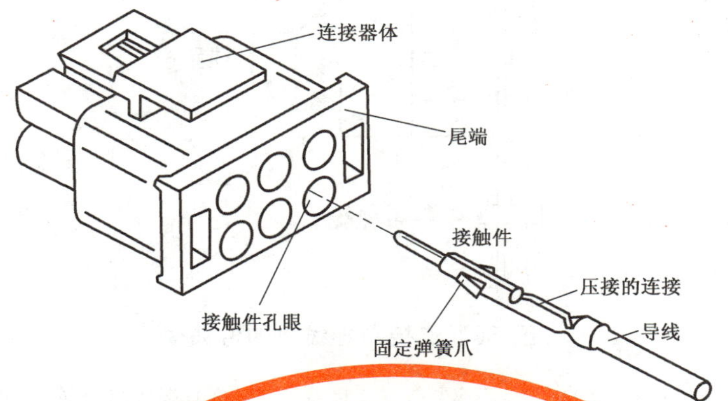


注：接触件插入时，截面小的导体（<0.35 mm²）或特殊的使用，要使用制造厂规定的嵌入工具。

图 36　压接接触件嵌入接触件孔眼

### 14.2　嵌入接触件的卸出

在负载发生错误或接线改变时，嵌入的接触件只能用制造厂规定的接触件卸出工具将嵌入的接触件从孔眼中卸出。

### 14.3　压接接触件的线束/电缆的安装和弯曲

多接触件连接器的压接接触件的线束/电缆不应由于其本身的重量对嵌入的接触件产生张力，因为连接器插合区域内接触件的倾斜会造成损坏。这样，连接器插合区域内接触件会产生倾斜的危险，以致在两配对连接器插合时可能造成接触件损坏。

因此，连接器备有电缆夹或按图 37 所示安装线束/电缆。

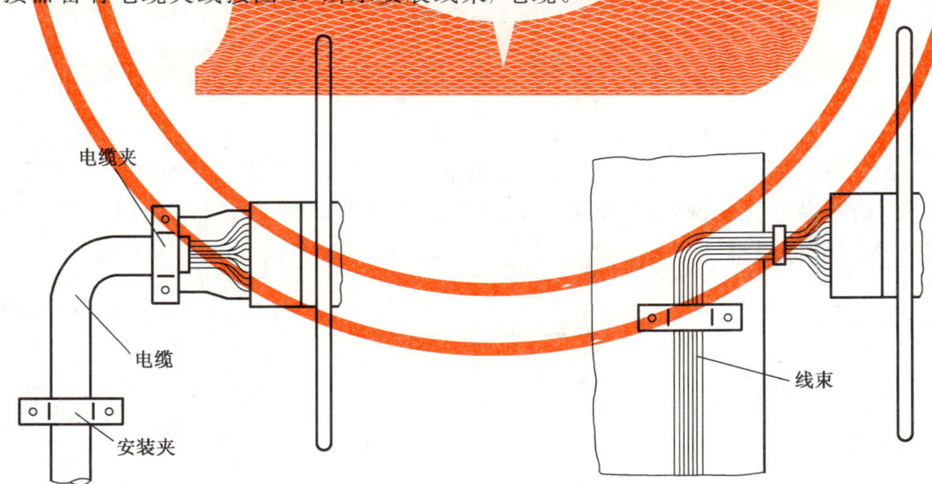


图 37　压接接触件的线束/电缆的安装

如果压接接触件的线束/电缆要直接在连接器的接续端处弯曲，则在插合接触件的横向方向不应产生机械应力作用。

图 38 示出了压接接触件的导线束的正确弯曲和固定。

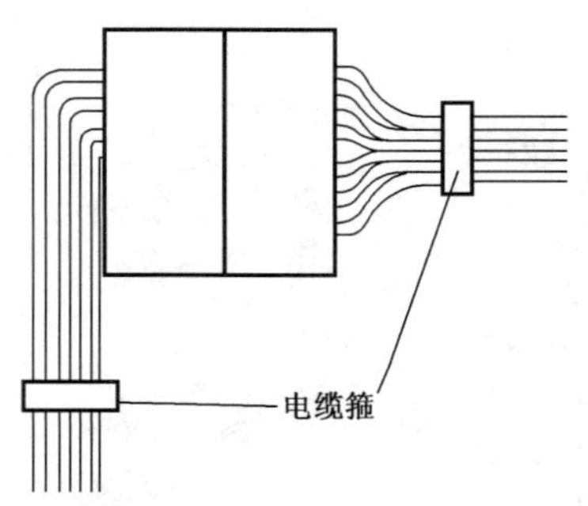


图 38 连接器导线束的弯曲

注：为避免在接触件上产生不必要的应力，不应紧接在连接器体的后面直接弯曲线束/电缆。

### 14.4 具有压接接触件多芯连接器的插合和分离

为了避免对嵌入的接触件产生应力，应沿轴向插合和分离连接器，不应推或拉线束/电缆。见图 39。

图 39 多芯连接器插合和分离

## 15 注意

要注意制造厂的文件汇编（细则、产品、有关规范、说明书等）。它们应包括操作规程、接触件固定性、插合和分离力、额定电流、最高温度的资料以及压接工具的说明书等。一般情况下，这些资料可向接触件/连接器制造厂申请获得。

ICS 31.220.10
L 23

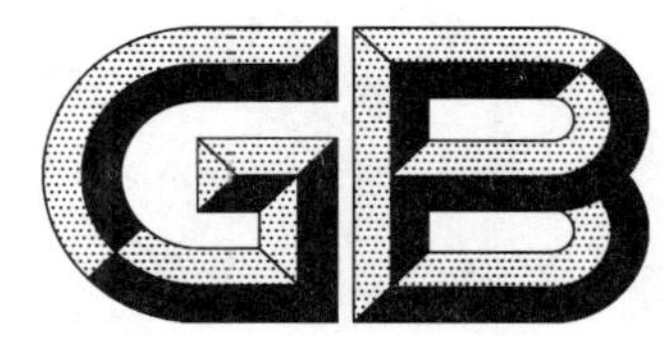

# 中华人民共和国国家标准

GB/T 18290.4—2015/IEC 60352-4:1994
代替 GB/T 18290.4—2000

# 无焊连接　第4部分:不可接触无焊绝缘位移连接　一般要求、试验方法和使用导则

Solderless connections—
Part 4:Solderless non-accessible insulation displacement connections—
General requirements, test methods and practical guidance

(IEC 60352-4:1994,IDT)

2015-12-31 发布　　2016-07-01 实施

中华人民共和国国家质量监督检验检疫总局
中国国家标准化管理委员会　发布

# 前　言

GB/T 18290《无焊连接》由下列部分组成：

——第1部分：无焊连接　绕接连接　一般要求、试验方法和使用导则；

——第2部分：无焊连接　压接连接　一般要求、试验方法和使用导则；

——第3部分：无焊连接　可接触无焊绝缘位移连接　一般要求、试验方法和使用导则；

——第4部分：无焊连接　不可接触无焊绝缘位移连接　一般要求、试验方法和使用导则；

——第5部分：无焊连接　压入式连接　一般要求、试验方法和使用导则；

——第6部分：无焊连接　绝缘刺破连接　一般要求、试验方法和使用导则；

——第7部分：无焊连接　弹簧夹连接　一般要求、试验方法和使用导则；

——第8部分：无焊连接　压紧安装式连接　一般要求、试验方法和使用导则。

本部分为GB/T 18290的第4部分。

本部分按照GB/T 1.1—2009给出的规则起草。

本部分代替GB/T 18290.4—2000《无焊连接　第4部分：不可接触无焊绝缘位移连接　一般要求、试验方法和使用导则》。本部分与GB/T 18290.4—2000相比，主要变化如下：

——在引言中增加了产品及其使用材料对自然环境影响的说明；

——删除了“工业大气腐蚀”试验，用“流动混合气体腐蚀试验”代替(见12.4.3)；

——调整了表3中试验样品数量，如将试验样品数“22(任选)”改为“20和2(任选)”等(见13.1.2)；

——重新编排使用导则，并对内容进行了增减，如增加了ID连接优点、细化了载流容量，增加了开式和闭式壳体结构ID连接以及作为多芯连接器部分的有关ID连接的一般附加资料等(见第四篇)。

本部分使用翻译法等同采用IEC 60352-4:1994和修改单1(2000年)《无焊连接　第4部分：不可接触无焊绝缘位移连接　一般要求、试验方法和使用导则》。为便于使用，本部分作了下列编辑性修改：

——删除了英制单位。

请注意本文件的某些内容可能涉及专利。本文件的发布机构不承担识别这些专利的责任。

本部分由中华人民共和国工业和信息化部提出。

本部分由全国电子设备用机电元件标准化技术委员会(SAC/TC 166)归口。

本部分由贵州航天电器股份有限公司、深圳市奥拓电子有限公司、中国电子技术标准化研究院负责起草。

本部分主要起草人：胡明兴、刘选、邱荣邦、陈奥、丁然。

本部分所代替标准的历次版本发布情况为：

——GB/T 18290.4—2000。

# 引　言

在无焊绝缘位移连接方面由 GB/T 18290 下列两部分组成：

——第 3 部分：可接触无焊绝缘位移连接　一般要求、试验方法和使用导则；

——第 4 部分：不可接触无焊绝缘位移连接　一般要求、试验方法和使用导则。

这些部分包括要求、试验和使用导则资料。

本部分提供两种试验程序：

——基本试验一览表：适用于满足本部分第二篇所有要求的绝缘位移连接，这些要求是基于这种连接的成功使用的经验提出的；

——全面试验一览表：适用于不能完全满足本部分第二篇所有要求的绝缘位移连接，例如在第二篇中没有规定在制造时所采用的材料或表面涂覆层。

使用这两种试验程序的原则是：在考虑到成本和时间时，对于确立的不可接触无焊绝缘位移连接的有效性能验证，采用有限的基本试验一览表；对于要求在更大范围内的性能验证时，采用扩展的完全面试验一览表。

注：在本部分中术语“绝缘位移”缩写为“ID”，例如“ID 连接”“ID 接端”。

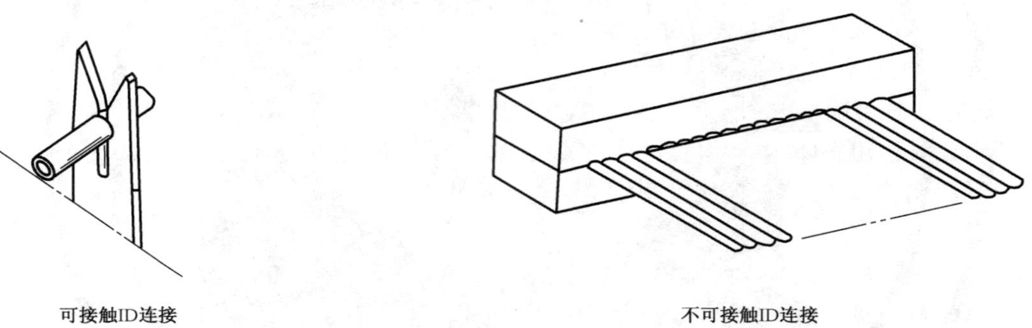


图 1　可接触和不可接触绝缘位移连接示例

IEC 指南 109:1995 提倡在产品寿命周期内减小产品对自然环境的影响。

本部分中所允许一些材料的使用可能会对环境有负面影响。

为了从技术上引导替代这些材料，这些材料将在本部分中消失。

# 无焊连接 第4部分:不可接触无焊绝缘位移连接 一般要求、试验方法和使用导则

## 第一篇 总则

### 1 范围

GB/T 18290 的本部分适用于按第三篇进行试验和测量时是不可接触的 ID 连接,而且这种连接是:

——设计合适的 ID 接端;

——具有实心圆导体(标称直径为 0.25 mm～3.6 mm)的导线;

——具有绞合导体(截面为 0.05 $mm^2$～10 $mm^2$)的导线。

这种连接用于通信设备和采用类似技术的电子设备中。

另外,为了在规定的环境条件下获得稳定的电气连接,除了试验程序外,本部分还规定了从工业使用实际出发的一些经验数据资料。

### 2 目的

本部分的目的是:

——确定不可接触 ID 连接在规定的机械、电气和大气条件下的适用性;

——当用来连接的工具的设计或加工不同时,提供一种试验结果可比的方法。

在使用中 ID 接端有不同的结构和材料。对此,仅规定了接端的基本参数,同时所有细则方面规定了导线和完整连接的特殊要求。

### 3 规范性引用文件

下列文件对于本文件的应用是必不可少的。凡是注日期的引用文件,仅注日期的版本适用于本文件。凡是不注日期的引用文件,其最新版本(包括所有的修改单)适用于本文件。

GB/T 2421.1—2008 电工电子产品环境试验 概述和指南(IEC 6068-1:1988,IDT)

GB/T 4210—2001 电工术语 电子设备用机电元件(idt IEC 60050(581):1978)

GB/T 5095.1—1997 电子设备用机电元件 基本试验规程及测量方法 第1部分:总则(idt IEC 60512-1:1994)

GB/T 5095.2—1997 电子设备用机电元件 基本试验规程及测量方法 第2部分:一般检查、电连续性和接触电阻测试、绝缘试验和电压应力试验(idt IEC 60512-2:1985)

GB/T 5095.4—1997 电子设备用机电元件 基本试验规程及测量方法 第4部分:动态应力试验(idt IEC 60512-4:1976)

GB/T 5095.5—1997 电子设备用机电元件 基本试验规程及测量方法 第5部分:撞击试验(自由元件)、静负荷试验(固定元件)、寿命试验和过负荷试验(idt IEC 60512-5:1992)

GB/T 5095.6—1997 电子设备用机电元件 基本试验规程及测量方法 第6部分:气候试验和

锡焊试验(idt IEC 60512-6:1984)

GB/T 5095.11—1997 电子设备用机电元件 基本试验规程及测量方法 第11部分:气候试验(idt IEC 60512.11-1:1995、idt IEC 60512.11-7:1996、idt IEC 60512.11-8:1995)

GB/T 18290.3—2000 无焊连接 第3部分:可接触无焊绝缘位移连接 一般要求、试验方法和使用导则(idt IEC 60352-3:1993)

IEC 60068-2-60-TTD:1990 环境试验 第2部分:试验 试验Ke:模拟环境下很低浓度污染气体的腐蚀试验[Environmental testing—Part 2: Tests—Test Ke: Corrosion tests in artificial atmosphere at very low concentration of polluting gas(es)]

IEC 60189-3:1988 PVC绝缘和PVC护套的低频电缆和导线 第3部分:PVC绝缘的单股、双股、三股实心或绞合线(Low-frequency cables and wires with PVC insulation and PVC sheath—Part 3: Equipment wires with solid or stranded conductor, PVC insulated, in singles, pairs and triples)

修改单1(1989)(Amendment 1)

IEC 60326-2:1990 印制板 第2部分:印制板的试验方法(Printed boards—Part 2: Test methods)

修改单1(1992)(Amendment 1)

IEC 60673:1980 低频微型设备用氟化多聚碳类绝缘的实心或绞合导体单芯导线(Low-frequency miniature equipment wires with solid or stranded conductor, fluorinated polyhydrocarbon type insulation, single)

修改单3 (1989)(Amendment 3)

IEC 60918: 1987 间距1.27 mm绝缘刺破型端接式聚氯乙烯绝缘带状电缆(PVP insulated ribbon cable with a pitch of 1.27 mm suitable for insulation displacement termination)

ISO 1463:1982 金属和氧化物覆盖层 厚度测量 显微镜法(Metallic and oxide coatings—Measurement of coating thickness—Micro-scopical method)

## 4 术语和定义

GB/T 4210—2001、GB/T 5095.1—1997界定的以及下列术语和定义适用于本文件。

### 4.1

**绝缘位移连接(ID连接) insulation displacement connection(ID connection)**

将单根导线嵌入接端上精密控制的槽内产生无焊连接的电气连接。槽的两边将实心导线或绞合导线的绝缘层移开,并使实心导体或多股变形而产生气密性连接。(见图2)

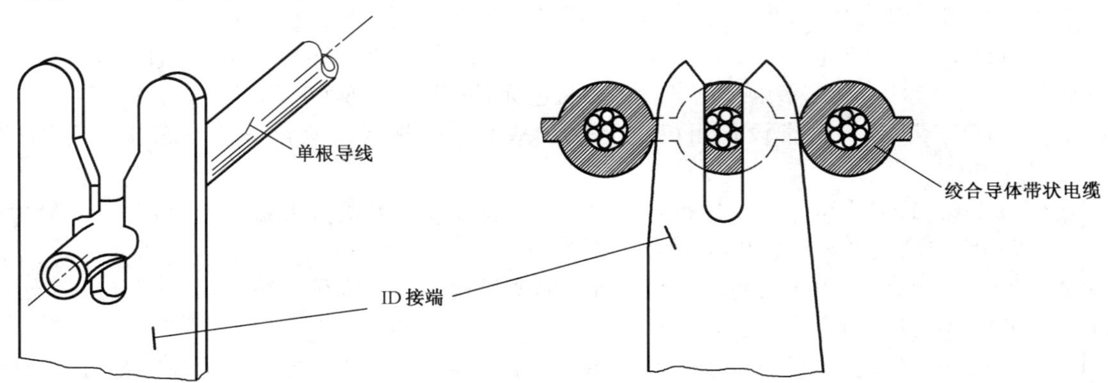


图2 绝缘位移连接

4.1.1

**可接触绝缘位移连接(可接触 ID 连接)　accessible insulation displacement connection (accessible ID connection)**

一种 ID 连接,这种连接中进行机械试验(例如横向卸出力)和电气测量(例如接触电阻)时,不需打开形成和/或保持 ID 连接的结构件就能接触试验点(见 GB/T 18290.3—2000)。

4.1.2

**不可接触绝缘位移连接(不可接触 ID 连接)　non-accessible insulation displacement connection (non-accessible ID connection)**

一种 ID 连接,在这种连接中进行机械试验(例如横向卸出力)和电气测量(例如接触电阻)时,由于 ID 连接包封在元件中,不打开形成和/或保持 ID 连接的结构件就不能接触试验点。

4.2

**绝缘位移接端(ID 接端)　insulation displacement termination (ID termination)**

设计成能容纳导线形成 ID 连接的一种接端。

4.2.1

**重复使用的绝缘位移接端(重复使用 ID 接端)　reusable insulation displacement termination (reusable ID termination)**

能使用一次以上的 ID 接端。

4.2.2

**非重复使用的绝缘位移接端(非重复使用 ID 接端)　non-reusable insulation displacement termination (non-reusable ID termination)**

仅能使用一次的 ID 接端。

4.3

**槽　slot**

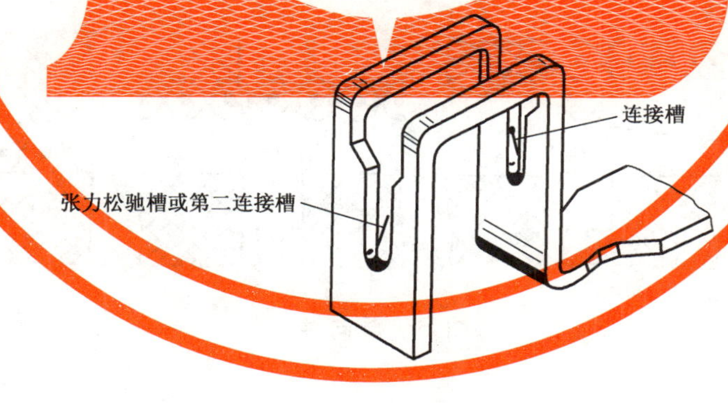


图 3　槽

4.3.1

**连接槽　connection slot**

在 ID 接端上特殊形状的开口,适于将导线绝缘层移开并保证接端和导线的导体之间的气密性连接。

在某些情况下,为了有双连接,采用第二个连接槽。

4.3.2

**张力松弛槽　strain relief slot**

在 ID 接端上,特殊形状的开口,适于使应力松弛。

4.4

**臂 beam**

在 ID 接端槽的每一边上特殊形状的金属部分。(见图 4)

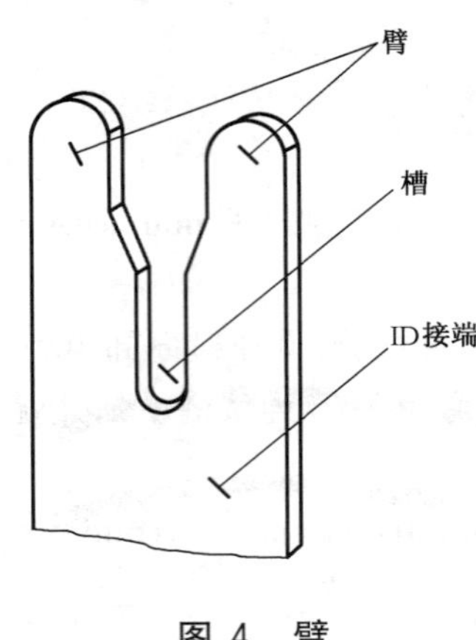


图 4 臂

4.5

**有效直径(绞合导体) apparent diameter (of a stranded conductor)**

绞合线束的外切圆直径。

4.6

**导向件 guiding block**

元件中一种特殊形状的零件,例如将导线导向/嵌入槽内的连接件。另外,它也可具有其他机械特性,例如将导线固定在正确位置、ID 连接的张力松弛、在 ID 接端或臂上承受二次负荷。(见图 5)

图 5 导向件

4.7

**导线嵌入工具 wire insertion tool**

以一种控制的方式将导线在预先确定的位置嵌入槽内产生 ID 连接和手动或动力驱动的工具。

4.8

**导线卸出工具 wire extraction tool**

从 ID 接端卸出导线的装置。

## 5 型号

不适用。

# 第二篇 要求

## 6 加工质量

应按照通常切实可行的方法采用精细和熟练的方式加工连接产品。

## 7 工具

应按照制造厂提供的说明书来使用和检验工具。

工具在整个寿命期间应能进行稳定可靠的连接。

工具应设计成在操作时避免对 ID 接端和/或导线产生损伤。

工具应使导线在槽中达到正确位置。

工具应根据对 ID 连接的试验结果来进行评定。

可能是元件(例如连接器)一部分的导向件,可与嵌入工具相结合用来将导线或电缆嵌入连接槽内。嵌入工具应对导向件施加一合适的力。导向件可辅助导线或电缆与连接槽对准,从而形成可靠的 ID 连接。

## 8 绝缘位移接端(ID 接端)

### 8.1 材料

应采用合适级别的铜合金,例如铜锡合金(青铜)、铜锌合金(黄铜)或铍铜合金。

注:如果使用黄铜,要注意应力引起的腐蚀效应。

### 8.2 尺寸

ID 连接的质量取决于 ID 接端的尺寸,特别是它的槽和臂以及所采用的材料的特性。

尺寸应以设计的 ID 接端适用的导线或导线范围来确定。尺寸的适用性以第三篇规定的试验一览表来验证。

### 8.3 表面涂覆

接端的接触区域应镀锡或锡铅合金或银、金、钯或它们的合金。表面应无有害的污染或腐蚀。

### 8.4 结构特性

ID 接端可以根据使用要求和所配接导线的尺寸号范围来分类。这可归纳为下列类型:

——可重复使用接端:设计的要进行一次以上的连接,采用导线的导体标称直径或截面积为一种;

——可重复使用接端:设计的要进行一次以上的连接,采用导线的导体直径或截面积有一定的范围;

——不可重复使用接端:设计的要进行一次的连接,采用导线的导体标称直径或截面积为一种;

——不可重复使用接端:设计的要进行一次的连接,采用导线的导体直径或截面积有一定的范围。

接端臂的边缘应光滑并且无毛刺,以避免无意中损伤导体或导线绝缘层。

## 9 导线

应采用实心圆导体导线或7芯绞合导线。

注：有关导线的详细资料，见IEC 60189-3:1988和IEC 60673:1980。有关PVC绝缘带状电缆的资料，见IEC 60918:1987。

### 9.1 材料

导体材料应为退火铜。拉断延伸率不小于10%。

### 9.2 尺寸

应采用不同尺寸范围的导线：

——单根实心圆导线直径为0.25 mm～0.8 mm(截面积为0.049 $mm^2$～0.5 $mm^2$)；或

——绞合导线横截面积0.075 $mm^2$～0.5 $mm^2$。

### 9.3 表面涂覆

实心圆导体可不电镀或镀锡、锡铅合金或银。绞合导体的每一股镀锡、锡铅合金或银。

导体表面应与污染或腐蚀。

### 9.4 导线绝缘层

ID接端的详细规范应规定能配接的导线绝缘层外径。

绝缘材料应为PVC或其他材料，它们应符合绝缘位移工艺要求，即绝缘材料应能用ID接端臂的内边容易位移而不损伤导体。对绞合导体而言，绝缘材料还应保持绞合心线的位置，使其在进行ID连接时不产生过分变形。

对带状电缆而言，导体之间，包括形成带状结构的任何附加绝缘材料应能容易被臂顶端刺穿。

## 10 不可接触绝缘位移连接(不可接触ID连接)

a) 导线、接端和连接工具的组合应能相适应；

b) 在导线嵌入ID接端连接槽时，ID接端臂的内边应能移动导线绝缘层并使导线变形：

——实心圆导线的直径；或

——绞合导体的视在直径(即绞合线束的外切圆)，及该绞合线各股线的直径与接端臂接触以产生气密性连接；

c) 导线应能按详细规范的规定在ID接端的连接槽内正确位置，接端与导线端头之间应有足够的距离，其最小值取决于所用导线并应按详细规范规定；

d) 在一个连接槽内仅采用一根导线。

# 第三篇 试验

## 11 试验

### 11.1 引言

所有试验要与ID接端和有正常操作位置中的ID连接(例如它们的壳体)进行。

当设计的接端适用于一个以上的ID连接时，每一个连接应单独进行试验。

### 11.2 概述

按引言中的说明，有两种试验一览表适用于下列连接：

——符合第二篇中所有要求的ID连接应按13.2进行试验，并满足其要求；

——不完全符合第二篇中所有要求(例如不同导线和/或接端尺寸号和/或材料)的ID连接应按13.3进行试验，并满足其要求。

### 11.3 试验标准条件

除非另有规定，所有试验应在GB/T 5095.1—1997中规定的试验的标准条件下进行。

在试验报告中应注明测试时的环境温度和相对湿度。

对试验结果有争议时，应采用GB/T 2421.1—2008的仲裁条件之一进行重复试验。

### 11.4 预处理

当规定时，按照GB/T 5095.1—1997，连接产品应在试验的标准条件下进行预处理，历时24 h。

### 11.5 恢复

当规定时，在条件试验后试验样品应允许在试验的标准条件下恢复1 h～2 h。

### 11.6 样品

a) 试验样品由元件组成，它具有一个或规定数量的不可接触ID连接，并在每一ID接端的一个连接槽内嵌入一根导线(除详细规范另有规定)；与多接端元件连接的导线可以是带状电缆或大量的单股导线(见图6)；

b) 在试验中需要安装时，除非另有规定，试验样品应采用正常方法进行安装。

## 12 型式试验

### 12.1 一般检查

应按照GB/T 5095.2—1997中试验1a和试验1b进行检测。外观检查可采用约为5倍的放大镜进行。

所有零件应进行检验，以便确定是否满足本部分中第8章～第10章的要求。

### 12.2 机械试验

注：导线接端的轴向和横向机械强度(包括相应的张力松弛特性)应由详细规范规定。

#### 12.2.1 电缆或导线弯曲

本试验的目的是评定不可接触ID连接耐受以规定方法弯曲连接导线或电缆引起的机械应力的能力。

试验样品应牢固地固定在位置上，使连接槽内的导线或带状电缆沿它的纵轴向悬挂着。在导线或带状电缆自由端加一个轴向负荷$F$，使导线或电缆保持垂直。

该负荷的值是：

——单根导线断裂强度的5%～10%；

——要试验的带状电缆负荷为 10 N～50 N,适用的负荷取决于电缆中导线的数目、导线的直径、绝缘材料的类型和材质,并由详细规范规定,该负荷应均匀分布在整个电缆上。

导线或电缆应从垂直处起从两方向弯曲导线或电缆,这样构成一个循环。除详细规范另有规定,弯曲角 $\alpha$ 应是 30°。另外,推荐用于详细规范的角度为 60°和 90°。

导线或电缆的弯曲应采用合适装置进行,如图 6 所示。

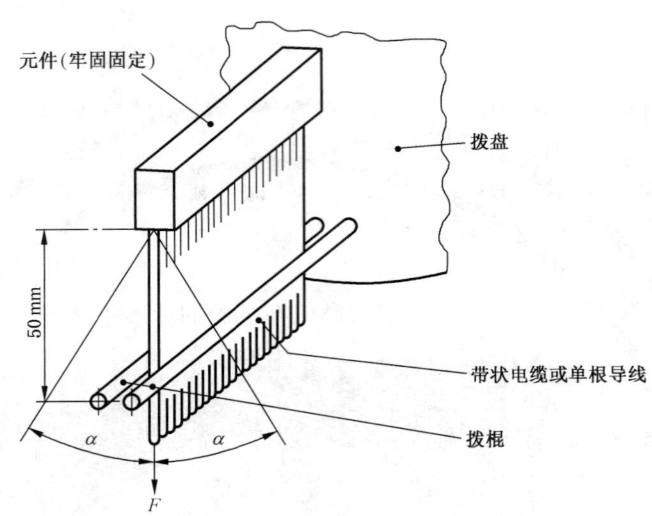


图 6　电缆或导线弯曲试验装置

除详细规范另有规定,循环次数应为 10 次。

多接端元件连接单根导线时,导线弯曲试验应按详细规范规定的每一元件要试验的导线数量进行(也可见 13.1)。试验样品是要同时进行或按顺序进行,按详细规范规定。

在弯曲试验过程中应按照 GB/T 5095.2—1997 中试验 2e 的规定进行监测。

除详细规范另有规定,接触件故障的持续时间不应超过 1 μs。

试验后,接端不应受到损伤,导体不应断裂。

### 12.2.2　振动

应按 GB/T 5095.4—1997 中试验 6 d 的规定进行试验。

试验样品应牢固地固定在振动台上。

试验不可接触 ID 连接的元件的合理试验装置的一个例子如图 7 所示。

在试验过程中应按照 GB/T 5095.2—1997 中试验 2e 的规定进行接触故障监测。

除详细规范中另有规定,接触故障的持续时间不应超过 1 μs。

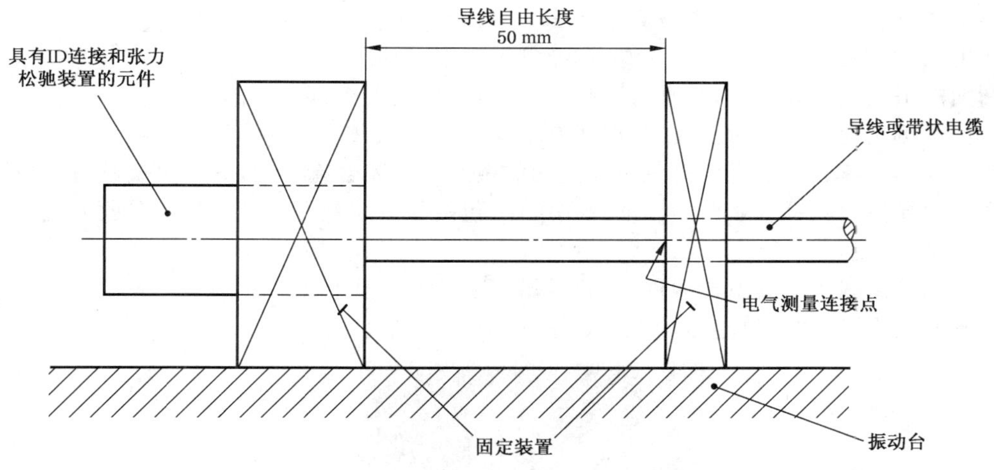


图 7 振动试验装置

表 1 振动试验严酷度

| 频率范围/Hz | 10～55 | 10～500 | 10～20 00 |
|---|---|---|---|
| 交越频率/Hz | — | 57～62 | 57～62 |
| 低于交越频率的位移振幅/mm | 0.35 | 0.35 | 1.5 |
| 高于交越频率的加速度振幅/(m/s²) | — | 50(5 g) | 200(20 g) |
| 振动方向 | 3 轴向 | 3 轴向 | 3 轴向 |
| 每一方向的扫频次数 | 5 | 5 | 5 |
| 注：有关试验严酷度应由详细规范规定。 | | | |

### 12.2.3 重复连接和拆除(重复使用不可接触 ID 接端)

本试验的目的是评定“重复使用不可接触 ID 接端”耐受规定的连接和拆除次数的能力。

为了便于进行本试验，重复使用不可接触 ID 连接接端可以按照详细规范规定进行部分或全部拆除。

应将规定导线按下面规定方法或详细规范修订的方法拆除或嵌入“重复使月不可接触 ID 接端”。拆除和嵌入一次构成一次循环。

规定的试验循环次数的最后一次仅是导线嵌入接端，即在任何情况下，在规定的试验循环次数的末尾应成为一个完整的 ID 连接。

对于规定的试验循环的总次数而言，应采用同一个“重复使用 ID 接端”。

对于每一次循环试验，应采用同一型别导线的新部位或一根新导线。

当与接端配接的导体尺寸有一定范围时，所有循环(最后一次循环除外)应采用详细规范规定的最大尺寸导体进行试验。最后一次循环和最后一次测量应采用详细规范规定号的最小尺寸导体进行试验。

试验严酷等级：

最后一次循环采用的导体尺寸和进行的循环次数应由详细规范规定。试验循环次数的优选值是 4 次、20 次或 100 次。

### 12.2.4 显微断面

本试验为任选，由于试验人员解释的随意性大，因此显微断面的鉴定是很困难的。

除详细规范另有规定,试验样品应采用放大10倍的合适的设备进行外观检查。

注:可采用ISO 1463:1982及其附录A和附录B作为显微断面的指导性文件。

显微断面的平面应正确定位,即垂直于导线及ID接端内的全部导线的轴线。

下面给出了可接受的连接特性要求,但所有情况应进行机械、电气和气候试验。

——实心导体或绞合线所有股应位于连接槽的敞开端和闭合端之间,其距离按制造厂规定;

——实心圆导体的直径或绞合导体的视在直径(包括与接端臂直接接触的那些股的直径)的变形应可识别;

——应看不见由嵌入工具或导向件对ID接端臂造成的损伤。

图8和图9是不可接触ID连接的一些显微断面的示例。

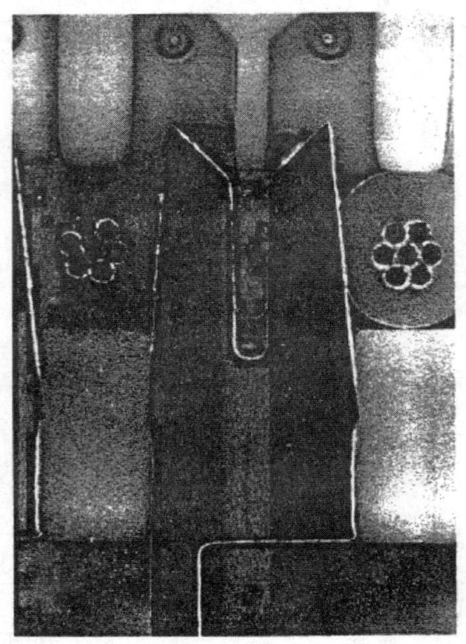

图8 绞合导体的不可接触ID连接的显微断面

图9 实心圆导体的不可接触ID连接的显微断面

## 12.3 电气试验

元件详细规范应规定在下述试验中采用的上限类别温度(UCT)和下限类别温度(LCT)。

### 12.3.1 接触电阻

接触电阻试验应按 GB/T 5095.2—1997 中试验 2a 或试验 2b(根据详细规范的规定)进行。

当不可接触 ID 连接要试验时,应采用图 10 所示的合适的测试装置。

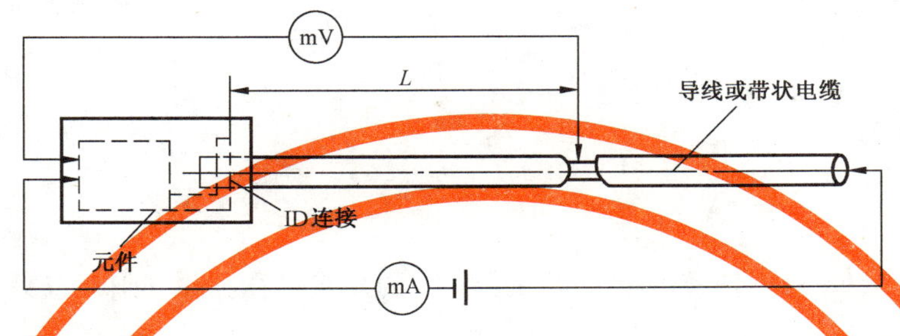


图 10 接触电阻测试装置

相对于参考面的长度 $L$ 应按详细规范规定。

采用试验 2b 时,试验电流应为导体截面 1 A/mm²。施加试验电流的时间应非常短,以便防止试验样品发热。

条件试验后接触电阻所允许的最大变化等于接触电阻初始测量值加上表 2 规定的所允许的最大变化值。这不包括图 10 的测试装置中所示的导线长度 $L$ 的附加电阻值。这个附加电阻值应从总的测量值中减去。

接触电阻允许的最大变化值等于接触电阻初始测量值加上表 2 规定的所允许的最大变化值。

表 2 不可接触 ID 连接的接触电阻最大允许值

| ID 接端 | 导体 | | 接触电阻初始值(最大)<br>mΩ | 机械、电气或气候试验后电阻的最大变化值<br>mΩ |
|---|---|---|---|---|
| 电镀后 | 实心圆导体 | 电镀后 | 5 | 1 |
| | | 未电镀 | 10 | 1 |
| | 绞合导体 | 电镀后 | 10 | 2 |
| | | 未电镀 | 10 | 5 |
| 未电镀 | 实心圆导体 | 电镀后 | 10 | 1 |
| | | 未电镀 | 10 | 1 |
| | 绞合导体 | 电镀后 | 10 | 2 |
| | | 未电镀 | 10 | 5 |

### 12.3.2 电负载和温度

试验应按 GB/T 5095.5—1997 中试验 9 b 的规定进行。除详细规范另有规定,应采用下列细则:

——最高工作温度:100 ℃(UCT);

——试验时间:1 000 h;

试验电流应按详细规范规定。

### 12.4 气候试验

元件详细规范应规定在下述试验中采用上限类别温度(UCT)和下限类别温度(LCT)。

#### 12.4.1 温度快速变化

试验应按照 GB/T 5095.6—1997 试验 11d 的规定进行。除详细规范另有规定,应采用下列细则:

——低温 $T_A$:−55 ℃(LCT);

——高温 $T_B$:100 ℃(UCT);

——暴露时间 $t_1$:30 min;

——循环次数:5。

#### 12.4.2 气候序列

试验应按 GB/T 5095.11—1997 中第一篇试验 11a 的规定进行。除详细规范另有规定,应采用下列细则:

——高温:11i;

  试验温度:100 ℃(UCT);

——循环湿热:11m;

  试验温度:55 ℃;

  循环次数:6;

  降低温度方式:2;

——低温:11j;

  试验温度:−55 ℃(LCT)。

#### 12.4.3 流动混合气体腐蚀试验

试验应按 GB/T 5095.11—1997 试验方法 11g 进行。

除详细规范另有规定,应采用下列细则:

方法:1;

暴露时间:10 d。

注:该试验是一种使用两种混合气体的试验方法。

$H_2S$:100±20($10^{-9}$ vol/vol)

$SO_2$:500±100($10^{-9}$ vol/vol)

#### 12.4.4 循环湿热

试验应按 GB/T 5095.6—1997 中试验 11m 的规定进行试验。除详细规范另有规定,应采取下列细则:

——试验温度:55 ℃;

——循环次数:6;

——降低温度方式:2。

## 13 试验一览表

### 13.1 概述

试验前,试验样品应准备好。除详细规范另有规定,每一试验样品应由嵌入一连接槽的 ID 接端组成。

13.1.1 ID 连接的接端适合的导线直径有一定范围时，ID 连接试验应按下述进行：

a) 表 3 中规定的试验样品数用规定导线直径范围内的最小直径进行；

b) 表 3 中规定的试验样品数用规定导线直径范围内的最大直径进行。

13.1.2 当多接触件元件要进行试验时，所要求的试验样品数量(ID 连接)应均分成组。

试验样品准备前应验证：

a) 是否采用正确的接端和导线；

b) 用导线嵌入工具进行连接时：

——采用的工具是否正确；

——工具是否正确工作；

c) 用导向件进行连接时：

——采用的元件是否正确；

——导向件工作是否正确；

d) 操作人员能否生产出符合第 10 章要求的 ID 连接。

**表 3 试验样品数量**

<table>
<tr><th rowspan="3">试验一览表</th><th rowspan="3">章条号</th><th colspan="3">非重复使用接端</th><th colspan="3">重复使用接端</th></tr>
<tr><th rowspan="2">仅单根导线直径</th><th colspan="2">导线直径范围</th><th rowspan="2">仅单根导线直径</th><th colspan="2">导线直径范围</th></tr>
<tr><th>max</th><th>min</th><th>max</th><th>min</th></tr>
<tr><td rowspan="2">基本试验一览表 13.2</td><td>13.2.2.1</td><td>20 和 2(任选)[a]</td><td>20 和 2(任选)[a]</td><td>20 和 2(任选)[a]</td><td>20 和 2(任选)[a]</td><td>20 和 2(任选)[a]</td><td>20 和 2(任选)[a]</td></tr>
<tr><td>13.2.2.2</td><td></td><td></td><td></td><td>2[b] 和 2(任选)[c]</td><td colspan="2">2[b] 和 2(任选)[c]</td></tr>
<tr><td rowspan="5">全面试验一览表 13.3</td><td>13.3.2.1.1</td><td>2(任选)[a]</td><td>2(任选)[a]</td><td>2(任选)[a]</td><td>2(任选)[a]</td><td>2(任选)[a]</td><td>2(任选)[a]</td></tr>
<tr><td>13.3.2.1.2</td><td>20</td><td>20</td><td>20</td><td>20</td><td>20</td><td>20</td></tr>
<tr><td>13.3.2.1.3</td><td>20</td><td>20</td><td>20</td><td>20</td><td>20</td><td>20</td></tr>
<tr><td>13.3.2.1.4</td><td>20</td><td>20</td><td>20</td><td>20</td><td>20</td><td>20</td></tr>
<tr><td>13.3.2.2</td><td></td><td></td><td></td><td>40[b] 和 2(任选)[c]</td><td colspan="2">40[b] 和 2(任选)[c]</td></tr>
<tr><td colspan="8">[a] 用于显微断面。<br>[b] 用于重复连接(与相同接端，见 12.2.3)。<br>[c] 用于重复连接(与相同接端，见 12.2.3)和显微断面。</td></tr>
</table>

## 13.2 基本试验一览表

当基本试验一览表适用时(见 11.2)，表 3 中规定的试验样品数应进行准备并承受 13.2.1 的初始检验。

当重复使用或非重复使用接端的 ID 连接要进行试验时，所要求的 20(或 22)只试验样品应按 13.2.2.1 的规定进行试验。

当重复使用或非重复使用接端适合的导线直径有一定范围时，两者各 20(或 22)只试验样品(见 13.1和表 3)应按 13.2.2.1 进行试验。

重复使用接端的 ID 连接进行试验时，所要求的 2(或 4)只试验样品应按 13.2.2.2 进行附加的试验。

13.2.1 初始检验

全部试验样品应使用 GB/T 5095.2—1997 中试验 1a 进行外观检查,以确定是否符合第 10 章的有关要求。

13.2.2 不可接触 ID 连接试验

13.2.2.1 重复使用或非重复使用接端不可接触 ID 连接试验

对非重复使用 ID 接端试验而言,需要 20 只样品和 2 只样品(任选)。另外,对于适配一定范围导线直径的接端而言,还应增加 20 只样品和 2 只样品(任选)。

试验样品按 13.2.1 进行初始检查后,20 只试验样品和 2×20 只试验样品(按适用)应承受下列试验。

| 试验步骤 | 试验 | | 测量 | | 要求 |
|---|---|---|---|---|---|
| | 项目 | 章条号 | 项目 | GB/T 5095 试验号 | 章条号 |
| P1.1 | | | 接触电阻 | 2a 或 2b | 12.3.1 |
| P1.2 | 导线弯曲 | 12.2.1 | 接触故障 | 2e | 12.2.1 |
| P1.3 | 温度快速变化 | 12.4.1 | | 11d | |
| P1.4 | 循环湿热 | 12.4.4 | | 11m | |
| P1.5 | | | 接触电阻 | 按 P1.1 | 12.3.1 |

按 13.2.1 规定进行初始检查后,剩余的 2 只试验样品或 2×2 只试验样品(按适用)可承受下列试验:

| 试验步骤 | 试验 | | 测量 | | 要求 |
|---|---|---|---|---|---|
| | 项目 | 章条号 | 项目 | GB/T 5095 试验号 | 章条号 |
| P2 | 显微断面 | 12.2.4 | | | 12.2.4 |

13.2.2.2 重复使用接端不可接触 ID 连接的附加试验

2 只试验样品或 2×2 只试验样品(任选)。

2 只试验样品按 13.2.1 的规定进行初始检查后,全部试验样品应承受下列试验。

| 试验步骤 | 试验 | | 测量 | | 要求 |
|---|---|---|---|---|---|
| | 项目 | 章条号 | 项目 | GB/T 5095 试验号 | 章条号 |
| P3.1 | | | 接触电阻 | 2a 或 2b | 12.3.1 |
| P3.2 | 重复连接和拆除 | 12.2.3 | | | |
| P3.3 | | | 接触电阻 | 按 P3.1 | 12.3.1 |

2 只任选的试验样品按 13.2.1 规定进行初始检查后,试验样品可以承受下列试验。

| 试验步骤 | 试验 | | 测量 | | 要求 |
|---|---|---|---|---|---|
| | 项目 | 章条号 | 项目 | GB/T 5095 试验号 | 章条号 |
| P4.1 | 重复连接和拆除 | 12.2.3 | | | |
| P4.2 | 显微断面 | 12.2.4 | | | 12.2.4 |

### 13.3 全面试验一览表

注 1：一般情况，全面试验一览表要按本部分给出的严酷度等级进行。

注 2：当 ID 连接是元件整体的一部分时，(如连接器)，可采用有关元件详细规范给定的严酷度等级。

全面试验一览表需要时(见 11.2)，表 3 规定的所要求的试验样品数应进行准备，并按 13.3.1 的规定进行初始检查。

重复使用或非重复使用接端的不可接触 ID 连接要进行试验时，所要求的 62 只试验样品应承受 13.3.2.1.1、13.3.2.1.2、13.3.2.1.3 和 13.3.2.1.4(试验组 A、B、C 和 D)规定的试验。

重复使用或非重复使用接端适合导线直径有一定范围时，所要求的两组(见 13.1 和表 3)每组 62 只试验样品应承受 13.3.2.1.1、13.3.2.1.2、13.3.2.1.3 和 13.3.2.1.4(试验组 A、B、C 和 D)规定的试验。

重复使用接端不可接触 ID 连接要进行试验时，所要求的 42 只试验样品应承受 13.3.2.2 规定的附加试验。

#### 13.3.1 初始检查

所有试验样品应按 GB/T 5095.2—1997 中试验 1a 的规定进行外观检查。

#### 13.3.2 不可接触 ID 连接试验

##### 13.3.2.1 重复使用或非重复使用接端不可接触 ID 连接试验

对非重复使用 ID 接端试验，需要 60 只样品和 2 只样品(任选)。另外，对于适配一定范围导线直径的接端而言，还应增加 60 只样品和 2 只样品(任选)。

按 13.3.1 的规定进行初始检查后，试验样品数应承受下列试验组 A、B、C 和 D 规定的试验。

###### 13.3.2.1.1 试验组 A(任选)

2 只试验样品或 2×2 只试验样品(按适用)。

| 试验步骤 | 试验 | | 测量 | | 要求 |
|---|---|---|---|---|---|
| | 项目 | 章条号 | 项目 | GB/T 5095 试验号 | 章条号 |
| AP1 | 显微断面 | 12.2.4 | | | 12.2.4 |

###### 13.3.2.1.2 试验组 B

20 只试验样品或 2×20 只试验样品(按适用)。

| 试验步骤 | 试验 | | 测量 | | 要求 |
|---|---|---|---|---|---|
| | 项目 | 章条号 | 项目 | GB/T 5095<br>试验号 | 章条号 |
| BP1 | | | 接触电阻 | 2a 或 2b | 12.3.1 |
| BP2 | 导线弯曲 | 12.2.1 | 接触故障 | 2e | 12.2.1 |
| BP3 | 电负载和温度 | 12.3.2 | | 9b | |
| BP4 | | | 接触电阻 | 按 BP1 | 12.3.1 |

#### 13.3.2.1.3 试验组 C

20 只试验样品或 2×20 只试验样品(按适用)。

| 试验步骤 | 试验 | | 测量 | | 要求 |
|---|---|---|---|---|---|
| | 项目 | 章条号 | 项目 | GB/T 5095<br>试验号 | 章条号 |
| CP1 | | | 接触电阻 | 2a | 12.3.1 |
| CP2 | 振动 | 12.2.2 | 接触故障 | 6d 和 2e | 12.2.2 |
| CP3 | 温度快速变化 | 12.4.1 | | 11d | |
| CP4 | 气候序列 | 12.4.2 | | 11a | |
| CP4.1 | 高温 | 12.4.2 | | 11i | |
| CP4.2 | 循环湿热,<br>第 1 循环 | 12.4.2 | | 11m | |
| CP4.3 | 低温 | 12.4.2 | | 11j | |
| CP4.4 | 循环湿热:<br>剩余循环 | 12.4.2 | | 11m | |
| CP5 | | | 接触电阻 | 2a | 12.3.1 |

#### 13.3.2.1.4 试验组 D

20 只试验样品或 2×20 只试验样品(按适用)。

| 试验步骤 | 试验 | | 测量 | | 要求 |
|---|---|---|---|---|---|
| | 项目 | 章条号 | 项目 | GB/T 5095<br>试验号 | 章条号 |
| DP1 | | | 接触电阻 | 2a | 12.3.1 |
| DP2 | 工业大气腐蚀 | 12.4.3 | | | |
| DP3 | | | 接触电阻 | 2a | 12.3.1 |

### 13.3.2.2 重复使用接端不可接触 ID 连接的附加试验

对重复使用 ID 接端试验而言,另外需要增加 40 只试验样品和 2 只试验样品(任选)。

按 13.3.1 的规定进行初始检查后,所有试验样品应承受下列试验。

| 试验步骤 | 试验 | | 测量 | | 要求 |
|---|---|---|---|---|---|
| | 项目 | 章条号 | 项目 | GB/T 5095<br>试验号 | 章条号 |
| EP1 | 重复连接和拆除 | 12.2.3 | | | 12.2.3 |

在进行 EP1 步骤试验时,2 只试验样品应承受 13.3.2.1.1(试验组 A)规定的试验。

剩余的 40 只试验样品应分成两组,每组 20 只样品。

第 1 组应承受 13.3.2.1.3(试验组 C)规定的试验。

第 2 组应承受 13.3.2.1.4(试验组 D)规定的试验。

## 13.4 流程图

为了快速查找,13.2 和 13.3 的试验一览表的细则分别表示在图 11 和图 12 中。

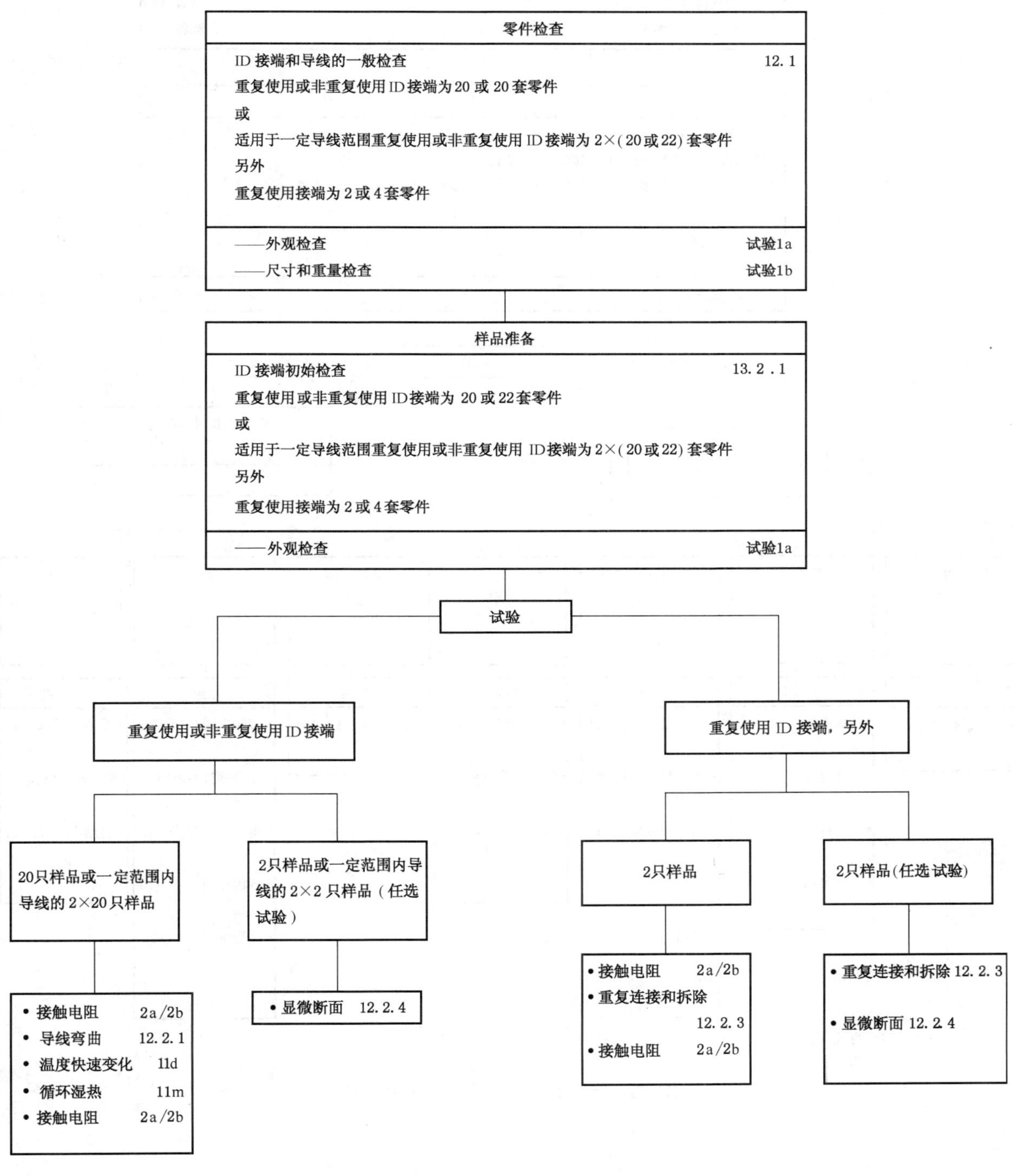


图 11 基本试验一览表(见 13.2)

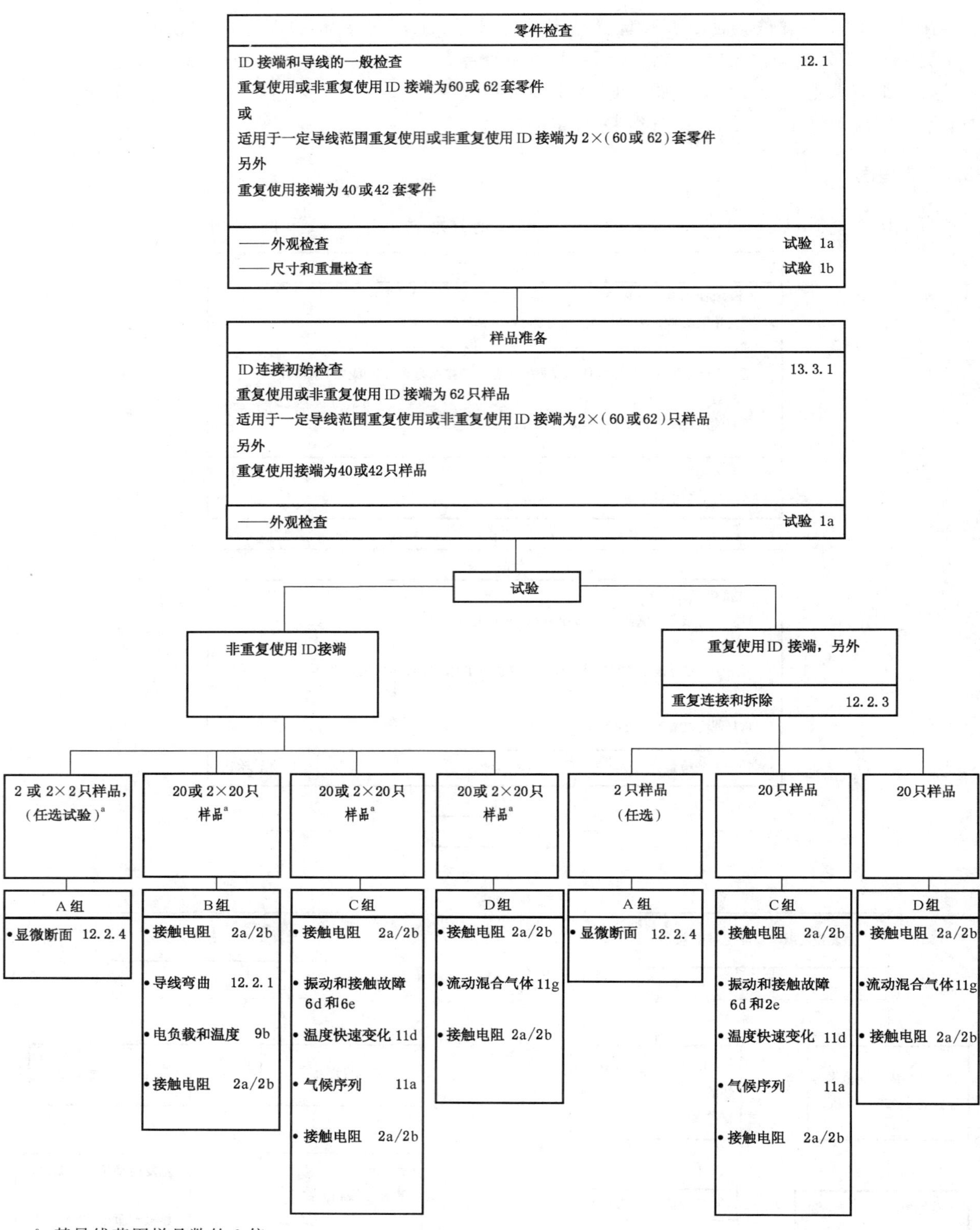


[a] 某导线范围样品数的 2 倍。

图 12 全面试验一览表(见 13.3)

# 第四篇　使用导则

## 14　概述

本使用导则适用于使用绝缘绞合导线或实心的铜导体的不可接触 ID 连接,并仅供参考。这些连接应使用专门的导线嵌入工具(全自动、半自动或手动嵌入工具)。采用其他材料(如铝等)制成的导体,需对 ID 接端和嵌入工具采取特殊措施,并应与制造商商定。

### 14.1　ID 连接优点

通过 ID 技术形成的 ID 连接通常是导体和任意外形的 ID 接端之间的永久电气连接。也有接端允许许多根导线嵌入同一连接槽内。良好的电气连接是通过精密配合的嵌入工具、ID 槽和导线横截面以及在实心导线或绞合导体维持一定的力来达到的。

优点:

——不需要剥线;

——低嵌入力进入槽,允许同时嵌入多根导线;

——可使用带状电缆和单根导线;

——在各种生产水平下对接触件进行高效加工;

——可用全自动或半自动机械导线嵌入工具或手动工具进行加工;

——不会因焊接温度使 ID 接端或连接器的阴性或阳性接触件的弹性特性产生劣变;

——在 ID 连接后可保持导体弹性;

——消除诸如这些影响,包括无冷焊点、无重金属和溶剂蒸汽对人身伤害,并且无燃烧、褪色和导线绝缘过热等有害影响;

——电气和机械特性具有可重现性的良好连接;

——便于生产控制。

### 14.2　载流容量

由连接的导线或 ID 接端两者中较低的传输电流容量确定了不可接触 ID 连接的传输电流容量。

应考虑到载流容量受下列影响:

——接触件材料;

——接触件表面涂覆;

——导体横截面;

——导体表面涂覆;

——多芯连接器的间距;

——多芯连接器连接的导线数量;

——环境温度。

## 15　工具资料

### 15.1　导线嵌入工具

一般而言,对导线嵌入工具要求能建立一个不可接触的 ID 连接。工具能在连接槽的两边,即 ID 接端的两边能支撑着导线。工具也可以为导线在连接槽中提供一个正确的位置,例如正确深度,这可由深度止档来保证。导向件与工具配合,在嵌入导线时发挥重要作用(见 15.2)。

在使用中有不同类型的导线嵌入工具,例如:

——在带状电缆和元件之间的连接需要将那些导线同时嵌入的工具;对于单根导线在同时嵌入之前将其梳成一个平面状,再采用特殊工具进行;

——单根导线嵌入工具,用于单独的导线和元件之间连接;一般情况,在嵌入工具前面将有一个自动定位装置;

——甚至,采用所谓“无工具”接端技术。在这种情况下,应采用制造厂嵌入工具和说明。

全部工具类型可以是手动工具和用于大量生产的动力驱动工具。

附加资料:

a) 导线嵌入工具和ID接端的接触件应由同一制造厂提供,否则应由用户负责进行良好可靠的ID连接。

b) 使用工具应能正确地嵌入导线而不损伤连接的接端或元件。

c) 为达到良好可靠的ID连接,通常需要具有全行程嵌入机构的手动嵌入工具。在完成整个嵌入行程后,手柄和嵌入机构应回到打开位置。

   全自动和半自动导线嵌入工具应能自动完成整个嵌入工作行程。

d) 任何情况下,导线的嵌入操作应在一步完成。应避免多余步骤的重复操作。

e) 工具的可拆卸部分,如导线嵌入机构和定位装置,应设计成只能以正确方式嵌入工具。

f) 在嵌入过程中,工具应能保证ID接端与导线的正确定位。

g) 工具应设计成只能进行必要的调节。

h) 工具的动作应使导线槽和导线绝缘槽(若有)与导线在一次操作中完成连接。

i) 工具的结构应保证特定的工具模可以和同型号的其他工具互换。若其不能互换,应做出标志以便识别其适用的工具。

### 15.2 导向件

导向件可以是元件的一部分,例如连接器,也可以是嵌入工具一部分,将导线或电缆嵌入连接槽内。嵌入工具会对导向件施加合适的力。导向件的结构对导线或电缆与连接槽有找直对准的辅助作用,提高ID连接可靠性。

### 15.3 导线卸出工具

如果需要从不可接触ID连接中将嵌入的导线拆除或去除,为了容易和安全的拆除导线而不损伤ID接端(例如连接槽或接端臂),推荐采用有叉头的导线卸除工具。

## 16 接端资料

下列资料以工业实际经验为依据。

### 16.1 结构特性

ID接端的结构应考虑到材料的特性,即:

——接端臂能产生所需的力,这应由选择的弹性材料或由合适的外部负荷的作用,(例如,适配不可接触ID连接的元件的合适结构特性)给以保证;

——接端臂的槽的边能容易使导线绝缘层移位,并在臂和导线/绞合线之间保持足够的力,以便保持较好的电气接触;

——连接槽对导线应有导入作用;

——设计用于带状电缆的接端应有容易刺穿导体间绝缘层的尖端。

### 16.2 材料

不可接触ID接端可以是连接器接触件(阳接触件或阴接触件)的一个整体部分。所以,具有相同的铜基合金,诸如铜锡合金(青铜)、铜锌合金(黄铜)或铍铜合金。材料的选择取决于元件的尺寸和功能,同样要适用于良好稳定的电气连接要求。

只要达到好的电气连接所需要的力,可以采用其他接触件材料。在需要处可由外部负荷来施加这种力(也可见16.1)。

所有材料受到张力松弛的影响,这与时间、温度和应力有关。接端材料和结构应使保持连接的力不会随时间降低到连接电阻增加到不可接受的程度。

### 16.3 表面涂覆

通常使用8.3中规定的电镀材料。只要具有足够防护作用,可采用未电镀接端或其他电镀材料。在这种情况下应采用13.3规定的全面试验一览表(见11.2)。

## 17 导线资料

### 17.1 型别

可以采用不同于第9章中规定的绞合线,例如,绞合的股数不是7股。在这种情况下,应采用13.3的全面试验一览表(见11.2)。

### 17.2 尺寸

只要符合本部分的范围(见第一篇),可以采用9.2中规定范围外的导体直径或横截面积。在这种情况下,应采用13.3的全面试验一览表(见11.2)。

导线捻扭长度应采用下述推荐值。

### 17.3 表面涂覆

通常采用9.3中规定的未电镀或电镀的实心圆导体或电镀的绞合线。如适用,可以采用未电镀的绞合线或其他涂覆层的绞合线。在这种情况下,应采用13.3规定的全面试验一览表(见11.2)。

表面涂覆应平滑均匀。

### 17.4 绝缘层

导线绝缘层的最大直径应由详细规范规定。

绝缘材料应为PVC或符合本部分规定的其他材料。

### 17.5 带状电缆

可以采用导向件。例如当带状电缆在连接时将各个导线嵌入相应的连接槽中并将它本身锁定在接端外壳中。

要避免由于带状电缆和/或端接工艺对ID连接的质量和可靠性产生不利影响。这类影响可能由以下因素引起:

——间距公差太大;

——导线绝缘层厚度公差太大;

——实心圆导体或绞合线束偏心。

**注**:关于带状电缆的详细资料,见IEC 60918:1987。

## 18 连接资料

### 18.1 概述

ID连接应符合相关详细规范。

一般而言,不可接触ID连接需要防止外部张力对导体拉紧或移动。这可以采用任何合适的方式达到,例如,导向件或其他张力松弛件。

不可接触ID连接的使用中有不同类型的ID接端,例如,接端设计成只接受:

——单个ID连接;

——两个或两个以上的ID连接。

在接端两边,导线绝缘层应包着导体。在绝缘层与接端之间不应看见导体。

导线应位于连接槽内的正确位置,即:

——导体应以一种不妨碍臂的弹性方式定位于连接槽内;

——导线端头与ID接端之间应有足够的纵向长度。在ID连接中采用绞合导线时,这个端头是较重要的,端头上绝缘层一直保留在导线束上。

ID接端臂的内边应对导线有变形作用:

——单根实心圆导体的直径;或

——绞合导体的视在直径和绞合导体中与臂接触的各股线的直径。

导体或各绞合线与臂的内边之间绝不应有绝缘微粒存在。

接端要使用一次以上时,应采用重复使用类型的接端。对于每一次新的连接,需要使用导线的新的部分或一根新的导线。

为了降低电化腐蚀效应,应注意选择导体和接端材料及镀层,使材料的金属电化序列尽可能接近。

### 18.2 在连接槽内多于一根导线以上的ID连接

通常情况下,在一个连接槽内仅由单根导线形成一个ID连接。

也有每个槽多于一根导线的ID连接结构。

在一个连接槽内进行一根以上导体的ID连接,制造厂说明书应给出下列细则:

——ID接端、连接槽、嵌入的导线和嵌入工具的适配性;

——导线型别;

——导线横截面;

——嵌入工序。

在一个连接槽内采用一根以上的导线时,机械和电气试验应在每根导线上进行,并符合导线类型的要求。试验严酷度应由详细规范规定。

在一个连接槽内用两根导线形成不可接触ID连接的例子示于图13和图14中。

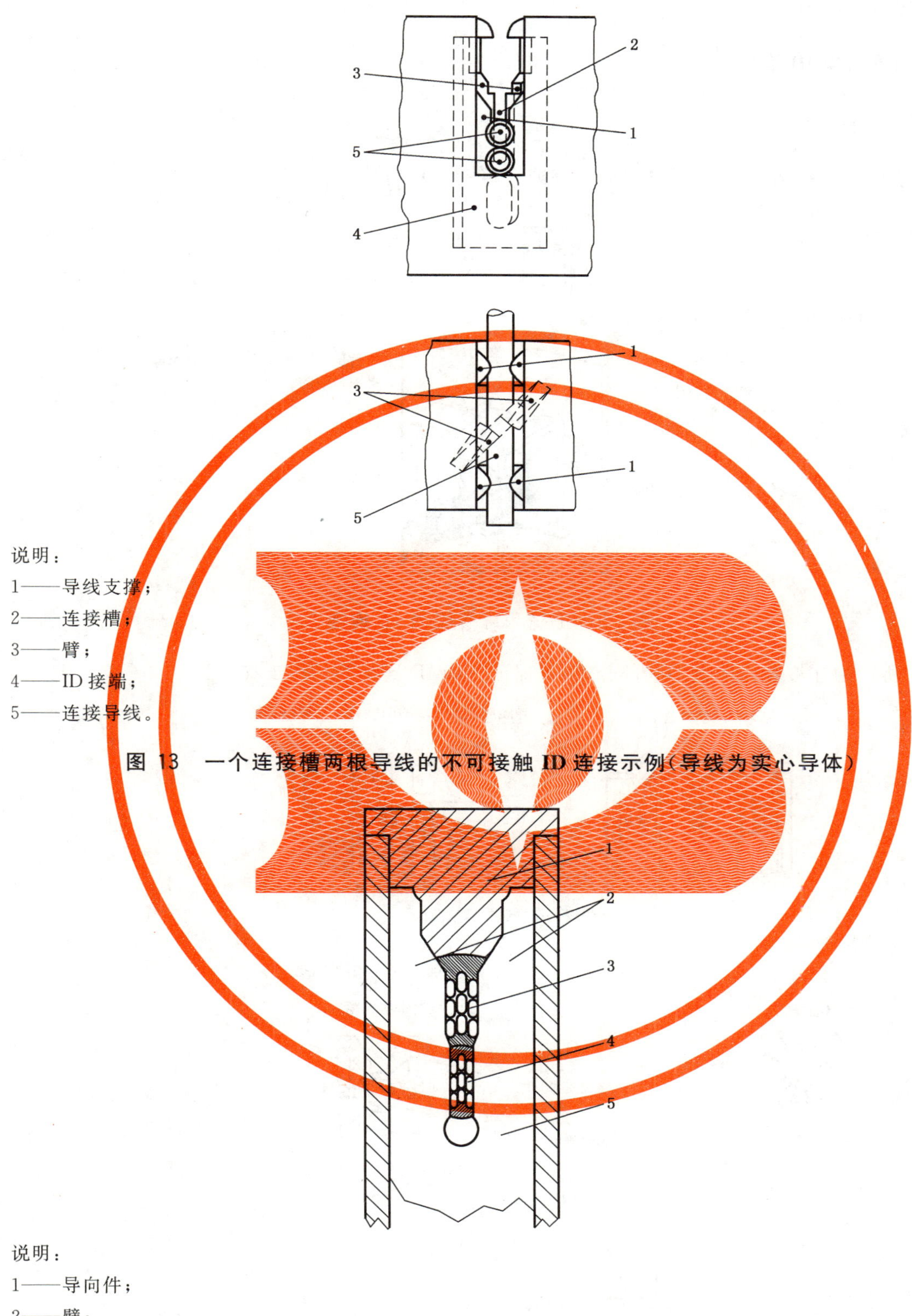


说明：

1——导线支撑；

2——连接槽；

3——臂；

4——ID 接端；

5——连接导线。

**图 13　一个连接槽两根导线的不可接触 ID 连接示例(导线为实心导体)**

说明：

1——导向件；

2——臂；

3——较大导体；

4——较小导体；

5——ID 接端。

**图 14　一个连接槽两根不同横截面导线的不可接触 ID 连接示例(导线为绞合线)**

## 19 开式壳体结构 ID 连接

### 19.1 正确的 ID 连接

图 15 所示为一个槽嵌入一根导线的正确或合格的 ID 连接示例。

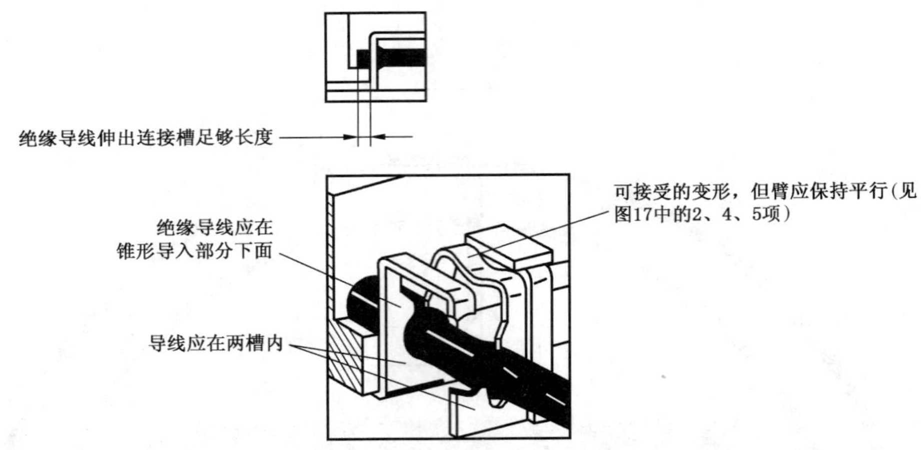


图 15 正确和可接受的 ID 连接

图 16 所示为连接器壳体的不同部分，例如保证正确 ID 连接的导线支撑。

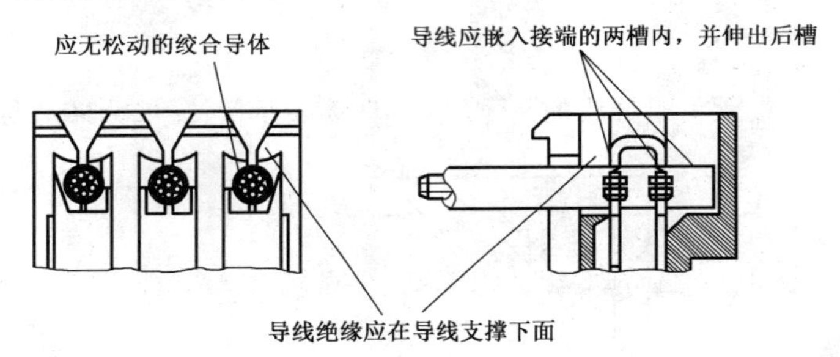


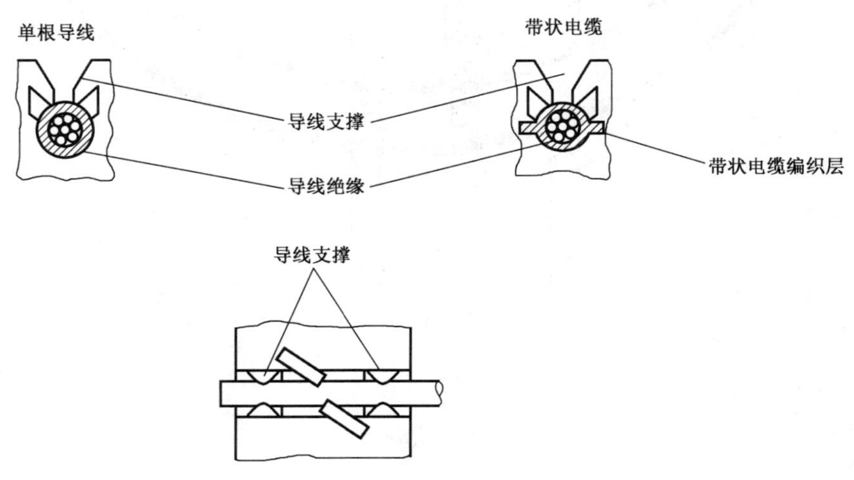


图 16 保证正确 ID 连接的连接器壳体部分

## 19.2 不合格的 ID 连接

图 17 和图 18 所示为不合格的 ID 连接示例。

通常,造成不合格的原因如下:

——电缆/导线不适配,例如外径不合适;

——不恰当的操作;

——导线嵌入工具/设备调节不正确;

——在 ID 连接前后不正确的储存。

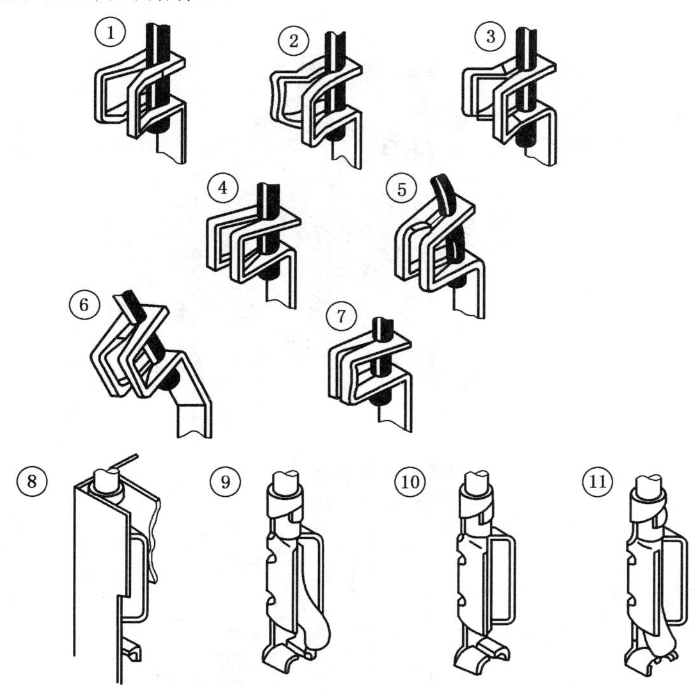

说明:

1——臂弯曲和不平行;

2——臂弯曲、弓状和不平行;

3——接端断裂;

4——槽向内弯曲;

5——槽向外弯曲;

6——接端松动和弯曲;

7 ——接端压扁;

8 ——壳体损伤;

9 ——导线未完全嵌入;

10——导线太短;

11——导线太长。

**图 17 壳体上清晰显示的不合格 ID 连接**

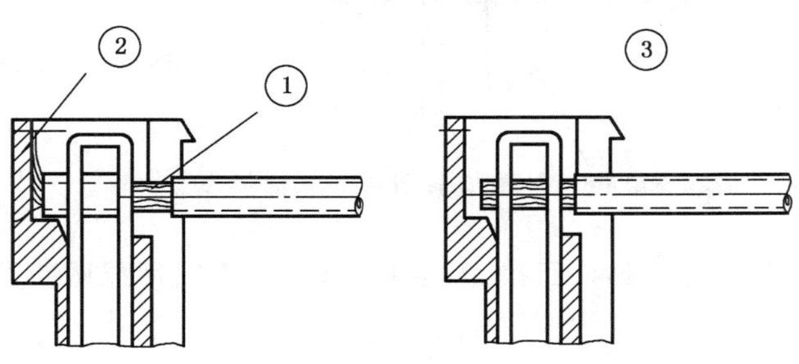

说明:

1——壳体后可见裸露的绞合导线;

2——导线太长;

3——导线绝缘剥离。

**图 18 连接导体有物理损伤的不合格 ID 连接**

## 20 闭式壳体结构 ID 连接

### 20.1 仅通过破坏性检验来检查的 ID 连接

图 19 所示为闭式壳体结构 ID 连接的截面或侧面。应打开或切开壳体进行检查。

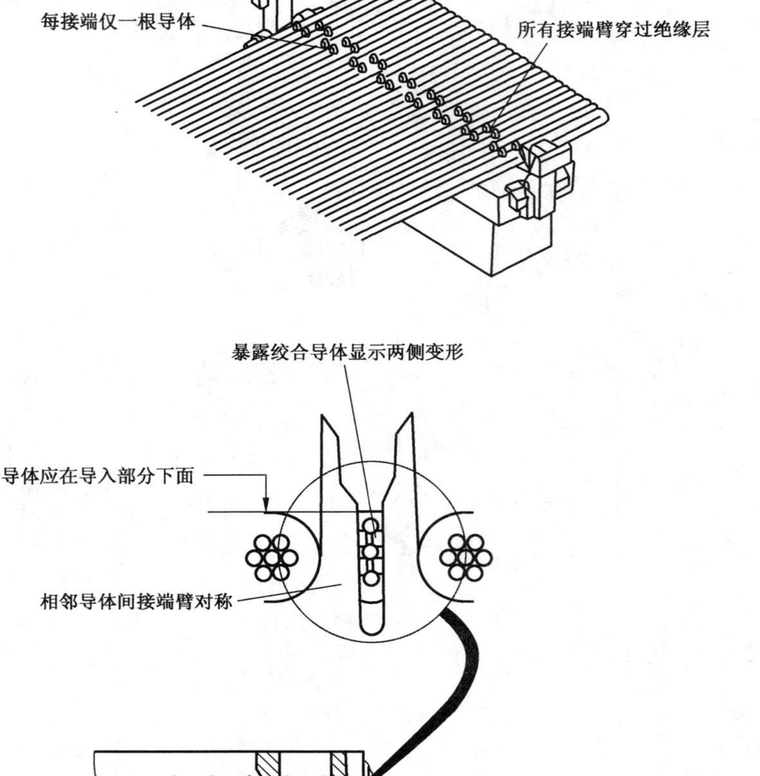


图 19 闭式壳体结构正确 ID 连接示例(打开或用显微断面检查)

### 20.2 通过非破坏性检验的 ID 连接

图 20 所示为保证正确 ID 连接的连接器壳体部分，例如：

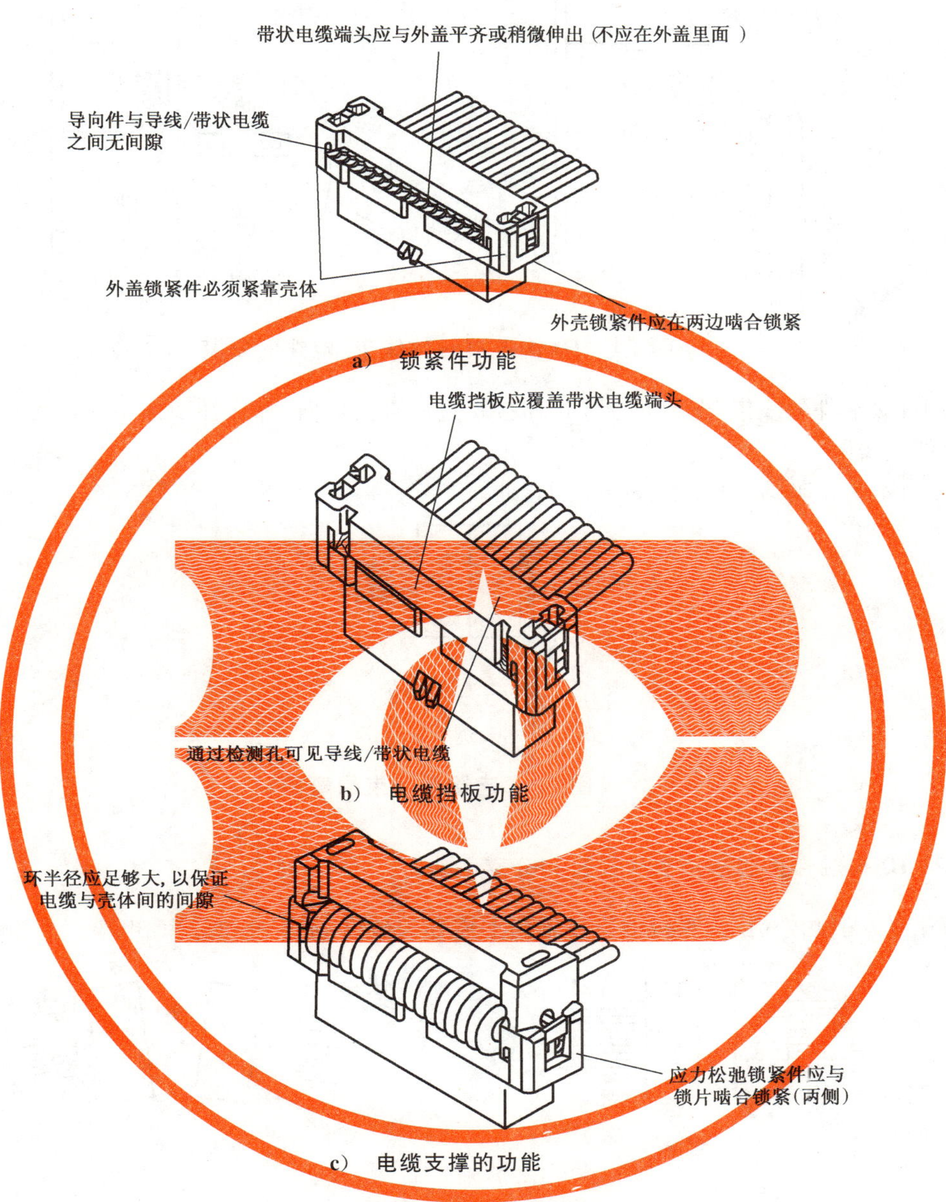


图 20 保证正确 ID 连接的连接器壳体部分(示例)

## 21 作为多芯连接器部分的有关 ID 连接的一般附加资料

### 21.1 ID 连接接触、线束/电缆的安装和弯曲

多芯连接器内的 ID 接触件的线束/电缆不应因其自身重量对连接器内接触件产生应力,这会造成连接器插合部分接触件有倾斜的危险。这可能是连接器插合对在插合过程中接触件损坏的原因。因此连接器(尤其对单根的 ID 连接)应有应力松弛夹或电缆夹,而且线束/电缆应按图 21 所示安装。

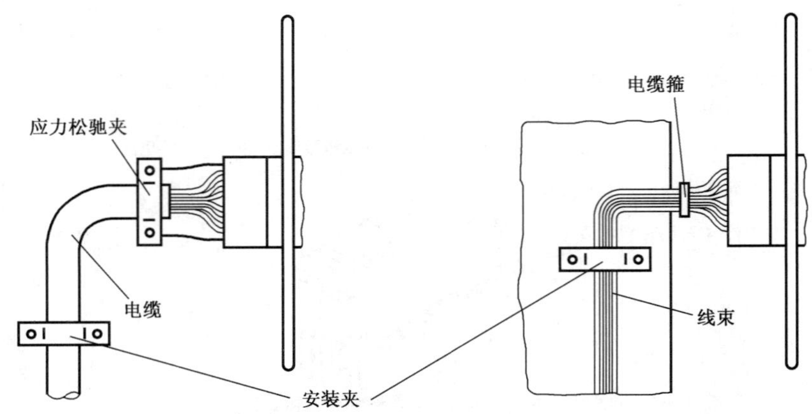


图 21 ID 连接接触件线束/电缆的安装

如果 ID 接触件的线束/电缆要在连接器接端边缘直接弯曲，那么在横向不应产生机械应力影响啮合的接触件或密封件。

图 22 所示为正确的 ID 接触件线束的弯曲。

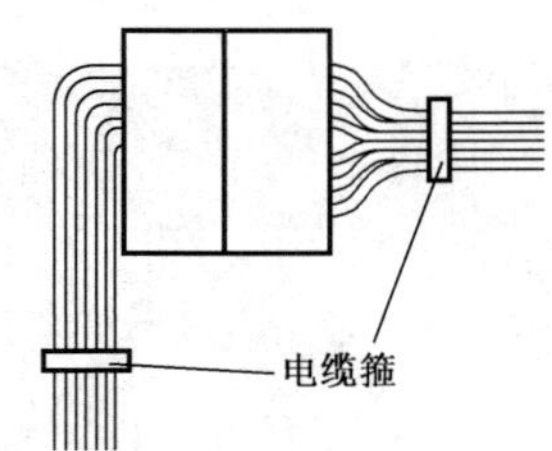


图 22 连接器线束的弯曲

## 21.2 具有 ID 接触件多芯连接器的插合和分离

为避免嵌入接触件应力，连接器应在轴向上插合和分离，不应推拉线束/电缆。

图 23 多芯连接器的插合和分离

# 22 注意

要注意制造厂的文件汇编(细则、产品、有关规范、说明书等)。它们应包括操作规程、接触件固定性、插合和分离力、额定电流、最高温度的资料以及压接工具的说明书等。一般情况下，这些资料可向接触件/连接器制造厂申请获得。

ICS 31.220.10
L 23

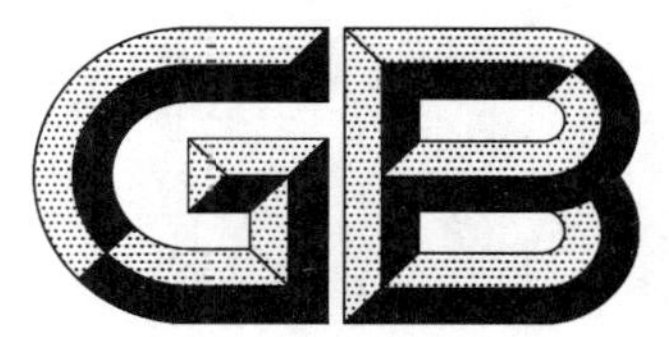

# 中华人民共和国国家标准

GB/T 18290.5—2015/IEC 60352-5:2003
代替 GB/T 18290.5—2000

# 无焊连接　第5部分:压入式连接 一般要求、试验方法和使用导则

**Solderless connections—Part 5:Press-in connections—General requirements,test methods and practical guidance**

(IEC 60352-5:2003,IDT)

2015-12-31 发布　　2016-07-01 实施

中华人民共和国国家质量监督检验检疫总局
中国国家标准化管理委员会　发布

# 前　言

GB/T 18290《无焊连接》由下列部分组成：

——第 1 部分：无焊连接　绕接连接　一般要求、试验方法和使用导则；

——第 2 部分：无焊连接　压接连接　一般要求、试验方法和使用导则；

——第 3 部分：无焊连接　可接触无焊绝缘位移连接　一般要求、试验方法和使用导则；

——第 4 部分：无焊连接　不可接触无焊绝缘位移连接　一般要求、试验方法和使用导则；

——第 5 部分：无焊连接　压入式连接　一般要求、试验方法和使用导则；

——第 6 部分：无焊连接　绝缘刺破连接　一般要求、试验方法和使用导则；

——第 7 部分：无焊连接　弹簧夹连接　一般要求、试验方法和使用导则；

——第 8 部分：无焊连接　压紧安装式连接　一般要求、试验方法和使用导则。

本部分为 GB/T 18290 的第 5 部分。

本部分按照 GB/T 1.1—2009 给出的规则起草。

本部分代替 GB/T 18290.5—2000《无焊连接　第 5 部分：无焊压入式连接　一般要求、试验方法和使用导则》。本部分与 GB/T 18290.5—2000 相比，主要变化如下：

——增加了“零件”和“样品”两个定义(见第 3 章)；

——修订电镀通孔镀后尺寸(见 4.4.3.2)；

——增加了“制造厂的规范”(见 4.6)；

——将“型式试验”改成“试验和测量方法”(见 5.2)；

——增加了“显微断面”和“置换(维修)”(见 5.2.2)；

——增加了“高温”试验，将“工业大气腐蚀”试验删除，以“流动混合气体腐蚀”试验代替(见5.2.4)；

——将“基本试验一览表”和“完全试验一览表”改成“鉴定试验一览表”和“应用试验一览表”，并对样品准备进行了调整(见 5.3)；

——增加了附录 A。

本部分使用翻译法等同采用 IEC 60352-5:2003《无焊连接　第 5 部分：压入连接　一般要求、试验方法和使用导则》。为便于使用，本部分作了下列编辑性修改：

——删除了英制单位。

请注意本文件的某些内容可能涉及专利。本文件的发布机构不承担识别这些专利的责任。

本部分由中华人民共和国工业和信息化部提出。

本部分由全国电子设备用机电元件标准化技术委员会(SAC/TC 166)归口。

本部分由贵州航天电器股份有限公司、深圳市奥拓电子有限公司、中国电子技术标准化研究院负责起草。

本部分主要起草人：王丽文、廖朝顺、邱荣邦、陈奥、丁然。

本部分所代替标准的历次版本发布情况为：

——GB/T 18290.5—2000。

# 引　　言

本部分包括要求、试验和使用导则资料，并给出两个试验一览表：

——鉴定试验一览表：适用于单个压入式连接(压入区域)。

考虑到第 4 章的要求，由压入区域制造厂提供规范来进行试验(见 4.6)。

元件中采用的压入区域的鉴定是独立的。

——应用试验一览表：适用于已通过鉴定试验一览表鉴定的元件一部分的压入式连接。

元件中执行的试验顺序考核的是压入式连接的性能。

由于压入区域制造厂必须提供鉴定所需的主要内容，因此本部分通篇简称为“制造厂”。

IEC 指南 109:1995 提倡在产品寿命周期内减小产品对自然环境的影响。本部分中所允许一些材料的使用可能会对环境有负面影响。为了从技术上引导替代这些材料，这些材料将在本部分中消失。

# 无焊连接　第5部分:压入式连接 一般要求、试验方法和使用导则

## 1　范围和目的

GB/T 18290的本部分适用于无焊压入式连接,这种连接用于通信设备和采用类似技术的电子设备中。

压入式连接具有嵌入双面或多层印制板电镀通孔的压入式接端。

另外,为了在规定环境条件下获得稳定的电气连接,除试验程序外,本部分还规定了从工业使用实际出发的一些经验数据资料。

本部分的目的是为了确定在规定的机械、电气和大气条件下压入式连接的适用性。

按本部分仅对柔性压入区域进行鉴定。

使用实心压入区域的有关资料在附录A中给出。

## 2　规范性引用文件

下列文件对于本文件的应用是必不可少的。凡是注日期的引用文件,仅注日期的版本适用于本文件。凡是不注日期的引用文件,其最新版本(包括所有的修改单)适用于本文件。

GB/T 2421.1—2008　电工电子产品环境试验　概述和指南(IEC 60068-1:1988,IDT)

GB/T 4210—2001　电工术语　电子设备用机电元件[idt IEC 60050(581):1978]

GB/T 5095.1—1997　电子设备用机电元件　基本试验规程及测量方法　第1部分:总则(idt IEC 60512-1:1994)

GB/T 5095.2—1997　电子设备用机电元件　基本试验规程及测量方法　第2部分:一般检查、电连续性和接触电阻测试、绝缘试验和电压应力试验(idt IEC 60512-2:1985)

GB/T 5095.4—1997　电子设备用机电元件　基本试验规程及测量方法　第4部分:动态应力试验(idt IEC 60512.4:1976)

GB/T 5095.6—1997　电子设备用机电元件　基本试验规程及测量方法　第6部分:气候试验和锡焊试验(idt IEC 60512.6:1984)

GB/T 5095.11—1997　电子设备用机电元件　基本试验规程及测量方法　第11部分:气候试验(idt IEC 60512.11-1:1995、idt IEC 60512.11-7:1996、idt IEC 60512.11-8:1995)

IEC 60249-2-4:1987　印制电路基材　第2部分:规范　规范4:通用级覆铜箔环氧玻璃布层压板(Base materials for printed circuits—Part 2:Specifications—Specification NO.4:Epoxide woven glass fabric copper-clad laminated sheet,general purpose grade)

修改单3(1993)(Amendment 3)

IEC 60249-2-5:1987　印制电路基材　第2部分:规范　规范5:阻燃覆铜箔环氧玻璃布层压板(垂直燃烧试验)[Base materials for printed circuits—Part 2:Specifications—Specification NO.5:Epoxide woven glass fabric copper-clad laminated sheet of defined flammability (vertical burning test)]

修改单3(1993)(Amendment 3)

修改单4(1994)(Amendment 4)

IEC 60249-2-11:1987　一般用途的薄覆铜箔环氧玻璃布层压板(制造多层印制板用)(Base materials for printed circuits—Part 2:Specifications—Specification NO.11:Thin epoxide woven glass febric copper-cled laminated sheet, general purpose grade for use in the fabrication of multilayer printed boards)

修改单 2(1993)(Amendment 2)

修改单 3(1994)(Amendment 3)

IEC 60249-2-12:1987 限定燃烧性的薄覆铜箔环氧玻璃布层压板（制造多层印制板用）(Base materials for printed circuits—Part 2:Specifications—Specification NO.12:Thin epoxide woven glass febric copper-cled laminated sheet of defined flammability, for use in the fabrication of multilayer printed boards)

修改单 2(1993)(Amendment 2)

修改单 3(1994)(Amendment 3)

IEC 60326-2:1990 印制板 第 2 部分:印制板的试验方法(Printed boards—Part 2:Test methods)

修改单 1(1992)(Amendment 1)

IEC 60326-3:1991 印制板 第 3 部分:印制板的设计和应用(Printed boards—Part 3:Design and use of printed boards)

IEC 60326-4:1996 印制板 第 4 部分:印制板的设计和应用(Printed boards—Part 3:Design and use of printed boards)

IEC 60326-5:1980 印制板 第 5 部分:电镀通孔的单面和双面印制板规范(Printed boards—Part 5:Specification for single and double sided printed boards with plated-through holes)

修改单 1(1989)(Amendment 1)

IEC 62326-4:1996 印制板 第 4 部分:层间连接的刚性多层印制板 分规范(Printed boards—Part 4:Rigid multilayer printed boards with interlayer connections—Sectional specification)

IEC 60352-1:1997 无焊连接 第 1 部分:无焊绕接连接 一般要求、试验方法和使用导则(Solderless connections—Part 1:Wrapped connections—General requirements, test methods and practical guidance)

## 3 术语和定义

GB/T 4210—2001 和 GB/T 5095.1—1997 界定的以及下列术语和定义适用于本文件。

3.1

**压入式连接 press-in connection**

将一个压入式接端嵌入印制板的电镀通孔内形成的一种无焊连接。

3.2

**压入式接端 press-in termination(press-in post)**

一种适用于压入式连接的具有特殊形状截面的接端。

3.2.1

**实心压入式接端 solid press-in termination**

一种具有实心压入部分的接端。

3.2.2

**柔性压入式接端 compliant press-in termination**

一种具有柔性压入部分的接端。

3.3

**压入区域　press-in zone**

适于压入连接的压入式接端上的特殊形状部分。

3.4

**接端嵌入工具　termination insertion tool**

用于将压入式接端或具有压入式接端的元件嵌入印制板内的工具。

3.5

**接端卸出工具　termination removal tool**

从印制板上卸出压入式接端的装置。

3.6

**零件　part**

压入式接端和具有电镀通孔的印制板。压入式接端未嵌入印制板内。

3.7

**样品　specimen**

印制板或具有嵌入压入式接端(有或无元件壳体)的印制板元件。

## 4　要求

### 4.1　概述

本章仅适用于柔性压入区域。对于实心压入区域见附录 A。

应按照通常切实可行的方法采用精细和熟练的方式进行连接。

### 4.2　工具

应按制造厂提供的说明书和尺寸来使用和检验工具。

工具在整个使用寿命期间应能进行稳定可靠的连接。

工具应设计成在正确操作时不能损伤压入式接端或印制板。

工具应根据对连接的试验结果来进行评定。

### 4.3　压入式接端

#### 4.3.1　材料

压入区域使用的材料应由制造厂规定。

注：有关材料的资料见 6.3.3。

#### 4.3.2　压入区域的尺寸

压入式连接的性能取决于压入接端的压入部分的特殊形状的尺寸和所采用的材料，以及印制板电镀通孔的尺寸和材料。压入区域的尺寸和形状包括公差应由制造厂规定。

注：电镀通孔的尺寸见 4.4.3.2。

#### 4.3.3　表面涂覆

压入式接端的压入区域可不电镀或电镀，涂覆应由制造厂规定。

表面应无污染或腐蚀。表面涂覆资料见 6.3.3。

#### 4.3.4 结构特性

压入区域的形状可采用多种结构。

压入式接端的结构应在接端嵌入印制板规定的电镀通孔内达到印制板中预定的深度时形成压入式连接。

压入式接端及其压入部分应设计和制造成不会损伤印制板电镀通孔(见 4.5)。

压入式接端应具有嵌入的结构特征,例如,台阶或合适表面,以便有利于嵌入操作。

### 4.4 印制板

应采用符合 IEC 60326-3:1991、IEC 60326-4:1996 和 IEC 60326-5:1980 的电镀通孔的印制板,或按制造厂规定的规范。

制造厂应根据所设计的压入区域规定印制板类型(见 4.4.1)。

#### 4.4.1 材料

印制板应由符合下列相关标准的基材制造:

a) 双面印制板

——IEC 60249-2-4—1987 型号 60249-2-4-IEC-EP-GC-Cu

——IEC 60249-2-5—1987 型号 60249-2-5-IEC-EP-GC-Cu

b) 多层印制板

——IEC 60249-2-11-1987—型号 60249-2-11-IEC-EP-GC-Cu

——IEC 60249-2-12-1987—型号 60249-2-12-IEC-EP-GC-Cu

c) 其他印制电路板材料应符合制造厂给定的规范。

#### 4.4.2 印制板厚度

制造厂应根据所设计的压入区域规定印制板厚度范围。

#### 4.4.3 电镀通孔

##### 4.4.3.1 电镀通孔镀层

电镀通孔的镀层厚度应为:铜≥25 μm。

详细镀层要求应按制造厂规定。

##### 4.4.3.2 孔的尺寸

镀前孔径对于确定压入连接的可靠性是非常重要的。

电镀前后孔径的公差在表 1 中给出。

**表 1 电镀通孔**

单位为毫米

| 标称孔径 | 镀后通孔直径 | 镀前通孔直径 |
|---|---|---|
| 0.50 | 0.50±0.05 | 0.60±0.01 |
| 0.55 | 0.55±0.05 | 0.64±0.01 |
| 0.60 | 0.60±0.05 | 0.70±0.02 |
| 0.65 | $0.65^{+0.07}_{-0.04}$ | $0.80^{+0}_{-0.03}$ |

表 1（续）

单位为毫米

| 标称孔径 | 镀后通孔直径 | 镀前通孔直径 |
|---|---|---|
| 0.70 | $0.70^{+0.07}_{-0.05}$ | $0.80^{+0.03}_{-0.02}$ |
| 0.75 | $0.75^{+0.05}_{-0.07}$ | $0.85^{+0.01}_{-0.04}$ |
| 0.80 | $0.80^{+0.09}_{-0.03}$ | 0.90±0.025 |
| 0.85 | $0.85^{+0.10}_{-0.05}$ | $1.00^{+0.01}_{-0.04}$ |
| 0.90 | 0.90±0.07 | 1.00±0.025 |
| 1.00 | $1.00^{+0.09}_{-0.06}$ | 1.15±0.025 |
| 1.45 | $1.45^{+0.09}_{-0.06}$ | 1.60±0.025 |
| 1.60 | $1.60^{+0.09}_{-0.06}$ | 1.75±0.025 |
| 注：如果采用模制互连装置，应采用镀后通孔直径数值。镀前通孔直径通常是用于 FR4 印制板钻孔直径，而与其他板材和模制互连装置无关。 | | |

## 4.5 压入式连接

a) 压入式接端、印制板和接端嵌入工具的组合应是匹配的，并由制造厂规定；

b) 压入式接端应按制造厂规范的规定正确位于印制板的电镀通孔内；

c) 压入操作可能引起电镀通孔的变形（通过显微断面可见）；

d) 压入式接端应无损伤（例如，裂纹或弯曲）；

e) 印制板导体和/或电镀通孔的镀层不会因接端嵌入工具或装置而引起损伤；

f) 应无焊盘断裂或翘起；

g) 应无脱层、起泡或裂纹；

h) 压入操作后，应无可见有害的镀层微小碎屑；

i) 与压入方向相反一侧的电镀通孔的镀层不应疏松。

## 4.6 制造厂的规范

压入部分和/或元件的制造厂应提供下列资料。

### 4.6.1 印制板和孔的资料

——印制板材料；

——最多导电层数；

——印制板最小和最大厚度；

——印制板镀层材料；

——电镀通孔镀后尺寸（见表 1）；

——镀前孔的尺寸。

### 4.6.2 压入部分资料

——压入式接端材料；

——镀层；

——尺寸，包括公差。

#### 4.6.3 应用资料

——笔直或 90°弯式接端；
——后插上；
——绕接连接；
——单个压入式接端；
——具有预组装压入式接端的连接器。

#### 4.6.4 压入操作说明书及工具

——使用的工具；
——有或无新的压入式接端的维修次数。

#### 4.6.5 压入特性

——每个接端最大压入力；
——每个接端最小卸出力。

#### 4.6.6 其他重要资料

如该资料不能公开，压入式连接的鉴定将不能进行。

## 5 试验

### 5.1 概述

按引言中的说明，有两个试验一览表分别适用于下列条件：

a) 符合第 4 章的要求和制造厂规范的要求的压入连接应按 5.3.2 中鉴定试验一览表的规定进行试验；该试验一览表预定用于无元件壳体的单个压入式接端；

b) 元件的一部分并按鉴定试验一览表进行鉴定的压入式连接应按 5.3.3 的规定进行试验。该试验一览表预定用于成套元件，该元件是由安装在元件壳体上的多个压入式接端组成的。应用试验一览表应在元件的详细规范中执行，避免试验的重复。应在元件的详细规范中使用试验一览表，避免试验的重复。

因此，只要顺序、条件和环境符合本部分的要求，试验组 D(见 5.3.3.2)中的试验步骤可插入元件规范的任何试验组中。

#### 5.1.1 试验的标准条件

除非另有规定，所有试验应在 GB/T 5095.1—1997 中规定的试验的标准条件下进行。

测量时的环境温度和相对湿度应记录在试验报告中。

对试验结果有争议时，应采用 GB/T 2421.1—2008 中规定的仲裁条件之一重新进行试验。

##### 5.1.1.1 预处理

在规定时，连接产品应在 GB/T 5095.1—1997 规定的试验的标准条件下进行预处理，历时 24 h。

##### 5.1.1.2 恢复

在规定时，试验样品应允许在条件试验后在试验的标准条件下进行恢复，历时至少 2 h。

#### 5.1.2 样品/成套零件的安装

对于鉴定试验一览表,成套零件由压入式接端和具有电镀通孔的印制板组成。当试验要求安装时,样品应采用制造厂规范中所述的安装方法进行安装。

除非元件规范或制造厂的规范另有规定,对于使用的试验一览表,全部元件应用正常安装方法压在印制板上。

注:零件和样品的定义见3.6和3.7。

### 5.2 试验和测量方法

#### 5.2.1 一般检查

##### 5.2.1.1 零件外观检查

应按GB/T 5095.2—1997中试验1a:外观检查的规定进行。外观检查可采用约为5倍的放大镜进行。所有零件进行检查,以确定是否满足本部分中4.3~4.6中的有关要求。

##### 5.2.1.2 尺寸检查

应按GB/T 5095.2—1997中试验1b:尺寸和重量的规定进行。所有零件进行检查,以确定是否满足本部分中4.3~4.6中的有关要求。

##### 5.2.1.3 样品外观检查

应按GB/T 5095.2—1997中试验1a:外观检查的规定进行。外观检查可采用约为5倍的放大镜进行。所有样品进行检查,以确定是否满足本部分中4.3~4.6中的有关要求。

##### 5.2.1.4 工具检验

工具应按制造厂的说明书和规范的规定进行检验和控制,以确定符合4.2和4.5的有关要求。

#### 5.2.2 机械试验

##### 5.2.2.1 弯曲

注:本试验仅适用于从板中伸出的轴段长度≥10 mm的压入式接端。

本试验的目的是评定压入式连接耐受由于接端的自由长度和随后调节过程中受到无意的弯曲所产生的机械应力的能力。

试验样品应由印制板(或印制板的一部分)和嵌入的具有自由段长度≥10 mm的压入式接端组成。

压入式接端的自由端应在接端稳定性最小的方向进行弯曲。弯曲所包含的距离1、2和3应构成一次循环,如图1所示。

试验严酷度:除详细规范另有规定,应进行一整次弯曲循环。

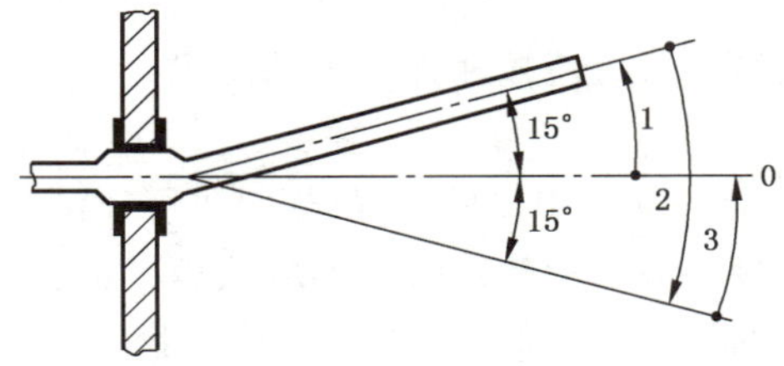


图1 弯曲试验装置

#### 5.2.2.2 压入力

将压入式接端嵌入印制板电镀通孔中所需的力取决于：

——压入部分的类型；

——印制板的类型；

——电镀通孔的直径；

——孔内金属镀层的表面材料。

压入力的上限应按制造厂的规定。

压入力压入速度的推荐值应为 25 mm/min～50 mm/min。

#### 5.2.2.3 推出力

注 1：本试验仅适用于鉴定试验一览表。

本试验的目的是评定压入式连接耐受由于接端纵轴方向受到作用力所引起的机械应力的能力。

试验样品应由印制板(或印制板的一部分)和嵌入的压入式接端组成，如图 2 所示。

压入操作后和进行推出试验前，试验样品应允许恢复，历时至少 24 h。

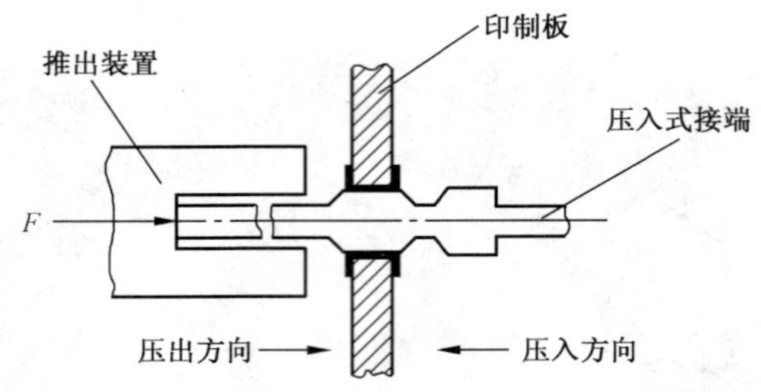


图 2 推出力试验装置

力 $F$ 应在压入方向的反方向加在压入式接端上。

应采用合适的装置，例如张力试验机。张力试验机头应以恒定的速度运动，其值＜12 mm/min。

样品的试验应在压入式接端在印制板电镀通孔内移出时为止，此时测量最终负荷。

要求：最小和最大推出力应按压入部分制造厂的规定。

注 2：在此，由于技术上的原因，当进行推出试验时，如不能进行推出操作，可进行拉出操作。

本试验仅与压入部分和印制板电镀通孔的金属镀层有关。制造厂规范中给出的最小值应能确保压入式连接良好的电气性能，及试验一览表规定的机械、电气和气候条件作用前后的性能。

由于压入式连接的应用，作用在压入式接端上的附加机械应力有关资料见 6.5.1。

#### 5.2.2.4 振动

注：本试验仅适用于应用试验一览表。

应按 GB/T 5095.4—1997 中试验 6d 的规定进行。

试验样品应固定在振动台上。

进行压入式连接试验的合适试验装置应按元件规范的规定。

优选的试验严酷度见表 2。

在试验过程中按 GB/T 5095.2—1997 中试验 2e 的规定进行监测。

要求：除详细规范另有规定，接触故障的持续时间不应超过 1 μs。

除详细规范另有规定，应在 10 Hz～500 Hz 范围内进行试验。

表 2 振动,优选的试验严酷度

| 频率范围 | 10 Hz～55 Hz | 10 Hz～500 Hz | 10 Hz～2 000 Hz |
|---|---|---|---|
| 振动时间 | 2 h | 6 h | 6 h |
| 低于交越频率的位移幅值 | 0.35 mm | 0.35 mm | 1.5 mm |
| 高于交越频率的位移幅值 | — | 50 m/s$^2$ | 200 m/s$^2$ |
| 振动方向 | 3 轴向 | 3 轴向 | 3 轴向 |
| 每一方向的扫频次数 | 8 | 10 | 8 |

#### 5.2.2.5 显微断面

应按 IEC 60326-2:1990 15b:显微断面的规定进行试验。

##### 5.2.2.5.1 横向断面

电镀通孔钻孔周线的变形"$a$"应小于 70 μm。

镀层最小厚度值"$b$"应大于 8 μm。电镀通孔内镀层应无裂纹,见图 3。

单位为毫米

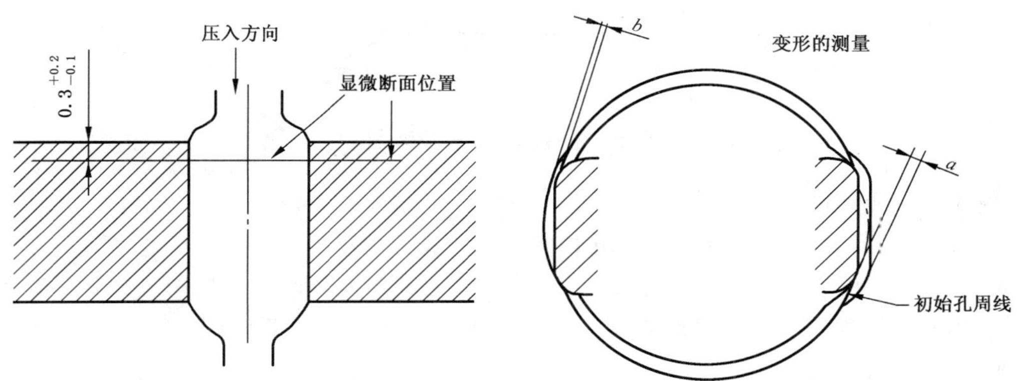


图 3 压入式连接的横向断面

##### 5.2.2.5.2 纵向断面

与电镀通孔连接部分的变形"$c$"应不大于 50 μm(见图 4)。

电镀通孔内镀层和导体都不应有裂纹("$d$")。对于双面印制板,这些要求适合于外层。

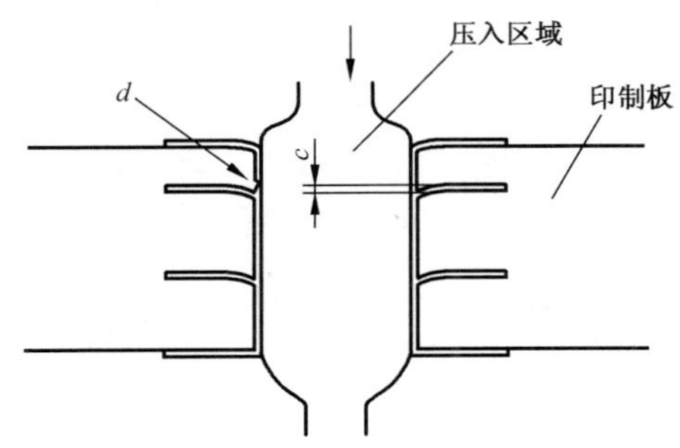


图 4 压入式连接的纵向断面

压入部分和孔之间的接触部位应能承载规定的电流。

#### 5.2.2.6 置换(维修)

如果允许置换,制造厂应进行规定,并规定允许置换次数。用替换压入部分的零件进行压入部分经受置换和表明具有相同性能的试验。

应使用新的压入式接端和制造厂规定的工具进行置换。所有要求应与适用的第一次压入循环要求相同。应对所有维修零件进行检验。在印制板或导体上应无可见的金属零件松动或裂纹。

如元件允许压入式接端置换,操作和工具应按元件的制造厂或详细规范的规定。

### 5.2.3 电气试验

#### 5.2.3.1 接触电阻

接触电阻应按 GB/T 5095.2—1997 中试验 2a 的规定进行测量。应注意毫伏表的精度及温差电压的正确性。测量点应尽可能靠近,以减小体积电阻。

图 5 为试验装置示例。

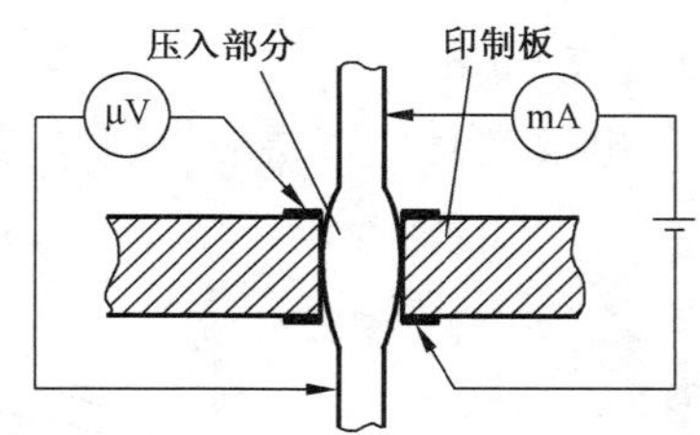


**图 5 接触电阻试验装置**

机械、电气或气候条件作用后要求:

a) 鉴定试验一览表:接触电阻最大变化值每个试验步骤应小于 0.5 mΩ;

b) 应用试验一览表:接触电阻变化最大值应按元件详细规范(如有)或按制造厂规范规定。

如必要,压入式连接不可能直接测量时,应规定接触电阻的整体测量,并且压入式连接的接触电阻应包括在元件的要求值里。

### 5.2.4 气候试验

元件详细规范(如有)或制造厂的规范应规定下列试验中采用的上限类别温度(UCT)和下限类别温度(LCT)。

与该元件相关的印制板有不同的温度类别时,气候试验应按元件或印制板两者中严酷度较低的温度类别进行试验。

**注**:印制板最高工作温度为极限值。

#### 5.2.4.1 温度快速变化

试验应按 GB/T 5095.6—1997 中试验 11d 的规定进行。除按元件制造厂或详细规范的规定外,应采用下列细则:

——低温 $T_A$:−40 ℃(LCT);

——高温 $T_B$:85 ℃(UCT);

——试验时间 $t_1$:30 min;

——循环次数:10。

#### 5.2.4.2 气候序列

试验应按 GB/T 5095.11—1997 中试验 11a 的规定进行。除按元件制造厂或详细规范的规定外,应采用下列细则:

——高温试验温度:85 ℃(UCT);

——低温试验温度:−40 ℃(LCT);

——循环湿热,循环次数:5。

#### 5.2.4.3 高温

试验应按 GB/T 5095.6—1997 中试验 11i 的规定进行。除按元件制造厂或详细规范的规定外,应采用下列细则:

——高温,试验温度:85 ℃(UCT);

——试验时间:1 000 h。

#### 5.2.4.4 流动混合气体腐蚀试验

试验应按 GB/T 5095.11—1997 中试验 11g 的规定进行。除按元件制造厂或详细规范的规定外,应采用下列细则:

——方法:1;

——暴露时间:10 天。

注:该试验的方法是采用两种混合气体。

$H_2S$:100±20($10^{-9}$ vol/vol)

$SO_2$:500±100($10^{-9}$ vol/vol)

## 5.3 试验一览表

### 5.3.1 概述

如果应鉴定的压入部分所用印制板(见 4.4.1)类型为一个以上时,每种类型应有一套样品。

### 5.3.2 鉴定试验一览表

#### 5.3.2.1 样品准备

印制板应这样准备,优选采用的镀前孔径公差范围为:镀后孔径下差范围(范围 a)的 30%,并且孔径上差范围(范围 b)的 30%。

孔径范围的示例见图 6。标称 1.0 mm 孔的总的公差范围是 1.09 mm−0.94 mm=0.15 mm。0.15 mm 的 30%是 0.045 mm,这即是范围 a 和范围 b 的极限值。

试验前,应测量印制板,并应列出或标出孔的相应公差范围。

压入操作应用生产工具进行正确的操作是非常重要的,在试验报告中应记录所采用的工具和设备。

##### 5.3.2.1.1 试验组 A 的样品(成套零件)

试验组 A 成套零件至少应为 6 个,并且所有的孔在范围 a 内。

##### 5.3.2.1.2 试验组 B 的样品(成套零件)

试验组 B 的成套零件至少应为 14 个,至少 7 个孔在范围 a 内,至少 7 个孔在范围 b 内。

如果规定的压入部分是置换的,应在规定的置换次数后测量推出力。

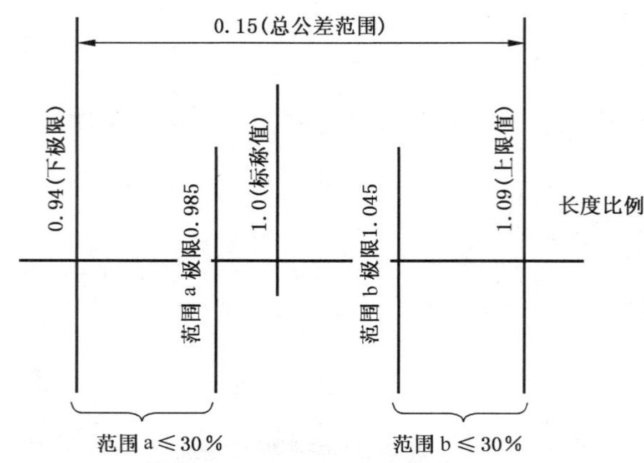


图 6　孔的范围示例

#### 5.3.2.1.3　试验组 C 的样品

试验组 C 的样品数至少为 200 个,其中至少 40 只样品安装在范围 a 的孔内,至少 40 个样品安装在范围 b 的孔内。

如果规定的压入部分是置换的,至少 40 只样品应安装在孔内,这些孔试验前已经按允许置换次数使用过,其中 20 个孔在范围 a 内,另有 20 个孔在范围 b 内。每次置换时应使用新的压入端子。所有样品应经受 GB/T 5095.11—1997 中试验 1a 的规定进行试验,要求见 4.5。

#### 5.3.2.2　试验组 A

6 套零件,乘以规定的置换次数。所有孔在范围 a 内。

| 试验步骤 | 试验 | | 测量 | | 要求 |
|---|---|---|---|---|---|
| | 项目 | 章条号 | 名称 | GB/T 5095 的试验号 | 章条号 |
| AP1 | 安装 | 5.3.2.1.1 | 压入力 | | 5.2.2.2 |
| AP2,若适用 | 置换 | 5.2.2.6 | | | |
| AP3 | | | 外观检查<br>(和工具评定) | 1a | 4.3、4.4、4.5、4.6 和 4.2 |
| AP4 | 显微断面 | 5.2.2.5 | | | |
| AP4.1<br>三个样品 | 横向断面 | 5.2.2.5.1 | | | 5.2.2.5.1 |
| AP4.2<br>三个样品 | 纵向断面 | 5.2.2.5.2 | | | 5.2.2.5.2 |

#### 5.3.2.3　试验组 B

14 套零件,乘以规定的置换次数(若适用)(至少 7 个样品在范围 a 内,并且至少 7 个样品在范围 b 内)。

| 试验步骤 | 试验 | | 测量 | | 要求 |
|---|---|---|---|---|---|
| | 项目 | 章条号 | 名称 | GB/T 5095 的试验号 | 章条号 |
| BP1 | 安装 | 5.3.2.1.2 | 压入力 | | 5.2.2.2 |
| BP2,若适用 | 弯曲[a] | 5.2.2.1 | | | |
| BP3 | | | 推出力 | | 5.2.2.3 |

| 试验步骤 | 试验 | | 测量 | | 要求 |
|---|---|---|---|---|---|
| | 项目 | 章条号 | 名称 | GB/T 5095 的试验号 | 章条号 |
| BP4,若适用 | 置换 | 5.2.2.6 | | | |
| BP5,若适用 | | 5.2.2.3 | 推出力 | | 5.2.2.3 |
| [a] 该试验应在 7 套零件(孔在范围 b 内)上进行。 | | | | | |

#### 5.3.2.4 试验组 C

200 个样品,按 5.3.2.1.3 所述进行安装。

| 试验步骤 | 试验 | | 测量 | | 要求 |
|---|---|---|---|---|---|
| | 项目 | 章条号 | 名称 | GB/T 5095 的试验号 | 章条号 |
| CP1 | | | 接触电阻—毫伏法 | 2a | 5.2.3.1 |
| CP2 | 温度快速变化 | | | 11d | |
| CP3 | 气候序列 | | | 11a | |
| CP4 | 高温 | | | 11i | |
| CP5 | 流动混合气流 | | | 11g | |
| CP6 | | | 接触电阻—毫伏法 | 2a | 5.2.3.1 |

### 5.3.3 应用试验一览表

应用试验一览表应在元件规范中执行。

#### 5.3.3.1 样品准备

该试验一览表适用时(见 5.1),应用制造厂规定的工具及按制造厂的建议将 6 个元件压入印制板中。如果接端数少于 40 个,则应增加元件数。

安装在元件并压入印制板的压入式接端称为样品。

#### 5.3.3.2 D 组试验

所有样品应经受下列测试。

| 试验步骤 | 试验 | | 测量 | | 要求 |
|---|---|---|---|---|---|
| | 项目 | 章条号 | 名称 | GB/T 5095 的试验号 | 章条号 |
| DP1 | | | 接触电阻—毫伏法 | 2a | * |
| DP2 | 振动 | 5.2.2.4 | 接触障碍 | 6d 和 2e | |
| DP3 | 温度快速变化 | 5.2.4.1 | | 11d | |
| DP4 | 高温 | 5.2.4.3 | | 11i | |
| DP5 | | | 接触电阻—毫伏法 | 2a | * |
| DP6<br>8 个样品 | 显微断面 | 5.2.2.5 | | | |
| DP6.1 | 横向断面 | 5.2.2.5.1 | | | 5.2.2.5.1 |
| DP6.2 | 纵向断面 | 5.2.2.5.2 | | | 5.2.2.5.2 |
| * 按元件规范要求。 | | | | | |

### 5.3.4 流程图

为了快速查找,5.3.2 的鉴定试验一览表的细则表示在图 7 中。

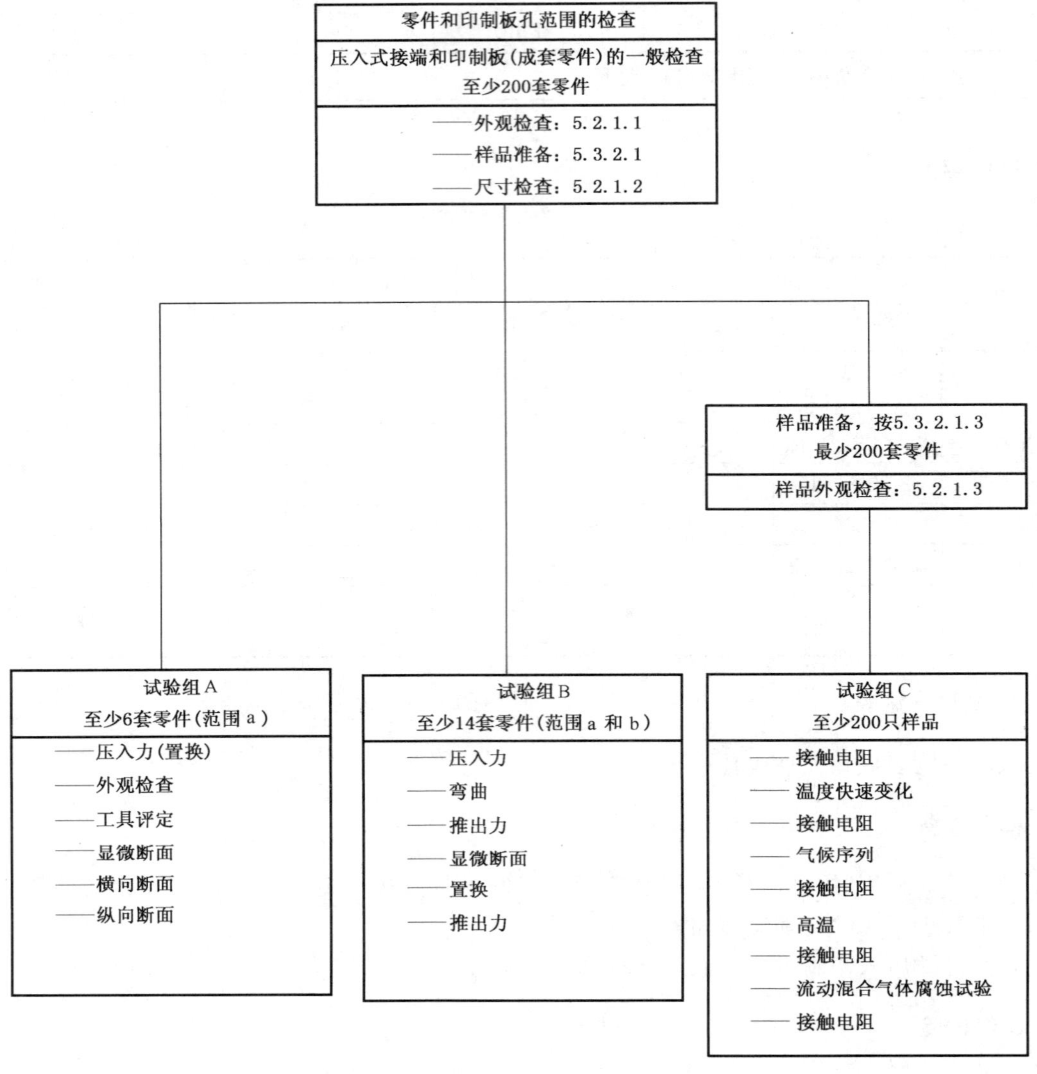


图 7 鉴定试验一览表

## 5.4 试验报告

### 5.4.1 鉴定试验报告

鉴定试验的试验报告应由试验机构出具,并作为公开文件处理,所有用户和潜在用户都可以获得。

#### 5.4.1.1 输入资料

试验报告应包括下列输入资料,主要依据规范和制造厂的建议:

——尺寸,包括压入部分的公差;

——鉴定的印制板类型;

——孔的尺寸,从表 1 中选择;

——电镀通孔的表面处理(预涂熔剂、润滑剂等);

——允许置换次数；
——安装和替换工具说明书及尺寸；
——最大压入力；
——最小推出力；
——用户及试验机构所必需的附加资料；
——与标准的任何偏离。

#### 5.4.1.2 输出资料

试验报告应该包括下列输出资料：
——试验机构、试验日期及试验人员；
——试验所用的设备和工具；
——GB/T 5095 系列标准所要求的试验细则；
——根据测量表明的合格或不合格的所有结果；
——摘要/判定。如果认定某些项目不合格，应提出正当理由。

### 5.4.2 应用试验报告

#### 5.4.2.1 输入资料

试验报告应包括下列输入资料：
——鉴定试验报告；
——相应连接器详细规范；
——用户和试验机构所必需的附加资料；
——与标准的任何偏离。

#### 5.4.2.2 输出资料

试验报告应该包括下列输出资料：
——试验机构、试验日期及试验人员；
——试验所用的设备和工具；
——根据测量表明的合格或不合格的所有结果；
——摘要/判定。如果认定某些项目不合格，应提出正当理由。

如果应用试验是整个连接器鉴定试验的一部分，上述所列的输出资料可以作为整个试验报告的一部分。

## 6 使用导则

### 6.1 载流容量

通常，压入式接端的压入区域截面积与符合本部分的压入式连接的印制板上电镀通孔的金属镀层之间接触的总面积要比压入式接端的最小截面大。所以，压入式连接的载流容量将至少等于压入式接端的载流容量。限制因素通常是印制板上的导体。

### 6.2 工具资料

#### 6.2.1 接端嵌入工具

通常，要求接端嵌入工具能将接端嵌入印制板。工具应能将嵌入力加到接端的受力部位上，而部位是为此目的设计的。工具也应能将接端嵌入印制板上的一个正确深度。要注意嵌入工具不要损伤接端有用的表面,也要注意嵌入工具不要损伤印制板其余部分。

对于不同的情况采用不同种类的接端嵌入工具,如:

a) 单一接端嵌入工具,多半为动力驱动并具有自动定位装置。这种工具主要用于将大量的接端分别嵌入一些离散的孔中。
b) 梳形嵌入工具:这种工具用于将一些接端分别嵌入一组固定分布的孔中,例如嵌入一行孔中,其间距为常数。这种工具能人工操作或动力驱动。
c) 组装嵌入工具:在一些情况中接端是预先组装的产品的一部分,例如连接器。对此,要采用特殊设计的工具。这种工具将力直接加到接端上,或者施加到在预先组装的产品的另一部分上进行推入,当然,这种产品对于通过接端上的力有足够的强度。

#### 6.2.2 支撑件

在接端嵌入过程中,印制板要用特殊设计的装置支撑着。支撑件要尽可能靠近印制板上要嵌入接端的孔,而且为了传输印制板和防止弯曲,它要足够大。

支撑件可用金属制成(如钢或铝),或者用塑料制成,但要有足够的强度便于耐受嵌入力的作用,要注意在任何时候避免损伤印制板。另外,支撑件的高度要满足嵌入接端总长度的要求。

#### 6.2.3 接端卸出工具

在卸出接端时要采用一种特殊设计的工具。该工具从嵌入接端的反方向推出接端。

要注意正确支撑着印制板,并且不要损伤印制板。接端不能第二次使用,并且应使用一新的接端替换。

嵌入单个维修的接端,要用特殊设计的工具进行。

嵌入维修的接端过程中,要注意在嵌入接端时要按正确的方向达到正确的深度并且不要损伤印制板。

### 6.3 接端资料

#### 6.3.1 概述

在使用中有两种压入式接端类型:

——实心压入式接端;

——柔性压入式接端。

对于实心压入式接端,为了获得稳定良好的机械和电气性能,印制板电镀通孔的变形可产生所需的力。

对于柔性压入式接端,主要是嵌入区域的塑性变形,即弹性产生所需的力,而印制板电镀通孔不产生变形或远小于实心压入式接端情况下的变形。

需要说明的是:每种类型的不同规格以及两种类型间的性能各不相同。要注意接端类型是否适合于预定用途。

实心压入式接端相关资料见附录 A。

#### 6.3.2 结构特性

压入式接端及其压入部分结构应是:

——压入式接端与电镀通孔之间接触的全部棱边不得损伤电镀通孔的金属镀层,并保证获得良好的接触性能;

——压入部分有导向作用；
——压入式接端可有任意的结构，如台肩或合适表面，在其上能加上压入力。

### 6.3.3 材料和表面涂覆

压入式接端通常是连接器零件(阳接触件或阴接触件)的一个整体部分，所以与之为相同的铜基合金，如铜锡合金(青铜)或铍铜合金。材料的选择不但取决于零件的尺寸和功能，而且要与有良好稳定的电气连接要求相适应。

所有材料都与时间、温度和应力有关而产生应力松弛。

接端材料和结构应使得保持连接的力，不会随时间而降低，以致使连接处的电阻增加到不可接受的程度。

压入部分表面涂覆及其与印制板电镀通孔涂覆的兼容性应按制造厂的规定，见 6.5.4。

### 6.3.4 带有绕接柱的压入式接端

压入式接端可以带有绕接柱。这种绕接柱通常应符合 IEC 60352-1:1997 的要求。应注意：压入部分稳定性与绕接操作所产生的力要相兼容(见 6.5.1)。

#### 6.3.4.1 尺寸和材料

因为在进行压入工艺时绕接柱要通过电镀通孔，所以绕接柱的对角线要小于印制板电镀通孔的最小直径。

为了保证有可靠的绕接连接，绕接柱的硬度应符合 IEC 60352-1:1997 的要求。

#### 6.3.4.2 压入式连接的轴向强度

因为带有绕接柱的压入式连接在绕接工艺中要承受轴向力，所以带有绕接柱的压入式接端的压入式连接的轴向强度应符合 IEC 60352-1:1997 的要求。

详细资料可见 6.5.1。

#### 6.3.4.3 抗扭强度

压入式连接在嵌入的压入式接端上，应能耐受一定限度的扭曲力的作用，而不会降低机械和电气性能。

在绕接工艺过程中，带有绕接端压入式连接处承受扭曲应力，所以具有绕接柱接端的压入式连接处抗扭强度应符合 60352-1:1997 的要求。

#### 6.3.4.4 绕接柱位置

具有绕接柱的压入式连接应满足 IEC 60352-1:1997 关于绕接位置和顶端平面的规定。

### 6.3.5 具有连接器接触件的压入式接端

压入式接端通常具有连接器的接触件。通常在接端的前端有一个接触刀型件或接触弹性件，以适合于印制板的插入或拔出，或者在接端的后端有一个接触刀型件，以适合于自由连接器的插合或分离。

这些连接器接触件部分应符合相关连接器规范的规定。

#### 6.3.5.1 具有连接器接触件的压入式连接的轴向强度

具有连接器接触件部分的压入式连接在印制板组件和/或自由连接器插合和分离过程中要承受轴

向力。

所需的轴向力,见 6.5。

#### 6.3.5.2 接触件位置

压入式接端作为多芯连接器的零件时,关于位置尺寸和公差以及接触件的大小,特别是关于印制板弯曲和接触端部(标准的或预插的)大小应满足连接器有关要求。

## 6.4 印制板资料

### 6.4.1 概述

印制板的材料、结构和尺寸应符合压入技术的要求。

压入式接端应利用印制板强度来保证接触力。如果压入部分设计成用于厚度小于 1.5 mm 的印制板,应特别注意避免印制板的无意弯曲/翘曲。

### 6.4.2 电镀通孔

为了获得良好的可靠连接,压入式接端和印制板上的电镀通孔应适配。

为了得到可靠的压入式连接,下面的基本参数是很重要的:

a) 与压入式接端有关的

——结构;

——材料特性;

——尺寸;

——表面特性(涂覆层,粗糙度等)。

b) 与电镀通孔有关的

——钻孔和镀后孔的直径;

——印制板孔形的位置公差;

——镀层厚度;

——镀层材料的特性(例如延展性、附着力);

——印制板厚度;

——叠层印制板层数;

——印制板基材特性。

铜镀层以及附加锡或锡/铅镀层厚度在 4.4.3.1 中给出了优选值。

详细资料,见 IEC 60326-3:1991。

注:通常,电镀通孔由连接盘围绕,以便增强电镀通孔涂覆层的机械稳定性。无连接盘的电镀通孔易受到损伤,例如电镀层,在使用要求中应考虑到这种可能性。

## 6.5 连接资料

### 6.5.1 概述

在实际使用中,压入式连接要经受与沿着压入式接端纵轴方向作用的各种类型的机械应力。

根据下面各种应用水平(可见图 8 和图 9),给出了压入式接端在不同实际应力条件下所需最小推出力的实际数据。

a) 元件零件的压入部分进行的压入式连接

压入式接端的接线柱相应地限定在元件的塑料壳体中,例如连接器(见图 8)。机械应力分布在接线柱和连接器壳体之间以及接线柱与印制板界面之间。

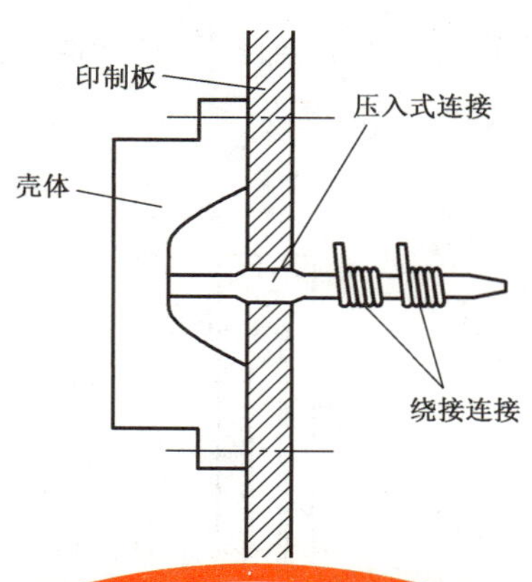


图 8　压入式接端的压入连接，应用水平 a)

b)　无壳体支撑压入式接端的压入式连接

该压入式接端应允许因绕接所产生的附加力(见 IEC 60352-1:1997 中的表 5)。

这也适用于可置换的和无壳体支撑的压入连接。最小推出力应按表 3 的规定。

表 3　应用水平 b)的推出力

| 对角线按 IEC 60352-1:1997 的规定<br>mm | 推出力<br>N |
|---|---|
| ≤1.3 | 30 |
| ＞1.3 | 40 |

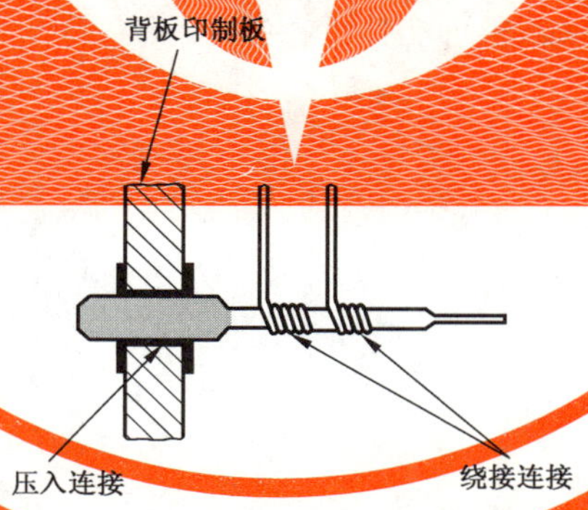

图 9　压入式接端的压入连接，应用水平 b)

### 6.5.2　压入连接的维修

在整个寿命期间，压入式连接由于在压入式接端上受到非常应力的作用(例如，接端的一部分用于附加连接导线或作为连接器接触件部分)，可能受到损伤。

在此情况下，压入式接端应是可置换的。

为了卸出接端，要采用合适工具细心卸出该压入式接端。要注意：不要使接端弯曲并且不要损伤印制板。

适用工具的示例如图 10 所示。

不推荐在电镀通孔中将嵌入过的接端再嵌入。但是，只要电镀通孔和接端能满足本部分规定的要求，允许在先前用过的孔中嵌入新的接端。

对于不能更换的单个的压入式接端的零件的维修程序应由零件详细规范规定。

注：通常，电镀通孔不能重复使用3次以上。

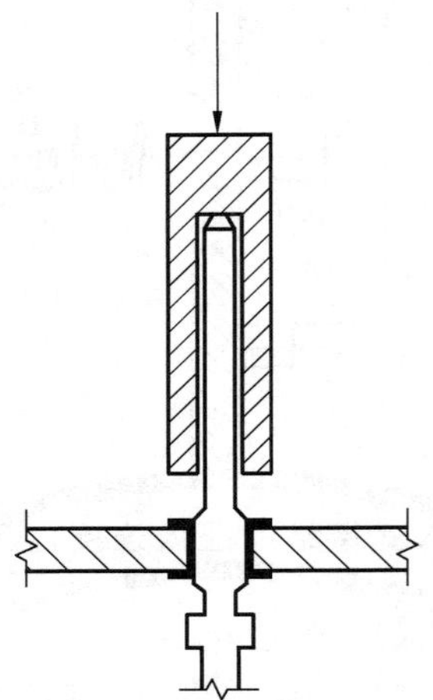

图10　接端卸出工具示例

### 6.5.3　压入连接和锡焊连接的组合

印制板上已经用压入式接端，不推荐再焊其他零件。如需要，要注意减少温度对压入式连接的影响。

### 6.5.4　双金属电化腐蚀效应

当选择金属时，包括选择压入式接端、印制板上电镀通孔表面和镀层金属，应特别注意避免双金属电化腐蚀效应，使材料的金属电化序列尽可能接近。

# 附　录　A
# （规范性附录）
# 实心压入式接端

在采用实心压入式接端的压入连接时，本附录概述了与本规范的主要部分（柔性压入式接端）的不同要求。在采用实心压入式接端的压入连接时，标准的所有条款也有效。

下列条款参照本部分的主要部分。

## 4.3.1　材料

合适的铜合金范围应增加铜锌合金（黄铜）。

## 4.4.3.2　孔的尺寸

实心压入式接端的孔尺寸在表 A.1 中给出。

表 A.1　实心压入部分的电镀通孔

单位为毫米

| 标称孔径 | 镀前孔径 | 镀后孔径 |
|---|---|---|
| 1 | 1.00±0.025 | $0.90^{+0.05}_{-0.09}$ |
| 1.15 | 1.15±0.025 | $1.00^{+0.09}_{-0.06}$ |
| 1.60 | 1.60±0.025 | $1.45^{+0.09}_{-0.06}$ |
| 1.75 | 1.75±0.025 | $1.60^{+0.09}_{-0.06}$ |

镀前孔径对于确定压入连接的可靠性是非常重要的。

在 4.4.3.1 中给出了优选的铜镀层厚度。详细资料见 IEC 60326-3:1991。

注：由于压入操作产生的电镀通孔变形，见 4.5。

## 6.3.1　接端资料

对于实心压入式接端，为了获得良好的机械和电气稳定性，应通过印制板电镀通孔的变形产生所需的力。

## 6.3.2　结构特性

实心压入部分应具有尽可能平行的接触表面。由于接触表面不可能绝对平行，它们在接端的压入方向稍有锥度。见图 A.1。

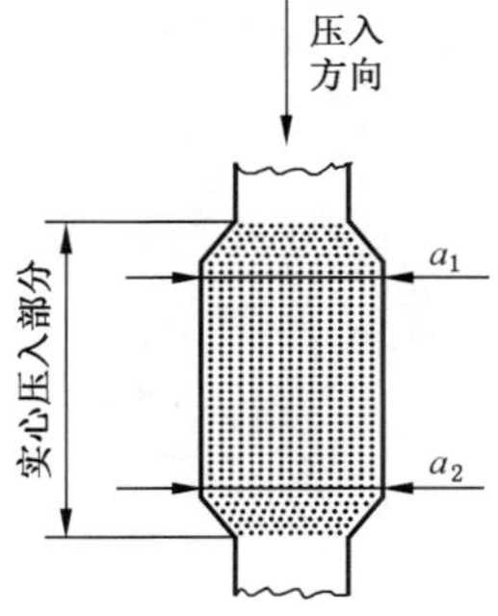


注：$a_1$ 应大于或等于 $a_2$。

图 A.1　实心压入部分的平行性

## 6.5.2　实心压入式连接的维修

由于印制板电镀通孔存在永久变形，实心压入式连接应不能维修。

## 参 考 文 献

[1] IEC 109:1995 Environmental aspects—Inclusion in electrotechnical product standards

[2] IEC 60249-2-1:1985 Base materials for printed circuits—Part 2:Specifications—Specification NO. 1:Phenolic cellulose paper copper-clad laminated sheet,high electrical quality

ICS 37.020
N 31

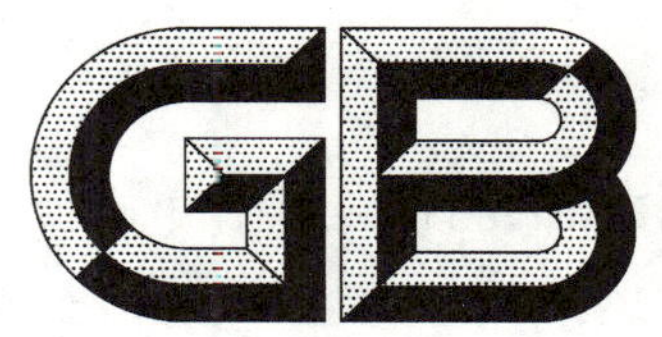

# 中华人民共和国国家标准

GB/T 18312—2015
代替 GB/T 18312—2001

# 双筒望远镜检验规则

## Inspection rule for binoculars

2015-12-10 发布　　2016-07-01 实施

中华人民共和国国家质量监督检验检疫总局
中国国家标准化管理委员会　发布

# 前言

本标准按照 GB/T 1.1—2009 给出的规则起草。

本标准是国家标准 GB/T 17117—2008《双目望远镜》的配套文件。本标准代替 GB/T 18312—2001《双目望远镜检验规则》。

本标准与 GB/T 18312—2001 相比主要变化如下:

——标准名称改为:《双筒望远镜检验规则》;

——前言中增加了标准编制所依据的起草规则;

——修改了规范性引用文件的引导语,删除了引用文件中 GB/T 17118—1997《伽利略式双目望远镜》,并将 JJG 827—1993《分辨力板检定规程》变更为 JB/T 9328—1999《分辨力板》;

——对表 1 中部分试验工具、设备的主要技术指标的名称、要求进行了适当修改;

——修改了视场中心分辨力的试验方法;

——删除第 4 章:检验规则。

本标准由中国机械工业联合会提出。

本标准由全国光学和光子学标准化技术委员会(SAC/TC 103)归口。

本标准起草单位:上海理工大学、苏州一光仪器有限公司、宁波市教学仪器有限公司、梧州奥卡光学仪器公司、南京东利来光电实业有限公司、宁波永新光学股份有限公司、宁波舜宇仪器有限公司、宁波湛京光学仪器有限公司、南京江南永新光学有限公司、宁波华光精密仪器有限公司。

本标准主要起草人:黄卫佳、范荣萍、王国瑞、张景华、杨广烈、曾丽珠、胡森虎、熊守裕、李晞、徐利明。

本标准所代替标准的历次版本发布情况为:

——GB/T 18312—2001。

# 双筒望远镜检验规则

## 1 范围

本标准规定了双筒望远镜检验时的检验规则。

本标准适用于双筒望远镜(以下简称望远镜)的制造和验收,单筒望远镜也可以参照使用。

## 2 规范性引用文件

下列文件对于本文件的应用是必不可少的。凡是注日期的引用文件,仅注日期的版本适用于本文件。凡是不注日期的引用文件,其最新版本(包括所有的修改单)适用于本文件。

GB/T 17117—2008 双目望远镜

JB/T 9328—1999 分辨力板

## 3 检验规则

### 3.1 试验工具及设备

望远镜主要试验工具、设备及其主要技术要求见表1。

**表1 试验工具、设备及其主要技术要求**

| 试验工具、设备名称 | 主要技术要求 |
| --- | --- |
| 标准口径框 | 口径标定误差绝对值不大于0.05 mm |
| 测量显微镜 | 径向测量不确定度不大于0.01 mm<br>轴向测量不确定度不大于0.2 mm |
| 视场仪 | 视场测量不确定度不大于3′ |
| 倍率计 | 分划误差绝对值不大于0.01 mm<br>镜筒轴向分划误差绝对值不大于0.1 mm |
| 视度计 | 视度零位误差绝对值不大于0.1 $m^{-1}$<br>视度测量范围不小于−6 $m^{-1}$～6 $m^{-1}$<br>视度测量不确定度不大于0.25 $m^{-1}$ |
| 像倾斜仪 | 示值误差不大于2′ |
| 游标卡尺 | 分度值0.02 mm |
| 平行光管 | 视差不大于0.01 $m^{-1}$<br>分辨力不低于(140/$D$)″<br>焦距不小于1 000 mm,通光口径不小于110 mm |
| 分辨力板 | 按JB/T 9328—1999执行 |
| 前置镜 | 放大率不小于4倍<br>分辨力不低于(140/$D$)″ |

表 1（续）

| 试验工具、设备名称 | 主要技术要求 |
|---|---|
| 双管前置镜 | 放大率不小于 4 倍<br>筒距范围不小于 50 mm～70 mm<br>光轴平行性不大于 30″<br>光轴平行性示值误差不大于 2′ |
| 望远镜综合校正仪<br>（以下简称综合校正仪） | 放大率示值误差绝对值不大于 1%<br>像倾斜示值误差不大于 6′<br>平行光管视差不大于 0.01 $m^{-1}$；光束平行度在垂直方向不大于 30″，水平方向发散不大于 60″，汇聚不大于 10″ |
| 注：$D$——被测望远镜的入瞳直径，单位为毫米（mm）。 | |

## 3.2 试验方法

### 3.2.1 放大率及放大率差

#### 3.2.1.1 方法Ⅰ

用标准口径框和测量显微镜或倍率计检验。

a） 首先将望远镜调焦至无限远，目镜视度调整到零位。

b） 在望远镜物镜前垂直于物镜光轴安置标准口径框（其口径“$D$”为被测望远镜入瞳直径的 60%～80%），用漫射光照明标准口径框。

c） 用倍率计或测量显微镜测量标准口径框经过望远镜后成像的大小，并按式（1）～式（3）分别计算望远镜的放大率及放大率差：

$$\Gamma_1 = \frac{D}{D'_1} \qquad \cdots\cdots(1)$$

$$\Gamma_2 = \frac{D}{D'_2} \qquad \cdots\cdots(2)$$

$$\Delta\Gamma = \frac{|\Gamma_1 - \Gamma_2|}{\Gamma} \times 100\% \qquad \cdots\cdots(3)$$

式中：

$\Gamma_1$ ——左光学系统的放大率；

$\Gamma_2$ ——右光学系统的放大率；

$D$ ——标准口径框的直径，单位为毫米（mm）；

$D'_1$ ——标准口径框经左光学系统成像后的直径，单位为毫米（mm）；

$D'_2$ ——标准口径框经右光学系统成像后的直径，单位为毫米（mm）；

$\Delta\Gamma$ ——放大率差；

$\Gamma$ ——放大率公称值。

#### 3.2.1.2 方法Ⅱ

用综合校正仪检验。

将望远镜置于综合校正仪检验光路中，调整望远镜使综合校正仪分划板刻线经望远镜左、右镜筒后清晰地成像于投影屏上，从投影屏上分别读出左、右镜筒的放大率值，并按式(3)计算出望远镜左、右光学系统的放大率差。

当两种方法检验结果不一致时，以方法Ⅰ为仲裁。

### 3.2.2 视场

用视场仪检验。

a) 将望远镜放在视场仪物镜前，两者尽量靠近，人眼处于望远镜出瞳位置观察，调整望远镜使视场仪分划面上十字分划线中心的像与望远镜视场中心基本重合，然后根据视场仪分划板角度分划读取望远镜视场光阑边缘左右(上下)的读数，两读数之和即为所测得的视场。

b) 视场测量时，如出现视场各方向视场大小不一致时，应以最小视场与最大视场的平均值作为最终结果。

### 3.2.3 出瞳直径

用测量显微镜或倍率计检验。

a) 将望远镜各视度调整到零视度条件下，并在物镜方向加以照明。

b) 将测量显微镜或倍率计置于望远镜目镜一方，纵向调焦直至清晰看到望远镜出瞳为止，用测量显微镜或倍率计测量出瞳直径。

c) 当出瞳出现切割或椭圆现象时，以最大直径与最小直径的算术平均值作为最终结果。

### 3.2.4 视度零位

#### 3.2.4.1 方法Ⅰ

用平行光管和视度计检验。

a) 对于具有中轴视度调节机构和单支目镜视度调节机构的望远镜，将望远镜对准平行光管，调节中轴用视度计，使无目镜视度调节的镜筒光学系统视度调节到零视度，然后再将另一支镜筒的目镜视度示值归零。在平行光管上利用视度计测出该筒的视度值，即为视度零位误差。

b) 对于两目镜分别调节视度的望远镜，将两目镜视度示值归零，在平行光管上用视度计分别测出两镜筒的视度值，即为视度零位误差。

#### 3.2.4.2 方法Ⅱ

用综合校正仪检验。

将望远镜置于综合校正仪检验光路中。

a) 对于具有中轴视度调节机构和单支目镜视度调节机构的望远镜，首先调节中轴使无目镜视度调节镜筒的光学系统，在综合校正仪投影屏上的分划板成像清晰，然后调节另一镜筒的目镜，使综合校正仪分划板在投影屏上成像清晰，其目镜视度示值即为视度零位误差。

b) 对于两目镜分别调节视度的望远镜，将两目镜视度分别调节至综合校正仪投影屏上的分划板成像清晰，各目镜视度示值即为视度零位误差。

当两种方法检验结果不一致时，以方法Ⅰ为仲裁。

### 3.2.5 像倾斜和相对像倾斜

#### 3.2.5.1 方法Ⅰ

用像倾斜仪和铅垂线检验。

将望远镜置于距铅垂线不小于 4 m 的距离上，调节望远镜直至看清铅垂线为止，用像倾斜仪分别测出铅垂线经过左、右镜筒时的像倾斜大小，并根据左、右镜筒产生的像倾斜大小及方向按式(4)计算出相对像倾斜：

$$\gamma = |\beta_1 \pm \beta_2| \quad \cdots\cdots(4)$$

式中：

$\gamma$ ——望远镜左右两镜筒产生的相对像倾斜，单位为分(′)；

$\beta_1$——望远镜左镜筒产生的像倾斜，单位为分(′)；

$\beta_2$——望远镜右镜筒产生的像倾斜，单位为分(′)。

注：当 $\beta_1$、$\beta_2$ 同方向时，上式取“－”，反之取“＋”。

#### 3.2.5.2 方法Ⅱ

用综合校正仪检验。

将望远镜置于综合校正仪检验光路中，调整望远镜使得综合校正仪上的分划线清晰地成像于投影屏上，从投影屏上读出左、右镜筒产生的像倾斜值，并按式(4)计算出相对像倾斜。

当两种方法检验结果不一致时，以方法Ⅰ为仲裁。

### 3.2.6 出射光束平行度

#### 3.2.6.1 方法Ⅰ

用平行光管和双管前置镜检验。

a) 将望远镜左、右目镜视度归零，置于视轴经过校准的平行光管和双管前置镜之间。调整望远镜，使平行光管十字分划线交点经望远镜左光学系统所成的像与前置镜左系统十字分划交点重合，望远镜保持原状，然后测出通过望远镜右光学系统的平行光管十字分划线交点的像与前置镜右系统十字分划交点的偏差，即为望远镜出射光轴平行度。
b) 改变不同的目距，重复上述检验方法。出射光束平行度应在全部目距调节范围内进行，且以最大光束平行度的读数值作为最终测量结果。

#### 3.2.6.2 方法Ⅱ

用综合校正仪检验。

将望远镜置于综合校正仪检验光路中，调整望远镜使得综合校正仪上的分划线清晰地成像于投影屏上，改变目距，在综合校正仪上读取目距调节范围内最大的光轴夹角值，并按式(5)计算出望远镜出射光束平行度：

$$\alpha = \theta(\Gamma - 1) \quad \cdots\cdots(5)$$

式中：

$\alpha$ ——出射光束平行度，单位为分(′)；

$\theta$ ——综合校正仪上两光轴夹角的读数值，单位为分(′)；

$\Gamma$——放大率公称值。

当两种方法检验结果不一致时，以方法Ⅰ为仲裁。

### 3.2.7 视场中心分辨力

在平行光管内安装号数与被检望远镜分辨力相适应的 A 型分辨力板，并采用适当照明。

将望远镜视度归零，用望远镜观察平行光管焦面上分辨力板，使其位于望远镜视场中心，将前置镜置于望远镜目镜一方，调节前置镜对分划板经过望远镜后所成的像进行观察，记下刚好都能够清晰分辨开四个方向的分辨力图案的单元编号，在 JB/T 9328—1999 表 1 中查出对应的线条宽度 $P$，按式(6)计算视场中心分辨力。

$$\alpha = 206\ 265\ \frac{2P}{f'_{C}} \qquad \cdots\cdots(6)$$

式中：

$\alpha$ ——望远镜的分辨力，单位为秒(″)；

$P$ ——刚能分辨出的线条宽度(查表得到)，单位为毫米(mm)；

$f'_{C}$——平行光管的焦距，单位为毫米(mm)。

### 3.2.8 视度调节范围

#### 3.2.8.1 方法Ⅰ

用视度计和平行光管检验。

将望远镜视度调节到调节范围的某一极限位置，在望远镜目视方调节视度计，同时看清平行光管分划线的像与视度计的分划线，从视度计上分别读取该极限位置时的视度读数值。然后将视度调节到另一极限位置，重复上述步骤。记下此时的视度读数值。两视度值的范围即为望远镜的视度调节范围。

#### 3.2.8.2 方法Ⅱ

用距离法进行检验。

对于视度调节范围中的正视度，可用距离法来进行检验，并按式(7)计算视度值：

$$SD = \frac{1}{L} \qquad \cdots\cdots(7)$$

式中：

SD ——视度值，单位为屈光度($m^{-1}$)；

$L$ ——最近可观察距离，单位为米(m)。

当两种方法检验结果不一致时，以方法Ⅰ为仲裁。

### 3.2.9 目距调节范围

用卡尺检验。

在目距调节范围内先将目距调至最大处，用游标卡尺量取两目镜框中心距，记下该值，然后将目距调到最小处，量取最小目距值。两数据之间的范围即为目距调节范围。

### 3.2.10 左、右目镜高度差

用卡尺检验。

将望远镜左、右目镜视度归零，物镜向下垂直放置于尺寸不小于 300 mm×300 mm，平面度不低于 0.1 mm 的工作平台上，用卡尺分别量取左、右目镜相对于平台的高度值，从而计算出高度差值。

用卡尺测量时不应引起眼罩变形。

### 3.2.11 运动部位平滑性

按照正常使用方法，以望远镜各运动部位在其运动范围内进行手感检查。

### 3.2.12 耐久性

将望远镜的各活动部位按照正常使用方法(每分钟不得多于 30 次)进行往返耐久性试验，每个活动部位往返一次记为一次。试验次数：按 GB/T 17117—2008 中 6.12 的规定执行。

### 3.2.13 气密性

在望远镜腔内加压 10 kPa±1 kPa 条件下，经过 3 min 后，测量腔体内部压力下降值。

### 3.2.14 振动试验

按照 GB/T 17117—2008 中 6.14 的规定执行。

### 3.2.15 高温、低温试验

按照 GB/T 17117—2008 中 6.15 和 6.16 的规定执行。

### 3.2.16 清洁度和光学零件表面质量

望远镜内部的清洁度、光学零件表面疵病及光学零件的脱膜、脱胶和破边等在 60 W 白炽灯或 8 W 荧光灯下，从目镜和物镜方向进行目视检查。

### 3.2.17 外观

目视和手感检查。

---

ICS 43.080
T 47

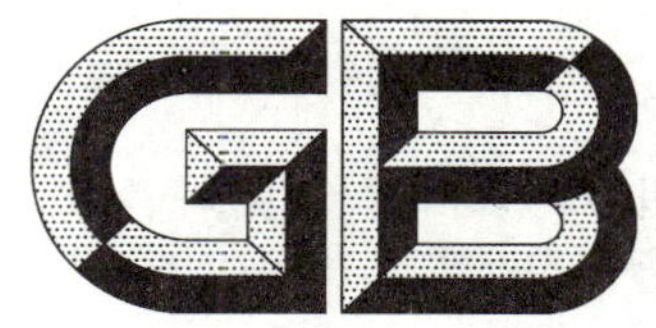

# 中华人民共和国国家标准

GB/T 18333.2—2015
代替 GB/Z 18333.2—2001

# 电动汽车用锌空气电池

## Zinc-air batteries for electric road vehicle

2015-02-04 发布 2015-09-01 实施

中华人民共和国国家质量监督检验检疫总局
中国国家标准化管理委员会 发布

# 前言

本标准按照 GB/T 1.1—2009 给出的规则起草。

本标准代替 GB/Z 18333.2—2001《电动道路车辆用锌空气蓄电池》，与 GB/Z 18333.2—2001 相比，除编辑性修改外主要技术变化如下：

——修改了标准的适用范围；

——修改了试验对象与对应的试验项目，单体电池重点考核安全性，蓄电池模块电性能及安全性考核；

——增加了 $I_5$ 检测容量，$I_3$ 检测功率特性，高、低温放电容量、荷电保持与更换负极与电解液后电池的重复性；

——增加了单体电池安全性要求及试验方法(见 5.1.10 和 6.2.10)；

——增加了蓄电池模块、外观、极性、外形尺寸质量、倾倒性、放电性能、安全性、耐振性要求及试验方法(见 5.2 和 6.3)；

——修改了空气正极工作寿命要求及试验方法(见 5.1.9 和 6.2.9)。

本标准由工业和信息化部提出。

本标准由全国汽车标准化技术委员会(SAC/TC 114)归口。

本标准起草单位：武汉泓元伟力新能源科技有限公司、东风扬子江汽车(武汉)有限责任公司、天津大学、中国电子科技集团第十八研究所、中国汽车技术研究中心。

本标准主要起草人：刘伟春、雷洪钧、秦学、马洪斌、孟祥峰。

本标准所代替标准的历次版本发布情况为：

——GB/Z 18333.2—2001。

# 电动汽车用锌空气电池

## 1 范围

本标准规定了电动汽车用锌空气电池(以下简称电池)的术语和定义、符号、要求、试验方法、检验规则、标志、包装、运输、贮存。

本标准适用于以机械更换式作为能量补充方式的电动车用锌空气电池。

## 2 规范性引用文件

下列文件对于本文件的应用是必不可少的。凡是注日期的引用文件,仅注日期的版本适用于本文件。凡是不注日期的引用文件,其最新版本(包括所有的修改单)适用于本文件。

GB/T 2423.17—2008 电工电子产品环境试验 第2部分:试验方法 试验Ka:盐雾(IEC 60068-2-11:1981,IDT)

GB/T 2900.41 电工术语 原电池和蓄电池[IEC 60050(482):2003,IDT]

GB/T 19596 电动汽车术语

## 3 术语和定义

GB/T 2900.41 和 GB/T 19596 界定的以及下列术语和定义适用于本文件。

3.1

**锌空气电池 zinc air battery**

以空气中的氧为正极活性物质,金属锌为负极活性物质,碱性溶液为电解液,将化学能转变成电能的装置。

3.2

**机械更换式锌空气电池 mechanical switching zinc air battery**

用机械方式更换锌电极及电解液完成能量补充过程的锌空气电池。

3.3

**单体电池 cell**

直接将化学能转化为电能的基本单元装置,包括电极、隔膜、电解质、外壳和端子,并具有可多次能量补充过程设计。

3.4

**电池模块 module**

将一个以上单体电池按照串连、并连或串、并方式组合,并只有一对正负极输出端子,并作为电源使用的组合体。该组合体允许附带电子控制系统。

3.5

**额定容量 rated capacity**

企业提供的,室温下电池以 $I_5$(A)电流放电,达到终止电压时所放出的能量(Wh),以下简称额定容量。

## 4 符号

下列符号适用于本文件。

$C_5$ ——5 小时率额定容量，单位为安时(Ah)；

$C_5{}'$——静置 7 天后的 5 小时率实际容量，单位为安时(Ah)；

$I_5$ ——5 小时率放电电流，其数值等于 $C_5/5$，单位为安(A)；

$I_3$ ——3 小时率放电电流，其数值等于 $C_3/3$，单位为安(A)；

$Q_T$——电池理论所需供风量，单位为立方米每小时($m^3/h$)；

$n$ ——单体电池个数；

$R$ ——电池的标称内阻，单位为毫欧(mΩ)；

## 5 要求

### 5.1 单体电池

#### 5.1.1 外观

按照 6.2.1 检验，电池外观应光洁、完整，无变形、无锈蚀斑迹、无裂纹、无碱液，且标志标识清晰、正确。

#### 5.1.2 极性标识

按照 6.2.2 检验，电池端子极性标识应正确。

#### 5.1.3 外形尺寸及质量

按 6.2.3 检验时，电池外形尺寸、质量应符合企业提供的产品技术条件。

#### 5.1.4 倾倒性

按照 6.2.4 检验，电池不得出现漏液现象。

#### 5.1.5 放电性能

按照 6.2.5 检验，以 $I_5$ 放电，放电容量平均值不得少于标称容量的 95%；以 $I_3$ 放电，放电容量平均值不得少于额定容量的 65%。

#### 5.1.6 低温特性

按照 6.2.6 检验，电池在承受规定条件下的试验时，电池放电容量不得低于初始额定容量的 60%，且端子、外观完好。

#### 5.1.7 高温特性

按照 6.2.7 检验，电池在承受规定条件下的试验时，电池放电容量不得低于初始额定容量的 80%，且端子、外观完好。

#### 5.1.8 荷电保持能力

按照 6.2.8 检验，测量到的电池容量应不低于额定容量的 80%。

#### 5.1.9 空气正极工作寿命

按照 6.2.9 检验,在承受规定条件的试验时,空气正极工作的寿命应不少于 300 次循环。

#### 5.1.10 安全性及可靠性

5.1.10.1 按 6.2.10.1 进行短路试验时,应不爆炸、不起火、不漏液。

5.1.10.2 按 6.2.10.2 进行跌落试验时,应不爆炸、不起火。

5.1.10.3 按 6.2.10.3 进行加热试验时,应不爆炸、不起火。

5.1.10.4 按 6.2.10.4 进行过放电试验时,应不爆炸、不起火、不漏液。

5.1.10.5 按 6.2.10.5 进行盐雾试验时,应不爆炸、不起火;连接片每 1 $cm^2$ 范围,连接片锈蚀斑点 $\leqslant 2\ mm^2$,且不多于 2 处。

### 5.2 电池模块

#### 5.2.1 外观

按照 6.3.1 检验,电池外观应光洁、完整,无碰伤变形、无锈蚀斑迹、无裂纹、无碱液,且标志、标识清晰、正确。

#### 5.2.2 极性标识

按照 6.3.2 检验,电池端子极性标识应正确。

#### 5.2.3 外形尺寸及质量

按照 6.3.3 检验时,电池外形尺寸、质量应符合企业提供的产品技术条件。

#### 5.2.4 倾倒性

按照 6.3.4 检验,电池不得出现漏液现象。

#### 5.2.5 放电性能

按照 6.3.5 检验,以 $I_5$ 放电,放电容量不得少于标称容量的 90%;以 $I_3$ 放电,放电容量不得少于额定容量的 60%。

#### 5.2.6 安全性及可靠性

5.2.6.1 按 6.3.6.1 进行短路试验时,应不爆炸、不起火。

5.2.6.2 按 6.3.6.2 进行挤压试验时,应不爆炸、不起火。

5.2.6.3 按 6.3.6.3 进行跌落试验时,应不爆炸、不起火。

5.2.6.4 按 6.3.6.4 进行加热试验时,应不爆炸、不起火。

5.2.6.5 按 6.3.6.5 进行过放电试验时,应不爆炸、不起火、不漏液。

5.2.6.6 按照 6.3.6.6 检验时,产品应能具备必要的耐振动性。在承受规定条件下的试验时,其放电电压应无异常,且无机械损伤,无漏液,不产生起火、爆炸现象。

## 6 试验方法

### 6.1 试验条件

#### 6.1.1 环境条件

除另有规定外,试验应在如下的环境条件下进行:

a） 试验温度 25 ℃±2 ℃；

b） 相对湿度：25%～85%；

c） 大气压力：86 kPa～106 kPa；

d） 供气量：试验中为锌空气电池提供的供气量应大于理论所需供气量的 4 倍，或满足厂家提出供气量要求。

锌空气电池理论所需供气量见式(1)：

$$Q_{T}=1.047\times10^{-3}I_{5}n \qquad (1)$$

式中：

$Q_{T}$ ——锌空气电池理论所需供气量，在 1 个标准大气压下，单位为立方米每小时($m^{3}/h$)；

$n$ ——单体电池数目。

### 6.1.2 检测仪器、仪表、器具精度

检测仪器、仪表、器具的精度见表 1。

**表 1 检测仪器、仪表、器具的精度**

| 序号 | 名称 | 仪表精度 | 公差范围 |
| --- | --- | --- | --- |
| 1 | 电压表 | 0.5 级 | ±0.5% |
| 2 | 电流表 | 0.5 级 | ±0.5% |
| 3 | 温度计 | 精度±0.5% | 分度值≤1 ℃ |
| 4 | 计时器 | 时、分、秒分度 | ±0.1% |
| 5 | 量具 | 分度值≤1 mm | 准确度±0.1% |
| 6 | 称重衡器 | Ⅰ级 | 准确度±0.1% |
| 7 | 风量测量仪 | 精确度±3% | ±0.03 m/s |

### 6.1.3 被试样品的准备

试验应在锌电极制好 1 个月内进行。试验前所有电池壳内应注入电解液，静置 24 h 以上。在浸泡好的所有电池壳体内换注新电解液，并放入待测锌电极即为单体电池或电池模块的试验样品，为满荷电状态。

## 6.2 单体电池试验

### 6.2.1 外观

目测检查。

### 6.2.2 极性

用电压表检查被试电池的端电压，是否与端子极性标识一致。

### 6.2.3 外形尺寸及质量

6.2.3.1 用通用或专用量具测量单体电池的外形尺寸。

6.2.3.2 用通用或专用衡器称量单体电池的质量。

### 6.2.4 倾倒性

将被测单体电池产品由高度方向($Y$ 向),沿水平方向($X$ 向)倾倒 90°,持续时间 30 s,目测检查。

### 6.2.5 放电性能试验

在 25 ℃±2 ℃的条件下:

a) 单体电池以 $I_5$ 放电,终止电压为 0.8 V,测量其放电时间,计算放电容量 $C_5$,更换负极和电解液,重复测试 3 次,计算放电容量平均值;

b) 单体电池以 $I_3$ 放电,终止电压为 0.8 V,测量其放电时间,计算放电容量 $C_3$,更换负极和电解液,重复测试 3 次,计算放电容量平均值。

### 6.2.6 低温试验

将被试单体电池样品置于温度为－20 ℃±2 ℃环境试验箱内 12 h,然后以 $I_5$ 放电,终止电压 0.6 V,测量其放电时间,计算其放电容量,并目测电池外观和两极端子。

### 6.2.7 高温试验

将被试单体电池样品置于温度为 55 ℃±2 ℃环境试验箱内 4 h,然后以 $I_5$ 放电,终止电压为 0.8 V,测量其放电时间;计算其放电容量,并目测电池外观和两极端子。

### 6.2.8 荷电保持能力试验

在规定的试验常规环境条件下,将被试单体电池样品常温静置 7 天后,测出该电池的实际容量 $C_5'$ 并按式(2)计算荷电保持能力 $H$。

$$H = C_5'/C_5 \times 100\% \qquad \cdots\cdots(2)$$

式中:

$H$ ——荷电保持能力,%;

$C_5'$——电池静置 7 天后的实际容量,单位为安时(Ah)。

$C_5$ ——电池额定容量,单位为安时(Ah);

### 6.2.9 空气正极工作寿命

空气正极工作寿命试验按如下步骤进行:

a) 单体电池更换锌电极和电解液;

b) 搁置 20 min;

c) 将被试单体电池样品以 $I_5$(A)恒流放电到终止电压 0.7 V;

d) 重复步骤 a)～c)为一个循环,循环 300 次或发现有明显的电解液滴漏(即空气阴极 30×30 $mm^2$ 面积内,多于两处渗出电解液;

e) 累计循环次数。

### 6.2.10 安全性及可靠性试验

所有安全试验均在有充分环境保护的条件下进行,如果有主动保护线路,应除去。

#### 6.2.10.1 短路试验

单体电池按 6.1.3 机械更换满荷电后,电池单体在 25 ℃±2 ℃试验环境条件下搁置 30 min,用一个适当的导体(电阻≤5 mΩ),直接将电池的正极端子和负极端子强制短路 50 s。观察 1 h。

#### 6.2.10.2 跌落试验

单体电池按6.1.3机械更换满荷电后，电池单体在25 ℃±2 ℃条件下搁置30 min，单体电池端子向下，从1.5 m高度处，自由跌落到水泥地面上，观察1 h。

#### 6.2.10.3 加热试验

单体电池按6.1.3机械更换满荷电后，加热试验按照如下步骤进行：

a) 将单体电池放入温度箱，温度箱按照5 ℃/min的速率升温至130 ℃±2 ℃，并保持此温度30 min后停止加热；
b) 观察1 h。

#### 6.2.10.4 过放电试验

单体电池按6.1.3机械更换满荷电后，过放电试验按照如下步骤进行：

a) 单体电池以$2I_3$(A)电流放电直至单体电池电压0 V后，继续以$2I_3$(A)强制放电30 min；
b) 观察1 h。

#### 6.2.10.5 盐雾试验

单体电池按6.1.3机械更换满荷电后，盐雾试验按照如下步骤进行：

按照GB/T 2423.17—2008中，试验Ka：盐雾试验方法的规定进行，连续雾化24 h。

## 6.3 电池模块试验

测试用电池模块样品满足如下条件：

——总电压不低于单体电池电压的5倍；

——电池模块额定容量不低于单体电池额定容量。

### 6.3.1 外观

#### 6.3.1.1 外观检测

目测检查被试电池模块表面是否平整、干燥、有无外伤等。

#### 6.3.1.2 标志检测

目测检查被电池模块标志是否齐全、清晰、正确。

### 6.3.2 极性标识

用电压表检测被试电池模块的端电压，是否与端子极性标识一致。

### 6.3.3 外形尺寸及质量

#### 6.3.3.1 外形尺寸检测

用量具测量电池模块的外形尺寸。

#### 6.3.3.2 质量检测

用衡器称量电池模块的质量。

#### 6.3.4 倾倒性

将被试电池模块产品由高度方向(*Y* 向),沿水平方向(*X* 向)倾倒 90°,持续时间 30 s,目测检查。

#### 6.3.5 放电性能试验

在 25 ℃±2 ℃的条件下:

a) *n* 个电池单体串连组成的满电状态的模块以 $I_5$ 放电,终止电压为 $n \times 0.8$ V,测量其放电时间,计算放电容量 $C_5$;测试 3 次,计算放电容量平均值;
b) *n* 个电池单体串连组成的满电状态的模块以 $I_3$ 放电,终止电压为 $n \times 0.8$ V,测量其放电时间,计算其放电容量 $C_3$;测试 3 次,计算放电容量平均值。

#### 6.3.6 安全性及可靠性试验

所有安全试验均在有充分环境保护的条件下进行,如果有主动保护线路,应除去。

##### 6.3.6.1 短路试验

电池模块按 6.1.3 机械更换满荷电后,在 25 ℃±2 ℃试验环境条件下搁置 30 min,按下列条件进行短路试验:

a) 用一个适当的导体(电阻≤5 mΩ),直接将电池的正极端子和负极端子强制短路 50 s;
b) 观察 1 h。

##### 6.3.6.2 挤压试验

电池模块按 6.1.3 机械更换满荷电后,在 25 ℃±2 ℃条件下搁置 30 min,按下列条件进行挤压试验:

a) 挤压板形式:半径 75 mm 的半圆柱体,半圆柱体的高度大于被挤压电池的最大尺寸;
b) 挤压方向:垂直于单体电池空气电极平面方向;
c) 挤压程度:
——电池模块变形量达到 30%时停止挤压;
——挤压力达到电池模块重量的 1 000 倍和 500 kN 中较大值时停止挤压;
d) 观察 1 h。

##### 6.3.6.3 跌落试验

电池模块按 6.1.3 机械更换满荷电后,在 25 ℃±2 ℃条件下搁置 30 min,按下列条件进行跌落试验:

a) 电池模块端子向下,从 1.5 m 高度处,自由跌落到水泥地面上;
b) 观察 1 h。

##### 6.3.6.4 加热试验

电池模块按 6.1.3 机械更换满荷电后,按照如下步骤进行加热试验:

a) 将电池模块放入温度箱,温度箱按照 5 ℃/min 的速率升温至 130 ℃±2 ℃,并保持此温度 30 min 后停止加热;
b) 观察 1 h。

##### 6.3.6.5 过放电试验

电池模块按 6.1.3 机械更换满荷电后,按照如下步骤进行过放电试验:

a） 电池模块以 $2I_3$(A)电流放电直至单体电池电压 0 V 后，以 $2I_3$(A)继续强制放电 30 min；

b） 观察 1 h。

#### 6.3.6.6 耐振动性试验

电池模块按 6.1.3 机械更换满荷电后，将电池模块以正立状态紧固到振动台上，按下述条件进行试验：

a） 放电电流：$I_5$(A)；

b） 振动方向：垂直方向；

c） 振动频率：30 Hz～55 Hz；

d） 最大加速度：30 m/s$^2$；

e） 振动时间：3 h；

f） 观察 1 h。

### 6.4 试验程序

6.4.1 单体电池试验程序见表 2。

**表 2 单体电池试验程序**

| 序号 | 试验项目 | 检验方法章条号 | 单体电池编号 |
|---|---|---|---|
| 1 | 外观 | 6.2.1 | 1＃～21＃ |
| 2 | 极性 | 6.2.2 | |
| 3 | 外形尺寸及质量 | 6.2.3 | |
| 4 | 倾倒性 | 6.2.4 | 1＃～2＃ |
| 5 | 放电性能 | 6.2.5 | 1＃～3＃ |
| 6 | 低温特性 | 6.2.6 | 4＃－5＃ |
| 7 | 高温特性 | 6.2.7 | 6＃～7＃ |
| 8 | 荷电保持能力 | 6.2.8 | 8＃～9＃ |
| 9 | 空气正极工作寿命 | 6.2.9 | 10＃～11＃ |
| 10 | 短路 | 6.2.10.1 | 12＃－13＃ |
| 11 | 跌落 | 6.2.10.2 | 14＃－15＃ |
| 12 | 加热 | 6.2.10.3 | 16＃～17＃ |
| 13 | 过放电 | 6.2.10.4 | 18＃～19＃ |
| 14 | 盐雾 | 6.2.10.57 | 20＃～21＃ |

6.4.2 电池模块试验程序见表 3。

表 3　电池模块试验程序

<table>
<tr><th>序号</th><th>试验项目</th><th>检验方法章条号</th><th>电池模块编号</th></tr>
<tr><td>1</td><td>外观</td><td>6.3.1</td><td rowspan="3">1#～9#</td></tr>
<tr><td>2</td><td>极性标识</td><td>6.3.2</td></tr>
<tr><td>3</td><td>外形尺寸及质量</td><td>6.3.3</td></tr>
<tr><td>4</td><td>倾倒性</td><td>6.3.4</td><td>1#－2#</td></tr>
<tr><td>5</td><td>放电性能</td><td>6.3.5</td><td>1#－3#</td></tr>
<tr><td>8</td><td>短路</td><td>6.3.6.1</td><td>4#</td></tr>
<tr><td>9</td><td>挤压</td><td>6.3.6.2</td><td>5#</td></tr>
<tr><td>10</td><td>跌落</td><td>6.3.6.3</td><td>6#</td></tr>
<tr><td>11</td><td>加热</td><td>6.3.6.4</td><td>7#</td></tr>
<tr><td>12</td><td>过放电</td><td>6.3.6.5</td><td>8#</td></tr>
<tr><td>13</td><td>耐振动性</td><td>6.3.6.6</td><td>9#</td></tr>
</table>

## 7　检验规则

### 7.1　检验项目

检验分类、检验项目、要求章条号、样品数量和检验周期见表 4。

表 4　检验项目

<table>
<tr><th>序号</th><th>检验分类</th><th>检验项目</th><th>要求章条号</th><th>样品数量</th><th>检验周期</th></tr>
<tr><td>1</td><td rowspan="3">出厂检验</td><td>外观、极性<br>(单体电池、电池模块)</td><td>5.1.1,5.1.2<br>5.2.1,5.2.2</td><td>100%</td><td>—</td></tr>
<tr><td>2</td><td>外形尺寸及质量<br>(单体电池、电池模块)</td><td>5.1.3,5.2.3</td><td>2%</td><td>—</td></tr>
<tr><td>3</td><td>室温放电性能<br>(单体电池、电池模块)</td><td>5.1.5,5.2.5</td><td>500 只内(含 500 只)抽 5 只,<br>500 只以上抽 10 只</td><td>—</td></tr>
<tr><td>4</td><td rowspan="7">型式检验</td><td>倾倒性<br>(单体电池、电池模块)</td><td>5.1.4,<br>5.2.4</td><td rowspan="7">单体电池每项 2 只,放电性能 3 只;电池模块每项 1 组,放电性能 3 组,共 21 只单体电池和 9 组电池模块</td><td rowspan="7">每两年一次</td></tr>
<tr><td>5</td><td>放电性能<br>(单体电池、电池模块)</td><td>5.1.5,<br>5.2.5</td></tr>
<tr><td>6</td><td>低温放电特性</td><td>5.1.6</td></tr>
<tr><td>7</td><td>高温放电特性</td><td>5.1.7</td></tr>
<tr><td>8</td><td>荷电保持能力</td><td>5.1.8</td></tr>
<tr><td>9</td><td>空气正极工作寿命</td><td>5.1.9</td></tr>
<tr><td>10</td><td>安全性及可靠性<br>(单体电池、电池模块)</td><td>5.1.10,5.2.6</td></tr>
<tr><td colspan="6">注:共需抽样 25 只单体蓄电池、12 组电池模块,其中 4 只为备份单体电池,3 组为备份电池模块。</td></tr>
</table>

### 7.2 出厂检验

7.2.1 每一批产品出厂前都应进行出厂检验,检验按照室温放电性能检验项目进行。

7.2.2 在出厂检验中,若有一项或一项以上不合格时,应将该产品退回生产部门返工普检,然后再次提交验收。若再次检验仍有一项或一项以上不合格,则判定该产品为不合格。

### 7.3 型式检验

7.3.1 有下列情况之一应进行型式检验:

a) 新产品投产和老产品转产;

b) 转厂;

c) 停产后复产;

d) 结构、工艺或材料有重大改变;

e) 每两年进行一次。

7.3.2 判定规则:在型式检验中,若有一项不合格时,应判定为不合格。

## 8 标志、包装、运输、贮存

### 8.1 标志

8.1.1 产品上应有下列标志:

a) 制造厂名或商标;

b) 产品型号或规格;

c) 制造日期;

d) 极性符号;

e) 警告标志。

8.1.2 包装箱外壁应有下列标志:

a) 产品名称、型号、规格、数量、制造厂名、厂址、邮编;

b) 产品标准编号;

c) 每箱的净重和毛重;

d) 标明"防潮""不准倒置""轻放"字样。

### 8.2 包装

8.2.1 电池的包装应符合防潮防振的要求。

8.2.2 包装箱内应装入随同产品提供文件:

a) 装箱单(指多组包装);

b) 产品合格证;

c) 产品使用说明书;

d) 锌电极包装一定要密封、隔绝空气、防振、防破损。

### 8.3 运输

8.3.1 在运输过程中,产品不得受到剧烈机械冲撞、曝晒、雨淋、不得倒置。

8.3.2 在装卸过程中,产品应轻搬轻放,严防摔掷、翻滚、重压。

## 8.4 贮存

8.4.1 产品应贮存在温度为 5 ℃～35 ℃的干燥、清洁及通风良好的地方。

8.4.2 应不受阳光直射，避免与任何有害气体和液体接触。离热源（暖气设备等）的距离不得少于 2 m。

8.4.3 不得倒置及卧放，不得受任何机械冲击或重压。

ICS 35.040
L 80

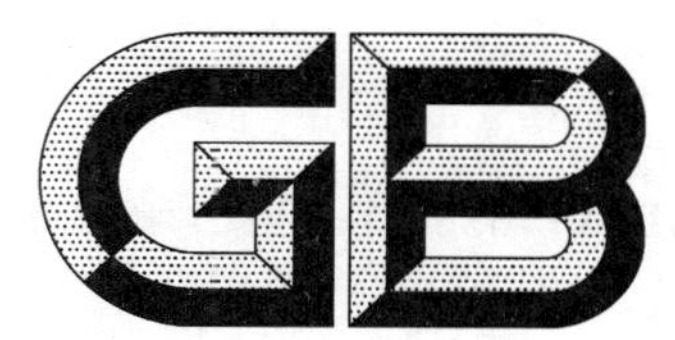

# 中华人民共和国国家标准

GB/T 18336.1—2015/ISO/IEC 15408-1:2009
代替 GB/T 18336.1—2008

# 信息技术 安全技术 信息技术安全评估准则 第1部分:简介和一般模型

**Information technology—Security techniques—Evaluation criteria for IT security—Part 1:Introduction and general model**

(ISO/IEC 15408-1:2009,IDT)

2015-05-15 发布　　2016-01-01 实施

中华人民共和国国家质量监督检验检疫总局
中国国家标准化管理委员会　发布

# 前　言

GB/T 18336《信息技术　安全技术　信息技术安全评估准则》分为以下 3 个部分：

——第 1 部分：简介和一般模型；

——第 2 部分：安全功能组件；

——第 3 部分：安全保障组件。

本部分为 GB/T 18336 的第 1 部分。

本部分按照 GB/T 1.1—2009 给出的规则起草。

本部分代替 GB/T 18336.1—2008《信息技术　安全技术　信息技术安全评估准则　第 1 部分：简介和一般模型》。

本部分与 GB/T 18336.1—2008 的主要差异如下：

——增加了"2　规范性引用文件"；

——"3　术语和定义"中增加了"3.2　与开发(ADV)类相关的术语和定义"、"3.3　与指导性文档(AGD)类相关的术语和定义"、"3.4　与生命周期支持(ALC)类相关的术语和定义"、"3.5　与脆弱性评定(AVA)类相关的术语和定义"、"3.6　与组合(ACO)类相关的术语和定义"；

——"5　概述"中增加了"5.2　TOE"；

——将 GB/T 18336 适用的"IT 产品和系统"改为"IT 产品"；

——"5.1　安全相关要素"、"5.2　保证方法"调整为本部分的"6.2　资产和对策"、"6.3　评估"；

——删除了 GB/T 18336.1—2008 的"5.3　安全概念"；

——"5.4.1　安全要求的表达"调整为本部分的"7　剪裁安全要求"；

——删除了 GB/T 18336.1—2008 的"5.4.2　评估类型"；

——增加了"8　保护轮廓和包"；

——"6　GB/T 18336 要求和评估结果"调整为本部分的"9　评估结果"；

——"附录 A　保护轮廓规范"调整为本部分的"附录 B　保护轮廓规范"，并增加了"B.11　低保障的保护轮廓"、"B.12　在 PP 中引用其他标准"；

——"附录 B　安全目标规范"调整为本部分的"附录 A　安全目标规范"，并增加了"A.3　使用 ST"、"A.11　ST 可解答的问题"、"A.12　低保障安全目标"、"A.13　在 ST 中引用其他标准"。

本部分使用翻译法等同采用国际标准 ISO/IEC 15408-1:2009《信息技术　安全技术　信息技术安全评估准则　第 1 部分：简介和一般模型》。

与本部分中规范性引用的国际文件有一致性对应关系的我国文件如下：

——GB/T 18336.2—2015　信息技术　安全技术　信息技术安全评估准则　第 2 部分：安全功能组件(ISO/IEC 15408-2:2008,IDT)

——GB/T 18336.3—2015　信息技术　安全技术　信息技术安全评估准则　第 3 部分：安全保障组件(ISO/IEC 15408-3:2008,IDT)

——GB/T 30270　信息技术　安全技术　信息技术安全性评估方法(GB/T 30270—2013,ISO/IEC 18045:2005,IDT)

本部分由全国信息安全标准化技术委员会(SAC/TC 260)提出并归口。

本部分起草单位：中国信息安全测评中心、信息产业信息安全测评中心、公安部第三研究所。

本部分主要起草人：张翀斌、郭颖、石竑松、毕海英、张宝峰、高金萍、王峰、杨永生、李国俊、董晶晶、谢蒂、王鸿娴、张怡、顾健、邱梓华、宋好好、陈妍、杨元原、贾炜、王宇航、王亚楠。

本部分所代替标准的历次版本发布情况：

——GB/T 18336.1—2001

——GB/T 18336.1—2008

# 引　言

ISO/IEC 15408 可让各个独立的安全评估结果之间具备可比性。为此，ISO/IEC 15408 针对安全评估中的信息技术（IT）产品的安全功能及其保障措施提供了一套通用要求。这些 IT 产品的实现形式可以是硬件、固件或软件。

评估过程可为 IT 产品的安全功能及其保障措施满足这些要求的情况建立一个信任级别。评估结果可以帮助消费者确定该 IT 产品是否满足其安全要求。

ISO/IEC 15408 可为具有安全功能的 IT 产品的开发、评估以及采购过程提供指导。

ISO/IEC 15408 有很大的灵活性，以便可对范围广泛的 IT 产品的众多安全属性采用一系列的评估方法。因此，用户需谨慎运用 ISO/IEC 15408，以避免误用此类灵活性。例如，若使用 ISO/IEC 15408 时采取了不合适的评估方法、选择了不相关的安全属性或针对的 IT 产品不恰当，都将导致无意义的评估结果。

因此，IT 产品经过评估的事实只有在提及选择了哪些安全属性，以及采用了何种评估方法的情况下才有意义。评估授权机构需要仔细地审查产品、安全属性及评估方法以确定对其评估是否可产生有意义的结论。另外，评估产品的购买方也需要仔细地考虑评估这种情况，以确定该产品是否有用，且能否满足其特定的环境和需要。

ISO/IEC 15408 致力于保护资产免遭未授权的泄漏、修改或丧失可用性。此类保护与三种安全失效情况对应，通常分别称为机密性、完整性和可用性。此外，ISO/IEC 15408 也适用于 IT 安全的其他方面。ISO/IEC 15408 可用于考虑人为的（无论恶意与否）以及非人为的因素导致的风险。另外，ISO/IEC 15408 还可用于 IT 技术的其他领域，但对安全领域外的适用性不作申明。

对某些问题，因涉及专业技术或对 IT 安全而言较为次要，因此不在 ISO/IEC 15408 范围之内，例如：

a) ISO/IEC 15408 不包括那些与 IT 安全措施没有直接关联的属于行政性管理安全措施的安全评估准则。但是，应该认识到 TOE 安全的某些重要组成部分可通过诸如组织的、人员的、物理的、程序的控制等行政性管理措施来实现；

b) ISO/IEC 15408 没有明确涵盖电磁辐射控制等 IT 安全中技术性物理方面的评估，虽然标准中的许多概念适用于该领域。换句话说，ISO/IEC 15408 只涉及 TOE 物理保护的某些方面；

c) ISO/IEC 15408 并不涉及评估方法，具体的评估方法在 ISO/IEC 18045 中给出；

d) ISO/IEC 15408 不涉及评估管理机构使用本准则的管理和法律框架，但 ISO/IEC 15408 也可被用于此框架下的评估；

e) 评估结果用于产品认可的程序不属于 ISO/IEC 15408 的范围。产品的认可是行政性的管理过程，据此准许 IT 产品在其整个运行环境中投入使用。评估侧重于产品的 IT 安全部分，以及直接影响到 IT 单元安全使用的那些运行环境，因此，评估结果是认可过程的重要输入。但是，由于其他技术更适合于评估非 IT 相关属性以及其与 IT 安全部分的关系，认可者应针对这些情况分别制定不同的条款；

f) ISO/IEC 15408 不包括评价密码算法固有质量相关的标准条款。如果需要对嵌入 TOE 的密码算法的数学特性进行独立评估，则必须在使用 ISO/IEC 15408 的评估体制中为相关评估制定专门条款。

# 信息技术 安全技术<br>信息技术安全评估准则<br>第1部分:简介和一般模型

## 1 范围

GB/T 18336 的本部分建立了 IT 安全评估的一般概念和原则,详细描述了 ISO/IEC 15408 各部分给出的一般评估模型,该模型整体上可作为评估 IT 产品安全属性的基础。

本部分给出了 ISO/IEC 15408 的总体概述。它描述了 ISO/IEC 15408 的各部分内容;定义了在 ISO/IEC 15048 各部分将使用的术语及缩略语;建立了关于评估对象(TOE)的核心概念;论述了评估背景;并描述了评估准则针对的读者对象。此外,还介绍了 IT 产品评估所需的基本安全概念。

本部分定义了裁剪 ISO/IEC 15408-2 和 ISO/IEC 15408-3 描述的功能和保障组件时可用的各种操作。

本部分还详细说明了保护轮廓(PP)、安全要求包和符合性这些关键概念,并描述了评估产生的结果和评估结论。ISO/IEC 15408 的本部分给出了规范安全目标(ST)的指导方针并描述了贯穿整个模型的组件组织方法。关于评估方法的一般信息以及评估体制的范围将在 IT 安全评估方法论中给出。

## 2 规范性引用文件

下列文件对于本文件的应用是必不可少的。凡是注日期的引用文件,仅注日期的版本适用于本文件。凡是不注日期的引用文件,其最新版本(包括所有的修改单)适用于本文件。

ISO/IEC 15408-2 信息技术 安全技术 信息技术安全评估准则 第2部分:安全功能组件(Information technology—Security techniques—Evaluation criteria for IT security—Part 2:Security functional components)

ISO/IEC 15408-3 信息技术 安全技术 信息技术安全评估准则 第3部分:安全保障组件(Information technology—Security techniques—Evaluation criteria for IT security—Part 3:Security assurance components)

ISO/IEC 18045 信息技术 安全技术 信息技术安全性评估方法(Information technology—Security techniques—Methodology for IT security evaluation)

## 3 术语和定义

下列术语和定义适用于本文件。

注:本章只收录在 ISO/IEC 15408 中有特殊用法的术语。在 ISO/IEC 15408 中使用的但本章没有收录的一些由通用术语组合成的复合词,将在使用它们的地方进行解释。

### 3.1 常用术语和定义

#### 3.1.1

**敌对行为 adverse actions**

由威胁主体对资产执行的行为。

3.1.2

**资产 assets**

评估对象(TOE)所有者赋予了价值的实体。

3.1.3

**赋值 assignment**

对组件或要求中指定的参数进行具体说明。

3.1.4

**保障 assurance**

TOE满足安全功能要求(SFR)的信任基础。

3.1.5

**攻击潜力 attack potential**

对攻击TOE所需耗费努力的度量,以攻击者的专业水平、耗费资源和攻击动机来表示。

3.1.6

**增强 augmentation**

向包中增加一个或多个要求。

3.1.7

**鉴别数据 authentication data**

用于验证用户所声称身份的信息。

3.1.8

**授权用户 authorized user**

根据安全功能要求可以执行某项操作的TOE用户。

3.1.9

**类 class**

具有共同目的族的集合。

3.1.10

**连贯的 coherent**

有逻辑顺序、且含义清晰。

注:对于文档,本术语是指目标读者是否易于理解文档的文字内容和文档结构。

3.1.11

**完备的 complete**

一个实体的所有必要部分均已被提供的性质。

注:对文档而言,指所有相关信息都已包含在该文档中,且足够详细,不需要在该抽象层次上再做进一步解释。

3.1.12

**组件 component**

体现安全要求的最小可选元素的集合。

3.1.13

**组合保障包 composed assurance package**

从ISO/IEC 15408-3抽取的要求所组成的保障包(由ACO"组合"类控制),代表ISO/IEC 15408预先定义的某一组合保障尺度上的一个点。

3.1.14

**确认 confirm**

声明通过独立地确定充分性,已对某事项进行了详细的审核。

注:所需要的严格程度依赖于事项的本质特征。这个术语仅用于评估者行为。

3.1.15

**连通性 connectivity**

TOE与其之外的IT实体进行交互的TOE属性。

注：这包括在任何环境或配置下，以任意距离，通过有线或无线方式进行的数据交换。

3.1.16

**一致的 consistent**

两个或者更多实体之间的关系不存在明显的矛盾。

3.1.17

**对抗(动词) counter(verb)**

应对攻击，以缓解特定威胁造成的影响，但未必消除。

3.1.18

**可论证的符合性 demonstrable conformance**

某个ST和PP之间的关系，其中该ST提供了一种解决该PP中一般安全问题的解决方案。

注：PP和ST在讨论不同的实体以及使用不同的概念等情况时，可以采用完全不同的论述方式。可论证的符合性也适用于描述一种已存在多个类似PP的TOE类型，因此允许ST作者申明同时符合这些PP，从而节省工作量。

3.1.19

**证实 demonstrate**

得出一个由分析获得的结论，它不如"证明"那样严格。

3.1.20

**依赖关系 dependency**

组件之间的一种关系，如果一个基于依赖组件的要求包含在PP、ST或包中，那么一个基于被依赖组件的要求一般也应包含在PP、ST或包中。

3.1.21

**描述 describe**

提供一个实体的具体细节。

3.1.22

**确定 determine**

通过独立分析来肯定一个特定的结论，该分析以达成一个特定的结论为目的。

注：本术语通常用于缺少前期分析的情况，意味着需要开展真正独立的分析。这与术语"确认"或"验证"不同，后者意味着前期已进行了分析，需要对这些分析进行审查。

3.1.23

**开发环境 development environment**

开发TOE的环境。

3.1.24

**元素 element**

一个安全需求的不可再分的陈述。

3.1.25

**确保 ensure**

保证在行为及其结果之间存在牢固的因果关系。

注：当这个术语之前冠以"帮助"一词时，表明仅仅基于该行为仍无法完全确定结果。

3.1.26

**评估 evaluation**

依据定义的准则对PP、ST或TOE进行的评价。

3.1.27

**评估保障级　evaluation assurance level**

从 ISO/IEC 15408-3 中提取的一个保障要求的集合，它构成了一个保障包，代表了 ISO/IEC 15408 预定义的保障尺度中的一个点。

3.1.28

**评估授权机构　evaluation authority**

为特定群体中的团体开展评估工作进行标准制定和质量监督的组织，该组织依据评估体制来实施 ISO/IEC 15408。

3.1.29

**评估体制　evaluation scheme**

一种行政管理和监督管理框架，在此框架下评估授权机构在特定群体中应用 ISO/IEC 15408。

3.1.30

**彻底的　exhaustive**

一个条理清楚的方法所具有的特征，该方法按照明确的计划来执行分析或开展活动。

注：在 ISO/IEC 15408 中，该术语在谈及执行分析和其他活动时使用。它与“系统性的”有关，但更强，不仅表明根据明确的计划采取系统性的方法执行分析或活动，而且所遵循的计划足以保证所有可能的途径都经过了实践。

3.1.31

**解释　explain**

对采取一系列行为的原因给出论据。

注：这个术语不同于“描述”和“证实”。它的意图是回答“为什么?”，并未尝试辩论所采取的行为一定是最优的。

3.1.32

**扩展　extension**

把不包括在 ISO/IEC 15408-2 中的功能要求或 ISO/IEC 15408-3 中的保障要求增加到 ST 或 PP 中。

3.1.33

**外部实体　external entity**

在 TOE 边界之外可能与 TOE 交互的人或 IT 实体。

注：外部实体也可以被称为用户。

3.1.34

**族　family**

具有相似目标，但在侧重点或严格程度上不同的组件的集合。

3.1.35

**形式化　formal**

以一种受限语法的语言表达，该语言建立公认的数学概念上，具有确定的语义。

3.1.36

**指导性文档　guidance documentation**

描述交付、准备、运行、管理和/或使用 TOE 的文档。

3.1.37

**身份　identity**

在 TOE 中唯一标识实体的表示(比如一个用户、进程或磁盘)。

注：这种表示的例子如：一个字符串。对于人类用户，这种表示可以是全名、缩写名或(仍唯一的)假名。

3.1.38

**非形式化　informal**

采用自然语言表达。

3.1.39

**TSF 间传送　inter TSF transfers**

在 TOE 和其他可信 IT 产品的安全功能之间交换数据。

3.1.40

**内部通信信道　internal communication channel**

TOE 各分离部分间的通信信道。

3.1.41

**TOE 内部传送　internal TOE transfer**

在 TOE 各分离部分之间交换数据。

3.1.42

**内在一致的　internally consistent**

一个实体的各个方面之间不存在明显的矛盾。

注：对于文档来说，是指文档内部没有发生相互矛盾的陈述。

3.1.43

**反复　iteration**

使用同一组件表达两个或多个要求。

3.1.44

**论证　justification**

分析以得出一个结论。

注："论证"比"证实"更严格。从需要非常仔细、全面地解释逻辑论证的每一步来说，这个术语要求十分严格。

3.1.45

**客体　object**

TOE 中被动的实体，包含或接收信息，并由主体对其执行操作。

3.1.46

**操作（组件）　operation（on a component）**

一个组件的修改或重复。

注：对组件允许的操作有赋值、反复、细化和选择。

3.1.47

**操作（客体）　operation（on an object）**

主体对客体执行的特定类型的行为。

3.1.48

**运行环境　operational environment**

运行 TOE 的环境。

3.1.49

**组织安全策略　organizational security policies**

一个组织的安全规则、规程或指南的集合。

注：一个策略可能与一个具体的运行环境相关。

3.1.50

**包　package**

安全功能要求或安全保障要求的一个命名集合。

注：例如 EAL3 是一个包。

3.1.51

**保护轮廓　protection profile；PP**

针对一类 TOE 的、与实现无关的安全需求陈述。

3.1.52

**保护轮廓评估　protection profile evaluation**

依据已定义的准则,对一个 PP 进行的评价。

3.1.53

**证明　prove**

通过数学意义上的形式化分析来说明对应关系。

注:本术语在各个方面都是非常严格的。通常情况下,当期望以一种高度严格的方式说明两个 TOE 安全功能(TSF)表示之间的对应关系时,才使用"证明"这一术语。

3.1.54

**细化　refinement**

为组件添加细节。

3.1.55

**角色　role**

为了规定在一个用户和该 TOE 之间所允许的交互行为而预定义的规则集。

3.1.56

**秘密　secret**

为了执行一个特定的安全功能策略(SFP),必须仅由授权用户和/或 TSF 才可知晓的信息。

3.1.57

**安全状态　secure state**

一种状态,在该状态下,TSF 数据一致,且 TSF 能继续正确执行 SFR。

3.1.58

**安全属性　security attribute**

主体、用户(包括外部 IT 产品)、客体、信息、会话和/或资源的特征,它用于定义 SFR,且其值在执行 SFR 时使用。

3.1.59

**安全功能策略　security function policy;SFP**

描述由 TSF 执行的特定安全行为的规则集,可表示为 SFR 的集合。

3.1.60

**安全目的　security objective**

意在对抗特定的威胁、和/或满足特定的组织安全策略和/或假设的一种陈述。

3.1.61

**安全问题　security problem**

以一种正式的方式,定义 TOE 要处理的安全基本特征和范围的陈述。

注:该陈述由以下部分组成:

- 要由 TOE 对抗的威胁;
- 要由 TOE 实施的组织安全策略(OSP);
- 支撑 TOE 及其运行环境的假设。

3.1.62

**安全要求　security requirement**

用标准化的语言陈述的要求,旨在达到 TOE 的安全目的。

3.1.63

**安全目标　security target;ST**

针对一个特定的已标识 TOE,且与实现相关的安全需求陈述。

3.1.64

**选择 selection**

从组件内列表中指定一项或多项。

3.1.65

**半形式化 semiformal**

采用具有确定语义并有严格语法的语言表达。

3.1.66

**详细说明 specify**

以严格精确的方式给出实体的特定细节。

3.1.67

**严格符合性 strict conformance**

一个 PP 和一个 ST 之间的一种层次关系,其中该 PP 中的所有要求也存在于该 ST 中。

注:这种关系可以粗略地定义为"ST 应包含 PP 中所有的陈述,但也可以包含更多的内容"。严格符合性预期用于描述那些需要以单一方式遵守的严格要求。

3.1.68

**ST 评估 ST evaluation**

依据已定义的准则,对一个 ST 进行的评价。

3.1.69

**主体 subject**

TOE 中对客体执行操作的主动实体。

3.1.70

**评估对象 target of evaluation;TOE**

软件、固件和/或硬件的集合,可能附带指南。

3.1.71

**威胁主体 threat agent**

可以对资产施加不利行为的实体。

3.1.72

**TOE 评估 TOE evaluation**

依据已定义的准则,对一个 TOE 进行的评价。

3.1.73

**TOE 资源 TOE resource**

TOE 中任何可用或可消耗的事物。

3.1.74

**TOE 安全功能 TOE security functionality**

正确执行 SFR 所依赖的 TOE 的所有硬件、软件和固件的组合功能。

3.1.75

**追溯 trace**

在两个实体之间,执行一种最低严格程度的非形式化对应分析。

3.1.76

**TOE 的外部传送 transfers outside of the TOE**

由 TSF 促成的、与不受 TSF 控制的实体的数据通信。

3.1.77

**转化 translation**

用标准化语言描述安全要求的过程。

注：在这种情况下，术语“转化”表示的不是字面意思，使用该术语也不意味着每个用标准化语言描述的SFR都能够回译为安全目的。

3.1.78

**可信信道 trusted channel**

一种通信手段，通过该手段，TSF同另一个可信IT产品能够在必要的信任基础上进行通信。

3.1.79

**可信IT产品 trusted IT product**

不是该TOE的其他IT产品，它有与该TOE协调管理的安全功能要求，且假定其可正确执行自己的安全功能要求。

注：一个可信IT产品例子，如一个经过独立评估后的产品。

3.1.80

**可信路径 trusted path**

一种通信手段，通过该手段，用户和TSF能够在必要的信任基础上进行通信。

3.1.81

**TSF数据 TSF data**

TOE执行其SFR所依赖的数据。

3.1.82

**TSF接口 TSF interface**

外部实体(或在TOE中但在TSF之外的主体)向TSF提供数据、从TSF接收数据、并调用TSF服务的方法。

3.1.83

**用户数据 user data**

属于用户的、不影响TSF运行的数据。

3.1.84

**验证 verify**

通过严格细致地审查，独立地确定充分性。

注：参见术语“确认”，本术语有更严格的含义。这个术语用于描述评估者行为的语境中，其中要求评估者独立工作。

## 3.2 与开发(ADV)类相关的术语和定义

注：下列术语用于软件内部结构化要求。其中一些来自IEEE Std 610.12—1990 IEEE Std 610.12—1990，Standard glossary of software engineering terminology，Institute of Electrical and Electronics Engineers。

3.2.1

**管理员 administrator**

就遵守由TSF实现的所有策略而言，在一定程度上可信的实体。

注：并非所有PP或ST都对管理员设定相同的可信程度。通常假定管理员始终遵循TOE的ST中描述的策略。其中，有些策略可能与TOE的功能有关，另一些可能与运行环境有关。

3.2.2

**调用树 call tree**

以图表形式标识系统中的模块，并表明模块之间的相互调用关系。

注：采自IEEE Std 610.12—1990。

3.2.3

**内聚 cohesion**

**模块强度**

单个软件模块所执行的诸任务之间的关联方式和程度。

[IEEE Std 610.12—1990]

注：内聚的类型包括偶然的、通信的、功能的、逻辑的、顺序的和暂时的，这些内聚类型在相关条目中描述。

3.2.4

**偶然内聚 coincidental cohesion**

该类型模块执行的活动之间具有无关或关系松散的特征。

[IEEE Std 610.12—1990]

注：见“内聚”(3.2.3)。

3.2.5

**通信内聚 communicational cohesion**

该类型模块包含如下功能：为该模块内其他功能产生输出、或使用该模块其他功能的输出。

[IEEE Std 610.12—1990]

注1：见“内聚”(3.2.3)。

注2：通信内聚模块的一个实例如一个包含强制性的、无限制的以及带约束条件的访问验证模块。

3.2.6

**复杂度 complexity**

理解软件，以致分析、测试和维护软件的困难程度的一种度量方式。

[IEEE Std 610.12—1990]

注：采用模块分解、层次化和最小化的最终目的是降低复杂度。控制耦合和内聚对这一目标有重要作用。

软件工程领域在发展源代码复杂度的度量方法方面已付出了很多努力。其中大多数度量方法使用易于计算的源代码属性，如操作符和操作数的数量、控制流图的复杂度(循环复杂度)、源代码行数、可执行代码注释比率，以及类似度量。编码标准被认为是生成更易于理解的代码的有用工具。

TSF内部(ADV_INT)族要求对所有组件的复杂度进行分析。该族期望开发者为已经充分降低了复杂度的声明提供证据支持，这可能包括开发者的编程标准，以及表明所有模块均满足标准(或一些经过软件工程论点论证合理的例外情况)的论据。它可能包括用于度量某些源代码属性的工具的结果，也可能包括开发者认为适用的其他支持。

3.2.7

**耦合 coupling**

软件模块之间相互依赖的方式和程度。

[IEEE Std 610.12—1990]

注：耦合类型包括调用、公共和内容耦合。

3.2.8

**调用耦合 call coupling**

两个模块之间严格地按照已记录的函数调用方式进行通信的关系。

注：调用耦合的实例有数据、标识和控制。

3.2.9

**调用耦合(数据) call coupling(data)**

两个模块之间严格地使用代表单个数据项的调用参数进行通信的关系。

注：见“调用耦合”(3.2.8)。

3.2.10

**调用耦合(标记) call coupling(stamp)**

两个模块之间使用包括有多个域，或内部结构有意义的调用参数进行通信的关系。

注：见“调用耦合”(3.2.8)。

3.2.11

**调用耦合(控制) call coupling(control)**

两个模块之间的一种关系，其中一个模块传输信息给另一个模块，意于影响其内部逻辑。

注：见“调用耦合”(3.2.8)。

3.2.12

**公共耦合　common coupling**

两个模块之间共享公共数据区或其他公共系统资源的关系。

注：全局变量表明使用全局变量的模块是公共耦合的。一般允许通过全局变量公共耦合，但要有限度。

例如，只被一个模块使用的变量放在全局区域是不合适的，应该移除。在评估全局变量的适宜性中需要考虑的其他因素有：

a) 修改一个全局变量的模块个数：一般来说，应该只分配一个模块负责控制全局变量的内容，但可以由第二个模块共同承担该职责，在这种情况下，必须提供充分的论证。多于两个模块共同承担该职责是不能接受的。(在评估中，应该谨慎确定哪个模块对变量内容负实际职责，例如，如果变量由单一程序修改，但该程序仅仅执行其调用者请求的修改，这是调用模块的职责，可以有多个这样的模块)。此外，在复杂度度量方面，如果两个模块共同负责一个全局变量的内容，应清楚地说明它们之间是如何协调修改的。

b) 引用全局变量的模块个数：虽然一般对引用全局变量的模块个数没有限制，多个模块引用的情况中应检查引用的有效性和必要性。

3.2.13

**内容耦合　content coupling**

两个模块之间的一种关系，其中一个模块直接引用另一个模块的内部。

注：例子包括修改其他模块的代码或者引用其他模块内部的标签。结果是一个模块的部分或所有内容有效的包含在另一个模块中。可将内容耦合理解为使用了未公开模块接口，而在调用耦合中，仅仅使用了公开的模块接口。

3.2.14

**域分离　domain separation**

安全结构属性，TSF 由此为每个用户和 TSF 定义了分离的安全域，保证没有用户进程可以影响其他用户或 TSF 的安全域的内容。

3.2.15

**功能内聚　functional cohesion**

执行与单一目的相关活动的模块的功能属性。

[IEEE Std 610.12—1990]

注：功能内聚模块将一种类型的输入转换为一种类型的输出，如堆栈管理器或队列管理器。见“内聚”(3.2.3)。

3.2.16

**交互　interaction**

实体间一般性的通信活动。

3.2.17

**接口　interface**

组件或模块交互的方式。

3.2.18

**分层　layering**

设计技术，将各组模块分层组织，使其职责分离，以便在层级中的某层仅仅依赖于其下层的服务，且仅向其上层提供服务。

注：严格分层增加了限制，每层只能从其邻接下层接收服务，只能向其邻接上层提供服务。

3.2.19

**逻辑内聚　logical cohesion**

**程序内聚　procedural cohesion**

表示模块对不同数据结构执行类似活动的特征。

注：当模块功能对于不同的输入执行相关的、但又不同的操作，表现为逻辑内聚。见“内聚”(3.2.3)。

3.2.20

**模块分解　modular decomposition**

将系统拆分成若干模块,以便于设计、开发和评估的过程。

[IEEE Std 610.12—1990]

3.2.21

**(TSF的)不可旁路性　non- bypassability(of the TSF)**

安全结构属性,由此所有安全功能要求相关的行为可由TSF协调。

3.2.22

**安全域　security domain**

活动实体拥有访问权限的资源集合。

3.2.23

**顺序内聚　sequential cohesion**

此类型模块中所包含的每一个功能的输出是其后续功能的输入。

[IEEE Std 610.12—1990]

注:顺序内聚模块的一个例子是包含写审计记录和维护特定类型审计侵害的持续累积计数功能的模块。

3.2.24

**软件工程　software engineering**

应用系统的、有规则的、可计量的方法于软件开发和维护过程,即工程学在软件上的应用。

[IEEE Std 610.12—1990]

注:通常在工程实践中,应用工程学原理时必须使用一定量的判断。许多因素影响选择,不仅是模块分解、分层和最小化方法的应用。例如,开发者可能在头脑中设计一个尚未实现的未来应用系统。该开发者可以选择包括某些逻辑去管理这些没有完全实现的未来应用,此外,开发者可以包含对尚未实现的模块的某些调用,留给调用桩模块。开发者论证这种与有良好结构程序的偏移,必须通过使用判定以及良好的软件工程学原理的应用来评估。

3.2.25

**暂时内聚　temporal cohesion**

包含着需要几乎同时执行的功能的模块的特征。

注1:源自[IEEE Std 610.12—1990]。

注2:暂时内聚模块的例子如初始化、恢复和关机模块。

3.2.26

**TSF自保护　TSF self-protection**

TSF不能被非TSF代码或实体破坏的安全结构属性。

## 3.3　与指导性文档(AGD)类相关的术语和定义

3.3.1

**安装　installation**

由人类用户将TOE嵌入其运行环境中,并使其进入运行状态的规程。

注:这个操作一般在接收和确认TOE后仅执行一次,预期使TOE进入到ST允许的配置。如果必须由开发者执行相似的过程,则在ALC:生命周期支持中注明为“生成”,如果TOE不需要定期重复执行初始启动,则这个过程归为安装。

3.3.2

**运行　operation**

TOE的使用阶段,包括TOE交付和准备之后的“正常使用”、管理和维护。

3.3.3

**准备 preparation**

产品生命周期阶段中的活动,由所交付的 TOE 的客户确认及 TOE 安装组成,可能包括引导、初始化、启动 TOE 并使其进入到准备运行的状态。

## 3.4 与生命周期支持(ALC)类相关的术语和定义

3.4.1

**接受准则 acceptance criteria**

执行接受规程时使用的准则(如对软件、固件或硬件的成功的文档审查,或成功的测试)。

3.4.2

**接受规程 acceptance procedures**

为了接受新建、修改过的作为 TOE 组成部分的配置项,或者将其转到生命周期的下一阶段应遵循的规程。

注:这些规程明确了负责接受的角色或个人,以及为了做出接受决定所采用的准则。

下面是几种接受情形,其中一些可能有交叉:

a) 某个配置项第一次被配置管理系统接受,特别是接受来自于其他厂商的包含软件、固件和硬件的部件进入 TOE(“集成”);

b) 在构造 TOE 的每个阶段,配置项转入下一个生命周期阶段(例如模块、子系统、完成的 TOE 的质量控制);

c) 不同开发地点的配置项后续传递(例如 TOE 的各部分或初始产品);

d) 面向消费者的 TOE 后期交付。

3.4.3

**配置管理 configuration management;CM**

应用技术、管理方法及监督的规则,标识并文档化配置项的功能和物理特性,控制特性的变更,记录并报告变更过程及执行状态,验证与规定要求的一致性。

注:采自 IEEE Std 610.12。

3.4.4

**CM 文档 CM documentation**

所有 CM 文档,包括 CM 输出、CM 清单(配置项清单)、CM 系统记录、CM 计划和 CM 使用文档。

3.4.5

**配置管理证据 configuration management evidence**

可用于确认 CM 系统正确运行的任何事物。

注:如,CM 输出、开发者提供的基本原理、评估者现场核查期间所做的观察、实验或访谈。

3.4.6

**配置项 configuration item**

TOE 开发期间 CM 系统管理的对象。

注:可能是 TOE 的一部分,或者与 TOE 开发相关的对象,如评估文档或开发工具。配置项及其版本号可以直接(如文件)或者通过引用名(如硬件部件)的方式存储在 CM 系统中。

3.4.7

**配置清单 configuration list**

配置管理输出文档为特定产品列出所有配置项,及与该完整产品特定版本相关的每个配置管理项的正确版本。

注:该清单允许区分属于产品已评估版本的配置项和该产品其他版本的配置项。最终的配置管理清单是特定产品的特定版本的特定文档。(当然,清单可能是配置管理工具中的电子文档,在这种情况下,它可以看成系统或系统一部分的特定视图而不是系统输出。然而在评估实践中,配置清单可能作为评估文档的一部分交付)。配置清单定义了配置管理要求 ALC_CMC 的配置项。

3.4.8

**配置管理输出 configuration management output**

配置管理系统产生或实施的、与配置管理相关的结果。

注：这些配置管理相关结果可能表现为文档形式(如，填写的纸质表格、配置管理系统记录、日志数据、纸质和电子输出数据)和行为(如执行配置管理规定的人工措施)。这样的配置管理输出的例子是配置清单、配置管理计划和/或产品生命周期中的行为。

3.4.9

**配置管理计划 configuration management plan**

配置管理系统如何服务于TOE的描述。

注：发布配置管理计划的目的是使员工能够清楚的明白他们的职责。从整个配置管理系统的角度，配置管理计划可以看做是一个输出文档(因为它可能作为配置管理系统的应用的部分而产生)。从具体项目的角度，可以将它看成是使用文档，因为项目组成员使用它，以便理解在项目期间必须执行的步骤。配置管理计划为特定产品定义了系统的使用方法，对于其他产品，同一系统使用程度可能不尽相同。这意味着配置管理计划定义并描述了公司在TOE开发期间使用的配置管理系统的输出。

3.4.10

**配置管理系统 configuration management system**

开发者在产品生命周期期间，用于开发并维护产品配置的规程和工具(包括说明文档)的集合。

注：配置管理系统可能具有不同的严格程度和功能。高级别的配置管理系统可能是自动化的、具有缺陷修复、变更控制、以及其他跟踪机制。

3.4.11

**配置管理系统记录 configuration management records**

配置管理系统对重要的配置管理活动进行文档化期间产生的输出。

注：配置管理系统记录的例子是配置管理项变更控制表格，或者配置管理项访问许可表。

3.4.12

**配置管理工具 configuration management tools**

实现或支持配置管理系统的手动操作或者自动化的工具。

注：例如，TOE组成部分的版本管理工具。

3.4.13

**配置管理使用文档 configuration management usage documentation**

配置管理系统的组成部分，描述了配置管理系统是如何定义和使用的，例如使用手册、规则、工具和规程文档。

3.4.14

**交付 delivery**

已完成的TOE从生产环境传送到客户手中。

注：产品生命周期的这个阶段可能包括开发场所的包装和存储，但是不包括未完成的TOE或部分TOE在不同开发者或不同开发场所之间的传递。

3.4.15

**开发者 developer**

负责TOE研发的组织。

3.4.16

**开发 development**

与生成TOE实现表示有关的产品生命周期阶段。

注：在整个生命周期支持要求中，开发及其相关术语(开发者、开发)，包括更一般意义上的开发和生产。

3.4.17

**开发工具　development tools**

支撑TOE的开发和生产的工具(如果适用,包括测试软件)。

注:例如,对于一个软件TOE,开发工具通常有编程语言、编译器、连接器和生成工具。

3.4.18

**实现表示　implementation representation**

不需要进一步的设计细化,即可创建TSF本身的TSF最小抽象表示。

注:源代码,或者用于生成实际硬件的硬件设计图都是实现表示的例子。

3.4.19

**生命周期　life-cycle**

在时间上,一个对象(例如,一个产品或系统)存在的各个阶段。

3.4.20

**生命周期定义　life-cycle definition**

生命周期模型的定义。

3.4.21

**生命周期模型　life-cycle model**

描述用于某一对象生命周期管理的阶段及其相互关系、阶段序列及其高层特征。

3.4.22

**生产　production**

紧跟开发阶段之后的生产生命周期阶段,包含由实现表示转化为TOE实现的过程,即进入可交付给客户的状态。

注1:这个阶段可能包括TOE的制造、集成、生成、内部传递、存储、以及标识。

注2:见图1。

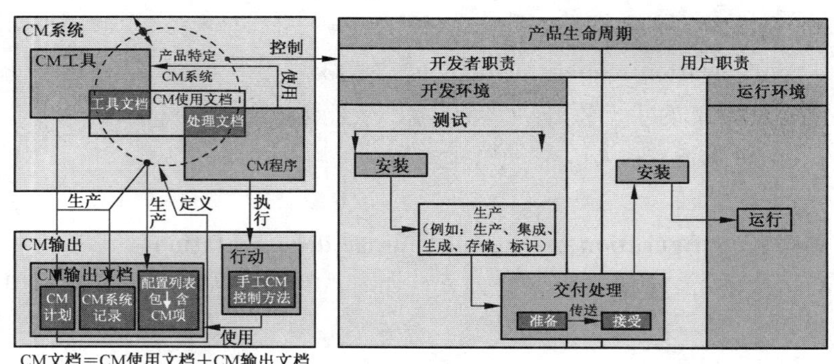


图1　CM和产品生命周期术语

## 3.5　与脆弱性评定(AVA)类相关的术语和定义

3.5.1

**隐蔽信道　covert channel**

强迫性的非法信道,允许用户暗中违反多级隔离策略和TOE的不可观察性要求。

3.5.2

**已识别的潜在脆弱性　encountered potential vulnerabilities**

由评估者执行评估活动时识别的TOE潜在弱点,可以被用于违反SFR。

3.5.3

**可利用的脆弱性　exploitable vulnerability**

可以在TOE运行环境中用来违反SFR的TOE弱点。

3.5.4

**监视攻击　monitoring attacks**

一类攻击方法的通称，包括被动分析技术，其目的是通过按指导性文档要求的方式运行TOE，旨在泄露TOE的内部敏感数据。

3.5.5

**潜在脆弱性　potential vulnerability**

可疑的，但尚未确认的弱点。

注：怀疑的过程是借助于一个假设的违反SFR的攻击路径来进行的。

3.5.6

**残余脆弱性　residual vulnerability**

在TOE运行环境中不能被利用的弱点，但是可能被TOE运行环境中具有比预期更大攻击潜力的攻击者用于违反SFR。

3.5.7

**脆弱性　vulnerability**

可以在某些环境中用于违反SFR的TOE弱点。

## 3.6 与组合(ACO)类相关的术语和定义

3.6.1

**基础部件　base component**

组合TOE中的实体，其本身已是一个评估主体，为依赖部件提供了服务和资源。

3.6.2

**兼容(部件)　compatible(components)**

在相容的运行环境中，通过每个部件的对应接口，能够提供其他部件所需要的服务的部件属性。

3.6.3

**部件TOE　component TOE**

成功评估过的TOE，本身又作为另一个组合TOE一部分。

3.6.4

**组合TOE　composed TOE**

完全由两个或多个已通过评估的部件组成的TOE。

3.6.5

**依赖部件　dependent component**

组合TOE中的实体，其本身是一个评估主体，依赖于基础部件提供的服务。

3.6.6

**功能接口　functional interface**

提供用户访问TOE功能的外部接口，其本身未直接参与安全功能要求的实施。

注：在组合TOE中，指依赖部件所要求的、用于支撑组合TOE运行的、基础部件提供的接口。

## 4 缩略语

下列缩略语适用于本文件。

API:应用编程接口(Application Programming Interface)
CAP:复合保障包(Composed Assurance Package)
CM:配置管理(Configuration Management)
DAC:自主访问控制(Discretionary Access Control)
EAL:评估保障级(Evaluation Assurance Level)
GHz:千兆赫兹(Gigahertz)
GUI:用户图形界面(Graphical User Interface)
IC:集成电路(Integrated Circuit)
IOCTL:输入输出控制(Input Output Control)
IP:互联网协议(Internet Protocol)
IT:信息技术(Information Technology)
MB:兆字节(Mega Byte)
OS:操作系统(Operating System)
OSP:组织安全策略(Organisational Security Policy)
PC:个人计算机(Personal Computer)
PCI:外设部件互连(Peripheral Component Interconnect)
PKI:公钥基础设施(Public Key Infrastructure)
PP:保护轮廓(Protection Profile)
RAM:随机存取存储器(Random Access Memory)
RPC:远程过程调用(Remote Procedure Call)
SAR:安全保障要求(Security Assurance Requirement)
SFR:安全功能要求(Security Functional Requirement)
SFP:安全功能策略(Security Function Policy)
SPD:安全问题定义(Security Problem Definition)
ST:安全目标(Security Target)
TCP:传输控制协议(Transmission Control Protocol)
TOE:评估对象(Target of Evaluation)
TSF:TOE 安全功能(TOE Security Functionality)
TSFI:TSF 接口(TSF Interface)
VPN:虚拟专用网络(Virtual Private Network)

## 5 概述

### 5.1 综述

本章介绍 ISO/IEC 15408 的主要概念,明确"TOE"的概念、目标读者,以及论述 ISO/IEC 15408 其余部分内容将采取的方法。

### 5.2 TOE

ISO/IEC 15408 在评估的对象上定义较灵活,未局限于公共理解的 IT 产品范围,因此在评估中,ISO/IEC 15408 使用术语"TOE"。

TOE 被定义为一组可能包含指南的软件、固件和/或硬件的集合。

尽管 TOE 在某些情况下由一个 IT 产品组成,但也不总是这样。TOE 可以是一个 IT 产品、一个 IT 产品的一部分、一组 IT 产品、一种不可能形成产品的独特技术,或者以上这些情况的组合。

对于 ISO/IEC 15408 而言,TOE 和所有 IT 产品之间的确切关系在以下方面非常重要:对 TOE 只包含 IT 产品某部分的评估不应该与对整个 IT 产品的评估相混淆。

TOE 的例子包括:

- 软件应用;
- 操作系统;
- 与操作系统组合在一起的软件应用;
- 与操作系统和工作站组合在一起的软件应用;
- 与工作站组合在一起的操作系统;
- 智能卡集成电路;
- 智能卡集成电路的密码协处理器;
- 包括所有终端、服务器、网络设备和软件的局域网;
- 数据库应用,但不包括与数据库应用正常关联的远程客户端软件。

#### 5.2.1 TOE 的不同表示

在 ISO/IEC 15408 中,TOE 可以以几种形式出现,如(对软件 TOE 来说):

- 配置管理系统中的文件列表;
- 编译过的单一主拷贝;
- 准备交付给客户的光盘和手册;
- 已经安装和运行的版本。

所有这些都可看作是一个 TOE:无论术语"TOE"用在 ISO/IEC 15408 其余部分的何处,可根据上下文来确定其含义。

#### 5.2.2 TOE 的不同配置

一般来说,IT 产品可以用多种方法配置:以不同的方法安装、使用不同的启用或禁用选项。由于在 ISO/IEC 15408 评估期间,它将确定 TOE 是否满足特定的要求,这种配置上的灵活性可能会导致很多问题,因为 TOE 所有可能的配置必须满足要求。出于这些原因,通常在 TOE 的指南部分对 TOE 可能的配置进行严格限制;也就是说,TOE 的指南可能会不同于 IT 产品的通用指南。

操作系统产品就是这样一个例子。这种产品可以用多种方法进行配置(如,用户类型、用户数、允许/禁止的外部连接类型、启用/禁用的选项等)。

如果同一款 IT 产品要成为一个 TOE,并且依据一组合理的要求评估,则配置应该受到更加严密的控制,因为许多选项(如允许所有类型的外部连接或系统管理员不需要被鉴别)将导致 TOE 不满足要求。

出于这种原因,IT 产品指南(允许多种配置)和 TOE 的指南(仅允许一种配置或者在安全相关方面没有不同的配置)通常有所不同。

注意,如果 TOE 指南仍然允许多种配置,这些配置统称为"TOE",其中的每种配置必须满足 TOE 的指定要求。

### 5.3 目标读者

有三类群体对 TOE 安全评估感兴趣:消费者、开发者和评估者。ISO/IEC 15408-1 在结构上已支持了这三类群体的需求。他们都被认为是 ISO/IEC 15408 的主要用户。这三类群体都能从下列章条所述标准中受益。

#### 5.3.1 消费者

编制 ISO/IEC 15408 是确保评估满足消费者的需求,因为这是评估过程的基本目的和理由。

消费者可以使用评估结果来帮助决定一个 TOE 是否满足他们的安全需求，这些安全需求通常是风险分析和策略指导的结果。消费者也可以用这些评估结果来比较不同的 TOE。

ISO/IEC 15408 为消费者，尤其是消费者群体和行业团体，提供一个独立于实现的结构，即保护轮廓(PP)，在其中以一种明确的方式表达他们的安全要求。

#### 5.3.2 开发者

ISO/IEC 15408 为开发者准备并协助对其 TOE 的评估，以及标识由 TOE 满足的安全要求提供支持，这些安全要求包含在一个与实现相关的 ST 中。ST 可以基于一个或多个 PP，来说明 ST 符合消费者在这些 PP 中制定的安全要求。

ISO/IEC 15408 其次用于确定责任和行为，以便于提供 TOE 满足安全要求的必要证据。它也定义了证据的内容和形式。

#### 5.3.3 评估者

ISO/IEC 15408 包含了评估者用于评判 TOE 与其安全要求是否符合的准则。ISO/IEC 15408 描述了一组由评估者执行的通用行为。值得注意的是 ISO/IEC 15408 没有详细说明执行这些行动应遵守的规程。这些规程的更多信息见 5.4。

#### 5.3.4 其他

虽然 ISO/IEC 15408 主要是为了规范和评估 TOE 的 IT 安全特性，但它也可以作为对 IT 安全有兴趣或有责任的团体的参考资料。其他能够从 ISO/IEC 15408 所包含的信息中获益的团体有：

a) 系统管理者和系统安全管理者：负责确定和满足该组织的 IT 安全策略和要求。
b) 内部和外部审计员：负责评定 IT 解决方案(可以包含或由一个 TOE 组成)的安全性是否足够。
c) 安全规划和设计师：负责规范 IT 产品的安全特性。
d) 批准者：负责批准在特定环境中使用某 IT 解决方案。
e) 评估发起者：负责申请和支持一个评估。
f) 评估授权机构：负责管理和监督 IT 安全评估程序。

### 5.4 不同部分

ISO/IEC 15408 由下列独立且又相互关联的部分组成。这些部分描述中所用的术语在第 6 章解释。

a) **第 1 部分：简介和一般模型**，是 ISO/IEC 15408 的简介。它定义了 IT 安全评估的一般概念和原理，并提出了评估的一般模型。
b) **第 2 部分：安全功能组件**，建立一套功能组件作为标准模板，TOE 的功能要求基于这些模板来建立。第 2 部分列出了一系列功能组件，并按类和族的方式进行组织分类。
c) **第 3 部分：安全保障组件**，建立一套保障组件作为标准模板，TOE 的保障要求基于这些模板来建立。第 3 部分列出了一套保障组件，并按类和族的方式进行组织分类。第 3 部分也定义了 PP 和 ST 的评估准则，并提出了七个预定义的保障包，称为评估保障级(EAL)。

为支持 ISO/IEC 15408 的上述三个部分，已经出版了其他文档，如 ISO/IEC 18045，提供了使用 ISO/IEC 15408 进行 IT 安全评估的基本方法。

表 1 列出了三类主要目标读者如何关注 ISO/IEC 15408 的各个部分。

表 1 ISO/IEC 15408 使用指南

| | 消费者 | 开发者 | 评估者 |
|---|---|---|---|
| 第 1 部分 | 用于了解背景信息和必要的使用参考。指导构建 PP | 用于了解背景信息和参考、开发 TOE 安全规范使用的必要信息 | 用于参考的必要信息，指导构建 PP 和 ST |
| 第 2 部分 | 用作表达 TOE 要求的形式化陈述时的指导和参考 | 用作解释 TOE 功能要求陈述和形式化功能规范时的必要参考 | 用作解释功能要求陈述时的必要参考 |
| 第 3 部分 | 确定所需保障级别时用作指导 | 用作解释 TOE 保障要求陈述和确定保障方法时的参考 | 用作解释保障要求陈述时的参考 |

### 5.5 评估背景

为了使评估结果具有更好的可比性，评估应在权威的评估体制框架内执行，该体制框架负责制定标准、监控评估质量、管理评估机构和评估者必须符合的规章制度。

ISO/IEC 15408 不对规章制度框架提出要求。但是，不同评估机构的这些框架有必要一致，以达到相互认可评估结果的目标。

使评估结果具有更好的可比性的第二种方法是使用通用方法达到这些结果。对于 ISO/IEC 15408，该方法在评估方法(CEM)中给出。

通用评估方法的使用主要是确保评估结果的可重复性和客观性，但仅靠评估方法本身是不充分的。许多评估准则需要使用专业的判断和背景知识，而这些更难达到一致。为了增强评估结论的一致性，最终的评估结果可能提交给认证过程来处理。

认证过程是对评估结果的独立审查，并产生最终的证书或正式批文，该证书通常是公开的。要说明的是，认证过程是使得 IT 安全准则的应用达到更加一致的一种手段。

评估体制和认证过程由运行评估体制和过程的评估机构负责，不属 ISO/IEC 15408 的范围。

## 6 一般模型

### 6.1 简介

本章提出了贯穿 ISO/IEC 15408 的一般概念，其中包括使用这些概念的背景，以及 ISO/IEC 15408 使用这些概念的方法。ISO/IEC 15408-2 和 ISO/IEC 15408-3 由本部分的用户查阅，进一步展开这些概念的使用，并采用 ISO/IEC 15408 描述的方法。对于使用 ISO/IEC 15408 执行评估的用户，ISO/IEC 18045 是适用的。本章假定读者已具备一些 IT 安全的知识，并不作为该领域的辅导教材。

ISO/IEC 15408 用一组安全概念和术语来讨论安全性。理解这些概念和术语是有效使用 ISO/IEC 15408 的前提条件。然而，这些概念本身又是相当通用的，我们无意将其限于 ISO/IEC 15408 适用的这类 IT 安全问题。

### 6.2 资产和对策

安全与资产保护有关，资产是赋予了价值的实体，资产的例子包括：

- 文件或服务器的内容；选举中投票的真实性；
- 电子商务程序的可用性；
- 使用昂贵打印机的能力；
- 机密设施的访问。

但是如果过于主观的估价,几乎任何事物都可以成为资产。

资产放置的环境称为运行环境。运行环境方面的例子有:

- 银行机房;
- 连接到互联网的计算机网络;
- 局域网;
- 一般办公环境。

许多资产均以信息的形式由IT产品存储、处理和传送,以满足信息所有者的要求。信息所有者为了信息的可用性,会严格控制信息的传播和修改,并且资产受到保护措施的保护以抵御威胁。图2说明了这些概念和关系。

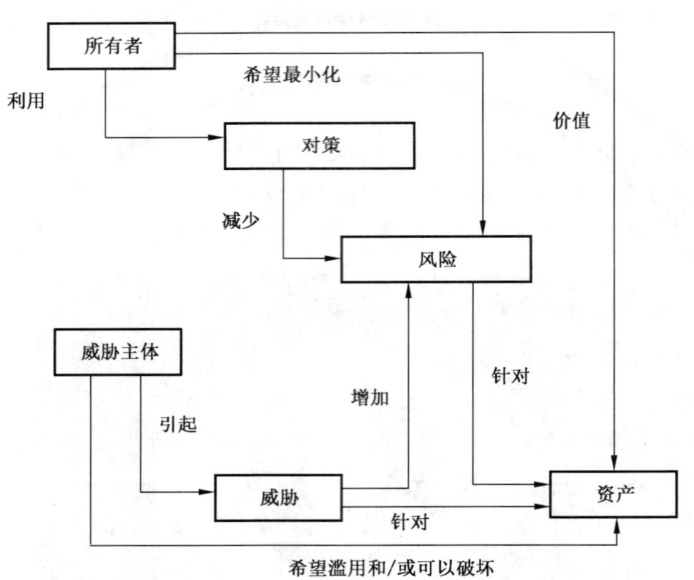


图2 安全概念及其关系

保护利益资产是对资产赋予价值的所有者的责任。实际或假想的威胁主体也可能会对资产赋予价值,并试图以危害资产所有者利益的方式滥用资产。威胁主体的例子包括黑客、恶意用户、非恶意用户(有时犯错误)、计算机进程和事故。

资产的所有者将会意识到这种威胁可能致使资产损坏,对所有者而言资产中的价值将会降低。特定的安全性损坏一般包括但不限于:丧失资产的机密性、完整性和可用性。

因此在意识到威胁的可能性及其对资产的影响的基础上,这些威胁就引发了对资产的风险。随后要实施对策以减少对资产的风险。这些对策可以由IT对策(如防火墙、智能卡)和非IT对策(如警卫和访问程序)组成。更多关于安全对策(控制)和如何实现及管理这些对策的讨论见ISO/IEC 27001和ISO/IEC 27002。

资产所有者可能要对资产负责,因此,应有足够的理由支持资产所有者做出决定,以接受由资产暴露给威胁所带来的风险。

为了支持此项决定,应能够证实以下两个方面:

- 对策是充分的:如果对策做了声称要做的事情,就能够对抗对资产的威胁;
- 对策是正确的:对策做了声称要做的事情。

许多资产所有者缺乏必要的知识、专业技术和资源来判断对策的充分性和正确性,他们可能不希望仅仅依赖对策开发者的主张。因此消费者可以通过对这些对策进行评估,以增加对所有或部分对策的充分性和正确性的信心。图3描述了评估的概念及其关系。

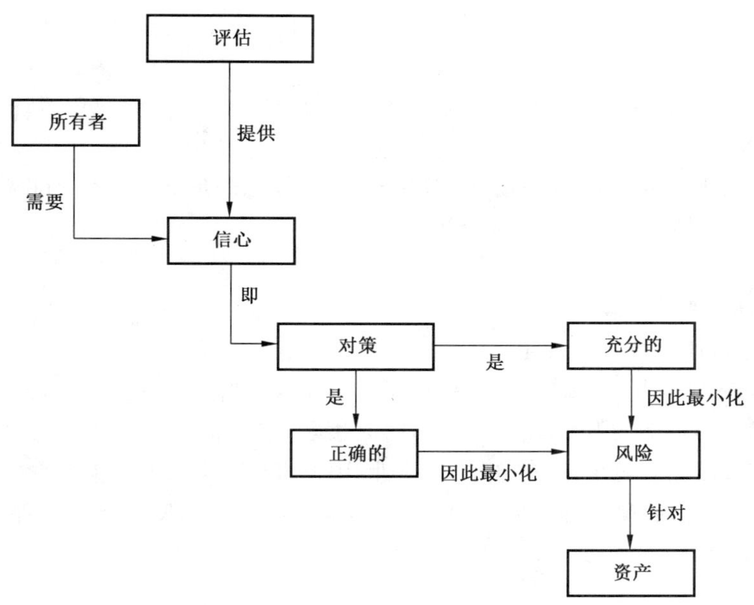


图 3 评估概念及其关系

### 6.2.1 对策的充分性

在评估中,对策的充分性是通过一个称为安全目标的概念来分析的。本条将简单描述这个概念,更详细和完整的描述参见附录 A。

安全目标从描述资产和对这些资产的威胁开始,然后安全目标描述对策(以安全目的形式),并证实这些对策对于对抗这些威胁是充分的:如果对策做了声称要做的事情,那么对策足以对抗威胁。

安全目标将对策划分为两组:

a) TOE 的安全目的:描述了需要在评估中确定其正确性的对策;

b) 运行环境安全目的:描述了不需要在评估中确定其正确性的对策。

这样划分的理由是:

- ISO/IEC 15408 仅仅适合于评估 IT 对策的正确性,因此非 IT 对策(保安人员、程序)总是放在运行环境中考虑。
- 对策的正确性评估耗费时间和金钱,因此评估所有 IT 对策的正确性也许不可行。
- 某些 IT 对策的正确性可能已经在其他评估中评估了,因此再次评估其正确性是无成本效益的。

对于 TOE(在评估期间,IT 对策的正确性将被评估),在安全功能要求(SFRs)中,安全目标要求进一步细化 TOE 安全目的,这些 SFR 要用标准化语言(在 GB/T 18338.2 中描述)进行阐述,以保证精确性和可比性。

总而言之,安全目标证实了:

- SFR 满足 TOE 安全目的;
- TOE 安全目的和运行环境安全目的足以对抗威胁;
- 因此,SFR 和运行环境安全目的足以对抗威胁。

从这些方面看,它遵循了正确的 TOE(满足 SFR)与正确的运行环境(满足运行环境安全目的)结合来对抗威胁。在 6.2.2 和 6.2.3 中,TOE 的正确性和运行环境的正确性分开讨论。

#### 6.2.2 TOE 的正确性

TOE 的设计和实现可能不正确,可能因此包含着导致脆弱性的错误,攻击者通过利用这些脆弱性,仍可能破坏和/或滥用资产。

这些脆弱性可能由开发期间的意外错误、糟糕的设计、故意添加的恶意代码和糟糕的测试等引发。

为确定 TOE 的正确性,可以执行的活动如:

- 测试 TOE;
- 检查 TOE 的各种设计表示;
- 检查 TOE 开发环境的物理安全。

安全目标以安全保障要求(SAR)的形式提供了这些活动的结构化描述,以确定正确性。这些安全保障要求用标准化语言(在 ISO/IEC 15408-3 描述)来表示,以保证正确性和可比性。

如果满足了 SAR,那么就可保障 TOE 的正确性,因此 TOE 几乎不可能包含可以被攻击者利用的漏洞。在 TOE 正确性方面的保障程度由 SAR 本身确定:"弱"的 SAR 所能提供保障少,而许多"强"的 SAR 可提供更大的保障。

#### 6.2.3 运行环境的正确性

运行环境的设计和实现也可能不正确,因此可能包含导致脆弱性的错误,攻击者通过利用这些脆弱性,仍然可以破坏和/或滥用资产。

然而,ISO/IEC 15408 无法保障可获得有关运行环境的正确性,换句话说,运行环境将不做评估(见 6.3)。

就评估而言,运行环境被假设为可以 100%地实现运行环境安全目的。

这不排除 TOE 的消费者使用其他方法确定其运行环境的正确性,如:

- 如果是对于一个操作系统,运行环境安全目的声明"运行环境将确保来自不可信网络(如,internet)的实体只能通过 ftp 访问 TOE",消费者可以选择一个经过评估的防火墙,配置它为仅允许通过 FTP 对 TOE 进行访问。
- 如果运行环境安全目的声明"运行环境将确保所有管理人员没有恶意行为",消费者可以调整其与管理人员的合同使其包括对恶意行为的惩罚性制裁,但这个不是 ISO/IEC 15408 评估的一部分。

### 6.3 评估

ISO/IEC 15408 认可两种形式的评估:一个是下面描述的 ST/TOE 评估,一个是 ISO/IEC 15408-3 定义的 PP 评估,在许多地方,ISO/IEC 15408 使用的术语"评估"(不限定)指的是对 ST/TOE 的评估。

ISO/IEC 15408 中,ST/TOE 评估分为两步进行:

a) ST 评估:确定 TOE 和运行环境的充分性;

b) TOE 评估:确定 TOE 的正确性,就像前面说的,TOE 评估不评估运行环境的正确性。

ST 评估应用安全目标评估准则(在 ISO/IEC 15408-3 的 ASE 部分中定义)对安全目标进行评估。应用 ASE 准则的准确方法由所使用的评估方法确定。

TOE 评估更加复杂,TOE 评估的主要输入是:评估证据,包括 TOE 和 ST,通常也包括来自开发环境的输入,如设计文档或开发者测试结果。

TOE 评估由适用于 SAR(来自安全目标)的评估证据组成。准确应用 SAR 的方法是由所使用的评估方法确定的。

应用 SAR 的结果如何被文档化,需要生成的报告及其细节由使用的评估方法及执行评估的评估体制确定。

TOE评估过程产生的结果为下列两种情况之一：

- 并未满足所有SAR，因此评估结果未达到ST中所述的TOE满足SFR的特定保障级别；
- 满足所有SAR，因此评估结果达到了ST中所述的TOE满足SFR的特定保障级别。

TOE评估可以在TOE开发完成之后进行，或者与TOE开发并行。

阐述TOE/ST评估结果的方法在第9章描述。这些结果也标识了TOE声称与其符合的PP和包，这些概念将在第7章描述。

## 7 剪裁安全要求

### 7.1 操作

ISO/IEC 15408的功能和保障组件可以严格按照ISO/IEC 15408-2和ISO/IEC 15408-3中的定义使用，也可以通过使用允许的操作来剪裁。当使用操作的时候，PP/ST作者应该注意其他要求对此要求的依赖关系应得到满足。允许的操作如下：

- 反复：允许一个组件在不同操作时被使用超过一次以上；
- 赋值：允许指定参数；
- 选择：允许从一个列表中选定一项或多项；
- 细化：允许增加细节。

赋值和选择操作只允许用于组件中明确指定的位置。反复和细化允许用于所有组件。下面将更加详细的描述这些操作：

ISO/IEC 15408-2附录对有效完成选择和赋值提供了指南，该指南提供了完成这些操作的规范化指导，应该遵循这些指导，除非PP/ST作者论证相关偏离是合理的。

a) 对于一个选择操作的完成，只有在已经明确规定的情况下，“无”才是有效的选项。

   用于完成选择操作的列表必须非空，如果选择“无”选项，表示没有可以选择的其他附加选项。如果“无”没有作为选择操作的选项，则允许在选择中用“和”和“或”组合选项，除非选择中明确要求“选择之一”。

   必要时，选择操作可以与反复操作一起使用。在这种情况下，为每个反复操作选择的选项不应该与其他被反复选择的主体发生重叠，因为它们需要满足互斥性要求。

b) 对于赋值操作，为了确定何时“无”是一个有效值，可参见ISO/IEC 15408-2附录。

#### 7.1.1 反复操作

反复操作可以在每个组件上执行。PP/ST作者依据包括基于同一个组件的多个要求执行一个反复操作。一个组件的每次反复应该不同于该组件的所有其他反复，即用不同的方法完成该组件的赋值和选择，或用不同的方法对该组件进行细化。

应该唯一标识不同的反复操作，以便给出清晰的基本原理以及追踪到这些要求和从这些要求进行追踪。

要注意的重要一点是，有时对一个组件的一个反复操作也可以执行一个具有一组值的赋值操作来代替。在这种情况下，作者可以选择一个最适当的操作，考虑一下是否有必要为值的范围提供全部的基本原理，或者是否有必要将它们分开。作者也应该注意是否所有这些值都需要单独的追踪。

#### 7.1.2 赋值操作

当一个给定组件包含了一个可以由PP/ST作者设置参数的元素，这时就需要进行赋值操作。参数可以是一个非限制变量，或者是限定变量值在指定范围的一个规则。

当PP中的元素包含一个赋值时，PP作者都应该做下列四件事情之一：

a) 不进行赋值。PP 作者可以在 PP 中包括组件 FIA_AFL.1.2“当达到或超过已定义的不成功鉴别尝试次数时,TSF 应[**赋值:动作列表**]”;
b) 完成赋值。例如,PP 作者可以在 PP 中包括组件 FIA_AFL.1.2“当达到或超过已定义的不成功鉴别尝试次数时,TSF 应[**防止外部实体在将来捆绑到任何主体**]”;
c) 限制赋值,进一步限制允许值的范围。例如,PP 作者可以在 PP 中包括 FIA_AFL.1.1“TSF 应**检测当[赋值:4 和 9 之间的正整数]”次不成功的鉴别尝试发生时**…;
d) 将赋值转换为选择操作时,会缩小赋值范围。例如,PP 作者可以在 PP 中包括 FIA_AFL.1.2“当达到或超过已定义的不成功鉴别尝试次数时,TSF 应[选择:**防止用户在将来捆绑到任何主体,通知管理员**]”;

无论何时 ST 中的元素包含了一个赋值,ST 作者应如 b)中所示,完成该赋值。ST 中不允许出现 a)、c)和 d)中的情况。

b)、c)和 d)中的值应该与赋值要求的类型符合。

当赋值由一个集合完成时(如主体集合),可以列出一组主体,也可以是对可以导出集合元素的集合的描述,只要主体是有意义的。如:

- 所有主体;
- 所有 X 类型的主体;
- 除了主体 a 之外的所有主体。

#### 7.1.3 选择操作

当给定的组件包含了必须由 PP/ST 作者从几项中选择一个元素时,发生选择操作。

当 PP 中的一个元素包含了一个选择操作时,PP 作者可以作下列三件事之一:

a) 不进行选择;
b) 通过选择一个或多项完成选择;
c) 删除部分选项,但要留下两个或多个选项来实现限制选择。

当 ST 中的一个元素包含了一个选择操作时,ST 作者应该如 b)所示完成该选择,ST 中不允许出现 a)和 c)中的情况。

b)和 c)中的选项应该从选择操作提供的选项中选取。

#### 7.1.4 细化操作

细化操作可以在每一个要求上执行。PP/ST 作者通过修改要求执行细化操作。细化操作的第一条规则是在 PP/ST 中,满足细化要求的 TOE 也要满足细化之前的要求(即,一个细化的要求必须比原始要求更加严格)。如果一个细化操作不满足这条规则,经过细化操作的要求就被视为一个扩展要求并应被相应处理。

这条规则的唯一例外是 PP/ST 作者允许细化一个 SFR,以应用于某些而非所有的主体、客体、操作、安全属性和/或外部实体。

然而该例外情况不适用于细化已在 PP 中进行了一致性声明的 SFR,这些 SFR 不可提炼用于比该 PP 中更少的主体、客体、操作、安全属性或外部实体。

细化操作的第二个规则是细化应与原始组件相关。

细化操作的特殊情况是编辑上的细化,该细化在一个要求上作了少量变化,如,为了保持恰当的语法而修改语句,或者使得要求更容易被读者理解。这种变化不允许以任何方式修改要求的意义。

### 7.2 组件间的依赖关系

组件间可能存在依赖关系。当一个组件无法独自充分表达安全功能性或保障性而依赖于另一个组件的存在时,就产生依赖关系。

ISO/IEC 15408-2 中的功能组件通常会依赖其他功能组件,正如 ISO/IEC 15408-3 的保障组件可能依赖其他保障组件。也可以定义 ISO/IEC 15408-2 对 ISO/IEC 15408-3 组件的依赖关系,然而,这不能避免扩展的功能组件对保障组件有依赖关系,反之亦然。

组件依赖关系的描述可通过参考 ISO/IEC 15408-2 和 ISO/IEC 15408-3 的组件定义来确定。为了保证 TOE 安全要求的完整性,当基于具有依赖关系的组件的要求被合并到 PP 和 ST 中时,依赖关系应该被满足。构造包时,也应该考虑依赖关系。

换句话说:如果组件 A 有对组件 B 有依赖,意味着当 PP/ST 包含了基于组件 A 的一个安全要求,则 PP/ST 也应该包含下列情况之一:

a) 基于组件 B 的安全要求;

b) 基于在层次上高于 B 组件的安全要求;

c) 论证 PP/ST 不包含基于组件 B 的安全要求的理由。

在情况 a)和 b)中,当由于依赖关系包含了一个安全要求时,有必要以特定方法完成该安全要求上的操作(赋值、反复、细化、选择)以保证实际上满足该依赖关系。

在情况 c)中,论证不包括一个安全要求的理由时应该阐述:

- 为什么依赖关系是不需要的或者无用的;
- 依赖关系已经在 TOE 的运行环境安全要求中阐述过了。在这种情况下,应论证运行环境安全目的如何处理这种依赖关系;
- 依赖关系已经由其他的 SFR 用某些其他的方式进行了处理(扩展的 SFR,SFR 的组合等)。

### 7.3 扩展组件

在 ISO/IEC 15408 中,强制基于 ISO/IEC 15408-2 和 ISO/IEC 15408-3 组件的要求有两点例外。

a) 存在不能转化到第二部分 SFR 的 TOE 安全目的、或者存在不能转化为第三部分 SAR(如,有关密码学的评估)的第三方要求(如,法律、标准);

b) 安全目的可以被转化,但仅仅基于 ISO/IEC 15408-2 或 ISO/IEC 15408-3 的组件进行转化很困难或者很复杂。

在上述两种情况下,PP/ST 作者需要自己定义组件,这些新定义的组件被称为扩展组件。精确定义的扩展组件需要在已有组件的基础上提供扩展 SFR 和 SAR 的环境及其含义。

新组件正确定义之后,PP/ST 作者能够像其他 SFR 和 SAR 一样使用基于新定义的扩展组件的一个或多个 SFR 或 SAR。在这点上,基于 ISO/IEC 15408 的 SFR 或 SAR 与基于扩展组件的 SFR 或 SAR 之间没有本质的区别。对扩展组件的进一步要求可参考 ISO/IEC 15408-3 扩展组件定义(APE_ECD)和扩展组件定义(ASE_ECD)。

## 8 保护轮廓和包

### 8.1 引言

为了允许感兴趣的消费者群体和社会团体表达他们的安全需求,并方便编写 ST,ISO/IEC 15408 的这部分提出了两个特殊的概念:包和保护轮廓(PP)。在 8.2 和 8.3 中详细描述了这些概念,在 8.4 中描述了如何使用这些概念。

### 8.2 包

包是一个安全要求的命名集合。一个包可以是:

- 只包含 SFR 的功能包;

- 只包含 SAR 的保障包。

不允许同时包含 SFR 和 SAR 的混合包。

包可由任何团体定义,意在可重用。为此,它应包含有用的且易于组合的要求。包可以用于构造更大的包、PP 和 ST。目前没有评估包的准则,因此,任意 SFR 或 SAR 的集合都可以成为一个包。

保障包的例子是 ISO/IEC 15408-3 定义的评估保障级(EAL),ISO/IEC 15408 目前尚无功能包。

## 8.3 保护轮廓

虽然 ST 通常用于描述一个特定的 TOE(如,某个特定型号的防火墙),PP 却意在描述一类 TOE(如,防火墙)。因此,相同的 PP 可以作为模板用于构造许多不同评估中的 ST。PP 的详细描述参见附录 B。

一般来说,ST 为一个 TOE 描述要求,由 TOE 的开发者编写;而 PP 为一类 TOE 描述通用要求,典型的编写者为:

- 为一个给定 TOE 类型寻求一致要求的用户团体;
- TOE 的开发者,或者希望为该类型的 TOE 建立最小基线的类似 TOE 开发者群体;
- 为采购过程而详细说明其要求的政府或大公司。

PP 确定了允许 ST 符合 PP 的方式,即 PP 声明(在 PP 符合性声明中,见 B.5)规定了 ST 符合的方式是:

- 如果 PP 声明需要满足严格的符合性,ST 就应严格地与 PP 符合;
- 如果 PP 声明需要满足可论证的符合性,ST 就应以严格的或者可论证的方式与 PP 符合;

换言之,如果 PP 明确允许可论证的符合性,那么仅允许 ST 以至少可论证的方式与 PP 符合;

如果 ST 声明与多个 PP 符合,它将以 PP 规定的(如上)方式与每个 PP 符合。这可能意味着 ST 与某些 PP 严格符合,而与另一些 PP 满足可论证的符合性。

注意 ST 与 PP 符合是否存在质疑。ISO/IEC 15408 不认可"部分"符合。因此 PP 作者的职责是确保 PP 不会过于繁琐,而妨碍 PP/ST 作者声明与这样的 PP 符合。

由于以下认识,ST 等同于 PP,或者比 PP 约束更多:

- 所有满足该 ST 的 TOE 也满足该 PP;
- 所有满足该 PP 要求的运行环境也满足该 ST 的要求。

或者,非正式地说,(与 PP 相比)ST 应该对 TOE 施加相同的或更多的限制,并对 TOE 的运行环境施加相同的或更少的限制。

在 ST 的不同章条中可以对这个一般性的结论进行更多特定的陈述:

**安全问题定义**:ST 中的符合性基本原理应证实 ST 中的安全问题定义等同于(或更严格于)PP 中的安全问题定义。这意味着:

- 所有 TOE,若满足 ST 中的安全问题定义,也满足 PP 中的安全问题定义;
- 所有运行环境,若满足 PP 中的安全问题定义,也满足 ST 中的安全问题定义。

**安全目的**:ST 中的符合性基本原理应证实 ST 中的安全目的等同于(或更严格于)PP 中的安全目的。这意味着:

- 所有 TOE,若满足 ST 中的 TOE 安全目的,也满足 PP 中的 TOE 安全目的;
- 所有运行环境,若满足 PP 中的运行环境安全目的,也满足 ST 中的运行环境安全目的。

如果说明了与保护轮廓严格符合,则下列要求适用:

a) **安全问题定义**:ST 应包含 PP 中定义的安全问题,可以规定附加的威胁和组织安全策略,但不能规定附加的假设。
b) **安全目的**:ST:
    - 应该包含 PP 中的所有 TOE 安全目的,但也可以规定附加的 TOE 安全目的;
    - 应该包含所有的运行环境安全目的(下一点除外),但不能规定附加的运行环境安全目的;
    - 可以将 PP 中的某些运行环境安全目的指定为 ST 中的 TOE 安全目的,这称为安全目的的重新分配。如果安全目的重新赋值给 TOE,安全目的基本原理必须解释清楚哪个假设或假设的哪一部分不再是必须的。

c) 安全要求:ST 应该包含 PP 中的所有 SFR 和 SAR,但可以声明增加或增强的 SFR 和 SAR,ST 中完成的操作必须与 PP 中的操作一致;ST 中完成的操作与 PP 中完成的操作完全相同或者要求更加严格(应用细化规则)。

如果说明了与保护轮廓的可论证符合性,那么下列要求适用:

- ST 应该包含有关为什么 ST 在限制程度上被认为"等同或更严格"于 PP 的基本原理;
- 可论证的符合性允许 PP 作者描述将要解决的公共安全问题,为其解决方案需要满足的必要条件提供一般性的指导原则,已知可能有多个方法能详细说明一个解决方案。

PP 评估是可选的。评估依据 ISO/IEC 15408-3 的 APE 准则进行。此评估的用意是证实 PP 是完备的、一致的、技术上合理的,且适于用作建立其他 PP 或 ST 的模版。

在一个已评估的 PP 上建立 PP/ST 可获得两个优点:

- 在 PP 中出现错误、不确定性或缺陷的风险将少得多。如果在编写或评估新的 ST 期间,发现与 PP 有关的问题(本可以通过 PP 评估过程发现),那么在修正 PP 之前,会损失很多时间。
- 新的 PP/ST 的评估常常可以重用已评估 PP 的评估结果,从而减少评估新 PP/ST 所需付出的努力。

图 4 描述了 PP、ST 和 TOE 内容之间的关系。

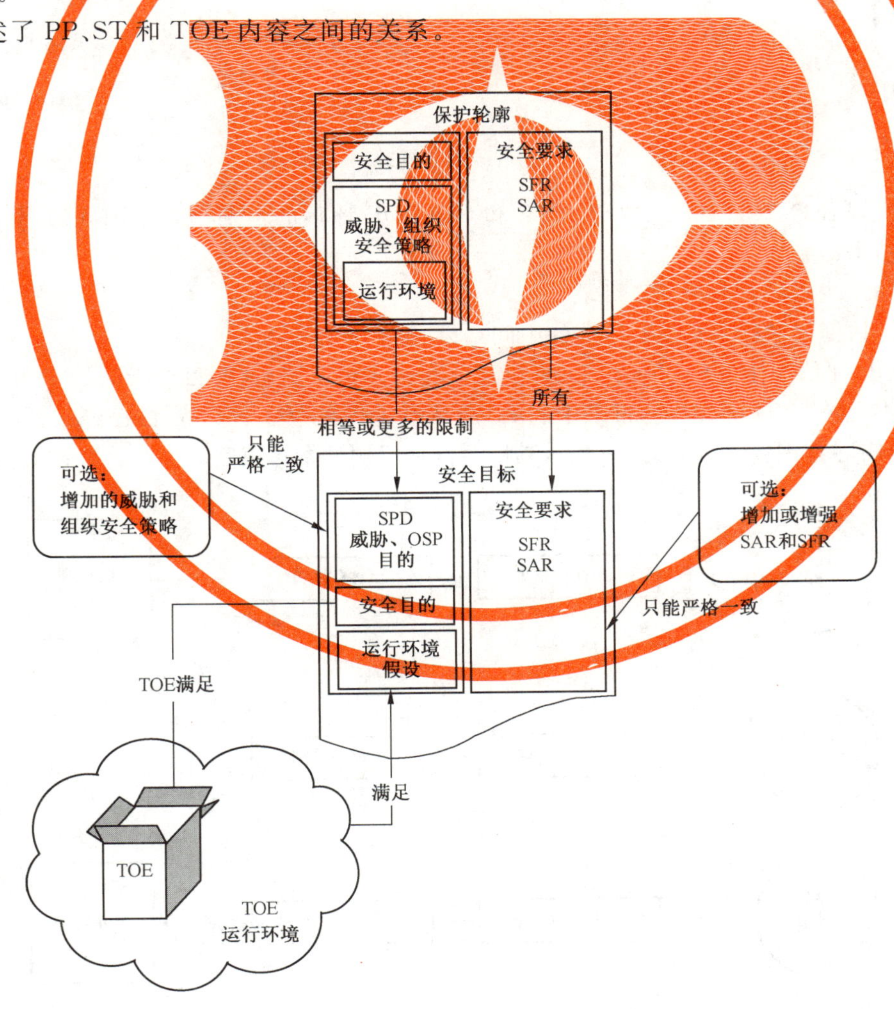


图 4 PP、ST 和 TOE 内容之间的关系

### 8.4 使用保护轮廓和包

如果 ST 声明与一个或多个包和/或保护轮廓符合,ST 的评估将(在 ST 的其他属性中)证实 ST 实际上与它们声明符合的包或 PP 符合,确定符合性的细节可参见附录 A。

这允许出现如下过程:

a) 一个寻求获取特定类型 IT 安全产品的组织根据其安全需求开发一个 PP,使其通过评估并发布;

b) 开发者采用这个 PP,编写 ST 以声明与其符合,并使其通过 ST 评估;

c) 然后开发者构造 TOE(或使用一个已存在的 TOE),并使 TOE 对照该 ST 进行评估。

结果是开发者能够证明他的 TOE 与组织的安全需求符合:组织因此能够购买该 TOE。类似情况可适用于包。

### 8.5 使用多个保护轮廓

ISO/IEC 15408 也允许 PP 与其他 PP 符合,允许基于以前的 PP 构造 PP 链。

例如,可以使用集成电路的 PP 和智能卡 OS 的 PP 构造一个智能卡 PP(IC 和 OS),在智能卡 PP 中声明与另两个 PP 符合。然后可以基于智能卡 PP 和 Applet 加载的 PP 编写一个公交智能卡 PP。最后,开发者可以基于这个公交智能卡 PP 构造一个 ST。

## 9 评估结果

### 9.1 序言

本章给出根据 ISO/IEC 18045 执行的 PP 和 ST/TOE 评估的预期结果。图 5 给出了评估过程中各评估活动的结果。

- PP 评估产生的已评估的 PP 目录。
- TOE 评估框架中使用的 ST 评估的中间结果。
- ST/TOE 评估产生的已评估的 TOE 目录。在许多情况下,这些目录指的是 TOE 所在的 IT 产品,而不是特定 TOE,因此,目录中的 IT 产品不应解释为整个 IT 产品已经被评估过,ST/TOE 评估的实际范围由 ST 定义,需要参考相关目录示例的参考书目。

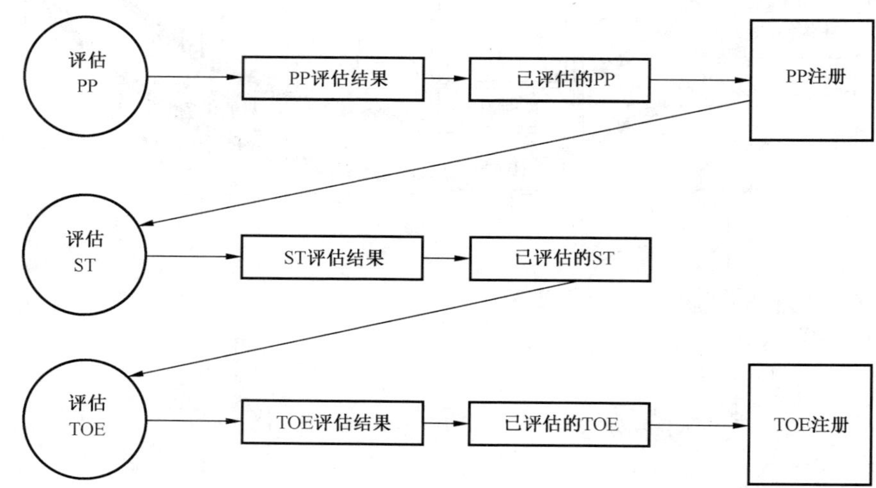


图 5 评估结果

ST 可以基于包、已评估的或未被评估的 PP,但是没有强制要求,因为 ST 不必基于任何包或 PP。

评估应能产生能引为证据的客观的和可重现的结果,即使没有绝对客观的尺度来衡量安全评估结果时也应如此。存在一套评估准则是使评估产生有意义的结果的必要的前提条件,这也为不同评估机构之间互认评估结果提供了技术基础。

一个评估结果代表了对 TOE 安全特性进行专门考察时的结果。这个结果并不自动保证适用于任何特殊的应用环境。允许一个 TOE 在特定应用环境下使用的决策应基于对多个安全因素的考虑,包括评估结果。

## 9.2 PP 评估结果

ISO/IEC 15408-3 包含了要求评估者参考的评估准则,以便声明 PP 是完备的、一致的和技术合理的,因此适于用在开发 ST 中。

评估结果也应该包括“符合性声明”(见 9.4)。

## 9.3 ST/TOE 评估结果

ISO/IEC 15408-3 包含了要求评估者参考的评估准则,以便确定 ST 中是否存在 TOE 满足 SFR 的充分保障。因此 TOE 评估将为 ST 给出通过/失败的结果。如果 ST 和 TOE 的评估结果均为通过,其基础产品就是合格的,包含在注册库中。评估结果也应该包括在 9.4 中定义的“符合性声明”。

可能有这种情况,评估结果要在随后的认证过程中使用,但这个认证过程不在 ISO/IEC 15408 的范围内。

## 9.4 符合性声明

符合性声明表示要求集合的来源由通过评估的 PP 或 ST 来满足,该符合性声明包含了一个 ISO/IEC 15408 的符合性声明:

a) PP 或 ST 声明符合的 ISO/IEC 15408 的版本的描述。

b) 与 ISO/IEC 15408-2(安全功能要求)的符合性描述:

- **ISO/IEC 15408-2 符合**:如果 PP 或 ST 中所有 SFR 仅仅基于 ISO/IEC 15408-2 的功能组件,那么该 PP 或 ST 与 ISO/IEC 15408-2 是符合的,或
- **ISO/IEC 15408-2 扩展**:如果 PP 或 ST 中有一个 SFR 不是基于 ISO/IEC 15408-2 的功能组件,那么该 PP 或 ST 是 ISO/IEC 15408-2 扩展的。

c) 与 ISO/IEC 15408-3(安全保障要求)的符合性描述:

- **ISO/IEC 15408-3 符合**:如果 PP 或 ST 中所有 SAR 仅仅基于 ISO/IEC 15408-3 的保障组件,那么该 PP 或 ST 与 ISO/IEC 15408-3 是符合的,或
- **ISO/IEC 15408-3 扩展**:如果 PP 或 ST 中有一个 SAR 不是基于 ISO/IEC 15408-3 的保障组件,那么该 PP 或 ST 是 ISO/IEC 15408-3 扩展的。

另外,符合性声明也可以包括与包有关的陈述,可以包括如下情况:

- *包选定符合*:一个 PP 或 ST 与一个预定义的包符合(如,EAL),如果:
  - PP 或 ST 中的 SFR 与包中的 SFR 相同,或
  - PP 或 ST 中的 SAR 与包中的 SAR 相同。
- *包选定增强*:一个 PP 或 ST 是一个预定义的包的增强,如果:
  - PP 或 ST 中的 SFR 包含了所有包中的 SFR,但至少增加了一个 SFR 或者有一个 SFR 级别高于包中的一个 SFR;
  - PP 或 ST 中的 SAR 包含了所有包中的 SAR,但至少增加了一个 SAR 或者有一个 SAR 级别高于包中的一个 SAR。

注意,当一个给定ST的TOE被成功评估了,ST的任何符合性声明TOE也应遵循,因此TOE也可以是如ISO/IEC 15408-2符合的。

最后,符合性声明也可以包括两个与保护轮廓相关的陈述:

a) *PP符合*:一个PP或者TOE满足特定PP,该PP作为符合性结果列出;

b) *符合性陈述*(仅对PP):该陈述描述了PP或ST必须与相关PP符合的方式:严格的或可论证的。更多信息参见附录B。

### 9.5 使用ST/TOE评估结果

一旦ST和TOE经过评估,资产所有者可以获得TOE及其运行环境对抗威胁的保障(在ST中定义的),评估结果可以由资产所有者用于决定是否接受资产暴露给威胁的风险。

然而,资产所有者应该仔细检查是否:

- ST中的安全问题定义匹配资产所有者的安全问题;
- 资产所有者的运行环境与ST中描述的运行环境安全目的符合。

如果不是这两种情况,TOE可能不适于资产所有者的目的。

另外,一旦一个已评估的TOE处于运行中,TOE中以前的未知错误或脆弱性仍然可能出现,这时,开发者可以修正TOE(修复脆弱性),或者修改ST从评估范围中排除该脆弱性,无论哪种情况,旧的评估结果可能不再有效。

如果需要重获信心,需要重新评估。ISO/IEC 15408可以用于再评估,但再评估的详细规程超出了ISO/IEC 15408的范围。

# 附 录 A
# (资料性附录)
# 安全目标规范

## A.1 本附录的用意和结构

本附录的目的是解释安全目标(ST)的概念。本附录没有定义 ASE 准则,相关定义可以在 ISO/IEC 15408-3 找到,参考书目中列出的文档提供了相应支持。

本附录有 4 个主要部分组成:

a) ST 必须包含什么。A.2 中给出概要,A.4~A.10 进行了详细描述。这些章条描述了 ST 的强制性内容及其之间的关系,并提供了示例。

b) 如何使用 ST。A.3 中给出概要,A.11 进行了详细描述。这些章条描述了应该如何使用 ST,以及一些 ST 可以回答的问题。

c) 低保障 ST。低保障 ST 是指减少了内容的 ST,在 A.12 中有详细描述。

d) 与标准一致性的声明。A.13 描述了 ST 作者如何声明 TOE 满足特定标准。

## A.2 ST 的强制性内容

图 A.1 描绘了 ST 的强制性内容,这些是在 ISO/IEC 15408-3 给出的。图 A.1 也可以用作 ST 的结构性轮廓,但其他的结构也是允许的。例如,如果安全要求基本原理内容特别多,可以放在 ST 的一个附录中而不放在安全要求的章条。在下面对 ST 各章条及其内容进行了简要概括,A.4~A.10 中进行了详细介绍。ST 一般包含:

a) *ST 引言*,以三个不同抽象形式对 TOE 进行叙述性描述;

b) *符合性声明*,表明 ST 是否声明与某些 PP 或包符合,并且如果这样,与哪些 PP 或包符合;

c) *安全问题定义*,列举威胁、组织安全策略和假设;

d) *安全目的*,表明安全问题的分析解决结果如何划分为 TOE 安全目的和 TOE 运行环境安全目的。

e) *扩展组件定义*(可选),可以定义新组件(即在 ISO/IEC 15408-2 和 ISO/IEC 15408-3 不包含的组件)。需要这些新的组件定义扩展功能要求和扩展保障要求;

f) *安全要求*:将 TOE 安全目的转化成标准语言。标准语言以 SFR 的形式描述,同样,该章条也定义了 SAR;

g) *TOE 概要规范*,表明 SFR 如何在 TOE 中实现的。

也存在减少了内容的低保障 ST,在 A.12 详细描述。除此之外,本附录所有其他内容与以上内容构成了全部 ST 的内容。

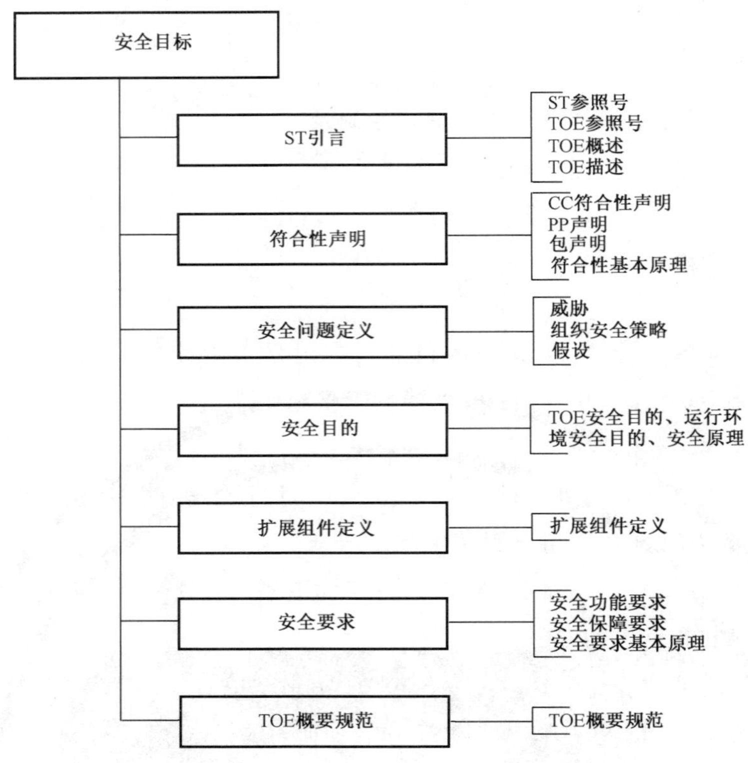


图 A.1 安全目标内容

## A.3 使用 ST

### A.3.1 应该如何使用 ST

一个典型的 ST 承担两个角色:

- 评估之前及评估期间,ST 指出"要评估什么"。在这个任务中,ST 作为开发者和评估者之间在 TOE 确切的安全属性和确切的评估范围上达成一致协议的基础。技术正确性和完备性是这个任务的主要问题。A.7 描述了在这个任务中如何使用 ST。
- 评估之后,ST 指出"被评估了什么"。在这个任务中,ST 作为开发者或销售者和 TOE 潜在消费者之间达成一致协议的基础。ST 以抽象的方式描述了 TOE 确切的安全属性,潜在消费者能够依赖这个描述,因为 TOE 已经过评估满足 ST。易用和容易理解是这个任务的主要问题。A.11 描述了在这个任务中如何使用 ST。

### A.3.2 不应使用 ST 的情况

ST 不应承担的两个角色是:

- 详细规范:ST 是较高抽象级别的安全规范。一般 ST 不应包含详细的协议规范、算法或机制的详细描述、具体操作的冗长描述等。
- 完整规范:ST 是安全规范而不是通用规范。除非与安全相关,如互联性、物理大小和重量、要求的电压等属性不应该成为 ST 的组成部分。也就是说通常 ST 可以是一个完整规范的一部分,而其本身不是一个完整规范。

## A.4 ST 引言(ASE_INT)

ST 引言在三个抽象层面上对 TOE 进行叙述性描述:

a) ST 参照号和 TOE 参照号,为 ST 及其相关的 TOE 提供标识信息;

b) TOE 概述,简要描述 TOE;

c) TOE 描述,对 TOE 进行更加详细的描述。

### A.4.1 ST 参照号和 TOE 参照号

ST 中包含了一个清晰的 ST 参照号,它标识特定的 ST。一个典型的 ST 参照号由标题、版本、作者和出版日期组成。ST 参照号的例子:"某数据库 ST,版本 1.3,某开发团队,2012 年 10 月 11 日"。

ST 也包含了一个 TOE 参照号,它标识声明与 ST 符合的 TOE。一个典型的 TOE 参照号由开发者名称、TOE 名称和 TOE 版本号组成。TOE 参照号的例子:"某数据库 v2.11"。由于一个 TOE 可能被多次评估,例如 TOE 的不同消费者进行的评估,因此会有多个 ST,TOE 参照号不是必须唯一的。

如果 TOE 由一个或多个已知产品构成,那么允许在 TOE 参照号中通过引用产品名称进行反映,但不应该用来误导消费者:不允许出现评估中没有考虑的重要部分或安全功能、同样也不允许出现在 TOE 参照号中没有反映出来的情况。

ST 参照号和 TOE 参照号便于在已评估的 TOE 或产品列表中检索和标识 ST 和 TOE 及其概要结论。

### A.4.2 TOE 概述

TOE 概述的目的是帮助 TOE 的潜在消费者,他们通过查找已评估的 TOE 或产品列表找到可能满足他们安全需求,且是他们的硬件、软件和固件支持的 TOE。通常 TOE 概述用几个段落的长度进行描述。

最后,TOE 概述简单描述 TOE 的使用和它的重要安全特征,标识 TOE 类型,并且标识 TOE 所需要的非 TOE 的硬件、软件和固件部分。

#### A.4.2.1 TOE 的用途和重要安全特征

TOE 用途和重要安全特征的描述用于给出 TOE 在安全方面具有的能力,和在某一安全环境下的用途。本条为 TOE 消费者(潜在的)编写,根据业务操作,使用消费者理解的语言描述 TOE 的用途和重要安全特征。

示例:"某数据库 v2.11 是一个用于网络环境的多用户数据库,它允许 1024 个用户同时活动,允许口令/令牌和生物识别认证,提供意外数据故障保护,能够回滚 1 万个事务,其审计特征可配置程度高,以便允许对某些用户和事务执行详细审计,同时保护其他用户和事务的隐私"。

#### A.4.2.2 TOE 类型

TOE 概述标识 TOE 的一般类型,如防火墙、VPN 防火墙、智能卡、加密调制解调器、企业网、WEB 服务器、数据库、WEB 服务器和数据库、LAN、包含 WEB 服务器和数据库的 LAN,等。

也有可能 TOE 不容易确定类型,此时也使用"无"。

在某些情况下,TOE 类型可能误导消费者,示例如下:

- 某些 TOE 因为其类型而被预期认为具备某种功能,但是 TOE 不具有该功能,如:
  ——ATM 卡类型的 TOE,不支持任何标识和鉴别功能;
  ——防火墙类型的 TOE,不支持普遍使用的协议;
  ——PKI 类型的 TOE,没有证书撤销功能。

- TOE因为其类型而被预期运行在某些运行环境中,但该TOE达不到这样的要求,如:
  ——PC操作系统型TOE,除非PC没有网络连接、软盘驱动器和CD/DVD播放器,否则其不能安全工作;
  ——防火墙,除非所有能够连接防火墙的用户都是善意的,否则防火墙不能安全工作。

#### A.4.2.3 需要的非TOE的硬件/软件/固件

尽管某些TOE不依赖其他信息技术,而许多TOE(特别是软件TOE)依赖额外的、非TOE的硬件、软件或固件。在后一种情况中,要求TOE概述标识出这样的TOE硬件、软件或固件。尽管不要求完整地,且充分详细地标识出额外的硬件、软件或固件,但是标识应该完整并尽量详细,以便潜在消费者能确定TOE需要使用的重要硬件、软件或固件。

硬件/软件/固件标识示例:

- 标准PC,处理器1 GHz以上,内存512 MB以上,某操作系统运行版本3.0,更新版本6b、c、或7,或者版本4.0;
- 标准PC,处理器1 GHz以上,内存512 MB以上,某操作系统运行版本3.0,更新版本6d,带1.0 WM驱动套件的某图形卡1.0;
- 标准PC,某操作系统,版本3.0以上;
- 智能卡SB2067集成电路;
- 智能卡SB2067集成电路,运行某智能卡操作系统V2.0;
- 某办公室局域网。

### A.4.3 TOE描述

TOE描述是TOE的叙述性描述,可能需要几页纸进行描述。TOE描述应该提供给评估者和潜在消费者对TOE安全能力的一般性理解,比TOE概述中的描述详细,TOE描述也可用于说明TOE适用的更广泛的应用环境。

TOE描述应论述TOE的物理范围:构成TOE的所有硬件、固件、软件及指南部分的一个列表。该列表应该在一定程度上进行详细描述,使读者对这些部分有一般性理解。

TOE描述也应该论述TOE的逻辑范围:一定程度上描述TOE提供的安全特征,使读者获得对这些安全特征的一般性理解。该描述应该比TOE概述中描述的重要安全特征更加详细。

物理和逻辑范围的一个重要特性是其以一种无歧义的方式描述TOE,明确哪些部分或特征在TOE之内,哪些部分或特征在TOE之外。当TOE与非TOE实体联系在一起并且不能轻易将它们分离时这显得尤其重要。

TOE与非TOE实体难界定的示例:

- TOE是智能卡IC的密码协处理器,而不是整个IC;
- TOE是除了密码处理器之外的智能卡IC;
- TOE是某防火墙v18.5的网络地址转换部件。

## A.5 符合性声明(ASE_CCL)

本条描述ST如何符合:

- ISO/IEC 15408-2和ISO/IEC 15408-3;
- 保护轮廓(如果有);
- 包(如果有)。

ST与ISO/IEC 15408符合的描述由两项组成:使用的ISO/IEC 15408的版本以及ST是否包含扩展的安全要求(见A.8)。

ST 与保护轮廓的符合性描述是指 ST 列出了其声称符合的包。这方面的解释见 9.4。

ST 与包的符合性描述是指 ST 列出了其声称符合的包。这方面的解释见 9.4。

## A.6 安全问题定义(ASE_SPD)

### A.6.1 引言

安全问题定义解释了将要处理的安全问题。涉及 ISO/IEC 15408 的安全问题定义是公认的,也就是说安全问题定义的推理过程超出了 ISO/IEC 15408 的范围。

然而,应该注意到,评估结果的有效性对 ST 依赖性很强,而且 ST 的有效性对安全问题定义的依赖性很强,因此花费有效资源并使用良好定义的过程分析推导安全问题定义常常是有价值的。

注意,按照 ISO/IEC 15408-3,不强制要求所有章条均有陈述,陈述了威胁的 ST 不必一定陈述组织安全策略,反之亦然,ST 也可能会省略假设。

也要注意,对于物理上是分布式的 TOE,可能最好是针对 TOE 运行环境的不同区域分开讨论相关威胁、组织安全策略和假设。

### A.6.2 威胁

在这一条中,给出要由 TOE、TOE 运行环境或这两者的一种组合所应对的威胁。

威胁由对资产的威胁主体执行的敌对行为组成。

敌对行为是威胁主体对资产执行的行为,这些行为会影响资产的一个或多个属性,而资产正是通过这些属性来体现价值的。

威胁主体可以被描述为单个的实体,但某些情况下以实体类或实体群体等方式来描述可能更好。

威胁主体的例子如黑客、用户、计算机进程、意外事件等。可以从专业技能、资源、机会和动机等方面进一步描述威胁主体。

威胁示例:

- 黑客(有很强的专业技能、使用标准设备、且以有偿工作的方式)从某公司网络远程拷贝机密文件;
- 蠕虫严重地降低广域网性能;
- 系统管理员侵犯用户隐私;
- 某些人员在互联网上侦听机密电子通信信息。

### A.6.3 组织安全策略(OSP)

在这一条中,给出要由 TOE、TOE 运行环境或由这两者的一种组合所执行的组织安全策略。

组织安全策略是由一个实际的(或假想的)组织目前(和/或将来)为运行环境强制(或有可能强制)要求的一些安全规则、规程和指导原则。组织安全策略可能由控制 TOE 运行环境的组织或立法机关,或者规章制定机构制定。组织安全策略可以应用于 TOE 和/或 TOE 的运行环境。

组织安全策略示例:

- 政府使用的所有产品在口令产生和加密方面必须符合国家标准;
- 只有具有系统管理员权限并获得部门许可的用户才允许管理部门文件服务器。

### A.6.4 假设

本条说明了为了能够提供安全功能,对运行环境所做的假设。如果 TOE 被放在不满足这些假设的运行环境中,TOE 可能不再能提供它所有的安全功能。假设可以是关于运行环境的物理、人员和连通性方面的。

假设示例：

- 运行环境物理方面的假设：
  ——假设 TOE 放在经过电磁辐射最小化设计的房间中；
  ——假设 TOE 的管理员控制台放在受限访问区域中。
- 运行环境人员方面的假设：
  ——假设为了操作 TOE,TOE 的用户经过了充分的培训；
  ——假设 TOE 的用户被批准为允许接触国家涉密信息；
  ——假设 TOE 的用户不会写下他们的口令。
- 运行环境连通性方面的假设：
  ——假设 PC 工作站至少具有 10 GB 可用磁盘空间运行 TOE；
  ——假设 TOE 是该工作站上运行的唯一的非 OS 应用；
  ——假设 TOE 不会连接到不可信网络。

注意,评估期间这些假设均被认为是真实的:他们不会以任何方式被测试。出于这些理由,只能对运行环境做假设。由于评估是由关于 TOE 的评估断言组成,而不是通过假设 TOE 断言是真实的来完成的,所以决不能对 TOE 的行为做假设。

## A.7 安全目的(ASE_OBJ)

安全目的是以简明抽象的方式对安全问题定义中所定义问题的预期解决方案进行的陈述。安全目的的作用有三方面：

- 为安全问题提供高层的、以自然语言描述的解决方案；
- 将该解决方案划分为两个局部方式的解决方案,以反映出每个不同实体都必须处理一部分问题；
- 证实这些局部方式的解决方案构成了一个对安全问题的完整解决方案。

### A.7.1 高层解决方案

安全目的由一组不过度地体现具体细节,且简明清晰的陈述组成,总体形成了一个安全问题的高层解决方案。安全目的的这一抽象层次对于知识丰富的 TOE 的潜在消费者是清晰的和可理解的。安全目的使用自然语言描述。

### A.7.2 局部方式的解决方案

在 ST 中,由安全目的描述的高层解决方案被划分为两部分,分别称为 TOE 安全目的和运行环境安全目的,以反映出这两个局部方式的解决方案将分别由 TOE 和运行环境这两个不同实体提供。

#### A.7.2.1 TOE 安全目的

TOE 提供安全功能以解决在安全问题定义中提到的某部分问题。这种局部方式的解决方案称为 TOE 安全目的,由一组为解决该部分问题而应该实现的目的组成。

TOE 安全目的示例：

- TOE 应保持在它和服务器之间所传输文件的内容的机密性；
- 在允许用户访问 TOE 提供的传输服务之前,TOE 应该标识和鉴别所有用户；
- TOE 应该根据 ST 附录 3 中描述的数据访问策略限制用户对数据的访问。

如果 TOE 在物理上是分布式的,最好将 ST 章条中的 TOE 安全目的部分划分为反映这种情况的子章条进行描述。

#### A.7.2.2 运行环境安全目的

TOE 的运行环境实现了一些技术和规程方面的措施,以帮助 TOE 正确提供(由 TOE 安全目的定义的)安全功能。该局部的解决方案被称为运行环境安全目的,由一组运行环境应该达到的目标陈述组成。

运行环境安全目的的示例:

- 运行环境应提供安装了版本为 3.01b 的某 OS 的工作站以运行 TOE;
- 在允许操作 TOE 之前,运行环境应确保所有 TOE 人员用户接受适当培训;
- TOE 运行环境应限制管理人员和由管理人员陪同的维护人员对 TOE 的物理访问;
- 在将 TOE 产生的审计日志发送给中央审计服务器之前,运行环境应保证它们的机密性。

如果 TOE 的运行环境由多个场所组成,每个都有不同特性,最好将包含运行环境安全目的的 ST 章条划分为几个子条来反映这种情况。

### A.7.3 安全目的和安全问题定义之间的关系

ST 也包含安全目的基本原理,包含两部分:

- 追溯部分,用于描述每个安全目的分别处理哪些威胁、组织安全策略和假设;
- 证明部分,用于论述所有的威胁、组织安全策略和假设都可以被安全目的有效处理。

#### A.7.3.1 安全目的和安全问题定义之间的追溯

追溯说明了安全目的如何映射到安全问题定义中描述的威胁、组织安全策略和假设。

a) *没有伪造的目的*:每个安全目的至少追溯到一个威胁、组织安全策略和假设;
b) *完全覆盖了安全问题定义*:每个威胁、组织安全策略和假设至少可由一个安全目的追溯到;
c) *正确追溯*:由于假设总是围绕着运行环境中的 TOE 进行,所以 TOE 的安全目的不能追溯到假设。ISO/IEC 15408-3 允许的追溯在图 A.2 中描述。

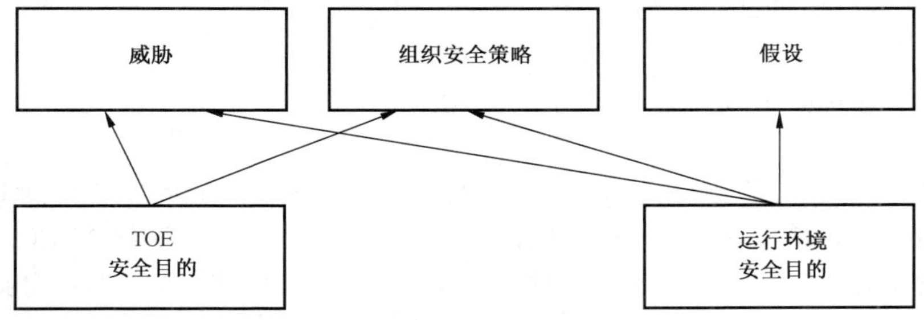


**图 A.2 安全目的和安全问题定义间的追溯**

多个安全目的可以追溯到相同的威胁,表明这些安全目的共同对抗该威胁。对组织安全策略和假设也是如此。

#### A.7.3.2 提供对追溯的论证

安全目的基本原理也证实了追溯是有效的:如果所有安全目的对特定的威胁、组织安全策略和假设的追溯都已完成,那么所有给定的威胁、组织安全策略和假设均被处理(如,分别被对抗、被实施、被支持)。

该证实分析实现对抗威胁、实施组织安全策略和支持假设的相关安全目的的效果,并且得出确实如此的结论。

在某些情况下,部分安全问题定义与某些安全目的很相似,此时证实可以很简单。如:威胁"T17:威胁主体读取了 A 和 B 之间的机密信息",TOE 的一个安全目的"OT12:TOE 应确保 A 和 B 之间传输的所有信息保持机密性",证实"T17 直接由 OT12 与之对抗"。

#### A.7.3.3 对抗威胁

对抗一个威胁不一定意味着要消除那个威胁,也可以意味着充分的减少该威胁或者充分的缓解该威胁。

消除威胁示例:

- 消除威胁主体执行敌对行为的能力;
- 移动、改变或保护资产以便敌对行为不再适用于它;
- 消除威胁主体(如,从网络中移除频繁使该网络崩溃的设备)。

减少威胁示例:

- 限制威胁主体完成敌对行为的能力;
- 限制威胁主体执行敌对行为的机会;
- 减少成功执行敌对行为的可能性;
- 通过威慑手段减少威胁主体执行敌对行为的动机;
- 增大威胁主体需要的技能或资源。

缓解威胁的作用示例:

- 频繁作资产备份;
- 获取资产的多余拷贝;
- 给资产上保险;
- 确保及时检测到成功的敌对行为,以便采取适当行动。

#### A.7.4 安全目的:结束语

根据安全目的和安全目的基本原理,可以得出下列结论:如果所有安全目的都可实现,那么就解决了在 ASE_SPD(安全问题定义)中定义的安全问题,因为所有的威胁都被应对了,所有的组织安全策略都得到了实施,而所有的假设也都得到了支持。

## A.8 扩展的组件定义(ASE_ECD)

在许多情况下,ST 中的安全要求(见 A.9)基于的是 ISO/IEC 15408-2 和 ISO/IEC 15408-3 的组件。然而,某些情况下,可能有 ST 中的要求不是基于 ISO/IEC 15408-2 和 ISO/IEC 15408-3 的组件的情况。在这种情况下,新组件(扩展组件)必须被定义,并且该定义应该在扩展组件定义中进行。有关的更多信息参见附录 C.4。

注意,本条将只包含扩展组件,不包括扩展要求(要求基于扩展组件)。扩展要求应该包含在安全要求中(见 A.9),与基于 ISO/IEC 15408-2 和 ISO/IEC 15408-3 组件要求的所有目的相同。

## A.9 安全要求(ASE_REQ)

安全要求由两组要求构成:

a) 安全功能要求(SFR):将 TOE 安全目的转化为标准语言;

b) 安全保障要求(SAR):TOE 满足 SFR 所要获得的保障描述。

这两组要求在 A.9.1 和 A.9.2 中讨论。

### A.9.1 安全功能要求(SFRs)

SFR 是 TOE 安全目的的转化。他们通常是以一个较详细且抽象的形式表述,但他们必须是一个完全的转化(安全目的必须被完全对应)并且独立于任何特定的技术解决方案(实现)。ISO/IEC 15408要求其转化为一个标准化语言有几个理由:

- 提供要评估什么的精确描述。因为TOE的安全目的一般用自然语言描述,转化为标准化语言使得TOE的功能性描述更加精确;
- 允许两个ST之间比较。不同的ST作者可能使用不同的术语描述他们的安全目的,标准化的语言使用了相同的术语和概念。这使得容易进行比较。

ISO/IEC 15408中没有要求对运行环境安全目的进行转化,因为不会评估运行环境,因此不需要针对其评估进行描述。与运行系统安全评估相关的条款见参考书目。

可能出现部分运行环境在另外的评估中被评估的情况,但这超出了当前评估的范围。如:操作系统TOE可能要求一款防火墙在其运行环境中。另一个评估可能随后评估该防火墙,但该评估没有做操作系统TOE的任何评估。

#### A.9.1.1 ISO/IEC 15408如何支持转化

ISO/IEC 15408支持三种方式的转化:

a) 提供预定义的明确的"语言"精确描述要评估什么。该语言由ISO/IEC 15408-2中定义的一组组件定义。使用该语言作为将TOE安全目的向SFR进行恰当转化是强制的,虽然有些例外情况会存在(见7.3)。

b) 提供操作:该机制允许ST作者定义SFR以便提供更精确的TOE安全目的的转化。ISO/IEC 15408的这部分定义了四种允许的操作:赋值、选择、反复、细化。这些在C.2进一步描述。

c) 提供依赖关系:该机制支持更全面的向SFR的转换。在ISO/IEC 15408-2语言中,SFR可以有对其他SFR的依赖关系。这表示如果ST使用了该SFR,那么,它一般也需要使用另外一些其依赖的SFR。对于ST作者来说需要更大的努力以便全面包含必要的SFR从而提高ST的全面性。依赖关系在7.2中进一步描述。

#### A.9.1.2 SFR和安全目的之间的关系

ST也可以包含一个安全要求基本原理,由与SFR相关的两条内容组成:

- 追溯即是表明SFR与TOE安全目的的对应关系;
- 论证所有TOE安全目的都已由SFR做了有效对应。

##### A.9.1.2.1 SFR和TOE安全目的之间的追溯

说明SFR如何追溯到TOE安全目的的映射如下:

a) 没有伪造的SFR:每个SFR至少追溯到一个安全目的;

b) 完全覆盖TOE安全目的:每个TOE安全目的至少有一个SFR追溯。

多个SFR可以追溯到相同的TOE安全目的,表明那些安全要求共同满足TOE的该安全目的。

##### A.9.1.2.2 对追溯提供论证

安全要求基本原理证实追溯是有效的:如果追溯到TOE的特定安全目的的所有SFR被满足,那么TOE的安全目的就达到了。

该证实应该分析满足实现TOE安全目的的相关SFR的有效性,并且得出情况确实如此的结论。

存在SFR与TOE安全目的表述十分接近的情况,此时证实可以很简单。

#### A.9.2 安全保障要求(SARs)

SAR是对如何评估TOE的描述。该描述使用标准语言有两个理由:

- 提供 TOE 如何被评估的精确描述。使用标准化语言帮助建立精确的描述，避免含糊不清；
- 允许两个 ST 之间比较。因为不同的 ST 作者可能使用不同的术语描述评估，标准化的语言使用了相同的术语和概念。这使得容易进行比较。

该标准化语言由 ISO/IEC 15408-3 中定义的一组组件定义。该语言的使用是强制的，虽然存在某些例外情况。ISO/IEC 15408 用两种方法增强该语言：

a) 提供操作：该机制允许 ST 作者定义 SAR。ISO/IEC 15408 有 4 种操作：赋值、选择、反复、细化。这些在 7.1 中进一步描述。

b) 提供依赖关系：该机制支持更全面的向 SAR 的转化。在 ISO/IEC 15408-3 语言中，SAR 可以有对其他 SAR 的依赖关系，这表示如果 ST 使用了该 SAR，那么，它一般也需要使用另外一些其他的 SAR。对于 ST 作者来说需要更大的努力以便全面包含必要的 SAR 从而提高 ST 的全面性。依赖关系在 7.2 中进一步描述。

#### A.9.3 SARs 和安全要求基本原理

ST 也包含了一个安全要求基本原理，解释为什么该 SAR 特定集合是合适的。对该解释没有特定要求。解释的目的是使 ST 的读者理解选择该特定集合的理由。

不一致的例子是安全问题描述中提到威胁代理的能力很强，而 SAR 中包含了低(或无)脆弱性分析(AVA_VAN)。

#### A.9.4 安全要求：结束语

在 ST 的安全问题定义中，安全问题定义为由威胁、组织安全策略和假设组成。在 ST 的安全目的一条中，以两个子章条的形式提供了为解决安全问题要实现的安全目的。

- TOE 安全目的；
- 运行环境安全目的。

另外，提供了安全目的基本原理以便说明是否达到所有安全目的，安全问题就解决了：所有的威胁被对抗、所有的组织安全策略被实施、所有的假设被支持。

在 ST 的安全要求一条中，TOE 安全目的被转化成 SFR，并且提供了安全要求基本原理表明是否所有 SFR 被满足，所有 TOE 安全目的就达到了。

另外，提供了一组 SAR，表明 TOE 如何被评估，以及选择这些 SAR 的解释。

上述内容可以综合为这样的陈述：如果所有 SFR 和 SAR 被满足并且所有运行环境安全目的被达到，那么存在 ASE_SPD 中定义的安全问题被解决的保障：所有威胁被对抗、所有组织安全策略被实施、所有假设被支持。如图 A.3 所示。

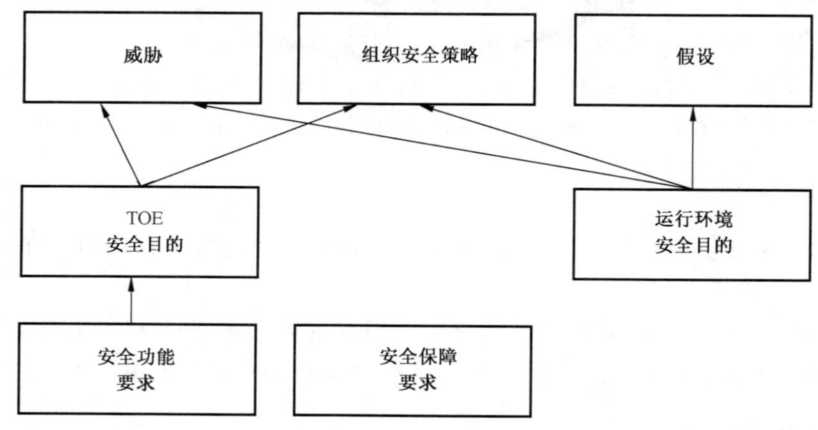


图 A.3 安全问题定义、安全目的和安全要求之间的关系

获得的保障程度由 SAR 说明,保障程度是否充分由选择这些 SAR 的解释说明。

## A.10 TOE 概要规范(ASE_TSS)

TOE 概要规范的目的是向 TOE 的潜在消费者提供 TOE 如何满足 SFR 的描述。TOE 概要规范应该提供 TOE 用于该目的的一般性技术机制。描述的详细程度应该使潜在消费者能够充分理解 TOE 的一般形态和实现。

**例如**:如果 TOE 是一个互联网 PC,其 SFR 包含 FIA_UAU.1 详细说明了需要鉴别,那么 TOE 概要规范就应该表明这个鉴别如何做:口令、令牌、虹膜扫描等。给出更多的信息,如 TOE 用于满足 SFR 的可适用标准,或者也可以提供更多细节描述。

## A.11 ST 可解答的问题

评估之后,ST 指明"评估什么"。在这个任务中,ST 作为 TOE 开发者或销售者和 TOE 潜在消费者之间达成一致协议的基础。ST 因此可以回答下述问题(或更多):

a) 我如何能够在给出的多个已存在的 ST/TOE 中找出我需要的 ST/TOE? 该问题由 TOE 概述阐述,在那里给出了 TOE 的简要(几个段落)描述。
b) TOE 适合我现有的 IT 基础设施吗? 该问题由 TOE 概述阐述,在那里标识出了运行 TOE 所需要的硬件/固件/软件元素。
c) TOE 适合我现有的运行环境吗? 这个问题由运行环境安全目的阐述,在那里标识了 TOE 为发挥作用所受到的运行环境所有限制。
d) TOE 做什么(感兴趣的读者)? 该问题由 TOE 概述阐述,在那里给出了 TOE 的简要(几个段落)描述。
e) TOE 做什么(潜在消费者)? 该问题由 TOE 描述处理,在那里给出了 TOE 的简要(几页)描述。
f) TOE 做什么(偏技术)? 该问题由 TOE 概要规范阐述,在那里提供了 TOE 使用机制的深层次的描述。
g) TOE 做什么(专家)? 该问题由提供了抽象的高级技术描述的 SFR 以及由提供了附加细节的 TOE 概要规范阐述。
h) TOE 处理政府/组织定义的问题吗? 如果政府/组织已经定义了该解决方案的已定义的包或 PP,那么答案可以在 ST 的符合性声明一条中找到,在那里列出了 ST 符合的所有包和 PP。
i) TOE 处理我的安全问题了吗(专家)? 什么是 TOE 对抗的威胁? 它实施的组织安全策略是什么? 做了哪些有关运行环境的假设? 这些问题由安全问题定义阐述。
j) 我可以信任 TOE 到什么程度? 这能够在安全要求一条的 SAR 中找到,那里提供了评估 TOE 使用的保障级别,因此是相关评估提供了对 TOE 正确性的信任。

## A.12 低保障安全目标

写 ST 不是一件简单的事情,特别是在整个低保障级别的评估中,开发者和评估者的大部分努力都可能要花在这个方面。出于这种原因,也可写一个适用于低保障级别的 ST。

ISO/IEC 15408 允许使用低保障 ST 作 EAL1 评估,EAL2 及以上不可以。低保障 ST 只能声明符合一个低保障 PP(参见附录 B)。一个常规的 ST(如,有全部内容)可以声明与一个低保障的 PP 符合。

低保障 ST 与常规 ST 相比明显减少了一些内容,如:

- 不用描述安全问题定义；
- 不用描述 TOE 安全目的，但运行环境安全目的仍然必须描述；
- 由于 ST 中没有安全问题定义，所以不用描述安全目的的基本原理；
- 由于 ST 中没有 TOE 安全目的，所以安全要求基本原理只需要论证未被满足的依赖关系。

其余内容包括：

a) TOE 和 ST 参照号。

b) 符合性声明。

c) 各种叙述性描述：

  1) TOE 概述；

  2) TOE 描述；

  3) TOE 概要规范。

d) 运行环境安全目的。

e) SFR 和 SAR(包括扩展组件定义)，以及安全要求基本原理(只要求未满足的依赖关系)。

低保障 ST 中削减后的内容如图 A.4 所示。

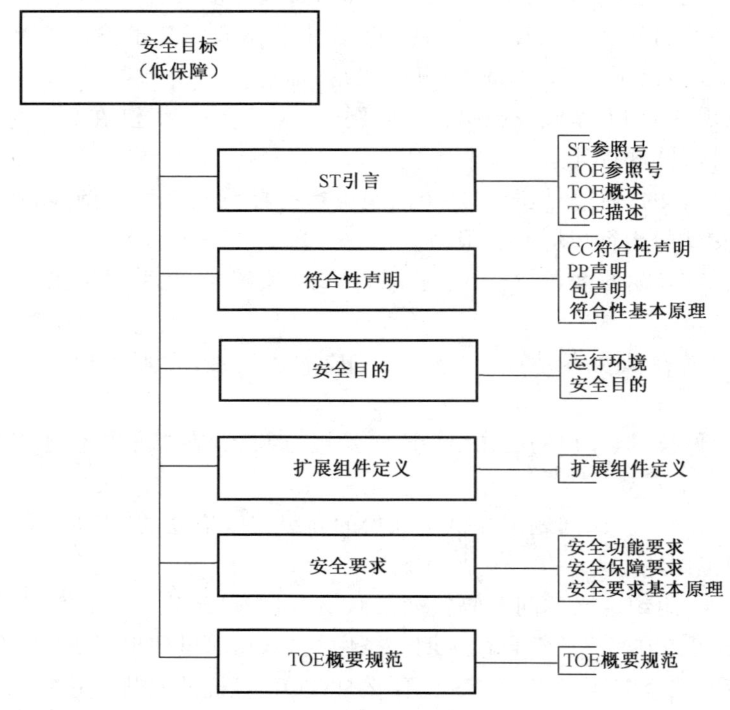


图 A.4 低保障安全目标内容

## A.13 在 ST 中引用其他标准

在某些情况下，ST 作者可能希望引用外部标准，如特定的密码标准或协议。为此，ISO/IEC 15408 提供了 3 种方法：

a) 作为组织安全策略(或者组织安全策略的一部分)：

**例如**：如果有一个国标定义如何选择口令，可以将它在 ST 中作为组织安全策略声明。这可能会产生一个环境目的(如，如果 TOE 用户需要因此选择口令)，或者如果 TOE 生成口令，可能产生 TOE 安全目的，进而产生适当的 SFR(可能是 FIA 类)。在这两种情况下，开发者需要为 TOE 安全目的和适于实现组织安全策略的

SFR 作出合理的基本原理。评估者需要检查其事实上是否合理(可能决定因此而查看标准),是否像在下面解释的那样,组织安全策略由 SFR 实现。

b) 作为技术标准(如某密码标准)用于细化 SFR:
在这种情况下,与标准的符合性是 TOE 的 SFR 实现的一部分,标准的全文被看作 SFR 的一部分。随后确定符合性,就像与 SFR 的任何其他符合性一样:通过在 ADV 和 ATE 评估活动中进行设计分析和测试,来确定 SFR 在 TOE 中已被完全实现。如果仅仅引用了标准中的特定部分,该部分应该明确地在 SFR 的细化过程中说明。

c) 作为技术标准(如某密码标准)在 TOE 概要规范中提及:
只能把 TOE 概要规范看作是如何细化 SFR 的一个解释,并不像 SFR 或 ADV 交付文档那样被完全用于规范严格的实现要求。因此,若 TOE 概要规范引用了一个技术标准,而在 ADV 相关的证据文件中又没有反映它,评估者可能会发现其中存在着不一致,但又无法通过例行活动测试与该标准的一致性。

# 附 录 B
（资料性附录）
保护轮廓规范

## B.1 本附录的目标和结构

本附录的目标是解释保护轮廓(PP)的概念。本附录没有定义 APE 准则；这个定义可以在 ISO/IEC 15408-3 找到，并由参考书目中给出的文档提供支持。

由于 PP 和 ST 有众多重叠，本附录突出了 PP 和 ST 之间的不同。ST 和 PP 相同的内容描述在附录 A 中。

本附录有 4 个主要部分：

a) PP 必须包含的内容。这部分内容在 B.2 中给出概要，在 B.4～B.9 中给出详细描述。这些章条描述 PP 的强制内容、这些内容之间的相互关系，并提供示例。

b) 如何使用 PP。在 B.3 中给出概要。

c) 低保障 PP。低保障 PP 是指减少了内容的 PP，在 B.11 中有详细描述。

d) 标准一致性声明。B.12 描述了 PP 作者如何声明 TOE 满足特定标准。

## B.2 PP 的强制内容

图 B.1 描绘了 ISO/IEC 15408-3 给出的 PP 的强制内容。图 B.1 也可以用作 PP 的结构性轮廓，虽然允许选择两种结构之一。如，安全要求基本原理特别多，可以放在 PP 的附录中而不放在安全要求的章条中。PP 的各个章条及这些章条的内容在下面简单总结，并在 B.4～B.9 中详细介绍。PP 一般包含：

a) PP 引言：含有 TOE 类型的叙述性描述；

b) 符合性声明：表明 PP 是否声明与任何 PP 或包符合，并且如果这样，与哪个 PP 或包符合；

c) 安全问题定义：表明威胁、组织安全策略和假设；

d) 安全目的：表明安全问题的分析解决结果是如何划分为 TOE 安全目的和 TOE 运行环境安全目的；

e) 扩展组件定义：可以定义新组件(如这些组件不包含在 ISO/IEC 15408-2 和 ISO/IEC 15408-3 中)，需要这些新的组件定义扩展功能要求和扩展保障要求；

f) 安全要求：将 TOE 安全目的转化成标准语言。标准语言以安全功能要求的形式描述，同样，该章条也定义了安全保障要求。

也存在减少了内容的低保障 PP；在 B.11 详细描述。除此之外，本附录所有其他内容与以上内容构成了全部 PP 的内容。

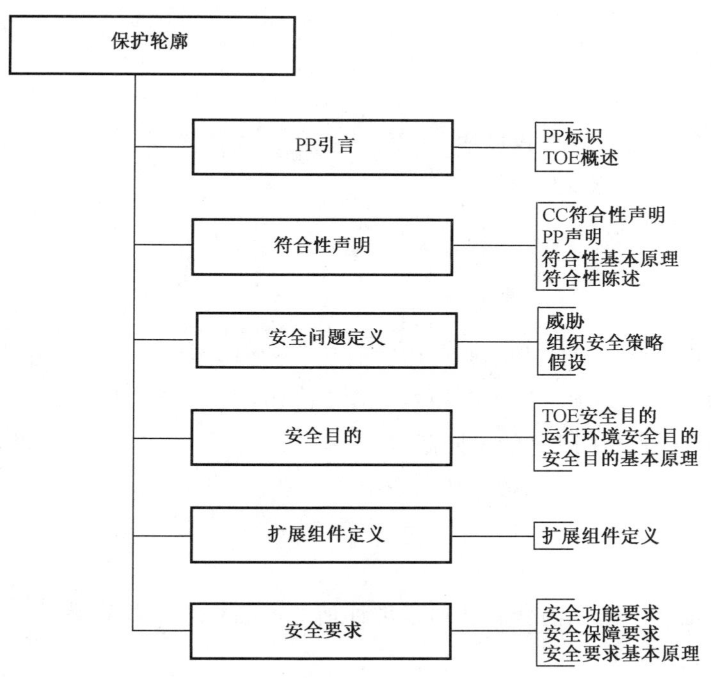


图 B.1 保护轮廓内容

## B.3 使用 PP

### B.3.1 如何使用 PP

一个典型的 PP 一般是对需求的陈述,由用户群体、管理实体、开发组织定义的通用的安全要求集合。PP 给消费者提供了一种引用该集合的参考,以便于以后针对这些需求的评估。

因此,一个 PP 一般用于:

- 特定消费者或消费者群体的部分要求规范,这些消费者只考虑购买符合该 PP 的 IT 类型的产品;
- 特定管理实体的部分规章制度,他们只允许使用符合该 PP 的特定类型的 IT 产品;
- IT 开发者对 IT 产品定义的基线,他们达成协议生产的所有该类 IT 产品将满足该基线要求。

当然不排除其他的使用情景。

### B.3.2 不应使用 PP 的情况

PP 不适用的三个角色是:

- 详细规范:PP 是较高抽象级别的安全规范。一般 PP 不应该包含详细的协议规范、详细的算法或机制的描述、具体操作的冗长描述等。
- 完整规范:PP 是安全规范而不是通用规范。除非与安全相关,如互联性、物理大小和重量、要求的电压等属性不应该成为 PP 的构成部分。一般来说 PP 可以是一个完整规范的一部分,而其本身不是一个完整规范。
- 单一产品的规范:与 ST 不同,PP 是描述特定类型的 IT,而不是某单一产品。仅仅描述单一产品时,最好使用 ST。

## B.4 PP 引言(APE_INT)

PP 引言以两种抽象的叙述性方式描述 TOE：

a) PP 标识：为 PP 提供标识信息；

b) TOE 概述：简单描述 TOE。

### B.4.1 PP 标识

PP 中包含了一个识别特定 PP 的清晰的 PP 标识。一个典型的 PP 标识由标题、版本、作者和出版日期组成。PP 标识的例子："某加密器 PP，版本 2b，某机构，2003 年 4 月 7 日"。这个标识必须是唯一的，以便可以区分不同 PP 和相同 PP 的不同版本。

PP 标识利于编目和 PP 引用及其在 PP 列表中的内容。

### B.4.2 TOE 概述

TOE 概述的目的是帮助潜在消费者从通过被评估的产品列表中找到满足他们安全需求、并通过硬件、软件和固件得到支持的 TOE。

TOE 概述也适用于通过使用 PP 设计 TOE 的开发者或改进现有已生产的产品。

通常用几个段落的篇长对 TOE 进行概述性描述。

最后，TOE 概述简单描述了 TOE 的用途和它的重要安全特征，标识 TOE 类型，标识 TOE 可用的主要的非 TOE 硬件、软件和固件。

#### B.4.2.1 TOE 的用途和重要安全特征

TOE 用途和重要安全特征的描述用于给出 TOE 应该具有的能力和可能的使用方面的一般情况。本条为 TOE 消费者(潜在的)编写，根据业务操作，使用消费者理解的语言描述 TOE 的用途和重要安全特征。

**示例**："某加密器是一个加密设备，允许通过某电缆电话系统进行机密性通信。最终，应该允许至少 32 个不同用户使用，支持至少 100 Mbps 的加密速度，应该允许跨越整个网络的船和电台之间的双边通信"。

#### B.4.2.2 TOE 类型

TOE 概述识别了 TOE 的一般类型，如防火墙、VPN 防火墙、智能卡、加密调制解调器、企业网、WEB 服务器、数据库、WEB 服务器和数据库、LAN、包含 WEB 服务器和数据库的 LAN 等。

#### B.4.2.3 可用的非 TOE 的硬件/软件/固件

某些 TOE 不依赖其他 IT、而许多 TOE(特别是软件 TOE)依赖另外的、非 TOE 的硬件、软件或固件，在后一种情况中，要求 TOE 概述标识出这样的 TOE 硬件、软件或固件。

由于保护轮廓不是为一款特定产品而编写，许多情况下只能给出可用硬件/软件/固件的一般情况，在另一些情况中，可以提供更多特定信息，如，已知平台的特定消费者的要求规范。

硬件/软件/固件标识示例：

- 无(单机 TOE)；
- 运行在普通 PC 上的某操作系统 3.0；
- 智能卡 SB2067 集成电路；

- 运行某智能卡操作系统 V2.0 的智能卡 SB2067 集成电路；
- 某局域网。

## B.5 符合性声明(APE_CCL)

PP 的本章条描述 PP 如何与其他 PP 和包符合，除符合性陈述之外，与 ST 的符合性声明章条相同(见 A.5)。

PP 中的符合性陈述说明 ST 或其他 PP 必须如何符合该 PP。PP 作者需要选择“严格的”或者“可论证的”符合性方式，相关细节参见附录 D。

## B.6 安全问题定义(APE_SPD)

本条与 ST 的安全问题定义一条相同，解释见 A.6。

## B.7 安全目的(APE_OBJ)

本条与 ST 的安全目的一条相同，解释见 A.7。

## B.8 扩展的组件定义(APE_ECD)

本条与 ST 的扩展的组件定义一条相同，解释见 A.8。

## B.9 安全要求(APE_REQ)

本条与 ST 的安全要求一条相同，解释见 A.9。值得注意的是，完成 PP 中的操作与完成 ST 中操作的规则略有不同，详细的解释见 7.1。

## B.10 TOE 概要规范

PP 没有 TOE 概要规范。

## B.11 低保障的保护轮廓

像低保障 ST 与常规 ST 的关系一样，低保障 PP 与常规 PP(即有全部内容的 PP)有同样的关系。就是说低保障 PP 由下述部分组成：

a) PP 引言，由 PP 标识和 TOE 概述组成；

b) 符合性声明；

c) 运行环境安全目的；

d) SFR 和 SAR(包括扩展的组件定义)和安全要求基本原理(只有依赖关系不满足时需要)。

低保障 PP 只能声明与一个低保障 PP 符合(见 B.5)，常规 PP 可以声明与低保障 PP 符合。

被减少内容的低保障 PP 见图 B.2。

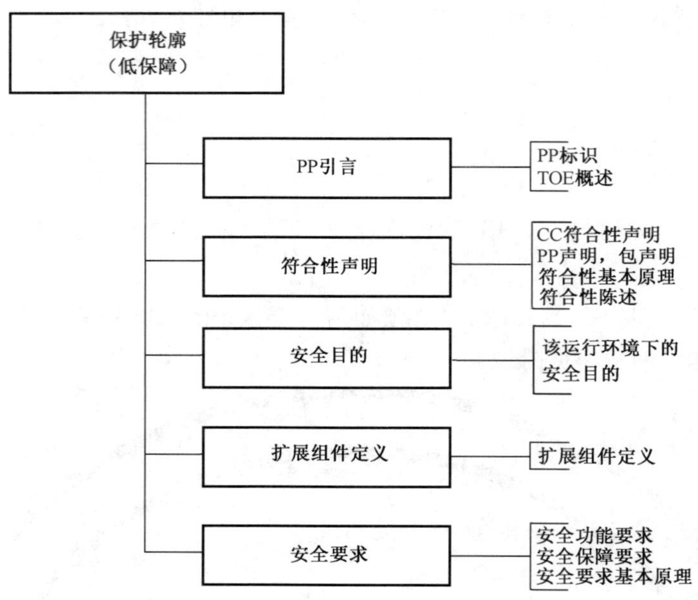


图 B.2 低保障保护轮廓内容

## B.12 在 PP 中引用其他标准

本条与 A.13 中描述的有关 ST 的标准相同，不同的是，PP 没有 TOE 概要规范，第三个选择对 PP 无效。

提醒 PP 作者，在 SFR 中引用一个标准可能会强加给开发 TOE 的开发者为满足该 PP 的重大负担(与标准的大小和复杂度以及所需要的保障级别有关)，因此这种情况可能更适合于要求二选一(非 CC 相关)方法评估与该标准的符合性。

# 附 录 C
（资料性附录）
# 操 作 指 南

## C.1 引言

如 ISO/IEC 15408 第一部分中的描述，保护轮廓和安全目标包含预先定义的安全要求，也提供给 PP 和 ST 作者在某些环境中扩展组件列表的能力。

## C.2 操作示例

7.1 给出了 4 种类型的操作，4 种操作示例描述如下：

### C.2.1 反复操作

如同 7.1.1 中描述的，反复操作可以在每一个组件上执行，PP/ST 作者通过包含基于同一个组件的多个要求执行反复操作。组件的每一个反复操作不同于该组件的所有其他操作，这些操作通过用不同的方法完成赋值和选择来实现，或者通过以不同的方法对它进行细化来实现。不司的反复应该被唯一标识，以便提供清晰的基本原理、追溯到这些要求以及从这些要求进行追溯。

一个典型的反复操作的例子是为了要求两种不同加密算法的实现，反复了两次 FCS_COP.1 密码运算操作，被唯一标识的每个反复的示例如下：

- 密码运算(RSA 和 DSA 签名)[FCS_COP.1(1)]；
- 密码运算(TLS/SSL：对称操作)[FCS_COP.1(2)]。

### C.2.2 赋值操作

如同 7.1.2 描述的，赋值操作出现在给定组件中，该组件包含着可以由 PP/ST 作者设置参数的元素。参数可以是一个无约束变量，或者是一个特定取值范围内缩小变量的规则。

具有赋值元素的例子是：FIA_AFL.1.2“当达到或超过所定义的不成功鉴别尝试次数时，TSF 应[赋值：动作列表]”。

### C.2.3 选择操作

如同 7.1.3 中描述的，选择操作出现在一个包含着选择元素的给定组件中，该选择元素必须由 PP/ST 作者从几个选项中作出选择。

具有选择元素的例子是：FPT_TST.1.1“TSF 应在(选择：在初始化启动期间、正常运行期间周期性的、授权用户请求时、满足[赋值：产生自检的条件]时)运行一套自检以证实...”。

### C.2.4 细化操作

如同 7.1.4 中描述的，细化操作可以在每一个要求上执行。PP/ST 作者通过修改要求来执行细化。

一个有效细化的例子是 FIA_UAU.2.1“在允许执行代表该用户的任何其他 TSF 促成动作前，TSF 应要求每个用户都已被成功鉴别。”被细化为“在允许执行代表该用户的任何其他 TSF 促成动作前，TSF 应要求每个用户都已通过用户名/口令被成功鉴别。”

细化操作的第一条规则是满足细化要求的 TOE 也要满足 PP/ST 中未细化的要求(即细化要求必

须比原始要求“更严格”)。这个规则的唯一例外情况是允许 PP/ST 作者细化 SFR 以便应用到部分但非全部主体、客体、操作、安全属性或外部实体。

这个例外的一个例子是 FIA_UAU.2.1“在允许执行代表该用户的任何其他 TSF 促成动作前,TSF 应要求每个用户都已被成功鉴别。”被细化为“在允许执行代表该用户的任何其他 TSF 促成动作前,TSF 应要求每个**来自互联网的**用户都已被成功鉴别。”

细化操作的第二条规则是细化应该与原始组件相关。如,细化一个具有防止电磁辐射的附加元素的审计组件是不被允许的。

细化的一个特定情况是可编辑细化,在要求中作较小的修改,即,因为语法或者使读者更可理解而改述句子。这种修改不允许以任何方式修改要求的意义。可编辑细化的例子包括:

安全功能要求 FPT_FLS.1TSF 应继续保持一个安全状态,当下述一些失败发生时:“**CPU 崩溃**”可以被细化为 FPT_FLS.1 当下述一个失败发生时:**CPU 崩溃**,TSF 应继续保持一个安全状态。”

## C.3 组件的组织

在 ISO/IEC 15408-2 和 ISO/IEC 15408-3 中,ISO/IEC 15408 使用层次结构组织组件:

- 类,由族组成;
- 族,由组件组成;
- 组件,由元素组成;
- 元素。

提供类-族-组件-元素的层次组织帮助消费者、开发者和评估者定位特定元素。

ISO/IEC 15408 用相同的通用层次形式表达功能和保障组件,并且为两者使用了相同的组织结构和术语。

### C.3.1 类

类的例子如:FIA 类:用于关注用户的标识、用户的鉴别以及用户和主体的绑定。

### C.3.2 族

族的例子如:用户鉴别(FIA_UAU)族:标识和鉴别类的一部分。该族关注用户的鉴别。

### C.3.3 组件

组件的例子如:FIA_UAU.3 不可伪造的鉴别,该组件关注不可伪造的鉴别。

### C.3.4 元素

元素的例子如:FIA_UAU.3.2,该元素关注防止使用拷贝的鉴别数据。

## C.4 扩展的组件

### C.4.1 如何定义扩展的组件

无论何时 PP/ST 作者定义一个扩展组件,必须使用类似于已存在 ISO/IEC 15408 组件的方法:清晰、明确、可以评估(可以系统地证实基于该组件的要求是否为 TOE 所保持)。扩展组件必须像已有组件一样使用类似的标签、表达方法和详细级别。

PP/ST 作者也必须确认,扩展组件的所有可用的依赖关系包含在该扩展组件的定义中,可能的依赖关系的例子是:

a) 如果扩展组件引用了审计,则应该必须包括对 FAU:安全审计类的组件的依赖关系;

b) 如果扩展组件修改或访问数据,则可能必须包括(FDP_ACC)族组件的依赖关系;

c) 如果扩展组件使用特定设计描述,则应该必须包括对适当的 ADV:开发族(如功能规范)的依赖关系。

在一个扩展功能组件中,PP/ST 作者也必须在该组件的定义中包含类似已存在的 ISO/IEC 15408-2 组件那样的任何可应用的审计及相关操作信息,在扩展保障组件中,PP/ST 作者也必须为该组件提供适当的类似于 ISO/IEC 18045 中提供的评估方法。

扩展组件可以放在已存在族中,这时,PP/ST 作者必须说明这些族如何变化。如果它们不适于放入现有族中,他们应该放在新的族中。新族必须类似于 ISO/IEC 15408 那样定义。

新族可以放入已有类中,这时,PP/ST 作者必须说明这些类如何变化。如果它们不适于放入现有类,它们就应该放入一个新类。新类必须像 ISO/IEC 15408 那样定义。

# 附 录 D
# (资料性附录)
# PP 符合性

## D.1 引言

一个 PP 准备用作 ST 的"模版",就是说:PP 描述了一组用户需求,而与该 PP 符合的 ST 描述了满足那些需求的 TOE。

注意,一个 PP 也可能用作另一个 PP 的模版,这时该 PP 可以声明与其他 PP 符合。这种情况完全类似于 ST 与 PP 的关系。为了清晰,本附录只描述了 ST/PP 的情况,但它也适用于 PP/PP 的情况。

ISO/IEC 15408 不允许任何形式的部分符合,所以如果一个 PP 被声明,则 PP 或 ST 必须完全与所引用的 PP 符合。然而有两种类型的符合("严格的"和"可论证的"),所允许的符合性的类型由 PP 确定。即 PP 符合性陈述(在 PP 符合性陈述中,见 B.5)允许 ST 声明符合的符合性类型。"严格的"和"可论证的"符合性之间的这种差别单独用于 ST 可以声明对每一个 PP 的符合性上。这可能意味着 ST 与某些 PP 严格符合,与另外一些 PP 可论证的符合。一个 ST 只适用于当 PP 明确允许该 ST 以可论证的方式与该 PP 符合的情况,否则 ST 总是应该与任何 PP 保持严格符合。

换句话重述一下,一个 ST 以可论证的方式与该 PP 符合的情况仅适用于该 PP 明确允许的情况下。

与一个 PP 符合,意味着该 PP 或 ST(如果 ST 是一个被评估产品的,该产品也同样)满足那个 PP 的所有要求。

已发布的 PP 一般需要有 PP 符合性陈述,这意味着声明与 PP 符合的 ST 必须提供对 PP 中描述的一般性安全问题的解决方案,但是可以以等同于 PP 或比 PP 更多限制的方式来进行描述。"等同于或更多限制"的详细定义在 ISO/IEC 15408 中进行了描述,原则上来讲,对所提供的 ST 针对 TOE 采用等价或更多限制、对 TOE 运行环境采用等价或更少限制,那么 PP 和 ST 可以包含完全不同的陈述,使用不同的概念等。

## D.2 严格符合性

严格符合性反映 PP 作者,PP 作者要在 PP 中所提出的安全功能要求的证据,ST 是 PP 的一个实例,尽管 ST 能够比 PP 更宽泛。本质上在 TOE 运行环境属于 PP 明确的范围内,ST 定义的 TOE 至少与 PP 相同。

严格符合性体现在典型的例子是:在选择购买产品的时候,期望所要实现的安全功能要严格与 PP 中规定的安全功能要求符合。

与 PP 严格符合的实例化的 ST 仍然可以对 PP 引入附加的限制。

## D.3 可论证的符合性

可论证的符合性同样反映 PP 作者,PP 作者要提出证据证明 ST 是对 PP 中描述的一般性安全问题的一个合适的解决方案。

在严格符合性中,PP 和 ST 之间有一个清晰的子集-父集类型的关系,这种关系在可论证的符合中没那么清晰。声明与 PP 符合的 ST 必须提供针对 PP 中描述的一般性安全问题的解决方案,可以以等价或更多限制于 PP 中描述的一般性安全问题的方式来进行。

# 参 考 文 献

本参考文献包含着ISO/IEC 15408读者可能发现有用的更多的参考资料和标准。对于未标明日期的参考书目,建议读者查阅参考文献的最新版本。

## ISO/IEC 标准和指南

[1] ISO/IEC 15292 Information technology—Security techniques—Protection Profile registration procedures

[2] [ISO/IEC 15443] Information technology—Security techniques—A framework for IT security assurance-all parts

[3] [ISO/IEC 15446] Information technology—Security techniques—Guide for the production of Protection Profiles and Security Targets

[4] [ISO/IEC 19790] Information technology—Security techniques—Security requirements for cryptographic modules

[5] [ISO/IEC 19791] Information technology—Security techniques—Security assessment of operational systems

[6] [ISO/IEC 27001] Information technology—Security techniques—Information security management systems—Requirements

[7] [ISO/IEC 27002] Information technology—Security techniques—Code of practice for information security management

## 其他标准和指南

[1] [IEEE Std 610.12—1990] Institute of Electrical and Electronics Engineers,Standard Glossary of Software Engineering Terminology

[2] Common Criteria portal,February 2009.CCRA,www.commoncriteriaportal.org

ICS 35.040
L 80

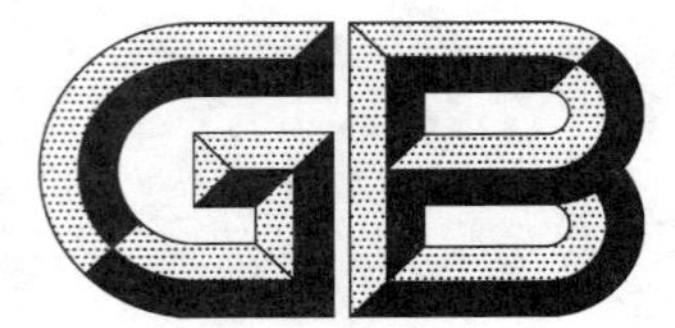

# 中华人民共和国国家标准

GB/T 18336.2—2015/ISO/IEC 15408-2:2008
代替 GB/T 18336.2—2008

# 信息技术　安全技术<br>信息技术安全评估准则<br>第2部分：安全功能组件

**Information technology—Security techniques—
Evaluation criteria for IT security—
Part 2: Security functional components**

(ISO/IEC 15408-2:2008,IDT)

2015-05-15 发布　　2016-01-01 实施

中华人民共和国国家质量监督检验检疫总局
中国国家标准化管理委员会　发布

# 前　言

GB/T 18336《信息技术　安全技术　信息技术安全评估准则》分为以下三部分：

——第1部分：简介和一般模型；

——第2部分：安全功能组件；

——第3部分：安全保障组件。

本部分是GB/T 18336的第2部分。

本部分按照GB/T 1.1—2009给出的规则编写。

本部分代替GB/T 18336.2—2008《信息技术　安全技术　信息技术安全评估准则　第2部分：安全功能要求》。

本部分与GB/T 18336.2—2008的主要差异如下：

——将“保证”(assurance)改为“保障”；

——将“10.4 输出到TSF控制之外(FDP_ETC)”改为“10.4 从TOE输出(FDP_ETC)”；

——将“10.7 从TSF控制之外输入(FDP_ITC)”改为“10.7 从TOE之外输入(FDP_ITC)”；

——删除了“14FPT类：TSF保护”中的“14.1 底层抽象机测试(FPT_AMT)”、“14.10 引用仲裁(FPT_RVM)”、“14.11 域分离(FPT_SEP)”；

——在“14FPT类：TSF保护”中增加了“14.12 外部实体测试(FPT_TEE)”；

——将“16.3 会话锁定(FTA_SSL)”改为“16.3 会话锁定和终止(FTA_SSL)”；

——将“门限值”改为“临界值”；

——将“介导”改为“促成”。

本部分使用翻译法等同采用国际标准ISO/IEC 15408-2:2008《信息技术　安全技术　信息技术安全评估准则　第2部分：安全功能组件》。

与本部分中规范性引用的国际文件有一致性对应关系的我国文件如下：

——GB/T 18336.1　信息技术　安全技术　信息技术安全评估准则　第1部分：简介和一般模型(GB/T 18336.1—2015,ISO/IEC 15408-1:2009,IDT)

本部分做了下列编辑性修改：

——第4.1条标准原文有编辑性错误，现已更正为“对于有关结构、规则和指南，编写PP或ST的人员应参见ISO/IEC 15408-1第3章和相关附录”。

本部分由全国信息安全标准化技术委员会(SAC/TC 260)提出和归口。

本部分起草单位：中国信息安全测评中心、信息产业信息安全测评中心、公安部第三研究所、吉林信息安全测评中心。

本部分主要起草人：张翀斌、郭颖、石竑松、毕海英、张宝峰、高金萍、王峰、杨永生、李国俊、董晶晶、谢蒂、王鸿娴、张怡、顾健、邱梓华、宋好好、陈妍、杨元原、李凤娟、庞博、张骁、刘昱函、王书毅、周博扬、唐喜庆、蒋显岚、张双双。

本部分所代替标准的历次版本发布情况为：

——GB/T 18336.2—2001；

——GB/T 18336.2—2008。

# 引　言

本部分定义的安全功能组件为在保护轮廓(PP)或安全目标(ST)中表述的安全功能要求提供了基础。这些要求描述了评估对象(TOE)所期望的安全行为,并旨在满足在PP或ST中所提出的安全目的。这些要求描述那些用户能直接通过IT交互(即输入、输出)或IT激励响应过程探测到的安全特性。

安全功能组件表达了安全要求,这些要求试图对抗针对假定的TOE运行环境中的威胁,并/或涵盖了所有已标识的组织安全策略和假设。

本部分的目标读者主要包括安全的IT产品的消费者、开发者、评估者。ISO/IEC 15408-1第5章提供了关于ISO/IEC 15408的目标读者和目标读者群体如何使用ISO/IEC 15408的附加信息。这些群体可以按如下方式使用本部分:

a) 消费者,为满足PP或ST中提出的安全目的,通过选取本部分的组件来表述功能要求。ISO/IEC 15408-1提供了更多关于安全目的和安全要求之间的关系的详细信息;

b) 开发者,在构造TOE时响应实际的或预测的消费者安全要求,可以在本部分中找到一种标准的方法去理解这些要求。也可以以本部分的内容为基础,进一步定义TOE的安全功能和机制来满足那些要求;

c) 评估者,使用本部分所定义的功能要求检验在PP或ST中表述的TOE功能要求是否满足IT安全目的,以及所有的依赖关系是否都已解释清楚并得到满足。评估者也宜使用本部分去帮助确定指定的TOE是否满足规定的要求。

# 信息技术 安全技术<br>信息技术安全评估准则<br>第2部分:安全功能组件

## 1 范围

为了安全评估的意图,GB/T 18336 的本部分定义了安全功能组件所需要的结构和内容。本部分包含一个安全组件的分类目录,将满足许多 IT 产品的通用安全功能要求。

## 2 规范性引用文件

下列文件对于本文件的应用是必不可少的。凡是注日期的引用文件,仅注日期的版本适用于本文件。凡是不注日期的引用文件,其最新版本(包括所有的修订版)适用于本文件。

ISO/IEC 15408-1 信息技术 安全技术 信息技术安全评估准则 第1部分:简介和一般模型(Information technology—Security techniques—Evaluation criteria for IT security —Part 1:Introduction and general model)

## 3 术语、定义和缩略语

ISO/IEC 15408-1 中给出的术语、定义、符号和缩略语适用于本文件。

## 4 概述

ISO/IEC 15408 和本部分在此描述的相关安全功能要求,并不意味着是对所有 IT 安全问题的最终回答。相反,本标准提供一组广为认同的安全功能要求,以用于制造反映市场需求的可信产品。这些安全功能要求的给出,体现了当前对产品的要求规范和评估的技术发展水平。

本部分并不计划包括所有可能的安全功能要求,而是尽量包含那些在本部分发布时作者已知的并认为是有价值的那些要求。

由于消费者的认知和需求可能会发生变化,因此本部分中的功能要求需要维护。可预见的是,某些 PP/ST 作者可能还有一些安全要求未包含在本部分提出的功能要求组件中。此时,PP/ST 的作者可考虑使用 ISO/IEC 15408 之外的功能要求(称之为可扩展性),有关内容参见 ISO/IEC 15408-1 的附录 A 和附录 B。

### 4.1 本部分的结构

第 5 章是本部分安全功能要求使用的范型。

第 6 章介绍本部分功能组件的分类,第 7 章~第 17 章描述这些功能类。

附录 A 为功能组件的潜在用户提供了解释性信息,其中包括功能组件间依赖关系的一个完整的交叉引用表。

附录 B~附录 M 提供了功能类的解释性信息。在如何运用相关操作和选择恰当的审计或文档信息时,这些材料必须被看作是规范性说明。使用助动词"应"表示该说明是首要推荐的,但是其他的只是可选的。这里只给出了不同的选项,具体的选择留给了PP/ST作者。

对于有关结构、规则和指南,编写PP或ST的人员应参见ISO/IEC 15408-1第3章和相关附录:

a) ISO/IEC 15408-1第3章定义了ISO/IEC 15408中使用的术语。

b) ISO/IEC 15408-1附录A定义了ST的结构。

c) ISO/IEC 15408-1附录B定义了PP的结构。

## 5 功能要求范型

本章描述了本部分安全功能要求中所使用的范型。讨论中所涉及的关键概念均以粗体/斜体突出表示。本章并不打算替换或取代ISO/IEC 15408-1第3章中所给出的任何术语。

本部分是一个有关安全功能组件的目录,可用于规约一个**评估对象(TOE)**的安全功能要求。TOE可以是软件、固件和/或硬件的集合,并可能配有用户和管理员的指导性文档。TOE可包含用于处理和存储信息的资源,诸如电子存储媒介(如主存、磁盘空间)、外设(如打印机)以及计算能力(如CPU时间)等,并且是评估的对象。

TOE评估主要关注的是,确保对TOE资源执行了所定义的**安全功能要求(SFR)**集。这些SFR定义了一些规则,TOE通过这些规则来管制对其资源的访问和使用,从而实现对信息和服务的管控。

这些SFR可定义多个**安全功能策略(SFP)**,以表达TOE必须执行的规则。每一个这样的SFP必须通过定义主体、客体、资源或信息及其适用的操作,来明确说明该安全功能策略的**控制范围**。所有SFP均由TSF(见下文)实现,其机制执行SFR中定义的规则并提供必要的能力。

TOE中为正确执行SFR而必须依赖的部分统称为**TOE安全功能(TSF)**。TSF由TOE中为了安全执行而直接或间接依赖的所有软件、硬件和固件组成。

TOE可以是一个包含硬件、固件和软件的整体合一式的产品。

TOE也可以是一个分布式产品,内部由多个不同的部分组成,每一部分都为TOE提供特定的服务,并且通过**内部通信信道**与TOE其他部分相连接。该信道可以小到为一个处理器总线,也可以是TOE之内的一个网络。

当TOE由多个部分组成时,TOE的每一部分可拥有自己的那部分TSF,该部分通过内部通信信道与TSF的其他部分交换用户数据和TSF数据,这种交互称为**TOE内部传送**。在这种情况下,这些TSF的不同部分抽象地形成了执行SFR的组合型TSF。

TOE接口可能只局限在特定的TOE内部使用,或者也可允许通过**外部通信信道**与其他IT产品交互。与其他IT产品的外部交互可以采取以下两种形式:

a) 其他"可信IT产品"的安全功能要求和TOE的安全功能要求已进行了管理方面的协调,并假设这些其他可信IT产品已正确执行了其安全功能要求(例如:通过独立的评估)。在这种情况下,信息交换被称为**TSF间传送**,因为它们存在于不同可信产品的TSF之间。

b) 其他IT产品可能是不可信的,被称为"不可信IT产品"。因此,它的SFR或是未知的,或这些SFR的实现被视为是不可信赖的。在这种情况下,TSF促成的信息交换被称为**TOE的外部传送**,因为在其他IT产品上没有TSF(或它的策略特征是未知的)。

一个接口集合,不管是交互式的(人机接口),还是可编程的(应用编程接口),通过这些接口,由TSF协调对资源的访问,或者从TSF中获取信息,这一接口集合被称为**TSF接口(TSFI)**。TSFI定义了为执行SFR而提供的TOE功能边界。

用户在TOE的外部。但为了请求由TOE执行且由SFR中定义的规则所控制的服务,用户要通过TSFI和TOE交互。本部分关注两种类型用户:**人类用户**和**外部IT实体**。人类用户可进一步分为**本地用户**和**远程用户**,本地用户通过TOE设备(如工作站)直接与TOE交互,远程用户通过其他IT产品间接与 TOE 交互。

用户和 TSF 之间的一段交互期称为用户**会话**。可以根据各种因素来控制用户会话的建立,例如:用户鉴别、时段、访问 TOE 的方法以及允许的(每个用户的或总的)并发会话数。

本部分使用术语"**授权的**"来表示一个用户持有执行某项操作的权力或特权。因此术语"**授权用户**"表明用户允许执行由 SFR 定义的特定操作或一组操作。

为了表达分离管理责任的要求,相关的安全功能组件(来自 FMT_SMR 族)明确指出了所要求的管理性**角色**。角色是预定义的一组规则,用于建立用户按此角色操作时所允许的与 TOE 之间的交互。一个 TOE 可以支持任意多个角色的定义。例如,与 TOE 安全运行相关的角色可以包括"审计管理员"和"用户账号管理员"。

TOE 包含可用于处理和存储信息的**资源**。TSF 的主要目标是对 TOE 所控制的资源和信息完整而正确地执行 SFR。

TOE 资源能以多种方式组织并加以利用。但是,本部分作出了一个明确的区分,以便允许规范所期望的安全特性。所有可通过资源来创建的实体,可用以下两种方式中的一种来刻画:实体可以是主动的,意指它们是促使在 TOE 内部出现动作并导致信息操作的原因;或者,实体也可以是被动的,意指它们或是产生信息的载体,或是存储信息的载体。

TOE 中对客体执行操作的主动实体,被称为**主体**。TOE 内可存在以下类型的主体:

a) 代表一个授权用户的那些实体(如 UNIX 进程);

b) 作为一个特殊功能进程,可依次代表多个用户的那些实体(如在客户/服务器结构中可能找到的某些功能);

c) 作为 TOE 自身一部分的那些实体(如不代表某个用户的进程)。

本部分用于解决在上述各类主体上实施 SFR 的问题。

TOE 中包含和接收信息,且主体得以在这些信息上执行操作的被动实体,称作**客体**。在一个主体(主动实体)是某个操作的对象(例如进程间通信)的情况下,该主体也可以作为一个客体。

客体可以包含**信息**。引入这一概念是为了详细说明在 FDP 类中描述的信息流控制策略。

由 SFR 中各规则所控制的用户、主体、信息、客体、会话和资源,可具有某种**属性**。属性包含 TOE 为了正确运行而使用的信息。某些属性,如文件名,可能只是提示性的,或者可用来标识单个资源,而另一些属性,如访问控制信息,可能是专为执行 SFR 而存在的。后面这些属性通常称为"**安全属性**"。在本部分的某些地方中,"属性"一词将用作"安全属性"的简称。另一方面,无论属性信息的预期目的如何,均有必要按 SFR 的规定对属性施加控制。

TOE 中的数据可分为用户数据和 TSF 数据,图 1 示意了它们之间的关系。**用户数据**是存储在 TOE 资源中的信息,用户可以根据 SFR 对其进行操作,而 TSF 对用户数据并不赋予任何特殊的含义。例如,电子邮件消息的内容是用户数据。**TSF 数据**是 TSF 在按 SFR 的要求做决策时使用的信息。如果 SFR 允许,TSF 数据可以受用户的影响。安全属性、鉴别数据、由 SFR 中定义的规则,或为了保护 TSF 及访问控制列表条目所使用的 TSF 内部状态变量都是 TSF 数据的例子。

有几个用于数据保护的 SFP,诸如**访问控制 SFP** 和**信息流控制 SFP**。实现访问控制 SFP 的机制依据受控范围内的用户、资源、主体、客体、会话、TSF 状态数据以及操作等的属性来建立策略决策。这些属性用于管控主体操作客体的规则集中。

实现信息流控制 SFP 的机制依据受控范围内的主体和信息的属性以及管控主体操作信息的规则来建立策略决策。信息的属性与信息一起由 TSF 予以处理,这些属性可能与载体属性相关联,或可能是来源于载体中的数据。

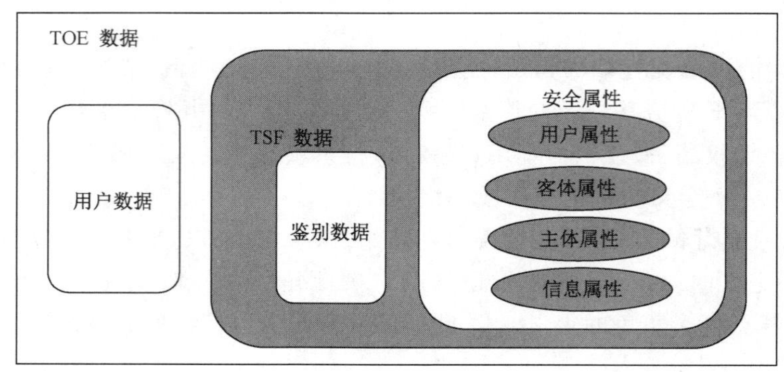


图 1 用户数据和 TSF 数据的关系

在本部分中处理的两种特殊类型的 TSF 数据-**鉴别数据**和**秘密**可以相同,也可以不同。

鉴别数据用于验证用户请求 TOE 服务时所声称的身份。最常用的鉴别数据形式是口令,为了使安全机制有效,这一形式的鉴别数据需要保密。但是,并非所有形式的鉴别数据都需要保密,生物特征鉴别设备(例如,指纹识别器、视网膜扫描仪)就不依赖于数据保密,而依赖于这些数据只能被一个用户拥有,且不能被伪造。

本部分中使用的术语“秘密”,尽管可用于鉴别数据,也同样适用于其他为了执行某特定 SFP 而必须保密的数据。例如,在强度方面,依靠密码技术保护信道信息机密性的可信信道机制,仅与防止密钥未授权泄露机制是一样的。

因此,不是所有的鉴别数据都需要保密,也不是所有的秘密都可用做鉴别数据。图 2 给出了秘密和鉴别数据间的关系。在该图中,指出了常见的鉴别数据和秘密的数据类型。

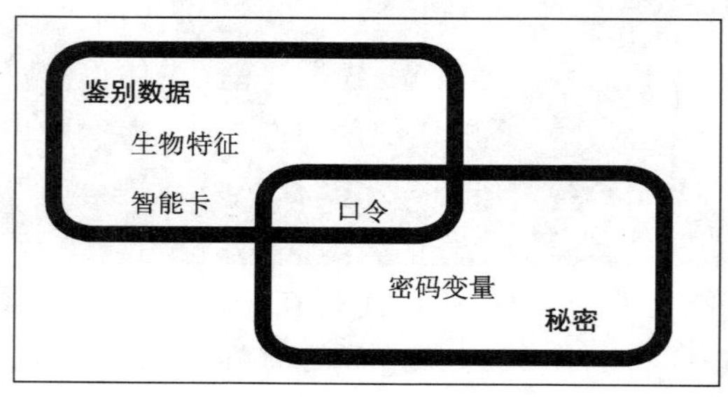


图 2 “鉴别数据”和“秘密”的关系

# 6 安全功能组件

## 6.1 概述

本章定义了 ISO/IEC 15408 功能要求的内容和形式,并提供了一个组织方法,以便对 ST 中添加的新组件的安全功能要求进行描述。功能要求用类、族和组件来表达。

### 6.1.1 类结构

图 3 以框图形式示意了功能类的结构。每个功能类包括类名、类介绍和一个或多个功能族。

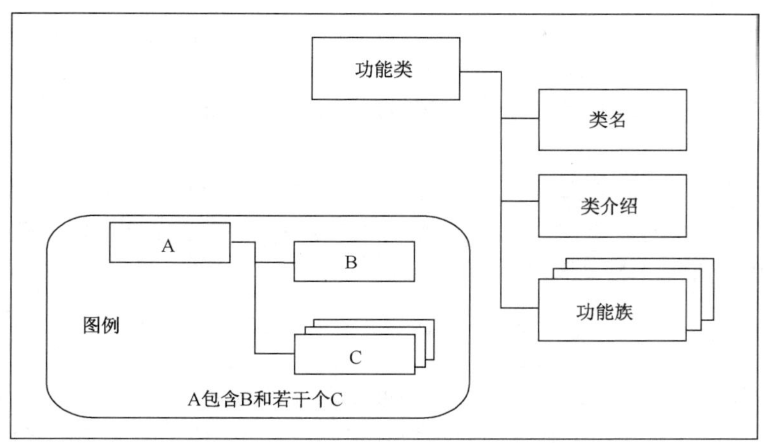


图 3 功能类结构

#### 6.1.1.1 类名

类名提供标识和划分功能类所必需的信息。每个功能类都有一个唯一的名称,分类信息由三个字符的简名组成。类的简名也用于该类中族的简名规范中。

#### 6.1.1.2 类介绍

类介绍描述了这些族满足安全目的的通用意图或方法。功能类的定义不反映要求规范中的任何正式分类法。

类介绍用图的形式来描述类中的族以及每个族中组件的层次结构,见 6.2 的解释。

### 6.1.2 族结构

图 4 以框图形式示意了功能族的结构。

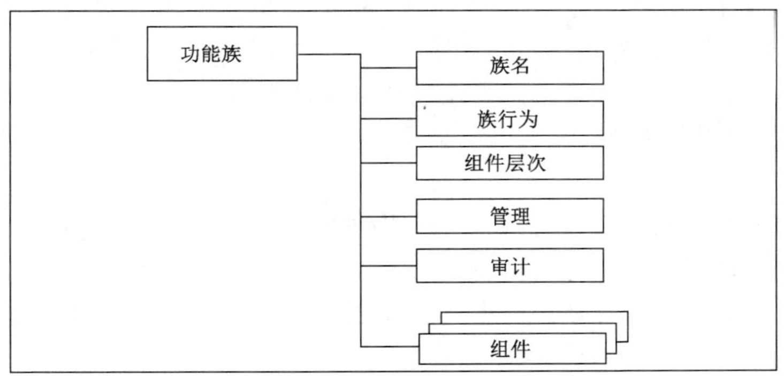


图 4 功能族结构

#### 6.1.2.1 族名

族名部分提供了标识和划分功能族所必需的分类和描述信息。每个功能族有一个唯一的名称。族的分类信息由 7 个字符的简名组成,前三个字符与类名相同,后跟一个下划线和族名,形如 XXX_YYY。唯一的简短族名为组件提供了主要的引用名称。

#### 6.1.2.2 族行为

族行为是对功能族的叙述性描述，陈述其安全目的，并且是功能要求的概括描述。以下是更详细的描述：

a) 族的*安全目的*描述了一个安全问题，该问题可通过 TOE 利用该族中的一个组件予以解决；

b) *功能要求*的描述概述了组件中包含的所有要求。该描述是面向 PP、ST 和功能包的作者的，他们希望评价该族是否与他们的特定要求相关。

#### 6.1.2.3 组件层次

功能族包含一个或多个组件，任何一个组件都可被选出来包含到 PP、ST 和功能包中。本条的目的是，当族一旦被确定为是表达用户安全要求的一个必须的或有用的部分时，为用户选取合适的功能组件提供信息。

功能族描述部分的本条内容描述了可使用的组件以及它们的基本原理。组件的详细细节包含在每个组件中。

功能族内组件间的关系可能是分级的。如果一个组件相对另一个组件提供更多的安全性，那么该组件对另一个组件来说是更高级的。

如 6.2 所述，族的描述提供了族中组件间层次结构的一个图示。

#### 6.1.2.4 管理

*管理*包含 PP/ST 作者认为是给定组件管理活动的一些信息。此条款参考管理类(FMT)的组件，并提供关于通过操作这些组件可能应用的潜在管理活动的指导。

PP/ST 作者可以选择已明示的管理要求，也可以选择其他没有列出的管理要求以细化管理活动。因而这些信息是提示性的。

#### 6.1.2.5 审计

如果 PP/ST 中包含来自 FAU 类"安全审计"中的要求，*审计*要求要包含可供 PP/ST 作者选择的可审计事件。这些由 FAU_GEN"安全审计数据产生"族的组件支持的要求包括各种按不同详细级别描述的安全相关事件。例如，一个审计记录可能包括下述动作：最小级——安全机制的成功使用；基本级——对安全机制的使用以及涉及安全属性的信息；详细级——任何机制的配置变化，包括改变前后的实际配置值。

显然可审计事件的分类是分级的。例如，当期望的审计数据产生级别满足基本级时，除非高级事件仅仅比低级事件提供更多的细节，所有已标识为最小级和基本级的可审计事件都应通过适当的赋值操作包括在 PP/ST 内。当期望的审计数据产生级别满足详细级时，所有标识为最小级、基本级和详细级的可审计事件都应包括在 PP/ST 内。

在 FAU 类"安全审计"中，更详尽地解释了一些控制审计的规则。

### 6.1.3 组件结构

图 5 示意了功能组件的结构。

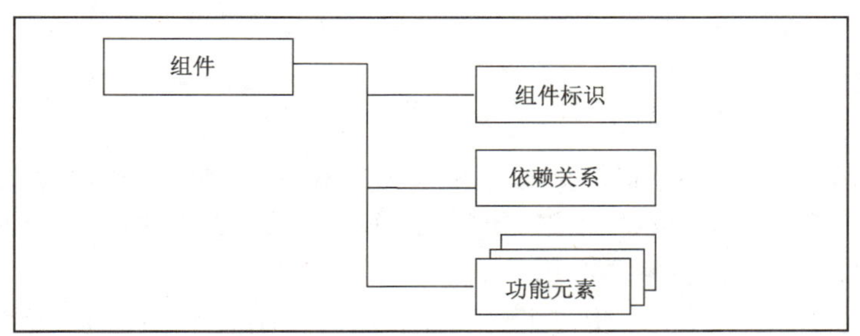


图 5 功能组件结构

#### 6.1.3.1 组件标识

组件标识部分提供识别、分类、注册和交叉引用组件所必需的描述性信息。下列各项作为每个功能组件的部分：

——一个*唯一的名称*，该名字反映了组件的目的。

——一个*简名*，即功能组件名的唯一简写形式。简名作为组件分类、注册和交叉引用的主要引用名。简名反映出组件所属的类和族以及在族中组件的编号。

——一个*从属于列表*。这个组件所从属于的其他组件列表，以及该组件能用于满足与所列组件间的依赖关系。

#### 6.1.3.2 功能元素

为每一组件提供了一组元素。每个元素都分别定义并且是自包含的。

功能元素是一个安全功能要求，该要求如果再进一步划分将不会产生有意义的评估结果。它是ISO/IEC 15408 中标识和认可的最小安全功能要求。

当构建包、PP或ST时，不允许从一个组件中只选择一个或几个元素，必须将组件的整套元素包含在PP、ST或包中。

每个功能元素名都有一个唯一的简化形式。例如，要求名 FDP_IFF.4.2 意义如下：F——功能要求，DP——“用户数据保护”类，_IFF——“信息流控制功能”族，.4——第四个组件，名为“部分消除非法信息流”，.2——该组件的第2个元素。

#### 6.1.3.3 依赖关系

当一个组件不是自我充分的而需要依赖于其他组件的功能，或与其他组件交互才能正确发挥其功能时，就产生了功能组件间的依赖关系。

每个功能组件都提供了一个对其他功能和保障组件依赖关系的完整列表。有些组件可能列出“无依赖关系”。所依赖的组件又可能依赖其他组件。组件中提供的列表是直接的依赖关系。这只是为该功能要求能正确实现其功能提供参考。间接依赖关系，也就是由所依赖组件产生的依赖关系，见本部分附录A。值得注意的是，在某些情况下，依赖关系所提供的多个功能要求是可自由选择的，这些功能要求中的任一个都足以满足依赖关系(例如 FDP_UIT.1“数据交换完整性”)。

依赖关系列表标识出了为满足一个既定组件相关的安全要求，所必需的最少功能或保障组件。从属于既定组件的那些组件也可用来满足依赖关系。

本部分指明的依赖关系是规范性的，在PP/ST中它们必须得到满足。在特定的情况下，这种依赖关系可能不适用。只要在基本原理中说清不适用的理由，PP/ST作者就可以在包、PP或ST中舍弃该依赖组件。

## 6.2 组件分类

本部分中组件的分组不代表任何正式的分类法。

本部分包含了族和组件的分类，它们是基于相关功能和目的进行的粗略分组，并且按字母顺序给出。每个类的开始部分都有一个提示性框图，指出该类的分类法、类中的族和族中的组件。这个图对于指明可能会存在于组件间的层次关系是有用的。

在功能组件的描述中，有一段文字指出了该组件和任何其他组件之间的依赖关系。

在每个类中，都有一个与图 6 类似的描述族层次关系的图。在图 6 中，第 1 个族(族 1)包括了三个有从属关系的组件，其中组件 2 和组件 3 都可以用来满足对组件 1 的依赖关系。组件 3 从属于组件 2，并且可以用来满足对组件 2 的依赖关系。

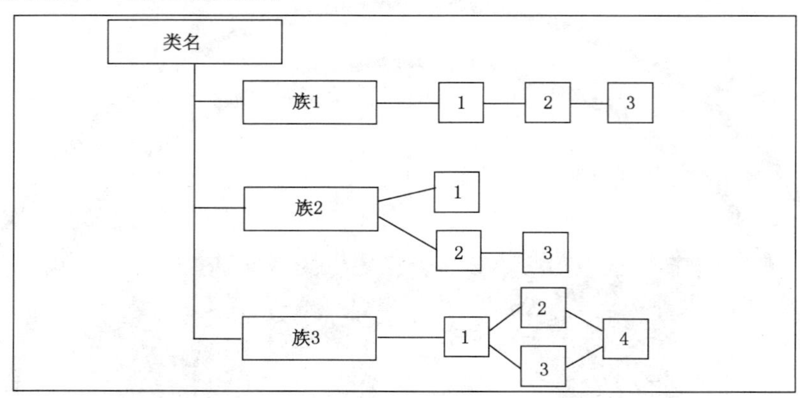


图 6 示范类分解图

在族 2 中有三个组件，这三个组件不全都有从属关系。组件 1 和组件 2 不从属于其他组件。组件 3 从属于组件 2，可以用来满足对组件 2 的依赖关系，但不能满足对组件 1 的依赖关系。

在族 3 中，组件 2、3、4 都从属于组件 1。组件 2 和组件 3 也都从属于组件 1，但无可比性。组件 4 从属于组件 2 和组件 3。

这些图的目的是补充族中的文字说明，使关系的识别更容易。它们并不能取代每个组件中的“从属于:”的注释，这些注释是对每个组件从属关系的强制性声明。

### 6.2.1 突出表示组件变化

族中组件的关系约定以**粗体字**突出表示。在此约定所有新的要求用粗体表示。对于有从属关系的组件，当要求被增强或修改而超出前一组件的要求时，要用**粗体字**表示。另外，超出前一组件的任何新的或增强的允许操作，也使用**粗体字**突出表示。

# 7 FAU 类:安全审计

安全审计包括识别、记录、存储和分析那些与安全相关活动(即由 TSP 控制的活动)有关的信息。可通过检查审计记录结果确定发生了哪些安全相关活动以及哪个用户要对这些活动负责。本类的组件构成分解如图 7 所示。

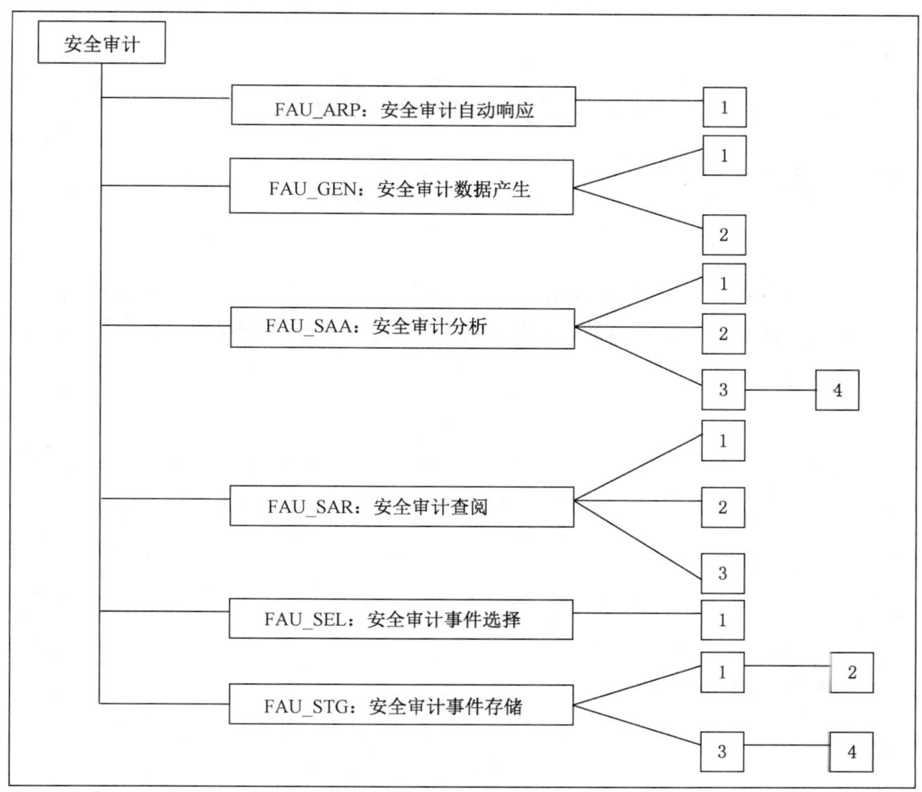


图 7 FAU:安全审计类分解

## 7.1 安全审计自动响应(FAU_ARP)

### 7.1.1 族行为

本族定义了在检测到潜在安全侵害事件时所作出的响应。

### 7.1.2 组件层次

FAU_ARP.1"安全告警",当检测到潜在的安全侵害时 TSF 应采取动作。

### 7.1.3 FAU_ARP.1 管理

FMT 中的管理功能可考虑下列行为:

a) 对行为的管理(添加、删除或修改)。

### 7.1.4 FAU_ARP.1 审计

如果 PP/ST 中包含 FAU_GEN"安全审计数据产生",下列行为应是可审计的:

a) 最小级:由于潜在的安全侵害而采取的动作。

### 7.1.5 FAU_ARP.1 安全告警

从属于:无其他组件。

依赖关系:FAU_SAA.1 潜在侵害分析。

#### 7.1.5.1 FAU_ARP.1.1

**当检测到潜在的安全侵害时,TSF应采取的[赋值:*动作列表*]。**

## 7.2 安全审计数据产生(FAU_GEN)

### 7.2.1 族行为

本族定义了一些在TSF控制下对安全相关事件的发生情况进行记录的要求。本族识别审计的级别,列举TSF可审计的事件类型,以及标识在各种审计记录内应提供的审计相关信息的最小集合。

### 7.2.2 组件层次

FAU_GEN.1"审计数据产生"定义可审计事件的级别,并规定在每个记录中应记录的数据列表。

FAU_GEN.2"用户身份关联",TSF应把可审计事件与单个用户身份相关联。

### 7.2.3 FAU_GEN.1、FAU_GEN.2 管理

尚无预见的管理活动。

### 7.2.4 FAU_GEN.1、FAU_GEN.2 审计

尚无预见的可审计事件。

### 7.2.5 FAU_GEN.1 审计数据产生

从属于:无其他组件。

依赖关系:FPT_STM.1 可信时间戳。

#### 7.2.5.1 FAU_GEN.1.1

**TSF应能为下述可审计事件产生审计记录:**

a) **审计功能的开启和关闭;**

b) **有关[选择,选取一个:*最小级、基本级、详细级、未规定*]审计级别的所有可审计事件;**

c) **[赋值:*其他专门定义的可审计事件*]。**

#### 7.2.5.2 FAU_GEN.1.2

**TSF应在每个审计记录中至少记录下列信息:**

a) **事件的日期和时间、事件类型、主体身份(如果适用)、事件的结果(成功或失效);**

b) **对每种审计事件类型,基于PP/ST中功能组件的可审计事件的定义,[赋值:*其他审计相关信息*]。**

### 7.2.6 FAU_GEN.2 用户身份关联

从属于:无其他组件。

依赖关系:FAU_GEN.1 审计数据产生;

FIA_UID.1 标识的时机。

#### 7.2.6.1 FAU_GEN.2.1

**对于已标识身份的用户的行为所产生的审计事件,TSF应能将每个可审计事件与引起该事件的用**

户身份相关联。

## 7.3 安全审计分析(FAU_SAA)

### 7.3.1 族行为

本族定义了一些采用自动化手段分析系统活动和审计数据以寻找可能的或真正的安全侵害的要求。这种分析通过入侵检测来实现,或对潜在的安全侵害作出自动响应。

基于检测而采取的动作,可用 FAU_ARP“安全审计自动响应”族来规范。

### 7.3.2 组件层次

在 FAU_SAA.1“潜在侵害分析”中,要求在固定规则集的基础上进行基本的阈值检测。

在 FAU_SAA.2“基于轮廓的异常检测”中,TSF 维护系统使用的单个轮廓。这里的“轮廓”表示由轮廓目标组成员所完成的历史模式的使用。轮廓目标组是指与 TSF 交互的一个或多个个体(如单个用户、共享一个组 ID 或账号的用户、分配了指定角色的用户、整个系统或网络节点的用户)。轮廓目标组的每个成员都被分配了一个单独的置疑等级,表明成员当前的行为与轮廓中已建立的使用模式的一致程度如何。此分析可实时进行,也可在信息采集后的批量分析阶段进行。

FAU_SAA.3“简单攻击探测”,TSF 应能检测到那些对 SFR 实施将产生重大威胁的特征事件的发生。对特征事件的搜索可以实时进行,也可以在信息采集后的批量分析阶段进行。

FAU_SAA.4“复杂攻击探测”,TSF 应能表示并检测到多步骤入侵情景。TSF 应能对照已知事件序列来比较(可能是由多个用户执行的)系统事件以表示完整入侵情景。TSF 应能在发现特征事件或事件序列时进行提示,该事件预示一个对 SFR 实施的潜在违反。

### 7.3.3 FAU_SAA.1 管理

FMT 中的管理功能可考虑采取下列行为:

a) 通过(添加、修改、删除)规则集中的规则来维护规则。

### 7.3.4 FAU_SAA.2 管理

FMT 中的管理功能可考虑下列行为:

a) 对轮廓目标组中的用户组进行维护(删除、修改、添加)。

### 7.3.5 FAU_SAA.3 管理

FMT 中的管理功能可考虑下列行为:

a) 对系统事件的子集进行维护(删除、修改、添加)。

### 7.3.6 FAU_SAA.4 管理

FMT 中的管理功能可考虑下列行为:

a) 对系统事件的子集进行维护(删除、修改、添加);

b) 对系统事件的序列集进行维护(删除、修改、添加)。

### 7.3.7 FAU_SAA.1、FAU_SAA.2、FAU_SAA.3、FAU_SAA.4 审计

如果 PP/ST 中包含 FAU_GEN“安全审计数据产生”,下列行为应是可审计的:

a) 最小级:开启和关闭任何分析机制;

b) 最小级:通过工具软件实现自动响应。

#### 7.3.8 FAU_SAA.1 潜在侵害分析

从属于:无其他组件。
依赖关系:FAU_GEN.1 审计数据产生。

##### 7.3.8.1 FAU_SAA.1.1

TSF 应能使用一组规则去监测审计事件,并根据这些规则指示出对实施 SFR 的潜在侵害。

##### 7.3.8.2 FAU_SAA.1.2

TSF 应执行下列规则监测审计事件:

a) 已知的用来指示潜在安全侵害的[赋值:*已定义的可审计事件的子集*]的累积或组合;
b) [赋值:*任何其他规则*]。

#### 7.3.9 FAU_SAA.2 基于轮廓的异常检测

从属于:无其他组件。
依赖关系:FIA_UID.1 标识的时机。

##### 7.3.9.1 FAU_SAA.2.1

TSF 应能维护系统使用轮廓。在这里单个轮廓代表由[赋值:*轮廓目标组*]成员完成的历史使用模式。

##### 7.3.9.2 FAU_SAA.2.2

TSF 应维护一个与每个用户相对应的置疑等级,这些用户的活动已记录在轮廓中。在这里,置疑等级代表用户当前活动与轮廓中已建立的使用模式不一致的程度。

##### 7.3.9.3 FAU_SAA.2.3

当用户的置疑等级超过门限条件[赋值:*TSF 报告异常活动的条件*]时,TSF 应能指出对 SFR 实施的可能侵害即将发生。

#### 7.3.10 FAU_SAA.3 简单攻击探测

从属于:无其他组件。
依赖关系:无依赖关系。

##### 7.3.10.1 FAU_SAA.3.1

对预示可能违反 SFR 实施的下列特征事件[赋值:*系统事件的一个子集*],TSF 应能维护一个内部表示。

##### 7.3.10.2 FAU_SAA.3.2

TSF 应能对照特征事件比对系统活动记录,系统活动可以通过检查[赋值:*用来确定系统活动的信息*]而辨明。

##### 7.3.10.3 FAU_SAA.3.3

当发现一个系统事件与一个预示可能潜在违反 SFR 实施的特征事件匹配时,TSF 应能指出潜在违

**反 SFR 实施的事件即将发生。**

### 7.3.11 FAU_SAA.4 复杂攻击探测

从属于:FAU_SAA.3 简单攻击探测。

依赖关系:无依赖关系。

#### 7.3.11.1 FAU_SAA.4.1

对**已知入侵情景的事件序列**[**赋值**:***已知攻击出现的系统事件序列列表***]**和**预示可能**潜在**违反 SFR 实施的下列特征事件[赋值:*系统事件的一个子集*],TSF 应能维护一个内部表示。

#### 7.3.11.2 FAU_SAA.4.2

TSF 应能对照特征事件**和事件序列比对**系统活动记录,这里系统活动可以通过检查[赋值:*用来确定系统活动的信息*]而辨明。

#### 7.3.11.3 FAU_SAA.4.3

当发现一个系统**活动**与一个预示可能潜在违反 SFR 实施的特征事件**或事件序列**匹配时,TSF 应能指出潜在违反 SFR 实施的事件即将发生。

## 7.4 安全审计查阅(FAU_SAR)

### 7.4.1 族行为

本族定义了一些有关审计工具的要求,授权用户可使用这些审计工具查阅审计数据。

### 7.4.2 组件层次

FAU_SAR.1“审计查阅”,提供从审计记录中读取信息的能力。

FAU_SAR.2“限制审计查阅”,要求除在 FAU_SAR.1“审计查阅”中确定的用户外,其他用户不能读取信息。

FAU_SAR.3“可选审计查阅”,要求审计查阅工具根据标准来选择要查阅的审计数据。

### 7.4.3 FAU_SAR.1 管理

FMT 中的管理功能可考虑下列行为:

a) 维护(删除、修改、添加)对审计记录有读访问权的用户组。

### 7.4.4 FAU_SAR.2、FAU_SAR.3 管理

尚无预见的管理活动。

### 7.4.5 FAU_SAR.1 审计

如果 PP/ST 中包含 FAU_GEN“安全审计数据产生”,下列行为应是可审计的:

a) 基本级:从审计记录中读取信息。

### 7.4.6 FAU_SAR.2 审计

如果 PP/ST 中包含 FAU_GEN“安全审计数据产生”,下列行为应是可审计的:

a) 基本级:从审计记录中读取信息的未成功尝试。

#### 7.4.7 FAU_SAR.3 审计

如果PP/ST中包含FAU_GEN“安全审计数据产生”，下列行为应是可审计的：

a) 详细级：用于查阅的参数。

#### 7.4.8 FAU_SAR.1 审计查阅

从属于：无其他组件。

依赖关系：FAU_GEN.1 审计数据产生。

##### 7.4.8.1 FAU_SAR.1.1

**TSF 应为[赋值：*授权用户*]提供从审计记录中读取[赋值：*审计信息列表*]的能力。**

##### 7.4.8.2 FAU_SAR.1.2

**TSF 应以便于用户理解的方式提供审计记录。**

#### 7.4.9 FAU_SAR.2 限制审计查阅

从属于：无其他组件。

依赖关系：FAU_SAR.1 审计查阅。

##### 7.4.9.1 FAU_SAR.2.1

**除明确准许读访问的用户外，TSF 应禁止所有用户对审计记录的读访问。**

#### 7.4.10 FAU_SAR.3 可选审计查阅

从属于：无其他组件。

依赖关系：FAU_SAR.1 审计查阅。

##### 7.4.10.1 FAU_SAR.3.1

**TSF 应根据[赋值：*具有逻辑关系的标准*]提供对审计数据进行[赋值：选择和/或排序的方法]的能力。**

### 7.5 安全审计事件选择(FAU_SEL)

#### 7.5.1 族行为

本族定义在TOE运行期间从所有审计事件集合中选取被审计事件的要求。

#### 7.5.2 组件层次

FAU_SEL.1“选择性审计”，要求能够由PP/ST作者根据规定的属性从所有在“FAU_GEN.1 审计事件产生”组件中标识的审计事件集合中选取被审计事件。

#### 7.5.3 FAU_SEL.1 管理

FMT中的管理功能可考虑下列行为：

a) 维护查阅/修改审计事件的权限。

#### 7.5.4 FAU_SEL.1 审计

如果 PP/ST 中包含 FAU_GEN“安全审计数据产生”，下列行为应是可审计的：

a) 最小级：审计收集功能运行时，所有因审计配置修改而产生的事件。

#### 7.5.5 FAU_SEL.1 选择性审计

从属于：无其他组件。

依赖关系：FAU_GEN.1 审计数据产生。

FMT_MTD.1 TSF 数据管理。

##### 7.5.5.1 FAU_SEL.1.1

**TSF 应能根据以下属性从所有审计事件集合中选择可审计事件：**

a) [**选择：*客体身份、用户身份、主体身份、主机身份、事件类型***]；

b) [**赋值：*审计选择所依据的附加属性表***]。

### 7.6 安全审计事件存储(FAU_STG)

#### 7.6.1 族行为

本族定义一些 TSF 能够创建并维护一个安全审计迹的要求。存储的审计记录是指在审计迹中的那些记录，而不是指经过选择操作后得到的临时存储的审计记录。

#### 7.6.2 组件层次

FAU_STG.1“受保护的审计迹存储”，要求保护审计迹避免未授权的删除或修改。

FAU_STG.2“审计数据可用性保证”，规定保证假定意外情况出现时 TSF 还能维护审计数据。

FAU_STG.3“审计数据可能丢失时的行为”，规定当审计迹超出门限值时所采取的动作。

FAU_STG.4“防止审计数据丢失”，规定当审计迹满时所采取的动作。

#### 7.6.3 FAU_STG.1 管理

尚无预见的管理活动。

#### 7.6.4 FAU_STG.2 管理

FMT 中的管理功能可考虑下列行为：

a) 维护控制审计存储能力的参数。

#### 7.6.5 FAU_STG.3 管理

FMT 中的管理功能可考虑下列行为：

a) 维护门限值；

b) 当审计存储即将失效时所应采取的维护(删除、修改、添加)的动作。

#### 7.6.6 FAU_STG.4 管理

FMT 中的管理功能可考虑下列行为：

a) 维护(删除、修改、添加)审计存储失效时所采取的行动。

#### 7.6.7 FAU_STG.1、FAU_STG.2 审计

尚无预见的可审计事件。

#### 7.6.8 FAU_STG.3 审计

如果 PP/ST 中包含 FAU_GEN“安全审计数据产生”,下列行为应是可审计的:

a) 基本级:因超过门限而采取的动作。

#### 7.6.9 FAU_STG.4 审计

如果 PP/ST 中包含 FAU_GEN“安全审计数据产生”,下列行为应是可审计的:

a) 基本级:因审计存储失效而采取的动作。

#### 7.6.10 FAU_STG.1 受保护的审计迹存储

从属于:无其他组件。

依赖关系:FAU_GEN.1 审计数据产生。

##### 7.6.10.1 FAU_STG.1.1

**TSF 应保护审计迹中存储的审计记录,以避免未授权的删除。**

##### 7.6.10.2 FAU_STG.1.2

**TSF 应能[选择,选取一个:*防止、检测*]对审计迹中所存审计记录的未授权修改。**

#### 7.6.11 FAU_STG.2 审计数据可用性保证

从属于:FAU_STG.1 受保护的审计迹存储。

依赖关系:FAU_GEN.1 审计数据产生。

##### 7.6.11.1 FAU_STG.2.1

TSF 应保护审计迹中所存储的审计记录,以避免未授权的删除。

##### 7.6.11.2 FAU_STG.2.2

TSF 应能[选择,选取一个:*防止、检测*]对审计迹中所存审计记录的未授权修改。

##### 7.6.11.3 FAU_STG.2.3

**当下列情况发生时:[选择:*审计存储耗尽、失效、受攻击*],TSF 应确保[赋值:*保存审计记录的度量*]审计记录将维持有效。**

#### 7.6.12 FAU_STG.3 审计数据可能丢失时的行为

从属于:无其他组件。

依赖关系:FAU_STG.1 受保护的审计迹存储。

##### 7.6.12.1 FAU_STG.3.1

**如果审计迹超过[赋值:*预定的限度*],TSF 应采取[赋值:*审计存储可能失效时所采取的行动*]。**

#### 7.6.13 FAU_STG.4 防止审计数据丢失

从属于:FAU_STG.3 审计数据可能丢失时的行为。

依赖关系:FAU_STG.1 受保护的审计迹存储。

##### 7.6.13.1 FAU_STG.4.1

如果审计迹**已满**,**TSF** 应[**选择**,**选取一个**:***"忽略可审计事件"***、***"阻止可审计事件,具有特权的授权用户产生的事件除外"***,***"覆盖所存储的最早的审计记录"***]和[**赋值**:*审计存储失效时所采取的***其他动作**]。

## 8 FCO 类:通信

本类提供了两个族,特别关注如何确认在数据交换中参与方的身份。这些族与确认信息传送的原发者身份(原发证明)和确认信息传送的接收者身份(接收证明)相关。这些族确保原发者不能否认发送过信息,接收者也不能否认收到过信息。本类的组件构成分解如图 8 所示。

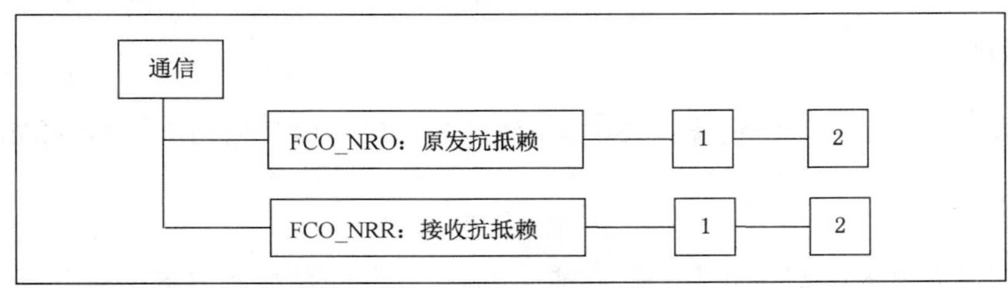


**图 8 FCO:通信类分解**

### 8.1 原发抗抵赖(FCO_NRO)

#### 8.1.1 族行为

原发抗抵赖确保信息的发起者不能成功地否认曾经发送过信息。本族要求 TSF 提供一种方法来确保接收信息的主体在数据交换期间获得了证明信息原发的证据,此证据可由该主体或其他主体验证。

#### 8.1.2 组件层次

FCO_NRO.1"选择性原发证明",要求 TSF 为主体提供请求信息原发证据的能力。

FCO_NRO.2"强制性原发证明",要求 TSF 总是为所传送的信息产生原发证据。

#### 8.1.3 FCO_NRO.1、FCO_NRO.2 管理

FMT 中的管理功能可考虑下列行为:

a) 对改变信息类型、域、原发者属性和证据接收者的管理。

#### 8.1.4 FCO_NRO.1 审计

如果 PP/ST 中包含 FAU_GEN"安全审计数据产生",下列行为应是可审计的:

a) 最小级:请求产生原发证据的用户的身份;

b) 最小级:抗抵赖服务的调用;

c) 基本级:信息的标识、目的地和所提供的证据副本;

d) 详细级:请求验证证据的用户的身份。

#### 8.1.5 FCO_NRO.2 审计

如果PP/ST中包含FAU_GEN“安全审计数据产生”,下列行为应是可审计的:

a) 最小级:抗抵赖服务的调用;

b) 基本级:信息的标识、目的地和所提供的证据副本;

c) 详细级:请求验证证据的用户的身份。

#### 8.1.6 FCO_NRO.1 选择性原发证明

从属于:无其他组件。

依赖关系:FIA_UID.1 标识的时机。

##### 8.1.6.1 FCO_NRO.1.1

**在[选择:*原发者、接收者或[赋值:第三方列表]*]请求时,TSF应能对所传送的[赋值:*信息类型列表*]产生原发证据。**

##### 8.1.6.2 FCO_NRO.1.2

**TSF应能将信息原发者的[赋值:*属性列表*]和信息的[赋值:*信息域列表*]与证据相关联。**

##### 8.1.6.3 FCO_NRO.1.3

**给定[赋值:*原发证据的限制条件*],TSF应能为[选择:*原发者、接收者或[赋值:第三方列表]*]提供验证信息原发证据的能力。**

#### 8.1.7 FCO_NRO.2 强制性原发证明

从属于:FCO_NRO.1 选择性原发证明。

依赖关系:FIA_UID.1 标识的时机。

##### 8.1.7.1 FCO_NRO.2.1

TSF**在任何时候**都应对所传送的[赋值:*信息类型列表*]**强制产生**原发证据。

##### 8.1.7.2 FCO_NRO.2.2

TSF应能将信息原发者的[赋值:*属性列表*]和信息的[赋值:*信息域列表*]与证据相关联。

##### 8.1.7.3 FCO_NRO.2.3

给定[赋值:*原发证据的限制条件*],TSF应能为[选择:*原发者、接收者,[赋值:第三方列表]*]提供验证信息原发证据的能力。

### 8.2 接收抗抵赖(FCO_NRR)

#### 8.2.1 族行为

接收抗抵赖确保信息的接收者不能成功地否认对信息的接收。本族要求TSF提供一种方法来确保发送信息的主体在数据交换期间获得了证明信息接收的证据,此证据可由该主体或其他主体验证。

### 8.2.2 组件层次

FCO_NRR.1"选择性接收证明",要求 TSF 为主体提供请求信息接收证据的能力。

FCO_NRR.2"强制性接收证明",要求 TSF 总是为接收到的信息产生接收证据。

### 8.2.3 FCO_NRR.1、FCO_NRR.2 管理

FMT 中的管理功能可考虑下列行为:

a) 对改变信息类型、域、原发者属性和证据的第三方接收者的管理。

### 8.2.4 FCO_NRR.1 审计

如果 PP/ST 中包含 FAU_GEN"安全审计数据产生",下列行为应是可审计的:

a) 最小级:请求产生提供接收证据的用户的身份;

b) 最小级:抗抵赖服务的调用;

c) 基本级:信息的标识、目的地和所提供的证据副本;

d) 详细级:请求验证证据的用户的身份。

### 8.2.5 FCO_NRR.2 审计

如果 PP/ST 中包含 FAU_GEN"安全审计数据产生",下列行为应是可审计的:

a) 最小级:抗抵赖服务的调用;

b) 基本级:信息的标识、目的地和所提供的证据副本;

c) 详细级:请求验证证据的用户的身份。

### 8.2.6 FCO_NRR.1 选择性接收证明

从属于:无其他组件。

依赖关系:FIA_UID.1 标识的时机。

#### 8.2.6.1 FCO_NRR.1.1

**在[选择:*原发者、接收者或[赋值:第三方列表]*]请求时,TSF 应能对接收到的[赋值:*信息类型表*]产生接收证据。**

#### 8.2.6.2 FCO_NRR.1.2

**TSF 应能将信息接收者的[赋值:*属性列表*]和信息的[赋值:*信息域列表*]与证据相关联。**

#### 8.2.6.3 FCO_NRR.1.3

**给定[赋值:*接收证据的限制条件*],TSF 应能为[选择:*原发者、接收者或[赋值:第三方列表]*]提供验证信息接收证据的能力。**

### 8.2.7 FCO_NRR.2 强制性接收证明

从属于:FCO_NRR.1 选择性接收证明。

依赖关系:FIA_UID.1 标识的时机。

#### 8.2.7.1 FCO_NRR.2.1

TSF **在任何时候**都应对接收到的[赋值:*信息类型表*]**强制产生**接收证据。

#### 8.2.7.2 FCO_NRR.2.2

TSF应能将信息接收者的[赋值:*属性列表*]和信息的[赋值:*信息域列表*]与证据相关联。

#### 8.2.7.3 FCO_NRR.2.3

给定[赋值:*接收证据的限制条件*],TSF应能为[选择:*原发者、接收者或[赋值:第三方列表]*]提供验证信息接收证据的能力。

## 9 FCS类:密码支持

TSF可以利用密码功能来满足几个高级别安全目的。这些安全目的包括(但不限于):标识和鉴别、抗抵赖、可信路径、可信信道和数据分离。在TOE实现密码功能时使用本类,这种密码功能的实现形式可以是硬件、固件和/或软件。

FCS"密码支持类"由两个族组成:FCS_CKM"密钥管理"和FCS_COP"密码运算"。密钥管理(FCS_CKM)族解决密钥管理方面的问题,而密码运算(FCS_COP)族关注这些密钥的运算使用情况。本类的组件构成分解如图9所示。

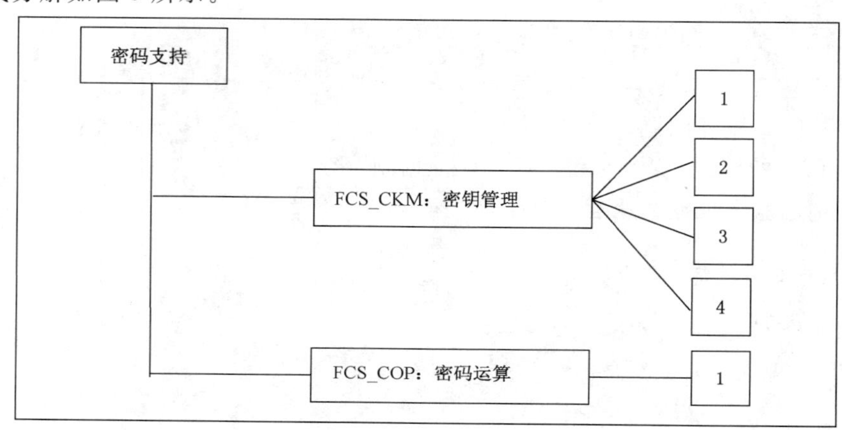


图9 FCS:密码支持类分解

### 9.1 密钥管理(FCS_CKM)

#### 9.1.1 族行为

密钥在其整个生命期内都必须进行管理。本族试图支持此生命期,并为此定义了对以下几种操作的要求:密钥生成、密钥分发、密钥存取和密钥销毁。只要存在密钥管理的功能要求,都必须包含本族。

#### 9.1.2 组件层次

FCS_CKM.1"密钥生成",要求根据某个指定标准规定的算法和密钥长度来生成密钥。

FCS_CKM.2"密钥分发",要求根据某个指定标准规定的分发方法来分发密钥。

FCS_CKM.3"密钥存取",要求根据某个指定标准规定的存取方法来存取密钥。

FCS_CKM.4"密钥销毁",要求根据某个指定标准规定的销毁方法来销毁密钥。

#### 9.1.3 FCS_CKM.1、FCS_CKM.2、FCS_CKM.3、FCS_CKM.4管理

无可预见的管理行为。

#### 9.1.4 **FCS_CKM.1、FCS_CKM.2、FCS_CKM.3、FCS_CKM.4 审计**

如果 PP/ST 中包含 FAU_GEN"安全审计数据产生",下列行为应是可审计的:

a) 最小级:操作的成功和失败;

b) 基本级:除任何敏感信息(如秘密密钥或私有密钥)以外的客体属性和客体值。

#### 9.1.5 **FCS_CKM.1 密钥生成**

从属于:无其他组件。

依赖关系:[FCS_CKM.2 密钥分发,或
FCS_COP.1 密码运算];
FCS_CKM.4 密钥销毁。

##### 9.1.5.1 **FCS_CKM.1.1**

**TSF 应根据符合下列标准[赋值:*标准列表*]的一个特定的密钥生成算法[赋值:*密钥生成算法*]和规定的密钥长度[赋值:*密钥长度*]来生成密钥。**

#### 9.1.6 **FCS_CKM.2 密钥分发**

从属于:无其他组件。

依赖关系:[FDP_ITC.1 不带安全属性的用户数据输入,或
FDP_ITC.2 带有安全属性的用户数据输入,或
FCS_CKM.1 密钥生成];
FCS_CKM.4 密钥销毁。

##### 9.1.6.1 **FCS_CKM.2.1**

**TSF 应根据符合下列标准[赋值:*标准列表*]的一个特定的密钥分发方法[赋值:*密钥分发方法*]来分发密钥。**

#### 9.1.7 **FCS_CKM.3 密钥存取**

从属于:无其他组件。

依赖关系:[FDP_ITC.1 不带安全属性的用户数据输入,或
FDP_ITC.2 带有安全属性的用户数据输入,或
FCS_CKM.1 密钥生成];
FCS_CKM.4 密钥销毁。

##### 9.1.7.1 **FCS_CKM.3.1**

**TSF 应根据符合下列标准[赋值:*标准列表*]的一个特定的密钥存取方法[赋值:*密钥存取方法*]来执行[赋值:*密钥存取类型*]。**

#### 9.1.8 **FCS_CKM.4 密钥销毁**

从属于:无其他组件。

依赖关系:[FDP_ITC.1 不带安全属性的用户数据输入,或
FDP_ITC.2 带有安全属性的用户数据输入,或
FCS_CKM.1 密钥生成]。

#### 9.1.8.1 FCS_CKM.4.1

**TSF 应根据符合下列标准[赋值:*标准列表*]的一个特定的密钥销毁方法[赋值:*密钥销毁方法*]来销毁密钥。**

## 9.2 密码运算(FCS_COP)

### 9.2.1 族行为

为了确保密码运算功能的正确执行,必须按照特定的算法和规定长度的密钥来进行运算。凡有执行密码运算要求的地方,都必须包含本族。

密码运算通常包括:数据加密或解密、数字签名产生或验证、密码校验和(用于完整性或校验和验证)产生、安全散列(消息摘要)、密钥加密或解密,以及密钥协商。

### 9.2.2 组件层次

FCS_COP.1“密码运算”,要求根据特定的算法和规定长度的密钥来进行密码运算。可以基于某个指定标准规定算法和密钥长度。

### 9.2.3 FCS_COP.1 管理

尚无预见的管理活动。

### 9.2.4 FCS_COP.1 审计

如果 PP/ST 中包含 FAU_GEN“安全审计数据产生”,下列行为应是可审计的:

a) 最小级:成功和失败,以及密码运算的类型;

b) 基本级:所有有效的密码运算模式、主体属性和客体属性。

### 9.2.5 FCS_COP.1 密码运算

从属于:无其他组件。

依赖关系:[FDP_ITC.1 不带安全属性的用户数据输入,或
FDP_ITC.2 带有安全属性的用户数据输入,或
FCS_CKM.1 密钥生成];
FCS_CKM.4 密钥销毁。

#### 9.2.5.1 FCS_COP.1.1

**TSF 应根据符合下列标准[赋值:*标准列表*]的特定的密码算法[赋值:*密码算法*]和密钥长度[赋值:*密钥长度*]来执行[赋值:*密码运算列表*]。**

# 10 FDP 类:用户数据保护

本类包含的族详细说明了与用户数据保护相关的要求。FDP“用户数据保护”分为四组族(如下所示)来描述在输入、输出和存储过程中的 TOE 内部的用户数据,以及与用户数据直接相关的安全属性。本类的组件构成分解如图 10 所示。

本类中的族可分成如下 4 组：

a） 用户数据保护安全功能策略：
   - FDP_ACC 访问控制策略；
   - FDP_IFC 信息流控制策略。

   这些族中的组件允许 PP/ST 作者命名用户数据保护安全功能策略，并定义该安全策略的控制范围，这对于说明安全目的是必要的。这些安全策略的名称将在其他有要求对“访问控制 SFP”、“信息流控制 SFP”赋值或选择操作的功能组件中广泛使用。定义已命名访问控制和信息流控制 SFP 功能性的规则将分别在 FDP_ACF“访问控制功能”和 FDP_IFF“信息流控制功能”族中定义。

b） 用户数据保护形式：
   - FDP_ACF 访问控制功能；
   - FDP_IFF 信息流控制功能；
   - FDP_ITT TOE 内部传送；
   - FDP_RIP 残余信息保护；
   - FDP_ROL 回退；
   - FDP_SDI 存储数据的完整性。

c） 离线存储、输入和输出：
   - FDP_DAU 数据鉴别；
   - FDP_ETC 从 TOE 输出；
   - FDP_ITC 从 TOE 之外输入。

   这些族内的组件负责处理进出 TOE 的可信传送。

d） TSF 间的通信：
   - FDP_UCT TSF 间用户数据机密性传送保护；
   - FDP_UIT TSF 间用户数据完整性传送保护。

   这些族内的组件负责处理 TOE 的 TSF 与其他可信 IT 产品间的通信。

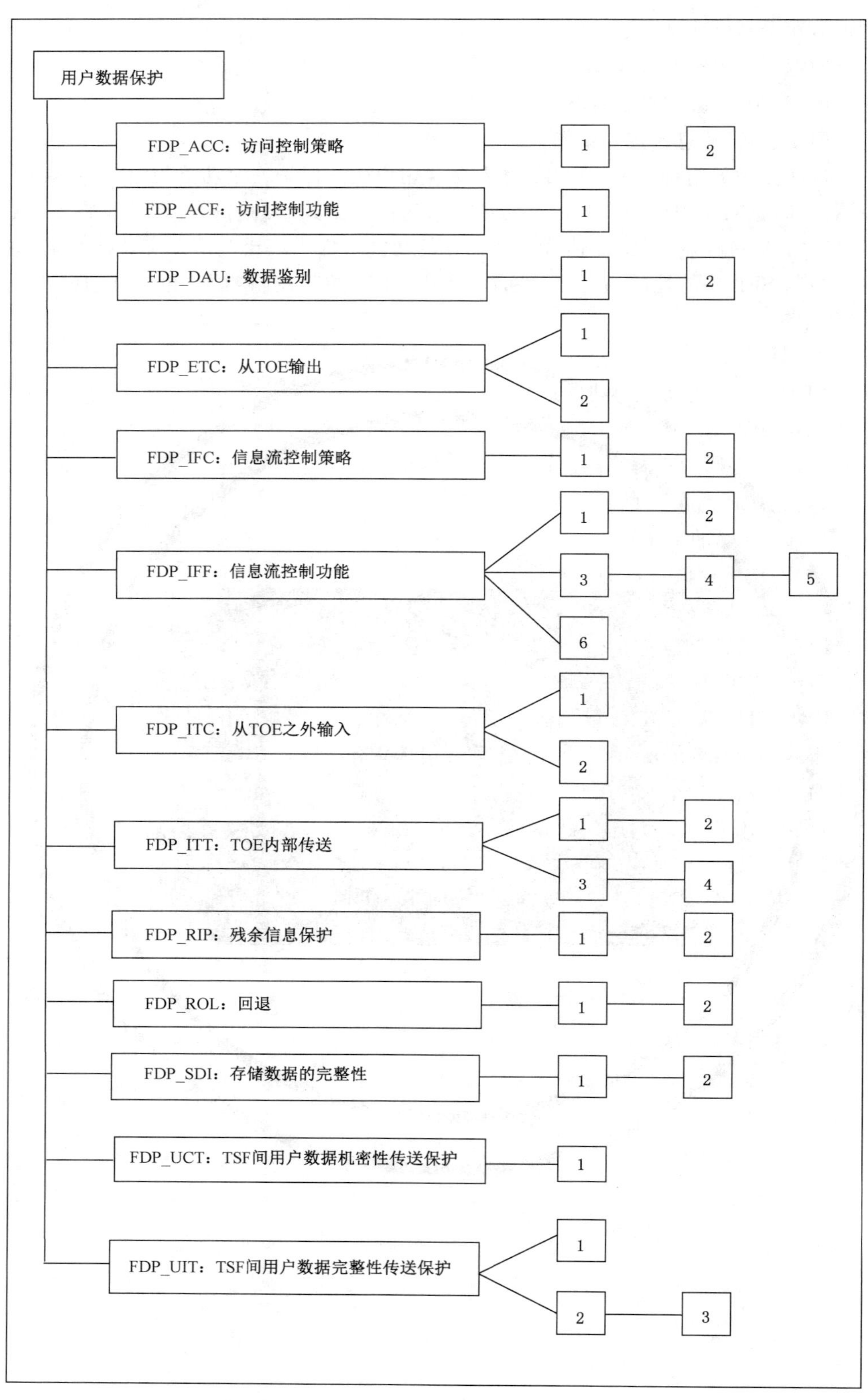


图 10 FDP:用户数据保护类分解

## 10.1 访问控制策略(FDP_ACC)

### 10.1.1 族行为

本族(通过命名)标识访问控制 SFP 并定义策略的控制范围,这些策略组成了既定 SFR 的访问控制部分。控制范围由以下三个集合刻画:策略控制下的主体、策略控制下的客体以及策略所涵盖受控主体和受控客体间的操作。本准则允许存在多个策略,只是每个策略需要有唯一的名称,这可以通过对每个已命名的访问控制策略反复使用本族中的组件来实现。定义访问控制 SFP 功能的规则将在其他族中定义,如 FDP_ACF"访问控制功能"和 FDP_ETC"从 TOE 输出"。在 FDP_ACC"访问控制策略"中所确定的访问控制 SFP 的名称,将用在其余所有需要对"访问控制 SFP"赋值或选择操作的功能组件中。

### 10.1.2 组件层次

FDP_ACC.1"子集访问控制",要求每个确定的访问控制 SFP 适用于对某个 TOE 客体子集可能执行的操作子集。

FDP_ACC.2"完全访问控制",要求每个确定的访问控制 SFP 涵盖被该 SFP 涵盖的主体和客体之间的所有操作,进而要求由 TSF 保护的所有客体和操作都至少被一个确定的访问控制 SFP 涵盖。

### 10.1.3 FDP_ACC.1、FDP_ACC.2 管理

尚无预见的管理活动。

### 10.1.4 FDP_ACC.1、FDP_ACC.2 审计

尚无预见的可审计事件。

### 10.1.5 FDP_ACC.1 子集访问控制

从属于:无其他组件。

依赖关系:FDP_ACF.1 基于安全属性的访问控制。

#### 10.1.5.1 FDP_ACC.1.1

**TSF 应对[赋值:*主体、客体及 SFP 所涵盖主体和客体之间的操作列表*]执行[赋值:*访问控制 SFP* ]。**

### 10.1.6 FDP_ACC.2 完全访问控制

从属于:FDP_ACC.1 子集访问控制。

依赖关系:FDP_ACF.1 基于安全属性的访问控制。

#### 10.1.6.1 FDP_ACC.2.1

TSF 应对[赋值:主体和*客体列表*]及 **SFP** 所涵盖主体和客体之间的**所有**操作执行[赋值:访问控制 SFP]。

#### 10.1.6.2 FDP_ACC.2.2

**TSF 应确保 TSF 控制内的任何主体和客体之间的所有操作都被一个访问控制 SFP 涵盖。**

## 10.2 访问控制功能(FDP_ACF)

### 10.2.1 族行为

本族描述了与特定功能相关的规则,这些特定功能可实现在 FDP_ACC“访问控制策略”中所命名的访问控制策略。FDP_ACC“访问控制策略”规定了策略控制的范围。

### 10.2.2 组件层次

本族说明安全属性的用法和策略的特征。本族中的组件将用来描述实施 SFP 的功能的一些规则,该 SFP 由 FDP_ACC“访问控制策略”确定。PP/ST 作者可以反复使用本组件以说明 TOE 中的多个策略。

FDP_ACF.1“基于安全属性的访问控制”,允许 TSF 基于安全属性和已命名属性组的执行访问。此外,TSF 有能力根据安全属性明确地授权或拒绝对某个客体的访问。

### 10.2.3 FDP_ACF.1 管理

FMT 中的管理功能可考虑下列行为:

a) 管理用于作出明确访问或拒绝决定的属性。

### 10.2.4 FDP_ACF.1 审计

如果 PP/ST 中包含 FAU_GEN“安全审计数据产生”,下列行为应是可审计的:

a) 最小级:对 SFP 涵盖的客体执行某个操作的成功请求;

b) 基本级:对 SFP 涵盖的客体执行某个操作的所有请求;

c) 详细级:用于进行访问检查的特定安全属性。

### 10.2.5 FDP_ACF.1 基于安全属性的访问控制

从属于:无其他组件。

依赖关系:FDP_ACC.1 子集访问控制;
　　　　　FMT_MSA.3 静态属性初始化。

#### 10.2.5.1 FDP_ACF.1.1

**TSF 应基于[赋值:*指定 SFP 控制下的主体和客体列表,以及每个与 SFP 的相关安全属性或与 SFP 相关的已命名安全属性组*]对客体执行[赋值:*访问控制 SFP* ]。**

#### 10.2.5.2 FDP_ACF.1.2

**TSF 应执行以下规则,以确定在受控主体与受控客体间的一个操作是否被允许:[赋值:*在受控主体和受控客体间,通过对受控客体采取受控操作来管理访问的一些规则*]。**

#### 10.2.5.3 FDP_ACF.1.3

**TSF 应基于以下附加规则:[赋值:*基于安全属性的,明确授权主体访问客体的规则*],明确授权主体访问客体。**

#### 10.2.5.4 FDP_ACF.1.4

**TSF 应基于[赋值:*基于安全属性的,明确拒绝主体访问客体的规则*] 明确拒绝主体访问客体。**

## 10.3 数据鉴别(FDP_DAU)

### 10.3.1 族行为

数据鉴别允许实体为信息的真实性承担责任(如对它进行数字签名)。本族提供一种方法,以保证特定数据单元的有效性,进而可用于验证信息内容没有被伪造或篡改。与FAU"安全审计"类不同,本族适用于"静态"数据而不是正在传送的数据。

### 10.3.2 组件层次

FDP_DAU.1"基本数据鉴别",要求TSF具有为客体(如文档)信息内容的真实性提供保证的能力。

FDP_DAU.2"带担保者身份的数据鉴别",还另外要求TSF具有建立为提供真实性担保的主体身份的能力。

### 10.3.3 FDP_DAU.1、FDP_DAU.2 管理

FMT中的管理功能可考虑下列行为:

a) 适用于数据鉴别的客体的赋值或修改应是可配置的。

### 10.3.4 FDP_DAU.1 审计

如果PP/ST中包含FAU_GEN"安全审计数据产生",下列行为应是可审计的:

a) 最小级:有效性证据的成功生成;

b) 基本级:有效性证据的未成功生成;

c) 详细级:请求证据的主体身份。

### 10.3.5 FDP_DAU.2 审计

如果PP/ST中包含FAU_GEN"安全审计数据产生",下列行为应是可审计的:

a) 最小级:有效性证据的成功生成;

b) 基本级:有效性证据的未成功生成;

c) 详细级:请求证据的主体身份;

d) 详细级:产生证据的主体身份。

### 10.3.6 FDP_DAU.1 基本数据鉴别

从属于:无其他组件。

依赖关系:无依赖关系。

#### 10.3.6.1 FDP_DAU.1.1

**TSF应提供一种能力,以生成能用来作为[赋值:*客体或信息类型列表*]有效性担保的证据。**

#### 10.3.6.2 FDP_DAU.1.2

**TSF应为[赋值:*主体列表*]提供能力,以验证指定信息有效的证据。**

### 10.3.7 FDP_DAU.2 带担保者身份的数据鉴别

从属于:FDP_DAU.1 基本数据鉴别。

依赖关系:FIA_UID.1 标识的时机。

#### 10.3.7.1 FDP_DAU.2.1

TSF 应提供一种能力,以生成能用来作为[赋值:*客体或信息类型列表*]有效性担保的证据。

#### 10.3.7.2 FDP_DAU.2.2

TSF 应为[赋值:*主体列表*]提供一种能力,以验证所指定信息的有效性证据**和产生证据的用户身份**。

## 10.4 从 TOE 输出(FDP_ETC)

### 10.4.1 族行为

本族定义了由 TSF 促成的从 TOE 输出用户数据的功能,一旦数据被输出,其安全属性和保护机制不是被明确保留,就是被忽略。这涉及对输出的限制,以及安全属性与所输出用户数据之间的关联关系。

### 10.4.2 组件层次

FDP_ETC.1“不带安全属性的用户数据输出”,要求 TSF 在把用户数据输出到 TSF 之外时执行合适的 SFP。经由本功能输出的用户数据输出时没有输出相关的安全属性。

FDP_ETC.2“带有安全属性的用户数据输出”,要求 TSF 利用一个功能执行合适的 SFP,该功能准确无误地将安全属性与所输出的用户数据相关联。

### 10.4.3 FDP_ETC.1 管理

尚无预见的管理活动。

### 10.4.4 FDP_ETC.2 管理

FMT 中的管理功能可考虑下列行为:

a) 已定义角色中的一个用户能够配置的附加输出控制规则。

### 10.4.5 审计:FDP_ETC.1,FDP_ETC.2

如果 PP/ST 中包含 FAU_GEN“安全审计数据产生”,下列行为应是可审计的:

a) 最小级:信息的成功输出;

b) 基本级:输出信息的所有尝试。

### 10.4.6 FDP_ETC.1 不带安全属性的用户数据输出

从属于:无其他组件。

依赖关系:[FDP_ACC.1 子集访问控制,或<br>FDP_IFC.1 子集信息流控制]。

#### 10.4.6.1 FDP_ETC.1.1

**在 SFP 控制下将用户数据输出到 TOE 之外时,TSF 应执行**[赋值:***访问控制 SFP 和/或信息流控制 SFP*** ]。

#### 10.4.6.2 FDP_ETC.1.2

**TSF 应输出用户数据但不带用户数据关联的安全属性。**

#### 10.4.7 FDP_ETC.2 带有安全属性的用户数据输出

从属于:无其他组件。

依赖关系:[FDP_ACC.1 子集访问控制,或
FDP_IFC.1 子集信息流控制]。

##### 10.4.7.1 FDP_ETC.2.1

**在 SFP 控制下将用户数据输出到 TOE 之外时,TSF 应执行[赋值:*访问控制 SFP 和/或信息流控制 SFP* ]。**

##### 10.4.7.2 FDP_ETC.2.2

**TSF 应输出用户数据且带有用户数据关联的安全属性。**

##### 10.4.7.3 FDP_ETC.2.3

**TSF 应确保输出安全属性到 TOE 之外时,与所输出的用户数据确切关联。**

##### 10.4.7.4 FDP_ETC.2.4

**当从 TOE 输出用户数据时,TSF 应执行下列规则[赋值:*附加的输出控制规则*]。**

### 10.5 信息流控制策略(FDP_IFC)

#### 10.5.1 族行为

本族标识信息流控制 SFP(通过命名),并为每个已命名的策略定义了控制范围.这些策略组成了既定 TSP 的信息流控制部分。控制范围由以下 3 个集合刻画:策略控制下的主体、策略控制下的信息以及策略所涵盖的引起受控信息流入、流出受控主体的操作。本准则允许存在多个策略,只是每个策略需要有一个唯一的名称,这可以通过对每个已命名的信息流控制策略反复使用本族中的组件来实现。定义信息流控制 SFP 功能的规则将在其他族中定义,如 FDP_IFF“信息流控制功能”和 FDP_ETC“从 TOE 输出”。在 FDP_IFC“信息流控制策略”中所确定的信息流控制 SFP 名称,将用在所有其余需要对“信息流控制 SFP”赋值或选择可操作的组件中。

TSF 机制根据信息流控制 SFP 控制信息的流向。一般不允许执行改变信息的安全属性的操作,因为这将违背信息流控制 SFP。不过,如果明确指明,这种操作也可以作为信息流控制 SFP 的例外,得到允许。

#### 10.5.2 组件层次

FDP_IFC.1“子集信息流控制”,要求对 TOE 内的信息流子集可能执行的操作子集,有确定的信息流控制 SFP。

FDP_IFC.2“完全信息流控制”,要求每个确定的信息流控制 SFP 覆盖该 SFP 所涵盖主体和信息之间的所有操作,并进一步要求由 TSF 控制的所有信息流和操作都至少被一个确定的信息流控制 SFP 覆盖。

#### 10.5.3 FDP_IFC.1、FDP_IFC.2 管理

尚无预见的管理活动。

#### 10.5.4 FDP_IFC.1、FDP_IFC.2 审计

尚无预见的可审计事件。

#### 10.5.5 FDP_IFC.1 子集信息流控制

从属于:无其他组件。
依赖关系:FDP_IFF.1 简单安全属性。

##### 10.5.5.1 FDP_IFC.1.1

**TSF 应对[赋值:*主体、信息及 SFP 所覆盖的导致受控信息流入、流出受控主体的操作列表*]执行[赋值:*信息流控制 SFP* ]。**

#### 10.5.6 FDP_IFC.2 完全信息流控制

从属于:FDP_IFC.1 子集信息流控制。
依赖关系:FDP_IFF.1 简单安全属性。

##### 10.5.6.1 FDP_IFC.2.1

TSF 应对[赋值:*主体列表和信息列表*]及 SFP 所覆盖的导致信息流入、流出主体的**所有操作**执行[赋值:*信息流控制 SFP* ]。

##### 10.5.6.2 FDP_IFC.2.2

**TSF 应确保导致 TOE 中的任何信息从 TOE 中的任何主体流入、流出的所有操作都被一个信息流控制 SFP 覆盖。**

### 10.6 信息流控制功能(FDP_IFF)

#### 10.6.1 族行为

本族描述了 FDP_IFC“信息流控制策略”中实现已命名的信息流控制 SFP 的特定功能的一些规则,并规定策略控制的范围。本族中包含两种要求:一种是针对通用的信息流功能问题,另一种是针对非法的信息流(如隐蔽信道)。之所以这样划分是因为非法信息流涉及的问题,在某种意义上与其他的信息流控制 SFP 是完全不相干的。非法信息流的本质就是为了规避信息流控制 SFP,导致策略失效,因而需要特定的功能限制或防止非法信息流的出现。

#### 10.6.2 组件层次

FDP_IFF.1“简单安全属性”,对信息的安全属性、导致信息流动的主体的安全属性以及作为信息接收者的主体的安全属性提出了要求。它规定了功能必须执行的一些规则,并描述该功能如何得到安全属性。

FDP_IFF.2“分级安全属性”,扩展了 FDP_IFF.1“简单安全属性”的要求,要求 SFRs 中所有信息流控制 SFP 使用格结构的(遵从数学上的定义)分级安全属性。FDP_IFF.2.6 来自格的数学属性。格是由一个元素集合及在该集合上定义的有序关系组成的数学结构,该关系由 FDP_IFF.2.6 的第一点要求定义;格中存在一个唯一的最大下界元素,(按有序关系来说)它大于或等于格中其他下界元素;并存在一个唯一的最小上界元素,它小于或等于格中其他上界元素。

FDP_IFF.3“受限的非法信息流”,要求 SFP 覆盖非法信息流,但不必消除它们。

FDP_IFF.4“部分消除非法信息流”,要求 SFP 覆盖部分(不必是全部)非法信息流的消除。

FDP_IFF.5“无非法信息流”,要求 SFP 覆盖所有非法信息流的消除。

FDP_IFF.6“非法信息流监视”,要求 SFP 针对指定的最大流量监视非法信息流。

### 10.6.3 FDP_IFF.1、FDP_IFF.2 管理

FMT 中的管理功能可考虑下列行为:

a) 管理用于作出明确访问决定的属性。

### 10.6.4 FDP_IFF.3、FDP_IFF.4、FDP_IFF.5 管理

尚无预见的管理活动。

### 10.6.5 FDP_IFF.6 管理

FMT 中的管理功能可考虑下列行为:

a) 监视功能的启动或关闭;

b) 监视时最大流量的修改。

### 10.6.6 FDP_IFF.1、FDP_IFF.2、FDP_IFF.5 审计

如果 PP/ST 中包含 FAU_GEN“安全审计数据产生”,下列行为应是可审计的:

a) 最小级:允许请求的信息流动的决定;

b) 基本级:请求信息流动的所有决定;

c) 详细级:用于做出信息流动执行决定的特定安全属性;

d) 详细级:根据策略目标(如降级材料的审计)而流动的信息的某些特定子集。

### 10.6.7 FDP_IFF.3、FDP_IFF.4、FDP_IFF.6 审计

如果 PP/ST 中包含 FAU_GEN“安全审计数据产生”,下列行为应是可审计的:

a) 最小级:允许请求的信息流动的决定;

b) 基本级:请求信息流动的所有决定;

c) 基本级:确定的非法信息流信道的使用;

d) 详细级:用于做出信息流动执行决定的特定安全属性;

e) 详细级:根据策略目标(如降级材料的审计)而流动的信息的某些特定子集;

f) 详细级:估算的最大容量超过一个特定值的已标识非法信息流信道的使用。

### 10.6.8 FDP_IFF.1 简单安全属性

从属于:无其他组件。

依赖关系:FDP_IFC.1 子集信息流控制;

FMT_MSA.3 静态属性初始化。

#### 10.6.8.1 FDP_IFF.1.1

**TSF 应基于下列类型主体和信息的安全属性:[赋值:*指定 SFP 控制下的主体和信息列表,以及每个对应的安全属性*]执行[赋值:*信息流控制 SFP* ]。**

#### 10.6.8.2 FDP_IFF.1.2

**如果支持下列规则:[赋值:*对每一个操作,必须在主体和信息的安全属性之间成立的基于安全属***

**性的关系**],**TSF 应允许信息在受控主体和受控信息之间经由受控操作流动。**

10.6.8.3 **FDP_IFF.1.3**

**TSF 应执行[赋值:*附加的信息流控制 SFP 规则*]。**

10.6.8.4 **FDP_IFF.1.4**

**TSF 应根据下列规则:[赋值:*基于安全属性,明确批准信息流的规则*]明确批准一个信息流。**

10.6.8.5 **FDP_IFF.1.5**

**TSF 应根据下列规则:[赋值:*基于安全属性,明确拒绝信息流的规则*]明确拒绝一个信息流。**

10.6.9 **FDP_IFF.2 分级安全属性**

从属于:FDP_IFF.1 简单安全属性。
依赖关系:FDP_IFC.1 子集信息流控制;
FMT_MSA.3 静态属性初始化。

10.6.9.1 **FDP_IFF.2.1**

TSF 应基于下列类型主体和信息的安全属性:[赋值:*指定* ***SFP*** *控制下的主体和信息列表,以及每个对应的安全属性*]执行[赋值:*信息流控制 SFP* ]。

10.6.9.2 **FDP_IFF.2.2**

如果**基于安全属性间的有序关系**支持下列的规则[赋值:*对每一个操作,**必须在主体和信息的安全属性之间成立的基于安全属性的关系***],TSF 应允许信息在受控主体和受控信息之间经由受控操作流动。

10.6.9.3 **FDP_IFF.2.3**

TSF 应执行[赋值:*附加的信息流控制 SFP 规则*]。

10.6.9.4 **FDP_IFF.2.4**

TSF 应根据下列规则:[赋值:*基于安全属性,明确批准信息流的规则*]明确批准一个信息流。

10.6.9.5 **FDP_IFF.2.5**

TSF 应根据下列规则:[赋值:*基于安全属性,明确拒绝信息流的规则*]明确拒绝一个信息流。

10.6.9.6 **FDP_IFF.2.6**

**TSF 应对任意两个有效的信息流控制安全属性执行下列关系:**

a) **存在一个排序函数,即给定两个有效的安全属性,确定它们是否相等,是否其中一个大于另一个,或两者不可比较;**
b) **在安全属性集合中存在一个"最小上界",也就是说,给定任意两个有效的安全属性,存在一个有效的安全属性大于或等于这两个安全属性;**
c) **在安全属性集合中存在一个"最大下界",也就是说,给定任意两个有效的安全属性,存在一个有效的安全属性不大于这两个安全属性。**

#### 10.6.10 **FDP_IFF.3** 受限的非法信息流

从属于:无其他组件。
依赖关系:FDP_IFC.1 子集信息流控制。

##### 10.6.10.1 **FDP_IFF.3.1**

**TSF 应执行[赋值:*信息流控制 SFP* ],以限制[赋值:*非法信息流的类型*]的容量,不超过[赋值:*最大容量*]。**

#### 10.6.11 **FDP_IFF.4** 部分消除非法信息流

从属于:FDP_IFF.3 受限的非法信息流。
依赖关系:FDP_IFC.1 子集信息流控制。

##### 10.6.11.1 **FDP_IFF.4.1**

TSF 应执行[赋值:*信息流控制 SFP* ],以限制[赋值:*非法信息流的类型*]的容量,不超过[赋值:*最大容量*]。

##### 10.6.11.2 **FDP_IFF.4.2**

**TSF 应阻止[赋值:*非法信息流的类型*]。**

#### 10.6.12 **FDP_IFF.5** 无非法信息流

从属于:FDP_IFF.4 部分消除非法信息流。
依赖关系:FDP_IFC.1 子集信息流控制。

##### 10.6.12.1 **FDP_IFF.5.1**

**TSF 应确保不存在规避[赋值:*信息流控制 SFP 名称*]的非法信息流。**

#### 10.6.13 **FDP_IFF.6** 非法信息流监视

从属于:无其他组件。
依赖关系:FDP_IFC.1 子集信息流控制。

##### 10.6.13.1 **FDP_IFF.6.1**

**TSF 应执行[赋值:*信息流控制 SFP* ],以监视[赋值:*非法信息流的类型*]何时超过了[赋值:*最大容量*]。**

### 10.7 从 TOE 之外输入(FDP_ITC)

#### 10.7.1 族行为

本族定义通过 TSF 将用户数据输入到 TOE 内的机制,如此这样数据才具有合适的安全属性并得到适当的保护。这和数据输入限制、期望安全属性的确定,以及用户数据相关安全属性的解释有关。

#### 10.7.2 组件层次

FDP_ITC.1“不带安全属性的用户数据输入”,要求安全属性正确表示用户数据,且与客体分离。

FDP_ITC.2“带有安全属性的用户数据输入”,要求安全属性正确表示用户数据,并且准确无误地与从 TOE 外输入的用户数据相关联。

#### 10.7.3 FDP_ITC.1、FDP_ITC.2 管理

FMT 中的管理功能可考虑下列行为:

a) 对用于输入的附加控制规则的修改。

#### 10.7.4 FDP_ITC.1、FDP_ITC.2 审计

如果 PP/ST 中包含 FAU_GEN“安全审计数据产生”,下列行为应是可审计的:

a) 最小级:用户数据的成功输入,包括任何安全属性;

b) 基本级:用户数据的所有输入尝试,包括任何安全属性;

c) 详细级:授权用户提供的用于输入的用户数据的安全属性规范。

#### 10.7.5 FDP_ITC.1 不带安全属性的用户数据输入

从属于:无其他组件。

依赖关系:[FDP_ACC.1 子集访问控制,或
FDP_IFC.1 子集信息流控制];
FMT_MSA.3 静态属性初始化。

##### 10.7.5.1 FDP_ITC.1.1

**在 SFP 控制下从 TOE 之外输入用户数据时,TSF 应执行[赋值:*访问控制 SFP 和/或信息流控制 SFP* ]。**

##### 10.7.5.2 FDP_ITC.1.2

**从 TOE 外部输入用户数据时,TSF 应忽略任何与用户数据相关的安全属性。**

##### 10.7.5.3 FDP_ITC.1.3

**在 SPF 控制下从 TOE 之外输入用户数据时,TSF 应执行下面的规则:[赋值:*附加的输入控制规则*]。**

#### 10.7.6 FDP_ITC.2 带有安全属性的用户数据输入

从属于:无其他组件。

依赖关系:[FDP_ACC.1 子集访问控制,或
FDP_IFC.1 子集信息流控制];
[FDP_ITC.1 TSF 间的可信信道,或
FTP_TRP.1 可信路径];
FPT_TDC.1 TSF 间基本的 TSF 数据一致性。

##### 10.7.6.1 FDP_ITC.2.1

**在 SFP 控制下从 TOE 之外输入用户数据时,TSF 应执行[赋值:*访问控制 SFP 和/或信息流控制 SFP* ]。**

##### 10.7.6.2 FDP_ITC.2.2

**TSF 应使用与所输入数据相关的安全属性。**

#### 10.7.6.3 FDP_ITC.2.3

**TSF 应确保所使用的协议在安全属性和接收到的用户数据之间进行了明确的关联。**

#### 10.7.6.4 FDP_ITC.2.4

**TSF 应确保对所输入用户数据的安全属性的解释与用户源数据所预期的安全属性是一样的。**

#### 10.7.6.5 FDP_ITC.2.5

**当在 SFP 控制下从 TOE 之外输入用户数据时,TSF 应执行[赋值:*附加的输入控制规则*]。**

## 10.8 TOE 内部传送(FDP_ITT)

### 10.8.1 族行为

本族提供当用户数据通过内部信道在 TOE 各部分之间传送时,对数据进行保护的要求。本族与族 FDP_UCT"TSF 间用户数据机密性传送保护"和 FDP_UIT"TSF 间用户数据完整性传送保护"的不同之处在于,后两者为用户数据经外部信道在不同的 TSF 间传送时提供保护;而与族 FDP_ETC"从 TOE 输出"和 FDP_ITC"从 TOE 之外输入"的不同之处则在于,它们处理由 TSF 仲裁的传送到 TOE 之外,或从 TOE 之外传入的数据保护问题。

### 10.8.2 组件层次

FDP_ITT.1"基本内部传送保护",要求用户数据在 TOE 的各部分间传输时受保护。

FDP_ITT.2"按属性分隔传送",除第一个组件的要求外,还要求基于 SFP 相关属性把数据分隔开。

FDP_ITT.3"完整性监视",要求 TSF 针对已标识的完整性错误,监视在 TOE 各部分间传递的用户数据。

FDP_ITT.4"基于属性的完整性监视",允许完整性监视可根据 SFP 的相关属性进行设置,以此来扩展第 3 个组件的要求。

### 10.8.3 FDP_ITT.1、FDP_ITT.2 管理

FMT 中的管理功能可考虑下列行为:

a) 如果 TSF 提供了多种方法保护在 TOE 物理上分隔的部分间传递的用户数据,则 TSF 能提供一个预定义的角色,使其有能力选择将使用哪种方法。

### 10.8.4 FDP_ITT.3、FDP_ITT.4 管理

FMT 中的管理功能可考虑下列行为:

a) 对于检测到一个完整性错误而采取的行为规范应是可配置的。

### 10.8.5 FDP_ITT.1、FDP_ITT.2 审计

如果 PP/ST 中包含 FAU_GEN"安全审计数据产生",下列行为应是可审计的:

a) 最小级:用户数据的成功传送,包括所用保护方法的标识;

b) 基本级:用户数据传送的所有尝试,包括所用的保护方法和出现的任何错误。

### 10.8.6 FDP_ITT.3、FDP_ITT.4 审计

如果 PP/ST 中包含 FAU_GEN"安全审计数据产生",下列行为应是可审计的:

a) 最小级:用户数据的成功传送,包括所用的完整性保护方法的标识;

b) 基本级:用户数据传送的所有尝试,包括所用的完整性保护方法和出现的任何错误;

c) 基本级:改变完整性保护方法的未授权尝试;

d) 详细级:检测到一个完整性错误而采取的行为。

#### 10.8.7 FDP_ITT.1 基本内部传送保护

从属于:无其他组件。

依赖关系:[FDP_ACC.1 子集访问控制,或
FDP_IFC.1 子集信息流控制]。

##### 10.8.7.1 FDP_ITT.1.1

**在 TOE 物理上分隔的部分间传递用户数据时,TSF 应执行[赋值:*访问控制 SFP 和/或信息流控制 SFP* ],以防止用户数据的[选择:*泄露、篡改、丧失可用性*]。**

#### 10.8.8 FDP_ITT.2 按属性分隔传送

从属于:FDP_ITT.1 基本内部传送保护。

依赖关系:[FDP_ACC.1 子集访问控制,或
FDP_IFC.1 子集信息流控制]。

##### 10.8.8.1 FDP_ITT.2.1

在 TOE 物理上分隔的部分间传递用户数据时,TSF 应执行[赋值:*访问控制 SFP 和/或信息流控制 SFP* ],以防止用户数据的[选择:*泄露、篡改、丧失可用性*]。

##### 10.8.8.2 FDP_ITT.2.2

**在 TOE 物理上分隔的部分间传递用户数据时,TSF 应基于下列值:[赋值:*需要分隔的安全属性*],将 SFP 控制的数据分隔开。**

#### 10.8.9 FDP_ITT.3 完整性监视

从属于:无其他组件。

依赖关系:[FDP_ACC.1 子集访问控制,或
FDP_IFC.1 子集信息流控制];
FDP_ITT.1 基本内部传送保护。

##### 10.8.9.1 FDP_ITT.3.1

**TSF 应执行[赋值:*访问控制 SFP 和/或信息流控制 SFP* ],以监视用户数据在 TOE 物理上分隔的部分间传递时存在的下列错误:[赋值:*完整性错误*]。**

##### 10.8.9.2 FDP_ITT.3.2

**检测到数据完整性错误时,TSF 应[赋值:*详细说明对完整性错误应采取的动作*]。**

#### 10.8.10 FDP_ITT.4 基于属性的完整性监视

从属于:FDP_ITT.3 完整性监视。

依赖关系:[FDP_ACC.1 子集访问控制,或

FDP_IFC.1 子集信息流控制]；
FDP_ITT.2 按属性分隔传送。

#### 10.8.10.1 **FDP_ITT.4.1**

TSF 应**基于下列属性**:[赋值:**需要分隔传送信道的安全属性**],执行[赋值:*访问控制 SFP 和/或信息流控制 SFP* ],以监视用户数据在 TOE 物理上分隔的部分间传递时存在的下列错误:[*赋值:完整性错误*]。

#### 10.8.10.2 **FDP_ITT.4.2**

检测到数据完整性错误时,TSF 应[赋值:*详细说明对完整性错误应采取的动作*]。

## 10.9 残余信息保护(FDP_RIP)

### 10.9.1 族行为

本族需要确保当资源从一个客体释放并重新分配给另一个客体时,其中的任何数据都不可用。本族要求保护那些已逻辑上删除或释放但仍可能残存在 TSF 控制的资源中的数据,这些资源仍可能被重新分配给另一个客体。

### 10.9.2 组件层次

FDP_RIP.1"子集残余信息保护",要求 TSF 确保任何资源的任何残余信息,在资源分配或释放时,对由 TSF 控制的已定义的客体子集而言都是不可用的。

FDP_RIP.2"完全残余信息保护",要求 TSF 确保任何资源的任何残余信息,在资源分配或释放时,对于所有客体都是不可用的。

### 10.9.3 FDP_RIP.1、FDP_RIP.2 管理

FMT 中的管理功能可考虑下列行为:

a) 执行残余信息保护(即分配或释放)的时机选择在 TOE 内是可以配置的。

### 10.9.4 FDP_RIP.1、FDP_RIP.2 审计

尚无预见的可审计事件。

### 10.9.5 FDP_RIP.1 子集残余信息保护

从属于:无其他组件。
依赖关系:无依赖关系。

#### 10.9.5.1 **FDP_RIP.1.1**

**TSF 应确保一个资源的任何先前信息内容,在[选择:*分配资源到、释放资源自*]下列客体:[赋值:*客体列表*]时不再可用。**

### 10.9.6 FDP_RIP.2 完全残余信息保护

从属于:FDP_RIP.1 子集残余信息保护。
依赖关系:无依赖性。

#### 10.9.6.1 FDP_RIP.2.1

TSF 应确保一个资源的任何先前信息内容,在[选择:*分配资源到*、*释放资源自*]**所有客体**时不再可用。

## 10.10 回退(FDP_ROL)

### 10.10.1 族行为

回退操作指在某个条件(如一段时间)限制下,撤消最后一次操作或一系列操作,并返回到一个先前已知的状态。回退提供了撤销最后一次或一系列操作结果的能力,以保持用户数据的完整性。

### 10.10.2 组件层次

FDP_ROL.1“基本回退”,要求在既定的限制条件下回退或撤消有限个操作。

FDP_ROL.2“高级回退”,要求在既定的限制条件下回退或撤消所有操作。

### 10.10.3 FDP_ROL.1、FDP_ROL.2 管理

FMT 中的管理功能可考虑下列行为:

a) 执行回退操作的边界限制条件可能是 TOE 中的一个可配置项;

b) 执行回退操作的权限可以被限制到一个明确定义的角色。

### 10.10.4 FDP_ROL.1、FDP_ROL.2 审计

如果 PP/ST 中包含 FAU_GEN“安全审计数据产生”,下列行为应是可审计的:

a) 最小级:所有成功的回退操作;

b) 基本级:执行回退操作的所有尝试;

c) 详细级:执行回退操作的所有尝试,包括回退操作类型的标识。

### 10.10.5 FDP_ROL.1 基本回退

从属于:无其他组件。

依赖关系:[FDP_ACC.1 子集访问控制,或

FMT_IFC.1 子集信息流控制]。

#### 10.10.5.1 FDP_ROL.1.1

**TSF 应执行[赋值:*访问控制 SFP 和/或信息流控制 SFP* ],以允许对[赋值:*信息和/或客体列表*]的[赋值:*操作列表*]进行回退。**

#### 10.10.5.2 FDP_ROL.1.2

**TSF 应允许在[赋值:*执行回退操作的边界限制条件*]下进行回退操作。**

### 10.10.6 FDP_ROL.2 高级回退

从属于:FDP_ROL.1 基本回退。

依赖关系:[FDP_ACC.1 子集访问控制,或

FMT_IFC.1 子集信息流控制]。

#### 10.10.6.1 FDP_ROL.2.1

TSF 应执行[赋值:*访问控制 SFP 和/或信息流控制 SFP* ],以允许对[赋值:*客体列表*]的**所有操作**进行回退。

#### 10.10.6.2 FDP_ROL.2.2

TSF 应允许在[赋值:*执行回退操作的边界限制条件*]下进行回退操作。

## 10.11 存储数据的完整性(FDP_SDI)

### 10.11.1 族行为

本族提供了对存储在由 TSF 控制的载体内的用户数据进行保护的要求。完整性错误可能会影响存放在内存或存储设备中的用户数据。本族与 FDP_ITT“TOE 内部传送”的不同之处在于,后者保护的是用户数据在 TOE 内部传送时的完整性。

### 10.11.2 组件层次

FDP_SDI.1“存储数据的完整性监视”,要求 TSF 监视存储在由 TSF 控制的载体内的用户数据是否存在已被识别的完整性错误。

FDP_SDI.2“存储数据完整性监视和行动”,在检测到某个错误时,相比第一个组件增加了允许采取相应动作的能力。

### 10.11.3 FDP_SDI.1 管理

尚无预见的管理活动。

### 10.11.4 FDP_SDI.2 管理

FMT 中的管理功能可考虑下列行为:

a) 检测到完整性错误时所要采取的动作是可配置的。

### 10.11.5 FDP_SDI.1 审计

如果 PP/ST 中包含 FAU_GEN“安全审计数据产生”,下列行为应是可审计的:

a) 最小级:检查用户数据完整性的成功尝试,包括检查的结果;

b) 基本级:检查用户数据完整性的所有尝试,如果成功的话,还包括检查的结果;

c) 详细级:出现的完整性错误的类型。

### 10.11.6 FDP_SDI.2 审计

如果 PP/ST 中包含 FAU_GEN“安全审计数据产生”,下列行为应是可审计的:

a) 最小级:检查用户数据完整性的成功尝试,包括检查的结果;

b) 基本级:检查用户数据完整性的所有尝试,如果成功的话,还包括检查的结果;

c) 详细级:出现的完整性错误的类型;

d) 详细级:检测到完整性错误时所采取的动作。

### 10.11.7 FDP_SDI.1 存储数据完整性监视

从属于:无其他组件。

依赖关系:无依赖关系。

#### 10.11.7.1 FDP_SDI.1.1

**TSF 应基于下列属性:[赋值:*用户数据属性*],对所有客体,监视存储在由 TSF 控制的载体内的用户数据的[赋值:*完整性错误*]。**

### 10.11.8 FDP_SDI.2 存储数据完整性监视和行动

从属于:FDP_SDI.1 存储数据完整性监视。
依赖关系:无依赖关系。

#### 10.11.8.1 FDP_SDI.2.1

TSF 应基于下列属性:[赋值:*用户数据属性*],对所有客体,监视存储在由 TSF 控制的载体内的用户数据是否存在[赋值:*完整性错误*]。

#### 10.11.8.2 FDP_SDI.2.1

**检测到数据完整性错误时,TSF 应[赋值:*采取的动作*]。**

## 10.12 TSF 间用户数据机密性传送保护(FDP_UCT)

### 10.12.1 族行为

本族定义当用户数据通过外部信道在 TOE 和其他可信 IT 产品间传送时,确保用户数据机密性的要求。

### 10.12.2 组件层次

FDP_UCT.1"基本的数据交换机密性",目的是为用户数据提供保护,防止其在传送过程中被泄露。

### 10.12.3 FDP_UCT.1 管理

尚无预见的管理活动。

### 10.12.4 FDP_UCT.1 审计

如果 PP/ST 中包含 FAU_GEN"安全审计数据产生",下列行为应是可审计的:

a) 最小级:使用数据交换机制的任何用户或主体的身份;
b) 基本级:企图使用用户数据交换机制的任何未授权用户或主体的身份;
c) 基本级:可用于识别传送或接收用户数据的名称或其他索引信息的参照表,该表可能包括与信息有关的安全属性。

### 10.12.5 FDP_UCT.1 基本的数据交换机密性

从属于:无其他组件。
依赖关系:[FTP_ITC.1 TSF 间的可信信道,或
FTP_TRP.1 可信路径];
[FDP_ACC.1 子集访问控制,或
FDP_IFC.1 子集信息流控制]。

#### 10.12.5.1 FDP_UCT.1.1

**TSF 应执行[赋值:*访问控制 SFP 和/或信息流控制 SFP*],以便能[选择:*传送、接收*]用户数据,并保护其免遭未授权泄露。**

## 10.13 TSF 间用户数据完整性传送保护(FDP_UIT)

### 10.13.1 族行为

本族定义一些关于用户数据在 TOE 和其他可信 IT 产品间传送时提供完整性保护,以及从可检测的错误中恢复的要求。本族至少要监视对用户数据完整性的篡改,此外还支持采取不同方法纠正检测到的完整性错误。

### 10.13.2 组件层次

FDP_UIT.1"数据交换的完整性",处理对所传送用户数据的篡改、删除、插入和重放等错误的检测问题。

FDP_UIT.2"原发端数据交换恢复",处理由接收端 TSF 借助原发端可信 IT 产品对原始用户数据的恢复问题。

FDP_UIT.3"接受端数据交换恢复",处理在无需原发端可信 IT 产品的任何帮助的情况下,由接收端 TSF 自己对原始用户数据的恢复问题。

### 10.13.3 FDP_UIT.1、FDP_UIT.2、FDP_UIT.3 管理

尚无预见的管理活动。

### 10.13.4 FDP_UIT.1 审计

如果 PP/ST 中包含 FAU_GEN"安全审计数据产生",下列行为应是可审计的:

a) 最小级:使用数据交换机制的任何用户或主体的身份;
b) 基本级:企图使用用户数据交换机制的任何未授权用户或主体的身份;
c) 基本级:可用于识别传送或接收用户数据的名称或其他索引信息的参照表,该表可能包括与信息有关的安全属性;
d) 基本级:阻止用户数据传送的任何已标识的尝试;
e) 详细级:任何检测到的对所传送用户数据的篡改类型和/或结果。

### 10.13.5 FDP_UIT.2、FDP_UIT.3 审计

如果 PP/ST 中包含 FAU_GEN"安全审计数据产生",下列行为应是可审计的:

a) 最小级:使用数据交换机制的任何用户或主体的身份;
b) 最小级:从错误中成功的恢复,包括检测到的错误类型;
c) 基本级:企图使用用户数据交换机制的任何未授权用户或主体的身份;
d) 基本级:可用于识别传送或接收用户数据的名称或其他索引信息的参照表,该表可能包括与信息有关的安全属性;
e) 基本级:妨碍用户数据传送的任何确定的尝试;
f) 详细级:任何检测到的对所传送用户数据的篡改类型和/或结果。

### 10.13.6 FDP_UIT.1 数据交换完整性

从属于:无其他组件。

依赖关系:[FDP_ACC.1 子集访问控制,或
FDP_IFC.1 子集信息流控制];
[FTP_ITC.1 TSF 间的可信信道,或
FTP_TRP.1 可信路径]。

#### 10.13.6.1 FDP_UIT.1.1

**TSF 应执行[赋值:*访问控制 SFP 和/或信息流控制 SFP*],以便能[选择:*传送、接收*]用户数据,并保护数据免遭[选择:*篡改、删除、插入、重放*]错误。**

#### 10.13.6.2 FDP_UIT.1.2

**TSF 应能确定在用户数据的接收过程中是否发生了[选择:*篡改、删除、插入、重放*]。**

### 10.13.7 FDP_UIT.2 原发端数据交换恢复

从属于:无其他组件。
依赖关系:[FDP_ACC.1 子集访问控制,或
FDP_IFC.1 子集信息流控制];
[FDP_UIT.1 数据交换完整性,或
FTP_ITC.1 TSF 间的可信信道]。

#### 10.13.7.1 FDP_UIT.2.1

**TSF 应执行[赋值:*访问控制 SFP 和/或信息流控制 SFP*],以便能在原发端可信 IT 产品的帮助下,从[赋值:*可恢复的错误列表*]中恢复用户数据。**

### 10.13.8 FDP_UIT.3 接受端数据交换恢复

从属于:FDP_UIT.2 原发端数据交换恢复。
依赖关系:[FDP_ACC.1 子集访问控制,或
FDP_IFC.1 子集信息流控制];
[FDP_UIT.1 数据交换完整性,或
FTP_ITC.1 TSF 间的可信信道]。

#### 10.13.8.1 FDP_UIT.3.1

TSF 应执行[赋值:*访问控制 SFP 和/或信息流控制 SFP*],以便能在**没有任何**原发端可信 IT 产品的帮助下,从[赋值:*可恢复的错误列表*]中恢复用户数据。

## 11 FIA 类:标识和鉴别

本类中的族描述了关于建立和验证所声称的用户身份的功能要求。

需要通过标识和鉴别确保用户与正确的安全属性(如身份、组、角色、安全性或完整性等级)相关联。

授权用户的明确标识以及安全属性与用户和主体的正确关联是实施预定安全策略的关键。本类中的族负责确认和验证用户身份、确认他们与 TOE 交互的权限以及每个授权用户安全属性的正确关联。其他要求类(如 FDP“用户数据保护”、FAU“安全审计”)的有效性都是建立在对用户的正确标识和鉴别基础上的。本类的组件构成分解如图 11 所示。

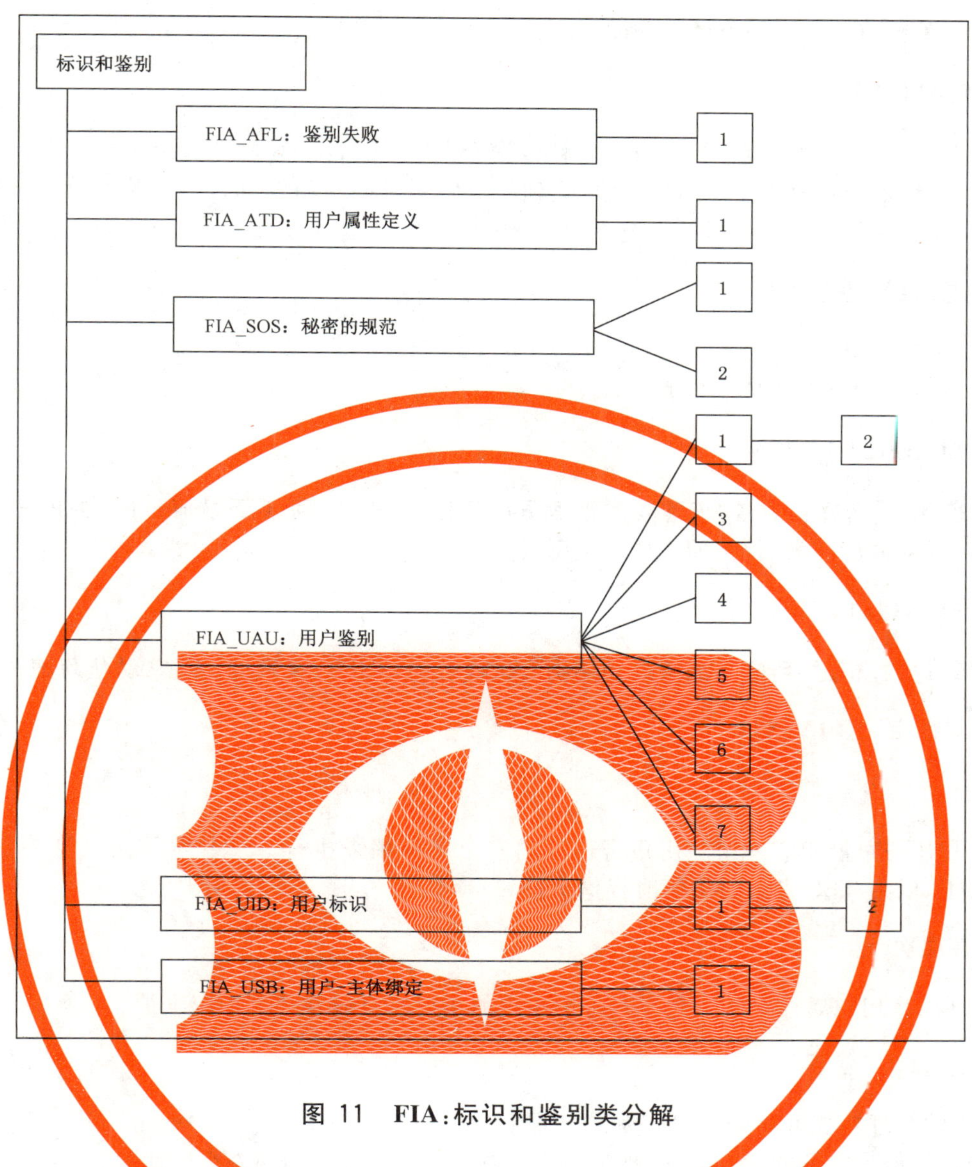


图 11 FIA:标识和鉴别类分解

## 11.1 鉴别失败(FIA_AFL)

### 11.1.1 族行为

本族包含为不成功的鉴别尝试次数定义数值和鉴别尝试失败时 TSF 应采取的动作等方面的要求。参数包括但不限于,失败的鉴别尝试次数和次数临界值。

### 11.1.2 组件层次

FIA_AFL.1“鉴别失败处理”,要求 TSF 能够在用户鉴别尝试失败达到指定的次数后,终止会话建立进程。此外,它还要求会话建立进程终止后,TSF 能够使进行尝试的用户账号或登录点(如工作站)无效,直到满足管理员定义的条件才再次激活。

### 11.1.3 FIA_AFL.1 管理

FMT 中的管理功能可考虑下列行为:

a) 未成功鉴别尝试的阈值的管理;

b) 鉴别失败事件中要采取的动作的管理。

### 11.1.4 FIA_AFL.1 审计

如果 PP/ST 中包含 FAU_GEN“安全审计数据产生”,下列行为应是可审计的:

a) 最小级:未成功鉴别尝试达到阈值、达到阈值后所采取的动作(如,使终端无效),及后来(适当时)还原到正常状态(如,重新使终端有效)。

### 11.1.5 FIA_AFL.1 鉴别失败处理

从属于:无其他组件。

依赖关系:FIA_UAU.1 鉴别的时机。

#### 11.1.5.1 FIA_AFL.1.1

**TSF 应检测当[选择:[*赋值:正整数*],管理员可设置的[*赋值:可接受数值范围*]内的一个*正整数*]时,与[赋值:*鉴别事件列表*]相关的未成功鉴别尝试。**

#### 11.1.5.2 FIA_AFL.1.2

**当[选择:*达到*,*超过*]所定义的未成功鉴别尝试次数时,TSF 应采取的[赋值:*动作列表*]。**

## 11.2 用户属性定义(FIA_ATD)

### 11.2.1 族行为

所有授权用户可能都有一组除用户身份外的安全属性用来执行 SFR。本族定义了关联用户属性和用户的要求,以为 TSF 做安全决策时提供支持。

### 11.2.2 组件层次

FIA_ATD.1“用户属性定义”,允许对每个用户的用户安全属性分别加以维护。

### 11.2.3 FIA_ATD.1 管理

FMT 中的管理功能可考虑下列行为:

a) 如果赋值中提及的话,授权管理员应该能够为用户定义附加的安全属性。

### 11.2.4 FIA_ATD.1 审计

尚无预见的可审计事件。

### 11.2.5 FIA_ATD.1 用户属性定义

从属于:无其他组件。

依赖关系:无依赖关系。

#### 11.2.5.1 FIA_ATD.1.1

**TSF 应维护属于单个用户的下列安全属性列表:[赋值:*安全属性列表*]。**

## 11.3 秘密的规范(FIA_SOS)

### 11.3.1 族行为

本族定义秘密应满足规定的质量度量,并生成秘密以满足所定义的度量机制的要求。

### 11.3.2 组件层次

FIA_SOS.1“秘密的验证”,要求TSF验证秘密满足规定的质量度量要求。

FIA_SOS.2“TSF生成秘密”,要求TSF能够产生满足规定质量度量要求的秘密。

### 11.3.3 FIA_SOS.1 管理

FMT中的管理功能可考虑下列行为:

a) 用于验证秘密的度量方法的管理。

### 11.3.4 FIA_SOS.2 管理

FMT中的管理功能可考虑下列行为:

a) 用于产生秘密的度量方法的管理。

### 11.3.5 FIA_SOS.1、FIA_SOS.2 审计

如果PP/ST中包含FAU_GEN“安全审计数据产生”,下列行为应是可审计的:

a) 最小级:TSF对任何已测试秘密的拒绝;

b) 基本级:TSF对任何已测试秘密的拒绝或接受;

c) 详细级:对既定的质量度量要求的任何改动的标识。

### 11.3.6 FIA_SOS.1 秘密的验证

从属于:无其他组件。

依赖关系:无依赖关系。

#### 11.3.6.1 FIA_SOS.1.1

**TSF应提供一种机制以验证秘密满足[赋值:*一个既定的质量度量要求*]。**

### 11.3.7 FIA_SOS.2 TSF生成秘密

从属于:无其他组件。

依赖关系:无依赖关系。

#### 11.3.7.1 FIA_SOS.2.1

**TSF应提供一种机制以产生满足[赋值:*一个既定的质量度量要求*]的秘密。**

#### 11.3.7.2 FIA_SOS.2.2

**TSF应能够为[赋值:*TSF功能列表*]使用TSF产生的秘密。**

## 11.4 用户鉴别(FIA_UAU)

### 11.4.1 族行为

本族定义TSF所支持的用户鉴别机制的类型,也定义了用户鉴别机制所依赖的必要属性。

### 11.4.2 组件层次

FIA_UAU.1“鉴别的时机”,允许用户在其身份被鉴别前执行某些动作。

FIA_UAU.2“任何动作前的用户鉴别”,要求在 TSF 允许采取任何动作之前,先鉴别用户。

FIA_UAU.3“不可伪造的鉴别”,要求鉴别机制能够检测并防止伪造或复制的鉴别数据的使用。

FIA_UAU.4“一次性鉴别机制”,要求鉴别机制使用一次性的鉴别数据。

FIA_UAU.5“多重鉴别机制”,要求提供和使用不同的鉴别机制,为特定的事件鉴别用户的身份。

FIA_UAU.6“重鉴别”,要求有能力指定对于哪些特定事件,用户需要被重新鉴别。

FIA_UAU.7“受保护的鉴别反馈”,要求在鉴别期间,只提供给用户有限的反馈信息。

#### 11.4.3 FIA_UAU.1 管理

FMT 中的管理功能可考虑下列行为:

a) 管理员对鉴别数据的管理;

b) 相关用户对鉴别数据的管理;

c) 用户被鉴别前可执行的动作列表的管理。

#### 11.4.4 FIA_UAU.2 管理

FMT 中的管理功能可考虑下列行为:

a) 管理员对鉴别数据的管理;

b) 与鉴别数据相关的用户对鉴别数据的管理。

#### 11.4.5 FIA_UAU.3、FIA_UAU.4、FIA_UAU.7 管理

尚无预见的管理活动。

#### 11.4.6 FIA_UAU.5 管理

FMT 中的管理功能可考虑下列行为:

a) 鉴别机制的管理;

b) 鉴别规则的管理。

#### 11.4.7 FIA_UAU.6 管理

FMT 中的管理功能可考虑下列行为:

a) 如果一个授权管理员能请求重鉴别,则管理将包含一个重鉴别请求。

#### 11.4.8 FIA_UAU.1 审计

如果 PP/ST 中包含 FAU_GEN“安全审计数据产生”,下列行为应是可审计的:

a) 最小级:鉴别机制的未成功使用;

b) 基本级:鉴别机制的所有使用;

c) 详细级:用户鉴别前执行的所有由 TSF 促成的动作。

#### 11.4.9 FIA_UAU.2 审计

如果 PP/ST 中包含 FAU_GEN“安全审计数据产生”,下列行为应是可审计的:

a) 最小级:鉴别机制的未成功使用;

b) 基本级:鉴别机制的所有使用。

#### 11.4.10 FIA_UAU.3 审计

如果 PP/ST 中包含 FAU_GEN“安全审计数据产生”,下列行为应是可审计的:

a) 最小级:对欺骗性鉴别数据的检测;
d) 基本级:当前采用的所有措施,以及对欺骗性数据检查的结果。

### 11.4.11 **FIA_UAU.4 审计**

如果 PP/ST 中包含 FAU_GEN“安全审计数据产生”,下列行为应是可审计的:

a) 最小级:重用鉴别数据的企图。

### 11.4.12 **FIA_UAU.5 审计**

如果 PP/ST 中包含 FAU_GEN“安全审计数据产生”,下列行为应是可审计的:

a) 最小级:对鉴别的最终裁决;
b) 基本级:每个已激活机制的结果以及最终裁决。

### 11.4.13 **FIA_UAU.6 审计**

如果 PP/ST 中包含 FAU_GEN“安全审计数据产生”,下列行为应是可审计的:

a) 最小级:重鉴别失败;
b) 基本级:所有重鉴别尝试。

### 11.4.14 **FIA_UAU.7 审计**

尚无预见的可审计事件。

### 11.4.15 **FIA_UAU.1 鉴别的时机**

从属于:无其他组件。
依赖关系:FIA_UID.1 标识的时机。

#### 11.4.15.1 **FIA_UAU.1.1**

**在用户被鉴别前,TSF 应允许执行代表用户的[赋值:由 TSF 促成的动作列表]。**

#### 11.4.15.2 **FIA_UAU.1.2**

**在允许执行代表该用户的任何其他由 TSF 促成的动作前,TSF 应要求每个用户都已被成功鉴别。**

### 11.4.16 **FIA_UAU.2 任何动作前的用户鉴别**

从属于:FIA_UAU.1 鉴别的时机。
依赖关系:FIA_UID.1 标识的时机。

#### 11.4.16.1 **FIA_UAU.2.1**

在允许执行代表该用户的任何其他由 TSF 促成的动作前,TSF 应要求每个用户都已被成功鉴别。

### 11.4.17 **FIA_UAU.3 不可伪造的鉴别**

从属于:无其他组件。
依赖关系:无依赖关系。

#### 11.4.17.1 **FIA_UAU.3.1**

**TSF 应[选择:*检测*、*防止*]由任何 TSF 用户伪造的鉴别数据的使用。**

#### 11.4.17.2 FIA_UAU.3.2

**TSF 应[选择:*检测、防止*] 从任何其他的 TSF 用户处拷贝的鉴别数据的使用。**

### 11.4.18 FIA_UAU.4 一次性鉴别机制

从属于:无其他组件。
依赖关系:无依赖关系。

#### 11.4.18.1 FIA_UAU.4.1

**TSF 应防止与[赋值:*确定的鉴别机制*]有关的鉴别数据的重用。**

### 11.4.19 FIA_UAU.5 多重鉴别机制

从属于:无其他组件。
依赖关系:无依赖关系。

#### 11.4.19.1 FIA_UAU.5.1

**TSF 应提供[赋值:*多重鉴别机制列表*]以支持用户鉴别。**

#### 11.4.19.2 FIA_UAU.5.2

**TSF 应根据[赋值:*描述多重鉴别机制如何提供鉴别的规则*]鉴别任何用户所声称的身份。**

### 11.4.20 FIA_UAU.6 重鉴别

从属于:无其他组件。
依赖关系:无依赖关系。

#### 11.4.20.1 FIA_UAU.6.1

**TSF 应在[赋值:*需要重鉴别的条件列表*]条件下重新鉴别用户。**

### 11.4.21 FIA_UAU.7 受保护的鉴别反馈

从属于:无其他组件。
依赖关系:FIA_UAU.1 鉴别的时机。

#### 11.4.21.1 FIA_UAU.7.1

**鉴别进行时,TSF 应仅向用户提供[赋值:*反馈列表*]。**

## 11.5 用户标识(FIA_UID)

### 11.5.1 族行为

本族定义了在执行任何其他由 TSF 促成的、且需要用户标识的动作前,要求用户标识其身份的条件。

### 11.5.2 组件层次

FIA_UID.1“标识的时机”,允许用户在被 TSF 识别前,执行某些动作。

FIA_UID.2“任何动作前的用户标识”，在 TSF 允许其执行任何动作之前，要求用户进行身份识别。

### 11.5.3 FIA_UID.1 管理

FMT 中的管理功能可考虑下列行为：

a) 用户身份的管理；

b) 如果一个授权管理员能够改变在标识前所允许的动作，则可考虑对动作列表的管理。

### 11.5.4 FIA_UID.2 管理

FMT 中的管理功能可考虑下列行为：

a) 用户身份的管理。

### 11.5.5 FIA_UID.1、FIA_UID.2 审计

如果 PP/ST 中包含 FAU_GEN“安全审计数据产生”，下列行为应是可审计的：

a) 最小级：未成功用户标识机制的使用，包括所提供的用户身份；

b) 基本级：所有用户标识机制的使用，包括所提供的用户身份。

### 11.5.6 FIA_UID.1 标识的时机

从属于：无其他组件。

依赖关系：无依赖关系。

#### 11.5.6.1 FIA_UID.1.1

**在用户被识别之前，TSF 应允许执行代表用户的[赋值：*TSF 促成的动作列表*]。**

#### 11.5.6.2 FIA_UID.1.2

**在允许执行代表该用户的任何其他 TSF 仲裁动作之前，TSF 应要求每个用户身份都已被成功识别。**

### 11.5.7 FIA_UID.2 任何动作前的用户标识

从属于：FIA_UID.1 标识的时机。

依赖关系：无依赖关系。

#### 11.5.7.1 FIA_UID.2.1

在允许执行代表该用户的任何其他 TSF 促成动作之前，TSF 应要求每个用户身份都已被成功识别。

## 11.6 用户-主体绑定(FIA_USB)

### 11.6.1 族行为

已成功鉴别的用户，为了使用 TOE，一般会先激活一个主体。用户的安全属性(全部或部分地)与该主体相关联。本族定义了建立和维护用户安全属性与代表该用户的主体间关联关系的要求。

### 11.6.2 组件层次

FIA_USB.1“用户-主体绑定”，要求对用户属性及其映入的主体属性之间的关联关系的管理规则进

行规范。

### 11.6.3 **FIA_USB.1 管理**

FMT 中的管理功能可考虑下列行为：

a) 授权管理员可以定义默认的主体安全属性；

b) 授权管理员可以改变主体的安全属性。

### 11.6.4 **FIA_USB.1 审计**

如果 PP/ST 中包含 FAU_GEN“安全审计数据产生”，下列行为应是可审计的：

a) 最小级：用户安全属性与一个主体的未成功绑定(如，创建一个主体)；

b) 基本级：用户安全属性与一个主体的成功绑定和失败绑定(如，创建一个主体的成功和失败)。

### 11.6.5 **FIA_USB.1 用户-主体绑定**

从属于：无其他组件。

依赖关系：FIA_ATD.1 用户属性定义。

#### 11.6.5.1 **FIA_USB.1.1**

**TSF 应将下列用户安全属性：[赋值：*用户安全属性列表*]与代表用户活动的主体相关联。**

#### 11.6.5.2 **FIA_USB.1.2**

**TSF 应对用户安全属性与代表用户活动的主体初始关联关系执行下列规则：[赋值：*属性初始关联规则*]。**

#### 11.6.5.3 **FIA_USB.1.3**

**TSF 应执行下列规则管理用户安全属性与代表用户活动的主体间的关联关系的变化：[赋值：*属性更改规则*]。**

## 12 **FMT 类：安全管理**

本类目的是详细说明安全属性、TSF 数据和功能等几个方面的管理，也规范了不同的管理角色及其相互作用，如能力的分离。

本类有几个目的：

a) 管理 TSF 数据，例如旗标；

b) 管理安全属性，例如访问控制列表和能力列表；

c) 管理 TSF 功能，例如功能的选择，影响 TSF 行为的规则或条件；

d) 定义安全角色。

本类的组件构成分解如图 12 所示。

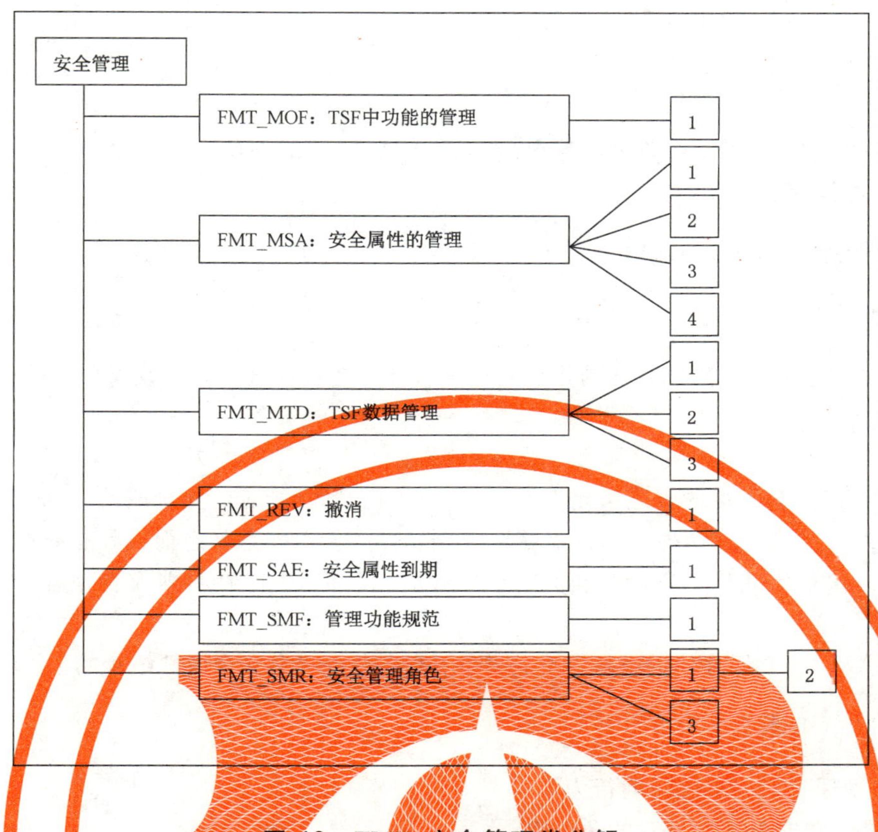


图 12 FMT:安全管理类分解

## 12.1 TSF 中功能的管理(FMT_MOF)

### 12.1.1 族行为

本族允许授权用户控制对 TSF 中功能的管理。例如,审计功能和多重鉴别功能都是 TSF 中的功能实例。

### 12.1.2 组件层次

FMT_MOF.1“安全功能行为的管理”,允许授权用户(角色)管理 TSF 中的功能行为,这些功能使用了可以管理的规则或具有可管理的特定条件。

### 12.1.3 FMT_MOF.1 管理

FMT 中的管理功能可考虑下列行为:

a) 管理可以与 TSF 中功能交互的角色组。

### 12.1.4 12.1.4 FMT_MOF.1 审计

如果 PP/ST 中包含 FAU_GEN“安全审计数据产生”,下列行为应是可审计的:

a) 基本级:TSF 中功能行为的所有改动。

### 12.1.5 FMT_MOF.1 安全功能行为的管理

从属于:无其他组件。

依赖关系:FMT_SMR.1 安全角色;

FMT_SMF.1 管理功能规范。

#### 12.1.5.1 FMT_MOF.1.1

**TSF 应仅限于[赋值:*已标识的授权角色*]对功能[赋值:功能列表]具有[选择:*确定其行为*、*终止*、*激活*、*修改其行为*]的能力。**

## 12.2 安全属性的管理(FMT_MSA)

### 12.2.1 族行为

本族允许授权用户控制安全属性的管理。这种管理可能包括查看和修改安全属性的能力。

### 12.2.2 组件层次

FMT_MSA.1"安全属性的管理",允许授权用户(角色)管理指定的安全属性。

FMT_MSA.2"安全的安全属性",确保赋给安全属性的值对安全状态而言是有效的。

FMT_MSA.3"静态属性初始化",确保安全属性的默认值是恰当的,即或者是容许的,或者事实上是受限的。

FMT_MSA.4 "安全属性值的继承",允许规则/策略来指定由安全属性继承的值。

### 12.2.3 FMT_MSA.1 管理

FMT 中的管理功能可考虑下列行为:

a) 管理可以和安全属性交互的角色组;

b) 管理安全属性继承指定值的规则。

### 12.2.4 FMT_MSA.2 管理

FMT 中的管理功能可考虑下列行为:

a) 管理为安全属性继承指定值的规则。

### 12.2.5 FMT_MSA.3 管理

FMT 中的管理功能可考虑下列行为:

a) 管理能指定初始值的角色组;

b) 对于某个给定的访问控制 SFP,对允许或限制的默认值的设置进行管理;

c) 管理安全属性继承指定值的规则。

### 12.2.6 FMT_MSA.4 管理

FMT 中的管理功能可考虑下列行为:

a) 指定允许建立或修改安全属性的角色。

### 12.2.7 FMT_MSA.1 审计

如果 PP/ST 中包含 FAU_GEN"安全审计数据产生",下列行为应是可审计的:

a) 基本级:所有对安全属性值的改动。

### 12.2.8 FMT_MSA.2 审计

如果 PP/ST 中包含 FAU_GEN"安全审计数据产生",下列行为应是可审计的:

a) 最小级:所有已提供的和被拒绝的安全属性的值;

b) 详细级:所有已提供的和被接受的安全属性的值。

### 12.2.9 FMT_MSA.3 审计

如果PP/ST中包含FAU_GEN“安全审计数据产生”,下列行为应是可审计的:

a) 基本级:对允许或限制规则默认设置的修改;

b) 基本级:所有对安全属性初始值的修改。

### 12.2.10 FMT_MSA.4 审计

如果PP/ST中包含FAU_GEN“安全审计数据产生”,下列行为应是可审计的:

a) 基本级:对旧的安全属性值的修改和/或修改后的安全属性值。

### 12.2.11 FMT_MSA.1 安全属性的管理

从属于:无其他组件。

依赖关系:[FDP_ACC.1 子集访问控制,或
FDP_IFC.1 子集信息流控制];
FMT_SMR.1 安全角色;
FMT_SMF.1 管理功能规范。

#### 12.2.11.1 FMT_MSA.1.1

**TSF应执行[赋值:*访问控制SFP、信息流控制SFP*],以仅限于[赋值:*已标识的授权角色*]能够对安全属性[赋值:*安全属性列表*]进行[选择:*改变默认值、查询、修改、删除、[赋值:其他操作]*]。**

### 12.2.12 FMT_MSA.2 安全的安全属性

从属于:无其他组件。

依赖关系:ADV_SPM.1 非形式化的TOE安全策略模型;
[FDP_ACC.1 子集访问控制,或
FDP_IFC.1 子集信息流控制];
FMT_MSA.1 安全属性的管理;
FMT_SMR.1 安全角色。

#### 12.2.12.1 FMT_MSA.2.1

**TSF应确保安全属性[赋值:*安全属性列表*]只接受安全的值。**

### 12.2.13 FMT_MSA.3 静态属性初始化

从属于:无其他组件。

依赖关系:FMT_MSA.1 安全属性的管理;
FMT_SMR.1 安全角色。

#### 12.2.13.1 FMT_MSA.3.1

**TSF应执行[赋值:*访问控制SFP、信息流控制SFP*],以便为用于执行SFP的安全属性提供[选择,从中选取一个:*受限的、许可的、[赋值:其他特性]*]默认值。**

#### 12.2.13.2 FMT_MSA.3.2

**TSF 应允许[赋值:*已标识的授权角色*]在创建客体或信息时指定替换性的初始值以代替原来的默认值。**

### 12.2.14 FMT_MSA.4 安全属性值的继承

从属于:无其他组件。

依赖关系:[FDP_ACC.1 子集访问控制,或
FDP_IFC.1 子集信息流控制]。

#### 12.2.14.1 FMT_MSA.4.1

**TSF 应使用下列规则[赋值:*用于设置安全属性值的规则*]来设置安全属性的值。**

## 12.3 TSF 数据的管理(FMT_MTD)

### 12.3.1 族行为

本族允许授权用户(角色)控制 TSF 数据的管理。这里的 TSF 数据包括审计信息、时钟和其他 TSF 配置参数。

### 12.3.2 组件层次

FMT_MTD.1"TSF 数据的管理",允许授权用户管理 TSF 数据。

FMT_MTD.2"TSF 数据限值的管理",指定如果达到或超过了 TSF 数据的限值所应采取的动作。

FMT_MTD.3"安全的 TSF 数据",确保赋给 TSF 数据的值针对安全状态而言是有效的。

### 12.3.3 FMT_MTD.1 管理

FMT 中的管理功能可考虑下列行为:

a) 管理可以和 TSF 数据交互的角色组。

### 12.3.4 FMT_MTD.2 管理

FMT 中的管理功能可考虑下列行为:

a) 管理可以和 TSF 数据限值交互的角色组。

### 12.3.5 FMT_MTD.3 管理

尚无预见的管理活动。

### 12.3.6 FMT_MTD.1 审计

如果 PP/ST 中包含 FAU_GEN"安全审计数据产生",下列行为应是可审计的:

a) 基本级:所有对 TSF 数据值的改动。

### 12.3.7 FMT_MTD.2 审计

如果 PP/ST 中包含 FAU_GEN"安全审计数据产生",下列行为应是可审计的:

a) 基本级:所有对 TSF 数据限值的改动;

b) 基本级:在超出限值时,所要采取动作的所有改动。

#### 12.3.8 FMT_MTD.3 审计

如果 PP/ST 中包含 FAU_GEN“安全审计数据产生”，下列行为应是可审计的：

a) 最小级：所有被拒绝的 TSF 数据值。

#### 12.3.9 FMT_MTD.1 TSF 数据的管理

从属于：无其他组件。

依赖关系：FMT_SMR.1 安全角色；

FMT_SMF.1 管理功能规范。

##### 12.3.9.1 FMT_MTD.1.1

**TSF 应仅限于[赋值：*已标识的授权角色*]能够对[赋值：*TSF 数据列表*][选择：*改变默认值、查询、修改、删除、清除、[赋值：其他操作]*]。**

#### 12.3.10 FMT_MTD.2 TSF 数据限值的管理

从属于：无其他组件。

依赖关系：FMT_MTD.1 TSF 数据的管理；

FMT_SMR.1 安全角色。

##### 12.3.10.1 FMT_MSA.2.1

**TSF 应仅限于[赋值：*已标识的授权角色*]规定[赋值：*TSF 数据列表*]的限值。**

##### 12.3.10.2 FMT_MSA.2.2

**如果 TSF 数据达到或超过了设定的限值，TSF 应采取下面的动作：[赋值：*要采取的动作*]。**

#### 12.3.11 FMT_MTD.3 安全的 TSF 数据

从属于：无其他组件。

依赖关系：FMT_MTD.1 TSF 数据的管理。

##### 12.3.11.1 FMT_MSA.3.1

**TSF 应确保 TSF 数据[赋值：*TSF 数据列表*]只接受安全的值。**

### 12.4 撤消(FMT_REV)

#### 12.4.1 族行为

本族负责处理 TOE 内各种实体安全属性的撤消问题。

#### 12.4.2 组件层次

FMT_REV.1“撤消”，规定了撤消在某一时刻将实施的安全属性的要求。

#### 12.4.3 FMT_REV.1 管理

FMT 中的管理功能可考虑下列行为：

a) 管理能够调用安全属性撤消这一功能的角色组；

b) 管理可能发生撤消的用户、主体、客体和其他资源列表；
c) 管理撤消规则。

#### 12.4.4 FMT_REV.1 审计

如果 PP/ST 中包含 FAU_GEN“安全审计数据产生”，下列行为应是可审计的：
a) 最小级：安全属性的未成功撤消；
b) 基本级：所有撤消安全属性的尝试。

#### 12.4.5 FMT_REV.1 撤消

从属于：无其他组件。
依赖关系：FMT_SMR.1 安全角色。

##### 12.4.5.1 FMT_REV.1.1

**TSF 应仅限于［赋值：*已标识的授权角色*］能够撤消在 TSF 控制下的与［选择：*用户*、*主体*、*客体*、［*赋值：其他额外资源*］］相关联的安全属性［赋值：*安全属性列表*］。**

##### 12.4.5.2 FMT_REV.1.2

**TSF 应执行规则［赋值：*撤消规则的详细说明*］。**

### 12.5 安全属性到期(FMT_SAE)

#### 12.5.1 族行为

本族处理对安全属性的有效性实施时间限制能力的问题。

#### 12.5.2 组件层次

FMT_SAE.1“时限授权”，为授权用户提供对指定的安全属性规定有效期的能力。

#### 12.5.3 FMT_SAE.1 管理

FMT 中的管理功能可考虑下列行为：
a) 管理支持有效期的安全属性表；
b) 如果到期，将要采取的动作。

#### 12.5.4 FMT_SAE.1 审计

如果 PP/ST 中包含 FAU_GEN“安全审计数据产生”，下列行为应是可审计的：
a) 基本级：属性有效期的规定；
b) 基本级：因属性到期而采取的动作。

#### 12.5.5 FMT_SAE.1 时限授权

从属于：无其他组件。
依赖关系：FMT_SMR.1 安全角色；
FPT_STM.1 可靠时间戳。

##### 12.5.5.1 FMT_SAE.1.1

**TSF 应仅限于［赋值：*已标识的授权角色*］能够为［赋值：*支持有效期的安全属性列表*］指定有效期。**

#### 12.5.5.2 FMT_SAE.1.2

**对每个这样的安全属性，在超过指定的安全属性的有效期后，TSF 应能够［赋值：*对每一个安全属性将要采取的动作列表*］。**

## 12.6 管理功能规范（FMT_SMF）

### 12.6.1 族行为

本族规范 TOE 的管理功能。管理功能提供 TSFI 以便于管理员定义控制 TOE 安全相关操作的参数，如数据保护属性、TOE 保护属性、审计属性、标识和鉴别属性等。管理功能也包含由操作员执行的用以确保 TOE 连续运行的功能，如备份和恢复。本族同 FMT“安全管理”类中的其他组件合在一起使用：本族的组件负责提出管理功能，FMT“安全功能”类中其他族对使用这些管理功能的能力进行了限制。

### 12.6.2 组件层次

FMT_SMF.1“管理功能规范”，要求 TSF 提供特定的管理功能。

### 12.6.3 FMT_SMF.1 管理

尚无预见的管理活动。

### 12.6.4 FMT_SMF.1 审计

如果 PP/ST 中包含 FAU_GEN“安全审计数据产生”，下列行为应是可审计的：

a) 最小级：管理功能的使用。

### 12.6.5 FMT_SMF.1 管理功能规范

从属于：无其他组件。

依赖关系：无依赖关系。

#### 12.6.5.1 FMT_SMF.1.1

**TSF 应能够执行如下管理功能：［赋值：*TSF 提供的安全管理功能列表*］。**

## 12.7 安全管理角色（FMT_SMR）

### 12.7.1 族行为

本族目的是控制对用户分配不同的角色。这些角色在安全管理方面的能力在本类的其他族中描述。

### 12.7.2 组件层次

FMT_SMR.1“安全角色”，规定 TSF 认可的与安全相关的一些角色。

FMT_SMR.2“安全角色限制”，除了规定角色外，还规定了控制角色之间关系的规则。

FMT_SMR.3“承担角色”，要求向 TSF 明确请求承担某个角色。

### 12.7.3 FMT_SMR.1 管理

FMT 中的管理功能可考虑下列行为：

a) 管理用户组(某个角色的一部分)。

#### 12.7.4 FMT_SMR.2 管理

FMT 中的管理功能可考虑下列行为:

a) 管理充当某个角色的用户组;

b) 管理角色必须满足的条件。

#### 12.7.5 FMT_SMR.3 管理

尚无预见的管理活动。

#### 12.7.6 FMT_SMR.1 审计

如果 PP/ST 中包含 FAU_GEN"安全审计数据产生",下列行为应是可审计的:

a) 最小级:对充当某个角色的用户组的修改;

b) 详细级:对角色权限的每一次使用。

#### 12.7.7 FMT_SMR.2 审计

如果 PP/ST 中包含 FAU_GEN"安全审计数据产生",下列行为应是可审计的:

a) 最小级:对充当某个角色的用户组的修改;

b) 最小级:由于对角色的限制条件,而导致使用某个角色时的未成功尝试;

c) 详细级:对角色权限的每一次使用。

#### 12.7.8 FMT_SMR.3 审计

如果 PP/ST 中包含 FAU_GEN"安全审计数据产生",下列行为应是可审计的:

a) 最小级:承担一个角色的明确请求。

#### 12.7.9 FMT_SMR.1 安全角色

从属于:无其他组件。

依赖关系:FIA_UID.1 标识的时机。

##### 12.7.9.1 FMT_SMR.1.1

**TSF 应维护角色[赋值:*已标识的授权角色*]。**

##### 12.7.9.2 FMT_SMR.1.2

**TSF 应能够把用户和角色关联起来。**

#### 12.7.10 FMT_SMR.2 安全角色限制

从属于:FMT_SMR.1 安全角色。

依赖关系:FIA_UID.1 标识的时机。

##### 12.7.10.1 FMT_SMR.2.1

TSF 应维护角色[赋值:*已标识的授权角色*]。

##### 12.7.10.2 FMT_SMR.2.2

TSF 应能够把用户和角色关联起来。

12.7.10.3 **FMT_SMR.2.3**

**TSF 应确保条件[赋值:*不同角色的条件*]得到满足。**

### 12.7.11 FMT_SMR.3 承担角色

从属于:无其他组件。
依赖关系:FMT_SMR.1 安全角色。

12.7.11.1 **FMT_SMR.3.1**

**TSF 应要求提供一个明确请求以承担下列角色:[赋值:*角色*]。**

## 13 FPR 类:隐私

本类包含与隐私有关的要求。这些要求为用户提供保护,以防止其身份被其他用户发现并滥用。本类的组件构成分解如图 13 所示。

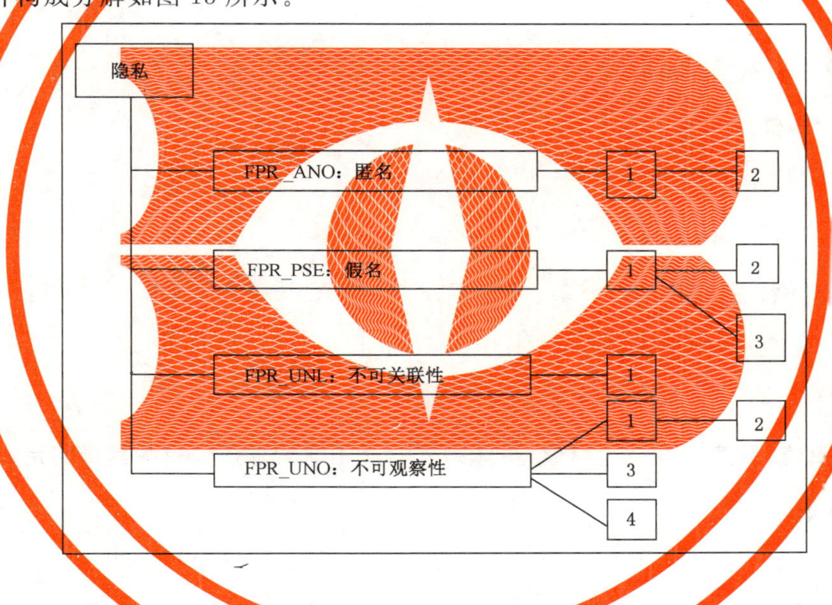


图 13 FPR:隐私类分解

### 13.1 匿名(FPR_ANO)

#### 13.1.1 族行为

本族确保用户在不暴露其身份的情况下使用资源或服务。本族的要求提供了对用户身份的保护,但并不提供主体身份的保护。

#### 13.1.2 组件层次

FPR_ANO.1"匿名",要求其他用户或主体不能确定与某个主体或操作绑定的用户身份。

FPR_ANO.2"无索求信息的匿名",通过确保 TSF 不询问用户身份来增强 FPR_ANO.1"匿名"的要求。

#### 13.1.3 FPR_ANO.1、FPR_ANO.2 管理

尚无预见的管理活动。

#### 13.1.4 FPR_ANO.1 、FPR_ANO.2 审计

如果 PP/ST 中包含 FAU_GEN“安全审计数据产生”,下列行为应是可审计的:

a) 最小级:匿名机制的调用。

#### 13.1.5 FPR_ANO.1 匿名

从属于:无其他组件。

依赖关系:无依赖关系。

##### 13.1.5.1 FPR_ANO.1.1

**TSF 应确保［赋值:*用户和/或主体集*］不能确定与［赋值:*主体、操作和/或客体列表*］绑定的真实用户名。**

#### 13.1.6 FPR_ANO.2 无索求信息的匿名

从属于:FPR_ANO.1 匿名。

依赖关系:无依赖关系。

##### 13.1.6.1 FPR_ANO.2.1

TSF 应确保［赋值:*用户和/或主体集*］不能确定与［赋值:*主体、操作和/或客体列表*］绑定的真实用户名。

##### 13.1.6.2 FPR_ANO.2.2

**TSF 应提供［赋值:*服务列表*］给［赋值:*主体列表*］,而不需索求任何有关其真实用户名的信息。**

### 13.2 假名(FPR_PSE)

#### 13.2.1 族行为

本族确保用户在不暴露其身份的情况下使用资源或服务,但仍能对该次使用负责。

#### 13.2.2 组件层次

FPR_PSE.1“假名”,要求一组用户或主体不能确定与主体或操作相绑定的用户身份,但是该用户仍能对其行为负责。

FPR_PSE.2“可逆假名”,要求 TSF 提供一种可根据用户所提供的别名确定原始用户身份的能力。

FPR_PSE.3“别名假名”,要求 TSF 采用某种构造规则对用户身份和别名进行关联。

#### 13.2.3 FPR_PSE.1、FPR_PSE.2、FPR_PSE.3 管理

尚无预见的管理活动。

#### 13.2.4 FPR_PSE.1、FPR_PSE.2、FPR_PSE.3 审计

如果 PP/ST 中包含 FAU_GEN“安全审计数据产生”,下列行为应是可审计的:

a) 最小级:审计主体/用户请求辨别用户身份的行为。

### 13.2.5 FPR_PSE.1 假名

从属于:无其他组件。
依赖关系:无依赖关系。

#### 13.2.5.1 FPR_PSE.1.1

**TSF 应确保[赋值:*用户和/或主体集*]不能确定与[赋值:*主体和/或操作和/或客体列表*]绑定的真实用户名。**

#### 13.2.5.2 FPR_PSE.1.2

**TSF 应能提供真实用户名的[赋值:*别名的数目*]个别名给[赋值:*主体列表*]。**

#### 13.2.5.3 FPR_PSE.1.3

**TSF 应[选择,选取一个:*确定一个用户的别名,接受该用户的别名*]并验证它是否符合[赋值:*别名的度量要求*]。**

### 13.2.6 FPR_PSE.2 可逆假名

从属于:FPR_PSE.1 假名。
依赖关系:FIA_UID.1 标识的时机。

#### 13.2.6.1 FPR_PSE.2.1

TSF 应确保[赋值:*用户和/或主体集*]不能确定与[赋值:*主体和/或操作和/或客体列表*]相绑定的真实用户名。

#### 13.2.6.2 FPR_PSE.2.2

TSF 应能提供真实用户名的[赋值:*别名的数目*]个别名给[赋值:*主体列表*]。

#### 13.2.6.3 FPR_PSE.2.3

TSF 应能[选择:*确定一个用户的别名、接受该用户的别名*]并验证它是否符合[赋值:*别名的度量要求*]。

#### 13.2.6.4 FPR_PSE.2.4

**TSF 应为[选择:*授权用户、[赋值:可信主体列表]*]提供一种能力,以便只有在[赋值:*条件列表*]下能基于所提供的别名确定用户的身份。**

### 13.2.7 FPR_PSE.3 别名假名

从属于:FPR_PSE.1 假名。
依赖关系:无依赖关系。

#### 13.2.7.1 FPR_PSE.3.1

TSF 应确保[赋值:*用户和/或主体集*]不能确定与[赋值:*主体和/或操作和/或客体列表*]相绑定的真实用户名。

#### 13.2.7.2 FPR_PSE.3.2

TSF 应能提供真实用户名的[赋值:*别名的数目*]个别名给[赋值:*主体列表*]。

#### 13.2.7.3 FPR_PSE.3.3

TSF 应能[选择:*确定一个用户的别名、接受该用户的别名*]并验证它是否符合[赋值:*别名的度量要求*]。

#### 13.2.7.4 FPR_PSE.3.4

**TSF 应能为真实用户名提供一个别名,在[赋值:*条件列表*]下,该别名应当与先前所提供的别名相同,而其他情况下,所提供的别名应与先前所提供的别名无关。**

## 13.3 不可关联性(FPR_UNL)

### 13.3.1 族行为

本族确保一个用户可多次使用资源或服务,而其他人不能将这些使用关联在一起。

### 13.3.2 组件层次

FPR_UNL.1"不可关联性",要求用户和/或主体不能确定是否同一个用户在系统中进行了某种特定的操作。

### 13.3.3 FPR_UNL.1 管理

FMT 中的管理功能可考虑下列行为:

a) 不可关联性功能的管理。

### 13.3.4 FPR_UNL.1 审计

如果 PP/ST 中包含 FAU_GEN"安全审计数据产生",下列行为应是可审计的:

a) 最小级:不可关联性机制的调用。

### 13.3.5 FPR_UNL.1 不可关联性

从属于:无其他组件。

依赖关系:无依赖关系。

#### 13.3.5.1 FPR_UNL.1.1

**TSF 应确保[赋值:*用户和/或主体集*]不能确定[赋值:*操作列表*]是否[选择:*由同一个用户引起、与如下[赋值:关系列表]有关*]。**

## 13.4 不可观察性(FPR_UNO)

### 13.4.1 族行为

本族确保一个用户在使用某个资源和服务时,其他人尤其是第三方不能观察到该资源和服务正被使用。

### 13.4.2 组件层次

FPR_UNO.1"不可观察性",要求用户和/或主体不能确定一个操作是否正在被执行。

FPR_UNO.2"影响不可观察性的信息的分配",要求TSF提供专门的机制以避免TOE内有关隐私信息的汇集。当出现安全性损害时,这种汇集可能会影响到不可观察性。

FPR_UNO.3"无索求信息的不可观察性",要求TSF不要试图获得隐私有关的信息,因为可能会损害不可观察性。

FPR_UNO.4"授权用户可观察性",要求TSF能够给一个或多个授权用户提供具有观察资源和/或服务使用情况的能力。

#### 13.4.3 FPR_UNO.1、FPR_UNO.2 管理

FMT中的管理功能可考虑下列行为:

a) 不可观察性功能的行为的管理。

#### 13.4.4 FPR_UNO.3 管理

尚无预见的管理活动。

#### 13.4.5 FPR_UNO.4 管理

FMT中的管理功能可考虑下列行为:

a) 有能力确定操作发生的授权用户列表。

#### 13.4.6 FPR_UNO.1、FPR_UNO.2 审计

如果PP/ST中包含FAU_GEN"安全审计数据产生",下列行为应是可审计的:

a) 最小级:不可观察性机制的调用。

#### 13.4.7 FPR_UNO.3 审计

尚无预见的可审计事件。

#### 13.4.8 FPR_UNO.4 审计

如果PP/ST中包含FAU_GEN"安全审计数据产生",下列行为应是可审计的:

a) 最小级:用户或主体对一个资源或服务使用情况的观察结果。

#### 13.4.9 FPR_UNO.1 不可观察性

从属于:无其他组件。

依赖关系:无依赖关系。

##### 13.4.9.1 FPR_UNO.1.1

**TSF应确保[赋值:*用户和/或主体列表*]不能观察到由[赋值:*受保护的用户和/或主体列表*]对[赋值:*客体列表*]进行的操作[赋值:*操作列表*]。**

#### 13.4.10 FPR_UNO.2 影响不可观察性的信息的分配

从属于:FPR_UNO.1 不可观察性。

依赖关系:无依赖关系。

#### 13.4.10.1 FPR_UNO.2.1

TSF 应确保[赋值:*用户和/或主体列表*]不能观察到由[赋值:*受保护的用户和/或主体列表*]对[赋值:*客体列表*]进行的操作[赋值:*操作列表*]。

#### 13.4.10.2 FPR_UNO.2.2

**TSF 应在 TOE 的不同部分中分配[赋值:*不可观察性相关信息*],使得下列条件在信息的生存期内成立:[赋值:*条件列表*]。**

### 13.4.11 FPR_UNO.3 无索求信息的不可观察性

从属于:无其他组件。

依赖关系:FPR_UNO.1 不可观察性。

#### 13.4.11.1 FPR_UNO.3.1

**TSF 应当在没有索求任何有关[赋值:*隐私相关信息*]的情况下为[赋值:*主体列表*]提供[赋值:*服务列表*]。**

### 13.4.12 FPR_UNO.4 授权用户可观察性

从属于:无其他组件。

依赖关系:无依赖关系。

#### 13.4.12.1 FPR_UNO.4.1

**TSF 应给[赋值:*授权用户集*]提供观察[赋值:*资源和/或服务列表*]使用情况的能力。**

## 14 FPT 类:TSF 保护

本类包含了多个功能要求族,这些要求与组成 TSF 的安全机制的完整性和管理有关,也与 TSF 数据的完整性有关。本类的组件构成分解如图 14 所示。

在某种意义下,FPT 类的族可能出现与 FDP"用户数据保护"类中完全相同的组件,它们甚至利用相同的机制来实现。但是,FDP"用户数据保护"主要侧重于用户数据的保护,而 FPT"TSF 保护"则侧重于 TSF 数据的保护。实际上,FPT"TSF 保护"类的组件针对 TOE 中的 SFP 不被篡改或旁路方面的要求是很有必要的。

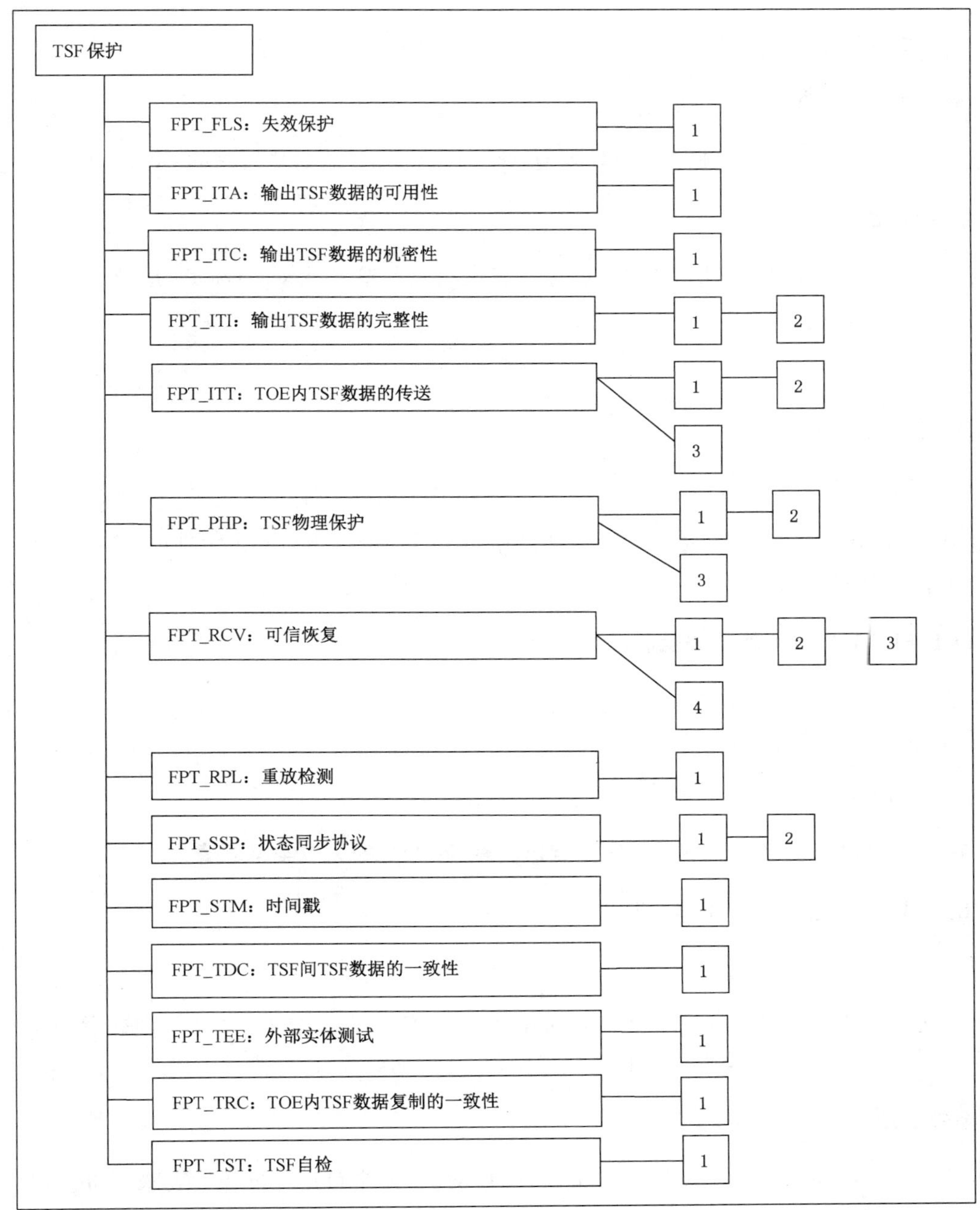


**图 14　FPT:TSF 保护类分解**

从 FPT 类的观点看，与 TSF 相关的有 3 个重要元素：

a)　TSF 实现，执行和实现那些实施 SFR 的机制。

b)　TSF 数据，指导 SFR 实施的管理性数据库。

c)　TSF 与 SFR 所要实施两者间可能相互作用的外部实体。

## 14.1 失效保护(FPT_FLS)

### 14.1.1 族行为

本族要求确保当TSF中已确定的失效类型出现时,该TOE总是执行它的SFR。

### 14.1.2 组件层次

本族只有一个组件,FPT_FLS.1"失效即保持安全状态",要求TSF当确定的失效出现时保持一种安全状态。

### 14.1.3 FPT_FLS.1 管理

尚无预见的管理活动。

### 14.1.4 FPT_FLS.1 审计

如果PP/ST中包含FAU_GEN"安全审计数据产生",下列行为应是可审计的:

a) 基本级:TSF失效。

### 14.1.5 FPT_FLS.1 失效即保持安全状态

从属于:无其他组件。

依赖关系:无依赖关系。

#### 14.1.5.1 FPT_FLS.1.1

**TSF在下列失效发生时应保持一种安全状态:[赋值:*TSF的失效类型列表*]。**

## 14.2 输出TSF数据的可用性(FPT_ITA)

### 14.2.1 族行为

本族定义了一些规则,用于防止TSF数据在TSF与另一个可信IT产品之间转移时失去其可用性。该数据可能是TSF的关键数据,如口令、密钥、审计数据或TSF可执行代码。

### 14.2.2 组件层次

本族只有一个组件,FPT_ITA.1"TSF间可用性不超过既定可用性度量",要求TSF确保向另一个可信IT产品提供的TSF数据的可用性,达到一个确定可能性的程度。

### 14.2.3 FPT_ITA.1 管理

FMT中的管理功能可考虑下列行为:

a) 另一个可信IT产品必须可用的TSF数据类型列表的管理。

### 14.2.4 FPT_ITA.1 审计

如果PP/ST中包含FAU_GEN"安全审计数据产生",下列行为应是可审计的:

a) 最小级:当TOE需要TSF数据时,TSF数据不存在。

### 14.2.5 FPT_ITA.1 TSF间可用性不超过既定可用性度量

从属于:无其他组件。

依赖关系:无依赖关系。

#### 14.2.5.1 FPT_ITA.1.1

**在[赋值:*确保可用性的条件*]条件下,TSF应确保提供给另一个可信IT产品的[赋值:*TSF数据类型列表*]的可用性不会超过[赋值:*一个既定可用性度量*]。**

## 14.3 输出TSF数据的机密性(FPT_ITC)

### 14.3.1 族行为

本族定义了一些规则,用于保护TSF数据在TSF与另一个可信IT产品之间传送时不被未授权泄露。该数据可能是TSF的关键数据,如口令、密钥、审计数据或TSF可执行代码。

### 14.3.2 组件层次

本族只有一个组件,FPT_ITC.1"传送过程中TSF间的机密性",要求TSF确保数据在TSF与另一个可信IT产品间传送时不被泄露。

### 14.3.3 FPT_ITC.1管理

尚无预见的管理活动。

### 14.3.4 FPT_ITC.1审计

尚无预见的可审计事件。

### 14.3.5 FPT_ITC.1传送过程中TSF间的机密性

从属于:无其他组件。
依赖关系:无依赖关系。

#### 14.3.5.1 FPT_ITC.1.1

**TSF应保护所有从TSF传送到另一个可信IT产品的TSF数据在传送过程中不会被未授权泄漏。**

## 14.4 输出TSF数据的完整性(FPT_ITI)

### 14.4.1 族行为

本族定义了一些规则,用于保护TSF数据在TSF与另一个可信IT产品之间传送时被未授权修改。该数据可能是TSF的关键数据,如口令、密钥、审计数据或TSF可执行代码。

### 14.4.2 组件层次

FPT_ITI.1"TSF间修改的检测",提供检测TSF数据在TSF与另一个可信IT产品之间传送时是否被修改的能力,假设另一个可信IT产品所使用的安全机制是已知的。

FPT_ITI.2"TSF间修改的检测与纠正",提供让另一个可信IT产品不仅可以检测到TSF数据的修改,还可以更正被修改数据的能力,假设另一个可信IT产品所使用的安全机制是已知的。

### 14.4.3 FPT_ITI.1管理

尚无预见的管理活动。

#### 14.4.4 FPT_ITI.2 管理

FMT 中的管理功能可考虑下列行为：

a) TSF 数据在传送中若被修改，TSF 将试图纠正的那些 TSF 数据类型的管理；

b) TSF 数据在传送过程中被修改，TSF 能采取的动作类型的管理。

#### 14.4.5 FPT_ITI.1 审计

如果 PP/ST 中包含 FAU_GEN“安全审计数据产生”，下列行为应是可审计的：

a) 最小级：所传送 TSF 数据的修改检测；

b) 基本级：为检测所传送 TSF 数据的修改而采取的动作。

#### 14.4.6 FPT_ITI.2 审计

如果 PP/ST 中包含 FAU_GEN“安全审计数据产生”，下列行为应是可审计的：

a) 最小级：所传送 TSF 数据的修改检测；

b) 基本级：为检测所传送 TSF 数据的修改而采取的动作；

c) 基本级：纠正机制的使用。

#### 14.4.7 FPT_ITI.1 TSF 间篡改的检测

从属于：无其他组件。

依赖关系：无依赖关系。

##### 14.4.7.1 FPT_ITI.1.1

**TSF 应提供能力，以检测在下列度量下：[赋值：一个*既定的修改度量*]TSF 与另一个可信 IT 产品间所传送的所有 TSF 数据是否被修改。**

##### 14.4.7.2 FPT_ITI.1.2

**TSF 应提供能力，以验证 TSF 与另一个可信 IT 产品间所传送的所有 TSF 数据的完整性，以及如果检测到修改将执行[赋值：*采取的动作*]。**

#### 14.4.8 FPT_ITI.2 TSF 间篡改的检测与纠正

从属于：FPT_ITI.1 TSF 间篡改的检测。

依赖关系：无依赖关系。

##### 14.4.8.1 FPT_ITI.2.1

TSF 应提供能力，以检测在下列度量下：[赋值：一个*既定的修改度量*]TSF 与另一个可信 IT 产品间所传送的所有 TSF 数据被修改。

##### 14.4.8.2 FPT_ITI.2.2

TSF 应提供能力，以验证 TSF 与另一个可信 IT 产品间所传送的所有 TSF 数据的完整性，以及如果检测到修改将执行[赋值：*采取的动作*]。

##### 14.4.8.3 FPT_ITI.2.3

**TSF 应提供能力，以纠正 TSF 与另一个可信 IT 产品间所传送的所有 TSF 数据的[赋值：*修改类***

型]。

## 14.5 TOE 内 TSF 数据的传送(FPT_ITT)

### 14.5.1 族行为

本族提供的要求,旨在解决 TSF 数据通过一个内部信道在 TOE 的不同部件间传送时的保护问题。

### 14.5.2 组件层次

FPT_ITT.1"内部 TSF 数据传送的基本保护",要求对在 TOE 的不同部件间传送的 TSF 数据进行保护。

FPT_ITT.2"TSF 数据传送的分离",要求 TSF 在传送过程中把用户数据从 TSF 数据中分离出来。

FPT_ITT.3"TSF 数据完整性监视",要求监视在 TOE 不同部件间传送的 TSF 数据是否存在已确定的完整性错误。

### 14.5.3 FPT_ITT.1 管理

FMT 中的管理功能可考虑下列行为:

a) TSF 要保护的修改类型的管理;

b) 用来保护在 TSF 不同部分间传送数据的机制的管理。

### 14.5.4 FPT_ITT.2 管理

FMT 中的管理功能可考虑下列行为:

a) TSF 要保护的修改类型的管理;

b) 用来保护在 TSF 不同部分间传送数据的机制的管理;

c) 分离机制的管理。

### 14.5.5 FPT_ITT.3 管理

FMT 中的管理功能可考虑下列行为:

a) TSF 要保护的修改类型的管理;

b) 用来保护在 TSF 不同部分间传送数据的机制的管理;

c) TSF 试图要检测的 TSF 数据修改类型的管理;

d) 将采取的动作的管理。

### 14.5.6 FPT_ITT.1、FPT_ITT.2 审计

尚无预见的可审计事件。

### 14.5.7 FPT_ITT.3 审计

如果 PP/ST 中包含 FAU_GEN"安全审计数据产生",下列行为应是可审计的:

a) 最小级:TSF 数据的修改检测;

b) 基本级:检测到完整性错误后采取的动作。

### 14.5.8 FPT_ITT.1 内部 TSF 数据传送的基本保护

从属于:无其他组件。

依赖关系:无依赖关系。

#### 14.5.8.1 FPT_ITT.1.1

**TSF 应保护 TSF 数据在 TOE 不同部分间传送时不被[选择:*泄漏*、*修改*]。**

### 14.5.9 FPT_ITT.2 TSF 数据传送的分离

从属于:FPT_ITT.1 内部 TSF 数据传送的基本保护。
依赖关系:无依赖关系。

#### 14.5.9.1 FPT_ITT.2.1

TSF 应保护 TSF 数据在 TOE 不同部分间传送时不被[选择:*泄漏*、*修改*]。

#### 14.5.9.2 FPT_ITT.2.2

**当数据在 TOE 不同部分间传送时,TSF 应将用户数据从 TSF 数据中分离出来。**

### 14.5.10 FPT_ITT.3 TSF 数据完整性监视

从属于:无其他组件。
依赖关系:FPT_ITT.1 内部 TSF 数据传送的基本保护。

#### 14.5.10.1 FPT_ITT.3.1

**TSF 应能检测在 TOE 不同部分间传送的 TSF 数据的[选择:数据的修改、数据的替换、数据的重排、数据的删除、[赋值:其他类型完整性错误]]。**

#### 14.5.10.2 FPT_ITT.3.2

**检测到数据的完整性错误后,TSF 应采取下列动作:[赋值:*指定将采取的动作*]。**

## 14.6 TSF 物理保护(FPT_PHP)

### 14.6.1 族行为

TSF 物理保护组件涉及限制对 TSF 进行未授权的物理访问,以及阻止和抵抗对 TSF 进行未授权的物理修改或替换。

本族中组件的要求确保了 TSF 不被物理侵害和干扰。若满足了这些组件要求,TSF 就可以被封装起来使用,并可检测出物理侵害或抵抗物理侵害。如果没有这些组件,在物理性损害无法避免的环境中,TSF 的保护功能就会失效。关于 TSF 如何对物理侵害尝试作出反应,本族也提供了要求。

### 14.6.2 组件层次

FPT_PHP.1"物理攻击的被动检测",规定了指示 TSF 设备或 TSF 元件遭到侵害所应具备的特征。然而侵害告知不是自动的,授权用户必须利用一个安全管理功能或进行手工检查才能判断侵害是否发生。

FPT_PHP.2"物理攻击报告",规定了对一个指定的物理渗透子集进行自动侵害通告的要求。

FPT_PHP.3"物理攻击抵抗",规定了防止或抵抗对 TSF 设备和 TSF 元件进行物理侵害所应具备的特征。

#### 14.6.3 FPT_PHP.1 管理

FMT 中的管理功能可考虑下列行为：

a) 确定物理侵害是否发生的用户或角色的管理。

#### 14.6.4 FPT_PHP.2 管理

FMT 中的管理功能可考虑下列行为：

a) 获取入侵报告的用户或角色的管理；

b) 向指定用户或角色报告入侵的设备列表的管理。

#### 14.6.5 FPT_PHP.3 管理

FMT 中的管理功能可考虑下列行为：

a) 对物理侵害的自动应答管理。

#### 14.6.6 FPT_PHP.1 审计

如果 PP/ST 中包含 FAU_GEN"安全审计数据产生"，下列行为应是可审计的：

a) 最小级：如果使用 IT 手段检测，入侵检测应可审计。

#### 14.6.7 FPT_PHP.2 审计

如果 PP/ST 中包含 FAU_GEN"安全审计数据产生"，下列行为应是可审计的：

a) 最小级：入侵的检测。

#### 14.6.8 FPT_PHP.3 审计

尚无预见的可审计事件。

#### 14.6.9 FPT_PHP.1 物理攻击的被动检测

从属于：无其他组件。

依赖关系：无依赖关系。

##### 14.6.9.1 FPT_PHP.1.1

**TSF 应提供对可能危及 TSF 的物理侵害的明确检测。**

##### 14.6.9.2 FPT_PHP.1.2

**TSF 应提供确定 TSF 设备或 TSF 元件是否已被物理侵害的能力。**

#### 14.6.10 FPT_PHP.2 物理攻击报告

从属于：FPT_PHP.1 物理攻击的被动检测。

依赖关系：FMT_MOF.1 安全功能行为管理。

##### 14.6.10.1 FPT_PHP.2.1

TSF 应提供对可能危及 TSF 的物理侵害的明确检测。

#### 14.6.10.2 FPT_PHP.2.2

TSF应提供确定TSF设备或TSF元件是否已被物理侵害的能力。

#### 14.6.10.3 FPT_PHP.2.3

**对于[赋值:*需主动检测的TSF设备/元件列表*],TSF应监视这些设备和元件,并当其发生物理侵害时通报给[赋值:*指定的用户或角色*]。**

### 14.6.11 FPT_PHP.3 物理攻击抵抗

从属于:无其他组件。
依赖关系:无依赖关系。

#### 14.6.11.1 FPT_PHP.3.1

**TSF应通过自动响应以抵抗对[赋值:*TSF设备/元件列表*]的[赋值:*各种物理侵害*],这样才能满足SFR要求。**

## 14.7 可信恢复(FPT_RCV)

### 14.7.1 族行为

本族的要求,确保TSF能确定TOE是在没有削弱保护能力的情况下启动的,并在运行中断后能在不削弱保护能力的情况下恢复。因为TSF的启动状态确定了后续状态的保护情况,故本族是很重要的。

### 14.7.2 组件层次

FPT_RCV.1“手工恢复”,允许TOE只提供人工干预以返回安全状态的机制。

FPT_RCV.2“自动恢复”,规定了对至少一种类型的服务中断,需在无人工干预的情况下恢复到安全状态;对其他类型的服务中断可要求手动恢复。

FPT_RCV.3“无过度损失的自动恢复”,也规定了自动恢复,但通过不允许过度损失被保护的客体来加强要求。

FPT_RCV.4“功能恢复”,规定了在特定的功能层次上进行恢复,确保成功完成恢复或将TSF数据回退到一个安全状态。

### 14.7.3 FPT_RCV.1 管理

FMT中的管理功能可考虑下列行为:

a) 在维护模式下谁能够获得恢复能力的管理。

### 14.7.4 FPT_RCV.2、FPT_RCV.3 管理

FMT中的管理功能可考虑下列行为:

a) 在维护模式下谁能够获得恢复能力的管理;
b) 对通过自动化程序处理的失效/服务中断列表的管理。

### 14.7.5 FPT_RCV.4 管理

尚无预见的管理活动。

#### 14.7.6 FPT_RCV.1、FPT_RCV.2、FPT_RCV.3 审计

如果PP/ST中包含FAU_GEN“安全审计数据产生”，下列行为应是可审计的：

a) 最小级：失效或服务中断的发生；

b) 最小级：正常运行的恢复；

c) 基本级：失效或服务中断类型。

#### 14.7.7 FPT_PCV.4 审计

如果PP/ST中包含FAU_GEN“安全审计数据产生”，下列行为应是可审计的：

a) 最小级：如有可能，TOE安全功能失效后，不能返回到安全状态的可能性；

b) 基本级：如有可能，某个功能失效的检测。

#### 14.7.8 FPT_RCV.1 手工恢复

从属于：无其他组件。

依赖关系：AGD_OPE.1 用户操作指南。

##### 14.7.8.1 FPT_RCV.1.1

**当发生[赋值：*失效/服务中断列表*]后，TSF应进入一种维护模式，该模式提供将TOE返回到一个安全状态的能力。**

#### 14.7.9 FPT_RCV.2 自动恢复

从属于：FPT_RCV.1 手工恢复。

依赖关系：AGD_OPE.1 用户操作指南。

##### 14.7.9.1 FPT_RCV.2.1

当**不能**从[赋值：*失效/服务中断列表*]**自动恢复**时，TSF应进入一种维护模式，该模式提供将TOE返回到一个安全状态的能力。

##### 14.7.9.2 FPT_RCV.2.2

**对[赋值：*失效/服务中断列表*]，TSF应确保通过自动化过程使TOE返回到一个安全状态。**

#### 14.7.10 FPT_RCV.3 无过度损失的自动恢复

从属于：FPT_RCV.2 自动恢复。

依赖关系：AGD_OPE.1 用户操作指南。

##### 14.7.10.1 FPT_RCV.3.1

当不能从[赋值：*失效或服务中断列表*]自动恢复时，TSF应进入一种维护模式，该模式提供将TOE返回到一个安全状态的能力。

##### 14.7.10.2 FPT_RCV.3.2

对[赋值：*失效/服务中断列表*]，TSF应确保通过自动化过程使TOE返回到一个安全状态。

#### 14.7.10.3 FPT_RCV.3.3

**TSF 提供的从失效或服务中断状态恢复的功能,应确保在 TSF 的控制内 TSF 数据或客体不超出[赋值:*数量*]的情况下,恢复到安全初始状态。**

#### 14.7.10.4 FPT_RCV.3.4

**TSF 应提供确定客体能否被恢复的能力。**

### 14.7.11 FPT_RCV.4 功能恢复

从属于:无其他组件。

依赖关系:无依赖关系。

#### 14.7.11.1 FPT_RCV.4.1

**TSF 应确保[赋值:*功能和失效情景列表*]有如下特性,即功能或者成功完成,或者针对指明的失效情景恢复到一个前后一致的且安全的状态。**

## 14.8 重放检测(FPT_RPL)

### 14.8.1 族行为

本族负责对各种类型实体(如消息、服务请求、服务应答)的重放检测及随后的纠正动作。只要检测出重放,就可以有效地避免重放。

### 14.8.2 组件层次

本族只有一个组件,FPT_RPL.1"重放检测",要求 TSF 应能够检测出既定实体的重放。

### 14.8.3 FPT_RPL.1 管理

FMT 中的管理功能可考虑下列行为:

a) 应该检测出其重放的既定实体列表的管理;

b) 发生重放时需采取的动作列表的管理。

### 14.8.4 FPT_RPL.1 审计

如果 PP/ST 中包含 FAU_GEN"安全审计数据产生",下列行为应是可审计的:

a) 基本级:检测到的重放攻击;

b) 详细级:基于具体操作而采取的动作。

### 14.8.5 FPT_RPL.1 重放检测

从属于:无其他组件。

依赖关系:无依赖关系。

#### 14.8.5.1 FPT_RPL.1.1

**TSF 应检测对以下实体的重放:[赋值:*既定实体列表*]。**

14.8.5.2 **FPT_RPL.1.2**

**检测到重放时,TSF 应执行[赋值:*具体操作列表*]。**

## 14.9 状态同步协议(FPT_SSP)

### 14.9.1 族行为

分布式 TOE 由于存在 TOE 各部分间潜在的状态差别及通信延迟等问题,因而比单一 TOE 复杂得多。大多数情况下,分布式功能间的状态同步涉及一个交换协议,而不是一个简单的动作。当在这些协议的分布式环境中存在蓄意的危害时,就需要更为复杂的防御协议。

FPT_SSP"状态同步协议"规定了关于 TSF 某些关键安全功能如何使用该可信协议的要求。FPT_SSP"状态同步协议"确保 TOE 的两个分布式部分(如主机)在完成一个安全有关的动作后,状态保持同步。

### 14.9.2 组件层次

FPT_SSP.1"简单可信回执",只要求数据接收者给出简单回执。

FPT_SSP.2"相互可信回执",要求数据交换相互回执。

### 14.9.3 FPT_SSP.1、FPT_SSP.2 管理

尚无预见的管理活动。

### 14.9.4 FPT_SSP.1、FPT_SSP.2 审计

如果 PP/ST 中包含 FAU_GEN"安全审计数据产生",下列行为应是可审计的:

a) 最小级:期待接收一个回执时,发生的失效。

### 14.9.5 FPT_SSP.1 简单可信回执

从属于:无其他组件。

依赖关系:FPT_ITT.1 内部 TSF 数据传送的基本保护。

14.9.5.1 **FPT_SSP.1.1**

**当 TSF 的另一部分发出请求时,TSF 应承认接收到一个未经修改的 TSF 数据传送。**

### 14.9.6 FPT_SSP.2 相互可信回执

从属于:FPT_SSP.1 简单可信回执。

依赖关系:FPT_ITT.1 内部 TSF 数据传送的基本保护。

14.9.6.1 **FPT_SSP.2.1**

当 TSF 的另一部分发出请求时,TSF 应承认接收到一个未经修改的 TSF 数据传送。

14.9.6.2 **FPT_SSP.2.2**

**TSF 应通过使用回执,确保 TSF 的有关部分知道在不同部分间所传送数据处于正确状态。**

### 14.10 时间戳(FPT_STM)

#### 14.10.1 族行为

本族对一个TOE内可靠的时间戳功能提出要求。

#### 14.10.2 组件层次

本族只有一个组件,FPT_STM.1“可靠的时间戳”,要求TSF为TSF功能提供可靠的时间戳。

#### 14.10.3 FPT_STM.1 管理

FMT中的管理功能可考虑下列行为:

a) 时间的管理。

#### 14.10.4 FPT_STM.1 审计

如果PP/ST中包含FAU_GEN“安全审计数据产生”,下列行为应是可审计的:

a) 最小级:时间的改变;

b) 详细级:提供一个时间戳。

#### 14.10.5 FPT_STM.1 可靠的时间戳

从属于:无其他组件。

依赖关系:无依赖关系。

##### 14.10.5.1 FPT_STM.1.1

**TSF应有能力提供可靠的时间戳。**

### 14.11 TSF间TSF数据的一致性(FPT_TDC)

#### 14.11.1 族行为

在分布式环境下,TOE或许需要与其他可信IT产品交换TSF数据(如与数据有关的SFP属性、审计信息、标识信息等)。本族定义了一些关于在TOE的TSF和不同可信IT产品的TSF间共享这些属性并对其作出一致性解释的要求。

#### 14.11.2 组件层次

FPT_TDC.1“TSF间基本的TSF数据一致性”,要求TSF提供确保TSF间属性一致性的能力。

#### 14.11.3 FPT_TDC.1 管理

尚无预见的管理活动。

#### 14.11.4 FPT_TDC.1 审计

如果PP/ST中包含FAU_GEN“安全审计数据产生”,下列行为应是可审计的:

a) 最小级:TSF数据一致性机制的成功使用;

b) 基本级:TSF数据一致性机制的使用;

c) 基本级:已被解释的TSF数据的标识;

d) 基本级:TSF 数据修改的检测。

### 14.11.5 FPT_TDC.1 TSF 间基本的 TSF 数据一致性

从属于:无其他组件。

依赖关系:无依赖关系。

#### 14.11.5.1 FPT_TDC.1.1

**当 TSF 与其他可信 IT 产品共享 TSF 数据时,TSF 应提供对[赋值:*TSF 数据类型列表*]进行一致性解释的能力。**

#### 14.11.5.2 FPT_TDC.1.2

**当解释来自其他可信 IT 产品的 TSF 数据时,TSF 应使用[赋值:*TSF 使用的解释规则列表*]。**

## 14.12 外部实体测试(FPT_TEE)

### 14.12.1 族行为

本族定义了实施一个或多个外部实体测试时的 TSF 要求。

这个组件不适用于人类用户。

外部实体可以包括运行在 TOE 上的应用程序,硬件或 TOE 下运行的软件(平台、操作系统等)或与 TOE 连接的应用程序/装置(入侵检测系统、防火墙、登录服务器、时间服务器等)。

### 14.12.2 组件层次

FPT_TEE.1"外部实体测试",规定了由 TSF 测试外部实体的要求。

### 14.12.3 FPT_TEE.1 管理

FMT 中的管理功能可考虑下列行为:

a) 管理的外部实体测试发生时的条件管理,例如在最初的启动、有规律的间隔,或规定的条件下;

b) 时间间隔的管理,如适用。

### 14.12.4 FPT_TEE.1 审计

如果 PP/ST 中包含 FAU_GEN"安全审计数据产生",下列行为应是可审计的:

a) 基本级:外部实体测试的执行和测试结果。

### 14.12.5 FPT_TEE.1 外部实体的测试

从属于:无其他组件。

依赖关系:无依赖关系。

#### 14.12.5.1 FPT_TEE.1.1

**TSF 应运行一套测试[选择:*在最初的启动、定期地正常运行期间、授权用户要求下*,[赋值:*其他条件*]]来检查[赋值:*外部实体特性列表*]的实施。**

#### 14.12.5.2 FPT_TEE.1.2

**如果测试失败，TSF 将[*赋值：行动*]。**

### 14.13 TOE 内 TSF 数据复制的一致性(FPT_TRC)

#### 14.13.1 族行为

在 TOE 内部复制 TSF 数据时，需要满足本族的要求以确保 TSF 数据的一致性。如果 TOE 不同组成部分间的内部信道不能正常工作，这些复制的 TSF 数据就可能不一致。如果 TOE 内部被构造一个网络并且部分 TOE 网络连接中断时，这种不一致的情况就会在部分 TOE 网络失效时发生。

#### 14.13.2 组件层次

本族只有一个组件，FPT_TRC.1“内部 TSF 的一致性”，要求 TSF 确保 TSF 数据在多处复制时的一致性。

#### 14.13.3 FPT_TRC.1 管理

尚无预见的管理活动。

#### 14.13.4 FPT_TRC.1 审计

如果 PP/ST 中包含 FAU_GEN“安全审计数据产生”，下列行为应是可审计的：

a) 最小级：重新连接时恢复一致性；

b) 基本级：检测 TSF 数据间的不一致情形。

#### 14.13.5 FPT_TRC.1 内部 TSF 的一致性

从属于：无其他组件。

依赖关系：FPT_ITT.1 内部 TSF 数据传送的基本保护。

#### 14.13.5.1 FPT_TRC.1.1

**TSF 应确保 TSF 数据在 TOE 各部分间复制时是前后一致的。**

#### 14.13.5.2 FPT_TRC.1.2

**当含有所复制 TSF 数据的 TOE 部分断开连接时，TSF 在处理任何对[赋值：*依赖于 TSF 数据复制一致性的功能列表*]的请求前，应确保重建连接后所复制 TSF 数据的一致性。**

### 14.14 TSF 自检(FPT_TST)

#### 14.14.1 族行为

本族定义了一些关于 TSF 自检的要求，这些检测与某些期望的正确操作有关，比如执行功能的接口和 TOE 关键部分的抽样算术运算。这些检测可在启动时进行，或周期性地进行，或应授权用户的请求进行，或满足其他条件时进行。TOE 根据自检结果所采取的动作在其他族中定义。

本族的要求也用于检测由多种失效造成的 TSF 可执行代码(例如：TSF 软件)和 TSF 数据损坏，这种检测并不需要 TOE 停止工作(这将由别的族处理)。因为这些失效不可避免，故必须执行这些检测。这些失效可能是由不可预见的失效方式，或硬件、固件和软件设计上的某些疏忽所造成的，也可能是由于逻辑和/或物理层面上的保护不当而导致TSF被恶意损坏所造成的。

#### 14.14.2 组件层次

FPT_TST.1“TSF检测”,提供检测TSF是否正确运转的能力。这些检测可在启动时进行,或周期性地进行,或当授权用户要求时进行,或满足别的条件时进行。本组件也提供验证TSF数据及可执行代码完整性的能力。

#### 14.14.3 FPT_TST.1 管理

FMT中的管理功能可考虑下列行为:

a) TSF自检触发条件的管理,如初始化启动期间、固定时间间隔或特定条件;

b) 时间间隔的管理,如果适用。

#### 14.14.4 FPT_TST.1 审计

如果PP/ST中包含FAU_GEN“安全审计数据产生”,下列行为应是可审计的:

a) 基本级:TSF自检的执行及检测结果。

#### 14.14.5 FPT_TST.1 TSF 测试

从属于:无其他组件。

依赖关系:无依赖关系。

##### 14.14.5.1 FPT_TST.1.1

**TSF应在[选择:*初始化启动期间、正常工作期间周期性地、授权用户要求时、在[赋值:产生自检的条件]条件时*]运行一套自检程序以证实[选择:*[赋值:TSF的组成部分]、TSF*]能正确运行。**

##### 14.14.5.2 FPT_TST.1.2

**TSF应为授权用户提供验证[选择:*[赋值:TSF的组成部分]、TSF数据*]完整性的能力。**

##### 14.14.5.3 FPT_TST.1.3

**TSF应为授权用户提供验证所存储的TSF可执行代码完整性的能力。**

## 15 FRU类:资源利用

本类提供3个族以支持所需资源的可用性,诸如处理能力或存储容量。“容错”族提供保护以防止由TOE失效引起的能力不可用。“服务优先级”族确保资源将被分配到更重要的或时间要求更苛刻的任务中,而且不能被优先级低的任务所独占。“资源分配”族提供对可用资源的使用限制,从而防止用户独占资源。本类的组件构成分解如图15所示。

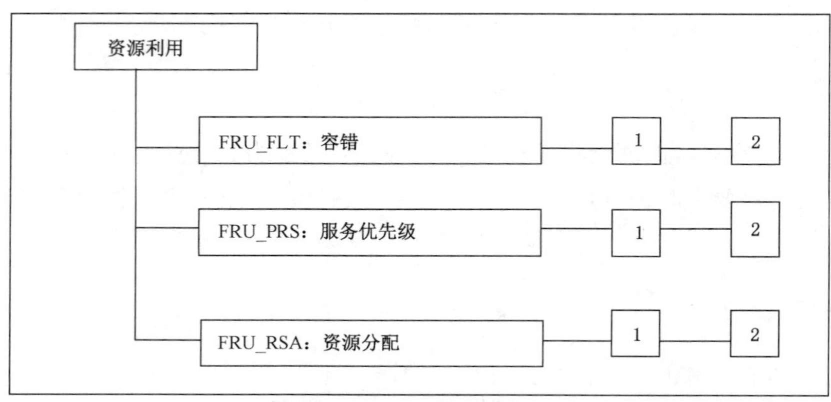


图 15 FRU:资源利用类分解

## 15.1 容错(FRU_FLT)

### 15.1.1 族行为

本族的要求确保即便发生了失效,TOE 也将维持正常运转。

### 15.1.2 组件层次

FRU_FLT.1“降级容错”,要求如果发生了确定的失效,TOE 能继续正确发挥既定能力。

FRU_FLT.2“受限容错”,要求如果发生了确定的失效,TOE 能继续正确发挥所有能力。

### 15.1.3 FRU_FLT.1、FRU_FLT.2 管理

尚无预见的管理活动。

### 15.1.4 FRU_FLT.1 审计

如果 PP/ST 中包含 FAU_GEN“安全审计数据产生”,下列行为应是可审计的:

a) 最小级:TSF 检测出的任何失效;

b) 基本级:由于一个失效而中断的所有 TOE 能力。

### 15.1.5 FRU_FLT.2 审计

如果 PP/ST 中包含 FAU_GEN“安全审计数据产生”,下列行为应是可审计的:

a) 最小级:TSF 检测出的任何失效。

### 15.1.6 FRU_FLT.1 降级容错

从属于:无其他组件。

依赖关系:FPT_FLS.1 带保存安全状态的失效。

#### 15.1.6.1 FRU_FLT.1.1

**TSF 应确保当以下失效:[赋值:*失效类型列表* ]发生时,[赋值:*TOE 能力列表*]能正常发挥。**

### 15.1.7 FRU_FLT.2 受限容错

从属于:FRU_FLT.1 降级容错。

依赖关系：FPT_FLS.1 带保存安全状态的失效。

#### 15.1.7.1 FRU_FLT.2.1

TSF 应确保当以下失效：[赋值：*失效类型列表*]发生时，**所有 TOE 能力均**能正常发挥。

## 15.2 服务优先级(FRU_PRS)

### 15.2.1 族行为

本族的要求允许 TSF 控制用户和主体对 TSF 控制下的资源的使用，以确保 TSF 控制下高优先级活动均能完成，而不受低优先级活动造成的不当干扰或延迟影响。

### 15.2.2 组件层次

FRU_PRS.1"有限服务优先级"，提供一个主体使用 TSF 控制下某个资源子集的优先级。

FRU_PRS.2"全部服务优先级"，提供一个主体使用 TSF 控制下全部资源的优先级。

### 15.2.3 FRU_PRS.1、FRU_PRS.2 管理

FMT 中的管理功能可考虑下列行为：

a) TSF 中每个主体优先级的分配。

### 15.2.4 FRU_PRS.1、FRU_PRS.2 审计

如果 PP/ST 中包含 FAU_GEN"安全审计数据产生"，下列行为应是可审计的：

a) 最小级：基于分配中优先级的使用，对操作的拒绝；

b) 基本级：对涉及服务功能优先级的分配功能的所有使用尝试。

### 15.2.5 FRU_PRS.1 有限服务优先级

从属于：无其他组件。

依赖关系：无依赖关系。

#### 15.2.5.1 FRU_PRS.1.1

**TSF 应给 TSF 中的每个主体分配一个优先级。**

#### 15.2.5.2 FRU_PRS.1.2

**TSF 应确保对[赋值：*受控资源*]的每次访问都应该基于主体所配得的优先级进行协调。**

### 15.2.6 FRU_PRS.2 全部服务优先级

从属于：FRU_PRS.1 有限服务优先级。

依赖关系：无依赖关系。

#### 15.2.6.1 FRU_PRS.2.1

TSF 应给 TSF 中的每个主体分配一个优先级。

#### 15.2.6.2 FRU_PRS.2.2

TSF 应确保对**所有可共享资源**的每次访问都应该基于主体所配得的优先级进行协调。

## 15.3 资源分配(FRU_RSA)

### 15.3.1 族行为

本族的要求允许 TSF 通过控制用户和主体对资源的使用,使得不因未授权地独占资源而出现拒绝服务。

### 15.3.2 组件层次

FRU_RSA.1“最高配额”,提供配额机制的要求,确保用户和主体不会独占某种受控资源。

FRU_RSA.2“最低和最高配额”,提供配额机制的要求,确保用户和主体总能至少拥有最少的规定资源且不会独占某种受控资源。

### 15.3.3 FRU_RSA.1 管理

FMT 中的管理功能可考虑下列行为:

a) 由管理员为用户组、单个用户或主体指定某种资源的最大使用限度。

### 15.3.4 FRU_RSA.2 管理

FMT 中的管理功能可考虑下列行为:

a) 由管理员为用户组、单个用户或主体指定某种资源的最小和最大使用限度。

### 15.3.5 FRU_RSA.1、FRU_RSA.2 审计

如果 PP/ST 中包含 FAU_GEN“安全审计数据产生”,下列行为应是可审计的:

a) 最小级:由于资源的限制导致分配操作的拒绝;

b) 基本级:在 TSF 控制下对资源分配功能的所有尝试的使用。

### 15.3.6 FRU_RSA.1 最高配额

从属于:无其他组件。

依赖关系:无依赖关系。

#### 15.3.6.1 FRU_RSA.1.1

**TSF 应对以下资源:[赋值:*受控资源*]分配最高配额,以便[选择:*单个用户*、*预定义用户组*、*主体* ]能[选择:*同时*、*在规定的时间间隔内*]使用。**

### 15.3.7 FRU_RSA.2 最低和最高配额

从属于:FRU_RSA.1 最高配额。

依赖关系:无依赖关系。

#### 15.3.7.1 FRU_RSA.2.1

TSF 应对以下资源:[赋值:*受控资源*]分配最高配额,以便[选择:*单个用户*、*预定义的用户组*、*主体*]能[选择:*同时*、*规定的时间间隔内*]使用。

#### 15.3.7.2 FRU_RSA.2.2

**TSF 应确保每个[赋值:*受控资源*]的最低供应量,以便[选择:*单个用户*、*预定义的用户组*、*主体*]能**

[选择:*同时、规定的时间间隔内*]使用。

## 16 FTA 类:TOE 访问

本类规定用以控制建立用户会话的功能要求。本类的组件构成分解如图 16 所示。

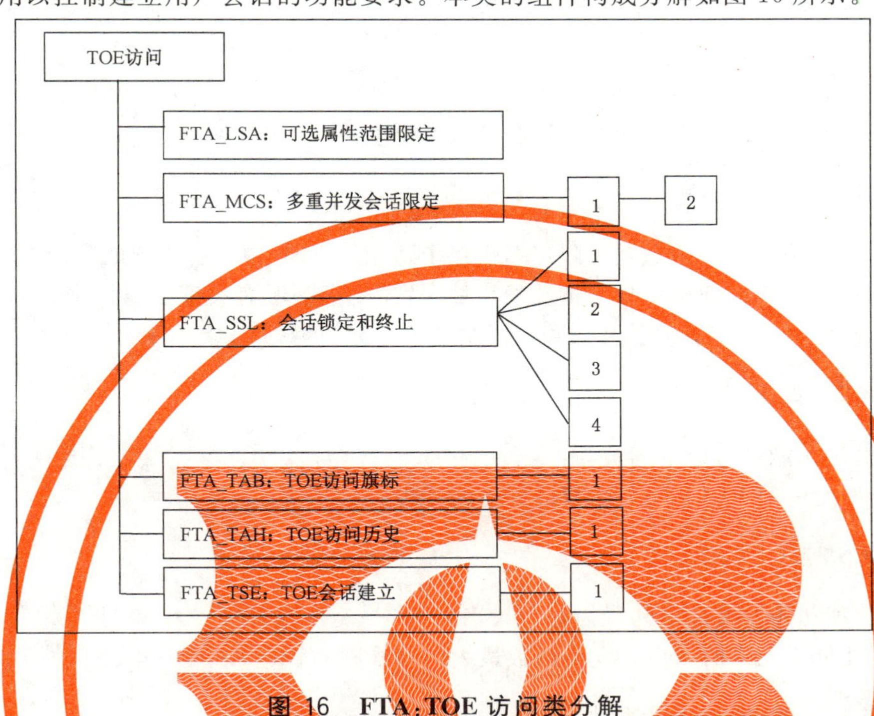


图 16 FTA:TOE 访问类分解

### 16.1 可选属性范围限定(FTA_LSA)

#### 16.1.1 族行为

本族定义了限制一个用户可以为某个会话选择的会话安全属性范围的要求。

#### 16.1.2 组件层次

FTA_LSA.1"可选属性范围限定",提供关于 TOE 在建立会话时限制会话安全属性范围的要求。

#### 16.1.3 FTA_LSA.1 管理

FMT 中的管理功能可考虑下列行为:

a) 管理员对会话安全属性范围的管理。

#### 16.1.4 FTA_LSA.1 审计

如果 PP/ST 中包含 FAU_GEN"安全审计数据产生",下列行为应是可审计的:

a) 最小级:选择某种会话安全属性时的所有失败尝试;

b) 基本级:选择某种会话安全属性时的所有尝试;

c) 详细级:每种会话安全属性的值的获取。

#### 16.1.5 FTA_LSA.1 可选属性范围限定

从属于:无其他组件。

依赖关系:无依赖关系。

#### 16.1.5.1 FTA_LSA.1.1

**TSF 应基于[赋值:*属性*],限制下列会话安全属性的范围:[赋值:*会话安全属性*]。**

## 16.2 多重并发会话限定(FTA_MCS)

### 16.2.1 族行为

本族定义了限制属于同一个用户的并发会话数的要求。

### 16.2.2 组件层次

FTA_MCS.1“多重并发会话的基本限定”,提供了适用于 TSF 内所有用户的限定。

FTA_MCS.2“基于属性的单用户多重并发会话限定”要求基于有关安全属性来限制并发会话数的能力,并以此实现对 FTA_MCS.1“多重并发会话的基本限定”的扩展。

### 16.2.3 FTA_MCS.1 管理

FMT 中的管理功能可考虑下列行为:

a) 管理员所允许的用户并发会话数最大值的管理。

### 16.2.4 FTA_MCS.2 管理

FMT 中的管理功能可考虑下列行为:

a) 控制管理员所允许的用户并发会话数最大值的规则的管理。

### 16.2.5 FTA_MCS.1、FTA_MCS.2 审计

如果 PP/ST 中包含 FAU_GEN“安全审计数据产生”,下列行为应是可审计的:

a) 最小级:基于多重并发会话限制对新会话的拒绝;

b) 详细级:当前的用户并发会话数和用户安全属性的捕获。

### 16.2.6 FTA_MCS.1 多重并发会话的基本限定

从属于:无其他组件。

依赖关系:FIA_UID.1 标识的时机。

#### 16.2.6.1 FTA_MCS.1.1

**TSF 应限制属于同一用户的并发会话的最大数目。**

#### 16.2.6.2 FTA_MCS.1.2

**TSF 应缺省地限制每个用户[赋值:*缺省数*]次会话。**

### 16.2.7 FTA_MCS.2 基于属性的单用户多重并发会话限制

从属于:FTA_MCS.1 多重并发会话的基本限制。

依赖关系:FIA_UID.1 标识的时机。

#### 16.2.7.1 FTA_MCS.2.1

TSF 应**依据规则[赋值:*并发会话最大数的规则*]**限制属于同一用户的并发会话的最大数目。

#### 16.2.7.2 FTA_MCS.2.2

TSF 应缺省地限定每个用户[赋值:*缺省数*]次会话。

## 16.3 会话锁定和终止(FTA_SSL)

### 16.3.1 族行为

本族为 TSF 定义了一些要求,以提供 TSF 原发和用户原发的交互式会话的锁定和解锁和终止能力。

### 16.3.2 组件层次

FTA_SSL.1“TSF 原发会话锁定”,要求用户在规定的时间内一直不活动,系统就发起对一个交互式会话的锁定。

FTA_SSL.2“用户原发会话锁定”,提供用户锁定和解锁其拥有的交互式会话的能力。

FTA_SSL.3“TSF 原发会话终止”,为 TSF 提供在用户在一段指定时间不活动后终止该会话的要求。

FTA_SSL.4“用户原发会话终止”,为用户提供自己终止交互会话的能力。

### 16.3.3 FTA_SSL.1 管理

FMT 中的管理功能可考虑下列行为:

a) 对于单个用户不活动时间的规定,达到该时限会话将被锁定;

b) 用户不活动的默认时间的规定,达到该时限会话将被锁定;

c) 会话解锁前发生事件的管理。

### 16.3.4 FTA_SSL.2 管理

FMT 中的管理功能可考虑下列行为:

a) 会话解锁前发生事件的管理。

### 16.3.5 FTA_SSL.3 管理

FMT 中的管理功能可考虑下列行为:

a) 对于单个用户不活动时间的规定,达到该时限交互式会话将被终止;

b) 用户不活动的默认时间的规定,达到该时限交互式会话将被终止。

### 16.3.6 FTA_SSL.4 管理

无预见管理活动。

### 16.3.7 FTA_SSL.1、FTA_SSL.2 审计

如果 PP/ST 中包含 FAU_GEN“安全审计数据产生”,下列行为应是可审计的:

a) 最小级:利用会话锁定机制对交互式会话的锁定;

b) 最小级:交互式会话的成功解锁;

c) 基本级:对交互式会话解锁的各种尝试。

### 16.3.8 FTA_SSL.3 审计

如果 PP/ST 中包含 FAU_GEN“安全审计数据产生”,下列行为应是可审计的:

a) 最小级:利用会话锁定机制对交互式会话的终止。

#### 16.3.9 FTA_SSL.4 审计

如果 PP/ST 中包含 FAU_GEN“安全审计数据产生”,下列行为应是可审计的:

a) 最小级:用户对交互式会话的终止。

#### 16.3.10 FTA_SSL.1 TSF 原发会话锁定

从属于:无其他组件。

依赖关系:FIA_UAU.1 鉴别的时机。

##### 16.3.10.1 FTA_SSL.1.1

**TSF 应在达到[赋值:*用户不活动的时间间隔*]后,通过以下方法锁定一个交互式会话:**

**a) 清除或覆写显示设备,使当前的内容不可读;**

**b) 除了会话解锁活动之外,终止用户数据存取/显示设备的任何活动。**

##### 16.3.10.2 FTA _SSL.1.2

**TSF 应要求在解锁会话之前发生以下事件:[赋值:*发生的事件*]。**

#### 16.3.11 FTA_SSL.2 用户原发会话锁定

从属于:无其他组件。

依赖关系:FIA_UAU.1 鉴别的时机。

##### 16.3.11.1 FTA_SSL.2.1

**TSF 应允许通过以下方法实现对其拥有的交互会话进行用户原发锁定:**

**a) 清除或覆写显示设备,使当前的内容不可读;**

**b) 除了会话解锁活动之外,终止用户数据存取/显示设备的任何活动。**

##### 16.3.11.2 FTA_SSL2.2

**TSF 应要求在解锁会话之前发生以下事件:[赋值:*发生的事件*]。**

#### 16.3.12 FTA_SSL.3 TSF 原发会话终止

从属于:无其他组件。

依赖关系:无依赖关系。

##### 16.3.12.1 FTA_SSL.3.1

**TSF 应在达到[赋值:*用户不活动的时间间隔* ]之后终止一个交互式会话。**

#### 16.3.13 FTA_SSL.4 用户原发终止

从属于:无其他组件。

依赖关系:无依赖关系。

##### 16.3.13.1 FTA_SSL.4.1

**TSF 应允许用户终止自己的交互式会话。**

### 16.4 TOE 访问旗标(FTA_TAB)

#### 16.4.1 族行为

本族定义了向用户显示有关适当使用 TOE 的一个可配置劝告性警示信息的要求。

#### 16.4.2 组件层次

FTA_TAB.1“缺省的 TOE 访问旗标”,提供了一个 TOE 访问旗标相关的要求。该旗标应在会话的对话建立之前予以显示。

#### 16.4.3 FTA_TAB.1 管理

FMT 中的管理功能可考虑下列行为:

a) 授权管理员对旗标的维护。

#### 16.4.4 FTA_TAB.1 审计

尚无预见的可审计事件。

#### 16.4.5 FTA_TAB.1 缺省的 TOE 访问旗标

从属于:无其他组件。

依赖关系:无依赖关系。

##### 16.4.5.1 FTA_TAB.1.1

**在建立一个用户会话之前,TSF 应显示有关未授权使用 TOE 的一个劝告性警示信息。**

### 16.5 TOE 访问历史(FTA_TAH)

#### 16.5.1 族行为

本族定义了 TSF 在成功地建立了会话的基础上,为一个用户显示访问该用户账号的成功和不成功尝试历史的一些要求。

#### 16.5.2 组件层次

FTA_TAH.1“TOE 访问历史”,提供了 TOE 显示与先前尝试建立一个会话相关的信息的要求。

#### 16.5.3 FTA_TAH.1 管理

尚无预见的管理活动。

#### 16.5.4 FTA_TAH.1 审计

尚无预见的可审计事件。

#### 16.5.5 FTA_TAH.1 TOE 访问历史

从属于:无其他组件。

依赖关系:无依赖关系。

##### 16.5.5.1 FTA_TAH.1.1

**在会话成功建立的基础上,TSF 应向用户显示上一次成功建立的会话的[赋值:*日期、时间、方法、*

**位置** ]。

#### 16.5.5.2 FTA_TAH.1.2

**在会话成功建立的基础上,TSF 应显示上一次会话建立的未成功尝试的[赋值:*日期*、*时间*、*方法*、*位置*]和从上一次成功的会话建立以来的不成功尝试次数。**

#### 16.5.5.3 FTA_TAH.1.3

**如果没有向用户提供审阅访问历史信息的机会,TSF 就不能从用户接口擦除该信息。**

## 16.6 TOE 会话建立(FTA_TSE)

### 16.6.1 族行为

本族定义了拒绝用户与 TOE 建立会话的要求。

### 16.6.2 组件层次

FTA_TSE.1"TOE 会话建立",提供了拒绝用户基于属性对 TOE 进行访问的要求。

### 16.6.3 FTA_TSE.1 管理

FMT 中的管理功能可考虑下列行为:

a) 授权管理员对会话建立条件的管理。

### 16.6.4 FTA_TSE.1 审计

如果 PP/ST 中包含 FAU_GEN"安全审计数据产生",下列行为应是可审计的:

a) 最小级:依据会话建立机制对一个会话建立的拒绝;

b) 基本级:用户会话建立时的所有尝试;

c) 详细级:所选的访问参数值(例如访问位置、访问时间)的获得。

### 16.6.5 FTA_TSE.1 TOE 会话建立

从属于:无其他组件。

依赖关系:无依赖关系。

#### 16.6.5.1 FTA_TSE.1.1

**TSF 应能基于[赋值:*属性*]拒绝会话的建立。**

# 17 FTP 类:可信路径/信道

本类中的族提供关于用户和 TSF 之间可信通信路径的要求,以及关于 TSF 和其他可信 IT 产品之间可信通信信道的要求。可信路径和信道具备以下特点:

- 通信路径由内部和外部通信信道构成(对组件适当的话),它将 TSF 数据和命令的确定子集与余下的 TSF 和用户数据分离。
- 通信路径的启用可由用户或 TSF 来发起(对组件适当的话)。
- 通信路径有能力保证用户正在同正确的 TSF 通信,并且 TSF 也正在同正确的用户通信(对组件适当的话)。

在本范型中,可信信道是可以由该信道的任何一端发起的一条通信信道,并且提供该信道两端身份的抗抵赖特性。

可信路径通过与 TSF 进行有保证地直接交互,为用户提供一种手段以完成功能。可信路径通常用于初始标识或鉴别等用户活动,但也可用于用户会话过程中的其他时刻。可信路径的交换可以由用户或 TSF 发起。应确保经由可信路径的用户应答受到保护,不会被不可信应用修改或泄露给不可信应用。

本类的组件构成分解如图 17 所示。

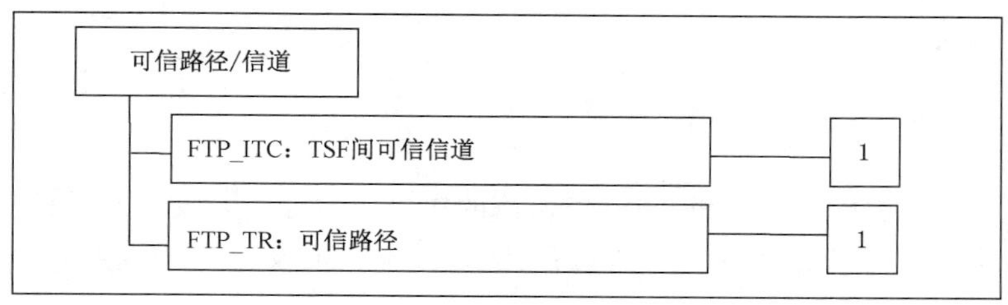


**图 17 FTP:可信路径/信道类分解**

## 17.1 TSF 间可信信道(FTP_ITC)

### 17.1.1 族行为

本族定义为执行关键的安全操作,在 TSF 和其他可信 IT 产品之间建立一个可信信道的要求。只要在 TOE 和其他可信 IT 产品之间进行用户或 TSF 数据的保密通信,就应包括本族的要求。

### 17.1.2 组件层次

FTP_ITC.1“TSF 间可信信道”,要求 TSF 在它自己和另一个可信 IT 产品之间提供一条可信信道。

### 17.1.3 FTP_ITC.1 管理

FMT 中的管理功能可考虑下列行为:

a) 需要可信信道的动作的配置,如果支持的话。

### 17.1.4 FTP_ITC.1 审计

如果 PP/ST 中包含 FAU_GEN“安全审计数据产生”,下列行为应是可审计的:

a) 最小级:可信信道功能的失效;

b) 最小级:失效的可信信道功能的发起者和目标端的标识;

c) 基本级:可信信道功能的所有使用尝试;

d) 基本级:所有可信信道功能的发起者和目标端的标识。

### 17.1.5 FTP_ITC.1 TSF 间可信信道

从属于:无其他组件。

依赖关系:无依赖关系。

#### 17.1.5.1 FTP_ITC.1.1

**TSF 应在它自己和另一个可信 IT 产品之间提供一条通信信道,此信道在逻辑上与其他通信信道截**

**然不同,并对其端点进行了有保障的标识,且能保护信道中数据免遭修改或泄露。**

17.1.5.2 **FTP_ITC.1.2**

**TSF 应允许[选择:*TSF*、*另一个可信 IT 产品*]经由可信信道发起通信。**

17.1.5.3 **FTP_ITC.1.3**

**对于[赋值:*需要可信信道的功能列表* ],TSF 应经由可信信道发起通信。**

## 17.2 可信路径(FTP_TRP)

### 17.2.1 族行为

本族定义了建立并维护用户和 TSF 间可信通信的要求。对任何与安全有关的交互活动而言,一条可信路径可能是必需的。可信路径的交换可以由用户在与 TSF 交互期间发起,或者 TSF 可能经由一条可信路径与用户建立通信。

### 17.2.2 组件层次

FTP_TRP.1"可信路径",要求为 PP/ST 作者定义的一组事件,在 TSF 和用户之间提供一条可信路径。用户或 TSF 均有能力发起该可信路径。

### 17.2.3 FTP_TRP.1 管理

FMT 中的管理功能可考虑下列行为:

a) 需要可信路径的动作的配置,如果支持的话。

### 17.2.4 FTP_TRP.1 审计

如果 PP/ST 中包含 FAU_GEN"安全审计数据产生",下列行为应是可审计的:

a) 最小级:可信路径功能的失效;

b) 最小级:如果有的话,与所有可信路径失效相关的用户标识;

c) 基本级:可信路径功能的所有使用尝试;

d) 基本级:如果有的话,与所有可信路径调用相关的用户标识。

### 17.2.5 FTP_TRP.1 可信路径

从属于:无其他组件。

依赖关系:无依赖关系。

17.2.5.1 **FTP_TRP.1.1**

**TSF 应在它自己和[选择:*远程*、*本地*]用户之间提供一条通信路径,此路径在逻辑上与其他通信路径截然不同,并对其端点进行了有保障的标识,并能保护通信数据免遭[选择:*修改*、*泄露*[*赋值:其他类型的完整性或机密性违背*]]。**

17.2.5.2 **FTP_TRP.1.2**

**TSF 应允许[选择:*TSF*、*本地用户*、*远程用户*]经由可信路径发起通信。**

17.2.5.3 **FTP_TRP.1.3**

对于[选择:*启动用户鉴别*、[*赋值:其他需要可信路径的服务*]],TSF 应要求使用可信路径。

# 附 录 A
# (规范性附录)
# 安全功能要求应用注释

本附录包含关于本部分中所定义族和组件的附加指南，用户、开发者和评估者在使用组件时可能需要参考这些指南。为了便于查找，本附录中类、族和组件的表示与标准中的表示相似。

## A.1 注释的结构

本条定义与本标准功能要求相关的注释的内容和形式。

### A.1.1 类结构

下面的图 A.1 说明本附录中功能类的结构。

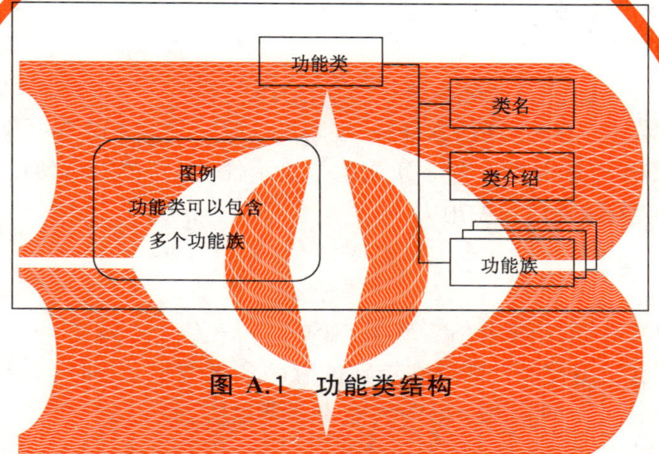


图 A.1 功能类结构

#### A.1.1.1 类名

这是本部分中所定义类的唯一名称。

#### A.1.1.2 类介绍

本附录中的类介绍提供使用该类中族和组件的有关信息。这些信息连同相关的图表描述了每个类的组织形式和每个类中的族，以及每个族中组件间的层次关系。

### A.1.2 族结构

图 A.2 用图解形式说明应用注释部分功能族的结构。

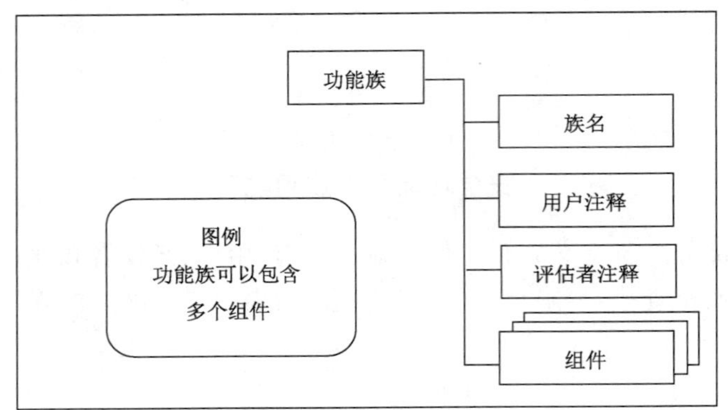


图 A.2 功能族结构及应用注释

#### A.1.2.1 族名

这是本部分中所定义族的唯一名称。

#### A.1.2.2 用户注释

用户注释包含功能族的潜在用户所关心的一些附加信息。潜在用户包括 PP、ST 和功能包的作者，以及具体化功能组件的 TOE 开发者。本部分陈述是提示性的，可包括与使用的局限性有关的一些警示信息以及使用组件时应当特别注意的地方。

#### A.1.2.3 评估者注释

评估者注释包含 TOE 开发者和评估者所关心的所有信息。该 TOE 声称符合族中某一组件。本部分陈述是提示性的，可涵盖评估 TOE 时需特别注意的各个方面，其中可包括澄清含义，详细说明解释这些要求的方式，以及评估者特别关心的一些警告和警示信息。

“用户注释”和“评估者注释”这两条不是必需的，仅在适当时出现。

### A.1.3 组件结构

图 A.3 说明了应用注释部分功能组件的结构。

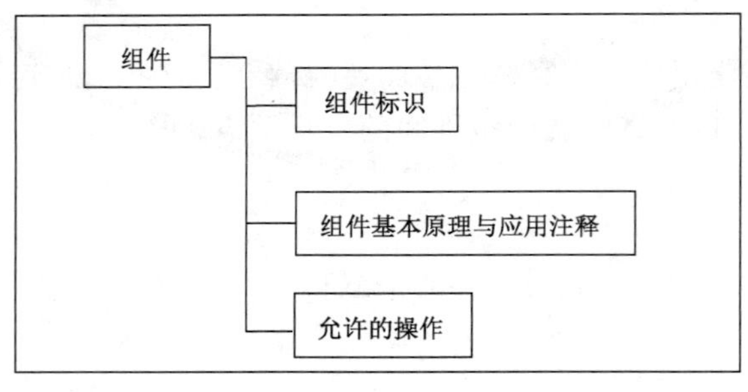


图 A.3 功能组件结构

#### A.1.3.1 组件标识

这是本部分中所定义组件的唯一名称。

#### A.1.3.2 组件基本原理与应用注释

任何与组件有关的特定信息都可在本条中找到。

- *基本原理*包含基本原理的详细解释,在特定级别下细化关于基本原理的一般性陈述,且应仅在需要特定级别详述的情况下使用。
- *应用注释*包含对于一个特定组件在叙述的详细程度方面的进一步的细化。这种细化可相对于 A.1.2 条所描述的用户注释或评估者注释。这种细化可用于解释依赖关系的性质(例如,共享信息或共享操作)。

本条内容不是必需的,仅在适当时出现。

#### A.1.3.3 允许的操作

每个组件的这部分内容包含与该组件所允许的操作有关的一些建议。

本条内容不是必需的,仅在适当时出现。

## A.2 依赖关系表

以下的功能组件依赖关系表列出了功能组件之间直接、间接和可选的依赖关系。作为功能组件依赖方的每个组件在表中占据一列,每个功能组件在表中占据一行。表格单元中的值表示行中标的组件是直接要求列中标的组件(用“×”表示),间接要求列中标的组件(用“—”表示),还是可选要求列中标的组件(用“○”表示)。例如 FDP_ETC.1“不带安全属性的用户数据输出”就是一个具有可选依赖关系的组件,它要求依赖 FDP_ACC.1“子集访问控制”,或依赖 FDP_IFC.1“子集信息流控制”,所以如果满足了 FDP_ACC.1,就不必满足 FDP_IFC.1,反之亦然。如果表格单元为空,则该组件不依赖于另一个组件。表 A.1~表 A.10 分别给出了各类组件的依赖关系。

**表 A.1 FAU:安全审计类依赖关系表**

| | FAU_GEN.1 | FAU_SAA.1 | FAU_SAR.1 | FAU_STG.1 | FIA_UID.1 | FMT_MTD.1 | FMT_SMF.1 | FMT_SMR.1 | FPT_STM.1 |
|---|---|---|---|---|---|---|---|---|---|
| FAU_ARP.1 | — | × | | | | | | | — |
| FAU_GEN.1 | | | | | | | | | × |
| FAU_GEN.2 | × | | | | × | | | | — |
| FAU_SAA.1 | × | | | | | | | | — |
| FAU_SAA.2 | | | | | × | | | | |
| FAU_SAA.3 | | | | | | | | | |
| FAU_SAA.4 | | | | | | | | | |
| FAU_SAR.1 | × | | | | | | | | — |
| FAU_SAR.2 | — | | × | | | | | | — |
| FAU_SAR.3 | — | | × | | | | | | — |
| FAU_SEL.1 | × | | | | — | × | — | — | — |
| FAU_STG.1 | × | | | | | | | | — |
| FAU_STG.2 | × | | | | | | | | — |

表 A.1(续)

| | FAU_GEN.1 | FAU_SAA.1 | FAU_SAR.1 | FAU_STG.1 | FIA_UID.1 | FMT_MTD.1 | FMT_SMF.1 | FMT_SMR.1 | FPT_STM.1 |
|---|---|---|---|---|---|---|---|---|---|
| FAU_STG.3 | — | | | × | | | | | — |
| FAU_STG.4 | — | | | × | | | | | — |

表 A.2 **FCO**:通信类依赖关系表

| | FIA_UID.1 |
|---|---|
| FCO_NRO.1 | × |
| FCO_NRO.2 | × |
| FCO_NRR.1 | × |
| FCO_NRR.2 | × |

表 A.3 **FCS**:密码支持类依赖关系表

| | FCS-CKM.1 | FCS-CKM.2 | FCS-CKM.4 | FCS-COP.1 | FDP-ACC.1 | FDP-ACF.1 | FDP-IFC.1 | FDP-IFF.1 | FDP-ITC.1 | FDP-ITC.2 | FIA-UID.1 | FMT-MSA.1 | FMT-MSA.3 | FMT-SMF.1 | FMT-SMR.1 | FPT-TDC.1 | FTP-ITC.1 | FTP-TRP.1 |
|---|---|---|---|---|---|---|---|---|---|---|---|---|---|---|---|---|---|---|
| FCS_CKM.1 | — | ○ | × | ○ | — | — | — | — | — | — | — | — | — | — | — | — | — | — |
| FCS_CKM.2 | ○ | — | × | — | — | — | — | — | ○ | ○ | — | — | — | — | — | — | — | — |
| FCS_CKM.3 | ○ | — | × | — | — | — | — | — | ○ | ○ | — | — | — | — | — | — | — | — |
| FCS_CKM.4 | ○ | — | — | — | — | — | — | — | ○ | ○ | — | — | — | — | — | — | — | — |
| FCS_COP.1 | ○ | — | × | — | — | — | — | — | ○ | ○ | — | — | — | — | — | — | — | — |

表 A.4 **FDP**:用户数据保护类依赖关系表

| | FDP-ACC.1 | FDP-ACF.1 | FDP-IFC.1 | FDP-IFF.1 | FDP-ITT.1 | FDP-ITT.2 | FDP-UIT.1 | FIA-UID.1 | FMT-MSA.1 | FMT-MSA.3 | FMT-SMF.1 | FMT-SMR.1 | FPT-TDC.1 | FTP-ITC.1 | FTP-TRP.1 |
|---|---|---|---|---|---|---|---|---|---|---|---|---|---|---|---|
| FDP_ACC.1 | — | × | — | — | | | | — | — | — | — | — | | | |
| FDP_ACC.2 | — | × | — | — | | | | — | — | — | — | — | | | |
| FDP_ACF.1 | × | — | — | — | | | | — | — | × | — | — | | | |
| FDP_DAU.1 | | | | | | | | | | | | | | | |
| FDP_DAU.2 | | | | | | | | × | | | | | | | |
| FDP_ETC.1 | ○ | — | ○ | — | | | | — | — | — | — | — | | | |

表 A.4（续）

| | FDP-ACC.1 | FDP-ACF.1 | FDP-IFC.1 | FDP-IFF.1 | FDP-ITT.1 | FDP-ITT.2 | FDP-UIT.1 | FIA-UID.1 | FMT-MSA.1 | FMT-MSA.3 | FMT-SMF.1 | FMT-SMR.1 | FPT-TDC.1 | FTP-ITC.1 | FTP-TRP.1 |
|---|---|---|---|---|---|---|---|---|---|---|---|---|---|---|---|
| FDP_ETC.2 | ○ | — | ○ | — | | | | — | — | — | — | — | | | |
| FDP_IFC.1 | — | — | — | × | | | | — | — | — | — | — | | | |
| FDP_IFC.2 | — | — | — | × | | | | — | — | — | — | — | | | |
| FDP_IFF.1 | — | — | × | — | | | | — | — | × | — | — | | | |
| FDP_IFF.2 | — | — | × | — | | | | — | — | × | — | — | | | |
| FDP_IFF.3 | — | — | × | — | | | | — | — | — | — | — | | | |
| FDP_IFF.4 | — | — | × | — | | | | — | — | — | — | — | | | |
| FDP_IFF.5 | — | — | × | — | | | | — | — | — | — | — | | | |
| FDP_IFF.6 | — | — | × | — | | | | — | — | — | — | — | | | |
| FDP_ITC.1 | ○ | — | ○ | — | | | | — | — | × | — | — | | | |
| FDP_ITC.2 | ○ | — | ○ | — | | | | — | — | — | — | — | × | ○ | ○ |
| FDP_ITT.1 | ○ | — | ○ | — | | | | — | — | — | — | — | | | |
| FDP_ITT.2 | ○ | — | ○ | — | | | | — | — | — | — | — | | | |
| FDP_ITT.3 | ○ | — | ○ | — | × | | | — | — | — | — | — | | | |
| FDP_ITT.4 | ○ | — | ○ | — | | × | | — | — | — | — | — | | | |
| FDP_RIP.1 | | | | | | | | | | | | | | | |
| FDP_RIP.2 | | | | | | | | | | | | | | | |
| FDP_ROL.1 | ○ | — | ○ | — | | | | — | — | — | — | — | | | |
| FDP_ROL.2 | ○ | — | ○ | — | | | | — | — | — | — | — | | | |
| FDP_SDI.1 | | | | | | | | | | | | | | | |
| FDP_SDI.2 | | | | | | | | | | | | | | | |
| FDP_UCT.1 | ○ | — | ○ | — | | | | — | — | — | — | — | | ○ | ○ |
| FDP_UIT.1 | ○ | — | ○ | — | | | | — | — | — | — | — | | ○ | ○ |
| FDP_UIT.2 | ○ | — | ○ | — | | | ○ | — | — | — | — | — | | ○ | — |
| FDP_UIT.3 | ○ | — | ○ | — | | | ○ | — | — | — | — | — | | ○ | — |

表 A.5　FIA：标识和鉴别类依赖关系表

| | FIA_ATD.1 | FIA_UAU.1 | FIA_UID.1 |
|---|---|---|---|
| FIA_AFL.1 | | × | — |
| FIA_ATD.1 | | | |

表 A.5（续）

| | FIA_ATD.1 | FIA_UAU.1 | FIA_UID.1 |
|---|---|---|---|
| FIA_SOS.1 | | | |
| FIA_SOS.2 | | | |
| FIA_UAU.1 | | | × |
| FIA_UAU.2 | | | × |
| FIA_UAU.3 | | | |
| FIA_UAU.4 | | | |
| FIA_UAU.5 | | | |
| FIA_UAU.6 | | | |
| FIA_UAU.7 | | × | — |
| FIA_UID.1 | | | |
| FIA_UID.2 | | | |
| FIA_USB.1 | × | | |

**表 A.6 FMT:安全管理类依赖关系表**

| | FDP_ ACC.1 | FDP_ ACF.1 | FDP_ IFC.1 | FDP_ IFF.1 | FIA_ UID.1 | FMT_ MSA.1 | FMT_ MSA.3 | FMT_ MTD.1 | FMT_ SMF.1 | FMT_ SMR.1 | FPT_ STM.1 |
|---|---|---|---|---|---|---|---|---|---|---|---|
| FMT_MOF.1 | | | | | — | | | | × | × | |
| FMT_MSA.1 | ○ | — | ○ | — | — | — | — | | × | × | |
| FMT_MSA.2 | ○ | — | ○ | — | — | × | — | | — | × | |
| FMT_MSA.3 | — | — | — | — | — | × | — | | — | × | |
| FMT_MSA.4 | ○ | — | ○ | — | — | — | — | | — | — | |
| FMT_MTD.1 | | | | | — | | | | × | × | |
| FMT_MTD.2 | | | | | — | | | × | — | × | |
| FMT_MTD.3 | | | | | — | | | × | — | — | |
| FMT_REV.1 | | | | | — | | | | | × | |
| FMT_SAE.1 | | | | | — | | | | | × | × |
| FMT_SMF.1 | | | | | | | | | | | |
| FMT_SMR.1 | | | | | × | | | | | | |
| FMT_SMR.2 | | | | | × | | | | | | |
| FMT_SMR.3 | | | | | — | | | | | × | |

表 A.7 FPR:隐私类依赖关系表

| | FIA_UID.1 | FPR_UNO.1 |
|---|---|---|
| FPR_ANO.1 | | |
| FPR_ANO.2 | | |
| FPR_PSE.1 | | |
| FPR_PSE.2 | × | |
| FPR_PSE.3 | | |
| FPR_UNL.1 | | |
| FPR_UNO.1 | | |
| FPR_UNO.2 | | |
| FPR_UNO.3 | | × |
| FPR_UNO.4 | | |

表 A.8 FPT:TSF 保护类依赖关系表

| | AGD_OPE.1.1 | FIA_UID.1 | FMT_MOF.1 | FMT_SMF.1 | FMT_SMR.1 | FPT_ITT.1 |
|---|---|---|---|---|---|---|
| FPT_FLS.1 | | | | | | |
| FPT_ITA.1 | | | | | | |
| FPT_ITC.1 | | | | | | |
| FPT_ITI.1 | | | | | | |
| FPT_ITI.2 | | | | | | |
| FPT_ITT.1 | | | | | | |
| FPT_ITT.2 | | | | | | |
| FPT_ITT.3 | | | | | | × |
| FPT_PHP.1 | | | | | | |
| FPT_PHP.2 | | — | × | — | — | |
| FPT_PHP.3 | | | | | | |
| FPT_RCV.1 | × | | | | | |
| FPT_RCV.2 | × | | | | | |
| FPT_RCV.3 | × | | | | | |
| FPT_RCV.4 | | | | | | |
| FPT_RPL.1 | | | | | | |
| FPT_SSP.1 | | | | | | × |
| FPT_SSP.2 | | | | | | × |
| FPT_STM.1 | | | | | | |
| FPT_TDC.1 | | | | | | |

表 A.8(续)

| | AGD_OPE.1.1 | FIA_UID.1 | FMT_MOF.1 | FMT_SMF.1 | FMT_SMR.1 | FPT_ITT.1 |
|---|---|---|---|---|---|---|
| FPT_TEE.1 | | | | | | |
| FPT_TRC.1 | | | | | | × |
| FPT_TST.1 | | | | | | |

表 A.9 FRU:资源利用类依赖关系表

| | FPT_FLS.1 |
|---|---|
| FRU_FLT.1 | × |
| FRU_FLT.2 | × |
| FRU_PRS.1 | |
| FRU_PRS.2 | |
| FRU_RSA.1 | |
| FRU_RSA.2 | |

表 A.10 FTA:TOE 访问类依赖关系表

| | FIA_UAU.1 | FIA_UID.1 |
|---|---|---|
| FTA_LSA.1 | | |
| FTA_MCS.1 | | × |
| FTA_MCS.2 | | × |
| FTA_SSL.1 | × | — |
| FTA_SSL.2 | × | — |
| FTA_SSL.3 | | |
| FTA_SSL.4 | | |
| FTA_TAB.1 | | |
| FTA_TAH.1 | | |
| FTA_TSE.1 | | |

# 附　录　B
（规范性附录）
# 功能类、族和组件

下面的附录C～附录M提供本部分正文中定义的功能类的应用注释。

# 附 录 C
（规范性附录）
FAU 类:安全审计

本标准的审计族允许 PP/ST 作者能够定义监测用户活动以及在某些情况下检测对 TSP 真实的、可能的或即将发生的侵害等方面的要求。定义 TOE 的安全审计功能有助于监测与安全有关的事件，并能对安全侵害起到威慑作用。审计族的要求涉及审计数据保护、记录格式和事件选择，以及分析工具、侵害报警和实时分析等功能。审计迹应以易读的格式直接（如存储）或间接（如使用审计归纳工具）呈现。

在开发安全审计要求时，PP/ST 作者必须注意审计族及其组件之间的相互关系。存在这样的可能：规定了一组遵从族/组件依赖表的审计要求，但同时导致了一个有缺陷的审计功能（例如，某个审计功能要求对所有与安全有关的事件加以审计，但是缺乏基于任何合理的基础，诸如按单个用户或客体来选择性控制它们）。

## C.1 在分布式环境中的审计要求

对网络和其他大型系统的审计要求，在实现上可能明显地有别于那些独立系统。对于更大、更复杂和更活跃的系统而言，由于解释（甚至存储）所收集审计数据的可行性较低，所以必须更多地考虑收集哪些审计数据以及如何对其进行管理。在一个随时可能发生许多事件的多时区全球性网络中，按时间排序罗列或“跟踪”被审计事件的传统方法可能就不适用。

此外，在分布式 TOE 中的不同主机和服务器可能具有不同的命名策略和名称。对于审计查阅而言，符号名称的表示法可能就需要在整个网络范围内加以约定，以避免重复和“命名冲突”。

如果在分布式系统中审计仓库服务于一个实用的功能，则可能需要一个多对象审计仓库，其中该仓库的某一部分可以接受潜在的各种各样的授权用户的访问。

最后，授权用户的权限滥用问题，应通过彻底避免在本地存储与管理员活动有关的审计数据来解决。

本类的组件构成分解如图 C.1 所示。

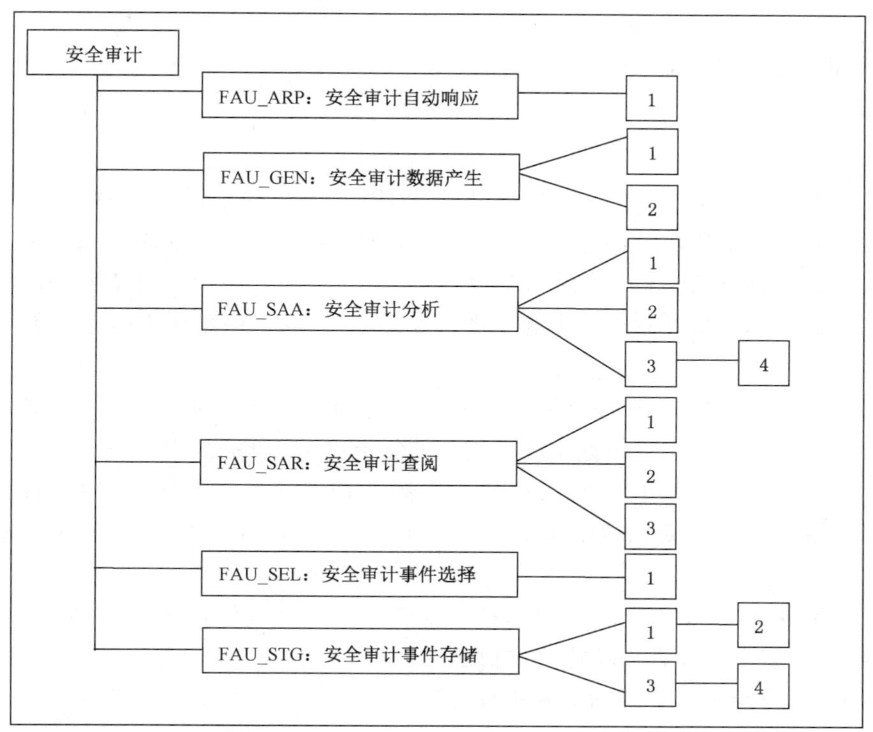


图 C.1 FAU 安全审计类分解

## C.2 安全审计自动响应(FAU_ARP)

### C.2.1 用户注释

安全审计自动响应族描述了处理审计事件的要求。这些要求包括告警或 TSF 采取动作(自动应答)。例如,TSF 可能采取的动作包括产生实时报警、终止违例进程、中断服务、断开连接或者使用户账号失效等。

如果 FAU_SAA“安全审计分析”中的组件指出一个审计事件是对 TSP 的一个潜在侵害,那么定义该审计事件为一个“潜在的安全侵害”。

### C.2.2 FAU_ARP.1 安全告警

#### C.2.2.1 用户应用注释

应在出现一个告警事件之后随即采取动作。这种动作可以是通知授权用户,可以是提供给授权用户一组可能的遏制动作,或是采取纠正动作,PP/ST 作者应认真考虑采取这些动作的时机。

#### C.2.2.2 操作

##### C.2.2.2.1 赋值

在 FAU_ARP.1.1 中,PP/ST 作者应详细说明一旦出现潜在的安全侵害时要采取的动作。“通知授权用户,使产生潜在安全侵害的主体失效”就是动作列表的一个例子。也可以详细说明由授权用户来确定要采取的动作。

## C.3 安全审计数据产生(FAU_GEN)

### C.3.1 用户注释

安全审计数据产生族包括了详细说明应由 TSF 生成、与安全有关的审计事件的要求。

引入本族在某种意义上避免了一种关于所有需要审计支持的组件的依赖关系。在本部分中每个组件都有一个审计条,在该条中列出了该功能区中要审计的事件。当 PP/ST 作者编写 PP/ST 时,相关组件审计部分中的条款可用来填补本组件中的变量。这样,对于一个功能区中能够被审计的详细规范就局限在该功能区中。

可审计事件的列表完全依赖于 PP/ST 内其他功能族,所以每个族的定义应包括该族所规定的可审计事件列表。在功能族中所规定可审计事件列表中的每个可审计事件必须对应于本族所规定的某个审计事件产生级别(例如最小级、基本级和详细级)。这就向 PP/ST 作者提供了必要的信息,以确保所有适当的可审计事件都将在 PP/ST 中加以规范。下面的例子说明了可审计事件如何在适当的功能族中加以规定:

"如果 PP/ST 中包含 FAU_GEN'安全审计数据产生',下列行为应是可审计的:

a) 最小级:用户安全属性管理功能的成功使用;

b) 基本级:用户安全属性管理功能的所有尝试使用;

c) 基本级:用户安全属性已被修改的标识;

d) 详细级:除特定敏感属性数据项(如口令、密钥)以外,应俘获新的属性值。"

对于所选定的每一个功能组件,该组件所指出的可审计事件,只要属 FAU_GEN"安全审计数据产生"指定的级别和低于该级别都应被审计。例如,在上面的例子中,如果 FAU_GEN"安全审计数据产生"中选择了"基本级",则 a)、b)和 c)中提到的可审计事件必须被审计。

很明显,可审计事件的分类是层次化的。例如,当期望"基本级审计产生"时,通过使用适当的赋值操作,所有被标识为最小级或基本级的可审计事件都应包括在 PP/ST 之内,除非高级别的事件只是比低级别事件提供的信息更详细。当期望"详细级产生审计"时,所有已标识的可审计事件(最小级、基本级和详细级)都应该包括在 PP/ST 之内。

PP/ST 的作者可以决定增加一些超出给定审计级别要求之外的可审计事件。例如,某个 PP/ST 尽管包含了大部分基本级能力,由于少数几个基本级能力因与 PP/ST 中其他的约束要求相冲突(例如它们需要收集不可用的数据)而没有被包括进来,因此仅可声称具备最小级审计能力。

创建可审计事件的功能应在 PP 或 ST 中作为一项功能要求加以规定。

下面列出了一些应该在每个 PP/ST 功能要求中定义为可审计事件的事件类型例子:

a) 把 TSF 控制之内的客体引入到一个主体的地址空间;

b) 客体的删除;

c) 访问权限或能力的分配和撤消;

d) 改变主体或客体的安全属性;

e) 由 TSF 执行的策略检查,作为一个主体的请求结果;

f) 访问权限的使用以回避策略检查;

g) 标识和鉴别功能的使用;

h) 操作员或授权用户所采取的动作(如禁止可读标签这样的一个 TSF 保护机制);

i) 从可移动介质输出数据或将数据输入到可移动介质(如打印输出、磁带和磁盘等)。

### C.3.2 FAU_GEN.1 审计数据产生

#### C.3.2.1 用户应用注释

本组件定义了标识可审计事件的一些要求，包括应产生审计记录以及审计记录中所应提供的信息。

当 SFR 不要求单个用户身份与审计事件相关联时，可单独使用 FAU_GEN.1“审计数据产生”，当 PP/ST 包含隐私要求时这种情况就可能存在。如果必须在审计中考虑用户身份，就应增加使用 FAU_GEN.2“用户身份关联”。

如果主体是一个用户，用户身份可能作为主体身份被记录。如果用户鉴别(FIA_UAU)没有被应用，用户的身份可能还没有被验证。因此在一个无效登录的实例中所声称的用户身份应该被记录。应考虑指明已记录的身份没有被鉴别的情况。

#### C.3.2.2 评估者注释

存在与 FPT_STM“时间戳”的依赖关系，如果时间的正确性对 TOE 而言不是问题，可删去这一依赖关系。

#### C.3.2.3 操作

##### C.3.2.3.1 选择

在 FAU_GEN.1.1 中，PP/ST 作者应选择 PP/ST 中其他功能组件的审计条中所提出的可审计事件级别。这些级别可以是“最小级”、“基本级”、“详细级”或“未规定”。

##### C.3.2.3.2 赋值

在 FAU_GEN.1.1 中，PP/ST 作者应指定一个其他专门定义的可审计事件列表，一并归入可审计事件列表中。这种赋值可以是“无”，也可以是一个功能要求的可审计事件，其审计级别比 b)中所要求的审计级别更高，也可以是由特定应用程序接口(API)的使用而产生的一些事件。

在 FAU_GEN.1.2 中，PP/ST 作者应对 PP/ST 中每个可审计事件指定一个其他审计相关信息列表，并将其纳入审计事件记录中，或者指定为“无”。

### C.3.3 FAU_GEN.2 用户身份关联

#### C.3.3.1 用户应用注释

本组件负责处理在单个用户身份级别上可审计事件的责任追溯性方面要求。本组件应该用作 FAU_GEN.1“审计数据产生”的补充。

审计要求和隐私要求之间存在着潜在的冲突，为了审计，希望能了解谁完成了一个动作，而该用户则可能希望只有自己知道自己的动作，而不被他人(如同事)识别出，或者可能在组织安全策略要求必须保护用户身份。在这些情况下，审计与隐私的目标是互相矛盾的。所以，如果选定这一审计要求，并且隐私也很重要，应考虑增加用户假名组件。隐私类中规定了基于假名确定真实用户名的要求。

如果用户的身份还没有通过鉴别被验证，在一个无效登录的实例中所声称的用户身份应该被记录。应考虑指明已记录的身份没有被鉴别的情况。

## C.4 安全审计分析(FAU_SAA)

### C.4.1 用户注释

本族定义关于自动方式分析系统活动和审计数据，以寻找可能的或真实的安全侵害等方面的要求。

这种分析可以由入侵检测来支持,或通过对潜在的安全侵害作出自动响应来支持。

FAU_ARP"安全审计自动响应"中的组件定义了在检测到潜在的安全侵害后,TSF应采取的动作。

为了实时分析,审计数据可能被转换成一种便于自动处理的格式,在交付给授权用户查阅时再转换成另一种可读格式。

### C.4.2 FAU_SAA.1 潜在的侵害分析

#### C.4.2.1 用户应用注释

本组件用于详细说明一个可审计事件集,这些事件的出现或累计出现预示着一个对SFR的执行的潜在侵害,也用来规定用于执行侵害分析的所有规则。

#### C.4.2.2 操作

##### C.4.2.2.1 赋值

在FAU_SAA.1.2中,PP/ST作者应识别已定义的可审计事件的子集,需要检测这些事件的出现或累计出现,作为对SFR的执行的潜在侵害的一个预示。

在FAU_SAA.1.2中,PP/ST作者应详细说明TSF用于分析审计迹的所有其他规则,这些规则可以包括需要事件在某个确定的时间周期内(如天数、持续时间)出现的特殊要求。如果没有额外的规则供TSF用于分析审计迹,则此赋值可以为"无"。

### C.4.3 FAU_SAA.2 基于轮廓的异常检测

#### C.4.3.1 用户应用注释

*轮廓*是一种表征用户或主体行为的结构,它描绘了用户/主体怎样以各种方法与TSF交互。使用模式的建立对应于用户/主体所从事的各种类型活动,例如异常情况出现模式、资源利用模式(何时、哪个、怎样)、动作执行模式等。轮廓中记录各种类型活动的方式(如资源测量、事件计数器、定时器),称作轮廓度量。

每个轮廓代表由*轮廓目标组*成员执行的预期使用模式。此模式可以基于过去的使用(历史模式)或相似目标组用户的正常使用(预期模式)。轮廓目标组指与TSF交互的一个或多个用户。轮廓组每个成员的活动被分析工具用来建立轮廓中描绘的使用模式。以下是几个轮廓目标组的例子:

a) **单用户账号**:每个用户一个轮廓。

b) **组ID或组账号**:所有拥有同一个组ID或使用同一个组账号的用户为一个轮廓。

c) **操作角色**:共享一个给定操作角色的所有用户为一个轮廓。

d) **系统**:某系统的所有用户为一个轮廓。

对一个轮廓目标组的每个成员分配了一个单独的*置疑等级*,它表示成员的新活动对应于在组轮廓中已建立使用模式的相近程度。

异常检测工具的复杂程度将主要由PP/ST所要求目标轮廓组的数量和所要求轮廓度量的复杂性来确定。

PP/ST作者应该明确列举出由TSF监测或分析的活动。PP/ST作者也应该明确识别构造使用轮廓所需的相关活动信息。

FAU_SAA.2"基于轮廓的异常检测"要求TSF维护系统的使用轮廓。"维护"这个词暗示异常检测工具基于轮廓目标组成员进行的新活动来主动更新使用轮廓。重点的是表示用户活动性的度量都由PP/ST作者来定义。例如,一个个体可能执行一千个不同的动作,而异常检测工具可以仅选择监测这些活动的一个子集。异常活动可以像正常活动一样被集成到轮廓中(假设工具正在监测那些活动)。在四个月以前可能已出现异常的事件经过一段时间,随着用户职责的改变可能已变成正常(反之亦然)。如果 TSF 利用轮廓更新算法过滤掉异常活动,它就不能够捕获这种情况。

应提供管理性通告,以便于授权用户理解置疑等级的重要性。

PP/ST 作者应定义如何解释置疑等级和向 FAU_ARP“安全审计自动响应”机制指示异常活动的条件。

#### C.4.3.2 操作

##### C.4.3.2.1 赋值

在 FAU_SAA.2.1 中,PP/ST 作者应详细说明轮廓目标组。单个 PP/ST 可包括多个轮廓目标组。

在 FAU_SAA.2.3 中,PP/ST 作者应详细说明由 TSF 报告的异常活动的条件。条件可以包括达到某一确定值的置疑等级,或基于观察到的异常活动的类型。

### C.4.4 FAU_SAA.3 简单攻击探测

#### C.4.4.1 用户应用注释

实际上,很少有分析工具能确切检测到安全侵害即将在何时发生,但确实有一些系统事件非常重要,值得进行单独查阅。这种事件的例子有,删除一个关键 TSF 安全数据文件(如口令文件)或远程用户试图获得管理员级特权的行为。这些事件都称作*特征事件*,如果它们的出现独立于系统的其他活动就预示着入侵活动。

给定工具的复杂程度将在很大程度上依赖于 PP/ST 作者在确定特征事件基本集时所定义的赋值。

为执行分析,PP/ST 作者应逐一列举出哪些事件应该由 TSF 监测。PP/ST 作者应识别那些与事件有关的必要信息,以确定该事件是否映射为特征事件。

应提供管理性通告,以便授权用户能够理解事件的意义以及如何做出适当的响应。

为了避免把审计数据作为监测系统活动唯一的输入,在这些功能要求的详细说明中要求利用以前开发的入侵检测工具,而该工具不只使用审计数据进行系统活动分析(其他的输入数据包括如网络数据报文、资源/计账数据或者各类系统数据的组合等)。

FAU_SAA.3“简单攻击探测”的元素不要求实现直接攻击探测的 TSF 与其活动受监测的 TSF 为同一个。因此,可以开发一个入侵检测组件,其运行能够独立于那些系统活动正在被分析的系统。

#### C.4.4.2 操作

##### C.4.4.2.1 赋值

在 FAU_SAA.3.1 中,PP/ST 作者应确定系统事件的一个基本子集,其出现独立于所有其他系统活动,可预示着一个对 SFR 的执行的侵害。这包括那些本身就清晰地指明对 SFR 的执行侵害的事件,或其出现对证明活动正常十分重要的那些事件。

在 FAU_SAA.3.2 中,PP/ST 作者应详细说明用于确定系统活动的信息。该信息是分析工具所使用的输入数据,用来确定发生在 TOE 上的系统活动。这些数据可包括审计数据、审计数据与其他系统数据的组合、或者也可由其他非审计数据组成。PP/ST 作者应准确定义在所输入的数据中哪些系统事件及其属性正在被监测。

### C.4.5 FAU_SAA.4 复杂攻击探测

#### C.4.5.1 用户应用注释

实际上,很少有分析工具能确切检测到安全侵害即将在何时发生,但确实有一些系统事件非常重要，值得进行单独查阅。这种事件的例子有，删除一个关键 TSF 安全数据文件(如：口令文件)或远程用户试图获得管理员级特权的行为。这些事件都称作特征事件，如果它们的出现独立于系统的其他活动就预示着入侵活动。事件的序列是可预示入侵活动的特征事件有序集合。

给定工具的复杂程度将在很大程度上依赖于 PP/ST 作者在确定特征事件基本集和事件序列时所定义的赋值。

为执行分析，PP/ST 作者必须逐一列举出哪些事件应该由 TSF 所监测。PP/ST 作者应识别那些与事件有关的必要信息，以确定该事件是否映射为特征事件。

应提供管理性通告，以便授权用户能够理解事件的意义以及如何做出适当的响应。

为了避免把审计数据作为监测系统活动唯一的输入，在这些功能要求的详细说明中要求利用以前开发的入侵检测工具，而该工具不只使用审计数据进行系统活动分析(其他的输入数据包括如网络数据报、资源/计账数据或者各类系统数据的组合等)，因此需要 PP/ST 作者详细说明用于监测系统活动的输入数据的类型。

FAU_SAA.4"复杂攻击探测"的元素不要求实现复杂攻击探测的 TSF 与其活动受监测的 TSF 为同一个。因此，可以开发一个入侵检测组件，其运行能够独立于那些系统活动正在被分析的系统。

#### C.4.5.2 操作

##### C.4.5.2.1 赋值

在 FAU_SAA.4.1 中，PP/ST 作者应确定系统事件序列列表的一个基本集，其出现表示已经有入侵的情况发生。这些事件序列表示已知的入侵情形，序列中所描绘的每一个事件应映射到一个受监测的系统事件，从而使得随着这些系统事件被执行，它们就映射到已知的入侵事件序列。

在 FAU_SAA.4.1 中，PP/ST 作者应确定系统事件的一个基本子集，其出现独立于所有其他系统活动，可预示着一个对 SFR 的执行的侵害。这包括那些本身就清晰地指明对 SFR 侵害的事件，或其出现对证明活动正常十分重要的那些事件。

在 FAU_SAA.4.2 中，PP/ST 作者应详细说明用于确定系统活动的信息。该信息是分析工具所使用的输入数据，用来确定发生在 TOE 上的系统活动。这些数据可包括审计数据、审计数据与其他系统数据的组合、或者也可由其他非审计数据组成。PP/ST 的作者应准确定义在所输入的数据中哪些系统事件及其属性正在被监测。

## C.5 安全审计查阅(FAU_SAR)

### C.5.1 用户注释

安全审计查阅族定义了与审计信息查阅有关的一些要求。

这些功能应该允许对存储前或存储后的审计数据进行选择性查阅，如下列几个方面内容：

- 一个或者多个用户的动作(如识别、鉴别、TOE 登录以及访问控制活动)；
- 对某个特定客体或 TOE 资源采取的动作；
- 规定的审计例外情况集的全部内容；
- 与某个特定的 SFR 属性有关的动作。

以下几种审计查阅之间的区别在于功能性。"审计查阅"只包含查阅审计数据的能力。而"可选审计查阅"更加复杂，要求能够基于某个标准或带逻辑关系(即"与"/"或")的多个标准选择审计数据的子集，并能够在查阅审计数据之前对它们进行排序。

### C.5.2 FAU_SAR.1 审计查阅

#### C.5.2.1 用户应用注释

本组件用于规定用户或授权用户能够读取审计记录。审计记录将以适合于用户的方式加以提供,因为不同类型的用户(人员用户、机器用户)可能有不同的需求。

可以规定能被查阅的审计记录内容。

#### C.5.2.2 操作

##### C.5.2.2.1 赋值

在FAU_SAR.1.1中,PP/ST作者应详细说明能够使用这种能力的授权用户。PP/ST作者也可以适当地指定一些安全角色(参见FMT_SMR.1安全角色)。

在FAU_SAR.1.1中,PP/ST作者应详细说明准许指定的用户从审计记录中获得信息的类型,如可以是"全部"、"主体身份"或"涉及该用户的所有审计记录信息"。当使用SFR时,FAU_SAR.1不必重复,详细的审计信息列表首先在FAU_GEN.1中规定。使用像"所有"或者"所有审计信息"之类的术语有助于消除歧义并且进一步需要比较分析两个安全要求。

### C.5.3 FAU_SAR.2 限制审计查阅

#### C.5.3.1 用户应用注释

本组件规定,未在FAU_SAR.1"审计查阅"中标识的用户不能读取审计记录。

### C.5.4 FAU_SAR.3 可选审计查阅

#### C.5.4.1 用户应用注释

本组件详细说明应能对要查阅的审计数据进行选择。如果基于多个标准,这些标准之间必须具有某种逻辑关系(即"与"/"或"),审计工具也应该提供处理审计数据的能力(如分类、筛选等)。

#### C.5.4.2 操作

##### C.5.4.2.1 赋值

在FAU_SAR.3.1中,PP/ST作者应详细说明选择和/或排序审计数据的能力是否在TSF中要求。

在FAU_SAR.3.1中,PP/ST作者应指定用于选择需要查阅的审计数据的标准(可能连同逻辑关系一起)。逻辑关系预期用于详细说明是否对单个属性或还是对属性的集合进行操作。这种赋值可能形如"应用、用户账号或位置"。在这种情况下,操作可用应用、用户账号和位置这三种属性的任意组合来规定。

## C.6 安全审计事件选择(FAU_SEL)

### C.6.1 用户注释

安全审计事件选择族提供一些关于识别能力方面的要求,这种能力指从可能发生的可审计事件中识别出哪些需要被审计。FAU_GEN"安全审计数据产生"族中定义了可审计事件,但这些事件在本组件中应定义为是可选的事件。

本族通过定义所选择安全审计事件的适当粒度,确保所保留的审计迹不至于过于庞大而无法使用。

### C.6.2 FAU_SEL.1 选择性审计

#### C.6.2.1 用户应用注释

本组件定义了用于根据用户属性、主体属性、客体属性或事件类型从所有可审计事件集中选择作为结果被审计的子集的标准。

本组件假设不存在单个用户身份，如路由器等设备就是不支持用户概念的 TOE。

对于分布式环境，主机身份可以用作被审计事件的选择条件。

管理功能 FMT_MTD.1“TSF 数据的管理”将处理授权用户对选择进行查询或修改的权限。

#### C.6.2.2 操作

##### C.6.2.2.1 选择

在 FAU_SEL.1.1 中，PP/ST 作者应该选择审计选择性所依据的安全属性是否与客体身份、用户身份、主体身份、主机身份或事件类型相关。

##### C.6.2.2.2 赋值

在 FAU_SEL.1.1 中，PP/ST 作者应详细说明审计选择性所依据的所有附加属性。如果没有附加规则供审计选择性依据，则赋值为“无”。

## C.7 安全审计事件存储(FAU_STG)

### C.7.1 用户注释

安全审计事件存储族描述了存储审计数据以备今后使用的要求，包括对由于 TOE 失效、发生攻击或存储空间满等原因所引起审计数据丢失进行控制的要求。

### C.7.2 FAU_STG.1 受保护的审计迹存储

#### C.7.2.1 用户应用注释

在分布式环境中，由于审计迹位于 TSF 中，不一定要与生成审计数据的功能模块在一起，PP/ST 作者可能要求对审计记录的原发者进行鉴别，或在将此记录存入审计迹之前要求记录的源不可否认。

TSF 将保护在审计迹中存储的审计记录免遭未授权地删除或修改。值得注意的是，在某些 TOE 中审计员(角色)可能不具备删除特定时间段内审计记录的授权。

#### C.7.2.2 操作

##### C.7.2.2.1 选择

在 FAU_STG.1.2 中，PP/ST 作者应该详细说明 TSF 是应防止，还是只能检测对在审计迹中存储的审计记录的修改。这二者中只能选择一个。

### C.7.3 FAU_STG.2 审计数据可用性保证

#### C.7.3.1 用户应用注释

本组件允许 PP/ST 作者详细说明审计迹应该符合某个度量标准。

在分布式环境中，由于审计迹位于TSF中，不一定要与生成审计数据的功能模块在一起，PP/ST作者可能请求对审计记录的原发者进行鉴别，或在将此记录存入审迹之前要求记录的源不可否认。

#### C.7.3.2 操作

##### C.7.3.2.1 选择

在FAU_STG.2.2中，PP/ST作者应该详细说明TSF是应防止，还是只能检测对在审计迹中存储的审计记录的修改。这二者中只能选择一个。

##### C.7.3.2.2 赋值

在FAU_STG.2.3中，PP/ST作者应对于存储的审计记录详细说明TSF必须确保的度量。该度量通过列举必须保持的记录数或保证记录维护的时间来限制数据的丢失。例如，度量值“100000”就意味着能够存储100000条审计记录。

##### C.7.3.2.3 选择

在FAU_STG.2.3中，PP/ST作者应该详细说明TSF仍能维护确定数量的审计数据的条件。这些条件可能是：审计存储耗尽、失效和受攻击。

### C.7.4 FAU_STG.3 审计数据可能丢失时的动作

#### C.7.4.1 用户应用注释

本组件要求当审计迹超过预先定义限度时应采取相应的动作。

#### C.7.4.2 操作

##### C.7.4.2.1 赋值

在FAU_STG.3.1中，PP/ST作者应指明预定的限度。如果管理功能指出这个数值可被授权用户改变，该值便为默认值。PP/ST作者可选择让授权用户来定义该值，在这种情况下，该赋值可以是“授权用户设定的限度”。

在FAU_STG.3.1中，PP/ST作者应详细说明即将发生由超过临界值所指示的审计存储失效时所应采取的动作。这些动作可包括通知授权用户。

### C.7.5 FAU_STG.4 防止审计数据丢失

#### C.7.5.1 用户应用注释

本组件规定了审计迹已满时TOE的行为：或者忽略审计记录，或者冻结TOE使得任何被审计的事件都不能发生。本要求还规定无论怎样规定这类要求，对此具有特殊权限的授权用户总可以继续产生被审计的事件(采取动作)，这是因为要不这样，授权用户甚至将无法重启TOE。因此，一旦审计存储空间满，应考虑选择TSF要采取的动作，如忽略事件，这样能提供更好的TOE可用性，也将准许不带记录且不追查用户责任地执行动作。

#### C.7.5.2 操作

##### C.7.5.2.1 选择

在FAU_STG.4.1中，PP/ST作者应选定TSF是否忽略被审计的动作，或者是否应该防止被审计动作的发生，或当 TSF 不能再存储审计记录时将最早的审计记录覆盖。只选择其中一项。

### C.7.5.2.2 赋值

在 FAU_STG.4.1 中，PP/ST 作者应详细说明一旦发生审计存储失效，所应采取的其他动作，如通知授权用户。如审计存储失效时不需采取任何其他动作，则赋值为“无”。

# 附 录 D
# （规范性附录）
# FCO 类：通信

本类所描述的要求对用于传送信息的 TOE 有特殊意义。本类中各族都涉及抗抵赖。

本类中使用了“信息”这一概念。在这里信息应该解释为进行通信的客体，可能包括电子邮件消息、文件或一组预定义属性的类型。

在文献资料中，术语“接收证明”和“原发证明”是常用的术语。然而，通常认为术语“证明”应该以一种合法的方式进行解释，以蕴含某种形式的数学原理。本类中的组件解释了术语“证明”在谈及“证据”时的实际用途，这些证据用于 TSF 证实各种信息传输的不可否认性。

本类的组件构成分解如图 D.1 所示。

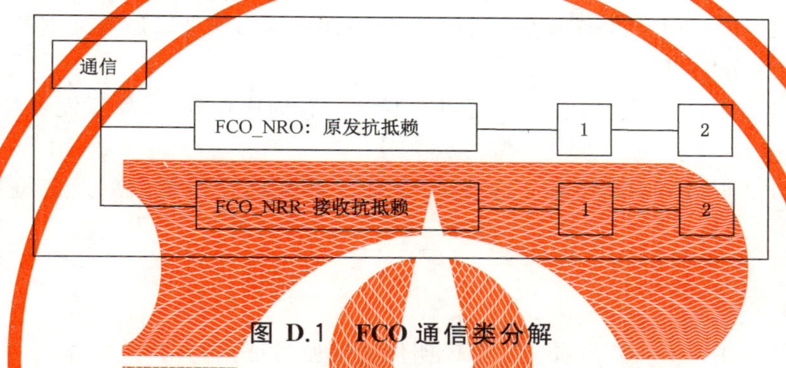


图 D.1 FCO 通信类分解

## D.1 原发抗抵赖(FCO_NRO)

### D.1.1 用户注释

原发抗抵赖定义了向用户/主体提供信息原发者身份证据的要求。由于原发证据(如数字签名)在原发者和所发送的信息之间提供了绑定的证据，原发者不能成功地否认已发送该信息，接收者或第三方可验证原发证据。原发证据应是不可伪造的。

如果以任何方式改变了信息或相关属性，对原发证据的验证就可能失败。因此，PP/ST 作者应考虑在 PP/ST 中加入完整性方面要求，如 FDT_UIT.1“数据交换完整性”。

抗抵赖涉及几个不同的角色，每个角色都可能结合一个或多个主体。第一个角色是请求原发证据的主体(仅在 FCO_NRO.1“选择性原发证明”中)；第二个角色是接收者或将证据提供给的其他主体(如公证人)；第三个角色是请求验证原发证据的主体，如接收者或像仲裁者这样的第三方。

PP/ST 作者必须详细说明为了能验证证据的有效性而必须满足的条件。例如，可能规定的一个条件是对证据的验证必须在 24 h 内进行。因此，这些条件允许按法律要求对抗抵赖进行裁剪，例如能够提供几年内的证据。

在多数情况下，接收者的身份是接收传送数据的用户。在一些情况下，PP/ST 作者不希望用户身份被输出，此时 PP/ST 作者应该考虑包括此类是否合适，或者是否应使用传送服务提供者的身份或主机的身份。

除了(或代替)用户身份，PP/ST 作者可能更关注信息发送的时间。例如，请求建议必须在某个确定日期之前发送才能被接纳，在这种情形下，这些要求应能被定制以提供时间戳作为标记(原发时间)。

### D.1.2 FCO_NRO.1 选择性原发证明

#### D.1.2.1 操作

##### D.1.2.1.1 赋值

在 FCO_NRO.1.1 中，PP/ST 作者应将信息主体的类型填充到原发功能的证据中，如电子邮件消息。

##### D.1.2.1.2 选择

在 FCO_NRO.1.1 中，PP/ST 作者应详细说明可以请求原发证据的用户/主体。

##### D.1.2.1.3 赋值

在 FCO_NRO.1.1 中，PP/ST 作者应根据选择结果详细说明能请求原发证据的第三方。第三方可以是仲裁者、法官和法定机构。

在 FCO_NRO.1.2 中，PP/ST 作者应填写可关联到信息的属性列表，如原发者身份、发送时间和发送位置。

在 FCO_NRO.1.2 中，PP/ST 作者应在信息域列表中填写能够提供原发证据属性的信息，如消息体。

##### D.1.2.1.4 选择

在 FCO_NRO.1.3 中，PP/ST 作者应详细说明能验证原发证据的用户/主体。

##### D.1.2.1.5 赋值

在 FCO_NRO.1.3 中，PP/ST 作者应填充可验证证据的限制条件列表。例如，证据只能在 24 h 之内被验证。赋值为“立即的”或“不确定的”也是可接受的。

在 FCO_NRO.1.3 中，PP/ST 作者应根据选择结果详细说明能验证原发证据的第三方。

### D.1.3 FCO_NRO.2 强制性原发证明

#### D.1.3.1 操作

##### D.1.3.1.1 赋值

在 FCO_NRO.2.1 中，PP/ST 作者应将信息主体的类型填充到原发功能的证据中，如电子邮件消息。

在 FCO_NRO.2.2 中，PP/ST 作者应填写可关联到信息的属性列表，如原发者身份、发送时间和发送位置。

在 FCO_NRO.2.2 中，PP/ST 作者应在信息域列表中填写能够提供原发证据属性的信息，如消息体。

##### D.1.3.1.2 选择

在 FCO_NRO.2.3 中，PP/ST 作者应详细说明能验证原发证据的用户/主体。

##### D.1.3.1.3 赋值

在 FCO_NRO.2.3 中，PP/ST 作者应填写可验证证据的限制条件列表。例如，证据只能在 24 h 之内被验证。赋值为“立即的”或“无期限的”也是可接受的。

在 FCO_NRO.2.3 中,PP/ST 作者应根据选择结果详细说明能验证原发证据的第三方。第三方可以是仲裁者、法官或法律机构。

## D.2 接收抗抵赖(FCO_NRR)

### D.2.1 用户注释

接收抗抵赖定义了向其他用户/主体提供信息已被接收者接收到的证据的要求。由于接收证据(例如数字签名)在接收者和所接收信息之间提供了证据绑定,接收者必须承认已接收该信息,原发者或第三方可验证接收证据。此证据应是不可伪造的。

应该注意的是,提供收到信息的证据不一定意味着信息主体被读取或被理解,而只是已传递了信息。

如果以任何方式改变了信息或相关属性,验证与原始信息相关的接收证据就可能失败。因此,PP/ST 作者应考虑在 PP/ST 中加入完整性方面要求,如 FDT_UIT.1“数据交换完整性”。

抗抵赖涉及几个不同的角色,每个角色都可能结合在一个或多个主体。第一个角色是请求接收证据的主体(仅在 FCO_NRO.1“选择性接收证明”中);第二个角色是接收者或其他向其提供证据的主体(如公证人);第三个角色是请求验证接收证据的主体,如接收者或像仲裁者这样的第三方。

PP/ST 作者必须详细说明为了能验证证据的有效性而必须满足的条件。例如,可能规定的一个条件是对证据的验证必须在 24 h 内进行。因此,这些条件允许按法律要求对抗抵赖进行裁剪,例如能够提供在几年内的证据。

在多数情况下,接收者的身份是接收传送数据的用户。在一些情况下,PP/ST 作者不希望用户身份被输出。此时 PP/ST 作者必须考虑包括此类是否合适,或者是否应使用传送服务提供者的身份或主机的身份。

除了(或代替)用户身份,一个 PP/ST 作者可能更关注接收信息的时间。例如,报价将在某个日期终止,定单必须在某个确定日期前接收到才能被接纳,在这些情况下,这些要求应能被定制以提供时间戳指示(接收时间)。

### D.2.2 FCO_NRR.1 选择性接收证明

#### D.2.2.1 操作

##### D.2.2.1.1 赋值

在 FCO_NRR.1.1 中,PP/ST 作者应将信息主体的类型填充到接收功能的证据中,如电子邮件消息。

##### D.2.2.1.2 选择

在 FCO_NRR.1.1 中,PP/ST 作者应详细说明可以请求接收证据的用户/主体。

##### D.2.2.1.3 赋值

在 FCO_NRR.1.1 中,PP/ST 作者应根据选择结果详细说明能请求接收证据的第三方。第三方可以是仲裁者、法官和法律机构。

在 FCO_NRR.1.2 中,PP/ST 作者应填写可关联到信息的属性列表,如接收者身份、接收时间和接收位置。

在 FCO_NRR.1.2 中,PP/ST 作者应在信息域列表中填写能够提供接收证据属性的信息,如消息体。

#### D.2.2.1.4 选择

在 FCO_NRR.1.3 中,PP/ST 作者应指定能验证接收证据的用户/主体。

#### D.2.2.1.5 赋值

在 FCO_NRR.1.3 中,PP/ST 作者应填写可验证证据的限制条件列表。例如,证据只能在 24 h 之内被验证。赋值为"立即的"或"无限期的"也是可接受的。

在 FCO_NRR.1.3 中,PP/ST 作者应根据选择结果指定能验证接收证据的第三方。

### D.2.3 FCO_NRR.2 强制接收证明

#### D.2.3.1 操作

#### D.2.3.1.1 赋值

在 FCO_NRR.2.1 中,PP/ST 作者应将信息主体的类型填写到接收功能的证据中,如电子邮件消息。

在 FCO_NRR.2.2 中,PP/ST 作者应填写可关联到信息的属性列表,如接收者身份、接收时间和接收位置。

在 FCO_NRR.2.2 中,PP/ST 作者应在信息域列表中填写能够提供接收证据属性的信息,如消息体。

#### D.2.3.1.2 选择

在 FCO_NRR.2.3 中,PP/ST 作者应详细说明能验证接收证据的用户/主体。

#### D.2.3.1.3 赋值

在 FCO_NRR.2.3 中,PP/ST 作者应填写可验证证据的限制条件列表。例如,证据只能在 24 h 之内被验证。赋值为"立即的"或"无期限的"也是可接受的。

在 FCO_NRR.2.3 中,PP/ST 作者应根据选择结果指定能验证接收证据的第三方。第三方可以是仲裁者、法官和法律机构。

# 附 录 E
# （规范性附录）
# FCS 类:密码支持

TSF 可以利用密码功能来帮助满足几种高级安全目的。这些安全目的包括(但不限于):标识和鉴别、抗抵赖、可信路经、可信信道和数据分离。在 TOE 实现密码功能时使用本类,其实现形式可为硬件、固件或软件。

FCS“密码支持”类是由两个族构成:FCS_CKM“密钥管理”和 FCS_COP“密码运算”。FCS_CKM 族解决密钥管理方面的问题,而 FCS_COP 族则关注这些密钥的运算使用情况。

若由 TOE 实现每个密钥的生成方法,PP/ST 作者应选择 FCS_CKM.1“密钥生成”组件。

若由 TOE 实现每个密钥的分发方法,PP/ST 作者应选择 FCS_CKM.2“密钥分发”组件。

若由 TOE 实现每个密钥的存取方法,PP/ST 作者应选择 FCS_CKM.3“密钥存取”组件。

若由 TOE 实现每个密钥的销毁方法,PP/ST 作者应选择 FCS_CKM.4“密钥销毁”组件。

若由 TOE 执行每个密钥的运算(如数字签名、数据加密、密钥协商、安全散列等),PP/ST 作者应该选择 FCS_COP.1“密码运算”组件。

密码功能可以用来满足 FCO“通信”类中规定的安全目的,还可以满足 FDP_DAU“数据鉴别”、FDP_SDI“存储数据的完整性”、FDP_UCT“TSF 间用户数据机密性传送保护”、FDP_UIT“TSF 间用户数据完整性传送保护”、FIA_SOS“秘密的规范”、FIA_UAU“用户鉴别”族中规定的各种目的。当密码功能用于满足其他功能类的目的时,应有单独的功能组件详细说明密码功能必须满足的目的。当消费者特地需要 TOE 的密码功能时,应使用 FCS“密码支持”类中的目的。

本类的组件构成分解如图 E.1 所示。

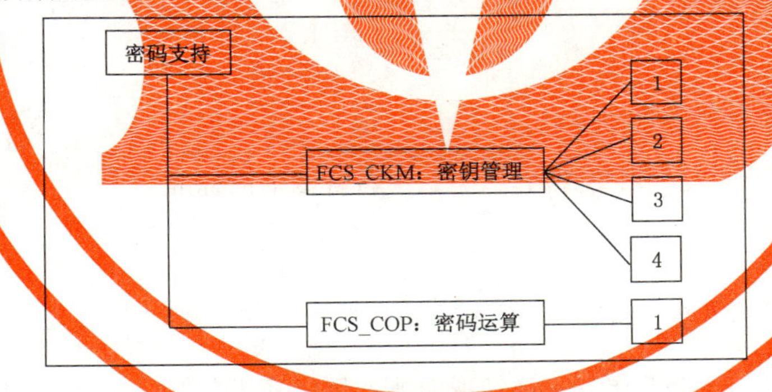


图 E.1 FCS 密码支持类分解

## E.1 密钥管理(FCS_CKM)

### E.1.1 用户注释

密钥的管理必须在其整个生命期内进行,密钥生命期中的典型事件包括(但不限于):生成、分发、导入、存储、存取(如备份、托管、归档、恢复)和销毁。

密钥至少要经历以下阶段:生成、存储和销毁,是否包括其他阶段取决于所实施的密钥管理策略,因为 TOE 不一定涉及整个密钥生命期(例如 TOE 可以只生成并分发密钥)。

本族预期要支持密钥生命期,因此定义了对以下活动的要求:密钥生成、密钥分发、密钥存取和密钥销毁。只要存在密钥管理方面的功能要求,就应选择本族。

如果 PP/ST 中包含 FAU_GEN“安全审计数据产生”,下列行为应是可审计的:

a) 客体属性可包括密钥的指定用户、用户角色、将使用该密钥的密码运算、密钥标识和密钥有效期。

b) 客体值可包括密钥值和任何敏感信息外的参数(例如密钥或私钥)。

一般来讲,随机数用于生成密钥,在这种情况下,应使用 FCS_CKM.1“密钥生成”代替 FIA_SOS.2“TSF 生成秘密”。当不是为生成密钥而要求生成随机数时,应使用组件 FIA_SOS.2“TSF 生成秘密”。

#### E.1.2 FCS_CKM.1 密钥生成

##### E.1.2.1 用户应用注释

本组件要求规定密钥的长度和用于生成密钥的方法,密钥长度和生成方法要符合一个指定标准。该标准能被用于详细说明密钥的长度和规定用于生成密钥的方法(例如算法)。对于同一种方法和多种密钥长度的情况,本组件只需使用一次。密钥长度对于不同的实体可能是相同的或不同的,可以作为方法的输入,也可作为方法的输出。

##### E.1.2.2 操作

###### E.1.2.2.1 赋值

在 FCS_CKM.1.1 中,PP/ST 作者应详细说明所使用的密钥生成算法。

在 FCS_CKM.1.1 中,PP/ST 作者应详细说明所使用的密钥长度。所规定的密钥长度应适合于算法及其预期使用。

在 FCS_CKM.1.1 中,PP/ST 作者应详细说明指定的标准,该标准描述生成密钥所使用的方法。指定的标准可不包含任何现行公开标准,也可包含一个或多个现行标准,如国际、国家、行业或组织标准。

#### E.1.3 密钥分发

##### E.1.3.1 用户应用注释

本组件要求规定用于分发密钥的方法,该方法应符合赋值的标准。

##### E.1.3.2 操作

###### E.1.3.2.1 赋值

在 FCS_CKM.2.1 中,PP/ST 作者应详细说明所使用的密钥分发方法。

在 FCS_CKM.2.1 中,PP/ST 作者应详细说明赋值的标准,该标准描述分发密钥的方法。赋值的标准可不包含任何现行公开标准,也可包含一个或多个现行标准,如国际、国家、行业或组织标准。

#### E.1.4 FCS_CKM.3 密钥存取

##### E.1.4.1 用户应用注释

本组件要求规定用于密钥存取的方法,该方法应符合赋值的标准。

##### E.1.4.2 操作

###### E.1.4.2.1 赋值

在 FCS_CKM.3.1 中,PP/ST 作者应详细说明所使用的密钥存取类型,密钥存取的类型包括(但不限于):密钥备份、密钥归档、密钥托管和密钥恢复。

在 FCS_CKM.3.1 中,PP/ST 作者应详细说明所使用的密钥存取方法。

在 FCS_CKM.3.1 中,PP/ST 作者应详细说明赋值的标准,该标准描述存取密钥的方法。赋值的标准可不包含任何现行公开标准,也可包含一个或多个现行标准,如国际、国家、行业或组织标准。

#### E.1.5 FCS_CKM.4 密钥销毁

##### E.1.5.1 用户应用注释

本组件要求规定用于密钥销毁的方法,该方法应符合赋值的标准。

##### E.1.5.2 操作

###### E.1.5.2.1 赋值

在 FCS_CKM.4.1 中,PP/ST 作者应指定用来销毁密钥的方法。

在 FCS_CKM.4.1 中,PP/ST 作者应规定指定的标准,该标准描述了密钥销毁的方法。指定的标准可不包含任何现行公开标准,也可包含一个或多个现行标准,如国际、国家、行业或组织标准。

### E.2 密码运算(FCS_COP)

#### E.2.1 用户注释

密码运算可能具有与之相关联的密码模式,因此必须规定密码模式。常见的密码模式有密码块链接模式(CBC)、输出反馈模式(OFB)、电子密本模式(ECB)和密码反馈模式(CFB)等。

密码运算可用于支持一个或多个 TOE 安全服务。FCS_COP“密码运算”中的组件可以根据需要重复多次,这取决于:

a) 使用安全服务的用户应用;

b) 不同密码算法或密钥长度的使用;

c) 所运算数据的类型或敏感度。

如果 PP/ST 中包含 FAU_GEN“安全审计数据产生”,则以下密码运算事件应被审计:

a) 密码运算的类型可以包括数字签名的产生和/或验证、用于完整性和/或校验和验证的密码校验和的产生、安全散列(消息摘要)的计算、数据加密和/或解密、密钥加密和/或解密、密钥协商和随机数生成;

b) 主体属性可包括同主体有关的主体角色和用户;

c) 客体属性可包括密钥的指定用户、用户角色、使用密钥的密码运算、密钥标识和密钥有效期。

#### E.2.2 FCS_COP.1 密码运算

##### E.2.2.1 用户应用注释

本组件要求基于赋值的标准,明确用于执行指定密码操作的密码算法和密钥大小。

##### E.2.2.2 操作

###### E.2.2.2.1 赋值

在 FCS_COP.1.1 中,PP/ST 作者应规定所执行的密码运算。密码运算通常包括:数字签名的产生和/或验证、用于完整性和/或校验和验证的密码校验和的产生、安全散列(消息摘要)的计算、数据加密和/或解密、密钥加密和/或解密、密钥协商和随机数生成。密码运算可针对用户数据或 TSF 数据执行。

在 FCS_COP.1.1 中,PP/ST 作者应规定所使用的密码算法。通常的密码算法包括(但不限于)

DES、RSA 和 IDEA 等。

在 FCS_COP.1.1 中,PP/ST 作者应规定所使用的密钥长度。规定的密钥长度应适合于算法及其预期使用。

在 FCS_COP.1.1 中,PP/ST 作者应规定所赋值的标准,该标准文本应描述如何执行已确定的密码运算。赋值的标准可不包含任何现行公开标准,也可以包含一个或多个现行的公开标准,例如国际、国家、行业或组织标准。

# 附 录 F
## （规范性附录）
## FDP 类:用户数据保护

本类所包含的族详细说明了与用户数据保护相关的要求。本类中的组件不同于 FIA 和 FPT 中的组件:FDP 规定了一些保护用户数据的组件,FIA 规定了一些保护与用户相关属性的组件,FPT 规定了一些保护 TSF 信息的组件。

本类没有对常用的强制访问控制(MAC)和自主访问控制(DAC)做明确的要求,然而,这些要求可由本类中的一些组件构建。

FDP"用户数据保护"并不明确地处理机密性、完整性或可用性,因为上述三种属性经常与策略和机制紧密相关。但在 PP/ST 中,TOE 安全策略必须完全涵盖这三个方面。

本类的最后一个方面就是用术语"操作"来规定访问控制。操作就是对特定客体的一种特定类型访问。它依赖于 PP/ST 作者的抽象水平,是否将这些操作描述成"读"或"写"操作,还是更复杂的操作,比如"更新数据库"。

访问控制策略是控制对信息载体访问的策略。其属性代表该载体的属性。一旦信息在载体之外,访问者就可以自由地修改,包括将信息写入具有不同属性的载体中。相对应的,信息流策略控制对信息的访问,而与载体无关。信息的属性,可能与载体的属性相关(也可能无关,如多级数据库),将与信息一起移动。没有明确的授权,访问者无法改变信息的属性。

本类并不像人们想像的那样,是一个 IT 访问策略的完备分类。这里所包括的策略仅仅是当前实际系统中一些具有的经验,这些经验为规范要求提供了一个基础。也可能还存在其他形式的目的不被这里的定义所关注。

比如,你可以设想一个目的,由用户施行(和用户定义)对信息流的控制(例如,一个非外部自动告警工具),这种概念就可以通过细化或扩展 FDP"用户数据保护"的组件来处理。

最后要强调一点,在阅读 FDP"用户数据保护"中组件时要记住,这些组件都是关于某机制可实现功能方面的要求,同样也服务于或能够服务于另外的目的。比如,可以建立一种访问控制策略(FDP_ACC"访问控制策略"),此策略使用标签(FDP_IFF.1"简单安全属性")作为访问控制机制的基础。

SFR 集可以包含多个安全功能策略(SFP),每一个 SFP 都可标识为 FDP_ACC"访问控制策略"和 FDP_IFC"信息流控制策略"中组件所确定的策略。这些策略主要考虑机密性、完整性和可用性三个方面以满足 TOE 要求。值得注意的是,要确保所有客体都至少被一个 SFP 涵盖,并且在实现多个 SFP 时不会出现冲突。

在编制 PP/ST 时,以下信息有助于查找和选择 FDP"用户数据保护"类中的组件。

FDP"用户数据保护"类中的要求都是针对将要执行一个 SFP 的 SFR 集而定义的。由于 TOE 可以同时执行多个 SFP,PP/ST 作者必须为每一个 SFP 命名,以便能在其他族中引用。这个名字将用在每一个所选组件,表明其用作该功能要求定义的部分。这便于作者指定操作的范围,如涵盖的客体、涵盖的操作和授权用户等。

组件的每一个实例化只能用于一个 SFP。因此,如果一个组件指定了某个 SFP,则该 SFP 将适用于此组件中的所有元素。在 PP/ST 中,可以对组件多次实例化,以说明预期的各种策略。

从本族中选取组件的关键,是有一个明确定义的 TOE 安全目的集,以便能够从两个策略族(FDP_ACC"访问控制策略"和 FDP_IFC"信息流控制策略")中选择合适的组件。分别在 FDP_ACC 和 FDP_IFC 相关组件中,为所有的访问控制策略和信息流控制策略命名,而且这些组件在主体、客体和操作方面的控制范围都被该安全功能涵盖。这些策略名将广泛用于其他要求对“访问控制 SFP”或“信息流控制 SFP”进行赋值或选择操作的功能组件中。定义所命名访问控制 SFP 和信息流控制 SFP 的功能性规则将分别在 FDP_ACF“访问控制功能”和 FDP_IFF“信息流控制功能”族中定义。

下列步骤将指导我们在编制 PP/ST 时如何使用本类：

a) 从 FDP_ACC“访问控制策略”和 FDP_IFC“信息流控制策略”族中识别出将要执行的策略。这两个族定义了策略的控制范围、控制粒度，并可以确定一些与策略相对应的规则。

b) 识别组件并执行策略组件中所有合适的操作。赋值操作可以一般性地执行（如表述为“所有文件”），也可以特定地执行（如指定文件“A”、“B”等），这取决于掌握的详细程度。

c) 从 FDP_ACF“访问控制功能”和 FDP_IFF“信息流控制功能”中识别出所有合适的功能组件，以处理 FDP_ACC 和 FDP_IFC 中所命名的策略。执行这个操作，使组件定义出已命名策略所执行的规则。应当使组件满足预期的或已建立的所选功能要求。

d) 识别该功能中谁有能力控制和改变安全属性，比如只有安全管理员、只有客体的所有者等。从 FMT 安全管理类中选择合适的组件并执行操作。这里可能需要细化操作，以确定某些缺少的特征，比如部分或所有的修改都必须通过可信路径来完成。

e) 对于新客体和主体的初始值，在 FMT“安全管理”类中识别所有合适的组件。

f) 在 FDP_ROL“回退”族中识别出所有适用的回退组件。

g) 在 FDP_RIP“残余信息保护”族中识别出所有适用的残余信息保护要求。

h) 在 FDP_ITC“从 TOE 之外输入”和 FDP_ETC“从 TOE 输出”族中，识别出所有适用的输入、输出组件，以及在输入、输出中应如何处理安全属性。

i) 在 FDP_ITT“TOE 内部传送”族中识别出所有适用的 TOE 内部通信组件。

j) 在 FDP_SDI“存储数据的完整性”中识别出所存储信息完整性保护的所有要求。

k) 在 FDP_UCT“TSF 间用户数据机密性传送保护”或 FDP_UIT“TSF 间用户数据完整性传送保护”族中识别出所有适用的 TSF 间通信组件。

本类的组件构成分解如图 F.1 所示。

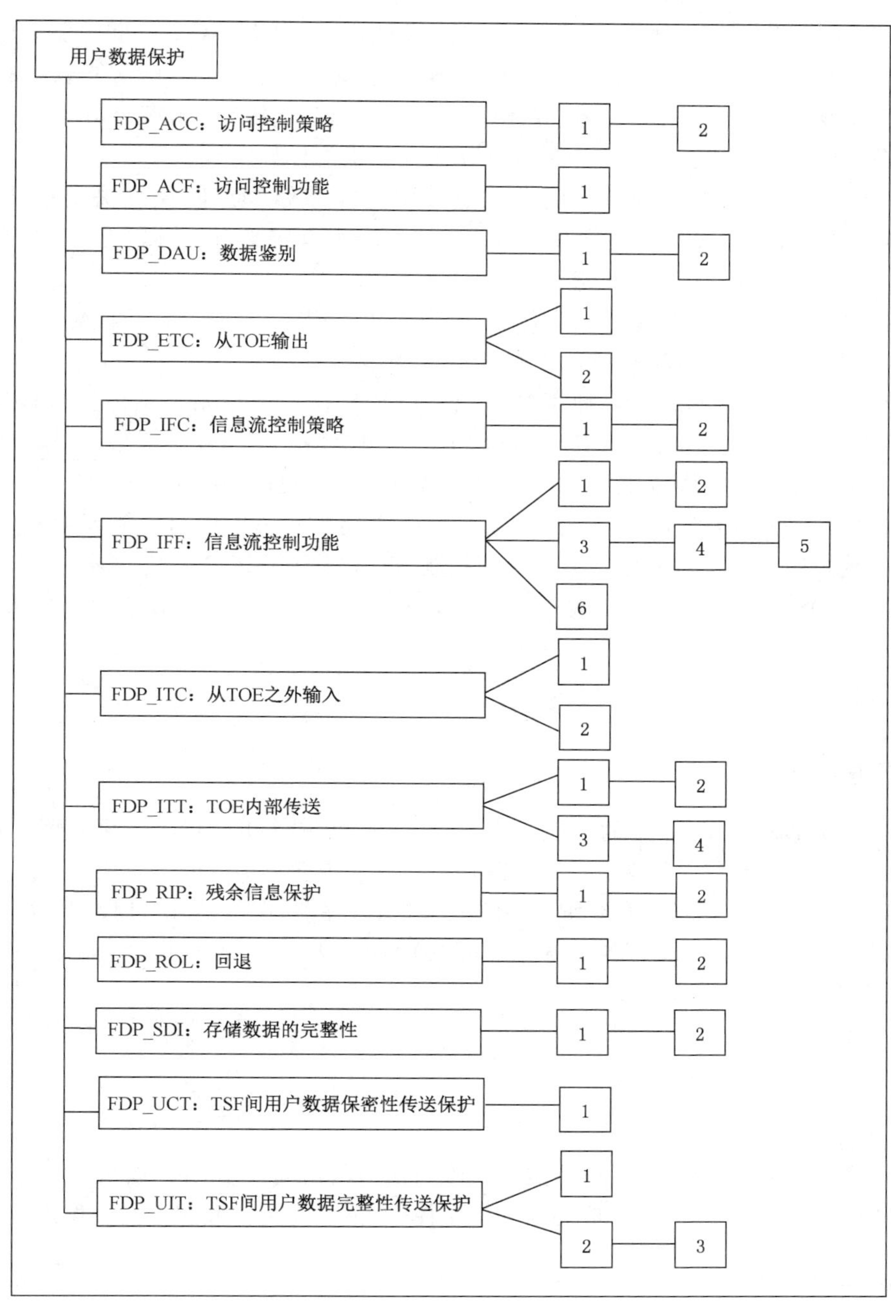


图 F.1　FDP 用户数据保护类分解

## F.1　访问控制策略(FDP_ACC)

### F.1.1　用户注释

本族是基于独立的概念,控制主体和客体间的相互作用。控制的范围和目的是基于访问者(主体)的属性、被访问载体(客体)的属性、行为(操作)和任何相关的访问控制规则。

本族中的组件能(通过命名)识别出由传统自主访问控制机制(DAC)执行的访问控制 SFP,进一步定义所识别访问控制 SFP 涵盖的主体、客体和操作。定义访问控制 SFP 功能性的规则将在其他族中定义,如 FDP_ACF"访问控制功能"和 FDP_ETC"从 TOE 输出"。FDP_ACC"访问控制策略"中定义的访问控制 SFP 名将广泛用于其他要求对"访问控制 SFP"进行赋值或选择操作的功能组件中。

访问控制 SFP 涵盖一个三元组:主体、客体和操作。因此一个主体可由多个访问控制 SFP 所涵盖,但只涉及单个操作或单个客体。对于多个客体和多个操作也同样如此。

实施访问控制 SFP 的访问控制功能的关键点是用户能够修改访问控制决定中涉及的属性,而 FDP_ACC"访问控制策略"族没有涉及这些方面。有些要求没有定义,但可以在细化操作中增加,而余下的要求可包含在其他族和类中,比如 FMT"安全管理"类。

FDP_ACC"访问控制策略"中没有审计要求,因为本族只规定访问控制 SFP 要求。审计要求将在规定功能以满足本族中确定的访问控制 SFP 的相关族中出现。

本族为 PP/ST 作者提供了规定多种策略的能力,比如,在一个控制范围内实施固定的访问控制 SFP,在另外的控制范围中实施灵活的访问控制 SFP。为规定多个访问控制策略,本族中的组件可以在 PP/ST 中针对不同的操作和客体子集多次反复,这将适应于具有多重策略的 TOE,每一个策略处理一组特定的操作和客体。也就是说,PP/ST 作者应对 TSF 执行的每一个访问控制 SFP 指定 ACC 组件中所要求的信息。比如,一个 TOE 实施了三个访问控制 SFP,每个 SFP 只涵盖 TOE 中客体、主体和操作的一个子集,对于各个访问控制 SFP,都将包含一个 FDP_ACC.1"子集访问控制"组件,从而总共需要三个 FDP_ACC.1 组件。

### F.1.2 FDP_ACC.1 子集访问控制

#### F.1.2.1 用户应用注释

术语客体和主体都是指 TOE 中的一般元素。对于一个可执行的策略,必须清晰地定义相关的实体。对于一个 PP,客体和操作可以表示为命名的客体、数据仓库、观察访问等类型。对于一个特定的 TOE,这些一般的术语(主体、客体)必须细化,比如:文件、寄存器、端口、守护进程、开放调用接口等。

本组件规定策略应涵盖定义好的对某个客体子集的操作集合,而不对集合外的任何操作做任何限制,包括对其他操作受控的客体进行的操作。

#### F.1.2.2 操作

##### F.1.2.2.1 赋值

在 FDP_ACC.1.1 中,PP/ST 作者应规定一个唯一命名的访问控制 SFP 以执行 TSF。

在 FDP_ACC.1.1 中,PP/ST 作者应规定一个主体、客体以及主体和客体间操作列表。

### F.1.3 FDP_ACC.2 完全访问控制

#### F.1.3.1 用户应用注释

本组件要求所有对客体的可能操作,都包含在访问控制 SFP 中,都被一个访问控制 SFP 涵盖。

PP/ST 的作者必须证实每一组客体和主体都被一个访问控制 SFP 涵盖。

#### F.1.3.2 操作

##### F.1.3.2.1 赋值

在 FDP_ACC.2.1 中,PP/ST 作者应规定唯一命名的访问控制 SFP 以执行 TSF。

在 FDP_ACC.2.1 中,PP/ST 作者应规定 SFP 所涵盖的主体和客体列表。所有这些主体和客体间操作都将被 SFP 涵盖。

## F.2 访问控制功能(FDP_ACF)

### F.2.1 用户注释

本族描述了关于能实现 FDP_ACC 中所命名访问控制策略的特定功能的一些规则,并规定策略控制的范围。

本族为 PP/ST 作者提供了描述访问控制规则的能力。这导致 TOE 中对客体的访问不会发生改变。作为这种客体的一个例子就是,“今日消息”,它可以被所有人阅读,但只能被授权管理员修改。本族也为 PP/ST 作者提供了描述普通访问控制规则之外的规则。这些例外规则可以明确允许或者拒绝授权对一个客体的访问。

没有明确的组件规定其他可能的功能,比如双人控制、操作顺序规则或互斥控制。然而,这些机制同传统 DAC 机制一样,能够通过仔细制定访问控制规则,用现有的组件来表示。

在本族中可描述各种可接受的访问控制功能性,如:

——访问控制表(ACL);

——基于时间的访问控制规范;

——基于原发端的访问控制规范;

——属主控制的访问控制属性。

### F.2.2 FDP_ACF.1 基于安全属性的访问控制

#### F.2.2.1 用户应用注释

本组件对基于与主体和客体有关的安全属性仲裁访问控制的机制提出要求。每一个客体和主体都有一组相关的属性,比如位置、创建时间、访问权限[如访问控制表(ACL)]。本组件允许 PP/ST 作者指定用于访问控制仲裁的属性,并允许使用这些属性来指定访问控制规则。

下面的段落中给出 PP/ST 作者对属性进行赋值的例子。

身份属性可与用于仲裁的用户、主体或客体有关。这种属性的例子可能是用于创建主体的程序镜象名,或者是授予程序镜象的一个安全属性。

时间属性能用来指定在一天中的哪些时间,或者在一星期中的哪几天,或在哪一年授予访问权限。

位置属性能规定该地址是不是操作请求的地址,或是不是操作执行的地址,或两者都是。它能基于内部表格,将 TSF 逻辑接口转换成位置,比如通过终端位置、CPU 位置等。

为了达到访问控制的目的,组属性允许将单个用户组与某个操作相关联。如果需要,应使用细化操作来指定可定义的最大组数、一个组的最大成员数以及用户可以同时关联的最大组数。

本组件也要求访问控制安全功能能基于安全属性,明确授权或拒绝对一个客体的访问,可用来在 TOE 中设置特权、访问权限或访问授权。这些特权、权限或授权可适用于用户、主体(代表用户或应用)和客体。

#### F.2.2.2 操作

##### F.2.2.2.1 赋值

在 FDP_ACF.1.1 中,PP/ST 作者应指定 TSF 要执行的访问控制 SFP 名称。访问控制 SFP 名称和该策略的控制范围在 FDP_ACC 的组件中定义。

在 FDP_ACF.1.1 中,PP/ST 作者应针对每一个受控主体和客体,指定安全属性或命名安全属性组,其功能将用于规则的规范。例如,这些属性可以是用户身份、主体身份、角色、时间、位置、ACL 或者 PP/ST 作者指定的其他属性。可规定已命名的安全属性组以提供一种便捷的方式引用多个安全属性。

命名组能提供一种有效的方法,将 FMT_SMR“安全管理角色”中定义的角色和所有相关角色与主体相关联。换句话说,每个角色都能与一个命名属性组相关联。

在 FDP_ACF.1.2 中,PP/ST 作者应规定在受控主体和受控客体间,通过对受控客体执行受控操作来管理访问的 SFP 规则。这些规则规定何时访问被允许或被拒绝。可以指定普通访问控制功能(如典型的许可位)或粒状访问控制功能(如 ACL)。

在 FDP_ACF.1.3 中,PP/ST 作者应基于安全属性规定主体对客体的明确授权访问规则,用于明确授权访问。这些规则是 FDP_ACF.1.1 中规定规则的补充,之所以被包含在 FDP_ACF.1.3 中,是因为含有FDP_ACF.1.1中规定规则的例外情况。明确授权访问规则的例子有,基于一个与主体相关的特权向量,总是准许访问已指定访问控制 SFP 所涵盖的客体。如果不需要这种能力,PP/ST 作者应给定赋值为“无”。

在 FDP_ACF.1.4 中,PP/ST 作者应基于安全属性规定主体对客体的明确拒绝访问规则。这些规则是对 FDP_ACF.1.1 中规定规则的补充,之所以被包含在 FDP_ACF.1.4 中,是因为含有FDP_ACF.1.1中规定规则的例外情况。明确拒绝访问规则的例子有,基于一个与主体相关的特权向量,总是拒绝访问已指定访问控制 SFP 所涵盖的对象。如果不需要这种能力,PP/ST 作者应给定赋值为“无”。

## F.3 数据鉴别(FDP_DAU)

### F.3.1 用户注释

本族描述能用于鉴别“静态”数据的特定功能。

当需要“静态”数据鉴别时,即数据被标记但不传送时,使用本族中的组件。(注意,FCO_NRO“原发抗抵赖”族规定了数据交换时所接收信息的源的不可否认要求)。

### F.3.2 FDP_DAU.1 基本数据鉴别

#### F.3.2.1 用户应用注释

本组件可由单向散列函数(密码校验和、指纹、信息摘要)来满足,可通过对一个确定的文档产生散列值验证文档信息内容的有效性或真实性。

#### F.3.2.2 操作

##### F.3.2.2.1 赋值

在 FDP_DAU.1.1 中,PP/ST 作者应指定客体或信息类型列表,对此 TSF 应能够生成数据鉴别证据。

在 FDP_DAU.1.2 中,PP/ST 作者应指定一个主体列表,这些主体能验证在先前的元素中所确定客体的数据鉴别证据。如果主体已知,或者能更一般化并归诸于一“类”主体,比如某确定的角色,主体列表就可以非常具体。

### F.3.3 FDP_DAU.2 带担保者身份的数据鉴别

#### F.3.3.1 用户应用注释

本组件还额外要求能够验证提供鉴别保证的用户(如可信第三方)的身份。

#### F.3.3.2 操作

##### F.3.3.2.1 赋值

在 FDP_DAU.2.1 中,PP/ST 作者应指定客体或信息类型列表,对此 TSF 应能够生成数据鉴别证据。

在 FDP_DAU.2.2 中,PP/ST 作者应指定一个主体列表,这些主体应能验证在先前的元素中所确定客体的数据鉴别证据和产生数据鉴别证据的用户身份。

## F.4 从 TOE 输出(FDP_ETC)

### F.4.1 用户注释

本族定义从 TOE 中用户数据的 TSF 促成输出功能,既可以在输出时明确保留安全属性,也可以不保留安全属性。这些安全属性的一致性将由 FPT_TDC“TSF 间 TSF 数据的一致性”负责处理。

FDP_ETC“从 TOE 输出”主要关注对数据输出的限制和所输出用户数据与安全属性的关联性。

本族以及相应的输入族 FDP_ITC“从 TOE 之外输入”,负责说明 TOE 如何将用户数据输入到其控制范围内和从其控制范围输出。原则上,本族只涉及用户数据及其相关安全属性的 TSF 促成输出。

这里可包含下列两种活动:

a) 不带任何安全属性的用户数据输出;

b) 带有安全属性的用户数据输出,这两者彼此相互关联,并且安全属性明确无误地表征了所输出的用户数据。

如果存在多个(访问控制或信息流控制)SFP,那么对每一个已命名的 SFP 就可以反复使用本族中的这些组件。

### F.4.2 FDP_ETC.1 不带安全属性的用户数据输出

#### F.4.2.1 用户应用注释

本组件用来指定在用户数据的 TSF 促成输出时,并不输出其安全属性。

#### F.4.2.2 操作

##### F.4.2.2.1 赋值

在 FDP_ETC.1.1 中,PP/ST 作者应指定输出用户数据时将执行的访问控制 SFP 或信息流控制 SFP。这些 SFP 赋值限定了此功能所输出用户数据的范围。

### F.4.3 FDP_ETC.2 带有安全属性的用户数据输出

#### F.4.3.1 用户应用注释

用户数据与它的安全属性一起被输出,安全属性明确地与用户数据相关联。有多种方法实现这种关联,一种方法是物理上将用户数据和安全属性结合在一起(如,同一张软盘),或使用如安全签名的密码技术将属性和用户数据相关联。FTP_ITC“TSF 间可信信道”可以用来保证属性被另一个可信 IT 产品正确接收,同时,FPT_TDC“TSF 间 TSF 数据的一致性”可以用来保证那些属性得到正确的解释。此外,FTP_TRP“可信路径”可用来保证输出是由正确的用户发起的。

#### F.4.3.2 操作

##### F.4.3.2.1 赋值

在 FDP_ETC.2.1 中,PP/ST 作者应指定在输出用户数据时要执行的访问控制 SFP 或信息流控制 SFP。这些 SFP 赋值限定了此功能所输出用户数据的范围。

在 FDP_ETC.2.4 中,PP/ST 作者应指定所有附加的输出控制规则,如果没有额外的输出控制规则则赋值为“无”。除在 FDP_ETC.2.1 中选择的访问控制 SFP 或信息流控制 SFP 之外,TSF 还应执行这些规则。

## F.5 信息流控制策略(FDP_IFC)

### F.5.1 用户注释

本族包含信息流控制 SFP 的识别,以及针对每个 SFP,分别确定其控制范围。

本族中的组件能够识别 TOE 中传统的强制访问控制机制执行的信息流控制 SFP。虽然,它们已经超出了传统 MAC 机制,但可用来识别和描述无干扰策略和状态转变,并进一步为 TOE 中每个信息流控制 SFP 定义策略控制下的主体、策略控制下的信息以及引发受控信息流入、流出受控主体的操作。信息流控制 SFP 将由其他诸如 FDP_IFF“信息流控制功能”和 FDP_ETC“从 TOE 输出”等族定义。在 FDP_IFC“信息流控制策略”中命名的访问控制 SFP,应在其他所有选择“信息流控制 SFP”的功能组件或为其进行赋值操作的功能组件中使用。

这些组件非常灵活,它们允许指定信息流控制的域,而对基于标签的机制则没有这方面的要求。可允许信息流控制组件的不同元素对策略有不同程度的偏离。

每个 SFP 都包含一个三元组:主体、信息和导致信息流入流出主体的操作。一些信息流控制策略可能处于一个非常低的详细程度,但仍可根据操作系统中的进程明确描述主体。另一些可能处于较高的详细程度,用通常意义上的用户或输入/输出信道来描述主体。如果信息流控制策略所处的详细程度太高,就有可能不能清晰地定义所需要的 IT 安全功能。在这种情况下,将信息流控制策略描述作为目的会更合适。这样就能规定所期望的 IT 安全功能,作为对那些目的的支持。

在第二个组件(FDP_IFC.2“完全信息流控制”)中,每一个信息流控制 SFP 将涵盖所有可能引发 SFP 所涵盖信息流入、流出 SFP 所涵盖主体的操作。进而,所有信息流都应被 SFP 所涵盖。因此,对于引起信息流动的每一个动作,都有一组规则来决定该动作是否被允许。如果有多个 SFP 适用于一个给定的信息流,在准许其发生之前,应得到所有相关 SFP 的许可。

一个信息流控制 SFP 涵盖一组明确定义的操作。对于一些信息流而言,SFP 涵盖范围可能是“完备”的,或仅处理部分影响信息流的操作。

访问控制 SFP 控制对包含信息的客体的访问,信息流控制 SFP 控制对信息的访问,而独立于它的载体。信息流动时,其属性可能与承载信息的载体属性相关(也可能无关,如多级数据库)。在没有明确授权的情况下,访问者不能改变信息的属性。

信息流和操作可以从多个层面来表述。对于 ST,信息流和操作可以在一个特定系统级别上进行规范:如 TCP/IP 包基于已知的 IP 地址穿越防火墙。对于 PP,信息流和操作可表示为不同类型,如:电子邮件、数据仓库、观测访问等。

本族中的组件,在一个 PP/ST 中可以针对不同的操作和客体子集多次使用。这将满足包含多种策略的 TOE,其中每个策略对应一个特定的客体、主体和操作子集。

### F.5.2 FDP_IFC.1 子集信息流控制

#### F.5.2.1 用户应用注释

本组件要求一个信息流控制策略适用于 TOE 中所有可能操作的一个子集。

#### F.5.2.2 操作

##### F.5.2.2.1 赋值

在 FDP_IFC.1.1 中,PP/ST 作者应指定由 TSF 执行的唯一命名的信息流控制 SFP。

在 FDP_IFC.1.1 中,PP/ST 作者应指定 SFP 所涵盖的主体列表、信息列表和引发受控信息流入流出受控主体的操作列表。如上所述,根据 PP/ST 作者的需要,主体列表可有不同的详细程度,比如可以指定为用户、机器或进程。信息可以引用数据,如电子邮件、网络协议或类似访问控制策略中指定的更特殊的客体。如果指定的信息包含在某个遵从访问控制策略的客体中,则在所指定的信息流入、流出客体之前,访问控制策略和信息流控制策略都必须执行。

### F.5.3 FDP_IFC.2 完全信息流控制

#### F.5.3.1 用户应用注释

本组件要求一个信息流控制 SFP 涵盖所有可能引发信息流入、流出 SFP 中主体的操作。

PP/ST 作者必须证实信息流控制 SFP 涵盖了每一个信息流和主体的组合。

#### F.5.3.2 操作

##### F.5.3.2.1 赋值

在 FDP_IFC.2.1 中,PP/ST 作者应指定由 TSF 执行的唯一命名的信息流控制 SFP。

在 FDP_IFC.2.1 中,PP/ST 作者应指定 SFP 所涵盖的主体和信息列表。所有引发信息流入流出主体的操作也应被 SFP 涵盖。与上面所述,根据 PP/ST 作者的需要,主体列表可有不同的详细程度,比如可以指定为用户、机器或者进程。信息可以引用数据,如电子邮件、网络协议或类似访问控制策略中指定的更特殊的客体。如果指定的信息包含在某个遵从访问控制策略的客体中,则在所指定的信息流入、流出客体之前,访问控制策略和信息流控制策略都必须执行。

## F.6 信息流控制功能(FDP_IFF)

### F.6.1 用户注释

本族描述关于能实现在 FDP_IFC 中命名的信息流控制 SFP 的一些特定功能的规则,这些规则同样也指定了策略的控制范围。它由两方面组成:一个负责处理一般的信息流控制功能,另一个负责处理关于一个或多个信息流控制 SFP 的非法信息流问题。这样划分是因为与非法信息流有关的问题,在某种程度上与 SFP 的其余部分毫不相关,非法信息流是指信息流违背了策略,因而不是一个策略问题。

为了实现对不可信任软件的强有力的保护,防止泄露和修改,对信息流的控制是必需的。仅仅只有访问控制是不够的,因为它只控制对信息载体的访问,却允许其中的信息能不加控制地在一个系统中流动。

本族使用了短语“非法信息流类型”,这个短语可以用于指如“存储信道”或“时间信道”一样的信息流分类方法,或者用于指体现 PP/ST 作者需求的改进分类方法。

由于这些组件的灵活性,因而允许在 FDP_IFF.1 和 FDP_IFF.2 中定义特权策略,以允许对全部或部分特定 SFP 的实现受控旁路。如果需要一个旁路 SFP 的预定义方法,PP/ST 作者应考虑包括一个特权策略。

### F.6.2 FDP_IFF.1 简单安全属性

#### F.6.2.1 用户应用注释

本组件对信息的安全属性、引发信息流动的主体的安全属性以及作为信息接收者的主体的安全属性提出了要求。如果期望信息载体的属性能在信息流控制决策中起一定的作用,或者被一个访问控制策略涵盖,则信息载体的属性也应被考虑。本组件规定应执行的重要规则,并描述如何导出安全属性。

本组件没有规定如何确定安全属性的细节(即,用户相对进程)。策略的灵活性可以通过赋值,以按需指定附加策略和功能要求来实现。

本组件也提供了对信息流控制功能的要求,以便能基于安全属性明确地授权或拒绝信息流。这可用来实现包含本组件所定义的基本策略之外的特权策略。

#### F.6.2.2 操作

##### F.6.2.2.1 赋值

在 FDP_IFF.1.1 中,PP/ST 作者应规定 TSF 执行的信息流控制 SFP。信息流控制 SFP 的名字及其控制范围由 FDP_IFC“信息流控制策略”中的组件负责定义。

在 FDP_IFF.1.1 中,PP/ST 作者应针对每一类受控主体和信息,规定与 SFP 规则规范有关的安全属性。比如,这些属性可以是主体标识符、主体敏感性标签、主体通行标签、信息敏感性标签等。安全属性的类型应足以满足环境的需求。

在 FDP_IFF.1.2 中,PP/ST 作者应针对每一个 TSF 将执行的操作,规定主体和信息安全属性之间必须支持基于安全属性的关系。

在 FDP_IFF.1.3 中,PP/ST 作者应详细说明 TSF 将执行的任何其他信息流控制 SFP 规则。这包括那些不是基于信息和主体的安全属性的 SFP 规则,或者那些由于访问操作而引起信息或主体安全属性自动更新的 SFP 规则。第一种情况的例子是一个控制特定信息类型阈值的 SFP 规则。例如,一个包含了统计数据访问规则的信息流 SFP,限制了一个主体只允许在限定的次数下访问这些信息。第二种情况的例子是一个论述在何种条件下,以及主体或客体的安全属性如何随访问操作而变化的 SFP 规则。例如某些信息流策略可对带有特定安全属性的信息的可访问次数进行限制。如果没有附加规则,PP/ST 作者应指明为“无”。

在 FDP_IFF.1.4 中,PP/ST 作者应基于安全属性,规定明确授权信息流的规则。这些规则是前面元素中规定规则的补充,之所以包含在 FDP_IFF.1.4 中,是因为它们含有前面元素中规定规则的例外情况。明确授权信息流的规则的例子是,基于一个与主体相关的特权向量,对于已规定 SFP 所涵盖的信息,总是批准主体具有引发一个信息流的能力。如果不需要这种能力,PP/ST 作者应指明为“无”。

在 FDP_IFF.1.5 中,PP/ST 作者应基于安全属性,规定明确拒绝信息流的规则。这些规则是前面元素中规定规则的补充,之所以包含在 FDP_IFF.1.5 中,是因为它们含有前面元素中规定规则的例外情况。明确拒绝信息流动的规则的例子是,基于一个与主体相关的特权向量,对于已规定 SFP 所涵盖的信息,总是拒绝主体具有引发一个信息流的能力。如果不需要这种能力,PP/ST 作者应指明为“无”。

### F.6.3 FDP_IFF.2 分级安全属性

#### F.6.3.1 用户应用注释

本组件要求已命名的信息流控制 SFP 使用格结构的分级安全属性。

值得注意的是,FDP_IFF.2.4 中确定的分级关系要求,仅需应用于在 FDP_IFF.2.1 中所确定的信息流控制 SFP 的信息流控制安全属性。本组件不打算用于其他的 SFP,比如访问控制 SFP。

FDP_IFF.2.6 描述了构成一个格结构的安全属性集的要求。许多在文献中定义的和在 IT 产品中实现的信息流策略都依赖于格结构的安全属性集。FDP_IFF.2.6 专门处理这种类型的信息流策略。

如果规定了多个信息流控制 SFP,各个 SFP 都有自己的安全属性,并且这些 SFP 互不相关时,PP/ST 作者应为每个 SFP 反复使用本组件。否则,会因为所需的关系不存在,而导致 FDP_IFF.2.4 的各子项之间互相冲突。

#### F.6.3.2 操作

##### F.6.3.2.1 赋值

在 FDP_IFF.2.1 中,PP/ST 作者应规定 TSF 执行的信息流控制 SFP。信息流控制 SFP 的名字及其控制范围由 FDP_IFC“信息流控制策略”中的组件负责定义。

在 FDP_IFF.2.1 中,PP/ST 作者应针对每一类受控主体和信息,规定与 SFP 规则规范有关的安全属性。比如,这些属性可以是主体标识符、主体敏感性标签、主体通行标签、信息敏感性标签等。安全属性的类型应足以满足环境的需求。

在 FDP_IFF.2.2 中,PP/ST 作者应针对每一个 TSF 将执行的操作,规定主体和信息安全属性之间必须支持基于安全属性的关系。这些关系应基于安全属性间的有序关系。

在 FDP_IFF.2.3 中,PP/ST 作者应规定 TSF 将执行的任何其他信息流控制 SFP 规则。这包括那些不是基于信息和主体的安全属性的 SFP 规则,或者那些由于访问操作而引起信息或主体安全属性自动更新的 SFP 规则。第一种情况的例子是一个控制特定信息类型阈值的 SFP 规则。例如,一个包含了统计数据访问规则的信息流 SFP,限制了一个主体只允许在限定的次数下访问这些信息。第二种情况的例子是一个论述在何种条件下,以及主体或客体的安全属性如何随访问操作而变化的 SFP 规则。例如某些信息流策略可对带有特定安全属性的信息的可访问次数进行限制。如果没有附加规则,PP/ST 作者应指明为“无”。

在 FDP_IFF.2.4 中,PP/ST 作者应基于安全属性,规定明确授权信息流的规则。这些规则是前面元素中规定的规则的补充,之所以包含在 FDP_IFF.2.4 中,是因为它们含有前面元素中规定规则的例外情况。明确授权信息流的规则的例子是,基于一个与主体相关的特权向量,对于已规定 SFP 所涵盖的信息,总是批准主体具有引发一个信息流的能力。如果不需要这种能力,PP/ST 作者应指明为“无”。

在 FDP_IFF.2.5 中,PP/ST 作者应基于安全属性,规定明确拒绝信息流的规则。这些规则是前面元素中规定的规则的补充,之所以包含于 FDP_IFF.2.5 中,是因为它们含有前面元素中规定规则的例外情况。明确拒绝信息流动的规则的例子是,基于一个与主体相关的特权向量,对于已规定 SFP 所涵盖的信息,总是拒绝主体具有引发一个信息流动的能力。如果不需要这种能力,PP/ST 作者应指明为“无”。

### F.6.4 FDP_IFF.3 受限的非法信息流

#### F.6.4.1 用户应用注释

当要求控制非法信息流的 SFP 中至少有一个不要求消除非法信息流时,应使用本组件。

对于指定的非法信息流,应规定某个最大容量。此外,PP/ST 作者能够指定是否必须审计非法信息流。

#### F.6.4.2 操作

##### F.6.4.2.1 赋值

在 FDP_IFF.3.1 中，PP/ST 作者应规定 TSF 执行的信息流控制 SFP。信息流控制 SFP 的名字及其控制范围在 FDP_IFC“信息流控制策略”的组件中定义。

在 FDP_IFF.3.1 中，PP/ST 作者应指定非法信息流的类型，并服从最大流量限制。

在 FDP_IFF.3.1 中，PP/ST 作者应对所有确定的非法信息流规定最大容量。

### F.6.5 FDP_IFF.4 部分消除非法信息流

#### F.6.5.1 用户应用注释

当所有要求控制非法信息流的 SFP 都要求部分(而不必全部)消除非法信息流时，应使用本组件。

#### F.6.5.2 操作

##### F.6.5.2.1 赋值

在 FDP_IFF.4.1 中，PP/ST 作者应规定 TSF 执行的信息流控制 SFP。信息流控制 SFP 的名字及其控制范围在 FDP_IFC“信息流控制策略”的组件中定义。

在 FDP_IFF.4.1 中，PP/ST 作者应指定非法信息流类型，并服从最大流量限制。

在 FDP_IFF.4.1 中，PP/ST 作者应对所有确定的非法信息流规定最大容量。

在 FDP_IFF.4.2 中，PP/ST 作者应指定要消除的非法信息流类型。该列表不能为空，因为本组件要求一些非法信息流必需被消除。

### F.6.6 FDP_IFF.5 无非法信息流

#### F.6.6.1 用户应用注释

当要求控制非法信息流的 SFP 要求消除所有非法信息流时，应使用本组件。然而，PP/ST 作者应仔细考虑消除所有非法信息流对 TOE 正常的功能操作可能造成的影响。许多实际应用表明，TOE 中的功能与非法信息流之间存在着某种间接的联系，消除所有非法信息流将减少预期的 TOE 功能。

#### F.6.6.2 操作

##### F.6.6.2.1 赋值

在 FDP_IFF.5.1 中，PP/ST 作者应规定需要消除非法信息流的信息流控制 SFP。信息流控制 SFP 的名字及其控制范围在 FDP_IFC“信息流控制策略”的组件中定义。

### F.6.7 FDP_IFF.6 非法信息流监视

#### F.6.7.1 用户应用注释

当期望 TSF 监视非法信息流的使用是否超出一个规定容量时，应使用本组件。如果期望审计这种流，那么本组件可作为 FAU_GEN“安全审计数据产生”族中组件所使用的审计事件源。

#### F.6.7.2 操作

##### F.6.7.2.1 赋值

在 FDP_IFF.6.1 中，PP/ST 作者应规定 TSF 执行的信息流控制 SFP。信息流控制 SFP 的名字及其控制范围在 FDP_IFC"信息流控制策略"的组件中定义。

在 FDP_IFF.6.1 中,PP/ST 作者应规定非法信息流类型,并监视此类信息流是否超出最大容量。

在 FDP_IFF.6.1 中,PP/ST 作者应规定 TSF 监视非法信息流是否超出最大容量。

## F.7 从 TOE 之外输入(FDP_ITC)

### F.7.1 用户注释

本族定义从 TOE 之外向 TOE 进行 TSF 促成输入用户数据的机制,以使用户数据的安全属性得到保护。安全属性的一致性由 FPT_TDC"TSF 间 TSF 数据的一致性"负责。

FDP_ITC 涉及对输入的限制、安全属性的用户规范以及安全属性与用户数据的关联。

本族以及相应的输出族 FDP_ETC"从 TOE 输出",说明了 TOE 如何处理其控制之外的用户数据。本族涉及用户数据安全属性的赋值和抽象。

可能涉及下列活动:

a) 从未格式化的媒体(如软盘、磁带、扫描仪、视频或音频信号)输入用户数据,其未包含任何安全属性,通过对媒体进行物理标记来指示其内容;

b) 从媒体输入用户数据,其包括安全属性,并校验客体安全属性是否适当;

c) 从媒体输入用户数据,其包括安全属性,并使用密码封装技术保护用户数据及其安全属性的关联性。

本族并不关注判断用户数据是否可以输入,而只关注与所输入用户数据相关联的安全属性值。

用户数据的输入有两种可能性:用户数据明确无误地与可靠的客体安全属性相关联(安全属性的值和含义都没有被修改),或者从输入源没有获得可靠的安全属性(甚至没有安全属性)。本族负责处理了以上两种情况。

如果有可靠的安全属性,它们可通过物理方式(安全属性在同一媒体上)或逻辑方式(安全属性分布各不相同,但包含唯一的客体标识,比如密码校验和)与用户数据相关联。

本族关注用户数据的 TSF 促成输入,以及维持 SFP 所需安全属性的关联关系。其他族关注输入的其他方面,比如一致性、可信信道和完整性,这些都超出本族的范围。此外,FDP_ITC"从 TOE 之外输入"只关注与输入媒体的接口。FDP_ETC"从 TOE 输出"负责媒体的另一端(原发端)。

下面是一些常见的输入要求:

a) 不带任何安全属性的用户数据输入;

b) 带有安全属性的用户数据输入,两者相互关联,并且安全属性明确无误地表征了所输入的信息。

有没有人为干预,TSF 都可以处理这些输入要求,这取决于 IT 限制和组织安全策略。比如,如果通过"机密"信道接收用户数据,客体安全属性将置为"机密"。

如果存在多个(访问控制或信息流控制)SFP,那么对每个已命名的 SFP 就可以反复使用本族中的这些组件。

### F.7.2 FDP_ITC.1 不带安全属性的用户数据输入

#### F.7.2.1 用户应用注释

本组件用于规定没有可靠的(或者任何)安全属性与之关联的用户数据的输入。此功能要求关于所输入用户数据的安全属性要在 TSF 中初始化。也可以是 PP/ST 作者规定输入规则。在某些环境中,要求通过可信路径或可信信道机制来提供这些属性也是合适的。

#### F.7.2.2 操作

##### F.7.2.2.1 赋值

在 FDP_ITC.1.1 中,PP/ST 作者应规定,当从 TOE 外部输入用户数据时,将执行的访问控制 SFP 或信息流控制 SFP。对这些 SFP 的赋值确定了该功能输入的用户数据的范围。

在 FDP_ITC.1.3 中,PP/ST 作者应规定所有附加的输入控制规则,如果没有额外的输入控制规则则赋值为"无"。这些规则将与 FDP_ITC.1.1 中所选访问控制 SFP 或信息流控制 SFP 一起被 TSF 执行。

### F.7.3 FDP_ITC.2 带有安全属性的用户数据输入

#### F.7.3.1 用户应用注释

本组件用于规定具有可靠的安全属性与之关联的用户数据的输入。此功能依赖于安全属性准确无误地与输入媒体上的客体相关联。一旦输入后,那些客体将具有相同的属性。这需要 FPT_TDC"TSF 间 TSF 数据一致性"保证数据的一致性。也可以是 PP/ST 作者规定输入规则。

#### F.7.3.2 操作

##### F.7.3.2.1 赋值

在 FDP_ITC.2.1 中,PP/ST 作者应规定,当从 TOE 外部输入用户数据时,将执行的访问控制 SFP 或信息流控制 SFP。对这些 SFP 的赋值确定了该功能输入的用户数据的范围。

在 FDP_ITC.2.5 中,PP/ST 作者应规定所有附加的输入控制规则,如果没有额外的输入控制规则则赋值为"无"。这些规则将与 FDP_ITC.2.1 中所选访问控制 SFP 或信息流控制 SFP 一起被 TSF 执行。

## F.8 TOE 内部传送(FDP_ITT)

### F.8.1 用户注释

当用户数据通过内部信道在 TOE 各部分间传送时,本族提供对用户数据进行保护的要求。本族与 FDP_UCT"TSF 间用户数据机密性传送保护"和 FDP_UIT"TSF 间用户数据完整性传送保护"族的不同之处在于,后两者为用户数据经外部信道在不同的 TSF 间传送时提供保护;而与族 FDP_ETC"从 TOE 输出"和 FDP_ITC"从 TOE 之外输入"的不同之处则在于,它们处理的是由 TSF 促成的与 TOE 之外的数据交互。

当用户数据在 TOE 内部传送时,本族中的要求允许 PP/ST 作者规定对其所期望的安全性,这种安全性可保护数据以避免其被泄露、被篡改或丧失可用性。

决定本族应采用的物理隔离程度取决于预期的使用环境。在恶劣环境中,只用一条系统总线在分散的 TOE 部分间传送数据,可能会产生风险。在比较可靠的环境中,传送就可通过更多的传统网络媒介进行。

如果存在多个(访问控制或信息流控制)SFP,对每个已命名的 SFP,可反复使用本族中的这些组件。

### F.8.2 FDP_ITT.1 基本内部传送保护

#### F.8.2.1 操作

##### F.8.2.1.1 赋值

在 FDP_ITT.1.1 中,PP/ST 作者应规定涵盖所传送信息的访问控制 SFP 或信息流控制 SFP。

##### F.8.2.1.2 选择

在 FDP_ITT.1.1 中,PP/ST 作者应规定用户数据在传送时,TSF 应防止发生的传送错误类型。选项为:泄露、篡改、丧失可用性。

### F.8.3 FDP_ITT.2 按属性分隔传送

#### F.8.3.1 用户应用注释

本组件可用于对具有不同通行级别的信息提供不同形式的保护。

在数据传送时实现相互隔离的方法之一是使用不同的逻辑或物理信道。

#### F.8.3.2 操作

##### F.8.3.2.1 赋值

在 FDP_ITT.2.1 中,PP/ST 作者应规定涵盖所传送的信息的访问控制 SFP 或信息流控制 SFP。

##### F.8.3.2.2 选择

在 FDP_ITT.2.1 中,PP/ST 作者应规定用户数据在传送时,TSF 应防止发生的传送错误类型。选项为:泄露、篡改、丧失可用性。

##### F.8.3.2.3 赋值

在 FDP_ITT.2.2 中,PP/ST 作者应规定安全属性,TSF 将使用这些属性值,确定何时分离在 TOE 物理上分隔的部分之间传送的数据。比如,与一个属主身份相关联的用户数据将与关联另一个属主身份的用户数据分别传送。在这种情况下,数据属主的身份值,就用来确定何时分隔传送的数据。

### F.8.4 FDP_ITT.3 完整性监视

#### F.8.4.1 用户应用注释

本组件与 FDP_ITT.1 或 FDP_ITT.2 结合起来使用,确保 TSF 检查所接收到的用户数据(及其属性)的完整性。FDP_ITT.1 或 FDP_ITT.2 将以一种保护数据不被篡改的方式提供数据(所以 FDP_ITT.3 能检测出对数据的任何篡改)。

PP/ST 作者应规定必须检测的错误类型。PP/ST 作者应考虑:数据篡改、数据替换、数据不可恢复的排序改变、数据重放、不完全的数据以及其他完整性错误。

PP/ST 作者必须规定在检测到一个失败后 TSF 应采取的动作。比如:忽略用户数据、重新请求数据、告知授权管理员、从其他线路重新路由。

#### F.8.4.2 操作

##### F.8.4.2.1 赋值

在FDP_ITT.3.1中,PP/ST作者应规定涵盖所传送信息的信息访问控制SFP或信息流控制SFP,并监视完整性错误。

在FDP_ITT.3.1中,PP/ST作者应规定在用户数据传送时,应监视的可能的完整性错误类型。

在FDP_ITT.3.2中,PP/ST作者应规定当出现一个完整性错误时,TSF应采取的动作。比如:TSF应请求重新发送用户数据。在FDP_ITT.3.1中规定的SFP将作为TSF采取的动作被执行。

### F.8.5 FDP_ITT.4 基于属性的完整性监视

#### F.8.5.1 用户应用注释

本组件与FDP_ITT.2结合使用,确保TSF检查所接收的通过不同信道(基于指定的安全属性值)传送的用户数据的完整性。允许PP/ST作者规定检测到完整性错误后应采取的动作。

例如,本组件可用来规定不同的完整性错误检测和对不同完整性级别信息应采取的动作。

PP/ST作者应指定必须检测的错误类型。PP/ST作者应考虑:数据篡改、数据替换、数据不可恢复的排序改变、数据重放、不完全的数据以及其他完整性错误。

PP/ST作者应指定使得需要完整性错误监视的属性(以及相关的传送信道)。

PP/ST作者必须规定在检测到一个失败后TSF应采取的动作。比如:忽略用户数据、重新请求数据、告知授权管理员、从其他线路重新路由。

#### F.8.5.2 操作

##### F.8.5.2.1 赋值

在FDP_ITT.4.1中,PP/ST作者应规定涵盖所传送信息的信息访问控制SFP或信息流控制SFP并监视完整性错误。

在FDP_ITT.4.1中,PP/ST作者应规定在用户数据传送时,应监视的可能的完整性错误类型。

FDP_ITT.4.1中,PP/ST作者应规定需要分隔传送信道的安全属性列表。该列表用于确定哪些用户数据需要基于其安全属性和传送信道进行完整性错误监视。本元素与FDP_ITT.2“按属性分隔传送”直接相关。

在FDP_ITT.4.2中,PP/ST作者应规定当出现一个完整性错误时,TSF应采取的动作。比如:TSF应请求重新发送用户数据。在FDP_ITT.4.1中规定的SFP将作为TSF采取的动作被执行。

## F.9 残余信息保护(FDP_RIP)

### F.9.1 用户注释

残余信息保护保证TSF控制的资源当从一个客体被解除分配时并且在它们被再分配给其他客体之前由TSF处理,在某种程序上在它被解除分配以前不可能重建所有或部分包含在资源中的数据。

TOE通常有许多功能,这些功能潜在地从客体解除分配资源并且潜在地再分配这些资源给客体。所有资源中的一些资源可能被用来存储以前使用的资源的关键数据,并且那些资源因FDP_RIP要求准备重新使用。客体重用适用于主体或用户对释放资源的明确需要,也适用于TSF导致资源的解除分配和后来再分配给不同的客体的明确活动。明确需要的例子是删除或截断文件,或者主存储器区域的释放。TSF的明确活动的例子是缓存区域的解除分配和再分配。

客体重用的要求与属于客体的资源的内容有关,不是所有有关资源或客体的信息都可以被存储在TSF中的其他地方。例如以满足对文件作为客体的FDP_RIP要求,组成文件的所有扇区需要准备被重新使用。

它也适用于被系统中不同主体连续重复使用的资源。比如,大多数操作系统通常依赖硬件寄存器(资源)来支持系统中的进程。当进程从“运行”状态转换为“休眠”状态(反之亦然),这些寄存器被不同的主体连续地重复使用。“转换”动作并没有考虑一个资源的分配或释放,FDP_RIP“残余信息保护”适用于这种事件和资源。

FDP_RIP“残余信息保护”通常控制对信息的访问,此信息不是任何当前所定义的或可访问的客体的一部分,但在某些情况下可能并不如此。比如,客体A是一个文件,客体B是驻留该文件的一个磁盘,如果客体A被删除,尽管它仍是客体B的一部分,但来自客体“A”的信息将受FDP_RIP的控制。

值得注意的是,FDP_RIP仅适用于在线客体,不适用于那些诸如备份在磁带上的离线客体。比如,如果一个TOE内的文件被删除,就可以实例化FDP_RIP,要求在释放资源时不能有残余信息存在;然而,TSF不能将该要求扩展到离线备份中的同一文件,因此该文件仍然可用。如果要关注离线客体,PP/ST作者应确保具有适当的环境目的,以支持操作用户指南负责处理离线客体。

当FDP_RIP实例化要求,在应用程序释放客体到TSF(即重新分配)的同时立即清除残余信息时,FDP_RIP“残余信息保护”和FDP_ROL“回退”会产生冲突。因而,FDP_RIP选择“释放资源”时,不应与FDP_ROL同时使用,因为没有信息可以回退。另一个选择,“无效分配”可与FDP_ROL同时使用,但存在一个风险,就是带有信息的资源在回退发生前分配给了新客体,如果是这样,回退就不可能实现。

在FDP_RIP中没有审计要求,因为这不是一个由用户使用的功能。分配或释放资源的审计将作为访问控制SFP或信息流控制SFP操作的一部分来进行。

本族适用于由访问控制SFP或信息流控制SFP所指定的客体,如PP/ST作者所规定的那样。

#### F.9.2 FDP_RIP.1 子集残余信息保护

##### F.9.2.1 用户注释

对于TOE中的一个客体子集,本组件要求TSF确保在分配给这些客体的资源或从这些客体释放的资源中都没有可用的残余信息。

##### F.9.2.2 操作

###### F.9.2.2.1 选择

在FDP_RIP.1.1中,PP/ST作者应规定调用残余信息保护功能分配或释放资源的事件。

###### F.9.2.2.2 赋值

在FDP_RIP.1.1中,PP/ST作者应规定受残余信息保护的客体列表。

#### F.9.3 FDP_RIP.2 完全残余信息保护

##### F.9.3.1 用户应用注释

对于TOE中的所有客体,本组件要求TSF确保在分配给这些客体的资源或从这些客体释放的资源中都没有可用的残余信息。

##### F.9.3.2 操作

###### F.9.3.2.1 选择

在FDP_RIP.2.1中,PP/ST作者应规定调用残余信息保护功能分配或释放资源的事件。

## F.10 回退(FDP_ROL)

### F.10.1 用户注释

本族负责处理返回到一个明确定义的有效状态的这类需求,如用户需要撤销对一个文件的修改操作或撤销对数据库的一连串未完成的处理操作。

本族的目的在于帮助用户,在撤销最后一组操作后,返回到一个明确定义的有效状态,或对于分布式数据库,将数据库的所有分布式拷贝返回到操作失效发生之前的状态。

当FDP_RIP“残余信息保护”使得在释放客体资源的同时其内容不再可利用时,FDP_RIP“残余信息保护”与FDP_ROL“回退”会相互冲突。因此,FDP_RIP不能与FDP_ROL结合使用,因为已没有信息可以回退。当仅要求在给客体分配资源时使其内容不可用,FDP_RIP可与FDP_ROL一起使用,这是因为FDP_ROL机制将有机会访问仍然存于TOE中的那些早先信息,以成功实现回退操作。

回退要求受某些约束条件限制。比如,文本编辑器常常只允许回退一定数量的命令。另一个例子是备份,在备份磁带重复使用后,它以前的信息将不能恢复,这同样就需要对回退要求提出限制。

### F.10.2 FDP_ROL.1 基本回退

#### F.10.2.1 用户应用注释

本组件允许用户或主体对预先定义的一组客体撤销一组操作。撤销只能在某种限制条件下进行,如一定数量的字符或一定的时间段。

#### F.10.2.2 操作

##### F.10.2.2.1 赋值

在FDP_ROL.1.1中,PP/ST作者应指定进行回退操作时需执行的访问控制SFP或信息流控制SFP。有必要确保回退不是用来绕开SFP的。

在FDP_ROL.1.1中,PP/ST作者应指定能被回退的操作列表。

在FDP_ROL.1.1中,PP/ST作者应指定服从于回退策略的信息或客体列表。

在FDP_ROL.1.2中,PP/ST作者应指定回退操作可以进行的边界条件。该边界条件可以是预定义的时间段,比如可以撤销在过去的两分钟内所执行的操作。其他可能的边界可定义为允许的最大操作数量或缓冲器大小。

### F.10.3 FDP_ROL.2 高级回退

#### F.10.3.1 用户应用注释

本组件要求TSF提供回退全部操作的能力,但用户只能选择仅回退其中一部分操作。

#### F.10.3.2 操作

##### F.10.3.2.1 赋值

在FDP_ROL.2.1中,PP/ST作者应指定进行回退操作时要执行的访问控制SFP或信息流控制SFP。有必要确保回退不是用来绕开SFP的。

在FDP_ROL.2.1中,PP/ST作者应指定服从于回退策略的客体列表。

在FDP_ROL.2.2中,PP/ST作者应指定回退操作可以进行的边界条件。该边界条件可以是预定义的时间段,比如可以撤销在过去的两分钟内所执行的操作。其他可能的边界可定义为允许的最大操作数量或缓冲器大小。

## F.11 存储数据的完整性(FDP_SDI)

### F.11.1 用户注释

本族提供了对由 TSF 控制的载体内所存用户数据进行保护的要求。

硬件失灵或错误都可能影响存储在内存中的数据。本族提出检测这些无意的错误的要求。保存在 TSF 控制的存储设备中的用户数据的完整性也由本族负责。

要想避免主体修改数据,应选择 FDP_IFF“信息流控制功能”或 FDP_ACF“访问控制功能”族(而不是本族)。

本族不同于 FDP_ITT“TOE 内部传送”,FDP_ITT 是保护用户数据在 TOE 内部传送时不出现完整性错误。

### F.11.2 FDP_SDI.1 存储数据的完整性监视

#### F.11.2.1 用户应用注释

本组件监视在媒体中所存储数据的完整性错误。PP/ST 作者可指定各种用户数据属性作为监视的基础。

#### F.11.2.2 操作

##### F.11.2.2.1 赋值

在 FDP_SDI.1.1 中,PP/ST 作者应指定 TSF 应检测的完整性错误。

在 FDP_SDF.1.1 中,PP/ST 作者应指定作为监视基础的用户数据属性。

### F.11.3 FDP_SDI.2 存储数据完整性监视和反应

#### F.11.3.1 用户应用注释

本组件监视在媒体中所存储数据的完整性错误。PP/ST 作者应指定监视到完整性错误时应采取的动作。

#### F.11.3.2 操作

##### F.11.3.2.1 赋值

在 FDP_SDI.2.1 中,PP/ST 作者应指定 TSF 应检测的完整性错误。

在 FDP_SDI.2.1 中,PP/ST 作者应指定作为监视基础的用户数据属性。

在 FDP_SDI.2.2 中,PP/ST 作者应指定检测到完整性错误时应采取的动作。

## F.12 TSF 间用户数据机密性传送保护(FDP_UCT)

### F.12.1 用户注释

当用户数据通过外部信道,在 TOE 和其他可信 IT 产品间传递时,本族定义确保其机密性的要求。用户数据在两点间传送时,通过防止未授权的泄露来实现机密性。端点可以是一个 TSF 或用户。

本族对传送中的用户数据保护提出了要求,大不相同的是,FTP_ITC“输出 TSF 数据的机密性”处理的是 TSF 数据。

#### F.12.2 FDP_UCT.1 基本的数据交换机密性

##### F.12.2.1 用户应用注释

TSF 应有能力对交换的用户数据实施保护,以防止其被泄露。

##### F.12.2.2 操作

###### F.12.2.2.1 赋值

在 FDP_UCT.1.1 中,PP/ST 作者应指定交换用户数据时所执行的访问控制 SFP 或信息流控制 SFP。指定的策略将用于决定谁可以交换数据以及哪些数据可以交换。

###### F.12.2.2.2 选择

在 FDP_UCT.1.1 中,PP/ST 作者应指定本元素是用在传送用户数据的机制中,还是用在接收用户数据的机制中。

### F.13 TSF 间用户数据完整性传送保护(FDP_UIT)

#### F.13.1 用户注释

当用户数据在 TSF 和其他可信 IT 产品间传送时,本族定义提供完整性保护以及从可检测到的错误中恢复的要求。至少,本族要针对篡改行为监视用户数据的完整性。此外,本族还支持采用不同方法纠正检测到的完整性错误。

本族对传送中的用户数据提出了完整性要求,而 FPT_ITI"输出 TSF 数据的完整性"处理的是 TSF 数据。

FDP_UIT"TSF 间数据完整性传送保护"和 FDP_UCT"TSF 间数据机密性传送保护"彼此都是成双成对的,由于 FDP_UCT 负责处理用户数据的机密性,因此实现 FDP_UIT 的机制同样可用于实现 FDP_UCT 和 FDP_ITC 族。

#### F.13.2 FDP_UIT.1 数据交换的完整性

##### F.13.2.1 用户应用注释

TSF 应具有以某种方式发送和接收用户数据,以便检测对用户数据的篡改的能力。本组件没有对试图从篡改中恢复数据的 TSF 机制提出要求。

##### F.13.2.2 操作

###### F.13.2.2.1 赋值

在 FDP_UIT.1.1 中,PP/ST 作者应指定在发送或接收数据时所执行的访问控制 SFP 或信息流控制 SFP。指定的策略将用于确定谁可以发送或接收数据以及哪些数据可以发送或接收。

###### F.13.2.2.2 选择

在 FDP_UIT.1.1 中,PP/ST 作者应指定本元素用在发送客体的 TSF 中,还是用在接收客体的 TSF 中。

在 FDP_UIT.1.1 中,PP/ST 作者应指定是否需要保护数据,以避免被篡改、删除、插入或重放。

在 FDP_UIT.1.2 中,PP/ST 作者应指定是否应检测以下错误类型:篡改、删除、插入或重放。

### F.13.3 FDP_UIT.2 原发端数据交换恢复

#### F.13.3.1 用户应用注释

本组件提供从一组确定的传送错误中恢复数据的能力,必要时需要其他可信 IT 产品提供帮助。由于其他可信 IT 产品处于 TOE 之外,TSF 不能控制其行为。但,本组件可提供能与其他可信 IT 产品合作共通实现恢复目的的功能。例如,TSF 可包含这种功能:在检测到错误时,依靠原发端可信 IT 产品来重新发送数据。本组件涉及 TSF 恢复这种错误的能力。

#### F.13.3.2 操作

##### F.13.3.2.1 赋值

在 FDP_UIT.2.1 中,PP/ST 作者应指定在恢复用户数据时所执行的访问控制 SFP 或信息流控制 SFP。指定的策略用于确定哪些数据能被恢复以及如何恢复。

在 FDP_UIT.2.1 中,PP/ST 作者应指定完整性错误列表,这样 TSF 在原发端可信 IT 产品的帮助下,能够从其中恢复原来的用户数据。

### F.13.4 FDP_UIT.3 接受端数据交换恢复

#### F.13.4.1 用户应用注释

本组件提供从一组确定的传送错误中恢复数据的能力。它能在没有原发端可信 IT 产品的帮助下完成该任务。例如,如果检测到某些错误,传送协议必须足够健壮,使 TSF 能基于校验和协议中其他可用信息,从错误中恢复数据。

#### F.13.4.2 操作

##### F.13.4.2.1 赋值

在 FDP_UIT.3.1 中,PP/ST 作者应指定在恢复用户数据时所执行的访问控制 SFP 或信息流控制 SFP。指定的策略用于确定哪些数据能够恢复以及如何恢复。

在 FDP_UIT.3.1 中,PP/ST 作者应指定完整性错误的列表,这样,接收端 TSF 就能独自恢复原始用户数据。

# 附 录 G
（规范性附录）
# FIA 类:标识和鉴别

一个常见的安全要求是无歧义地标识执行 TOE 中功能的人和/或实体。这不仅包括设置每一个用户所声称的身份,而且包括验证每一个用户确实是他或她所声称的人,这可通过要求用户向 TSF 提供一些已为 TSF 所知的与该用户有关的信息来实现。

此类中的族负责处理关于设置和验证所声称的用户身份方面的功能要求。需要"标识和鉴别",是为了确保用户与正确的安全属性(比如身份、组、角色、安全性或完整性级别)相关联。

授权用户的明确标识和安全属性与用户和主体的正确关联是安全策略实施的关键。

FIA_UID"用户标识"族负责确定用户的身份。

FIA_UAU"用户鉴别"族负责验证用户的身份。

FIA_AFL"鉴别失败"族负责对重复的未成功鉴别尝试定义限制条件。

FIA_ATD"用户属性定义"族负责定义用于执行 SFR 的用户属性。

FIA_USB"用户-主体绑定"族负责正确关联每一授权用户安全属性。

FIA_SOS"秘密的规范"族负责生成和验证满足一个指定度量的秘密。

本类的组件构成分解如图 G.1 所示。

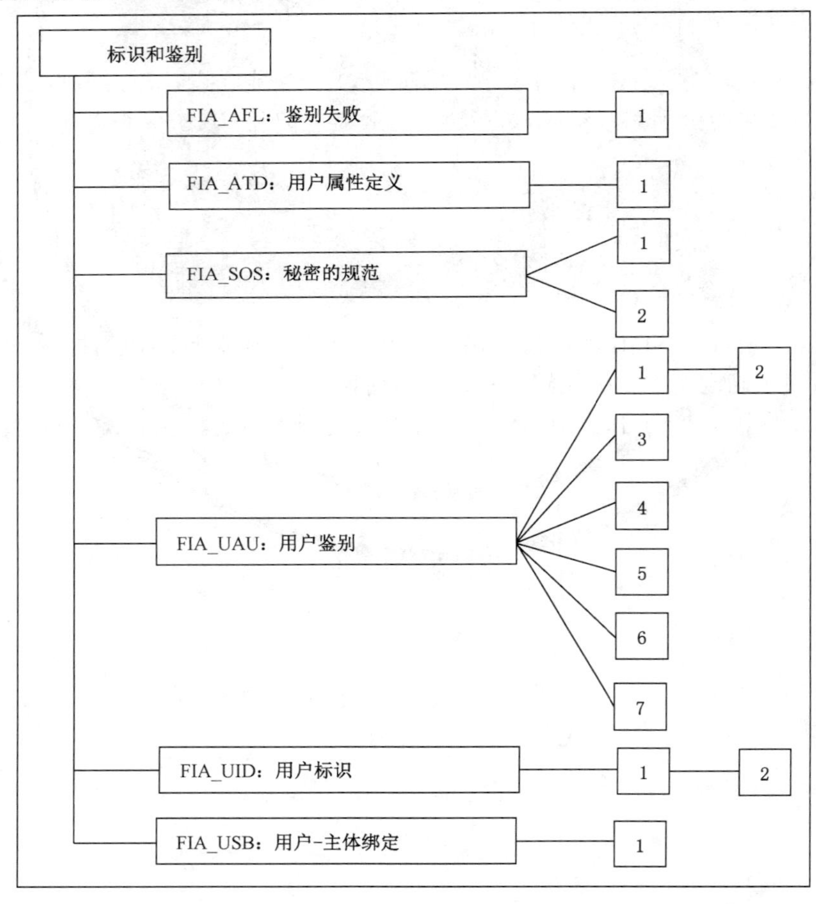


图 G.1 标识和鉴别类分解

## G.1 鉴别失败(FIA_AFL)

### G.1.1 用户注释

本族要求定义鉴别尝试的值和鉴别尝试失败时 TSF 的动作。参数包括但不限于尝试的次数和时间门限值。

会话建立过程是与用户进行交互,执行会话建立的过程,独立于实际实现。如果不成功的鉴别尝试次数超过指定的门限值,那么用户账号或终端(或者两者都)将被锁定。如果用户账号被禁止,用户就不能登录到系统上。如果终端被禁止,终端(或终端所拥有的地址)就不能再使用。这两种状态都将保持,直到满足重建条件为止。

### G.1.2 FIA_AFL.1 鉴别失败处理

#### G.1.2.1 用户应用注释

PP/ST 作者可以定义不成功鉴别尝试的次数,也可选择让 TOE 开发者或授权用户来定义该数值。不成功的鉴别尝试不必是连续的,但应与鉴别事件相关。如鉴别事件可以是,在指定的终端上从上一次成功建立会话以来的尝试计数。

PP/ST 作者可以规定在鉴别失败的情况下,TSF 将采取的动作列表。如果 PP/ST 作者认为合适的话,也可让授权的管理员来管理这些事件。这些动作可以是:终端失效、用户账号失效或向管理员报警等。对这些动作必须说明,在什么条件下,情况可恢复正常。

为了防止拒绝服务,TOE 通常保证至少有一个用户账号不能失效。

PP/ST 作者可以说明 TSF 可采取的进一步动作,包括重新允许用户会话建立过程或向管理员报警等。例如这些动作有:直到过了指定的时间、直到授权管理员重新激活终端/账号、与上次失败尝试相关的一个时间(每次尝试失败,失效时间就加倍)。

#### G.1.2.2 操作

##### G.1.2.2.1 选择

在 FIA_AFL.1.1 中,PP/ST 作者应选择一个正整数赋值,或选择“管理员可设置的正整数”来规定可接受的数值范围。

##### G.1.2.2.2 赋值

在 FIA_AFL.1.1 中,PP/ST 作者应指定鉴别事件。例如,这些鉴别事件可以是:对指定的用户身份,自从上次鉴别成功以来的不成功鉴别尝试;当前终端自从上次成功鉴别以来的不成功鉴别尝试;最后 10 min 内不成功鉴别尝试的次数,等等。至少应规定一个鉴别事件。

在 FIA_AFL.1.1 中,如果选择了一个正整数赋值,PP/ST 作者应规定不成功鉴别尝试的缺省次数(正整数),一旦达到或超过该次数,将触发这些事件。

在 FIA_AFL.1.1 中,如果选择了管理员可设置的正整数,PP/ST 作者应规定可接受的数值范围,TOE 管理员可从中配置不成功鉴别尝试的次数。鉴别尝试的次数不应小于或等于上限值,和大于或等于下限值。

##### G.1.2.2.3 选择

在 FIA_AFL.1.2 中,PP/ST 作者应选择当达到或超过已定义的未成功鉴别尝试次数时由 TSF 触发动作。

#### G.1.2.2.4 赋值

在 FIA_AFL.1.2 中,PP/ST 作者应规定当达到或超过(与选择的一样)临界值时,将采取的动作。这些动作可以是:使一个账户失效 5 min、使终端失效一段随次数增加的时间(2 的不成攻鉴别次数次幂,单位是秒)、或使账号失效到直到管理员解除并且同时通知管理员。这些动作应规定措施,措施的持续时间(若适用的话),或措施终止的条件。

## G.2 用户属性定义(FIA_ATD)

### G.2.1 用户注释

除了用户身份之外,所有授权用户还可以拥有一组安全属性,用以执行 SFR。本族定义了将用户安全属性与用户相关联的要求,并为 TSF 做安全决策时提供支持。

存在着对单个安全策略(SFP)定义的依赖关系。这些单独的定义应列出策略执行所需的属性。

### G.2.2 FIA_ATD.1 用户属性定义

#### G.2.2.1 用户应用注释

本组件规定安全属性应在用户层面上加以维护。这意味着所列出的安全属性可以在用户层面上分配和改变。也就是说,改变这个列表中与一个用户有关的某个安全属性,对其他任何用户的安全属性不会产生影响。

在安全属性属于一组用户的情况下(如组的能力列表),用户将需要有一个对有关组的引用(作为安全属性)。

#### G.2.2.2 操作

##### G.2.2.2.1 赋值

在 FIA_ATD.1.1 中,PP/ST 作者应规定与单个用户相关联的安全属性。例如,{“许可”、“组的标识符”、“权限”}就是此类列表的一个实例。

## G.3 秘密的规范(FIA_SOS)

### G.3.1 用户注释

本族定义关于对所提供的秘密进行既定质量度量,以及生成满足既定度量的秘密的机制的要求。例如,用户所提供口令的自动校验,或自动生成口令就是一种机制。

秘密可以在 TOE 之外生成(比如,由用户选择并导入 TOE 中)。在这种情况下,FIA_SOS.1“秘密的验证”组件可用来确保外部生成的秘密遵从某些标准,比如最小长度、非字典用字或以前未用过。

秘密也可由 TOE 生成。在这种情况下,FIA_SOS.2“TSF 生成秘密”组件可用来要求 TOE 确保秘密将遵从某些指定的度量。

用户为鉴别机制提供的包含鉴别数据的秘密是基于用户所拥有的知识的。当采用密钥时,应使用 FCS“密码支持”类来代替本族。

### G.3.2 FIA_SOS.1 秘密的验证

#### G.3.2.1 用户应用注释

秘密可以由用户生成。这个组件确保，可以验证那些由用户生成的秘密满足某个质量度量。

#### G.3.2.2 操作

##### G.3.2.2.1 赋值

在 FIA_SOS.1.1 中，PP/ST 作者应提供一个既定的质量度量。该质量度量的规范可以简单到只是对一个要执行的质量检查进行描述，也可像引用政府出版的标准一样正式定义秘密必须满足的质量度量。例如，质量度量可包括对可接受的秘密的字母数字形式的描述或可接受的秘密必须满足的空间大小的描述。

### G.3.3 FIA_SOS.2 TSF 生成秘密

#### G.3.3.1 用户应用注释

本组件允许 TSF 为特定的功能，如利用口令方式的鉴别功能生成秘密。

当秘密的生成算法中使用了伪随机数生成器时，应允许输入的随机数将提供具有高不可预见性的输出。该随机数(种子)可从许多可用的参数中导出，如系统时钟、系统寄存器、日期、时间等。参数的选择应保证可以从这些输入中生成的唯一性种子数至少应等于必须生成的最少秘密数。

#### G.3.3.2 操作

##### G.3.3.2.1 赋值

在 FIA_SOS.2.1 中，PP/ST 作者应提供一个既定的质量度量。该质量度量的规范可以简单到只是对一个要执行的质量检查进行描述，也可像引用政府出版的标准一样正式定义秘密必须满足的质量度量。例如，质量度量可包括对可接受的秘密的字母数字形式的描述或可接受的秘密必须满足的空间大小的描述。

在 FIA_SOS.2.2 中，PP/ST 作者应提供一个必须使用 TSF 所生成秘密的 TSF 功能列表。例如，基于口令的鉴别机制即属于此类功能。

## G.4 用户鉴别(FIA_UAU)

### G.4.1 用户注释

本族定义 TSF 所支持的用户鉴别机制类型，也定义用户鉴别机制必须依赖的属性。

### G.4.2 FIA_UAU.1 鉴别的时机

#### G.4.2.1 用户应用注释

本组件要求 PP/ST 作者定义 TSF 促成的动作，在用户声称的身份得到鉴别前，TSF 可代表用户执行这些动作。这些 TSF 促成的动作应该与在得到鉴别之前错误标识自己的用户无任何安全关系。对于其他一切不在该列表中的 TSF 促成的动作，在动作能够被 TSF 代表用户执行前，用户必须得到鉴别。

本组件不能控制这些动作在标识发生前是否也能被执行。这需要使用 FIA_UID.1“标识的时机”或 FIA_UID.2“任何动作前的用户标识”,且适当的赋值。

#### G.4.2.2 操作

##### G.4.2.2.1 赋值

在 FIA_UAU.1.1 中,PP/ST 作者应规定在用户声称的身份得到鉴别前,TSF 代表用户可执行的 TSF 促成的动作列表。这个列表不能为空,如果没有合适的动作,应使用组件 FIA_UAU.2“任何动作前的用户标识”来代替。此类动作的一个实例是:在登录过程中请求帮助。

### G.4.3 FIA_UAU.2 任何动作前的用户鉴别

#### G.4.3.1 用户应用注释

本组件要求在代表用户的任何其他 TSF 促成的动作发生前,用户已被成功鉴别。

### G.4.4 FIA_UAU.3 不可伪造的鉴别

#### G.4.4.1 用户应用注释

本组件对提供鉴别数据保护的机制提出了要求。应检测出或拒绝掉从另一个用户处拷贝来的,或用其他方法构建的鉴别数据。这些机制提供一种信任,即 TSF 鉴别过的用户确实是他们所声称的那个。

本组件可能只对基于不可共享的鉴别数据(比如生物测定学)的鉴别机制有用。对 TSF 来说,检测或防止 TSF 控制之外的口令共享是不可能的。

#### G.4.4.2 操作

##### G.4.4.2.1 选择

在 FIA_UAU.3.1 中,PP/ST 作者应规定 TSF 是检测、防止还是检测并防止对鉴别数据的伪造。

在 FIA_UAU.3.2 中,PP/ST 作者应规定 TSF 是检测、防止还是检测并防止对鉴别数据的拷贝。

### G.4.5 FIA_UAU.4 一次性鉴别机制

#### G.4.5.1 用户应用注释

本组件对基于一次性鉴别数据的鉴别机制提出了要求。一次性鉴别数据可以是用户拥有或知道的某些事情,而非用户是什么。例如,一次性口令、加密的时间戳或秘密查找表中的随机数都是一次性鉴别数据。

PP/ST 作者可规定本要求适用于哪一种鉴别机制。

#### G.4.5.2 操作

##### G.4.5.2.1 赋值

在 FIA_UAU.4.1 中,PP/ST 作者应规定本要求适用的鉴别机制列表。该赋值可以是“所有鉴别机制”。例如,该赋值可以是“用于鉴别外部网络上人员的鉴别机制”。

### G.4.6 FIA_UAU.5 多重鉴别机制

#### G.4.6.1 用户应用注释

本组件提出在TOE内使用一个以上鉴别机制的要求。对每个不同的机制,必须从FIA“标识和鉴别”类中选择合适的要求以应用于该机制。为了反映鉴别机制的不同用途需要满足不同的要求,同一组件可能被多次选中。

FMT类中的管理功能可以为这组鉴别机制提供维护能力,也为确定鉴别是否成功的规则提供维护能力。

为了让匿名用户使用TOE,“无”鉴别机制这样的赋值也是可接受的,此类访问的使用应在FIA_UAU.5.2的规则中清晰地加以解释。

#### G.4.6.2 操作

##### G.4.6.2.1 赋值

在FIA_UAU.5.1中,PP/ST作者应定义可利用的鉴别机制。例如,此类列表可以是:“无、口令机制、生物测定(视网膜扫描)、S/Key机制”。

在FIA_UAU.5.2中,PP/ST作者应规定描述鉴别机制如何提供鉴别以及每一机制将在何时使用的规则。这意味着,对每一种情况必须描述可用于鉴别用户的那组机制。例如,“如果用户有特殊权限,口令机制和生物测定机制两者都将使用,只有两者都鉴别成功后,这个鉴别才成功;对所有其他用户将使用口令机制。”。

PP/ST作者可以给出一个范围,在这个范围内,授权管理员可以规定具体规则。规则的例子如:“应总是使用令牌(token)的方式对用户来进行鉴别;管理员也可规定必须使用的附加鉴别机制”。PP/ST作者也可以选择不指定任何范围,把鉴别机制和它们的规则全部留给授权管理员。

### G.4.7 FIA_UAU.6 重鉴别

#### G.4.7.1 用户应用注释

本组件负责处理在既定的时刻对用户重新鉴别的潜在需求。可能包括用户要求TSF执行安全相关的动作,以及非TSF实体要求重新鉴别(例如,服务器应用程序要求TSF对客户端进行重鉴别)。

#### G.4.7.2 操作

##### G.4.7.2.1 赋值

在FIA_UAU.6.1中,PP/ST作者应规定需要重鉴别的条件列表。该列表可包括:所指定的用户不活动期已过,用户要求改变正在活动的安全属性,或用户请求TSF执行某关键的安全功能。

PP/ST作者可以给出重鉴别发生的边界条件,而把详细规则留给授权管理员。这样一条规则的实例如:“用户在一天之内至少被重鉴别一次;管理员可以指定经常进行重鉴别,但不能比每10分钟一次更频繁”。

### G.4.8 FIA_UAU.7 受保护的鉴别反馈

#### G.4.8.1 用户应用注释

本组件负责处理在鉴别过程中提供给用户的反馈。在一些系统中,反馈显示出了用户所输入的字符数,但不显示字符本身;在另一些系统中,甚至这些信息可能也是不合适的。

本组件要求不能把鉴别数据原样返回给用户。在工作站环境中,对每一个输入的口令字符不显示原始字符,可以如星号等字符代替。

#### G.4.8.2 操作

##### G.4.8.2.1 赋值

在 FIA_UAU.7.1 中,PP/ST 作者应规定提供给用户的与鉴别过程相关的反馈。例如,可指定反馈为:"所输入字符数",另一种类型的反馈是"鉴别失败的鉴别机制"。

## G.5 用户标识(FIA_UID)

### G.5.1 用户注释

本族定义用户在执行任何其他由 TSF 促成的并需要用户标识的动作之前,要求用户识别他自己的条件。

### G.5.2 FIA_UID.1 标识的时机

#### G.5.2.1 用户应用注释

本组件对被识别的用户提出要求。PP/ST 作者可以指出在标识发生前可执行的具体动作。

如果使用了 FIA_UID.1"标识的时机",在 FIA_UID.1 中提到的 TSF 促成的动作也应在 FIA_UAU.1"鉴别的时机"中出现。

#### G.5.2.2 操作

##### G.5.2.2.1 赋值

在 FIA_UID.1.1 中,PP/ST 作者应规定在用户必须识别他自己之前,TSF 代表用户可执行的 TSF 促成动作列表。如果没有合适的动作,应使用组件 FIA_UID.2"任何动作前的用户标识"来替代。此动作的实例可能有:在登录过程中请求帮助。

### G.5.3 FIA_UID.2 在任何动作之前的用户标识

#### G.5.3.1 用户应用注释

在本组件中用户将被识别。在用户被识别之前,TSF 不允许用户执行任何动作。

## G.6 用户－主体绑定(FIA_USB)

### G.6.1 用户注释

一个已鉴别了的用户,为了使用 TOE,一般要先激活一个主体。用户的安全属性(全部或部分地)与这个主体相关联。本族定义建立和维护用户安全属性与代表用户活动的主体间关联的要求。

### G.6.2 FIA_USB.1 用户－主体绑定

#### G.6.2.1 用户应用注释

主体代表的是导致主体产生或被激活以执行某个任务的用户。

因此,当一个主体被创建时,该主体就代表了发起该创建的用户。在使用匿名的情况下,主体仍代表着用户,但用户的身份是未知的。一类特殊的主体是它们服务于多个用户(例如,一个服务器进程),在这种情况下,创建这个主体的用户就被假定为这个主体的“所有者”。

#### G.6.2.2 操作

##### G.6.2.2.1 赋值

在 FIA_USB.1.1 中,PP/ST 作者应规定与主体绑定的用户属性列表。

在 FIA_USB.1.2 中,PP/ST 作者应规定任何适用于属性与主体初始关联的规则,或“无”。

在 FIA_USB.1.3 中,PP/ST 作者应规定任何适用于改变与代表用户活动的主体相关联的用户安全属性的规则,或“无”。

# 附 录 H
（规范性附录）
# FMT 类:安全管理

本类规定 TSF 几个方面的管理:安全属性、TSF 数据和 TSF 中的功能。不同的管理角色和它们之间的相互作用(如能力的分离)也可在本类中规定。

在 TOE 由多个物理上分离的部件组成的环境中,与安全属性传播、TSF 数据和功能修改的时机问题变得非常复杂,尤其是当这些信息需要在 TOE 的各部分间复制时更是如此。当选取诸如 FMT_REV.1"撤消"或 FMT_SAE.1"时限授权"这样的组件时,由于行为有可能被削弱,更需要考虑上面的问题。在这种情况下,建议使用 FPT_TRC"TOE 内 TSF 数据复制的一致性"中的组件。

本类的组件构成分解如图 H.1 所示。

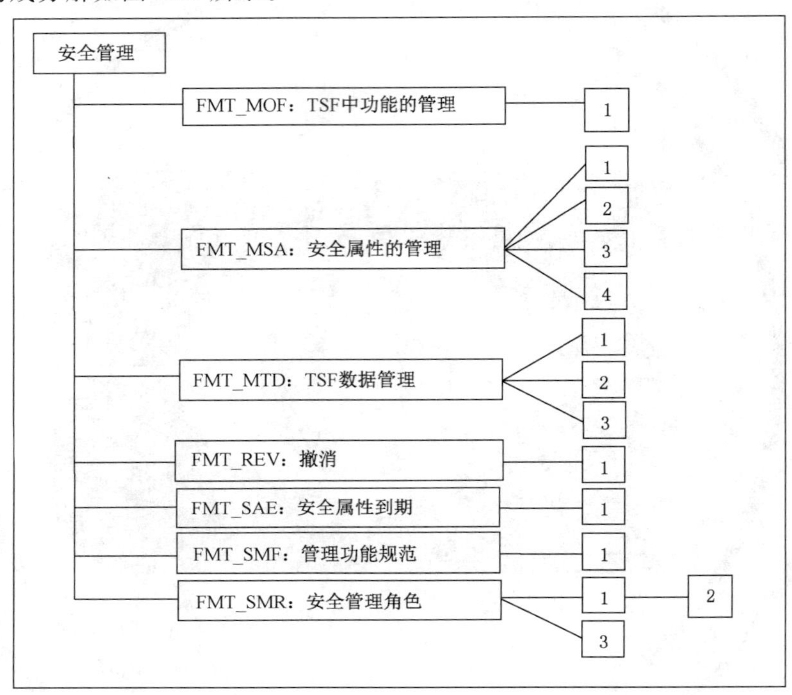


图 H.1 安全管理类分解

## H.1 TSF 中功能的管理(FMT_MOF)

### H.1.1 用户注释

TSF 管理功能使授权用户能够建立和控制 TOE 的安全操作。这些管理功能通常分为以下几种不同的类别:

a) 涉及 TOE 执行的访问控制、责任可追查性和鉴别控制的管理功能。例如,用户安全特征(如与用户名、用户账号、系统入口参数相关的唯一标识符)的定义和更新;审计性系统控制(如审计事件的选取、审计迹的管理、审计迹的分析和审计报告的生成)的定义与更新;每个用户策略属性(如用户许可)的定义和更新;已知系统访问控制标签的定义,用户组的控制与管理。

b) 涉及可用性控制的管理功能。例如,可用性参数或资源配额的定义和更新。

c) 涉及普通安装和配置的管理功能。例如,TOE 的配置、手工恢复、TOE 安全补丁的安装(如果有的话)、硬件的修复和重装。

d) 涉及 TOE 资源常规控制和维护的管理功能。例如,激活或终止外围设备、移动存储设备的加载、备份与恢复。

注意,这些功能需根据 PP 或 ST 中包含的族,呈现在一个 TOE 中。PP/ST 作者有责任确保提供了足够的功能,以便以安全的方式管理系统。

TSF 可能包含一些能够被管理员控制的功能。例如,关闭审计功能,切换时间同步方式,更改鉴别机制。

### H.1.2 FMT_MOF.1 安全功能行为的管理

#### H.1.2.1 用户应用注释

本组件允许已标识的角色管理 TSF 的安全功能。这可能需要获取安全功能的当前状态、终止或激活安全功能、修改安全功能的行为。例如,改变鉴别机制就是一个修改安全功能行为的例子。

#### H.1.2.2 操作

##### H.1.2.2.1 选择

在 FMT_MOF.1.1 中,PP/ST 作者应该选择角色是否能确定终止、激活和/或修改安全功能的行为。

##### H.1.2.2.2 赋值

在 FMT_MOF.1.1 中,PP/ST 作者应规定能够被已标识的角色修改的功能,例如审计和确定时间等。

在 FMT_MOF.1.1 中,PP/ST 作者应规定允许修改 TSF 中功能的角色。可能的角色在 FMT_SMR.1“安全角色”中规定。

## H.2 安全属性的管理(FMT_MSA)

### H.2.1 用户注释

本族定义关于安全属性管理的一些要求。

安全属性可影响 TSF 的行为。此类安全属性的例子如:用户所属的组、用户可能承担的角色、进程(主体)的优先级以及属于一个角色或用户的权限。这些安全属性可能需要由用户、主体或特定的授权用户(即对于此管理具有明确给定权限的用户)来管理,或通过指定的策略或规则集来继承值。

必须注意,给用户分配权限的权限本身就是一个安全属性,或者潜在地受 FMT_MSA.1“安全属性的管理”的管理。

FMT_MSA.2 “安全的安全属性”可用来确保任何可以接受的安全属性组合都处于一个安全状态。“安全的”定义留待 TOE 指南中给出。

在某些情况下,主体、客体或用户账号都已建立,如果没有对相关的安全属性给出明确的值,那么就需使用默认值,FMT_MSA.1“安全属性的管理”可以用来规定这些默认值是可管理的。

### H.2.2 FMT_MSA.1 安全属性的管理

#### H.2.2.1 用户应用注释

本组件允许担当特定角色的用户管理指定的安全属性。在组件 FMT_SMR.1“安全角色”内,这些用户都被赋予一个角色。

参数的默认值是指在参数实例化没有专门指定某个值时，该参数所取的值。初始值是指在参数实例化(创建)过程中提供的值，将取代默认值。

#### H.2.2.2 操作

##### H.2.2.2.1 赋值

在 FMT_MSA.1.1 中，PP/ST 作者应列出安全属性所适用的访问控制 SFP 或信息流控制 SFP。

##### H.2.2.2.2 选择

在 FMT_MSA.1.1 中，PP/ST 作者应规定可应用于指定的安全属性的操作。PP/ST 作者可规定：某角色可以修改安全属性的默认值(改变默认值)、查询安全属性、修改安全属性、删除整个安全属性或定义他们自己的操作。

##### H.2.2.2.3 赋值

在 FMT_MSA.1.1 中，PP/ST 作者应规定那些能够由已标识角色操作的安全属性。PP/ST 作者可规定默认值，如可被管理的默认访问权限。这些安全属性的例子有：用户许可、服务优先级、访问控制列表、默认访问权限。

在 FMT_MSA.1.1 中，PP/ST 作者应规定允许对安全属性进行操作的角色。可能的角色在 FMT_SMR.1“安全角色”中规定。

在 FMT_MSA.1.1 中，如果选择了“其他操作”，PP/ST 作者应规定该角色能够执行哪些其他操作。“创建”便可能是这种操作的一个例子。

### H.2.3 FMT_MSA.2 安全的安全属性

#### H.2.3.1 用户应用注释

本组件包含对安全属性能被赋予的值的一些要求。所赋值应使得 TOE 保持一种安全状态。

“安全”含义的定义在本组件中没有给出，而留给了 TOE 的开发和指南给出的信息。例如：如果建立了一个用户账号，则应拥有一个复杂口令。

#### H.2.3.2 操作

##### H.2.3.2.1 赋值

在 FMT_MSA.2.1 中，PP/ST 作者应列出仅需要提供安全值的安全属性列表。

### H.2.4 FMT_MSA.3 静态属性初始化

#### H.2.4.1 用户应用注释

本组件要求 TSF 为相关客体的安全属性提供默认值，该默认值能够被初始值所取代。如果存在一种机制在创建时规定许可权，一个新客体在创建时仍可能有不同的安全属性。

#### H.2.4.2 操作

##### H.2.4.2.1 赋值

在 FMT_MSA.3.1 中，PP/ST 作者应列出安全属性所适用的访问控制 SFP 或信息流控制 SFP。

#### H.2.4.2.2 选择

在 FMT_MSA.3.1 中，PP/ST 作者应选择访问控制属性的默认特性是受限的，是许可的，还是其他特性。这些选项只能选择一个。

#### H.2.4.2.3 赋值

在 FMT_MSA.3.1 中，如果 PP/ST 作者选择了“其他特性”，PP/ST 作者应规定默认值的预期特征。

在 FMT_MSA.3.2 中，PP/ST 作者应规定允许修改安全属性值的角色。这些可能的角色在 FMT_SMR.1“安全角色”中规定。

### H.2.5 FMT_MSA.4 安全属性值继承

#### H.2.5.1 用户应用注释

本组件要求 TSF 描述一套安全功能属性继承值的规则，和这些规则被应用时需符合的条件。

#### H.2.5.2 操作

#### H.2.5.2.1 赋值

在 FMT_MSA.4.1 中，PP/ST 作者应列出管理被指定安全属性继承的值的规则，包括规则应用需符合的条件。例如，如果一个新文件或目录被建立(在多级文件系统)，它的标签是用户登录时建立的标签。

## H.3 TSF 数据的管理(FMT_MTD)

### H.3.1 用户注释

本组件对 TSF 数据管理提出要求。TSF 数据的例子有：当前时间、审计迹等。因此，本族允许规定谁能读、删除或创建审计迹。

### H.3.2 FMT_MTD.1 TSF 数据的管理

#### H.3.2.1 用户应用注释

本组件允许具有某个角色的用户管理 TSF 数据的值。在组件 FMT_SMR.1“安全角色”中为用户分配了角色。

参数的默认值是指在参数实例化过程中没有专门指定某个值时，该参数所取的值。初始值是指在参数实例化(创建)过程中提供的值，将取代默认值。

#### H.3.2.2 操作

#### H.3.2.2.1 选择

在 FMT_MTD.1.1 中，PP/ST 作者应规定可用于指定 TSF 数据的操作。PP/ST 作者规定修改 TSF 数据的默认值(改变默认值)、清除 TSF 数据、查询 TSF 数据、修改 TSF 数据或完全删除 TSF 数据的角色。如此，PP/ST 作者可以规定任何类型的操作。需要澄清的是“清除 TSF 数据”意味着 TSF 数据的内容被移除，但是存储 TSF 数据的实体还保留在 TOE 内。

#### H.3.2.2.2 赋值

在 FMT_MTD.1.1 中,PP/ST 作者应规定能够被已标识角色操作的 TSF 数据。PP/ST 作者可能规定可被管理的默认值。

在 FMT_MTD.1.1 中,PP/ST 作者应规定允许对 TSF 数据进行操作的角色。可能的角色在 FMT_SMR.1“安全角色”中规定。

在 FMT_MTD.1.1 中,如果选择了“其他操作”,PP/ST 作者应规定角色能够执行哪些其他操作。“创建”就是这种操作的一个例子。

### H.3.3 FMT_MTD.2 TSF 数据限值的管理

#### H.3.3.1 用户应用注释

本组件规定关于 TSF 数据的限制,以及当超过这些限制时将要采取的动作。例如,本组件将允许定义对审计记录大小的限值,以及规定超过这些限值时将要采取动作。

#### H.3.3.2 操作

#### H.3.3.2.1 赋值

在 FMT_MTD.2.1 中,PP/ST 作者应规定可能有限值的 TSF 数据及其限值。这种 TSF 数据的一个例子是:登录用户数。

在 FMT_MTD.2.1 中,PP/ST 作者应规定允许修改 TSF 数据限值的角色以及将采取的动作。可能的角色在 FMT_SMR.1“安全角色”中规定。

在 FMT_MTD.2.2 中,PP/ST 作者应规定如果超过对指定 TSF 数据的指定限值,所要采取的动作。此类 TSF 动作的一个例子是:通知授权用户且生成审计记录。

### H.3.4 FMT_MTD.3 安全的 TSF 数据

#### H.3.4.1 用户应用注释

本组件包含了一些关于 TSF 数据能赋予的值的要求。所赋值应使得 TOE 保持在一个安全状态。“安全”含义的定义在本组件中没有给出,而留给了 TOE 的开发者和指南给出的信息。

#### H.3.4.2 操作

#### H.3.4.2.1 赋值

在 FMT_MTD.3.1 中,PP/ST 作者应规定哪些 TSF 数据只接受安全的值。

## H.4 撤消(FMT_REV)

### H.4.1 用户注释

本族负责处理一个 TOE 内各种实体安全属性的撤消。

### H.4.2 FMT_REV.1 撤消

#### H.4.2.1 用户应用注释

本组件规定关于权限撤消的要求。它需要规定撤消规则,例如:

a) 撤消将发生在用户下次登录时；

b) 撤消将发生在下次试图打开该文件时；

c) 撤消将发生在某一固定时间段内。这可能意味着所有打开的连接每隔 X 分钟后就要重新评价。

#### H.4.2.2 操作

##### H.4.2.2.1 赋值

在 FMT_REV.1.1 中，PP/ST 作者应规定当相关的客体、主体、用户和其他资源发生改变时，哪些安全属性应被撤销。

##### H.4.2.2.2 选择

在 FMT_REV.1.1 中，PP/ST 作者应规定 TSF 是否应提供撤消来自用户、主体、客体或任何额外资源的安全属性的能力。

##### H.4.2.2.3 赋值

在 FMT_REV.1.1 中，PP/ST 作者应规定允许修改 TSF 中功能的角色。这些可能的角色在 FMT_SMR.1“安全角色”中规定。

在 FMT_REV.1.1 中，如果选择了“其他额外资源”，PP/ST 作者应规定 TSF 是否应提供撤销这些资源的安全属性的能力。

在 FMT_REV.1.2 中，PP/ST 作者应规定撤消规则。例如，撤消发生在“对相关资源的下一次操作之前”或“所有新主体创建时”。

## H.5 安全属性到期(FMT_SAE)

### H.5.1 用户注释

本族提出对安全属性的有效性实施时间限制的能力。本族可用来为访问控制属性、标识和鉴别属性、证书(密钥证书，如 ANSI X.509)和审计属性等规定到期要求。

### H.5.2 FMT_SAE.1 时限授权

#### H.5.2.1 操作

##### H.5.2.1.1 赋值

在 FMT_SAE.1.1 中，PP/ST 作者应提供支持有效期的安全属性列表。此类属性的一个例子是：用户的安全许可。

在 FMT_SAE.1.1 中，PP/ST 作者应规定允许修改 TSF 中安全属性的角色。可能的角色在 FMT_SMR.1“安全角色”中规定。

在 FMT_SAE.1.2 中，PP/ST 作者应对每一个安全属性提供一个到期时将采取的动作列表。例如：用户的安全许可，当它到期时，将被设置为 TOE 上允许的最低级别的许可。如果 PP/ST 希望立即撤消，则应指定为“立即撤消”这一动作。

## H.6 管理功能规范(FMT_SMF)

### H.6.1 用户注释

本族允许管理功能的规范由TOE提供。每个被列出以完成赋值的安全管理功能不是安全属性管理,就是TSF数据管理或安全功能管理。

### H.6.2 FMT_SMF.1 管理功能规范

#### H.6.2.1 用户应用注释

本组件规定TSF提供的管理功能。

PP/ST作者应参考其PP/ST中"管理"条中的组件,该章节为本组件列出管理功能提供了一个基础。

#### H.6.2.2 操作

##### H.6.2.2.1 赋值

在FMT_SMF.1.1中,PP/ST作者应规定TSF提供的管理功能,不是安全属性管理,就是TSF数据管理或安全功能管理。

## H.7 安全管理角色(FMT_SMR)

### H.7.1 用户注释

本族用于减少因用户采取超越已赋予的功能职责范围的动作,滥用其授权而遭受损失的可能性,也负责处理当采用不适当的机制对TSF进行安全管理时产生的威胁。

本族要求维护信息,以识别一个用户是否有权使用一个特定的安全相关管理功能。

某些管理动作可由用户完成,另外一些仅能由组织内的指定人员完成。本族允许定义不同的角色,如拥有者、审计员、管理员、日常管理者。

本族中所用的角色都是与安全有关的角色。每个角色可拥有一组广泛的能力(如Unix中的root),也可以只拥有一个单一的权限(如读取像帮助文件这样的单个客体的权限)。本族定义这些角色,而角色的能力则在FMT_MOF"TSF中功能的管理"、FMT_MSA"安全属性的管理"和FMT_MTD"TSF数据的管理"中定义。

某些类型的角色可能是互斥的。例如日常管理者可能能够定义和激活用户,但可能不能删除用户[这留给管理员(角色)]。本族允许规定两人控制这样的策略。

### H.7.2 FMT_SMR.1 安全角色

#### H.7.2.1 用户应用注释

本组件规定TSF应认可的不同角色。通常系统区分实体的拥有者、管理员和其他用户。

#### H.7.2.2 操作

##### H.7.2.2.1 赋值

在FMT_SMR.1.1中,PP/ST作者应规定系统所认同的角色,这些角色都是用户可以拥有的,与安全有关的角色。例如:拥有者、审计员和管理员。

#### H.7.3 FMT_SMR.2 安全角色限制

##### H.7.3.1 用户应用注释

本组件规定 TSF 应该认同的不同角色,以及如何管理这些角色的条件。通常系统区分实体的拥有者、管理员和其他用户。

这些角色的条件规定了不同角色之间的相互关系,以及限制用户何时能承担这些角色。

##### H.7.3.2 操作

###### H.7.3.2.1 赋值

在 FMT_SMR.2.1 中,PP/ST 作者应规定系统所认同的角色。这些角色都是用户可以拥有的,与安全有关的角色。例如:拥有者、审计员、管理员。

在 FMT_SMR.2.3 中,PP/ST 作者应规定管理角色分配的条件。这些条件的例子有:“一个账号不能同时具有审计员和管理员两种角色”或“具有助理角色的用户也必须具有拥有者角色。”

#### H.7.4 FMT_SMR.3 承担角色

##### H.7.4.1 用户应用注释

本组件规定必须给出明确的请求以承担特定的角色。

##### H.7.4.2 操作

###### H.7.4.2.1 赋值

在 FMT_SMR.3.1 中,PP/ST 作者应规定需要作出明确请求才能承担的角色。例如:审计员和管理员。

# 附 录 I
（规范性附录）
# FPR 类:隐私

本类描述了这样的要求,它能被用来满足用户的隐私需求,同时允许系统具有尽可能强的灵活性,以保持对系统操作的充分控制。

在本类的组件中,所要求的安全功能是否覆盖授权用户是具有灵活性的。例如,PP/ST 作者可认为,不要求针对适当的授权用户保护用户的隐私是合理的。

本类同其他的类（如有关审计、访问控制、可信路径和抗抵赖等的类）一起,提供了灵活性以规定期望的隐私行为。另一方面,本类中的要求可能会影响其他类(如 FIA“标识和鉴别”或 FAU“安全审计”)中组件的使用限制。例如,如果不允许授权用户看到用户的身份(如,匿名或假名),则显然由于隐私的要求,使得不可能让单个用户对他们所执行的任何安全相关行为负责。然而,仍然有可能在 PP/ST 中包括审计要求,因为发生特定安全相关事件的这个事实比知道谁对它负责更加重要。

在 FAU“安全审计”类的应用注释中,提供了附加的信息,其中解释了关于审计的“身份”定义,也可能是一个别名或其他能标识用户身份的信息。

本类描述了 4 个族:匿名、假名、不可关联性、不可观察性。匿名、假名和不可关联性有复杂的相互关系。对族的选择应依赖所标识的威胁。对某些类型的隐私威胁,假名会比匿名更合适(如有审计要求时)。此外,某些类型的隐私威胁,要通过几个族的组件组合,才可以很好地予以抵抗。

所有的族都假定用户不会明显地执行暴露用户自己身份的动作。例如,TSF 不应在电子消息或数据库中筛查用户名。

本类中的所有族都有通过指定操作来确定私密保护范围的组件。在这些操作中,PP/ST 作者可以指明 TSF 应防止哪些协作用户/主体察觉私密信息。一个具体的匿名实例如:“TSF 应确保不能通过用户或主体来确定与电话咨询应用绑定的用户身份。”

要注意 TSF 不仅应该防止单个用户获取信息,而且应防止用户协作获取信息。

本类的组件构成分解如图 I.1 所示。

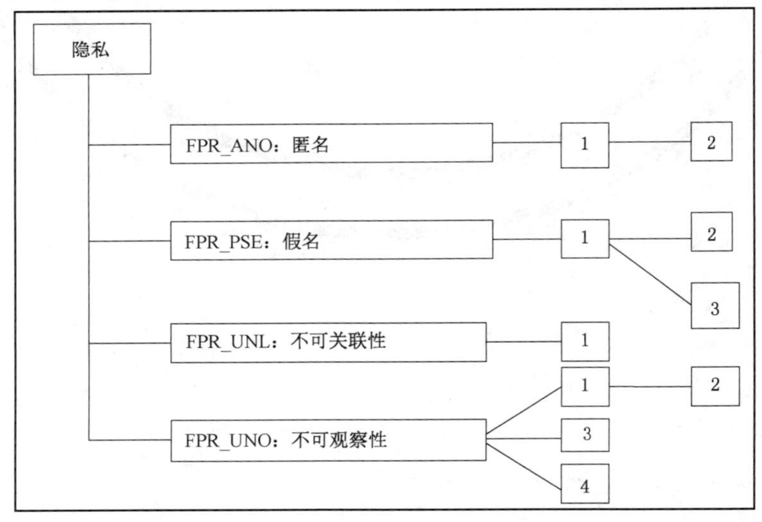


图 I.1 隐私类分解

## I.1 匿名(FPR_ANO)

### I.1.1 用户注释

匿名确保主体可使用资源和服务而不暴露它的用户身份。

本族的意图是规定一个用户或主体可以采取动作而不把用户的身份暴露给其他的用户、主体或客体。本族为PP/ST作者提供了一个方法去标识一组用户,这些用户不能看到那些执行某些动作的用户的身份。

因此,如果使用匿名的主体执行一个动作,另一个主体将不能确定其身份,甚至不能确定利用主体的用户身份的引用名。匿名的焦点是保护用户的身份,而不是保护主体的身份,所以主体的身份不受防止泄露的保护。

虽然主体的身份没有发布给其他主体和用户,但并不明确禁止TSF获得用户的身份。如果不允许TSF知道用户的身份,可以调用FPR_ANO.2“无索求信息的匿名”。此时,TSF不应要求用户的信息。

对“确定”一词的解释应在最广的字面意义上来理解。

本组件分级区分了用户和授权用户。授权用户经常被排除在本组件之外,因此允许找回一个用户的身份。然而,并没有特别要求一个授权用户必须有能力确定用户的身份。在极端的隐私情况下,本组件将意味着没有用户或授权用户能看到执行任何动作的任何人的身份。

虽然一些系统将为所提供的所有服务提供匿名,仍然存在其他的一些系统只为某些确定的主体/操作提供匿名。为了提供这一灵活性,一个操作应包括在已定义的要求范围内。如果PP/ST作者想处理所有的主体/操作,则应规定为“所有的主体和所有的操作”。

可能的应用包括查询公用数据库的机密性质、响应电子民意调查、匿名支付或捐赠。

潜在的敌意用户或主体包括把恶意部件(如特洛伊木马)偷偷引入系统中的那些提供者、系统操作员、通信伙伴和用户。所有这些用户能研究使用模式(如哪些用户使用哪些服务)并滥用这些信息。

### I.1.2 FPR_ANO.1 匿名

#### I.1.2.1 用户应用注释

本组件保证用户的身份受到保护而不被泄露。然而,可能有这样的实例,即一个授权用户能确定谁执行某些动作。本组件提供了遵守有限还是全部隐私策略的灵活性。

#### I.1.2.2 操作

##### I.1.2.2.1 赋值

在FPR_ANO.1.1中,PP/ST作者应规定TSF必须提供保护以防范的用户或主体集。例如,即使PP/ST作者只规定了单个用户或主体角色,但TSF不仅必须防范每一单个用户或主体,而且也必须防范用户或主体的协作。例如,用户集可以是一组用户,他们能在相同的角色下操作或都能用相同的进程。

在FPR_ANO.1.1中,PP/ST作者应确定主体、操作或客体的一个列表,其中主体的真实用户名应受到保护。例如“投票表决应用”。

### I.1.3 FPR_ANO.2 无索求信息的匿名

#### I.1.3.1 用户应用注释

本组件用来确保不允许TSF知道用户的身份。

#### I.1.3.2 操作

##### I.1.3.2.1 赋值

在 FPR_ANO.2.1 中,PP/ST 作者应规定 TSF 必须提供保护以防范的用户或主体集。例如,即使 PP/ST 作者只规定了单个用户或主体角色,但 TSF 不仅必须防范每一单个用户或主体,而且也必须防范用户或主体的协作。例如,用户集可以是一组用户,他们能在相同的角色下操作或都能用相同的进程。

在 FPR_ANO.2.1 中,PP/ST 作者应标识主体、操作或客体的一个列表,其中主体的真实用户名应受到保护。例如"投票表决应用"。

在 FPR_ANO.2.2 中,PP/ST 作者应标识满足匿名要求的服务列表。例如,"工作描述的访问"。

在 FPR_ANO.2.2 中,PP/ST 应标识出主体的列表,当提供规定的服务时,这些主体的真实用户名应受到保护。

## I.2 假名(FPR_PSE)

### I.2.1 用户注释

假名确保一个用户能够使用资源或服务而不泄露自己的身份,但仍能对该使用负责。通过直接将用户与 TSF 持有的一个参照(别名)关联起来,或是通过提供用于处理目的的别名(如一个账号),用户可以被追溯。

在许多方面,假名类似于匿名。假名和匿名都保护用户的身份,但在假名中,维护对用户身份的一个参照,是为追查相关责任或其他目的。

组件 FPR_PSE.1"假名"没规定引用用户身份的要求。为了规定关于这种引用的要求,提供了两组要求:FPR_PSE.2"可逆假名"和 FPR_PSE.3"别名假名"。

一种是以满足可获得原始用户身份能力的方式来使用参照。例如,在一个电子现金环境中,当一张支票已经被多次签发时(即欺骗),若能追踪用户的身份将更有意义。一般来说,用户身份须在特定的条件下才被检索。PP/ST 作者可能要结合 FPR_PSE.2"可逆假名"来描述这些服务。

另一种是以用户别名的形式来使用参照。例如,一个用户不希望被标识,可向他提供一个账户,使用资源就向该账户收费。在这种情形下,用户身份的参照是该用户的一个别名,其他用户或主体无需获得该用户的身份就可以利用此别名执行它们的功能(例如,对其使用系统的次数进行统计操作)。在此情形下,PP/ST 作者可能希望结合 FPR_PSE.3"别名假名"来规定参照须遵守的规则。

通过使用上面的这些结构,用 FPR_PSE.2"可逆假名"可建立电子货币,它规定用户身份将得到保护,而且如果在条件中就是这么规定的话,则当电子货币被使用两次时,就有一个追踪用户身份的要求。若用户是诚实的,用户身份受到保护;当用户试图欺骗时,用户身份能被追踪。

一种不同的系统可能是电子信用卡,其中用户提供一个假名,指示一个可从中提取现金的账户。在这种情形下,可以使用 FPR_PSE.3"别名假名"。该组件将规定用户身份将得到保护,此外同一个用户仅能获得与他/她已提供钱款相符的数目(如果在条件中已这样规定的话)。

应当认识到,更严格的组件可能不能同其他要求组合使用,诸如标识和鉴别、审计。"确定身份"的解释应在更广的字面意义上理解。在操作过程中,TSF 不提供这些信息,实体也不能确定调用操作的主体或主体的拥有者,TSF 也不会记录用户或主体可用的、在将来会暴露用户身份的一些信息。

目的是 TSF 不揭示任何有损用户身份的信息,如代表用户活动的主体的身份。信息被认为是敏感的,依赖于攻击者所付出的努力。

可能的应用包括:向声讯服务拨打者的收费而不揭示其身份,或对电子支付系统的匿名使用收费。

潜在的敌意用户或主体包括把恶意部件(如特洛伊木马)偷偷引入系统中的那些提供者、系统操作员、通信伙伴和用户。所有这些攻击者会研究哪些用户使用哪些服务,并滥用这些信息。作为对匿名服务的补充,假名服务包含了不需标识的授权方法,特别是对匿名支付("电子现金")。这将帮助提供者以安全的方式获得他们的费用,同时还维持了顾客的匿名。

### I.2.2 FPR_PSE.1 假名

#### I.2.2.1 用户应用注释

本组件提供用户保护,防止将其身份泄露给其他用户。但用户仍能对其行为负责。

#### I.2.2.2 操作

##### I.2.2.2.1 赋值

在 FPR_PSE.1.1 中,PP/ST 作者应规定 TSF 必须提供保护以防范的用户或主体集。例如,即使 PP/ST 作者只规定了单个用户或主体角色,但 TSF 不仅必须防范单个用户或主体,而且也必须防范用户或主体的协作。例如,用户集可以是一组用户,他们能在相同的角色下操作或都能用相同的进程。

在 FPR_PSE.1.1 中,PP/ST 作者应确定主体、操作或客体的一个列表,其中主体的真实用户名应受到保护。例如"对招聘信息的访问"。注意,"客体"包括能使其他用户或主体导出真实用户身份的任何其他属性。

在 FPR_PSE.1.2 中,PP/ST 作者应确定 TSF 能提供的别名的数目(一个或多个)。

在 FPR_PSE.1.2 中,PP/ST 作者应确定 TSF 能向其提供别名的主体列表。

##### I.2.2.2.2 选择

在 FPR_PSE.1.3 中,PP/ST 作者应规定用户别名是由 TSF 生成,还是由用户提供。这些选项中只能选择其一。

##### I.2.2.2.3 赋值

在 FPR_PSE.1.3 中,PP/ST 作者应确定 TSF 生成的或用户生成的别名应遵守的度量方式。

### I.2.3 FPR_PSE.2 可逆假名

#### I.2.3.1 用户应用注释

在本组件中,TSF 应确保在特定的条件下,可以确定与所提供引用相关的用户身份。

在 FPR_PSE.1"假名"中,TSF 应提供别名代替用户身份。当满足规定的条件时,别名所属的用户身份是可以确定的。例如,在电子现金环境下,这样条件的一个例子如下:"仅在支票已经签发两次的条件下,TSF 应向公证人提供通过别名确定用户身份的能力。"

#### I.2.3.2 操作

##### I.2.3.2.1 赋值

在 FPR_PSE.2.1 中,PP/ST 作者应规定 TSF 必须提供保护以防范的用户或主体集。例如,即使 PP/ST 作者只规定了单个用户或主体角色,但 TSF 不仅必须防范单个用户或主体,而且也必须防范用户或主体的协作。例如,用户集可以是一组用户,他们能在相同的角色下操作或都能使用相同的进程。

在 FPR_PSE.2.1 中,PP/ST 作者应确定主体、操作或客体的一个列表,其中主体的真实用户名应受到保护。例如"工作提供者的访问"。注意,"客体"包括能使其他用户或主体导出真实的用户身份的任何其他属性。

在 FPR_PSE.2.2 中,PP/ST 作者应确定 TSF 能提供的别名的数目(一个或多个)。

在 FPR_PSE.2.2 中,PP/ST 作者应确定 TSF 能向其提供别名的主体列表。

#### I.2.3.2.2 选择

在 FPR_PSE.2.3 中,PP/ST 作者应规定用户别名是由 TSF 生成,还是由用户提供。这些选项中只能选择其一。

#### I.2.3.2.3 赋值

在 FPR_PSE.2.3 中,PP/ST 作者应确定 TSF 生成的或用户生成的别名应遵守的度量方式。

#### I.2.3.2.4 选择

在 FPR_PSE.2.4 中,PP/ST 作者应选择是授权用户,还是可信主体或者二者都可确定真实的用户名。

#### I.2.3.2.5 赋值

在 FPR_PSE.2.4 中,PP/ST 作者应确定条件列表,在这些条件下可信主体和授权用户能基于所提供的参照确定真实的用户名。这些条件可以是一天中的某个时段,或是就像法院指令一样可被管理。

在 FPR_PSE.2.4 中,PP/ST 作者应确定在规定条件下能获取真实用户名的可信主体列表。例如,公证人或特定的授权用户。

### I.2.4 FPR_PSE.3 别名假名

#### I.2.4.1 用户应用注释

在本组件中,TSF 应确保所提供的引证满足特定的构造规则,因此可被潜在的不安全主体以安全的方式使用。

如果一个用户想使用磁盘资源但不泄露自己的身份,此时可使用假名。然而,每次用户访问这个系统时,必须使用相同的别名。这样的条件可在本组件中规定。

#### I.2.4.2 操作

#### I.2.4.2.1 赋值

在 FPR_PSE.3.1 中,PP/ST 作者应规定 TSF 必须提供保护以防范的用户或主体集。例如,即使 PP/ST 作者只规定了单个用户或主体角色,但 TSF 不仅必须防范单个用户或主体,而且也必须防范用户或主体的协作。例如,用户集可以是一组用户,他们能在相同的角色下操作或都能用相同的进程。

在 FPR_PSE.3.1 中,PP/ST 作者应确定主体、操作或客体的一个列表,其中主体的真实用户名应受到保护。例如"对招聘信息的访问"。注意,"客体"包括能使其他用户或主体导出真实的用户身份的任何其他属性。

在 FPR_PSE.3.2 中,PP/ST 作者应确定 TSF 能提供的别名的数目(一个或多个)。

在 FPR_PSE.3.2 中,PP/ST 作者应确定 TSF 能向其提供别名的主体列表。

#### I.2.4.2.2 选择

在 FPR_PSE.3.3 中,PP/ST 作者应规定用户别名是由 TSF 生成,还是由用户提供。这些选项中只能选择其一。

##### I.2.4.2.3 赋值

在 FPR_PSE.3.3 中,PP/ST 作者应确定 TSF 生成的或用户生成的别名应遵守的度量方式。

在 FPR_PSE.3.4 中,PP/ST 作者应确定条件列表,这些条件指出对真实用户名所使用的参照何时是相同的,何时是不同的。例如,"当用户登录到相同的主机上"时,将使用唯一的别名。

## I.3 不可关联性(FPR_UNL)

### I.3.1 用户注释

不可关联性确保一个用户可以多次使用资源和服务,而其他人不能将这些使用关联在一起。不可关联性与假名的不同在于,虽然在假名中用户也是未知的,但可提供不同动作之间的关系。

不可关联性要求试图保护用户身份,以防止对用户操作进行跟踪分析。例如,当一个电话智能卡绑定了一个唯一号码时,电话公司可确定该电话卡用户的行为。如果知道了用户的电话使用情况,就能将此卡与一个特定的用户相关联。隐藏一个服务的不同调用之间的关系,或隐藏一个资源的不同访问之间的关系,将防止对这类信息的收集。

由此,对不可关联性的一个要求可能隐含如下要求:必须保护操作的主体及其用户身份。否则,该信息可用来将不同操作关联起来。

不可关联性要求不同的操作是不能被关联的。这种关联关系有几种形式。例如.用户与操作相关,或与发起动作的终端相关,或与该动作执行的时间相关。PP/ST 作者可以规定必须阻止的关系种类。

可能的应用包括:多次使用假名,而不会建立可能泄露用户身份的使用模式。

潜在的敌意用户或主体包括把恶意部件(如特洛伊木马)偷偷引入系统中的那些提供者、系统操作员、通信伙伴和用户,他们不做操作而只想获取有关信息。所有这些攻击者都能研究哪些用户使用哪些服务并滥用这些信息。不可关联性保护用户,以防其被关联,这种关联可以从一个客户的几次动作中得出。一个例子是,匿名客户打给不同合伙人的一系列电话,这些合伙人身份的组合可以揭示该客户的身份。

### I.3.2 FPR_UNL.1 不可关联性

#### I.3.2.1 用户应用注释

本组件确保用户不能关联系统中不同的操作并以此获取信息。

#### I.3.2.2 操作

##### I.3.2.2.1 赋值

在 FPR_UNL.1.1 中, PP/ST 作者应规定 TSF 必须提供保护以防范的用户或主体集。例如,即使 PP/ST 作者只规定了单个用户或主体角色,但 TSF 不仅必须防范单个用户或主体,而且也必须防范用户或主体的协作。例如,用户集可以是一组用户,他们能在相同的角色下操作或都能用相同的进程。

在 FPR_UNL.1.1 中,PP/ST 作者应确定应满足不可关联性要求的操作(例如,"发送电子邮件")列表。

##### I.3.2.2.2 选择

在 FPR_UNL.1.1 中,PP/ST 应选取应被掩盖的关系。该选择允许规定用户身份或者对关系进行赋值。

#### I.3.2.2.3 赋值

在 FPR_UNL.1.1 中,PP/ST 作者应确定受到保护的关系列表。例如,“源自相同的终端”。

## I.4 不可观察性(FPR_UNO)

### I.4.1 用户注释

不可观察性确保一个用户可以使用一个资源或服务,而其他人,特别是第三方,不能观察到该资源或服务正被使用。

与先前的“匿名”、“假名”和“不可关联性”族不同,不可观察性从另一不同的方向处理用户的身份。在此情形下,目的是隐藏资源和服务的使用,而不是隐藏用户的身份。

一些技术可用来实现不可观察性。提供不可观察性的技术例子有:

a) 影响不可观察性的信息分配:不可观察性相关的信息(如描述一个操作发生的信息)可分配在 TOE 内的几个地方。一种方法是信息可被分配到 TOE 的一个随机选择的、单独的部分,这样攻击者不知道应攻击 TOE 的哪个部分。另一种方法是将信息分散在 TOE 的不同部分中,使得没有哪一个单独的 TOE 部分有足够的信息,从而避免用户的隐私遭到破坏。这一技术在 FPR_UNO.2“影响不可观察性的信息的分配”中明确提出。

b) 广播:在广播信息时(如以太网、无线电),用户不能确定谁真正接收和使用了这些信息。当信息应送达对此信息(如敏感的医学信息)感兴趣但又害怕受到耻笑的接受者,这一技术特别有用。

c) 密码保护和消息填充:观察消息流的人可从消息被传送这一事实以及从该消息的属性中获得信息。通过通信量填充、消息填充以及加密消息流,可以保护消息的传送和它的属性。

有时,用户不应了解一个资源的使用情况,但是为了履行其职责,一个授权用户必须被许可知道资源的使用情况。在此情形,FRO_UNO.4“授权用户可观察性”可用来提供使一个或几个授权用户知道使用情况的能力。

本族使用了概念“TOE 的部分”,它可以是物理上或是逻辑上与 TOE 的其他部分分离的 TOE 的任何部分。

通信的不可观察性在许多领域中是重要的要素。例如固有权限的执行、组织策略或与防御相关的应用。

### I.4.2 FPR_UNO.1 不可观察性

#### I.4.2.1 用户应用注释

本组件要求功能或资源的使用不能被未授权用户观察到。

#### I.4.2.2 操作

##### I.4.2.2.1 赋值

在 FPR_UNO.1.1 中,PP/ST 作者应规定 TSF 必须提供保护以防范的用户或主体集。例如,即使 PP/ST 作者只规定了单个用户或主体角色,但 TSF 不仅必须防范每一单个用户或主体,而且也必须防范用户或主体的协作。例如,用户集可以是一组用户,他们能在相同的角色下操作或都能用相同的进程。

在 FPR_UNO.1.1 中,PP/ST 作者应确定操作列表,这些操作遵从不可观察性要求。其他的用户/主体因而不能够观察到对指定列表中某个隐蔽客体的操作(如对该客体的读写)。

在 FPR_UNO.1.1 中,PP/ST 作者应确定被不可观察性要求覆盖的客体的列表。例如,特定的邮件服务器或 ftp 站点。

在 FPR_UNO.1.1 中,PP/ST 作者应规定一组受保护的用户或主体,他们的不可观察性信息是受保护的。这样的例子可以是:"通过 Internet 访问该系统的用户。"

### I.4.3 FPR_UN0.2 影响不可观察性的信息的分配

#### I.4.3.1 用户应用注释

本组件要求功能或资源的使用不能被规定的用户或主体观察到。进一步讲,本组件规定与用户隐私有关的信息在 TOE 内是分布式的,这样攻击者可能就不知道将 TOE 的哪一部分作为攻击目标,或是他们需要攻击 TOE 的多个部分。

使用此组件的一个例子是:使用一个随机分配的节点去提供某个功能。在这种情况下,本组件可要求与隐私相关的信息不仅只会被一个确定的 TOE 部分利用,而且不会传播到该 TOE 部分之外。

在某些"投票算法"中可以找到更复杂的例子。在该服务中将牵涉到 TOE 的几个部分,但没有一个 TOE 的独立部分能违反策略。所以一个人可以投票(或不投票),而 TOE 不能确定某个选票是否已投,以及该选票的投票结果是怎样的(除非投票一致通过)。

#### I.4.3.2 操作

##### I.4.3.2.1 赋值

在 FPR_UNO.2.1 中,PP/ST 作者应规定 TSF 必须提供保护以防范的用户或主体集。例如,即使 PP/ST 作者只规定了单个用户或主体角色,但 TSF 不仅必须防范单个用户或主体,而且也必须防范用户或主体的协作。例如,用户集可以是一组用户,他们能在相同的角色下操作或都能用相同的进程。

在 FPR_UNO.2.1 中,PP/ST 作者应确定操作列表,这些操作遵从不可观察性要求。这样,其他用户/主体就不能够观察到对指定列表中一个隐蔽客体的操作(如对该客体的读写)。

在 FPR_UNO.2.1 中,PP/ST 作者应确定被不可观察性要求覆盖的客体的列表。例如,一个特定的邮件服务器或 ftp 站点。

在 FPR_UNO.2.1 中,PP/ST 作者应规定一组受保护的用户或主体,他们的不可观察性信息是受保护的。这样的例子可以是:"通过 Internet 访问该系统的用户。"

在 FPR_UNO.2.2 中,PP/ST 作者应确定哪些与隐私相关的信息应以受控制的方式分布到系统中。这些信息的例子可以是:主体的 IP 地址、客体的 IP 地址、时间、所使用的密钥。

在 FPR_UNO.2.2 中,PP/ST 作者应规定信息分发应遵循的条件。这些条件应在每个实例的隐私相关信息的整个生命期内得到维护。这些条件的例子可以是:"该信息只能出现在 TOE 的一个单独部分,且不能传送到 TOE 这部分之外","该信息仅驻留在 TOE 的一个单独部分,但可定期地移动到 TOE 的另一个部分","该信息应分布在 TOE 的不同部分中,使得即使破坏任意五个不同的 TOE 部分,也不会危及安全策略。"

### I.4.4 FPR_UNO.3 无索求信息的不可观察性

#### I.4.4.1 用户应用注释

本组件用来要求当提供特定的服务时,TSF 不试图获取会破坏不可观察性的信息。因此 TSF 不索求(即试图从其他实体获得)能用来破坏不可观察性的任何信息。

#### I.4.4.2 操作

##### I.4.4.2.1 赋值

在 FPR_UNO.3.1 中,PP/ST 作者应确定遵从不可观察性要求的服务列表。例如,"对工作描述的访问"。

在 FPR_UNO.3.1 中,PP/ST 作者应确定主体列表,在提供特定服务时,应保护其与隐私相关的信息。

在 FPR_UNO.3.1 中,PP/ST 作者应规定特定主体受保护的隐私相关信息。例如,使用一个服务的主体身份,以及已被使用的服务程度如内存资源的使用情况。

### I.4.5 FPR_UNO.4 授权用户可观察性

#### I.4.5.1 用户应用注释

本组件用来要求将有一个或多个授权用户有权查看资源的使用情况。如果没有本组件,则该查阅是允许的,但不是强制的。

#### I.4.5.2 操作

##### I.4.5.2.1 赋值

在 FPR_UNO.4.1 中,PP/ST 作者应规定授权用户集,TSF 须为他们提供观察资源使用情况的能力。例如,授权用户集可以是一组授权用户,他们能在相同的角色下操作或都能使用相同的进程。

在 FPR_UNO.4.1 中,PP/ST 作者应规定授权用户一定能观察的资源或服务集。

# 附 录 J
（规范性附录）
# FPT 类:TSF 保护

本类包含了多个功能要求族,这些要求与组成 TSF 的机制的完整性和管理有关,并与 TSF 数据的完整性有关。在某种意义下,本类中的族可能出现与 FDP"用户数据保护"类中相重复的组件,甚至可以用同一个机制来实现。但是,FDP"用户数据保护"主要侧重于用户数据的保护,而 FPT"TSF 保护"主要侧重于 TSF 数据的保护。事实上,FPT"TSF 保护"类的组件对于规范 TOE 中的 SFP 不被篡改或旁路等方面的要求时是必需的。

从 FPT 类的观点看,关于 TSF 有以下 3 个重要元素:

a) TSF 实现,执行并实现那些实施 SFR 的机制。

b) TSF 数据,指导 SFR 实施的管理性数据库。

c) 为执行 SFR,TSF 可能与其相互作用的外部实体。

所有 FPT 类中的族都与这几个部分相关,并分属下面几个组:

a) FPT_PHP"TSF 物理保护",向授权用户提供检测能力,以检测针对组成 TSF 的 TOE 各部分的外部攻击。

b) FPT_TEE"外部实体测试"和 FPT_TST"TSF 自检",向授权用户提供这样的能力,其可验证那些与执行 SFR 的 TSF 相互作用的外部实体的正确操作,以及验证 TSF 数据和可执行代码的完整性。

c) FPT_RCV"可信恢复"、FPT_FLS"失效保护"和 FPT_TRC"TOE 内 TSF 数据复制的一致性",负责处理失效发生时和紧接失效之后的 TSF 的行为。

d) FPT_ITA"输出 TSF 数据的可用性"、FPT_ITC"输出 TSF 数据的机密性"和 FPT_ITI"输出 TSF 数据的完整性",负责处理 TSF 和另一个可信 IT 产品之间的 TSF 数据的保护和可用性。

e) FPT_ITT"TOE 内 TSF 数据的传送",当 TSF 数据在物理上分离的 TOE 部分间传送时,负责处理 TSF 数据的保护。

f) FPT_RPL"重放检测",负责处理不同类型的信息或操作的重放。

g) FPT_SSP"状态同步协议",基于 TSF 数据,负责处理在一个分布式 TSF 的不同部分之间的状态同步。

h) FPT_STM"时间戳",负责提供可靠的时间。

i) FPT_TDC"TSF 间 TSF 数据的一致性",负责处理在 TSF 和另一个可信 IT 产品之间共享的 TSF 数据的一致性。

本类的组件构成分解如图 J.1 所示。

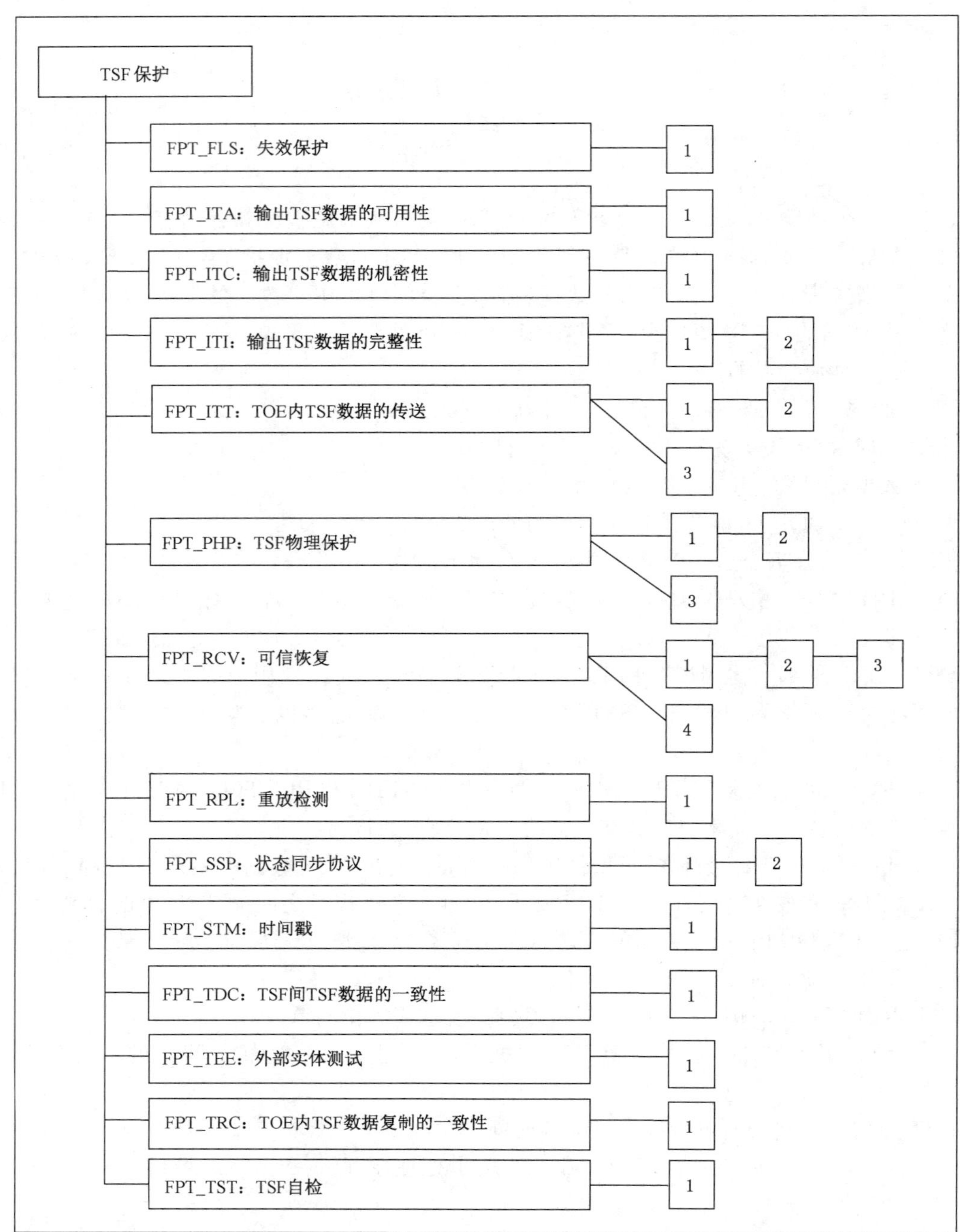


图 J.1 TSF 保护类分解

## J.1 失效保护(FPT_FLS)

### J.1.1 用户注释

本族的要求确保在 TSF 中发生某些类型的失效时,TOE 总能执行其 SFR。

### J.1.2 FPT_FLS.1 失效即保持安全状态

#### J.1.2.1 用户应用注释

术语“安全状态”指示一个状态,在此状态中 TSF 数据是一致的,而且 TSF 继续正确执行 SFR。

虽然希望审计失效即保持安全状态的情况,但是不可能在所有的情况下都能审计。PP/ST 作者应规定希望审计并可执行审计的那些情形。

在 TSF 中的失效可能包括“硬”失效,它指示一个设备发生故障且需要维护、维修或修理 TSF。TSF 中的失效也可能包括可恢复的“软”失效,它仅要求初始化或重新设置 TSF。

#### J.1.2.2 操作

##### J.1.2.2.1 赋值

在 FPT_FLS.1.1 中,PP/ST 作者应列出 TSF 中失效的类型,对此失效 TSF 应“失效保护”,也就是说,应保持一个安全的状态,且继续正确执行 SFR。

## J.2 输出 TSF 数据的可用性(FPT_ITA)

### J.2.1 用户应用注释

本族定义了防止在 TSF 和另一个可信任 IT 产品之间移动的 TSF 数据丧失可用性的有关规则。该数据可能是 TSF 关键的数据,如口令、密钥、审计数据或 TSF 可执行代码。

本族常用于分布式的系统环境中,其中 TSF 向另一个可信 IT 产品提供 TSF 数据。该 TSF 只能在本端上采取措施,而不能对其他可信 IT 产品的 TSF 负责。

如果对不同类型的 TSF 数据,存在不同的可用性度量的话,那么对于每个唯一的度量和 TSF 数据类型配对都应重述本组件。

### J.2.2 FPT_ITA.1 TSF 间可用性不超过既定可用性度量

#### J.2.2.1 操作

##### J.2.2.1.1 赋值

在 FPT_ITA.1.1 中,PP/ST 作者应规定服从可用性度量的 TSF 数据类型。

在 FPT_ITA.1.1 中,PP/ST 应针对可用的 TSF 数据,规定可用性度量。

在 FPT_ITA.1.1 中,PP/ST 作者应规定必须确保可用性的那些条件。例如:在 TOE 和另一个可信任 IT 产品之间必须有一个连接。

## J.3 输出 TSF 数据的机密性(FPT_ITC)

### J.3.1 用户注释

本族定义了防止在 TSF 和另一个可信任 IT 产品之间移动的 TSF 数据被未授权泄露的规则。该数据可能是 TSF 关键的数据,如口令、密钥、审计数据或 TSF 可执行代码。

本族常用于分布式的系统环境中,其中 TSF 向另一个可信 IT 产品提供 TSF 数据。该 TSF 只能在本端上采取措施,而不能对其他可信 IT 产品的行为负责。

#### J.3.2 FPT_ITC.1 传送过程中 TSF 间的机密性

##### J.3.2.1 评估者注释

传送过程中 TSF 数据的机密性是必须受保护的，以防止这些信息被泄露。某些可能的实现可提供机密性包括使用加密算法和扩频技术。

### J.4 输出 TSF 数据的完整性(FPT_ITI)

#### J.4.1 用户注释

本族定义了一些规则，用于保护在 TSF 和另一个可信 IT 产品之间传送的 TSF 数据，防止其被未授权修改。该数据可能是 TSF 关键数据如口令、密钥、审计数据或是 TSF 可执行代码。

本族常用于分布式的系统环境中，其中 TSF 同另一个可信 IT 产品交换 TSF 数据。注意，不能规定在另一个可信 IT 产品上处理修改、检测和恢复这样的要求，因为不能事先确定另一个可信 IT 产品将用什么样的机制来保护它的数据。由于这一原因，这些要求被表述为“TSF 提供一种能力”，这种能力是另一个可信 IT 产品也能使用的。

#### J.4.2 FPT_ITI.1 TSF 间修改的检测

##### J.4.2.1 用户应用注释

本组件应用在那些足以检测到数据何时被修改的场合。例如以下场合：当检测到修改时，另一个可信 IT 产品可以要求 TOE 的 TSF 重新传送数据，或对这种类型的请求进行响应。

所期望的修改检测强度是基于一个指定的修改度量，它是所用算法的一个函数，可以涵盖从无法检测多个比特更改的一个弱校验和和奇偶校验机制，到更复杂的密码校检和方法。

##### J.4.2.2 操作

###### J.4.2.2.1 赋值

在 FPT_ITI.1.1 中，PP/ST 应规定检测机制必须满足修改度量。这一修改度量应规定所期望的修改检测强度。

在 FPT_ITI.1.2 中，PP/ST 应规定检测到对 TSF 数据的修改时应采取的动作。这种动作的一个例子就是“忽略 TSF 数据，并要求原发可信产品再次发送这些 TSF 数据。”

#### J.4.3 FPT_ITI.2 TSF 间修改的检测与纠正

##### J.4.3.1 用户应用注释

本组件应用在有必要检测或纠正 TSF 关键数据修改的场合。

所期望的修改检测强度是基于一个指定的修改度量，它是所用算法的一个函数，可以涵盖从无法检测多个比特更改的一个弱校验和和奇偶校验机制，到更复杂的密码校检和方法。需定义的度量既可参考将要抵御的攻击(如，仅有千分之一的随机消息会被接受)，也可以参考公开文献中众所周知的一些机制(如，这一强度必须与由安全散列算法提供的强度一致)。

纠正修改采用的方法可以通过某种差错纠正校验和的形式来完成。

##### J.4.3.2 评估者注释

满足这一要求的某些方法可能涉及密码功能的使用或校验和的某种形式。

#### J.4.3.3 操作

##### J.4.3.3.1 赋值

在 FPT_ITI.2.1 中,PP/ST 应规定检测机制必须满足的修改度量。这一修改度量应规定所期望的修改检测的强度。

在 FPT_ITI.2.2 中,PP/ST 应规定检测到对 TSF 数据的修改时应采取的动作。这种动作的一个例子就是"忽略 TSF 数据,并要求原发可信产品再次发送这些 TSF 数据。"

在 FPT_ITI.2.3 中,PP/ST 作者应定义修改的类型,TSF 应能从这些修改中恢复。

## J.5 TOE 内 TSF 数据的传送(FPT_ITT)

### J.5.1 用户注释

本族提供了这样的要求,即通过内部信道在 TOE 的各分离部分间传送 TSF 数据时,要对这些数据进行保护。

分离(如,物理或逻辑分离)使得本族的应用更有意义,而分离程度的确定取决于所要使用的环境。在恶意环境中,如果仅通过一条系统总线或进程间通信信道,在分离的各个 TOE 部分间传送数据,可能会产生一些风险。在比较良好的环境里,这一传送可通过更传统的网络媒体来完成。

### J.5.2 评估者注释

一个适用于 TSF 以提供这种保护的实用机制是建立在密码基础上的。

### J.5.3 FPT_ITT.1 内部 TSF 数据传送的基本保护

#### J.5.3.1 操作

##### J.5.3.1.1 选择

在 FPT_ITT.1.1 中,PP/ST 作者应规定希望提供的保护类型:是防止泄露,还是防止修改。

### J.5.4 FPT_ITT.2 TSF 数据传送的分离

#### J.5.4.1 用户应用注释

基于 SFP 相关属性,实现 TSF 数据分离的方法之一,是通过使用不同的逻辑或物理信道。

#### J.5.4.2 操作

##### J.5.4.2.1 选择

在 FPT_ITT.2.1 中,PP/ST 作者应规定希望提供的保护类型:是防止泄露,还是防止修改。

### J.5.5 FPT_ITT.3 TSF 数据完整性监视

#### J.5.5.1 操作

##### J.5.5.1.1 选择

在 FPT_ITT.3.1 中,PP/ST 作者应规定 TSF 所能检测到的修改类型。PP/ST 作者应从以下类型中进行选择:数据的修改、数据的替换、数据的重排、数据的删除或任何其他类型完整性错误。

#### J.5.5.1.2 赋值

在 FPT_ITT.3.1 中,如果 PP/ST 作者选择了上面段落中的最后一种选项,那么该作者也应该规定哪些其他类型完整性差错是 TSF 有能力检测到的。

在 FPT_ITT.3.2 中,PP/ST 作者应规定在识别到一个完整性错误时应采取的动作。

## J.6 TSF 物理保护(FPT_PHP)

### J.6.1 用户注释

TSF 物理保护组件涉及限制对 TSF 进行未授权的物理访问,以及阻止和抵制对 TSF 进行未授权的物理修改或替换。

本族中的要求确保了 TSF 是被保护的,以防物理上的侵害和干扰。若满足这些组件要求,将会使 TSF 被封装后以如下方式使用:物理侵害是可检测的,或基于既定工作因素对物理侵害的防御是可测量的。如果没有这些组件,在物理破坏无法避免的环境下,TSF 的保护功能就会失效。这一组件同时也提供了一些有关 TSF 必须如何响应物理侵害尝试的要求。

有关物理侵害情景的例子包括机械攻击、辐射、温度改变。

对授权用户来讲,仅在离线状态或维护模式下才能检测到物理侵害的这种功能是可接受的。在这些状态下,对授权用户应加以控制以限制访问。由于在这些状态下 TSF 可能是不可操作的,它也许不能正常执行授权用户访问。TOE 的物理实现可能由几个结构组成:例如外部屏蔽罩、卡和芯片。这一组“元件”作为一个整体必须保护(保护、报告和抵御)TSF 免受物理侵害。这并不意味着所有的设备都必须提供这些特征,不过作为一个完整的物理构造,总体上应具备上述特征。

尽管只有最小级审计与这些组件有关,这完全是因为在与审计子系统交互的层面下,存在完全以硬件实现检测和预警机制的可能性[(例如,当授权用户按下一个按钮断开电路时,一个基于电路断开就亮灯这种策略的硬件检测系统就点亮发光二极管(LED)]。不过,PP/ST 作者也可确定对一个特定的可预料的威胁环境,是否需要审计物理侵害。如果需要,PP/ST 作者应在审计事件列表中包括合适的要求。注意加入这些要求可能会对硬件设计和它的软件接口产生影响。

### J.6.2 FPT_PHP.1 物理攻击的被动检测

#### J.6.2.1 用户应用注释

FPT_PHP.1“物理攻击的被动检测”应在当程序化方法不能对抗对 TOE 部件的未授权物理侵害时使用,负责处理对 TSF 进行未被发现的物理侵害。通常应赋予授权用户验证侵害是否发生的职责。如上所述,这一组件仅提供 TSF 检测篡改的能力。应考虑在 FMT_MOF.1“安全功能行为的管理”的管理功能规范中指定谁能使用这些能力,他们如何使用这些能力。如果这一功能由非 IT 机制(如物理检查)来实现,那么就不需要管理功能。

### J.6.3 FPT_PHP.2 物理攻击报告

#### J.6.3.1 用户应用注释

PT_PHP.2“物理攻击报告”应在程序化方法不能对抗对 TOE 部件进行未授权物理侵害威胁时使用,要求指定人员能得到有关物理侵害的通知。本组件负责处理那种尽管检测到了对 TSF 元件的物理篡改却可能不会报告的威胁。应考虑在 FMT_MOF.1“安全功能行为的管理”的管理功能规范中指定谁能使用这些能力,他们如何使用这些能力。

#### J.6.3.2 操作

##### J.6.3.2.1 赋值

在 FPT_PHP.2.3 中,PP/ST 作者应提供需主动检测物理侵害的 TSF 设备/元件列表。

在 FPT_PHP.2.3 中,PP/ST 作者应指定在检测到侵害时应通知的用户或角色。用户或角色的类型可以根据 PP/ST 中包含的特定安全管理组件(来自 FMT_MOF.1"安全功能行为的管理"族)而改变。

### J.6.4 FPT_PHP.3 物理攻击抵抗

#### J.6.4.1 用户应用注释

对某些形式的侵害,TSF 不仅有必要监测该侵害,更要真正地抵抗侵害或延迟攻击者的攻击。

当希望 TSF 设备或 TSF 元件运行在 TSF 设备或 TSF 元件内部,而物理侵害(如观察、分析或修改)也是可能造成威胁时,应使用本组件。

#### J.6.4.2 操作

##### J.6.4.2.1 赋值

在 FPT_PHP.3.1 中,对 TSF 应为其抵抗物理侵害的 TSF 设备/元件,PP/ST 应为其规定侵害情景。基于技术限制和相关设备的物理暴露等考虑,这一列表可用于一个既定的 TSF 物理设备或元件的子集。应明确定义和证明这些子集。另外,TSF 应能自动响应物理侵害。此自动响应应是使设备受到保护的策略。例如,根据机密性策略,物理上"禁用"该设备,这样被保护信息就不能被检索是可接受的。

在 FPT_PHP.3.1 中,PP/ST 作者应规定 TSF 设备/元件列表,TSF 应在既定的情景中为其抵抗物理侵害。

## J.7 可信恢复(FPT_RCV)

### J.7.1 用户注释

本族的要求确保 TSF 能确定 TOE 是在没有削弱保护能力的情况下启动的,以及在运行中断后能在没有削弱保护能力的情况下即可恢复。本族很重要,因为 TSF 的启动状态确定了后续状态的保护情况。

作为对预期失效的发生、运行中断或启动的直接响应,恢复组件重建 TSF 安全状态,或是阻止向不安全状态迁移。通常,必须预期的失效包括:

a) 总是导致系统崩溃的可揭露动作失效(如关键的系统表总是不一致、由瞬间的硬件或固件故障引起的 TSF 编码内非受控的传送、电力失效、处理器失效、通信失效);

b) 导致代表 TSF 客体的部分或全部存储介质变得不可访问,或崩溃的存储介质失效(如奇偶错误、磁盘头损坏、由磁盘头偏离引起的持续读写失灵、磁涂层损坏、磁盘表面的灰尘);

c) 由错误的管理行为或缺乏及时的管理行为造成的运行中断(如不可预知的关掉电闸、没有注意到关键的资源已被用尽、安装配置不适当)。

注意,恢复可以是完全失效或部分失效情况的恢复。完全失效可能发生在单一操作系统,不太可能发生在分布式的环境中。在分布式环境中,子系统可能失效,但其他部分仍能工作。另外,关键的组件可以冗余(磁盘镜像、可选路由),并且可能有检查点。因此,恢复是指恢复到一个安全状态。

在选择 FPT_RCV"可信恢复"时,应考虑 FPT_RCV"可信恢复"和 FPT_TST"TSF 自检"之间存在不同相互影响：

a) 可信恢复需求可以通过TSF自检结果来指示，其中自检结果指示TSF处于一个非安全状态并需要回到一个安全状态或进入维护模式；

b) 如上所述，可以由管理员识别出一个失效。管理员可以执行操作将TOE返回到一个安全状态，然后调用TSF自检功能确认安全状态已经达到。或者，可以调用TSF自检功能完成恢复过程；

c) 上述a)和b)的组合，TSF自检结果指示需要可信恢复，管理员执行操作将TOE返回到一个安全状态，然后调用TSF自检功能确认安全状态已经达到；

d) 自检检测一个失效/服务中断，然后自动恢复或进入维护模式。

本族确定了一个维护模式。在这个维护模式中，不能进行正常的操作，或正常操作受严格限制，否则另外的不安全情况可能发生。通常，应只允许授权的用户访问这一模式，但究竟谁能访问这一模式的细节规定由FMT“安全管理”类中的一个功能负责。如果FMT“安全管理”对谁能访问这一模式没进行控制，那么若TOE进入这种状态，则允许任何用户恢复系统是可接受的。但实际上，由于恢复系统的用户有机会以违反TSP的方式配置TOE，因此可能并不希望这样。

用于检测运行中异常情况的机制归到FPT_TST“TST自检”、FPT_TLS“失效保护”和负责处理“软件安全”概念的其他领域。类似地，将要求使用这些族其中一个，以支持FPT_RCV“可信恢复”的采用，这是为了确保TOE能检测到何时需要恢复。

在本族中使用了“安全状态”一词。它指的是TOE具有一致的TSF数据以及TSF能正确地实施策略的某个状态。该状态可能是一个干净系统的初始“引导”，或者是某个检查点状态。

对于恢复，通过TSF的自检确认安全状态已经达到是必需的。但是，如果以某种方式执行恢复时，要求仅当达到安全状态，否则恢复失败，则此时对FPT_TST.1“TST检测”组件的依赖关系可忽略。

#### J.7.2 FPT_RCV.1 手工恢复

##### J.7.2.1 用户应用注释

在可信恢复族的分层体系中，只需要手工干涉的恢复是最低要求，因为它避免在无人干涉的方式下使用系统。

本组件试图在TOE不要求自动恢复到安全状态时使用。本组件的要求降低了由人工介入的TOE从一个失效或其他中断恢复后又返回到不安全状态时所带来的削弱保护能力的威胁。

##### J.7.2.2 评估者应用注释

授权用户仅在维护模式下可用本组件功能进行可信恢复是可接受的。应采取控制措施限制授权用户在维护模式下的访问。

##### J.7.2.3 操作

###### J.7.2.3.1 赋值

在FPT_RCV.1.1中，PP/ST作者应规定失效或服务中断列表(如电力故障、审计存储耗尽、任何失效或中断)。在该失效或服务中断发生后，TSF将进入一种维护模式。

#### J.7.3 FPT_RCV.2 自动恢复

##### J.7.3.1 用户应用注释

由于自动恢复允许机器以无人干涉的方式进行操作，所以被认为比手工恢复更有用。

通过要求在失效或服务中断后至少有一种自动恢复方法,组件 FPT_RCV.2“自动恢复”扩展了 FPT_RCB.1“手工恢复”的作用范围。它负责处理由无人干涉的 TOE 从一个失效或其他中断恢复后又返回到不安全状态时所带来的削弱保护能力的威胁。

#### J.7.3.2 评估者应用注释

授权用户仅在维护模式下可用本组件功能进行可信恢复是可接受的。应采取控制措施限制授权用户在维护模式下的访问。

对 FPT_RCV.2.1,TSF 开发者有责任确定可恢复的失效和服务中断集合。

假定自动恢复机制的健壮性得到了验证。

#### J.7.3.3 操作

##### J.7.3.3.1 赋值

在 FPT_RCV.1.1 中,PP/ST 作者应规定失效或服务中断列表(如电力故障、审计存储耗尽、任何失效或中断)。在该失效或服务中断发生后,TSF 将进入一种维护模式。

在 FPT_RCV.2.2 中,PP/ST 作者应规定必须可以自动恢复的失效或其他中断列表。

### J.7.4 FPT_RCV.3 无过度损失的自动恢复

#### J.7.4.1 用户应用注释

自动恢复被认为比手工恢复更为有用,但它存在可能损失相当数量客体的风险。防止客体的过度损失对恢复工作提出了额外的要求。

通过要求在 TSF 控制下不能出现 TSF 数据或客体的过度损失,组件 FPT_RCV.3“无过度损失的自动恢复”扩展了 FPT_RCV.2“自动恢复”的作用范围。在 FPT_RCV.2“自动恢复”中,自动恢复机制可通过删除所有客体并将 TSF 返回到一个已知的安全状态来进行恢复。这种极端的自动恢复形式被排除在 FPT_RCV.3“无过度损失的自动恢复”之外。

本组件负责处理由无人干涉的 TOE 从一个失效或其他中断恢复后又返回到一个不安全状态,并伴随着 TSF 数据或客体大量损失时所带来的削弱保护能力的威胁。

#### J.7.4.2 评估者应用注释

授权用户仅在维护模式下可用本组件功能进行可信恢复是可接受的。应采取控制措施限制授权用户在维护模式下的访问。

假定评估者将验证自动恢复机制的健壮性。

#### J.7.4.3 操作

##### J.7.4.3.1 赋值

在 FPT_RCV.3.1 中,PP/ST 作者应规定失效或服务中断列表(如电力故障、审计存储空间耗尽)。在该失效或服务中断发生后,TSF 将进入一种维护模式。

在 FPT_RCV.3.2 中,PP/ST 作者应规定必须能够自动恢复的失效或其他中断列表。

在 FPT_RCV.3.3 中,PP/ST 作者规定一个可接受的 TSF 数据或客体的损失量。

### J.7.5 FPT_RCV.4 功能恢复

#### J.7.5.1 用户应用注释

功能恢复要求如果 TSF 发生了某个失效，则 TSF 中的某些功能要么能成功地完成，要么恢复到一个安全的状态。

#### J.7.5.2 操作

##### J.7.5.2.1 赋值

在 FPT_RCV.4.1 中，PP/ST 作者应规定功能和失效情景的列表。任何一种已被标识的失效情景发生时，已规定的功能必须要么成功地完成，要么恢复到一个稳定、安全的状态。

## J.8 重放检测(FPT_RPL)

### J.8.1 用户注释

本族负责处理对不同类型实体的重放检测以及随后的纠正行为。

### J.8.2 FPT_RPL.1 重放检测

#### J.8.2.1 用户应用注释

例如，实体包括：消息、服务请求、服务响应或会话。

#### J.8.2.2 操作

##### J.8.2.2.1 赋值

在 FPT_RPL.1.1 中，PP/ST 作者应提供能进行重放检测的确定实体列表。这些实体的例子可能包括：消息、服务请求、服务响应和用户会话。

在 FPT_RPL.1.2 中，PP/ST 作者应规定当检测到重放时 TSF 应采取的动作列表。可能采取的动作包括：忽略被重放的实体、请求确认来自确定来源的实体、终止重放实体的原发主体。

## J.9 状态同步协议(FPT_SSP)

### J.9.1 用户注释

分布式 TOE 由于不同部分之间潜在的状态差别和通信延迟，可能会比单一 TOE 更复杂。在大多数情况下，分布式功能间的状态同步涉及一个交换协议，而不是一个简单的动作。当这些协议所处的分布式环境中存在蓄意的危害时，就需要更为复杂的防御协议。

FPT_SSP"状态同步协议"规定了关于 TSF 某些关键安全功能如何使用可信协议的要求。FPT_SSP"状态同步协议"确保 TOE 的两个分布式部分(如主机)在完成一个安全有关的活动之后，已将他们的状态同步。

有些状态可能永远无法完成同步，或实际使用中同步代价太高：以加密密钥销毁为例，在销毁动作发起后的密钥状态是不可知的，要么采取了动作但回执不能发出，要么是敌意的通信方不理会这一信息且永远不执行销毁。不确定性是分布式 TOE 所特有的，不确定性和状态同步是相关的，可使用相同的解决方案。设计成不确定的状态是无意义的，PP/ST 作者应针对此情况指出其他要求(如发出警报、审计事件)。

### J.9.2 FPT_SSP.1 简单可信回执

#### J.9.2.1 用户应用注释

本组件要求 TSF 在收到请求时必须为 TSF 的其他部分提供回执。该回执应表明分布式 TOE 的一部分成功地接收到了来自此 TOE 其他不同部分的未被篡改的数据传输。

### J.9.3 FPT_SSP.2 相互可信回执

#### J.9.3.1 用户应用注释

本组件要求 TSF 除了能对数据接收提供回执外,还必须应答其他 TSF 部分对该回执给出一个回执的请求。

例如,本地 TSF 发送一些数据到 TSF 远程部分。TSF 远程部分给出成功地收到了该数据的回执,并请求 TSF 发送方确认它已收到这一回执。这一机制为进行数据传送的 TSF 双方提供了额外的信心,使双方确信数据传输已成功完成。

## J.10 时间戳(FPT_STM)

### J.10.1 用户注释

本族负责处理一个 TOE 中的可靠时间戳功能要求。

PP/ST 作者有责任明确解释"可靠的时间戳"的含义,并指出如何才能确定其可信。

### J.10.2 FPT_STM.1 可靠的时间戳

#### J.10.2.1 用户应用注释

可能用到这一组件的情况包括为审计目的和安全属性到期提供可靠的时间戳。

## J.11 TSF 间 TSF 数据的一致性(FPT_TDC)

### J.11.1 用户注释

在分布式或组合系统环境下,TOE 或许需要与其他可信 IT 产品交换 TSF 数据(如与数据有关的 SFP 属性、审计信息、标识信息等)。本族就关于在 TOE 的 TSF 和不同可信 IT 产品的 TSF 间的属性共享、属性一致性解释方面定义了一些要求。

本族中的组件意在提出这样的要求,即要求在 TOE 的 TSF 和另一个可信 IT 产品的 TSF 之间传送 TSF 数据时,自动支持 TSF 数据一致性。也有可采用完全程序化的方法来实现安全属性的一致性,但这里不做要求。

本族不同于 FDP_ETC 和 FDP_ITC,因为那两个族只涉及解决 TSF 和它的输入/输出媒体之间的安全属性。

如果关注 TSF 数据的完整性,应从 FPT_ITI"输出 TSF 数据的完整性"族中选择要求,这些组件规定了 TSF 能检测或检测并纠正传送中的 TSF 数据改动的要求。

### J.11.2 FPT_TDC.1 TSF 间基本的 TSF 数据一致性

#### J.11.2.1 用户应用注释

TSF 负责维护被指定功能所使用或相关联的 TSF 数据的一致性,这通常存在于两个或多个可信系统之间。例如,两个不同系统的 TSF 数据可能有不同的内部约定。为了使可信 IT 产品能正确使用 TSF 数据(例如,对用户数据提供就像在 TOE 内部一样的保护),TOE 和其他可信 IT 产品必须使用一个预先建立的协议来交换 TSF 数据。

#### J.11.2.2 操作

##### J.11.2.2.1 赋值

在 FPT_TDC.1.1 中,PP/ST 作者应定义一个 TSF 数据类型列表,从而当 TSF 数据在 TSF 和其他可信 IT 产品间共享时,TSF 应提供一致性解释的能力。

在 FPT_TDC.1.2 中,PP/ST 应规定 TSF 使用的解释规则列表。

## J.12 外部实体测试(FPT_TEE)

### J.12.1 用户注释

本族定义了 TSF 测试一个或多个外部实体时的要求,这些外部实体并非指人类用户,可以包括与 TOE 交互的软件和/或硬件的组合。

可能运行的测试类型包括:

a) 防火墙的存在性测试,可能包括其配置正确性测试;

b) 支撑应用类 TOE 运行的操作系统属性测试;

c) 支撑智能卡 OS 类 TOE 运行的 IC 属性测试(例如随机数生成器)。

注意外部实体可能“谎报”测试结果,其原因要么是故意的,要么是运行不正确造成的。

这些测试可以在维护状态下执行、也可在启动阶段、运行阶段、或以连续的方式执行。作为测试结果的 TOE 动作也在这个族中定义。

### J.12.2 评估者注释

外部实体测试应充分的测试 TSF 依赖的所有特性。

### J.12.3 FPT_TEE.1 外部实体测试

#### J.12.3.1 用户应用注释

这个组件不建议应用到人类用户。

通过要求周期性地调用测试的功能,这个组件提供了 TSF 操作依赖的外部实体特性的定期测试支持。

PP/ST 作者可通过提炼要求声明功能在离线、在线或维护模式下是否可用。

#### J.12.3.2 评估者注释

周期性测试功能只在离线或维护模式下可用是可接受的。维护模式应当限制授权用户的访问。

#### J.12.3.3 操作

##### J.12.3.3.1 选择

在 FPT_TEE.1.1 中,PP/ST 作者应详细说明 TSF 应何时执行外部实体测试,是在初始启动阶段执行,还是在正常操作期间周期性地执行,或作为授权用户请求响应方式执行。此外,还可能存在其他执行条件。如果测试执行频繁,则相比于测试频率较低的情况,最终用户将有更多的信心相信 TOE 工作正常。不过,应对提升 TOE 正常工作的信心和降低对 TOE 可用性的潜在影响这两方面进行折中考虑,因为经常性的测试可能延缓 TOE 的正常运转。

##### J.12.3.3.2 赋值

在 FPT_TEE.1.1 中,PP/ST 作者应规定外部实体的属性要靠测试来检查。这些属性的例子可以包括配置或支持 TSF 的访问控制部分的目录服务器的可用性。

在 FPT_TEE.1.1 中,一旦其他条件被选择,PP/ST 作者应该指定自测的频率。其他频率或条件的例子可能是每次用户需要发起与 TOE 的会话时运行这些测试。举例来说,这可能在用户鉴别过程中,在与 TSF 的交互前需测试目录服务器。

在 FPT_TEE.1.2 中,PP/ST 作者应规定,当测试失败时 TSF 应执行哪些动作。这些动作的例子,以目录服务器为例,如:连接到替代可用服务器或查找备份服务器。

## J.13 TOE 内 TSF 数据复制的一致性(FPT_TRC)

### J.13.1 用户注释

在 TOE 内部复制 TSF 数据时,需要满足本族的要求以确保 TSF 数据的一致性。如果 TOE 不同组成部分间的内部信道不能正常工作,这些复制的 TSF 数据就可能不一致。如果 TOE 内部被构造成像 TOE 组成部分的网络一样,则 TOE 组成部分失效时,网络连接中断时,等等,都会发生这种不一致的情况。

确保一致性的方法未在这一组件中规定。此方法可通过某种事务处理日志得到(适当的事务处理被“回退”到某一点重新连接);通过同步协议可更新被复制的数据。如果 PP/ST 需要特定的协议,可以通过细化来指定。

某些状态的同步几乎不可能,或同步的开销太大。例如通信信道和加密密钥的撤销。不确定状态也可能发生;如果期望某个特定的行为,应通过细化来规定。

### J.13.2 FPT_TRC.1,内部 TSF 的一致性

#### J.13.2.1 操作

##### J.13.2.1.1 赋值

在 FPT_TRC.1.2 中,PP/ST 作者应规定依赖于 TSF 数据复制一致性的 SF 列表。

## J.14 TSF 自检(FPT_TST)

### J.14.1 用户注释

本族定义了一些关于 TSF 自检的要求,这些检测与某些期待的正确操作有关。如执行功能的接口

和 TOE 关键部分的抽样算术运算。这些检测可在启动时进行，或周期性地进行，或应授权用户的请求进行，或满足其他条件时进行。TOE 根据自检结果所采取的动作在其他族中定义。

本族的要求也用于检测由多种失效造成的 TSF 可执行代码(如 TSF 软件)和 TSF 数据损坏，这种检测并不需要 TOE 停止工作(这将由别的族处理)。因为这些失效不可避免，故必须执行这些检查。这些失效可能是由不可预见的失效方式或硬件、固件、软件设计的某些疏忽所造成，也可能由于逻辑的或物理的保护不充分导致 TSF 恶意损坏所造成。

另外，在合适的条件下，作为维护活动的结果，使用这一组件可帮助防止不合适的或有害的 TSF 更改被应用到一个运行中的 TOE 上。

"TSF 正确操作"主要是指 TSF 软件操作和 TSF 数据的完整性。

### J.14.2 FPT_TST.1 TSF 检测

#### J.14.2.1 用户应用注释

这一组件通过要求能够调用检测功能、检查 TSF 数据和可执行代码的完整性，对 TSF 操作的关键功能的检测提供支持。

#### J.14.2.2 评估者应用注释

授权用户可用于周期性检测的功能仅在离线或维护模式下有用是可接受的。在这些模式下，应采用控制措施限制授权用户的访问。

#### J.14.2.3 操作

##### J.14.2.3.1 选择

在 FPT_TST.1.1 中，PP/ST 作者应详细说明何时 TSF 将执行 TSF 检测：在初始化启动期间，在正常工作期间周期性地，授权用户要求时或在其他条件下。如果选择了最后一项，PP/ST 作者还应通过以下的赋值具体规定这些条件。

在 FPT_TST.1.1 中，PP/ST 作者应详细说明通过执行自检是为了证实整个 TSF 能正确运行，还是为了证实 TSF 的某些指定组成部分能正确运行。

##### J.14.2.3.2 赋值

在 FPT_TST.1.1 中，如果选择了"满足产生自检的条件时"，PP/ST 作者应规定应进行自检的条件。

在 FPT_TST.1.1 中，如果选择了"TSF 的某些组成部分"，PP/ST 作者应规定应该被 TSF 自检的 TSF 组成部分列表。

##### J.14.2.3.3 选择

在 FPT_TST.1.2 中，PP/ST 作者应规定是验证所有 TSF 数据的完整性，还是仅验证所选 TSF 数据的完整性。

##### J.14.2.3.4 赋值

在 FPT_TST.1.2 中，如果选择了"TSF 的部分数据"，PP/ST 作者应规定将要被验证完整性的 TSF 数据列表。

# 附 录 K
## （规范性附录）
## FRU 类：资源利用

本类提供三个族以支持所需资源的可用性，诸如处理能力或存储容量。"容错"族提供保护以防止由 TOE 失效引起的能力不可用。"服务优先级"族确保资源将被分配到更重要的或时间要求更苛刻的任务中，而且不能被优先级低的任务所独占。"资源分配"族提供可用资源的使用限制，从而防止用户独占资源。

本类的组件构成分解如图 K.1 所示。

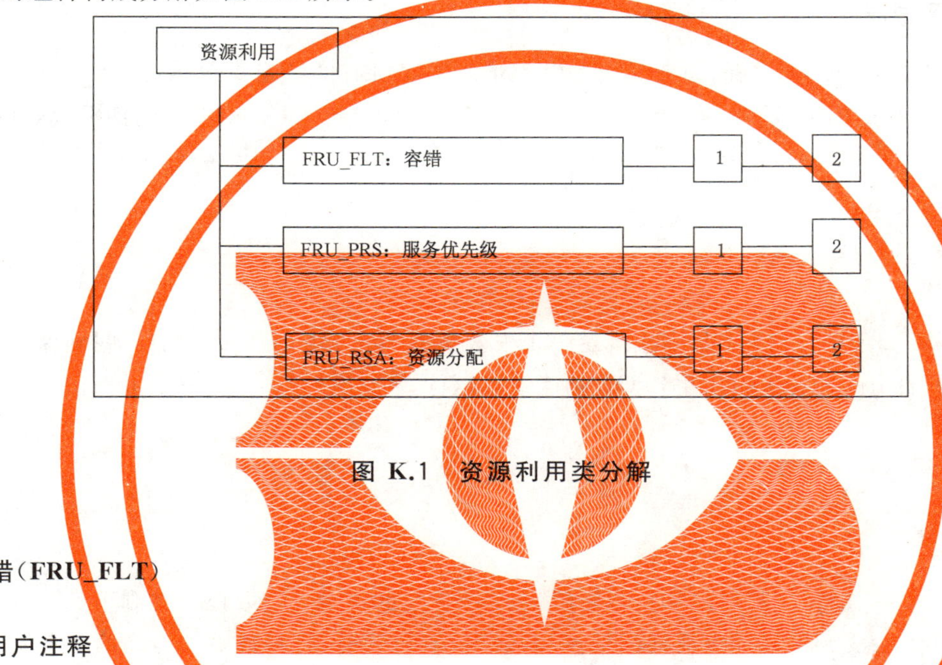


图 K.1 资源利用类分解

## K.1 容错(FRU_FLT)

### K.1.1 用户注释

本族提出了即便失效情况发生时也要保证能力可用性的这些要求。失效的例子有电力中断、硬件故障、软件错误。一旦发生这些错误，按本族要求，TOE 将维持指定的能力。例如，PP/ST 作者可能规定，在供电或通信失效时，用于一个核工厂的 TOE 将继续执行关机程序。

因为如果 SFR 是强制执行的，TOE 只能继续它的正确操作，这样就要求系统必须在失效发生后保持一个安全状态。这种能力由 FPT_FLS.1"失效即保持安全状态"提供。

容错机制可以是主动的，也可以是被动的。如果是主动机制，特定的功能在错误发生时将被激活。例如，火警就是一种主动机制：TSF 将监测火情并能采取措施，如切换至备份操作。在被动方案中，TOE 的架构使其能够处理错误。例如，一个带多个处理器的多数表决方案就是一个被动的解决办法：一个处理器的失效并不会扰乱整个 TOE 的运行（尽管也需要检测这种情况以便纠错）。

对于本族，失效的发生是偶然的（如洪灾或错拨设备）还是有意的（如独占）并不重要。

### K.1.2 FRU_FLT.1 降级容错

#### K.1.2.1 用户应用注释

本组件详细说明了在系统失效后 TOE 仍将提供的能力。由于难以描述所有的特定失效情况，所以可按失效类别进行描述。例如，一般的失效情况有：计算机房进水、电力短暂中断、CPU 或主机的崩溃、软件错误或缓冲区溢出等。

#### K.1.2.2 操作

##### K.1.2.2.1 赋值

在 FRU_FLT.1.1 中,PP/ST 作者应规定在某个特定的失效发生期间或发生之后,TOE 将保持的能力列表。

在 FRU_FLT.1.1 中,PP/ST 作者应规定一个失效类型列表,对 TOE 必须加以明确保护以防止这些失效。如果列表中的一种失效发生,TOE 仍能继续运行。

### K.1.3 FRU_FLT.2 受限容错

#### K.1.3.1 用户应用注释

本组件规定 TOE 必须抵抗的失效类型。由于难以描述所有的特定失效情况,所以可按失效类别进行描述。例如,一般的失效情况有:计算机房进水、电力短暂中断、CPU 或主机的崩溃、软件错误或缓冲区溢出等。

#### K.1.3.2 操作

##### K.1.3.2.1 赋值

在 FRU_FLT.2.1 中,PP/ST 作者应规定一个失效类型列表,对 TOE 必须加以明确保护以防止这些失效。如果列表中的一种失效发生,TOE 仍能继续运行。

## K.2 服务优先级(FRU_PRS)

### K.2.1 用户注释

本族的要求允许 TSF 控制用户和主体使用 TSF 所支配的资源,以便 TSF 控制下的高优先级活动总能成功完成而不会受到低优先级活动的干扰和延迟。换句话说,时间紧要程度高的任务不会被时间紧要程度低的任务耽搁。

本族可应用于几种不同类型的资源,如处理能力、通信信道容量。

“服务优先级”机制可以是被动的,也可以是主动的。在一个被动的服务优先级系统中,对两个等待中的应用作选择时,系统会选择具有最高优先级的任务。使用被动服务优先级机制时,一个正在运行的低优先级的任务不会被另一个高优先级的任务打断。而当使用主动服务优先机制时,低优先级的任务则有可能被新的高优先级的任务打断。

审计要求规定所有拒绝的原因都应被审计。有关一个操作不被拒绝而只是延缓执行的问题留给开发者去考虑。

### K.2.2 FRU_PRS.1 有限服务优先级

#### K.2.2.1 用户应用注释

本组件定义了一个主体的优先级,以及使用这一优先级的资源。如果一个主体打算对由服务优先级要求控制的一个资源采取动作,那么其访问或访问时间将取决于该主体的优先级、当前活动的主体的优先级和仍在队列中的主体的优先级。

#### K.2.2.2 操作

##### K.2.2.2.1 赋值

在 FRU_PRS.1.2 中,PP/ST 作者应规定 TSF 为之实施服务优先级的受控资源列表(诸如进程、磁盘空间、内存、带宽等资源)。

### K.2.3 FRU_PRS.2 全部服务优先级

#### K.2.3.1 用户应用注释

本组件定义一个主体的优先级。TSF 中所有可共享资源都服从服务优先级机制。如果一个主体打算对一个可共享的 TSF 资源采取动作,那么其访问或访问时间将取决于该主体的优先级、当前活动的主体的优先级和仍在队列中的主体的优先级。

## K.3 资源分配(FPR_RSA)

### K.3.1 用户注释

本族的要求允许 TSF 控制用户和主体使用 TSF 所支配的资源,使得通过其他用户或主体垄断资源而导致的未授权拒绝服务的情况不会发生。

资源分配规则允许通过建立配额或其他方式来定义为特定用户或主体分配的资源空间或时间量的限度。例如,这些规则可以:

——规定客体配额,限制某一特定用户可以分配的客体数量或大小。

——控制预先指定资源单位的分配/取消分配,这些单位受 TSF 的控制。

一般来讲,这些功能将通过使用赋给用户和资源的属性来实现。

这些组件的目的是为了在用户和主体间保证一定的公平(如单个的用户不能分配所有的可用空间)。由于资源的分配常常超出了一个主体的生命期(即文件通常比产生它们的应用存在的时间更长),并且同一用户对主体的多个实例化不应对其他用户产生太多的负面影响,这些组件允许分配限值与用户相关。有些情况下,资源是按主体来分配的(如主内存或 CPU 周期),在那些实例中,这些组件允许资源在主体层面上进行分配。

本族的重点在对资源分配提出要求,而没有对资源本身的使用提出要求。因而审计要求也适用于资源的分配,而不是资源的使用。

### K.3.2 FRU_RSA.1 最高配额

#### K.3.2.1 用户应用注释

本组件对仅应用于 TOE 中一组特定的可共享资源的配额机制提出了要求。这些要求允许配额关联一个用户,或者如适用于 TOE 一样可以赋给用户组或主体。

#### K.3.2.2 操作

##### K.3.2.2.1 赋值

在 FRU_RSA.1.1 中,PP/ST 作者应规定需要最大资源分配限值的受控资源列表(如进程、磁盘空间、内存、带宽)。如果 TSF 中的所有资源都需包括在内的话,那么可规定为“所有 TSF 资源”。

#### K.3.2.2.2 选择

在 FRU_RSA.1.1 中,PP/ST 作者应选择是将最高配额应用给单个用户,预定义的用户组,主体,还是应用给他们的任何组合。

在 FRU_RSA.1.1 中,PP/ST 作者应选择最高配额是在任何给定时间(同时)都可使用,还是在某一规定的时间间隔内可使用。

## K.3.3 FRU_RSA.2 最低和最高配额

### K.3.3.1 用户应用注释

本组件对仅应用于 TOE 中的一组特定的可共享资源的配额机制提出了要求。这些要求允许配额关联一个用户,或者如适用于 TOE 一样可能赋给用户组。

### K.3.3.2 操作

#### K.3.3.2.1 赋值

在 FRU_RSA.2.1 中,PP/ST 作者应规定需要最大和最小资源分配限值的受控资源列表(如进程、磁盘空间、内存、带宽)。如果 TSF 中的所有资源都需包括在内的话,那么可规定为"所有 TSF 资源"。

#### K.3.3.2.2 选择

在 FRU_RSA.2.1 中,PP/ST 作者应选择是将最高配额应用给单个用户,预定义的用户组,主体,还是应用给它们的任何组合。

在 FRU_RSA.2.1 中,PP/ST 作者应选择最高配额是在任何给定时间(同时)都可使用,还是在某一规定的时间间隔内可使用。

#### K.3.3.2.3 赋值

在 FRU_RSA.2.2 中,PP/ST 作者应规定需要对其最小分配限值进行设定的受控资源(例如进程、磁盘空间、内存、带宽)。如果 TSF 中的所有资源都需包括在内的话,则可规定为"所有 TSF 资源"。

#### K.3.3.2.4 选择

在 FRU_RSA.2.2 中,PP/ST 作者应选择是将最低配额应用给单个用户,预定义的用户组,主体,还是到它们的任何组合上。

在 FRU_RSA.2.2 中,PP/ST 作者应选择最低配额是在任何给定时间(同时)都可使用,还是在某一规定的时间间隔内可使用。

# 附 录 L
（规范性附录）
FTA 类:TOE 访问

用户会话的建立通常包括一个或多个主体的创建，这个（些）主体在 TOE 中代表用户执行操作。在会话建立过程的最后，倘若 TOE 的访问要求都已满足，所创建的主体则具有由标识和鉴别功能确定的属性。本族规定了控制一个用户会话的建立的功能要求。

一个用户会话被定义为一个周期，它开始于标识/鉴别时间，更恰当地说是开始于用户和系统之间进行交互时，止于所有与会话相关的主体（资源和属性）都已被释放的那一刻。

图 L.1 给出了本类具体组件的分解情况。

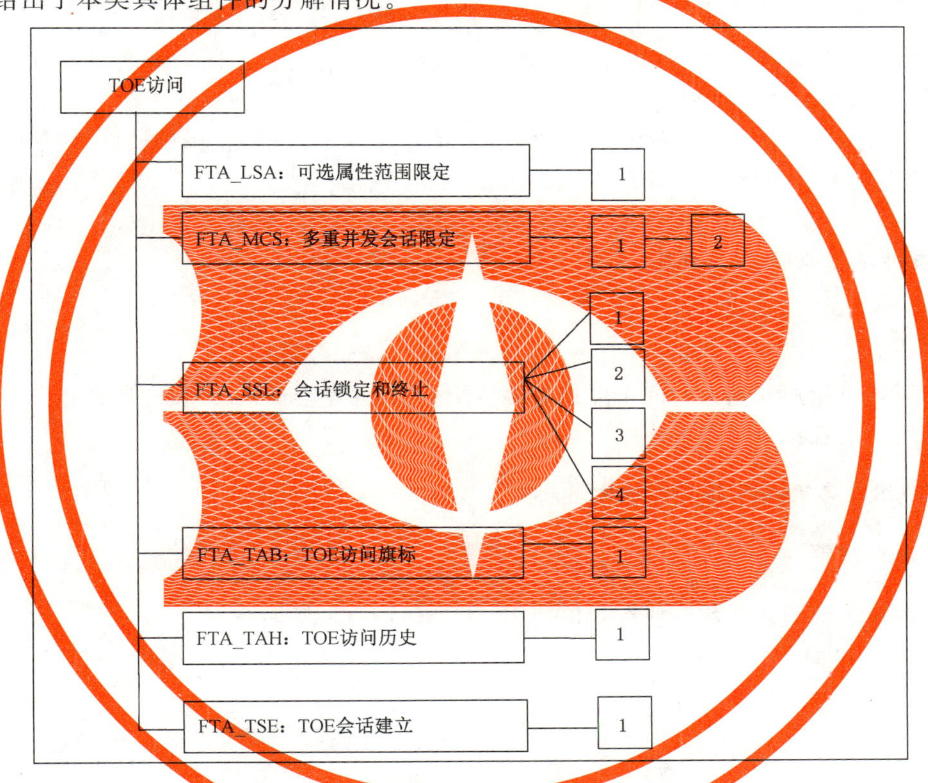


图 L.1 TOE 访问类分解

## L.1 可选属性范围限定（FTA_LSA）

### L.1.1 用户注释

本族定义了一些要求，这些要求将限制一个用户可能选择的会话安全属性和一个用户可能被绑定到的主体，这些限定取决于：访问方法、访问的位置或端口、时间（如一日的某时、一周的某天）。

本族使 PP/ST 作者能为 TSF 规定一些要求，以基于环境条件对授权用户的安全属性域设置限制。例如，可允许一个用户在正常的工作时间内建立一个"秘密会话"，但在除此之外的时间里该用户就可能会受到约束，只能建立"非保密会话"。可选属性域的相关约束标识可用选择操作来完成。这些限定可按逐个属性来应用。当需要规定对多个属性的限定时，这一组件就必须被复制到每一属性上。可用于限制会话安全属性的属性例子有：

a) 访问方法可用于规定用户将在何种环境下工作(如文件传送协议、终端、vtam)；
b) 访问位置可用于限定基于用户访问位置或访问端口的用户可选属性域。这种能力主要用于使用拨号设备或网络设备的环境中；
c) 访问时间可用来限定一个用户可选属性域。例如，时间范围可基于一日的某些时间、一周的某些天或日历日期。这一限定提供了一些操作性的保护，以防止用户行为在未实施正确的监测或正确的程序性措施时就能发生。

#### L.1.2 FAT_LSA.1 可选属性范围限定

##### L.1.2.1 操作

###### L.1.2.1.1 赋值

在 FTA_LSA.1.1 中，PP/ST 作者应规定要受到限制的会话安全属性集。这些会话安全属性的例子有用户许可级别、完整性级别和角色。

在 FTA_LSA.1.1 中，PP/ST 作者应规定可用于确定会话安全属性范围的属性集，这些属性的例子有用户身份、原发地点、访问时间和访问方法。

### L.2 多重并发会话限制(FTA_MCS)

#### L.2.1 用户注释

本族定义了一个用户在同一时间可以拥有多少个会话(并发会话)。并发会话数也可为一组用户或为每一个单独用户设置。

#### L.2.2 FTA_MCS.1 多重并发会话的基本限制

##### L.2.2.1 用户应用注释

本组件允许系统限制会话数以便有效地使用 TOE 的资源。

##### L.2.2.2 操作

###### L.2.2.2.1 赋值

在 FTA_MCS.1.2 中，PP/ST 作者应规定可使用的最大并发会话数的默认值。

#### L.2.3 FTA_MCS.2 基于每个用户属性的多重并发会话限制

##### L.2.3.1 用户应用注释

本组件通过允许对用户可调用的并发会话数进行更进一步的限定，提供了超出 FTA_MCS.1“多重并发会话的基本限制”的额外能力。这些限定与用户安全属性相关，如用户的身份或某个角色的成员资格。

##### L.2.3.2 操作

###### L.2.3.2.1 赋值

在 FTA_MCS.2.1 中，PP/ST 作者应规定确定最大并发会话数的规则。一个规则的例子是“如果用户的分类级别为‘秘密的’，则最大并发会话数为 1，否则为 5”。

在 FTA_MCS.2.2 中,PP/ST 作者应规定可使用的最大并发会话数的默认值。

## L.3 会话锁定和终止(FTA_SSL)

### L.3.1 用户注释

本族为 TSF 定义了一些要求,以为交互式会话提供锁定、解锁、终止能力。

当一个用户直接与 TOE 中的主体进行交互(交互会话)时,用户的终端在无人照管的情况下很容易受到攻击。本族为 TSF 提供了一些要求,在规定时间内不活动时,锁定终端或终止会话,并要求用户可以发起终端的锁定行为。为了重新激活终端,必须发生由 PP/ST 作者规定的一个事件,如用户再次鉴别。

如果一个用户在一段时间内没有向 TOE 提供任何刺激,则认为该用户是非活动的。

PP/ST 作者应考虑是否应该把 FTP_TRP.1“可信路径”包括进去。那样的话,“会话锁定”功能应包括在 FTP_TRP.1“可信路径”的操作中。

### L.3.2 FTA_SSL.1 TSF 原发会话锁定

#### L.3.2.1 用户应用注释

FTA_SSL.1“TSF 原发会话锁定”为 TSF 提供了在规定的一段时间后锁定一个活动的用户会话的能力。锁定一个终端可防止通过使用被锁定终端与现有活动会话进行任何进一步的交互。

如果覆写显示设备,则替代内容不必是静态的(即允许“屏幕保护”)。

本组件允许 PP/ST 作者规定何种事件将解锁会话。这些事件可能与终端(如用固定的一组按键来解锁会话)、用户(如重鉴别)或时间有关。

#### L.3.2.2 操作

##### L.3.2.2.1 赋值

在 FTA_SSL.1.1 中,PP/ST 作者应规定将触发交互式会话锁定的用户不活动时间间隔。如果期望这样,PP/ST 作者可通过赋值规定这一时间间隔的设置是留给授权管理者还是用户。FMT 类中的管理功能可规定修改这一时间间隔或将其设为默认值的能力。

在 FTA_SSL.1.2 中,PP/ST 作者应规定解锁会话之前应发生的事件。例如这一事件可能是“用户重鉴别”或“用户输入解锁按键序列”。

### L.3.3 FTA_SSL.2 用户原发锁定

#### L.3.3.1 用户应用注释

FTA_SSL.2“用户原发锁定”为授权用户提供了锁定和解锁自身交互会话的能力。这使得授权用户具备无需终止活动的会话就能有效地阻止活动会话继续保持的能力。

如果设备被改写,则替代内容不必是静态的(即允许“屏幕保护”)。

#### L.3.3.2 操作

##### L.3.3.2.1 赋值

在 FTA_SSL.2.2 中,PP/ST 作者应规定解锁会话之前应发生的事件。例如这一事件可能是“用户重鉴别”或“用户输入解锁按键序列”。

#### L.3.4 FTA_SSL.3 TSF原发终止

##### L.3.4.1 用户应用注释

FTA_SSL.3“TSF原发终止”要求TSF在用户一段时间不活动后终止一个交互式用户会话。

PP/ST作者应意识到,在用户终止其活动后,会话可能仍在继续,如后台处理。在用户一段时间不活动后,不管主体处于何种状态,本要求将终止该后台主体。

##### L.3.4.2 操作

###### L.3.4.2.1 赋值

在FTA_SSL.3.1中,PP/ST作者应规定将触发交互式会话锁定用户不活动的时间间隔。如果期望这样,PP/ST作者可通过赋值规定这一时间间隔的设置是留给授权管理者还是用户。FMT类中的管理功能可规定修改这一时间间隔或将其设为默认值的能力。

#### L.3.5 FTA_SSL.4 用户原发终止

##### L.3.5.1 用户应用注释

FTA_SSL.4“用户原发终止”为授权用户提供了终止自身交互会话的能力。

PP/ST作者应注意到在用户终止自身行动后,其交互会话可能还在继续,例如:后台进程。本组件允许用户终止这个后台主体,而无需考虑这个主体的状态。

### L.4 TOE访问旗标(FTA_TAB)

#### L.4.1 用户注释

在标识和鉴别之前,TOE访问要求为TOE提供了向潜在用户显示有关慎用TOE的一个劝告性警示信息的能力。

#### L.4.2 FTA_TAB.1 缺省的TOE访问旗标

##### L.4.2.1 用户应用注释

本组件要求对TOE的未经授权使用存在一个劝告性警示。PP/ST作者可细化这一要求以包含一个缺省旗标。

### L.5 TOE访问历史(FTA_TAH)

#### L.5.1 用户注释

本族为TSF定义了一些要求,要求在与TOE成功地建立了会话后,向用户显示那些对该账户的不成功访问尝试的历史记录。这些历史记录包括日期、时间、访问方法、最后一次成功访问TOE的端口,以及已标识用户自上次成功访问以来企图访问这个TOE的未成功尝试次数。

#### L.5.2 FTA_TAH.1 TOE访问历史

##### L.5.2.1 用户应用注释

本族可向授权用户提供可表明其用户账号可能被滥用的信息。

本组件要求向用户呈现这些信息。用户应能够审阅这些信息,但并不强制这么做。例如,如果一个用户不想审阅这些信息的话,他可以创建脚本以忽视这些信息并启动其他进程。

#### L.5.2.2 操作

##### L.5.2.2.1 选择

在 FTA_TAH.1.1 中,PP/ST 作者应选择将在用户界面上显示的最近一次成功会话建立相关的安全属性,包括:日期、时间、访问方法(如 FTP)或位置(如终端 50)。

在 FTA_TAH.1.2 中,PP/ST 作者应选择将在用户界面上显示的最近一次不成功会话建立相关的安全属性,包括:时间、日期、访问方法(如 FTP)或位置(如终端 50)。

## L.6 TOE 会话建立(FTA_TSE)

### L.6.1 用户注释

本族定义了基于安全属性拒绝一个用户与 TOE 建立会话的要求,这些属性如:如访问位置或端口、用户安全属性(如用户身份、许可级别、完整性级别、一个角色中的成员)、时间范围(如一日的某时、一周的某天、日历日期)或这些参数的组合。

本族为 PP/ST 作者提供如下能力:可规定一些要求,要求 TOE 能限制一个授权用户与 TOE 建立会话的能力。相关限制的标识可用选择操作来完成。可用来规定会话建立限制的属性如:

a) 基于用户的访问位置,访问位置可用来限制一个用户与 TOE 建立一个活动会话的能力。这一能力尤其可用在使用拨号设备或网络设备的环境中。

b) 用户的安全属性可用来限制一个用户与 TOE 建立一个活动会话的能力。例如,这些属性将提供基于下述各项拒绝会话建立的能力:

- 用户身份;
- 用户许可级别;
- 用户完整性级别;
- 在一个角色中用户的成员资格。

这一能力尤其与授权或登录可发生在不同地点、TOE 访问核查都要被执行的情形相关。

a) 基于时间范围,访问时间可用来限制一个用户与 TOE 建立活动会话的能力。例如,时间范围可基于一日的某些时间、一周的某些天或日历日期。这一限制提供了一些操作性的保护,防止一些动作在未实施正确的监测或正确的程序性措施时就能发生。

### L.6.2 FTA_TSE.1 TOE 会话建立

#### L.6.2.1 操作

##### L.6.2.2.1 赋值

在 FTA_TSE.1.1 中,PP/ST 作者应规定可用于限制会话建立的属性。例如可能的属性有用户身份、原发地点(如非远程终端)、访问时间(如外部时间)或访问方法(如 X-windows)。

# 附 录 M
# （规范性附录）
# FTP 类:可信路径/信道

用户经常需要直接与 TSF 进行交互来执行一些功能。一条可信路径提供了一种信任,即用户无论何时都可调用 TSF 直接与之通信。通过可信路径的用户响应确保那些不可信应用不能截取或修改用户的响应。同样,可信信道是在 TSF 和远程 IT 产品之间安全通信的一种方式。

缺少一条可信路径可能引起使用不可信应用的环境中的责任可追查性或访问控制的缺失。这些应用可截取用户私有的信息,如口令,并用它来冒名顶替其他用户。因而,对所有系统行为的职责都不能可靠地赋予一个可追查责任的实体。同样,这些应用可在可信用户的显示上输出错误信息,导致用户后来的动作是错误的,进而导致安全缺失。

图 M.1 给出了本类的组件的分解图。

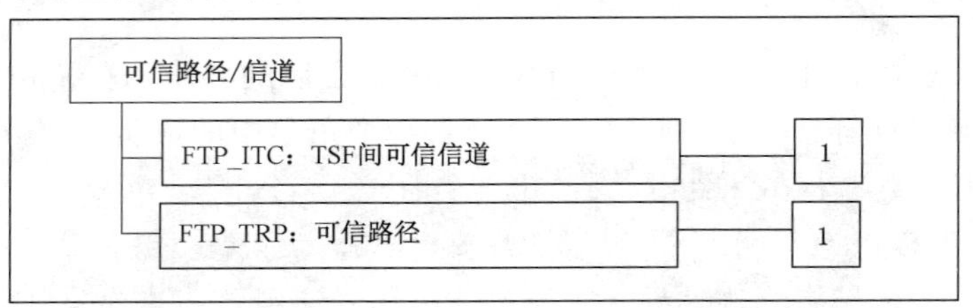


图 M.1 可信路径/信道类分解

## M.1 TSF 间可信信道(FTP_ITC)

### M.1.1 用户注释

本族定义了在 TSF 和其他可信 IT 产品之间为执行关键安全操作而创建可信信道连接的规则。关键安全操作的一个例子是,通过其功能是收集审计数据的可信产品传送数据,更新 TSF 鉴别数据库。

### M.1.2 FTP_ITC.1 TSF 间可信信道

#### M.1.2.1 用户应用注释

在 TSF 和其他可信 IT 产品之间要求有可信通信信道的时候应使用这一组件。

#### M.1.2.2 操作

##### M.1.2.2.1 选择

在 FTP_ITC.1.2 中,PP/ST 作者必须规定是本地 TSF、另一个可信 IT 产品还是两者都具有初始化可信信道的能力。

##### M.1.2.2.2 赋值

在 FTP_ITC.1.3 中,PP/ST 作者应规定要求可信信道的功能。这些功能的例子可包括用户、主体或客体安全属性的传送,以及保持 TSF 数据的一致性。

## M.2 可信路径(FTP_TRP)

### M.2.1 用户注释

本族定义了建立和维护用户和TSF间的可信通信的要求。任何与安全相关的交互都可能要求有可信路径。可信路径交换可由用户在与TSF进行交互的时候初始化,TSF也可通过可信路径与用户建立通信。

### M.2.2 FTP_TRP.1 可信路径

#### M.2.2.1 用户应用注释

当需要在用户和TSF之间可信通信时,不管是为了原发鉴别,还是为了额外的特定用户操作,应使用本组件。

#### M.2.2.2 操作

##### M.2.2.2.1 选择

在FTP_TRP.1.1中,PP/ST作者应规定可信路径是否必须扩展到远程或本地的用户。

在FTP_TRP.1.1中,PP/ST作者应规定可信路径是否保护数据防止被修改、泄露和/或其他违反完整性或机密性事件。

##### M.2.2.2.2 赋值

在FTP_TRP.1.1中,PP/ST作者应规定附加类型的违反可信信道保护的数据去完整性或机密性的事件。

##### M.2.2.2.3 选择

在FTP_TRP.1.2中,PP/ST作者应规定TSF、本地用户或远程用户是否能初始化可信路径。

在FTP_TRP.1.3中,PP/ST作者应规定可信路径是否应被应用于原发用户鉴别或其他特定的服务。

##### M.2.2.2.4 赋值

在FTP_TRP.1.3中,如果选择了的话,PP/ST作者应标识需要可信路径的其他服务(如果有的话)。

---

ICS 35.040
L 80

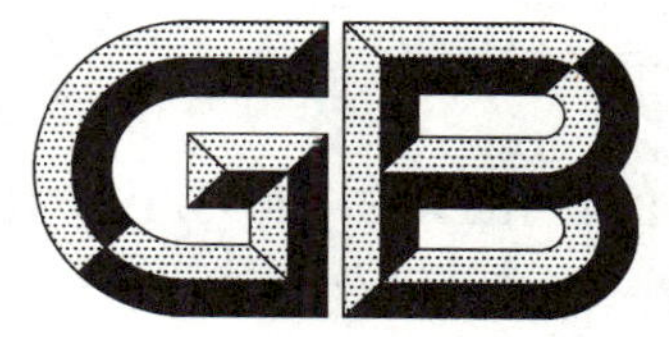

# 中华人民共和国国家标准

GB/T 18336.3—2015/ISO/IEC 15408-3:2008
代替 GB/T 18336.3—2008

# 信息技术　安全技术 信息技术安全评估准则 第3部分:安全保障组件

**Information technology—Security techniques—Evaluation criteria for IT security—Part 3:Security assurance components**

(ISO/IEC 15408-3:2008,IDT)

2015-05-15 发布　　　　2016-01-01 实施

中华人民共和国国家质量监督检验检疫总局
中国国家标准化管理委员会　发布

# 前　言

GB/T 18336《信息技术　安全技术　信息技术安全评估准则》分为以下三部分：

——第1部分：简介和一般模型；

——第2部分：安全功能组件；

——第3部分：安全保障组件。

本部分是GB/T 18336的第3部分。

本部分按照GB/T 1.1—2009给出的规则起草。

本部分代替GB/T 18336.3—2008《信息技术　安全技术　信息技术安全评估准则　第3部分：安全保证要求》。

本部分与GB/T 18336.3—2008的主要差异如下：

——将“保证”(assurance)改为“保障”；

——将“6　安全保证要求”改为“6　安全保障组件”；

——删除了“6.3　保护轮廓和安全目标评估准则类结构”、“6.4　本部分中术语的用法”、“6.5　保证分类”、“6.6　保证类和族概况”；

——将“6.1.5　EAL结构”调整为本部分的“6.2　评估保障级结构”；

——增加了“6.3　组合保障包结构”；

——删除了“7　保护轮廓与安全目标评估准则”、“11　保证类、族和组件”；

——增加了“8　组合保障包”；

——删除了“8.1　TOE描述”；

——增加了“9.2　符合性声明”；

——将“8.2　安全环境”、“8.6　明确陈述的IT安全要求”改为本部分的“9.3　安全问题定义”、“9.5　扩展组件定义”；

——删除了“9.1　TOE描述”、“9.5　PP声明”；

——增加了“10.2　符合性声明”；

——将“9.2　安全环境”、“9.7　明确陈述的IT安全要求”改为本部分的“10.3　安全问题定义”、“10.5　扩展组件定义”；

——删除了“ADV类：开发”中的“高层设计(ADV_HLD)”、“低层设计(ADV_LLD)”、“表示对应性(ADV_RCR)”；

——在“ADV类：开发”中增加了“安全架构(ADV_ARC)”、“TOE设计(ADV_TDS)”；

——将AGD类的“管理员指南(AGD_ADM)”和“用户指南(AGD_USR)”调整为本部分的“操作用户指南(AGD_OPE)”和“准备程序(AGD_PRE)”；

——将ACM类的“CM能力(ACM_CAP)”、“CM范围(ACM_SCP)”，ADO类的“交付(ADO_DEL)”合到了ALC类中；

——删除了“ACM类：配置管理”中的“CM自动化(ACM_AUT)”；

——删除了“ADO类：交付和运行”中的“安装、生成和启动(ADO_IGS)”；

——将“测试覆盖(ATE_COV)”改为“覆盖(ATE_COV)”，将“测试深度(ATE_DPT)”改为“深度(ATE_DPT)”；

——删除了“AVA类：脆弱性评定”中的“隐蔽信道分析(AVA_CCA)”、“误用(AVA_MSU)”、“TOE安全功能强度(AVA SOF)”；

——将“脆弱性分析(AVA_VLA)”改为“脆弱性分析(AVA_VAN)”;

——增加了“16　ACO 类:组合”;

——增加了“附录 A　开发(ADV)”、“附录 B　组合(ACO)”、“附录 D　PP 和保障组件的交叉引用”、“附录 F　CAP 和保障组件的交叉引用”;

——将“附录 A　保证组件依赖关系的交叉引用”调整为“附录 C　保障组件依赖关系的交叉引用”,将“附录 B　EAL 和保证组件的交叉引用”调整为“附录 E　EAL 和保障组件的交叉引用”。

本部分使用翻译法等同采用 ISO/IEC 15408-3:2008《信息技术　安全技术　信息技术安全评估准则　第 3 部分:安全保障组件》。

与本部分中规范性引用的国际文件有一致性对应关系的我国文件如下:

——GB/T 18336.1　信息技术　安全技术　信息技术安全评估准则　第 1 部分:简介和一般模型(GB/T 18336.1—2015,ISO/IEC 15408-1:2009,IDT)

——GB/T 18336.2　信息技术　安全技术　信息技术安全评估准则　第 2 部分:安全功能组件(GB/T 18336.2—2015,ISO/IEC 15408-2:2008,IDT)

本部分由全国信息安全标准化技术委员会(SAC/TC 260)提出并归口。

本部分起草单位:中国信息安全测评中心、信息产业信息安全测评中心、公安部第三研究所。

本部分主要起草人:张翀斌、郭颖、石竑松、毕海英、张宝峰、高金萍、王峰、杨永生、李国俊、董晶晶、谢蒂、王鸿娴、张怡、顾健、邱梓华、宋好好、陈妍、杨元原、许源、饶华一、吴毓书、毛军捷。

本部分所代替标准的历次版本发布情况为:

——GB/T 18336.3—2001

——GB/T 18336.3—2008

# 引　言

本部分定义的安全保障组件是在保护轮廓(PP)或安全目标(ST)中描述安全保障要求的基础。

这些要求建立了一种描述评估对象(TOE)保障要求的标准方法。本部分列出了一组保障组件、族和类,还定义了评估PP和ST的准则,定义了评估保障级别(EAL)来描述ISO/IEC 15408中预定义的用于评定TOE保障要求满足情况的尺度。

本部分的目标读者主要包括安全IT产品的消费者、开发者和评估者。ISO/IEC 15408-1提供了关于ISO/IEC 15408的目标读者,以及目标读者群体如何使用ISO/IEC 15408的补充信息。这些读者群体可以如下方式使用本部分:

a) 消费者,在选取组件描述保障要求,以满足PP或ST中提出的安全目的,以及确定所需的安全保障级别时都可使用本部分;

b) 开发者,在构造TOE以响应实际的或预想的消费者安全要求时,可参考本部分以解释保障要求陈述并确定TOE的保障方法;

c) 评估者,在确定TOE的保障级别以及评估PP和ST时,使用本部分所定义的保障要求作为评估准则的强制性陈述。

# 信息技术　安全技术
# 信息技术安全评估准则
# 第3部分:安全保障组件

## 1　范围

GB/T 18336 的本部分定义了保障要求,包括:评估保障级(EAL)——为度量部件 TOE 的保障定义了一种尺度;组合保障包(CAP)——为度量组合 TOE 的保障提供了一种尺度;组成保障级和保障包的单个保障组件;PP 和 ST 的评估准则。

## 2　规范性引用文件

下列文件对于本文件的应用是必不可少的。凡是注日期的引用文件,仅注日期的版本适用于本文件。凡是不注日期的引用文件,其最新版本(包括所有的修改单)适用于本文件。

ISO/IEC 15408-1　信息技术　安全技术　信息技术安全评估准则　第1部分:简介和一般模型(Information technology—Security techniques—Evaluation criteria for IT security—Part 1: Introduction and general model)

ISO/IEC 15408-2　信息技术　安全技术　信息技术安全评估准则　第2部分:安全功能组件(Information technology—Security techniques—Evaluation criteria for IT security—Part 2: Security functional components)

## 3　术语和定义

ISO/IEC 15408-1 中界定的术语、定义和缩略语适用于本文件。

## 4　概述

### 4.1　本部分的结构

第5章描述了在本部分的安全保障要求中使用的范型。

第6章描述了保障类、族、组件和评估保障级的表示结构以及它们之间的关系,包括组合保障包的结构。同时还刻画了第9章到第16章中陈述的保障类和族的特征。

第7章给出了评估保障级(EAL)的详尽定义。

第8章给出了组合保障包(CAP)的详尽定义。

第9章到第16章给出了本部分保障类的详尽定义。

附录A给出了开发类相关概念的进一步解释和实例。

附录B给出了组合TOE评估和组合类概念的解释。

附录C给出了保障组件之间依赖关系的总结。

附录D给出了PP和族以及APE类组件之间的交叉引用。

附录E给出了评估保障级(EAL)和保障组件之间的交叉引用。

附录F给出了组合保障包(CAP)和保障组件之间的交叉引用。

# 5 保障范型

本章旨在阐述支撑ISO/IEC 15408保障方法的理念。通过对本章的认识将使读者理解隐含在本部分保障要求中的基本原理。

## 5.1 ISO/IEC 15408的基本原则

ISO/IEC 15408的基本原则是,安全威胁和组织安全策略承诺应描述清楚,并且所提出的安全措施应可论证足以达到所期望的安全目的。

进一步地说,应采取措施来减少出现脆弱性的可能性,降低使用(有意利用或者无意触发)脆弱性的能力,以及由此导致的破坏程度。另外,还应采取一些措施,以便于后续标识脆弱性,消除、减轻脆弱性的影响,并/或在脆弱性被利用或触发时进行通告。

## 5.2 保障方法

ISO/IEC 15408的理念是,通过对将被信任的IT产品进行评估(主动调查)来提供保障。评估是提供保障的传统手段,并且是先前评估准则文档的基础。为了与现行的方法保持一致,ISO/IEC 15408采用了相同的理念。ISO/IEC 15408建议由专业的评估人员以递增评估范围、深度和严格程度的方式来度量文档和对应IT产品的有效性。

ISO/IEC 15408不排斥也不评论其他获得保障方法的相关优点。有关获得保障的其他方法仍在研究当中,一旦产生成熟的、可选择的方法,可以考虑把它们纳入到ISO/IEC 15408中,因为ISO/IEC 15408的结构允许引入新的内容。

### 5.2.1 脆弱性的意义

假定存在威胁者,他们将积极寻求违反安全策略的可乘之机,无论是为了非法获利还是出于善意的目的,其行为都是不安全的。威胁者也可能偶然触发了脆弱性,造成对组织的危害。由于存在处理敏感信息的需求而又缺乏充分可信的产品,IT失效将会导致很大的风险。因此,破坏IT安全性可能造成重大的损失。

通过脆弱性的有意利用或无意触发,破坏IT安全性的事件常发生在商用方面的IT应用过程中。

应采取一定的措施防止在IT产品中出现脆弱性。在可行的情况下,脆弱性应该被:

a) 消除——应采取积极的措施发现、排除或者抑制所有可利用的脆弱性;

b) 最小化——应采取积极的措施减少任何因脆弱性利用而造成的潜在影响,使残留的脆弱性达到一个可接受的程度;

c) 监视——应采取积极的措施确保任何利用残余脆弱性的企图都将被察觉,以便采取措施限制由此带来的损失。

### 5.2.2 脆弱性产生的原因

下列过程的失效可产生脆弱性:

a) 要求——IT产品可具有所有必需的功能和特征,也仍然可能包含脆弱性,致使产品在安全性方面不适当或者不起作用;

b) 开发——IT产品不符合其规范要求,和/或由于遵循了不良的开发标准或不正确的设计抉择而引入了脆弱性;

c) 运行——IT产品已经按正确的规范被正确构造,但是在其运行过程中由于缺乏控制而引入了脆弱性。

#### 5.2.3 ISO/IEC 15408 保障

保障是信任一个 IT 产品满足其安全目的的基础。保障可从诸如未经证实的声明、先前相关经验或者特定经验等中导出。然而，ISO/IEC 15408 通过主动调查来提供保障。主动调查就是以确定 IT 产品安全特性为目的对 IT 产品进行评估。

#### 5.2.4 通过评估获得保障

评估是获取保障的传统手段，并且是 ISO/IEC 15408 方法的基础。评估技术包括但不限于以下这些：

a) 分析并检查过程和程序；
b) 检查过程和程序是否正在被使用；
c) 分析 TOE 各设计表示之间的一致性；
d) 对照要求，分析 TOE 的设计表示；
e) 验证证据；
f) 分析指导性文档；
g) 分析所开发的功能测试和所提供的结果；
h) 独立的功能测试；
i) 脆弱性分析(包括缺陷假设)；
j) 穿透性测试。

### 5.3 ISO/IEC 15408 评估保障尺度

ISO/IEC 15408 的基本原则确信，更高的保障级别源于更多的评估努力，其目的是运用最小的努力来获得必要的保障级。努力程度的增长基于：

a) 范围——努力越多表明该 IT 产品被纳入了评估范围的部分越多；
b) 深度——努力越多表明对该 IT 产品的设计和实现细节评估得越细；
c) 严格性——努力越多表明对该 IT 产品的评估采用了越具结构性和形式化的方法。

## 6 安全保障组件

### 6.1 安全保障类、族和组件结构

以下内容描述了用于表示保障类、族和组件的结构。

图 1 图示说明了本部分所定义的安全保障要求(SAR)。需注意的是保障要求中最抽象的集合称作类。每一类包含多个保障族，每一族又包含多个保障组件，每一组件同样又包含多个保障元素。类和族用于提供对保障要求进行分类的分类法，而组件用来详细定义 PP/ST 中的安全保障要求。

#### 6.1.1 保障类结构

保障类的结构如图 1 所示。

##### 6.1.1.1 类名

每一保障类被分配了一个唯一的类名。类名表明该保障类所涵盖的主题。

还提供了保障类名对应的唯一缩写形式，这是引用该保障类的主要方式。采用“A”后跟两个与类名有关的字母来表示。

#### 6.1.1.2 类介绍

每个保障类有一段介绍，描述类的组成，并且包含涉及该类意图的支持性文字。

#### 6.1.1.3 保障族

每个保障类至少包含一个保障族。保障族的结构将在以下内容中进行介绍。

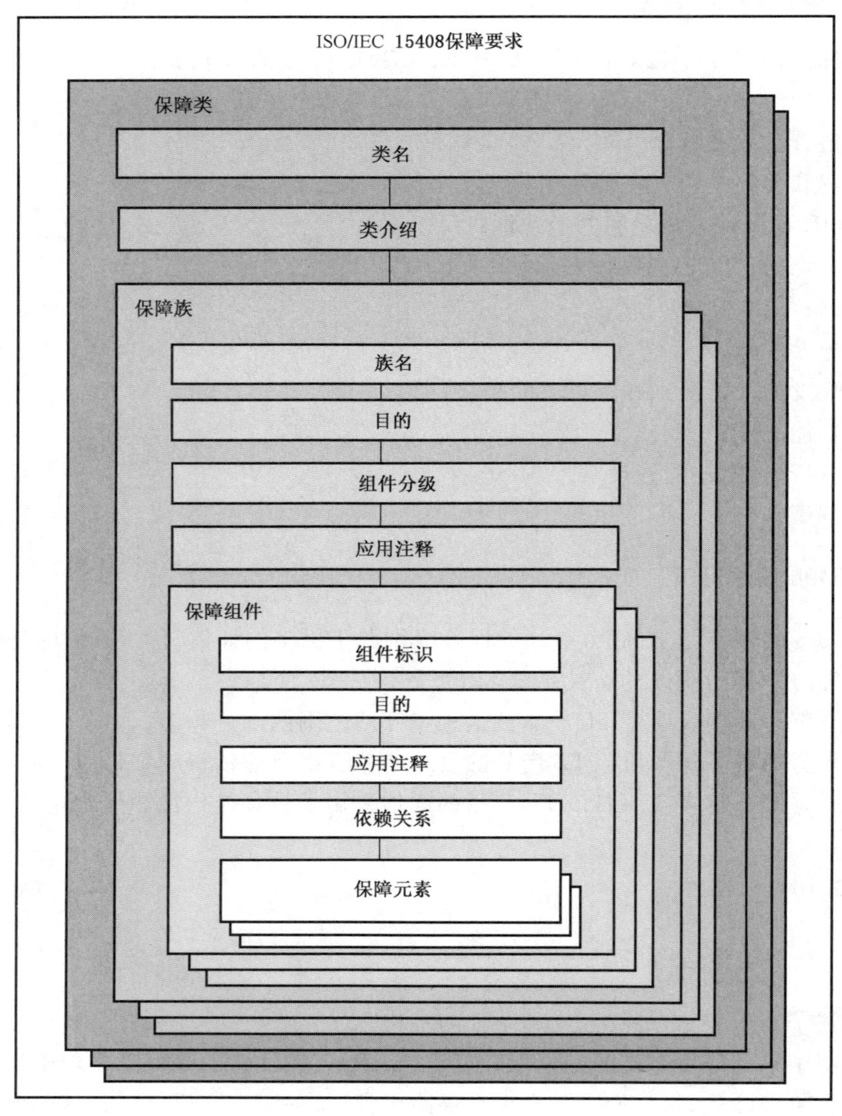


图 1 保障类/族/组件/元素的层次

### 6.1.2 保障族结构

保障族的结构如图 1 所示。

#### 6.1.2.1 族名

每个保障族被分配了一个唯一的族名。该名字提供了与保障族所涵盖主题相关的描述性信息。每个保障族归属于一个保障类，这个保障类也包括具有相同意图的其他保障族。

保障族名也有一个唯一的缩写形式，这是引用该保障族的主要方式。其表示方法是所在类名的缩写，紧跟着一个下划线，然后再加上与族名有关的三个字母。

#### 6.1.2.2 目的

保障族的目的内容说明了保障族的意图。

描述了该保障族所要满足的目的，特别是那些与 ISO/IEC 15408 保障范型有关的目的。保障族的这部分描述是一般性描述。任何目的的细节描述都包含在特定的保障组件中。

#### 6.1.2.3 组件分级

每个保障族包含一个或多个保障组件。保障族部分描述可供使用的组件并且解释各组件之间的差异。一旦确定该保障族对 PP/ST 保障要求而言是必需或是有用的，就要区分这些保障组件，这是组件分级的主要目的。

含有超过一个组件的保障族将被分级，并提供组件是如何分级的原理性解释。原理是按照范围、深度和/或严格性三方面来界定的。

#### 6.1.2.4 应用注释

如果有保障族应用注释，应包含该保障族的一些附加信息。这些信息应该是保障族用户(例如 PP 和 ST 的作者、TOE 的设计者、评估者)特别感兴趣的。这部分描述是非正式的，常包括关于使用限制的一些警告和特别需要注意的地方。

#### 6.1.2.5 保障组件

每个保障族至少包括一个保障组件。保障组件的结构将在 6.1.3 中进行描述。

### 6.1.3 保障组件结构

保障组件的结构如图 2 所示。

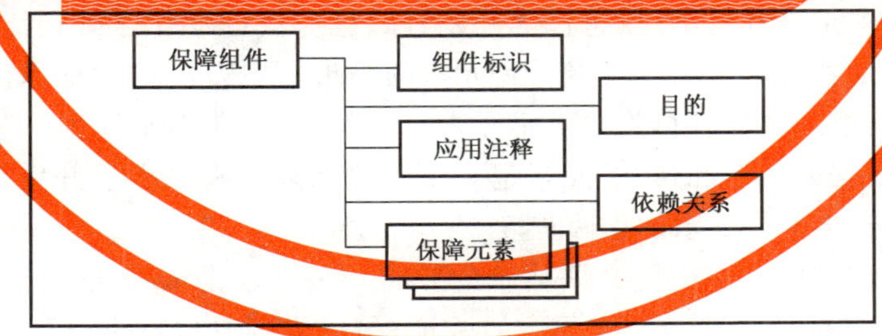


图 2 保障组件结构

保障族内组件之间的关系用粗体突出表示。新的、增强的或在同一类已有组件之上修订的要求，用粗体突出表示。

#### 6.1.3.1 组件标识

组件标识内容提供了识别、分类、注册和引用某一组件所必要的描述信息。

每个保障组件被分配了一个唯一的组件名。该组件名提供关于该保障组件所涵盖主题的描述性信息。每个保障组件均被放置在与其具有相同安全目的的保障族之内。

也提供了保障组件名字的一个唯一缩写形式，这是引用保障组件的主要手段。其形式为族名的缩写，后面加一个点，然后是一个数字，这个数字是根据组件在族内的顺序从 1 开始编号的。

#### 6.1.3.2 目的

如果有保障组件目的,应包含该特定保障组件的特定目的以及该组件的特定意图和目的的详尽解释。

#### 6.1.3.3 应用注释

如果有保障组件的应用注释,应包含一些附加的信息,以便于使用该组件。

#### 6.1.3.4 依赖关系

当一个组件无法自我满足而依赖于另一个组件的存在时,依赖关系就出现在这些保障组件中。

每一个保障组件提供了对其他保障组件的依赖关系的一个完整列表。某些组件可能列出“无依赖关系”,这表明没有确定的依赖关系。被依赖的组件也可能依赖于其他组件。

依赖关系列表标识了所依赖的保障组件的最小集合。在依赖关系列表中,等级比该组件低的那些组件也可以要满足该依赖关系。

在特殊情况下,所指示的依赖关系可能并不适用。PP/ST 作者在提供为什么给定的依赖关系不适用的理由后,可以选择不满足该依赖关系。

#### 6.1.3.5 保障元素

每一个保障组件包含一组保障元素。一个保障元素就是一个安全要求,如果再进一步细分的话,将不会产生有意义的评估结果。它是 ISO/IEC 15408 认可的最小的安全要求。

每一个保障元素都被确定为属于以下 3 组保障元素中的一组:

a) 开发者行为元素:应由开发者实施的行为。这组行为靠随后的一组元素中所引用的证据材料来进一步限制。开发者行为要求用元素号后附加一个字母“D”来标识。
b) 证据的内容和形式元素:所需证据,证据应证实的内容和证据应表达哪些信息。证据的内容和形式要求用元素号后附加字母“C”来标识。
c) 评估者行为元素:应由评估者实施的行为。这组行为明确包含确认在“证据的内容和形式”元素中规定的要求是否都已满足,也包含开发者除已完成的动作之外还需实施的明确行为和分析。隐藏的评估者行为作为开发者行为元素的结果,虽然没有被“证据的内容和形式”元素覆盖,也应当被实施。评估者行为要求用元素号后附加字母“E”来标识。

“开发者行为”和“证据的内容和形式”元素定义了一组保障要求来表示开发者的职责,以便于论证 TOE 满足 PP 或 ST 中安全功能要求的保障程度。

“评估者行为”从评估的两个方面定义评估者的职责。一方面是依据第 9 章 APE“保护轮廓评估”类和第 10 章 ASE“安全目标评估”类对 PP/ST 的验证;另一方面是验证 TOE 与其功能要求和保障要求的符合性。通过证实 PP/ST 是有效的并且 TOE 满足这些要求,评估者可以确信 TOE 在运行环境中能够解决已定义的安全问题。

开发者行为元素、证据的内容和形式元素以及显式的评估者行为元素,确定了在验证 TOE 的 ST 所作安全声明时评估者应耗费的精力。

### 6.1.4 保障元素

每个元素代表一个需要满足的要求。这些要求的陈述应当清晰、简洁且无歧义。因此,不能出现复杂句式,即每一可分离的要求将作为单独的元素来说明。

### 6.1.5 组件分类

本部分包含一些族和组件,以相关保障为基础进行分类。在每一个类的开始是一个图表,指出该类中的族和族中的组件。

图3中所示的类只包含一个族。这个族包含3个按线性层次关系排列的组件(即组件2在特定行为、特定证据、行为或证据的严格性等方面上比组件1要求得更多)。在本部分中保障族都是按线性分层关系组织的,尽管“线性”关系对以后可能增加的保障族而言,不是一个强制性标准。

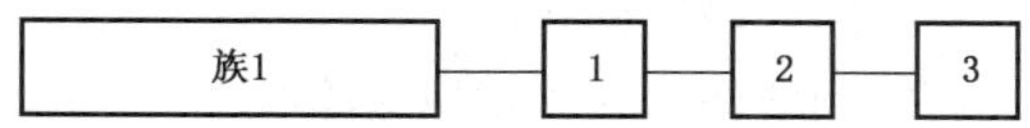


图3 类分解图实例

## 6.2 评估保障级结构

在本部分中定义的评估保障级(EAL)和相应的结构如图4所示。注意,图中显示出保障组件的内容,意图是通过引用ISO/IEC 15408中定义的实际组件把这些信息包含到一个EAL中。

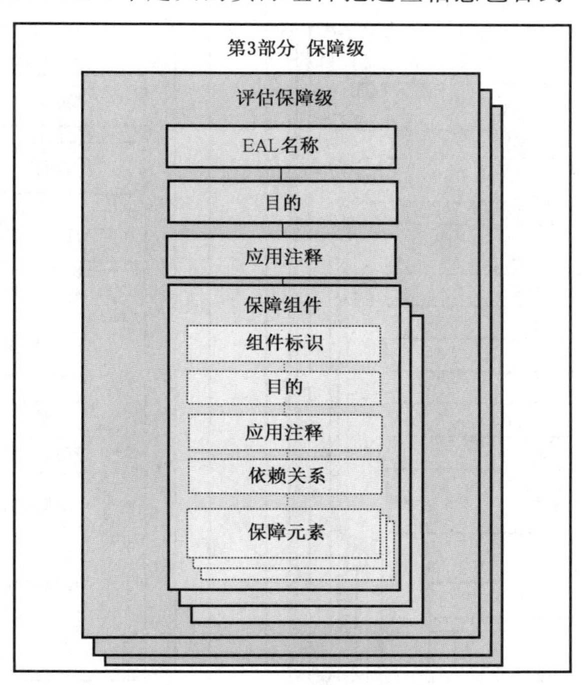


图4 评估保障级结构

### 6.2.1 评估保障级名称

每个评估保障级被分配了一个唯一的名称。该名称提供关于该评估保障级意图的描述性信息。也提供了评估保障级名称的一个唯一缩写形式,这是引用评估保障级的主要手段。

### 6.2.2 目的

本条表示的是评估保障级的意图。

### 6.2.3 应用注释

如果有评估保障级的应用注释条,其中应包含评估保障级的使用者(如PP和ST作者,以该评估保障级为目标的TOE设计者、评估者)特别感兴趣的信息。这部分描述是非正式的,常包括关于使用限制的一些警告和特别需要注意的地方。

### 6.2.4 保障组件

每一个评估保障级均选择了一组保障组件。

可以用以下方法,得到一个比给定的EAL更高的保障级别:

a) 包含来自其他保障族的额外的保障组件;或

b) 从相同的保障族中用更高级别的保障组件替换保障组件。

### 6.2.5 保障和保障级之间的关系

图5说明了ISO/IEC 15408定义的保障要求和保障级之间的关系。当保障组件进一步分解为保障元素时,保障元素不能被保障级单独引用。需要注意的是,图中的箭头表示评估保障级(EAL)与保障类中组件的引用关系。

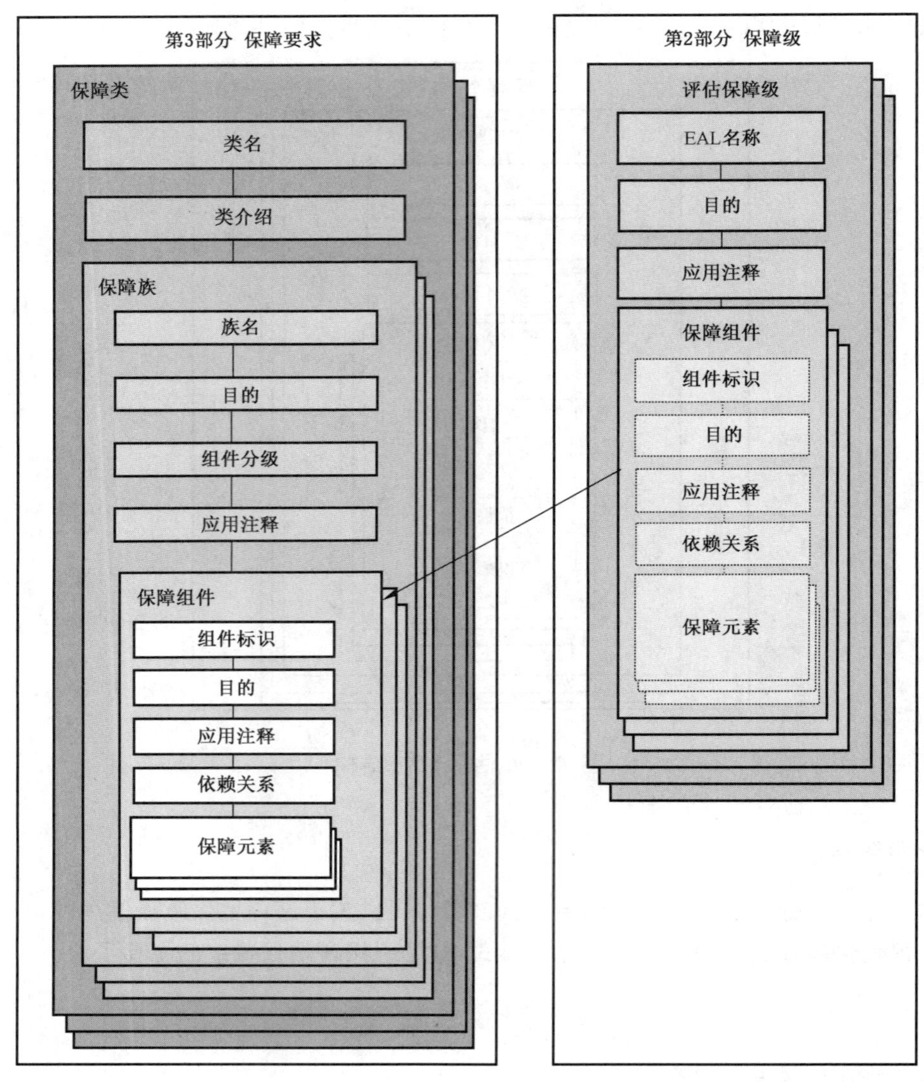


图5 保障和保障级的关系

## 6.3 组合保障包结构

组合保障包的结构和评估保障级的结构类似。这两种类型包的主要不同之处是他们所应用的

TOE类型不同，评估保障级适用于组件TOE，组合保障包适用于组合TOE。

在本部分中定义的组合保障包(CAP)和相应的结构如图6所示。需要注意的是，该图中显示出保障组件的内容，目的是通过引用ISO/IEC 15408中定义的实际组件把这些信息包含到一个组合保障包中。

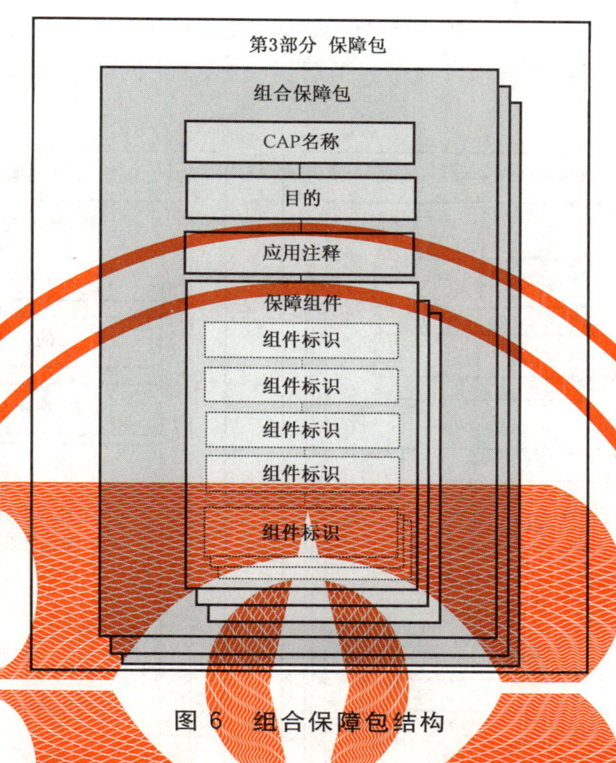


图6 组合保障包结构

### 6.3.1 组合保障包名称

每个组合保障包被分配了唯一的名称。该名称提供关于该组合保障包目的的描述性信息。每个组合保障包还有唯一的缩写形式，这是引用组合保障包的主要方法。

### 6.3.2 目的

本条是对组合保障包目的的描述。

### 6.3.3 应用注释

如果有组合保障包的应用注释，则该部分包含组合保障包使用者(如PP和ST作者、以该组合保障包为目标的组合TOE的集成者、评估者)特别感兴趣的信息。这部分描述是非正式化的，常包括诸如使用限制的一些警告和特别需要注意的地方。

### 6.3.4 保障组件

为每一个组合保障包选择了一组保障组件。

一些依赖关系标识了对组合TOE活动所依赖组件的评估过程中所完成的活动。在未明确指明与依赖组件活动存在依赖关系时，依赖关系存在于组合TOE其他的评估活动中。

比给定的组合保障包更高的保障级别可通过以下方式获得：

a) 包含来自于其他保障族的额外保障组件；或

b) 用来自于同一保障族中的更高级别的保障组件替换保障组件。

ACO类:在CAP保障包中的组合组件不能用于提升组件TOE的评估级别,因为这无法给组件TOE的评估提供任何有意义的保障。

### 6.3.5 保障和组合保障包之间的关系

图7描述了ISO/IEC 15408定义的安全保障要求和组合保障包之间的关系。当保障组件进一步分解为保障元素时,保障元素不能被保障包单独引用。注意,图中的箭头表示组合保障包与保障类组件的引用关系。

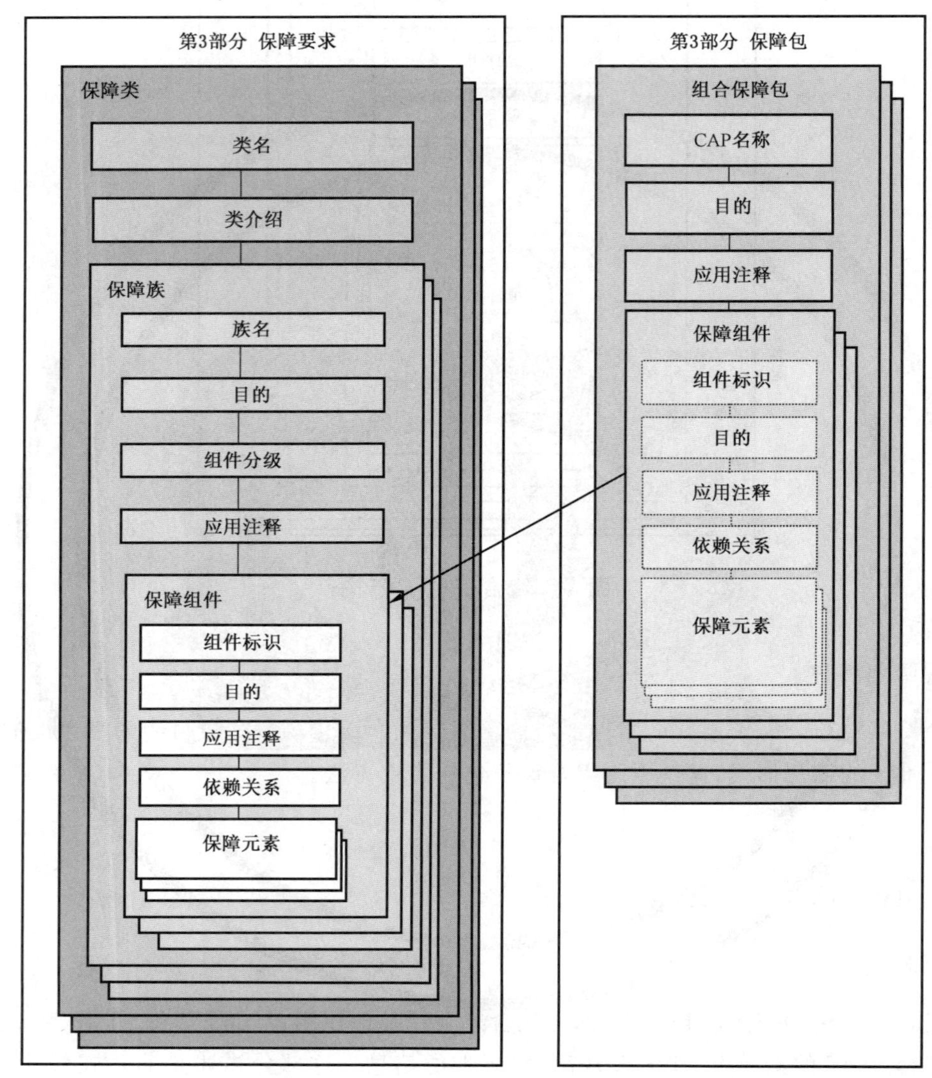


图7 保障和组合保障包的关系

## 7 评估保障级

评估保障级(EAL)提供了一种递增的尺度,以保障度的获取开销和可行性来权衡保障的级别。ISO/IEC 15408使用的方法分离了评估结束时对一个TOE建立的保障概念,以及在运行使用该TOE时维护该保障的概念。

需要特别注意的是并非本部分中的所有族和组件都包含在这些评估保障级中。这并不是说没有包含在评估保障级中的这些族和组件不提供有意义的和所需要的保障。相反，期望能把这些族和组件提供的效用作为PP和ST中的评估保障级的增强。

## 7.1 评估保障级(EAL)概述

表1概括性地描述了评估保障级。其中列表示的是一组按级排序的评估保障级，行表示的是保障族。在表格矩阵中的每一个数字标识出了此处适宜的具体保障组件。

正如在下一条里所总结的那样，在ISO/IEC 15408中对TOE的保障等级定义了七个级别。它们按级别排序，因为每一个评估保障级比其较低的评估保障级表达更多的保障。从评估保障级到评估保障级的保障增加，靠替换成同一保障族中的一个更高级别的保障组件(即增加严格性、范围和/或深度)和添加另外一个保障族的保障组件(即添加新的要求)来实现。

正如在本部分第6章所阐述的那样，这些评估保障级由保障组件的一个适当组合组成。更确切地说，每个评估保障级最多包含每个保障族中的一个组件，以及每个组件的所有保障依赖关系。

虽然这些评估保障级是在ISO/IEC 15408中定义的，但还是可以用保障的其他组合来表示。特别是"增强"这个概念允许(从没有包括在评估保障级中的保障族)向评估保障级中增加保障组件，或允许替换评估保障级中的(用同一个保障族的其他更高级别的保障组件)组件。在ISO/IEC 15408中定义的保障结构中，只有评估保障级可以增强。"评估保障级减去一个组成保障组件"这样的想法在本部分中不认为是一个有效的主张。要求"增强"者有义务论证对评估保障级添加保障组件的实际意义和额外价值。一个评估保障级也可以用扩展的保障要求来增强。

**表1 评估保障级汇总**

| 保障类 | 保障族 | | 评估保障级依据的保障组件 | | | | | | |
|---|---|---|---|---|---|---|---|---|---|
| | | | EAL1 | EAL2 | EAL3 | EAL4 | EAL5 | EAL6 | EAL7 |
| 开发 | ADV_ARC | 安全架构 | | 1 | 1 | 1 | 1 | 1 | 1 |
| | ADV_FSP | 功能规范 | 1 | 2 | 3 | 4 | 5 | 5 | 6 |
| | ADV_IMP | 实现表示 | | | | 1 | 1 | 2 | 2 |
| | ADV_INT | TSF内部 | | | | | 2 | 3 | 3 |
| | ADV_SPM | 安全策略模型 | | | | | | 1 | 1 |
| | ADV_TDS | TOE设计 | | 1 | 2 | 3 | 4 | 5 | 6 |
| 指导性文档 | AGD_OPE | 操作用户指南 | 1 | 1 | 1 | 1 | 1 | 1 | 1 |
| | AGD_PRE | 准备程序 | 1 | 1 | 1 | 1 | 1 | 1 | 1 |
| 生命周期支持 | ALC_CMC | CM能力 | 1 | 2 | 3 | 4 | 4 | 5 | 5 |
| | ALC_CMS | CM范围 | 1 | 2 | 3 | 4 | 5 | 5 | 5 |
| | ALC_DEL | 交付 | | 1 | 1 | 1 | 1 | 1 | 1 |
| | ALC_DVS | 开发安全 | | | 1 | 1 | 1 | 2 | 2 |
| | ALC_FLR | 缺陷纠正 | | | | | | | |
| | ALC_LCD | 生命周期定义 | | | 1 | 1 | 1 | 1 | 2 |
| | ALC_TAT | 工具和技术 | | | | 1 | 2 | 3 | 3 |

表 1（续）

| 保障类 | 保障族 | | EAL1 | EAL2 | EAL3 | EAL4 | EAL5 | EAL6 | EAL7 |
|---|---|---|---|---|---|---|---|---|---|
| ST 评估 | ASE_CCL | 符合性声明 | 1 | 1 | 1 | 1 | 1 | 1 | 1 |
| | ASE_ECD | 扩展组件定义 | 1 | 1 | 1 | 1 | 1 | 1 | 1 |
| | ASE_INT | ST 引言 | 1 | 1 | 1 | 1 | 1 | 1 | 1 |
| | ASE_OBJ | 安全目的 | 1 | 2 | 2 | 2 | 2 | 2 | 2 |
| | ASE_REQ | 安全要求 | 1 | 2 | 2 | 2 | 2 | 2 | 2 |
| | ASE_SPD | 安全问题定义 | | 1 | 1 | 1 | 1 | 1 | 1 |
| | ASE_TSS | TOE 概要规范 | 1 | 1 | 1 | 1 | 1 | 1 | 1 |
| 测试 | ATE_COV | 覆盖 | | 1 | 2 | 2 | 2 | 3 | 3 |
| | ATE_DPT | 深度 | | | 1 | 2 | 3 | 3 | 4 |
| | ATE_FUN | 功能测试 | | 1 | 1 | 1 | 1 | 2 | 2 |
| | ATE_IND | 独立测试 | 1 | 2 | 2 | 2 | 2 | 2 | 3 |
| 脆弱性评定 | AVA_VAN | 脆弱性分析 | 1 | 2 | 2 | 3 | 4 | 5 | 5 |

## 7.2　评估保障级细节

以下各条提供这些评估保障级的定义，用粗体字强调了各级特定要求之间的区别和这些要求的一般特征。

## 7.3　评估保障级 1(EAL1)——功能测试

### 7.3.1　目的

EAL1 适用于对(产品的)正确运行需要一定信心，但安全威胁又并不太被看重的场合。对于需要进行独立的保障评估来支持个人信息或类似信息已经得到适当保护的情况，EAL1 具有一定的价值。

EAL1 仅要求一个简化的 ST。该 ST 只需简单地陈述 TOE 满足的安全功能要求，而不用通过从假设、威胁和组织安全策略，进而从安全目的来推导安全功能要求。

EAL1 提供了一个对客户可用的 TOE 的评估，包括依据独立测试和对所提供的指导性文档的检查。意图是在没有 TOE 开发者的帮助下，EAL1 评估也能成功地进行，而且评估所需费用最少。

在这个级别上的评估应当提供这样的证据，即 TOE 的功能与其文档是一致的。

### 7.3.2　保障组件

**EAL1 提供了一种基本的保障级别来理解安全行为，该保障级别是在利用功能和接口规范以及指导性文档的基础上，通过分析一个部分 ST 中的安全功能要求而建立的。**

**这种分析是通过从公开领域搜索潜在脆弱性并开展 TSF 的独立测试(功能测试和穿透性测试)来获得支持的。**

**EAL1 还通过 TOE 和相关评估文档的唯一标识来提供保障。表 2 列出 EAL1 级的保障组件。**

**与未经评估的 IT 产品相比，本 EAL 在保障方面提供了有意义的增强。**

表 2 评估保障级 1

| 保障类 | 保障组件 |
| --- | --- |
| ADV:开发 | ADV_FSP.1 基本功能规范 |
| AGD:指导性文档 | AGD_OPE.1 操作用户指南 |
| | AGD_PRE.1 准备程序 |
| ALC:生命周期支持 | ALC_CMC.1 TOE 标识 |
| | ALC_CMS.1 TOE CM 覆盖 |
| ASE:ST 评估 | ASE_CCL.1 符合性声明 |
| | ASE_ECD.1 扩展组件定义 |
| | ASE_INT.1 ST 引言 |
| | ASE_OBJ.1 运行环境安全目的 |
| | ASE_REQ.1 陈述性的安全要求 |
| | ASE_TSS.1 TOE 概要规范 |
| ATE:测试 | ATE_IND.1 独立测试——符合性 |
| AVA:脆弱性评定 | AVA_VAN.1 脆弱性调查 |

### 7.4 评估保障级 2(EAL2)——结构测试

#### 7.4.1 目的

EAL2 需要开发者在交付设计信息和测试结果方面提供配合,除了要求其与良好的商业习惯一致外,不应要求开发方付出更多的努力。这样,就不需要增加过多的费用或时间投入。

EAL2 适用于以下情况:在缺乏现成可用的完整的开发记录时,开发者或用户需要一种低到中等级别的安全性保障。这种情况可能出现在对遗留系统进行安全保护、或者不易联系到开发者的时候。

#### 7.4.2 保障组件

**EAL2** 在利用功能和接口规范、指导性文档和 **TOE 结构的基本描述**的基础上,通过分析一个**完整的** ST 中的安全功能要求来提供保障,以理解安全行为。

这种分析由对 TSF 的独立测试、**开发者基于功能规范进行测试的证据、对开发者测试结果的选择性独立确认、证实可抵御具有基本攻击潜力攻击者攻击的脆弱性分析(基于功能规范、TOE 设计、安全架构描述和提供的指导性证据)**等证据来支持。

**EAL2** 还通过**配置管理系统的使用和安全交付程序的证据**来提供保障。**表 3 列出 EA2 级的保障**组件。

与 **EAL1** 相比,本 EAL 通过**增加开发者测试、脆弱性分析(除了公开领域的搜索外)和基于更详细的 TOE 规范进行独立测试等内容**,在保障方面提供了有意义的增强。

表 3 评估保障级 2

| 保障类 | 保障组件 |
| --- | --- |
| ADV:开发 | ADV_ARC.1 安全架构描述 |
| | ADV_FSP.2 安全执行功能规范 |
| | ADV_TDS.1 基础设计 |
| AGD:指导性文档 | AGD_OPE.1 操作用户指南 |
| | AGD_PRE.1 准备程序 |
| ALC:生命周期支持 | ALC_CMC.2 CM 系统的使用 |
| | ALC_CMS.2 部分 TOE CM 覆盖 |
| | ALC_DEL.1 交付程序 |
| ASE:ST 评估 | ASE_CCL.1 符合性声明 |
| | ASE_ECD.1 扩展组件定义 |
| | ASE_INT.1 ST 引言 |
| | ASE_OBJ.2 安全目的 |
| | ASE_REQ.1 陈述性的安全要求 |
| | ASE_SPD.1 安全问题定义 |
| | ASE_TSS.1 TOE 概要规范 |
| ATE:测试 | ATE_COV.1 覆盖证据 |
| | ATE_FUN.1 功能测试 |
| | ATE_IND.2 独立测试—抽样 |
| AVA:脆弱性评定 | AVA_VAN.2 脆弱性分析 |

### 7.5 评估保障级 3(EAL3)——系统地测试和检查

#### 7.5.1 目的

EAL3 可使负责任的开发者在设计阶段不需要对现有合理的开发实践作实质性变更,就能从正确的安全工程中获得最大限度的保障。

EAL3 适用于以下情况:开发者或用户需要中等级别的安全性保障,同时要求在不进行大规模重建的情况下,对 TOE 及其开发过程进行彻底调查。

#### 7.5.2 保障组件

**EAL3** 在利用功能和接口规范、指导性文档和 TOE 的**设计架构描述**的基础上,通过分析一个完整的 ST 中的安全功能要求来提供保障,以理解安全行为。

这种分析由对 TSF 的独立测试、开发者基于功能规范**和 TOE 设计**进行测试的证据、对开发者测试结果的选择性独立确认、证实可抵御具有基本攻击潜力攻击者攻击的脆弱性分析(基于功能规范、TOE 设计、安全架构描述和提供的指导性证据)等证据来支持。

**EAL3** 还通过使用**开发环境控制措施**、**TOE** 配置管理和安全交付程序的证据来提供保障。**表 4 列出 EAL3 级的保障组件**。

与 **EAL2** 相比，本 EAL 通过增加**覆盖安全功能**的**完备**测试，以及**提供在开发过程中** TOE **不会被篡改的信任机制和/或程序等内容**，在保障方面提供了有意义的增强。

表 4 评估保障级 3

| 保障类 | 保障组件 |
|---|---|
| ADV:开发 | ADV_ARC.1 安全架构描述 |
| | ADV_FSP.3 带完整摘要的功能规范 |
| | ADV_TDS.2 结构化设计 |
| AGD:指导性文档 | AGD_OPE.1 操作用户指南 |
| | AGD_PRE.1 准备程序 |
| ALC:生命周期支持 | ALC_CMC.3 授权控制 |
| | ALC_CMS.3 实现表示 CM 覆盖 |
| | ALC_DEL.1 交付程序 |
| | ALC_DVS.1 安全措施标识 |
| | ALC_LCD.1 开发者定义的生命周期模型 |
| ASE:ST 评估 | ASE_CCL.1 符合性声明 |
| | ASE_ECD.1 扩展组件定义 |
| | ASE_INT.1 ST 引言 |
| | ASE_OBJ.2 安全目的 |
| | ASE_REQ.2 推导出的安全要求 |
| | ASE_SPD.1 安全问题定义 |
| | ASE_TSS.1 TOE 概要规范 |
| ATE:测试 | ATE_COV.2 覆盖分析 |
| | ATE_DPT.1 测试:基本设计 |
| | ATE_FUN.1 功能测试 |
| | ATE_IND.2 独立测试—抽样 |
| AVA:脆弱性评定 | AVA_VAN.2 脆弱性分析 |

## 7.6 评估保障级 4(EAL4)——系统地设计、测试和复查

### 7.6.1 目的

EAL4 可使开发者基于良好的商业开发惯例，从正确的安全工程中获得最大限度的保障，虽然这种实践很严格，但并不需要大量的专业知识、技巧和其他资源。翻新一个已经存在的生产线很可能是经济上切实可行的，此时 EAL4 是所能达到的最高保障级别。

EAL4 适用于以下这些情况：开发者或用户在传统的商品化 TOE 中需要一个中等到高等级别的安全性保障，并准备负担额外的安全专用的工程费用。

### 7.6.2 保障组件

**EAL4** 在利用功能和**全部**接口规范、指导性文档、TOE **基本模块**设计的描述**和实现的子集**的基础

上,通过分析一个完整的 ST 中的安全功能要求来提供保障,以理解安全行为。

这种分析由对 TOE 安全功能的独立测试、开发者基于功能规范和 TOE 设计进行测试的证据、对开发者测试结果的选择性独立确认、证实可抵御具有**增强型基本**攻击潜力攻击者攻击的脆弱性分析(基于功能规范、TOE 设计、**实现表示**、**结构性设计**和提供的指导性证据)等证据来支持。

**EAL4** 还通过使用开发环境控制措施、**包括配置管理自动化在内的更多的** TOE 配置管理措施和安全交付程序的证据来提供保障。**表 5 列出 EAL4 级的保障组件**。

与 **EAL3** 相比,本 EAL 通过增加更多的**设计描述**、**所有安全功能的实现表示**,以及为在开发过程中 TOE 不会被篡改提供一定信任的**改进**机制和/或程序,在保障方面**提供了有意义的增强**。

表 5 评估保障级 4

| 保障类 | 保障组件 |
|---|---|
| ADV:开发 | ADV_ARC.1 安全架构描述 |
| | ADV_FSP.4 完备的功能规范 |
| | ADV_IMP.1 TSF 实现表示 |
| | ADV_TDS.3 基础模块设计 |
| AGD:指导性文档 | AGD_OPE.1 操作用户指南 |
| | AGD_PRE.1 准备程序 |
| ALC:生命周期支持 | ALC_CMC.4 生产支持和接受程序及其自动化 |
| | ALC_CMS.4 问题跟踪 CM 覆盖 |
| | ALC_DEL.1 交付程序 |
| | ALC_DVS.1 安全措施标识 |
| | ALC_LCD.1 开发者定义的生命周期模型 |
| | ALC_TAT.1 明确定义的开发工具 |
| ASE:ST 评估 | ASE_CCL.1 符合性声明 |
| | ASE_ECD.1 扩展组件定义 |
| | ASE_INT.1 ST 引言 |
| | ASE_OBJ.2 安全目的 |
| | ASE_REQ.2 推导出的安全要求 |
| | ASE_SPD.1 安全问题定义 |
| | ASE_TSS.1 TOE 概要规范 |
| ATE:测试 | ATE_COV.2 覆盖分析 |
| | ATE_DPT.2 安全执行模块 |
| | ATE_FUN.1 功能测试 |
| | ATE_IND.2 独立测试—抽样 |
| AVA:脆弱性评定 | AVA_VAN.3 关注点脆弱性分析 |

## 7.7 评估保障级5(EAL5)——半形式化设计和测试

### 7.7.1 目的

EAL5可使一个开发者从基于严格的商业开发实践的安全工程中获得最大限度的保障，而这种开发实践是靠专业安全工程技术的适度应用来支持的。设计和开发能够达到EAL5保障要求的TOE。相对于没有应用专业技术的严格开发而言，由EAL5要求引起的额外的开销也许不会很大。

EAL5适用于以下这些情况：开发者或用户在一个有计划的开发过程中需要高级别独立的安全性保障，以及开发者或用户在未由于专业安全工程技术而导致不合理开销的条件下，需要有严格的开发手段。

### 7.7.2 保障组件

**EAL5**在利用功能和全部接口规范、指导性文档、TOE的设计描述和实现的基础上，通过分析一个完整的ST中的安全功能要求来提供保障，以理解安全行为。**此外还需要模块化的TSF设计**。

这种分析由TOE安全功能的独立测试，开发者基于功能规范、TOE设计进行测试的证据，对开发者测试结果的选择性独立确认，证实可抵御具有**中等**攻击潜力攻击者攻击的**独立的**脆弱性分析等证据来支持。

**EAL5**还通过使用开发环境控制措施、包括配置管理自动化在内的**全面的**TOE配置管理措施和安全交付程序的证据来提供保障。**表6列出EAL5级的保障组件。**

与**EAL4**相比，本EAL通过增加**半形式化的设计描述**、**具有可经受结构化分析的架构体系**以及为在开发过程中TOE不会被篡改提供一定信任的改进机制和/或程序，在保障方面提供了有意义的增强。

表6 评估保障级5

| 保障类 | 保障组件 |
|---|---|
| ADV:开发 | ADV_ARC.1 安全架构描述 |
| | ADV_FSP.5 附加错误信息的完备的半形式化功能规范 |
| | ADV_IMP.1 TSF实现表示 |
| | ADV_INT.2 内部结构合理 |
| | ADV_TDS.4 半形式化模块设计 |
| AGD:指导性文档 | AGD_OPE.1 操作用户指南 |
| | AGD_PRE.1 准备程序 |
| ALC:生命周期支持 | ALC_CMC.4 生产支持和接受程序及其自动化 |
| | ALC_CMS.5 开发工具CM覆盖 |
| | ALC_DEL.1 交付程序 |
| | ALC_DVS.1 安全措施标识 |
| | ALC_LCD.1 开发者定义的生命周期模型 |
| | ALC_TAT.2 遵从实现标准 |

表 6（续）

| 保障类 | 保障组件 |
| --- | --- |
| ASE:ST 评估 | ASE_CCL.1 符合性声明 |
| | ASE_ECD.1 扩展组件定义 |
| | ASE_INT.1 ST 引言 |
| | ASE_OBJ.2 安全目的 |
| | ASE_REQ.2 推导出的安全要求 |
| | ASE_SPD.1 安全问题定义 |
| | ASE_TSS.1 TOE 概要规范 |
| ATE:测试 | ATE_COV.2 覆盖分析 |
| | ATE_DPT.3 测试:模块设计 |
| | ATE_FUN.1 功能测试 |
| | ATE_IND.2 独立测试—抽样 |
| AVA:脆弱性评定 | AVA_VAN.4 系统的脆弱性分析 |

## 7.8 评估保障级 6(EAL6)——半形式化验证的设计和测试

### 7.8.1 目的

EAL6 可使开发者通过把安全工程技术应用于严格的开发环境情况下，获得的高级别保障。目的是为了生产一个质优价高的 TOE 来保护高价值的资产避免存在重大的风险。

EAL6 适用于应用在高风险环境下 TOE 的开发，其中由于安全所需的额外开销与受保护资产的价值是相当的。

### 7.8.2 保障组件

**EAL6** 在利用功能和全部接口规范、指导性文档、TOE 设计和实现的基础上，通过分析一个完整的 ST 中的安全功能要求来提供保障，以理解安全行为。**还通过以下方式额外地获得保障:所选 TOE 安全策略的形式化模型描述，TOE 设计功能规范的半形式化描述**。此外还需要模块化**和层次化**的 TSF 设计。

这种分析由 TOE 安全功能的独立测试，开发者基于功能规范、TOE 设计进行测试的证据，对开发者测试结果的选择性独立确认，以及证实可抵御具有**高等**攻击潜力的攻击者攻击的独立的脆弱性分析等来支持。

**EAL6** 还通过使用**结构化的**开发**过程**、**开发**环境控制措施、包括配置管理**完全**自动化在内的全面的 TOE 配置管理措施和安全交付程序的证据等来提供保障。**表 7 列出 EAL6 级的保障组件**。

与 **EAL5** 相比，本 EAL 通过增加**更加全面的分析**、**实现的结构化描述**、更**体系化的结构**(**如分层**)、**更全面的独立脆弱性分析**，以及改进的**配置管理和**开发**环境控制**，在保障方面提供了有意义的增强。

表 7　评估保障级 6

| 保障类 | 保障组件 |
|---|---|
| ADV:开发 | ADV_ARC.1 安全架构描述 |
| | ADV_FSP.5 附加错误信息的完备的半形式化功能规范 |
| | ADV_IMP.2 TSF 实现表示完全映射 |
| | ADV_INT.3 内部复杂度最小化 |
| | ADV_SPM.1 形式化 TOE 安全策略模型 |
| | ADV_TDS.5 完全半形式化模块设计 |
| AGD:指导性文档 | AGD_OPE.1 操作用户指南 |
| | AGD_PRE.1 准备程序 |
| ALC:生命周期支持 | ALC_CMC.5 高级支持 |
| | ALC_CMS.5 开发工具 CM 覆盖 |
| | ALC_DEL.1 交付程序 |
| | ALC_DVS.2 充分的安全措施 |
| | ALC_LCD.1 开发者定义的生命周期模型 |
| | ALC_TAT.3 遵从实现标准—所有部分 |
| ASE:ST 评估 | ASE_CCL.1 符合性声明 |
| | ASE_ECD.1 扩展组件定义 |
| | ASE_INT.1 ST 引言 |
| | ASE_OBJ.2 安全目的 |
| | ASE_REQ.2 推导出的安全要求 |
| | ASE_SPD.1 安全问题定义 |
| | ASE_TSS.1 TOE 概要规范 |
| ATE:测试 | ATE_COV.3 严格覆盖分析 |
| | ATE_DPT.3 测试:模块设计 |
| | ATE_FUN.2 顺序的功能测试 |
| | ATE_IND.2 独立测试—抽样 |
| AVA:脆弱性评定 | AVA_VAN.5 高级的系统的脆弱性分析 |

### 7.9　评估保障级 7(EAL7)——形式化验证的设计和测试

#### 7.9.1　目的

EAL7 适用于安全 TOE 的开发,该 TOE 将应用到极高风险环境和/或高资产价值的情况。EAL7 的实际应用目前只局限于一些非常关注安全功能性、经得起详细地形式化分析的 TOE。

#### 7.9.2　保障组件

**EAL7** 在利用功能和全部接口规范、指导性文档、TOE 设计和**结构化的**实现**表示**的基础上,通过分析一个完整的 ST 中的安全功能要求来提供保障,以理解安全行为。还通过以下这些方式额外地获得保障:所选 TOE 安全策略的形式化模型描述,TOE 设计功能规范的半形式化描述。此外还需要模块化、**层次化和简单化**的 TSF 设计。

这种分析由 TOE 安全功能的独立测试,开发者基于功能规范、TOE 设计**和实现表示**进行测试的证据,对开发者测试结果的**全部**独立确认,以及证实可抵御具有高等攻击潜力攻击者攻击的独立脆弱性分析等来支持。

**EAL7** 还通过使用结构化的开发过程、开发环境控制措施、包括配置管理完全自动化在内的全面的 TOE 配置管理措施和安全交付程序的证据等来提供保障。**表 8 列出 EAL7 级的保障组件**。

与 **EAL6** 相比,本 EAL 通过要求**利用形式化描述、形式化对应性分析**以及**全面的测试**而进行更加全面的分析,在保障方面提供了有意义的增强。

**表 8 评估保障级 7**

| 保障类 | 保障组件 |
|---|---|
| ADV:开发 | ADV_ARC.1 安全架构描述 |
| | ADV_FSP.6 附加形式化描述的完备的半形式化功能规范 |
| | ADV_IMP.2 TSF 实现表示完全映射 |
| | ADV_INT.3 内部复杂度最小化 |
| | ADV_SPM.1 形式化 TOE 安全策略模型 |
| | ADV_TDS.6 带形式化高层设计表示的完全半形式化模块设计 |
| AGD:指导性文档 | AGD_OPE.1 操作用户指南 |
| | AGD_PRE.1 准备程序 |
| ALC:生命周期支持 | ALC_CMC.5 高级支持 |
| | ALC_CMS.5 开发工具 CM 覆盖 |
| | ALC_DEL.1 交付程序 |
| | ALC_DVS.2 充分的安全措施 |
| | ALC_LCD.2 可测量的生命周期模型 |
| | ALC_TAT.3 遵从实现标准—所有部分 |
| ASE:ST 评估 | ASE_CCL.1 符合性声明 |
| | ASE_ECD.1 扩展组件定义 |
| | ASE_INT.1 ST 引言 |
| | ASE_OBJ.2 安全目的 |
| | ASE_REQ.2 推导出的安全要求 |
| | ASE_SPD.1 安全问题定义 |
| | ASE_TSS.1 TOE 概要规范 |
| ATE:测试 | ATE_COV.3 严格覆盖分析 |
| | ATE_DPT.4 测试:实现表示 |
| | ATE_FUN.2 顺序的功能测试 |
| | ATE_IND.3 独立测试—完全 |
| AVA:脆弱性评定 | AVA_VAN.5 高级的系统的脆弱性分析 |

# 8 组合保障包

组合保障包(CAP)在权衡所获得的保障级与达到该组合 TOE 保障程度所需的代价和可行性上提供了一个递增的尺度。

需特别注意的是本部分中的族和组件仅有少部分被包含在组合保障包中。这是由于组合保障包是建立在先前已评估的实体(基本部件和依赖部件)之上,并不是说这些未被选择的族和组件不能提供有意义的和期望的保障。

## 8.1 组合保障包(CAP)概述

CAP 将用于组合 TOE 的评估。组合 TOE 由已经通过评估(或即将通过评估)的 TOE 部件组成(参见附录 B)。单个部件将被认证为满足某个 EAL 或在 ST 中说明的其他保障包。通过从公开渠道获取部件的信息进行 EAL1 评估,一个组合 TOE 预计可达到基本的保障级别。(部件和组合 TOE 的评估都可应用 EAL1。)通过应用高于 EAL1 的 EAL 可以进行组合 TOE 的更高保障级的评估,而 CAP 为此目的提供了另一种解决方法。

一个依赖部件可用一个先前已评估或认证过的基本部件来满足环境中的 IT 平台要求,但这种方式不提供任何关于部件之间的交互或组合是否会引入脆弱性的保障。组合保障包在更高的保障级别中考虑了这些交互,将部件之间的接口纳入了测试范围。同时,通过对组合 TOE 进行脆弱性分析来考虑部件组合引入脆弱性的问题。

表 9 概括性地描述了这几个 CAP。其中列表示的是一组按级别排序的 CAP,行表示的是保障族。表格中的每一个数字标识出了此处适宜的具体保障组件。

正如在下一条里所总结的那样,在 ISO/IEC 15408 中对组合 TOE 的保障等级定义了三个组合保障包。它们按级别排序,因为每一个 CAP 比所有较低的 CAP 表达更多的保障。从 CAP 到 CAP 的保障增加,通过替换成同一保障族中的一个更高级别的保障组件(即增加严格性、范围和或深度)和添加另外一个保障族的保障组件(即添加新的要求)来实现。这些增加导致更多的综合分析来识别对单个 TOE 获得的评估结果的影响。

正如在本部分第 6 章所阐述的那样,这些 CAP 由保障组件的一个适当组合组成。更确切地说,每个 CAP 最多包含每个保障族中的一个组件,并满足每个组件的所有保障依赖关系。

CAP 仅考虑能够抵御增强型基本级攻击潜力的攻击者。这是由于从 ACO_DEV 提供的设计信息级别限制一些和攻击潜力有关的因素(组合 TOE 的知识),也影响评估者完成的脆弱性分析的严格性。因此,组合 TOE 的保障级别是有限的,而组合 TOE 中的单个部件的保障可能更高。

表 9 组合保障级别汇总

| 保障类 | 保障族 | 组合保障包依据的保障组件 | | |
|---|---|---|---|---|
| | | CAP-A | CAP-B | CAP-C |
| 组合 | ACO_COR | 1 | 1 | 1 |
| | ACO_CTT | 1 | 2 | 2 |
| | ACO_DEV | 1 | 2 | 3 |
| | ACO_REL | 1 | 1 | 2 |
| | ACO_VUL | 1 | 2 | 3 |

表 9（续）

| 保障类 | 保障族 | 组合保障包依据的保障组件 | | |
|---|---|---|---|---|
| | | CAP-A | CAP-B | CAP-C |
| 指导性文档 | AGD_OPE | 1 | 1 | 1 |
| | AGD_PRE | 1 | 1 | 1 |
| 生命周期支持 | ALC_CMC | 1 | 1 | 1 |
| | ALC_CMS | 2 | 2 | 2 |
| | ALC_DEL | | | |
| | ALC_DVS | | | |
| | ALC_FLR | | | |
| | ALC_LCD | | | |
| | ALC_TAT | | | |
| ST 评估 | ASE_CCL | 1 | 1 | 1 |
| | ASE_ECD | 1 | 1 | 1 |
| | ASE_INT | 1 | 1 | 1 |
| | ASE_OBJ | 1 | 2 | 2 |
| | ASE_REQ | 1 | 2 | 2 |
| | ASE_SPD | | 1 | 1 |
| | ASE_TSS | 1 | 1 | 1 |

## 8.2 组合保障包细节

8.3～8.5 对 CAP 进行了定义，使用粗体强调了在特定要求和其他普通要求之间的不同。

## 8.3 组合保障级 A(CAP-A)—结构组合

### 8.3.1 目的

CAP-A 适于组合 TOE 是完整的，且需要对产生组合的正确安全操作具有信心。这要求依赖部件的开发者在设计信息和依赖部件认证的测试结果方面提供配合，不要求涉及基本部件的开发者。

因此 CPA-A 适用于在缺乏现成可用的完整的开发记录时，开发者或用户需要一种低到中等级别的独立保障的安全性的情况。

### 8.3.2 保障组件

**CAP-A 通过分析组合 TOE 的 ST 提供保障。利用 TOE 组成部件的评估输出(如 ST、指导性文档等)和 TOE 组成部件之间的接口规范对组合 TOE 的 ST 中的安全功能要求进行分析，以理解安全行为。**

**以下内容可为该分析提供支持：针对关联信息中描述的依赖部件与基本部件之间的接口进行的独立测试；开发者基于关联信息、开发信息和组合原理进行测试的证据；以及对开发者测试结果的选择性独立确认；由评估者进行的组合 TOE 的脆弱性审查等。**

**CAP-A 也通过唯一的组合 TOE 标识(即 IT TOE 和指南性文档)提供保障。**表 10 列出组合保障 A 级的保障组件。

表 10 CAP-A

| 保障类 | 保障组件 |
| --- | --- |
| ACO:组合 | ACO_COR.1 组合基本原理 |
| | ACO_CTT.1 接口测试 |
| | ACO_DEV.1 功能描述 |
| | ACO_REL.1 基本的依赖信息 |
| | ACO_VUL.1 组合脆弱性审查 |
| AGD:指导性文档 | AGD_OPE.1 操作用户指南 |
| | AGD_PRE.1 准备程序 |
| ALC:生命周期支持 | ALC_CMC.1 TOE 标识 |
| | ALC_CMS.2 部分 TOE CM 覆盖 |
| ASE:ST 评估 | ASE_CCL.1 符合性声明 |
| | ASE_ECD.1 扩展组件定义 |
| | ASE_INT.1 ST 引言 |
| | ASE_OBJ.1 运行环境安全目的 |
| | ASE_REQ.1 陈述性的安全要求 |
| | ASE_TSS.1 TOE 概要规范 |

## 8.4 组合保障级别 B(CAP-B)—系统组合

### 8.4.1 目的

CAP-B 可使尽责的组合 TOE 开发者在子系统层面上通过理解各组成部件之间的相互影响，获得最大程度的保障，同时还可使基本部件开发者的参与量最小。

CAP-B 适用于以下这些情况：开发者或用户需要一个中等级别的独立保障的安全性，以及在没有对组合 TOE 进行实质性改造的情况下，要求对组合 TOE 及其开发过程进行彻底地调查。

### 8.4.2 保障组件

**CAP-B** 通过**全面**分析组合 TOE 的 ST 提供保障。利用 TOE 组成部件的评估输出(如 ST、指导性文档等)，TOE 组成部件之间的接口规范，以及**包含在**组合**开发过程**中的 **TOE 设计信息(描述 TSF 子系统)**，对组合 TOE 的 ST 中的安全功能要求进行分析，以理解安全行为。

以下内容可为该分析提供支持：对关联信息(**包括 TOE 设计**)中描述的依赖部件与基本部件之间的接口进行的独立测试、开发者基于关联信息、开发相关信息和组合原理而进行测试的证据，以及对开发者测试结果的选择性独立确认。评估者为证实组合 TOE **可抵御基本攻击潜力攻击者的攻击**而进行的脆弱性**分析**也可提供支持。

**与** CAP-A **相比，本 CAP 通过要求更完备的安全功能测试**，在保障方面提供了有意义的增强。表 11 列出组合保障 B 级的保障组件。

表 11 CAP-B

| 保障类 | 保障组件 |
|---|---|
| ACO:组合 | ACO_COR.1 组合基本原理 |
| | ACO_CTT.2 严格的接口测试 |
| | ACO_DEV.2 基本的设计证据 |
| | ACO_REL.1 基本的依赖信息 |
| | ACO_VUL.2 组合脆弱性分析 |
| AGD:指导性文档 | AGD_OPE.1 操作用户指南 |
| | AGD_PRE.1 准备程序 |
| ALC:生命周期支持 | ALC_CMC.1 TOE 标识 |
| | ALC_CMS.2 部分 TOE CM 覆盖 |
| ASE:ST 评估 | ASE_CCL.1 符合性声明 |
| | ASE_ECD.1 扩展组件定义 |
| | ASE_INT.1 ST 引言 |
| | ASE_OBJ.2 安全目的 |
| | ASE_REQ.2 推导出的安全要求 |
| | ASE_SPD.1 安全问题定义 |
| | ASE_TSS.1 TOE 概要规范 |

## 8.5 组合保障级 C(CAP-C)—系统组合、测试和复查

### 8.5.1 目的

CAP-C 可使开发者从对组合 TOE 部件之间交互的正确分析获得最大限度的保障,虽然这种实践很严格,但不需要获得所有的对基本部件的评估证据。

因此 CAP-C 适用于以下这些情况:开发者或用户在传统的商品化 TOE 中需要一个中等到高等级别的独立保障的安全性,并准备负担额外的安全专用工程费用。

### 8.5.2 保障组件

**CAP-C** 通过全面分析组合 TOE 的 ST 提供保障。利用 TOE 组成部件的评估输出(如 ST、指导性文档等),TOE 组成部件之间的接口规范,以及包含在组合开发过程中的 TOE 设计信息(描述 TSF **模块**),对组合 TOE 的 ST 中的安全功能要求进行分析,以理解安全行为。

以下内容可为该分析提供支持:对关联信息(包括 TOE 设计)中描述的依赖部件与基本部件之间的接口进行的独立测试、开发者基于关联信息、开发相关信息和组合原理而进行测试的证据、对开发者测试结果的选择性独立确认来进行。评估者为证实组合 TOE 可抵御**基本增强型**攻击潜力攻击者的攻击而进行的脆弱性分析也可提供支持。

与 **CAP-B** 相比,本 CAP 通过要求更**完备的设计描述和抵御更高的攻击潜力**,在保障方面提供了有意义的增强。表 12 列出组合保障 C 级的保障组件。

表 12 CAP-C

| 保障类 | 保障组件 |
|---|---|
| ACO:组合 | ACO_COR.1 组合基本原理 |
| | ACO_CTT.2 严格的接口测试 |
| | ACO_DEV.3 详细的设计证据 |
| | ACO_REL.2 依赖信息 |
| | ACO_VUL.3 增强的基本组合脆弱性分析 |
| AGD:指导性文档 | AGD_OPE.1 操作用户指南 |
| | AGD_PRE.1 准备程序 |
| ALC:生命周期支持 | ALC_CMC.1 TOE 标识 |
| | ALC_CMS.2 部分 TOE CM 覆盖 |
| ASE:ST 评估 | ASE_CCL.1 符合性声明 |
| | ASE_ECD.1 扩展组件定义 |
| | ASE_INT.1 ST 引言 |
| | ASE_OBJ.2 安全目的 |
| | ASE_REQ.2 推导出的安全要求 |
| | ASE_SPD.1 安全问题定义 |
| | ASE_TSS.1 TOE 概要规范 |

## 9 APE 类:保护轮廓评估

PP 评估要求证实 PP 是技术合理和内部一致的,并且,如果 PP 是基于一个或多个 PP 或者包,那么 PP 必须是这些 PP 或包的一个正确的实例化。PP 适于作为编写 ST 或其他 PP 的基础,这些属性是必需的。

本章应该联合 ISO/IEC 15408-1 中的附录 A、附录 B 和附录 C 一起使用,因为这些附录详细阐明了本章的一些概念,并提供了很多示例。

图 8 给出了本类中的族以及族中组件的层次结构。

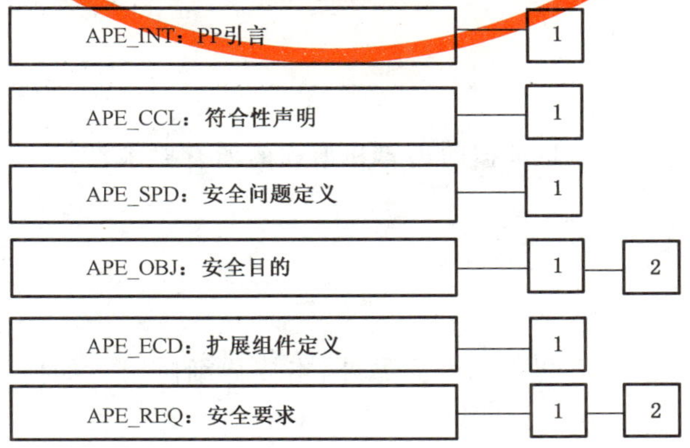


图 8 APE 类:保护轮廓评估类分解

## 9.1 PP 引言(APE_INT)

### 9.1.1 目的

本族的目的以叙述的方式描述 TOE。

对 PP 引言的评估需要证实 PP 已被正确标识,并且 PP 参考和 TOE 概述是相互一致的。

### 9.1.2 APE_INT.1 PP 引言

依赖关系:无。

#### 9.1.2.1 开发者行为元素

##### 9.1.2.1.1 APE_INT.1.1D

**开发者应提供 PP 引言。**

#### 9.1.2.2 内容和形式元素

##### 9.1.2.2.1 APE_INT.1.1C

**PP 引言应包含 PP 参考和 TOE 概述。**

##### 9.1.2.2.2 APE_INT.1.2C

**PP 参考应唯一标识 PP。**

##### 9.1.2.2.3 APE_INT.1.3C

**TOE 概述应概括 TOE 的用法及其主要安全特性。**

##### 9.1.2.2.4 APE_INT.1.4C

**TOE 概述应标识 TOE 类型。**

##### 9.1.2.2.5 APE_INT.1.5C

**TOE 概述应标识任何 TOE 可用到但又不属于 TOE 的硬件/软件/固件。**

#### 9.1.2.3 评估者行为元素

##### 9.1.2.3.1 APE_INT.1.1E

**评估者应确认所提供的信息满足证据的内容和形式的所有要求。**

## 9.2 符合性声明(APE_CCL)

### 9.2.1 目的

本族的目的是确定符合性声明的正确性。另外,本族详细阐明了如何声明 ST 和其他 PP 是与本 PP 符合的。

### 9.2.2 APE_CCL.1 符合性声明

依赖关系:APE_INT.1 PP 引言;

APE_ECD.1 扩展组件定义；

APE_REQ.1 规定的安全要求。

9.2.2.1 开发者行为元素

9.2.2.1.1 **APE_CCL.1.1D**

**开发者应提供符合性声明。**

9.2.2.1.2 **APE_CCL.1.2D**

**开发者应提供符合性声明的基本原理。**

9.2.2.1.3 **APE_CCL.1.3D**

**开发者应提供符合性陈述。**

9.2.2.2 内容和形式元素

9.2.2.2.1 **APE_CCL.1.1C**

PP 的**符合性声明应包含 ISO/IEC** 15408 **的符合性声明，用于标识 PP 声明符合性遵从的 ISO/IEC** 15408 **的版本。**

9.2.2.2.2 **APE_CCL.1.2C**

**ISO/IEC** 15408 **符合性声明应描述 PP 与 ISO/IEC** 15408-2 **的符合性，无论是与 ISO/IEC** 15408-2 **相符还是与 ISO/IEC** 15408-2 **的扩展部分相符。**

9.2.2.2.3 **APE_CCL.1.3C**

**ISO/IEC** 15408 **符合性声明应描述 PP 与本部分的符合性，无论是与本部分相符还是与本部分的扩展部分相符。**

9.2.2.2.4 **APE_CCL.1.4C**

**ISO/IEC** 15408 **符合性声明应与扩展组件定义是相符的。**

9.2.2.2.5 **APE_CCL.1.5C**

**符合性声明应标识 PP 声明符合性遵从的所有 PP 和安全要求包。**

9.2.2.2.6 **APE_CCL.1.6C**

**符合性声明应描述 PP 和包的符合性，无论是包的符合性还是包扩展部分。**

9.2.2.2.7 **APE_CCL.1.7C**

**符合性声明的基本原理应证实 TOE 类型与符合性声明所遵从的 PP 中的 TOE 类型是相符的。**

9.2.2.2.8 **APE_CCL.1.8C**

**符合性声明的基本原理应证实安全问题定义陈述与符合性声明所遵从的 PP 中的安全问题定义陈述是相符的。**

9.2.2.2.9 APE_CCL.1.9C

**符合性声明的基本原理应证实安全目的陈述与符合性声明所遵从的PP中的安全目的陈述是相符的。**

9.2.2.2.10 APE_CCL.1.10C

**符合性声明的基本原理应证实安全要求陈述与符合性声明所遵从的PP中的安全要求陈述是相符的。**

9.2.2.2.11 APE_CCL.1.11C

**符合性陈述应描述任何PP/ST要求的与严格的PP或可论证的PP的符合性。**

9.2.2.3 评估者行为元素

9.2.2.3.1 APE_CCL.1.1E

**评估者应确认所提供的信息满足证据的内容和形式的所有要求。**

## 9.3 安全问题定义(APE_SPD)

### 9.3.1 目的

PP的本部分定义TOE及其运行环境所负责处理的安全问题。

安全问题定义评估要求证实TOE及其运行环境所负责处理的安全问题被明确的定义。

### 9.3.2 APE_SPD.1 安全问题定义

依赖关系:无。

9.3.2.1 开发者行为元素

9.3.2.1.1 APE_SPD.1.1D

**开发者应提供安全问题定义。**

9.3.2.2 内容和形式元素

9.3.2.2.1 APE_SPD.1.1C

**安全问题定义应描述威胁。**

9.3.2.2.2 APE_SPD.1.2C

**所有的威胁都应根据威胁者、资产和敌对行为进行描述。**

9.3.2.2.3 APE_SPD.1.3C

**安全问题定义应描述组织安全策略。**

9.3.2.2.4 APE_SPD.1.4C

**安全问题定义应描述TOE运行环境的相关假设。**

9.3.2.3 评估者行为元素

9.3.2.3.1 APE_SPD.1.1E

**评估者应确认所提供的信息满足证据的内容和形式的所有要求。**

## 9.4 安全目的(APE_OBJ)

### 9.4.1 目的

安全目的是对由 APE_SPD“安全问题定义”族定义的安全问题预期反应的简明陈述。

安全目的的评估要求证实安全目的的充分而且完备地处理了的安全问题,并证实 TOE 及其运行环境的安全问题被明确的区分和定义。

### 9.4.2 组件分级

本族中的组件是基于是否仅规定了运行环境安全目的,或者也规定了 TOE 的安全目的而进行分级的。

### 9.4.3 APE_OBJ.1 运行环境安全目的

依赖关系:无。

#### 9.4.3.1 开发者行为元素

##### 9.4.3.1.1 APE_OBJ.1.1D

**开发者应提供安全目的的陈述。**

#### 9.4.3.2 内容和形式元素

##### 9.4.3.2.1 APE_OBJ.1.1C

**安全目的的陈述应描述运行环境安全目的。**

#### 9.4.3.3 评估者行为元素

##### 9.4.3.3.1 APE_OBJ.1.1E

**评估者应确认所提供的信息满足证据的内容和形式的所有要求。**

### 9.4.4 APE_OBJ.2 安全目的

依赖关系:APE_SPD.1 安全问题定义。

#### 9.4.4.1 开发者行为元素

##### 9.4.4.1.1 APE_OBJ.2.1D

开发者应提供安全目的的陈述。

##### 9.4.4.1.2 APE_OBJ.2.2D

**开发者应提供安全目的的基本原理。**

#### 9.4.4.2 内容和形式元素

##### 9.4.4.2.1 APE_OBJ.2.1C

**安全目的的陈述应描述 TOE 的安全目的和运行环境安全目的。**

9.4.4.2.2 **APE_OBJ.2.2C**

**安全目的基本原理应追溯到TOE的每一个安全目的,以便于能追溯到安全目的所对抗的威胁及其实施的组织安全策略。**

9.4.4.2.3 **APE_OBJ.2.3C**

**安全目的基本原理应**追溯到**运行环境的每一个安全目的,以便于能追溯到安全目的所对抗的威胁、安全目的强制实施的组织安全策略和安全目的支持的假设。**

9.4.4.2.4 **APE_OBJ.2.4C**

安全目的**基本原理**应**证实**安全目的能**抵抗所有威胁**。

9.4.4.2.5 **APE_OBJ.2.5C**

**安全目的基本原理应证实安全目的执行了所有的组织安全策略。**

9.4.4.2.6 **APE_OBJ.2.6C**

**安全目的基本原理应证实运行环境安全目的支持所有的假设。**

9.4.4.3 评估者行为元素

9.4.4.3.1 **APE_OBJ.2.1E**

评估者应确认所提供的信息满足证据的内容和形式的所有要求。

## 9.5 扩展组件定义(APE_ECD)

### 9.5.1 目的

扩展安全要求不是基于ISO/IEC 15408第2部分或第3部分的组件要求,而是基于PP作者定义的扩展组件。

对扩展组件定义的评估需要确定这些组件是明确的、没有歧义的并且是必要的,如:他们可能没有使用ISO/IEC 15408第2部分或第3部分已有的组件进行清晰的描述。

### 9.5.2 APE_ECD.1 扩展组件的定义

依赖关系:无。

9.5.2.1 开发者行为元素

9.5.2.1.1 **APE_ECD.1.1D**

**开发者应提供安全要求的陈述。**

9.5.2.1.2 **APE_ECD.1.2D**

**开发者应提供扩展组件的定义。**

9.5.2.2 内容和形式元素

9.5.2.2.1 **APE_ECD.1.1C**

**安全要求陈述应标识所有扩展的安全要求。**

9.5.2.2.2 **APE_ECD.1.2C**

**扩展组件定义应为每一个扩展的安全要求定义一个扩展的组件。**

9.5.2.2.3 **APE_ECD.1.3C**

**扩展组件定义应描述每个扩展的组件与已有组件、族和类的关联性。**

9.5.2.2.4 **APE_ECD.1.4C**

**扩展组件定义应使用已有的组件、族、类和方法学作为陈述的模型。**

9.5.2.2.5 **APE_ECD.1.5C**

**扩展组件应由可测量的和客观的元素组成，以便于证实这些元素之间的符合性或不符合性。**

9.5.2.3 评估者行为元素

9.5.2.3.1 **APE_ECD.1.1E**

**评估者应确认所提供的信息满足证据的内容和形式的所有要求。**

9.5.2.3.2 **APE_ECD.1.2E**

**评估者应确认扩展组件不能利用已经存在的组件明确的表达。**

## 9.6 安全要求(APE_REQ)

### 9.6.1 目的

安全功能要求(SFR)对TOE预期安全行为进行了清晰、无歧义且定义准确的描述。安全保障要求(SAR)对TOE获得保障而采取的预期活动进行了清晰、无歧义且规范的描述。

对安全要求的评估要求确保这些安全要求是清晰的、无歧义的并且是准确定义的。

### 9.6.2 组件分级

本族中的组件是基于安全功能要求是否被陈述，或是否由TOE安全目的得出而进行分级的。

### 9.6.3 APE_REQ.1 陈述的安全要求

依赖关系：APE_ECD.1 扩展组件的定义。

9.6.3.1 开发者行为元素

9.6.3.1.1 **APE_REQ.1.1D**

**开发者应提供安全要求的陈述。**

9.6.3.1.2 **APE_REQ.1.2D**

**开发者应提供安全要求的基本原理。**

9.6.3.2 内容和形式元素

9.6.3.2.1 **APE_REQ.1.1C**

**安全要求陈述应描述安全功能要求和安全保障要求。**

9.6.3.2.2 **APE_REQ.1.2C**

**应对安全功能要求和安全保障要求中使用的所有主体、客体、操作、安全属性、外部实体及其他术语进行定义。**

9.6.3.2.3 **APE_REQ.1.3C**

**安全要求的陈述应对安全要求的所有操作进行标识。**

9.6.3.2.4 **APE_REQ.1.4C**

**所有操作应被正确执行。**

9.6.3.2.5 **APE_REQ.1.5C**

**安全要求的依赖关系应被满足,或者安全要求原理应论证某个依赖关系不需要满足。**

9.6.3.2.6 **APE_REQ.1.6C**

**安全要求的陈述应是内在一致的。**

9.6.3.3 评估者行为元素

9.6.3.3.1 **APE_REQ.1.1E**

**评估者应确认所提供的信息满足证据的内容和形式的所有要求。**

9.6.4 **APE_REQ.2** 推导出的安全要求

依赖关系:APE_OBJ.2 安全目的
APE_ECD.1 扩展组件的定义

9.6.4.1 开发者行为元素

9.6.4.1.1 **APE_REQ.2.1D**

开发者应提供安全要求的陈述。

9.6.4.1.2 **APE_REQ.2.2D**

开发者应提供安全要求的基本原理。

9.6.4.2 内容和形式元素

9.6.4.2.1 **APE_REQ.2.1C**

安全要求的陈述应描述安全功能要求和安全保障要求。

9.6.4.2.2 **APE_REQ.2.2C**

应对安全功能要求和安全保障要求中使用的所有主体、客体、操作、安全属性、外部实体及其他术语进行定义。

9.6.4.2.3 **APE_REQ.2.3C**

安全要求的陈述应对安全要求的所有操作进行标识。

9.6.4.2.4 **APE_REQ.2.4C**

所有操作应被正确地执行。

9.6.4.2.5 **APE_REQ.2.5C**

安全要求的依赖关系应被满足，或者安全要求原理应论证某个依赖关系不需要满足。

9.6.4.2.6 **APE_REQ.2.6C**

**安全要求的基本原理应描述每一个安全功能要求可追溯对应的TOE安全目的。**

9.6.4.2.7 **APE_REQ.2.7C**

**安全要求基本原理应证实安全功能要求可满足所有的TOE安全目的。**

9.6.4.2.8 **APE_REQ.2.8C**

**安全要求基本原理应说明选择安全保障要求的理由。**

9.6.4.2.9 **APE_REQ.2.9C**

安全要求的陈述应是内部一致的。

9.6.4.3 **评估者行为元素**

9.6.4.3.1 **APE_REQ.2.1E**

评估者应确认所提供的信息满足证据的内容和形式的所有要求。

## 10 ASE类：安全目标评估

ST评估要求证实ST是合理和内在一致的，如果ST是基于一个或多个PP或者包，那么ST必须是PP或包的一个正确的实例化。ST作为TOE评估的基础，这些属性是必需的。

本章应该结合ISO/IEC 15408-1中的附录A、B、C一起使用，因为这些附录阐明了本章的一些概念，并提供了很多例子。

图9给出了本类中的族及族中各组件之间的层次关系。

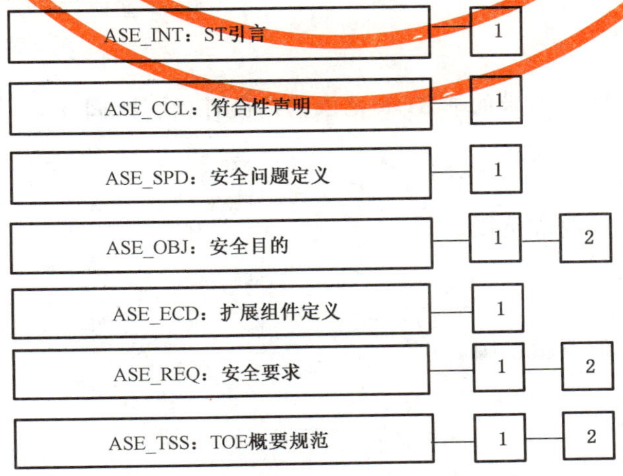


图9 安全目标评估类分解

## 10.1 ST 引言(ASE_INT)

### 10.1.1 目的

本族的目的是以叙述性语言从三个抽象层面上描述 TOE:TOE 参照号、TOE 概述和 TOE 描述。

对 ST 引言的评估需要证实 ST 和 TOE 被正确标识,TOE 的三层抽象方式描述正确,并且这三方面的描述相互一致。

### 10.1.2 ASE_INT.1 ST 引言

依赖关系:无。

#### 10.1.2.1 开发者行为元素

##### 10.1.2.1.1 ASE_INT.1.1D

**开发者应提供 ST 引言。**

#### 10.1.2.2 内容和形式元素

##### 10.1.2.2.1 ASE_INT.1.1C

**ST 引言应包含 ST 参照号,TOE 参照号,TOE 概述和 TOE 描述。**

##### 10.1.2.2.2 ASE_INT.1.2C

**ST 参照号应唯一标识 ST。**

##### 10.1.2.2.3 ASE_INT.1.3C

**TOE 参照号应标识 TOE。**

##### 10.1.2.2.4 ASE_INT.1.4C

**TOE 概述应概括 TOE 的用法及其主要安全特性。**

##### 10.1.2.2.5 ASE_INT.1.5C

**TOE 概述应标识 TOE 类型。**

##### 10.1.2.2.6 ASE_INT.1.6C

**TOE 概述应标识任何 TOE 要求的非 TOE 范围内的硬件/软件/固件。**

##### 10.1.2.2.7 ASE_INT.1.7C

**TOE 描述应描述 TOE 的物理范围。**

##### 10.1.2.2.8 ASE_INT.1.8C

**TOE 描述应描述 TOE 的逻辑范围。**

#### 10.1.2.3 评估者行为元素

##### 10.1.2.3.1 ASE_INT.1.1E

**评估者应确认所提供的信息满足证据的内容和形式的所有要求。**

10.1.2.3.2 ASE_INT.1.2E

**评估者应确认 TOE 参考、TOE 概述和 TOE 描述是相互一致的。**

## 10.2 符合性声明(ASE_CCL)

### 10.2.1 目的

本族的目的是确定符合性声明的正确性。另外,本族详细说明了 ST 如何声明与 PP 的符合性。

### 10.2.2 ASE_CCL.1 符合性声明

依赖关系:ASE_INT.1 ST 引言
ASE_ECD.1 扩展组件定义
ASE_REQ.1 陈述性的安全要求

#### 10.2.2.1 开发者行为元素

10.2.2.1.1 ASE_CCL.1.1D

**开发者应提供符合性声明。**

10.2.2.1.2 ASE_CCL.1.2D

**开发者应提供符合性声明的基本原理。**

#### 10.2.2.2 内容和形式元素

10.2.2.2.1 ASE_CCL.1.1C

**ST 的符合性声明应包含 ISO/IEC 15408 符合性声明,标识出 ST 和 TOE 声明符合性遵从的 ISO/IEC 15408 的版本。**

10.2.2.2.2 ASE_CCL.1.2C

**ST 的符合性声明应描述 ST 与 ISO/IEC 15408-2 的符合性,无论是与 ISO/IEC 15408-2 相符或是与 ISO/IEC 15408-2 的扩展部分相符。**

10.2.2.2.3 ASE_CCL.1.3C

**ISO/IEC 15408 符合性声明应描述 ST 与本部分的符合性,无论是与本部分相符或是与本部分的扩展部分相符。**

10.2.2.2.4 ASE_CCL.1.4C

**符合性声明应与扩展组件定义是相符的。**

10.2.2.2.5 ASE_CCL.1.5C

**符合性声明应标识 ST 声明遵从的所有 PP 和安全要求包。**

10.2.2.2.6 ASE_CCL.1.6C

**符合性声明应描述 ST 和包的符合性,无论是与包的相符或是与扩展包相符。**

10.2.2.2.7 ASE_CCL.1.7C

**符合性声明的基本原理应证实TOE类型与符合性声明所遵从的PP中的TOE类型是相符的。**

10.2.2.2.8 ASE_CCL.1.8C

**符合性声明的基本原理应证实安全问题定义的陈述与符合性声明所遵从的PP中的安全问题定义陈述是相符的。**

10.2.2.2.9 ASE_CCL.1.9C

**符合性声明的基本原理应证实安全目的陈述与符合性声明所遵从的PP中的安全目的陈述是相符的。**

10.2.2.2.10 ASE_CCL.1.10C

**符合性声明的基本原理应证实安全要求的陈述与符合性声明所遵从的PP中的安全要求的陈述是相符的。**

10.2.2.3 评估者行为元素

10.2.2.3.1 ASE_CCL.1.1E

**评估者应确认所提供的信息满足证据的内容和形式的所有要求。**

## 10.3 安全问题定义(ASE_SPD)

### 10.3.1 目的

ST的本部分定义TOE及其运行环境所负责处理的安全问题。

安全问题定义评估要求证实TOE及其运行环境所负责处理的安全问题被明确地定义。

### 10.3.2 ASE_SPD.1 安全问题定义

依赖关系:无。

10.3.2.1 开发者行为元素

10.3.2.1.1 ASE_SPD.1.1D

**开发者应提供安全问题定义。**

10.3.2.2 内容和形式元素

10.3.2.2.1 ASE_SPD.1.1C

**安全问题定义应描述威胁。**

10.3.2.2.2 ASE_SPD.1.2C

**所有的威胁都应根据威胁主体、资产和敌对行为进行描述。**

10.3.2.2.3 ASE_SPD.1.3C

**安全问题定义应描述组织安全策略。**

10.3.2.2.4 ASE_SPD.1.4C

**安全问题定义应描述 TOE 运行环境的相关假设。**

10.3.2.3 评估者行为元素

10.3.2.3.1 ASE_SPD.1.1E

**评估者应确认所提供的信息满足证据的内容和形式的所有要求。**

## 10.4 安全目的(ASE_OBJ)

### 10.4.1 目的

安全目的是对 ASE_SPD“安全问题定义”族定义的安全问题预期反应的简明陈述。

安全目的评估要求证实安全目的充分而且完备地处理了定义的安全问题,并证实 TOE 及其运行环境的安全问题被明确的区分和定义。

### 10.4.2 组件分级

本族中的组件是仅规定使用运行环境安全目的还是也使用 TOE 安全目的来进行分级。

### 10.4.3 ASE_OBJ.1 运行环境安全目的

依赖关系:无。

10.4.3.1 开发者行为元素

10.4.3.1.1 ASE_OBJ.1.1D

**开发者应提供安全目的的陈述。**

10.4.3.2 内容和形式元素

10.4.3.2.1 ASE_OBJ.1.1C

**安全目的的陈述应描述运行环境安全目的。**

10.4.3.3 评估者行为元素

10.4.3.3.1 ASE_OBJ.1.1E

**评估者应确认所提供的信息满足证据的内容和形式的所有要求。**

### 10.4.4 ASE_OBJ.2 安全目的

依赖关系:ASE_SPD.1 安全问题定义。

10.4.4.1 开发者行为元素

10.4.4.1.1 ASE_OBJ.2.1D

开发者应提供安全目的的陈述。

10.4.4.1.2 ASE_OBJ.2.2D

**开发者应提供安全目的的基本原理。**

10.4.4.2 内容和形式元素

10.4.4.2.1 ASE_OBJ.2.1C

**安全目的的陈述应描述 TOE 的安全目的和运行环境安全目的。**

10.4.4.2.2 ASE_OBJ.2.2C

**安全目的基本原理应追溯到 TOE 的每一个安全目的,以便于能追溯到安全目的所对抗的威胁及安全目的实施的组织安全策略。**

10.4.4.2.3 ASE_OBJ.2.3C

**安全目的基本原理应追溯到运行环境的每一个安全目的,以便于能追溯到安全目的所对抗的威胁、安全目的实施的组织安全策略和安全目的支持的假设。**

10.4.4.2.4 ASE_OBJ.2.4C

安全目的**基本原理**应**证实**安全目的能**抵抗所有威胁**。

10.4.4.2.5 ASE_OBJ.2.5C

**安全目的基本原理应证实安全目的执行所有组织安全策略。**

10.4.4.2.6 ASE_OBJ.2.6C

**安全目的基本原理应证实运行环境安全目的支持所有的假设。**

10.4.4.3 评估者行为元素

10.4.4.3.1 ASE_OBJ.2.1E

评估者应确认所提供的信息满足证据的内容和形式的所有要求。

10.5 扩展组件定义(ASE_ECD)

10.5.1 目的

扩展安全要求不是基于 ISO/IEC 15408 第 2 部分或第 3 部分的组件要求,而是基于 ST 作者定义的扩展组件。

对扩展组件定义的评估需要确定这些组件是明确的、没有歧义的并且是必要的,如:他们可能没有使用 ISO/IEC 15408 第 2 部分或第 3 部分已存在的组件进行清晰的描述。

10.5.2 ASE_ECD.1 扩展组件定义

依赖关系:无。

10.5.2.1 11.5.2.1 开发者行为元素

10.5.2.1.1 ASE_ECD.1.1D

**开发者应提供安全要求的陈述。**

10.5.2.1.2 ASE_ECD.1.2D

**开发者应提供扩展组件的定义。**

10.5.2.2 内容和形式元素

10.5.2.2.1 **ASE_ECD.1.1C**

**安全要求陈述应标识所有扩展的安全要求。**

10.5.2.2.2 **ASE_ECD.1.2C**

**扩展组件定义应为每一个扩展的安全要求定义一个扩展的组件。**

10.5.2.2.3 **ASE_ECD.1.3C**

**扩展组件定义应描述每个扩展的组件与已有组件、族和类的关联性。**

10.5.2.2.4 **ASE_ECD.1.4C**

**扩展组件定义应使用已有的组件、族、类和方法学作为陈述的模型。**

10.5.2.2.5 **ASE_ECD.1.5C**

**扩展组件应由可测量的和客观的元素组成，以便于证实这些元素之间的符合性或不符合性。**

10.5.2.3 评估者行为元素

10.5.2.3.1 **ASE_ECD.1.1E**

**评估者应确认所提供的信息满足证据的内容和形式的所有要求。**

10.5.2.3.2 **ASE_ECD.1.2E**

**评估者应确认扩展组件不能利用已经存在的组件明确的表达。**

## 10.6 安全要求(ASE_REQ)

### 10.6.1 目的

安全功能要求(SFR)对TOE预期安全行为进行了清晰、无歧义且定义准确的描述。安全保障要求(SAR)对TOE获得保障而采取的预期活动进行了清晰、无歧义且规范的描述。

对安全要求的评估要求确保这些安全要求是清晰的、无歧义的并且是准确定义的。

### 10.6.2 组件分级

本族中的组件是基于安全要求是否被陈述而进行分级的。

### 10.6.3 ASE_REQ.1 陈述性的安全要求

依赖关系：ASE_ECD.1 扩展组件定义。

10.6.3.1 开发者行为元素

10.6.3.1.1 **ASE_REQ.1.1D**

**开发者应提供安全要求的陈述。**

10.6.3.1.2 **ASE_REQ.1.2D**

**开发者应提供安全要求的基本原理。**

10.6.3.2 内容和形式元素

10.6.3.2.1 ASE_REQ.1.1C

**安全要求的陈述应描述安全功能要求和安全保障要求。**

10.6.3.2.2 ASE_REQ.1.2C

**应对安全功能要求和安全保障要求中使用的所有主体、客体、操作、安全属性、外部实体及其他术语进行定义。**

10.6.3.2.3 ASE_REQ.1.3C

**安全要求的陈述应对安全要求的所有操作进行标识。**

10.6.3.2.4 ASE_REQ.1.4C

**所有操作应被正确执行。**

10.6.3.2.5 ASE_REQ.1.5C

**应满足安全要求间的依赖关系,或者安全要求基本原理应论证不需要满足某个依赖关系。**

10.6.3.2.6 ASE_REQ.1.6C

**安全要求的陈述应是内在一致的。**

10.6.3.3 评估者行为元素

10.6.3.3.1 ASE_REQ.1.1E

**评估者应确认所提供的信息满足证据的内容和形式的所有要求。**

10.6.4 ASE_REQ.2 推导出的安全要求

依赖关系:ASE_OBJ.2 安全目的;
ASE_ECD.1 扩展组件定义。

10.6.4.1 开发者行为元素

10.6.4.1.1 ASE_REQ.2.1D

开发者应提供安全要求的陈述。

10.6.4.1.2 ASE_REQ.2.2D

开发者应提供安全要求的基本原理。

10.6.4.2 内容和形式元素

10.6.4.2.1 ASE_REQ.2.1C

安全要求的陈述应描述安全功能要求和安全保障要求。

10.6.4.2.2 ASE_REQ.2.2C

应对安全功能要求和安全保障要求中使用的所有主体、客体、操作、安全属性、外部实体及其他术语进行定义。

10.6.4.2.3 **ASE_REQ.2.3C**

安全要求的陈述应对安全要求的所有操作进行标识。

10.6.4.2.4 **ASE_REQ.2.4C**

所有操作应被正确地执行。

10.6.4.2.5 **ASE_REQ.2.5C**

应满足安全要求间的依赖关系,或者安全要求基本原理应论证不需要满足某个依赖关系。

10.6.4.2.6 **ASE_REQ.2.6C**

**安全要求基本原理应描述每一个安全功能要求可追溯至对应的 TOE 安全目的。**

10.6.4.2.7 **ASE_REQ.2.7C**

**安全要求基本原理应证实安全功能要求可满足所有的 TOE 安全目的。**

10.6.4.2.8 **ASE_REQ.2.8C**

**安全要求基本原理应说明选择安全保障要求的理由。**

10.6.4.2.9 **ASE_REQ.2.9C**

安全要求的陈述应是内在一致的。

10.6.4.3 **评估者行为元素**

10.6.4.3.1 **ASE_REQ.2.1E**

评估者应确认所提供的信息满足证据的内容和形式的所有要求。

## 10.7 TOE 概要规范(ASE_TSS)

### 10.7.1 目的

TOE 概要规范能够使评估者和潜在消费者对 TOE 是如何实现的有一个全面的理解。

TOE 概要规范的评估对于确定 TOE 是如何实现以下方面的描述是否充分是必要的:

——满足 TOE 的安全功能要求;

——保护 TOE 自身防止被干扰、逻辑篡改和被旁路。

而且,对于确定 TOE 概要规范和 TOE 的其他叙述性描述是否一致也是必要的。

### 10.7.2 组件分级

本族中的组件是基于 TOE 概要规范仅需描述 TOE 如何满足安全功能要求,或者 TOE 概要规范也需要描述 TOE 是怎样保护其自身,以防止被逻辑篡改和被旁路而进行分级的。这些附加的描述适用于对 TOE 安全架构有特殊要求的特定情形。

### 10.7.3 ASE_TSS.1 TOE 概要规范

依赖关系:ASE_INT.1 ST 引言;

ASE_REQ.1 陈述性的安全要求；
ADV_FSP.1 基本功能规范。

#### 10.7.3.1 开发者行为元素

##### 10.7.3.1.1 ASE_TSS.1.1D

**开发者应提供 TOE 概要规范。**

#### 10.7.3.2 内容和形式元素

##### 10.7.3.2.1 ASE_TSS.1.1C

**TOE 概要规范应描述 TOE 是如何满足每一项安全功能要求的。**

#### 10.7.3.3 评估者行为元素

##### 10.7.3.3.1 ASE_TSS.1.1E

**评估者应确认所提供的信息满足证据的内容和形式的所有要求。**

##### 10.7.3.3.2 ASE_TSS.1.2E

**评估者应确认 TOE 概要规范与 TOE 概述、TOE 描述是一致的。**

### 10.7.4 ASE_TSS.2 具有结构设计概述的 TOE 概要规范

依赖关系：ASE_INT.1 ST 引言；
ASE_REQ.1 陈述性的安全要求；
ADV_ARC.1 安全架构描述。

#### 10.7.4.1 开发者行为元素

##### 10.7.4.1.1 ASE_TSS.2.1D

开发者应提供 TOE 概要规范。

#### 10.7.4.2 内容和形式元素

##### 10.7.4.2.1 ASE_TSS.2.1C

TOE 概要规范应描述 TOE 是如何满足每一项安全功能要求的。

##### 10.7.4.2.2 ASE_TSS.2.2C

**TOE 概要规范应描述 TOE 是如何保护自身以防止被干扰和被逻辑篡改。**

##### 10.7.4.2.3 ASE_TSS.2.3C

**TOE 概要规范应描述 TOE 是如何保护自身以防止被旁路。**

#### 10.7.4.3 评估者行为元素

##### 10.7.4.3.1 ASE_TSS.2.1E

评估者应确认所提供的信息满足证据的内容和形式的所有要求。

#### 10.7.4.3.2 ASE_TSS.2.2E

评估者应确认 TOE 概要规范与 TOE 概述、TOE 描述是一致的。

## 11 ADV 类:开发

开发类的安全要求提供了 TOE 的相关信息。从这些信息中所获得的知识可作为执行 TOE 脆弱性分析和测试的基础,正如 AVA 和 ATE 类中所描述的那样。

开发类共包括六个族,这些族在不同级别和不同抽象形式上组织和表示 TOE 安全功能。这些族包含以下要求:

——安全功能要求设计和实现在不同抽象级别下的描述要求(ADV_FSP、ADV_TDS、ADV_IMP);

——域分离、TSF 自保护和安全功能的不可旁路性等面向架构特性的描述要求(ADV_ARC);

——安全策略模型以及安全策略模型和功能规范之间对应性映射要求(ADV_SFM);

——TSF 内部结构的要求,包括诸如模块化、层次化以及复杂度最小化等各个方面(ADV_INT)。

当对 TOE 安全功能进行文档化描述时,需要证实两个属性。第一个属性是安全功能实现正确,也就是说它能按照规定执行。第二个属性是不能以破坏或者旁路安全功能的方式使用 TOE,这是比较难以证实的。这两种属性需要不同程度的分析方法,因此 ADV 类中的族是按照支持这些不同方法组织起来的。功能规范族(ADV_FSP)、TOE 设计族(ADV_TDS)、实现表示族(ADV_IMP)和安全策略模型族(ADV_SPM)处理第一个属性:安全功能规范。安全架构族(ADV_ARC)和 TSF 内部族(ADV_INT)处理第二个属性:TOE 设计规范证实了安全功能不能被破坏或旁路。需要注意的是这两个属性都必须实现:这些属性满足的越充分,TOE 就越可信。这些族中的组件被设计成随着组件层次的增加能获得的保障也更多。

保障族的一个范型即是将设计分解中的第一个属性为对象。最高级别上,是 TSF 接口的功能规范(向 TSF 请求服务以及做出响应),将 TSF 分解成较小的部件(由期望的保障级和 TOE 的复杂度决定),描述 TSF 怎样实现它的功能(与保障级别相当的详细程度),并且说明 TSF 是如何实现的。也可能会给出安全行为的形式化模型。分解的所有级别用于确定所有其他级别的完整性和精确性,以保证这些级别是互相支撑的。关于各种 TSF 表示的要求都被分散到不同的族中,以允许 PP/ST 的作者指明需要哪一个 TSF 表示。选择的级别将表明所期望/获得的保障。

图 10 表明了 ADV 类的各种 TSF 表示间的关系,也表明了它与其他类之间的关系。如图 10 所示,APE 类和 ASE 类定义了安全功能要求和 TOE 安全目的之间对应性要求。ASE 类也定义了安全目的和安全功能要求之间对应性要求,并描述了用来解释 TOE 是怎样满足安全功能要求的 TOE 概要规范。实际上,ALC_CMC.5.2E 子活动内容就是包括验证 ATE 和 AVA 类测试过的 TSF 实际上都被 ADV 描述过。

ADV 类中定义了图 10 所示的所有其他对应性要求。安全策略模型族(ADV_SPM)定义了已选安全功能要求的形式化模型的相关要求,并且提供功能规范和形式化模型的对应性。与 TSF 描述相关的保障族(即功能规范(ADV_FSP)、TOE 设计(ADV_TDS)和实现表示(ADV_IMP)等族)定义了安全功能描述与安全功能要求相关联的一些要求。所有的分解必须与其他分解正确对应(即相互支持);在组件的最后一个.C 元素中,开发者给出追溯关系。通过分析每一级别的分解来获得关于该要素的保障,当进行特定级别的分解分析时可参照其他级别的分解(以递归的方式);作为第二个 E 元素的一部分,评估者应验证此一致性。对这些级别的分解的理解形成了功能测试和穿透性测试的基础。

图 10 中没有标出 ADV_INT 族,因为它与 TSF 的内部结构相关,并且仅与 TSF 描述的细化过程间接相关。在图中也没有标出 ADV_ARC 族,因为它与 TSF 的结构可靠性相关,与 TSF 描述无关。ADV_INT 和 ADV_ARC 都与 TOE 不能回避或破坏的安全功能的属性分析相关。

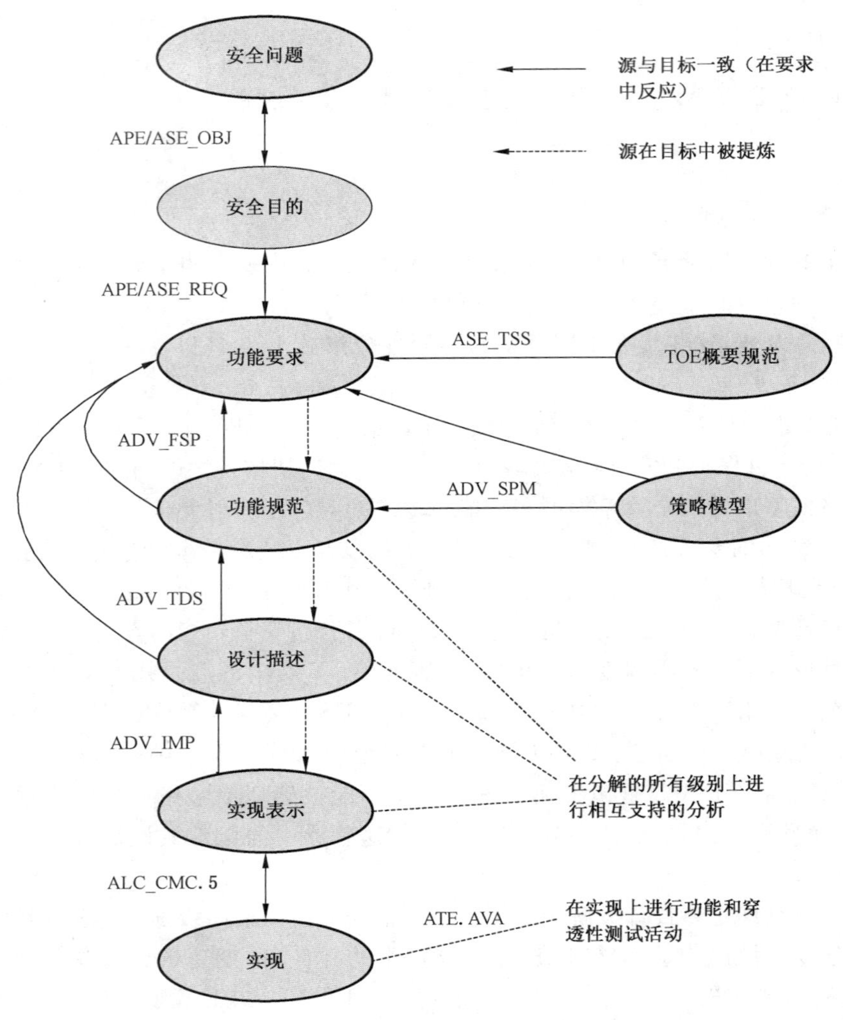


图 10　**ADV** 各族之间及与其他族之间的关系

TOE 安全功能(TSF)包括 SFR-执行所必须依赖的 TOE 所有部分。TSF 既包括一些直接执行安全功能要求的功能及间接执行安全功能要求但会间接影响安全功能要求，违背安全功能要求的功能。这包括在启动时被调用以将 TSF 置于初始安全状态的 TOE 相关组成部分。

在 ADV 族组件的开发中用到了几个重要的概念。这里仅简单介绍了这些概念，在族的操作说明中对他们做了更详细的解释。

一个重要的观点是，获取的信息越多，安全功能在 1)正确实现，2)不被破坏，3)不可旁路性方面所获得的保障就越多。获取信息的手段可以是验证文档的正确性以及文档之间的一致性，也可以通过提供信息确保测试活动(功能测试和穿透性测试)是全面、充分的。信息的多少体现在族中各组件的层次上。一般说来，组件的所处的层次基于所提供的信息量的多少(这点将在后面进行分析)。

虽然不是所有 TOE，但一般情况下 TSF 十分复杂，TSF 的某些部分比其他部分值得做更严格的检测。但是对于如何确定那些部分往往具有主观性，因此术语和组件被定义成随着保障级别的增加，确定 TSF 的哪些部分需要详细测试的职责由开发者转换为评估者。为了便于描述此概念，特引入以下术语。应当注意的是在类的各族中，当描述安全功能要求相关的 TOE 部分时，往往要用到这些术语(即，包含于功能规范(ADV_FSP)，TOE 设计(ADV_TDS)和表示实现(ADV_IMP)族中的各元素和工作单元)。而对于被应用于其他族中的一般概念(比其他部分更感兴趣的 TOE 组成部分)，为了获得必需的保障，描述的规则会不同。

TSF的所有部分都与安全相关,这意味着它们必须保护被描述为与域分离、不可旁路性相关的TOE安全性要求。安全相关性一方面是指部分TSF执行安全要求的程度。既然在执行安全要求中,TOE的不同部分发挥着不同的作用(或者根本没有明显的作用),这就造成了安全功能要求相关性的连续统一体:该连续统一体的末端被称为强制实施SFR-执行(SFR-enforcing)的TOE部分。这样的部分在TOE中扮演着实现安全功能要求的指挥角色。这些安全功能要求参照ST中安全功能要求的全部功能性。应当注意的是,SFR-执行部分所发挥功能性作用的大小是很难量化表达的。例如,在强制访问控制(DAC)机制的实现中,*SFR-执行*在狭义上可能是实际上由几行代码实现了依据客体特性对主体特性的检查。在广义上可能是包含这几行代码的软件实体(例如C函数)。再广义的观点将包括对C函数的调用,因为他们负责决定执行属性检查后返回值的情况。再广义一些的观点是包括C函数的调用树(或者该开发语言使用的等同的设计)上的任何代码(例如用首次匹配算法实现的分类访问控制列表实体的一类函数)。某些情况下,有些部分并没有强制要求执行安全策略,而是更多的发挥着支持的作用,这部分定义为*SFR支撑(SFR-supporting)*部分。

SFR-支撑功能的一个特点是它可通过无误的操作保持安全功能要求的正确执行。SFR-执行功能可以依赖SFR-支撑功能,但是这种依赖通常体现在功能层面上。例如,内存管理、缓冲区管理等。按安全相关性进行连续性划分的下面一层是称为*SFR-无关(SFR-non-interfering)*的功能。这种功能在实现安全功能要求方面不起作用,由于其执行环境的原因,这种功能也可能是TSF的一部分。例如,操作系统中运行在一个特权硬件模式下的代码就是TSF的一部分,因为它一旦被侵害(被恶意代码替代),就有可能因为运行在特权硬件模式而妨碍安全功能要求的正确运行。一些在内核模式中用于提升运算速度的数学浮点运算操作就是SRF-无关功能的具体例子。

在域分离、自保护和不可旁路的特性基础之上,架构族(安全架构(ADV_ARC))用于对TOE提出要求并进行分析。这些特性与安全功能要求相关,如果没有这些特性,将会导致安全功能要求实现机制出现问题。由于本质和分析要求的根本不同,与这些特性相关的功能性和设计不在上面描述的连续统一体中进行考虑,而是单独处理。

安全功能要求的实现(包括SFR-执行和SFR-支撑功能)与相对基础的TOE的基本安全特性的实现(包括初始化、自保护和不可旁路性所涉及的部分)在分析方面的不同之处在于,SFR相关的功能性在一定程度上是直接可见并且相对而言易于测试的,而后者则需要在一个更宽泛的功能性集合中变换角度分析。而且,对这些特性分析的深度将依赖TOE的设计而不同。ADV中有一个单独的族(安全架构ADV_ARC)用来描述对初始化、自保护和不可旁路性等要求的分析,同时其他族用于对SFR-支撑的功能性的分析。

即使需要不同级别下的抽象描述,也没有将每一个TSF描述为一个独立文档的绝对必要。确实有时一个文档需要多种TSF描述,因为每一种TSF描述的信息都是需要的,而不仅仅是最终的文档形式。当多种TSF描述被融合到一篇文档中的情况下,开发者应当指出文档的哪一部分符合哪些要求。

这个类规定了三种类型的规范方式:非形式化、半形式化和形式化。功能规范和TOE设计文档只以非形式化或者半形式化方式进行描述。半形式化方式描述的文档与非形式化文档相比降低了文档的歧义性。除半形式化的描述之外,可能也需要形式化的描述;用多种方式对TSF进行描述可以增加对TSF完全准确描述的保障。

非形式化规范就是像白话文一样用自然语言来书写。在这里使用自然语言,意味着以任何普通口头语言(如汉语、西班牙语、德语、法语、英语、荷兰语)来沟通。非形式化规范除了使用语言本身需要的常规约定(如文法和句法)外,不受任何标记性的或特殊的限制。虽然没有标记限制,非形式化规范也要求为上下文中的术语进行定义,除非作为常规用法该术语已被认可。

半形式化和非形式化文档的区别仅仅在于格式上或者表达方式上:半形式化的符号系统包括明确的术语表、标准化的描述格式等。半形式化规范用标准的描述模板来编写。如果用自然语言编写,描述应始终使用术语。描述也可以使用更结构化的语言或者图表(例如数据流图、状态转换图、实体关系图、数据结构图以及过程或程序结构图)的形式。无论使用图表还是自然语言,在描述中必须使用一套约定。术语表对需要以准确固定的方式使用的词汇进行了明确标识;同样,使用标准化的格式意味着已特别注意到了该如何以最清晰的方式系统地准备文档。应注意 TSF 中存在根本性差异的部分可能有不同的半形式化符号约定和描述风格(只要不同的"半形式化符号"的数量不是很多);这种情况仍然遵照半形式化描述的观念。

形式化规范就是用基于公认的数学概念的符号系统来书写,并且通常附有支持性的解释(非形式化)语句。这些数学概念被用来定义符号的语法和语义,以及支持逻辑推理的证明规则。支持形式化符号的语法和语义规则应该定义如何明确地识别其结构并确定其含义。这里必须有证据表明不可能有产生矛盾之处,并且所有用于符号支持的规则都必须被定义或者引用。

图 11 给出了该类中包含的族以及族内组件的层次结构。

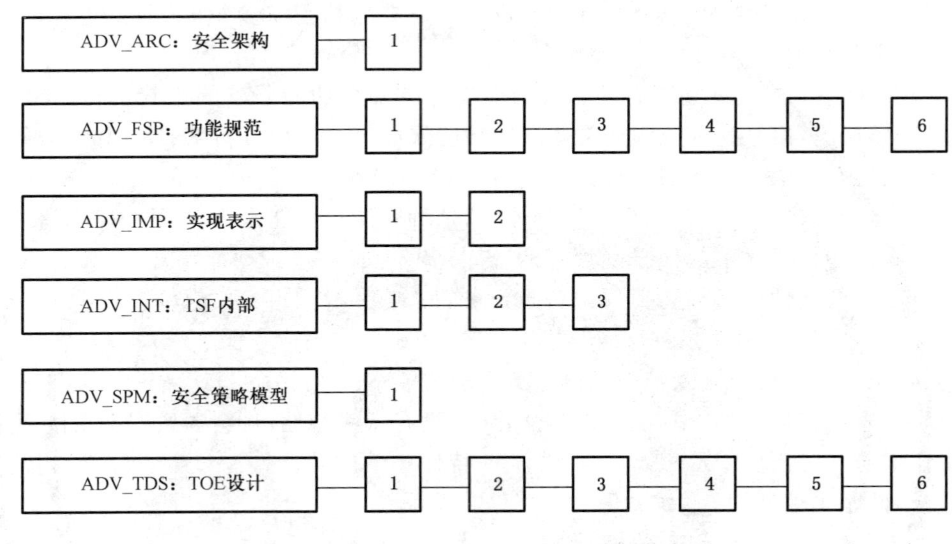


**图 11 ADV:开发类分解**

## 11.1 安全架构(ADV_ARC)

### 11.1.1 目的

本族的目的是让开发者提供对 TSF 安全架构的描述。允许额外提供的其他 TSF 证据对这些信息进行分析,这些信息将确保 TSF 达到期望的属性。安全架构描述支持隐含的声明,即通过检测 TSF 所能获得的 TOE 安全分析;如果没有合理的架构,则必须检查 TOE 全部的功能特性。

### 11.1.2 组件分级

本族只包含一个组件。

### 11.1.3 应用注释

自保护、域分离和不可旁路与 ISO/IEC 15408-2 安全功能要求描述的安全功能特性是有区别的,因为在 TSF 中自保护和不可旁路基本上没有直接可观察的接口。确切地说,他们是通过 TOE 和 TSF 设计而获得的 TSF 属性,并且通过正确实现该设计而得以执行。

本族中的方法是为开发者设计和提供具有上述特性的 TSF,并且提供这些描述 TSF 特性的证据(以文档的形式)。提供的这种解释与 TOE 的设计文档中的 TOE 的 SFR-执行元素的描述有相同的详细级别。评估者有责任考察证据,再加上交付 TOE 和 TSF 的其他证据,以确定这些特性得到实现。

实施安全功能要求(在功能规范(ADV_FSP)和 TOE 设计(ADV_TDS)中)的安全功能规范不一定会描述用于实施自我保护和不可旁路(如内存管理机制)的机制。因此,需要提供资料来保障这些正在实现的要求与体现在 ADV_FSP 和 ADV_TDS 中的 TSF 的分解设计相比更好。但这并不是说这个组件所要求的安全架构描述不能参考或者使用分解设计材料,而是说分解设计文档中的大量细节描述不能被直接用于安全架构描述文档。

对架构可靠性的描述可以认为是开发者的脆弱性分析,其中论证了为什么 TSF 是可靠的并且满足所有安全功能要求。可靠性是通过特定的安全机制实现的,而且这些将作为测试深度(ATE_DPT)要求的一部分进行测试;其中可靠性只有通过架构才能得以实现,并且其行为作为 AVA(脆弱性评估要求)的一部分来进行测试。

本族由安全架构描述要求组成,描述了自保护、域分离和不可旁路的原理,包括在用于 TSF 初始化的那部分 TOE 所支持的原理的描述。

在附录 A.1,ADV_ARC:安全架构的补充材料中,可以找到安全架构的自保护、域分离和不可旁路的特性的补充说明。

#### 11.1.4 ADV_ARC.1 安全架构描述

依赖关系:ADV_FSP.1 基本功能规范;
ADV_TDS.1 基础设计。

##### 11.1.4.1 开发者行为元素

###### 11.1.4.1.1 ADV_ARC.1.1D

**开发者应设计并实现 TOE,确保 TSF 的安全特性不可旁路。**

###### 11.1.4.1.2 ADV_ARC.1.2D

**开发者应设计并实现 TSF,以防止不可信主体的破坏。**

###### 11.1.4.1.3 ADV_ARC.1.3D

**开发者应提供 TSF 安全架构的描述。**

##### 11.1.4.2 内容和形式元素

###### 11.1.4.2.1 ADV_ARC.1.1C

**安全架构的描述应与在 TOE 设计文档中对 SFR-执行的抽象描述的级别一致。**

###### 11.1.4.2.2 ADV_ARC.1.2C

**安全架构的描述应描述与安全功能要求一致的 TSF 安全域。**

###### 11.1.4.2.3 ADV_ARC.1.3C

**安全架构的描述应描述 TSF 初始化过程为何是安全的。**

###### 11.1.4.2.4 ADV_ARC.1.4C

**安全架构的描述应证实 TSF 可防止被破坏。**

###### 11.1.4.2.5 ADV_ARC.1.5C

**安全架构的描述应证实 TSF 可防止 SFR-执行的功能被旁路。**

#### 11.1.4.3 评估者行为元素

##### 11.1.4.3.1 ADV_ARC.1.1E

**评估者应确认提供的信息符合证据的内容和形式要求。**

## 11.2 功能规范(ADV_FSP)

### 11.2.1 目的

本族提出了针对功能规范的要求,该规范描述了 TSF 接口(TSFI)。TSFI 包括所有的通过外部实体(或者位于 TSF 之外 TOE 内部的主体)向 TSF 提供数据、接收来自于 TSF 的数据并且调用 TSF 的服务的方法。它并不描述 TSF 如何处理那些服务请求,也不描述当 TSF 调用运行环境的服务时的通信;TOE 设计族(ADV_TDS)和依赖模块的依赖性族(ACO_REL)将分别描述这些内容。

本族通过使评估者理解 TSF 如何满足安全功能要求提供直接的保障。它也作为其他保障族和保障类的输入,提供间接的保障:

- ADV_ARC,对 TSFI 的描述可以用来更好地理解 TSF 如何抵御侵害(自保护或域分离的破坏)以及/被旁路;
- ATE,对 TSFI 的描述是开发者和评估者测试的重要输入;
- AVA,通过对 TSFI 的描述用来查找脆弱性。

### 11.2.2 组件分级

本族中的组件是基于所要求的对 TSFI 描述的详细程度和形式化程度而分级的。

### 11.2.3 应用注释

一旦确定了 TSFI(参见 A.2.1,确定 TSFI 的指导以及确定 TSFI 的例子),就对其进行描述。在低级的组件中,开发者将他们的文档(评估者将他们的分析)更多地关注于 TOE 的安全相关方面。基于所获得的服务定义了三类 TSFI,安全功能要求声明为:

- 如果通过一个接口可获得的服务能够被追溯到 TSF 的一个安全功能要求,则该接口被称为*SFR-执行*。注意该接口可能有多种服务和结果,其中一些可能用于 SFR-执行,另一些可能不是。
- 如果是 SFR-执行功能所依赖的,且只需正确运行以保持 TOE 安全策略的那些服务接口(或通过接口相关的服务),则称其为*SFR-支撑*。
- SFR-执行功能不依赖的服务接口称为*SFR-无关*。

应注意 SFR-支撑和 SFR-无关接口必须没有 SFR-执行的服务或者结果。相反,SFR-执行接口可能有 SFR-支撑服务(例如,设置系统时钟的能力可能是一个接口的 SFR-执行服务,但是如果同一个接口用作显示系统日期,那么该服务可能只是 SFR-支撑)。纯 SFR-支撑接口的例子是既被用户使用又被为用户利益而运行的一部分 TSF 使用的系统调用接口。

TSFI 的信息获得的越多,就越能确保对这些接口的分类和分析的正确性。在最低级别中,评估者为了以有效的方式进行评估确定,SFR-无关接口需要的信息是最不必要的。在更高的级别中,由于获得了更多的信息,评估者对设计就越有信心。

命名这些接口(SFR-执行、SFR-支撑和 SFR-无关)以及(在更低级别的保障组件上)为每种接口规定不同要求的目的是为了近似地给出应重点分析之处以及分析的证据。如果开发者的 TSF 接口文档按 SFR-执行接口要求的详细程度描述了所有接口(也就是说,如果文档超越了要求),那么就开发者就不需要创建新的证据来满足要求。同样,因为这种接口命名仅仅是从要求的角度区分接口类型的一种方法,所以开发者没有必要仅仅为了标识接口为 SFR-执行、SFR-支撑还是 SFR-无关而更新证据。这样命名方法的主要目的是让开发者在没有成熟的开发方法(和相关的人工产品,如详细接口和设计文档)的情况下就只提供必要的证据,而无需付出过多的代价。

本族中每个组件的最后一个 C 元素给出了安全功能要求与功能规范的直接联系,也就是说,指出了每个安全功能要求是通过哪些接口调用的。当 ST 中包含残余信息保护(FDP_RIP)这样的功能要求时,由于其功能未在 TSFI 中陈述、功能规范和/或用于识别安全功能要求的追溯应能标识这些安全功能要求;在细化分解过程中这些安全功能要求作用重大,将其包含在功能规范中有助于确保在这个过程中不会被遗漏。

#### 11.2.3.1 接口细则

本要求定义了 TSFI 的细节的集合。本要求的目的是按照接口的目的、使用方法、参数、参数描述和错误信息来详细描述接口(以不同的详细程度)。

详细说明接口的意图(例如 GUI 命令、接收网络数据包、提供打印输出等)是对接口的一般目的进行高层的描述。

接口的使用方法描述如何使用接口。这种描述应当建立在接口的各种相互作用之上。例如,如果接口是个 UNIX shell 命令,那么 ls、mv 和 cp 将与该接口有相互作用。对于每个相互作用,使用方法描述相互作用是什么,既有该接口的行为(例如程序员调用 API,Windows 用户更改注册表的设置等),也有其他接口的行为(例如生成一条审计记录)。

参数是接口的输入输出,它控制着接口的行为。例如提供给 API 的参数;一个给定网络协议的数据包的不同字段;Windows 注册表中的个别的键值;通过芯片上一组管脚的信号;用于设置 ls 的标志等。参数被标识为一个表明它们是什么的简单的列表。

参数描述讲述这个参数的意图。例如,接口 foo(i)的可接受的参数描述可以是"参数 i 是一个表明当前登录到本系统的用户数量的整数"。像"参数 i 是一个整数"这样的描述就不可接受。

接口行为的描述讲述了该接口是做什么的。这比目的描述更详细,"目的"揭示为什么可以使用它,而"行为"揭示接口所做的每一件事。这些行为可能与安全功能要求相关或无关。如果接口行为与 SFR-无关可概括描述,意味着描述仅解释它确实不是安全功能要求相关的。

错误消息的描述可确定错误产生的条件,如消息是什么,以及错误代码的含义。TSF 生成一条错误消息,用于表示遇到的问题或者某些程度的不规律。本族要求涉及不同类型的错误消息:

- "直接"错误消息是通过特定 TSFI 调用的安全相关的响应。
- "间接"错误不能依赖于特定的 TSFI 调用,因为它是系统环境的情况(例如资源耗尽、连接中断等)。不是安全相关的错误消息也被认为是"间接"的。
- "残余"错误是所有其他错误,如那些代码中可能出现的错误。例如,使用用于检查逻辑上不会发生的情况(例如一列"case"语句之后的最后一条"else")的条件检查代码,将会生成一个笼统的错误消息;在运行的 TOE 中,不应看到这些错误消息。
- 在 A.2.3 中给出了功能规范的一个范例。

#### 11.2.3.2 本族的组件

通过增强接口规范的完备性和准确性而提高保障,这就要求开发者提供本族不同等级的组件细节的文档。

ADV_FSP.1 基本功能规范,唯一的文档要求是刻画所有 TSFI,并对 SFR-执行和 SFR-支撑类型的 TSFI 进行高层描述。为了确保 TSF 的"重要"方面在 TSFI 中已被正确描述,要求开发者提供目的、使用方法、SFR-执行和 SFR-支撑的 TSFI 的参数。

ADV_FSP.2 安全执行功能规范,要求开发者提供所有 TSFI 的目的、使用方法、参数和参数描述。

另外,对于SFR-执行TSFI,开发者必须描述SFR-执行行为和直接错误消息。

ADV_FSP.3带完整摘要的功能规范,除了ADV_FSP.2要求的信息之外,开发者必须提供足够的关于SFR-支撑和SFR-无关行为的信息,用以表明它们不是SFR-执行的。此外,开发者必须文档化由调用SFR-执行的TSFI产生的所有直接错误消息。

ADV_FSP.4完备的功能规范,所有TSFI(无论是SFR-执行、SFR-支撑还是SFR-无关)必须以同等程度来描述,包括所有的直接错误消息。

ADV_FSP.5附加错误信息的完备的半形式化功能规范,TSFI描述也包括不是由TSFI调用引起的错误消息。

ADV_FSP.6附加形式化描述的完备的半形式化功能规范,除了ADV_FSP.5要求的消息外,还包含对所有残余错误消息的描述。开发者也必须提供对TSFI的形式化描述。这为分析TSFI提供了另一个角度,可以暴露出内在矛盾或者不完善的规范。

#### 11.2.4 ADV_FSP.1 基本功能规范

依赖关系:无。

##### 11.2.4.1 开发者行为元素

###### 11.2.4.1.1 ADV_FSP.1.1D

**开发者应提供一个功能规范。**

###### 11.2.4.1.2 ADV_FSP.1.2D

**开发者应提供功能规范到安全功能要求的追溯关系。**

##### 11.2.4.2 内容和形式元素

###### 11.2.4.2.1 ADV_FSP.1.1C

**功能规范应描述每个SFR-执行和SFR-支撑的TSFI的目的和使用方法。**

###### 11.2.4.2.2 ADV_FSP.1.2C

**功能规范应识别每个SFR-执行和SFR-支撑的TSFI相关的所有参数。**

###### 11.2.4.2.3 ADV_FSP.1.3C

**功能规范应提供暗含的SFR-无关的接口分类的基本原理。**

###### 11.2.4.2.4 ADV_FSP.1.4C

**功能规范应证实安全功能要求到TSFI的追溯。**

##### 11.2.4.3 评估者行为元素

###### 11.2.4.3.1 ADV_FSP.1.1E

**评估者应确认所提供的信息满足证据的内容和形式的所有要求。**

###### 11.2.4.3.2 ADV_FSP.1.2E

**评估者应确定功能规范是安全功能要求的一个准确且完备的实例化。**

### 11.2.5 ADV_FSP.2 安全执行功能规范

依赖关系:ADV_TDS.1 基础设计。

#### 11.2.5.1 开发者行为元素

##### 11.2.5.1.1 ADV_FSP.2.1D

开发者应提供一个功能规范。

##### 11.2.5.1.2 ADV_FSP.2.2D

开发者应提供功能规范到安全功能要求的追溯关系。

#### 11.2.5.2 证据的内容和形式元素

##### 11.2.5.2.1 ADV_FSP.2.1C

**功能规范应完整地描述 TSF。**

##### 11.2.5.2.2 ADV_FSP.2.2C

功能规范应描述**所有**的 TSFI 的目的和使用方法。

##### 11.2.5.2.3 ADV_FSP.2.3C

功能规范应识别**和描述**每个 TSFI 相关的所有参数。

##### 11.2.5.2.4 ADV_FSP.2.4C

**对于每个 SFR-执行 TSFI,**功能规范应**描述** TSFI 相关的 **SFR-执行行为**。

##### 11.2.5.2.5 ADV_FSP.2.5C

**对于 SFR-执行 TSFI,功能规范应描述由 SFR-执行行为相关处理而引起的直接错误消息。**

##### 11.2.5.2.6 ADV_FSP.2.6C

功能规范应证实安全功能要求到 TSFI 的追溯。

#### 11.2.5.3 评估者行为元素

##### 11.2.5.3.1 ADV_FSP.2.1E

评估者**应确认**所提供的信息满足证据的内容和形式的所有要求。

##### 11.2.5.3.2 ADV_FSP.2.2E

评估者**应确定**功能规范是安全功能要求的一个准确且完备的实例化。

### 11.2.6 ADV_FSP.3 带完整摘要的功能规范

依赖关系:ADV_TDS.1 基础设计。

#### 11.2.6.1 开发者行为元素

##### 11.2.6.1.1 ADV_FSP.3.1D

开发者应提供一个功能规范。

11.2.6.1.2 **ADV_FSP.3.2D**

开发者应提供功能规范到安全功能要求的追溯。

11.2.6.2 **证据的内容和形式元素**

11.2.6.2.1 **ADV_FSP.3.1C**

功能规范应完全描述 TSF。

11.2.6.2.2 **ADV_FSP.3.2C**

功能规范应描述所有的 TSFI 的目的和使用方法。

11.2.6.2.3 **ADV_FSP.3.3C**

功能规范应识别和描述每个 TSFI 相关的所有参数。

11.2.6.2.4 **ADV_FSP.3.4C**

对于每个 SFR-执行 TSFI,功能规范应描述 TSFI 相关的 SFR-执行行为。

11.2.6.2.5 **ADV_FSP.3.5C**

对于每个 SFR-执行 TSFI,功能规范应描述**与 TSFI 的调用相关的安全实施行为和异常而**引起的直接错误消息。

11.2.6.2.6 **ADV_FSP.3.6C**

**功能规范需总结与每个 TSFI 相关的 SFR-支撑和 SFR-无关的行为**。

11.2.6.2.7 **ADV_FSP.3.7C**

功能规范应证实安全功能要求到 TSFI 的追溯。

11.2.6.3 **评估者行为元素**

11.2.6.3.1 **ADV_FSP.3.1E**

评估者**应确认**所提供的信息满足证据的内容和形式的所有要求。

11.2.6.3.2 **ADV_FSP.3.2E**

评估者**应确定**功能规范是安全功能要求的一个准确且完备的实例化。

11.2.7 **ADV_FSP.4 完备的功能规范**

依赖关系:ADV_TDS.1 基础设计。

11.2.7.1 **开发者行为元素**

11.2.7.1.1 **ADV_FSP.4.1D**

开发者应提供一个功能规范。

11.2.7.1.2 **ADV_FSP.4.2D**

开发者应提供功能规范到安全功能要求的追溯。

11.2.7.2 **证据的内容和形式元素**

11.2.7.2.1 **ADV_FSP.4.1C**

功能规范应完全描述 TSF。

11.2.7.2.2 **ADV_FSP.4.2C**

功能规范应描述所有的 TSFI 的目的和使用方法。

11.2.7.2.3 **ADV_FSP.4.3C**

功能规范应识别和描述每个 TSFI 相关的所有参数。

11.2.7.2.4 **ADV_FSP.4.4C**

对于每个 SFR-执行 TSFI,功能规范应描述 TSFI 相关的**所有**行为。

11.2.7.2.5 **ADV_FSP.4.5C**

功能规范应描述可能由每个 TSFI 的调用而引起的所有直接错误消息。

11.2.7.2.6 **ADV_FSP.4.6C**

功能规范应证实安全功能要求到 TSFI 的追溯。

11.2.7.3 **评估者行为元素**

11.2.7.3.1 **ADV_FSP.4.1E**

评估者**应确认**所提供的信息满足证据的内容和形式的所有要求。

11.2.7.3.2 **ADV_FSP.4.2E**

评估者**应确定**功能规范是安全功能要求的一个准确且完备的实例化。

11.2.8 **ADV_FSP.5 附加错误信息的完备的半形式化功能规范**

依赖关系:ADV_TDS.1 基础设计;
ADV_IMP.1 TSF 实现表示。

11.2.8.1 **开发者行为元素**

11.2.8.1.1 **ADV_FSP.5.1D**

开发者应提供一个功能规范。

11.2.8.1.2 **ADV_FSP.5.2D**

开发者应提供功能规范到安全功能要求的追溯。

#### 11.2.8.2 证据的内容和形式元素

##### 11.2.8.2.1 ADV_FSP.5.1C

功能规范应完全描述 TSF。

##### 11.2.8.2.2 ADV_FSP.5.2C

**功能规范应用半形式化方式描述 TSFI。**

##### 11.2.8.2.3 ADV_FSP.5.3C

功能规范应描述所有的 TSFI 的目的和使用方法。

##### 11.2.8.2.4 ADV_FSP.5.4C

功能规范应识别和描述每个 TSFI 相关的所有参数。

##### 11.2.8.2.5 ADV_FSP.5.5C

功能规范应描述每个 TSFI 相关的所有行为。

##### 11.2.8.2.6 ADV_FSP.5.6C

功能规范应描述可能由每个 TSFI 的调用引起的所有直接错误消息。

##### 11.2.8.2.7 ADV_FSP.5.7C

**功能规范应描述不是由 TSFI 调用而引起的所有错误消息。**

##### 11.2.8.2.8 ADV_FSP.5.8C

**功能规范应为每个包含在 TSF 实现中但不是由 TSFI 调用而引起的错误消息提供基本原理。**

##### 11.2.8.2.9 ADV_FSP.5.9C

功能规范应证实安全功能要求到 TSFI 的追溯。

#### 11.2.8.3 评估者行为元素

##### 11.2.8.3.1 ADV_FSP.5.1E

评估者**应确认**所提供的信息满足证据的内容和形式的所有要求。

##### 11.2.8.3.2 ADV_FSP.5.2E

评估者**应确定**功能规范是安全功能要求的一个准确且完备的实例化。

### 11.2.9 ADV_FSP.6 附加形式化描述的完备的半形式化功能规范

依赖关系:ADV_TDS.1 基础设计;
ADV_IMP.1 TSF 实现表示。

#### 11.2.9.1 开发者行为元素

##### 11.2.9.1.1 ADV_FSP.6.1D

开发者应提供一个功能规范。

11.2.9.1.2　**ADV_FSP.6.2D**

**开发者应提供 TSF 功能规范的形式化描述**。

11.2.9.1.3　**ADV_FSP.6.3D**

开发者应提供功能规范到安全功能要求的追溯。

11.2.9.2　证据的内容和形式元素

11.2.9.2.1　**ADV_FSP.6.1C**

功能规范应完全描述 TSF。

11.2.9.2.2　**ADV_FSP.6.2C**

功能规范应使用**形式化**方式描述 TSFI。

11.2.9.2.3　**ADV_FSP.6.3C**

功能规范应描述所有的 TSFI 的目的和使用方法。

11.2.9.2.4　**ADV_FSP.6.4C**

功能规范应识别和描述每个 TSFI 相关的所有参数。

11.2.9.2.5　**ADV_FSP.6.5C**

功能规范应描述每个 TSFI 相关的所有行为。

11.2.9.2.6　**ADV_FSP.6.6C**

功能规范应描述可能由每个 TSFI 的调用而引起的所有直接错误消息。

11.2.9.2.7　**ADV_FSP.6.7C**

功能规范应描述**包含在 TSF 实现表示中**的所有错误消息。

11.2.9.2.8　**ADV_FSP.6.8C**

功能规范应为每个包含在 TSF 实现中,但未在功能规范中描述的错误消息提供基本原理,**以论证这些错误消息为何与** TSFI **无关**。

11.2.9.2.9　**ADV_FSP.6.9C**

**TSF 功能规范的形式化描述应使用形式化方式来描述 TSF,并 I 通过适当的非形式化解释性文字来支持**。

11.2.9.2.10　**ADV_FSP.6.10C**

功能规范应证实安全功能要求到 TSFI 的追溯。

11.2.9.3　评估者行为元素

11.2.9.3.1　**ADV_FSP.6.1E**

评估者应确认所提供的信息满足证据的内容和形式的所有要求。

#### 11.2.9.3.2 ADV_FSP.6.2E

评估者应确定功能规范是安全功能要求的一个准确且完备的实例化。

## 11.3 实现表示(ADV_IMP)

### 11.3.1 目的

实现表示(ADV_IMP)族的功能是让开发者以评估者能够分析的形式来制定 TOE 的实现表示(并且在高级别中实现 TOE)。在分析其他族(例如,分析 TOE 设计)的活动中用实现表示来证实 TOE 符合其设计,以及为其他部分的评估(例如查找脆弱性)分析提供基础。实现表示应详细说明 TSF 的内部工作,可以包括软件代码、固件代码、硬件图表和/或 IC 硬件设计代码或者设计数据等。

### 11.3.2 组件分级

本族中的组件是基于 TOE 设计实现的数量而分级的。

### 11.3.3 应用注释

用来构造实际硬件的源代码/硬件代码和/或 IC 硬件设计代码/设计数据都是实现表示的部分实例。要注意的是虽然实现表示必须是对评估者可用的,但是这不意味着评估者需要控制那些实现表示,这点很重要。例如,开发者可以要求评估者在开发者选择的场所复查实现表示。

全部实现表示都应可用,以确保不会由于缺少信息而简化分析活动。但是,这并不意味着执行分析活动时要检查所有的实现表示,而这也几乎是不可行的;同时,与以定向抽样的方式查看实现表示相比,即便提供了全部实现表示也不太可能会提升 TOE 的保障级别。实现表示可用于分析其他的设计分解过程(例如功能规范、TOE 设计),也可用于在确认高层设计中描述的安全功能在 TOE 似乎得到了实现这一方面建立信心。在某些形式的实现表示中的某些常规方法使得我们可能很难或不可能仅仅通过实现表示来确定实际的编译结果或运行时解释执行的情况。例如,C 语言编译器的编译指令会引起编译器排除或包含全部代码。因此,提供的这样的"额外"信息或相关工具(脚本、编译器等)对于确定实现表示是很重要的。

在实现表示和 TOE 设计描述之间建立映射的目的是为了帮助评估者做分析。当 TOE 设计的分析与实现表示内容一致时,TOE 的内部工作就更容易理解。映射将作为对实现表示的索引。在低级别的组件中,只将实现表示的一个子集映射到 TOE 设计描述上。由于不确定实现表示的哪一部分需要这种映射,开发者可以预先选择映射全部的实现表示,或等待了解评估者要求映射哪部分实现表示。

开发者采用一种适合转换为真正实现的方式来处理实现表示。例如,开发者的工作可能会用到包含源代码的文件,这些源代码最终编译为 TSF 的一部分。开发者以自身习惯使用的方式来提供实现表示,这样评估者就可以使用自动化技术进行分析。这样也提升了评估者的信心,即接受检查的实现表示正是在实际的 TSF 实现中使用的(这与以文字处理文档等形式提交的表达方式不同)。应当注意的是开发者也可能使用其他形式的实现表示;这些形式也需要提供。总体目标是为评估者提供信息以最大限度提高评估者的分析效率。

某些形式的实现表示可能需要额外的信息,因为它们对理解和分析构成了严重障碍。例如包含了外壳的源代码或者以其他方式进行了扰乱的代码,都会阻止理解和/或分析。这些形式的实现表示典型地是由 TOE 开发者在实现表示的一个版本上运行加壳或扰乱程序而产生的。虽然加壳的表示是编译过的,可能与原始的、未隐藏的表示相比更接近实现(在结构方面),但是提供这样的扰乱代码可能会使针对实现表示的分析任务花费更多的时间。当创建了这种形式的表示时,需要在组件中描述使用的加壳工具/算法的细节,以致能获得未加壳的表示。这些额外的信息可用于让评估者获得信心以确定隐藏程序不会危及任何安全功能。

### 11.3.4 ADV_IMP.1 TSF 实现表示

依赖关系:ADV_TDS.3 基础模块设计;
ALC_TAT.1 明确定义的开发工具。

#### 11.3.4.1 开发者行为元素

##### 11.3.4.1.1 ADV_IMP.1.1D

**开发者应为全部 TSF 提供实现表示。**

##### 11.3.4.1.2 ADV_IMP.1.2D

**开发者应提供 TOE 设计描述与实现表示实例之间的映射。**

#### 11.3.4.2 内容和形式元素

##### 11.3.4.2.1 ADV_IMP.1.1C

**实现表示应按详细级别定义 TSF,且详细程度达到无须进一步设计就能生成 TSF 的程度。**

##### 11.3.4.2.2 ADV_IMP.1.2C

**实现表示应以开发人员使用的形式提供。**

##### 11.3.4.2.3 ADV_IMP.1.3C

**TOE 设计描述与实现表示示例之间的映射应能证实它们的一致性。**

#### 11.3.4.3 评估者行为元素

##### 11.3.4.3.1 ADV_IMP.1.1E

**对于选取的实现表示示例,评估者应确认提供的信息满足证据的内容和形式的所有要求。**

### 11.3.5 ADV_IMP.2 TSF 实现表示完全映射

依赖关系:ADV_TDS.3 基础模块设计;
ALC_TAT.1 明确定义的开发工具;
ALC_CMC.5 高级支持。

#### 11.3.5.1 开发者行为元素

##### 11.3.5.1.1 ADV_IMP.2.1D

开发者应为全部 TSF 提供实现表示。

##### 11.3.5.1.2 ADV_IMP.2.2D

开发者应提供 TOE 设计描述与**全部**实现表示之间的映射。

#### 11.3.5.2 证据的内容和形式元素

##### 11.3.5.2.1 ADV_IMP.2.1C

实现表示应按详细级别定义 TSF,且详细程度达到无须进一步设计就能生成 TSF 的程度。

#### 11.3.5.2.2 ADV_IMP.2.2C

实现表示应以开发人员使用的形式提供。

#### 11.3.5.2.3 ADV_IMP.2.3C

TOE 设计描述与**全部**实现表示之间的映射应证实它们的一致性。

### 11.3.5.3 评估者行为元素

#### 11.3.5.3.1 ADV_IMP.2.1E

评估者**应确认**提供的信息满足证据的内容和形式的所有要求。

## 11.4 TSF 内部(ADV_INT)

### 11.4.1 目的

本族负责评估 TSF 的内部结构。内部结构合理的 TSF 容易实现并且可能导致脆弱性的缺陷也较少;因为无缺陷引入,也更加容易维护。

### 11.4.2 组件分级

本族中的组件是基于结构的数目和最小化复杂度的需求而分级的。ADV_INT.1 结构合理的 TSF 内部子集仅要求选中的 TSF 部分内部结构合理。在 EAL 中不包含该组件,因为本组件被认为只在特殊环境中使用(例如发起者对密码模块特别关心,而且该模块独立于 TSF 的其他模块)并且不会大范围应用。

在下一级别,对结构合理的内部的要求是置于整个 TSF 之上的。最后,在最高级别的组件中引入的复杂度的要最小。

### 11.4.3 应用注释

当这些要求应用到 TSF 内部结构时,通常会帮助开发者和评估者理解 TSF,并且会对设计和评估测试程序提供依据。而且,提高 TSF 的可理解性帮助开发者节省维护的工作量。

本族的要求在相当抽象级别上给出。TOE 的多样性导致不可能对任何方面都规定出比“结构合理”或“最小复杂度”更明确的指标。对结构和复杂度的判断可从 TOE 中使用的特定技术导出。例如,一个软件产品如果能体现软件工程学科提到的规格要求,那么它可能就是结构合理的。本族组件需要指出衡量特征是否结构合理和过度复杂的标准。

### 11.4.4 ADV_INT.1 结构合理的 TSF 内部子集

依赖关系:ADV_IMP.1 TSF 实现表示;
ADV_TDS.3 基础模块设计;
ALC_TAT.1 明确定义的开发工具。

#### 11.4.4.1 目的

本组件的目的是提供一种方法用以保证 TSF 特定部分是结构合理的。其用意是用合理的工程原则设计实现整个 TSF,但是只在一个特定的子集上进行分析。

#### 11.4.4.2 应用注释

本组件要求 PP 或 ST 的作者用 TSF 子集进行赋值。这个子集可以根据 TSF 的内部情况在任何抽象层面上进行标识。例如：

——在 TOE 设计中标识的 TSF 结构性元素(例如“开发者应设计和实现审计子系统，以使得 TSF 内部结构合理。”)

——实现(例如“开发者应设计和实现 encrypt.c 和 decrypt.c 文件，以使其内部结构合理。”或“开发者应设计和实现“IC 芯片 6227”，以使其内部结构合理。”)

仅仅参考声明的安全功能要求可能不容易达到目的，因为这并没有指出需要分析的具体目标。(例如“开发者应设计和实现 TSF 中像在 FPR_ANO.2 中定义的那样提供匿名的一部分，以使其内部结构合理。”)。

本组件适用范围有限，主要适用于当潜在恶意的用户/主体对 TSFI 的访问权限有限或严格受控的情况，或存在其他保护措施(如域分离)能将已选 TSF 子集从对未选子集的攻击中屏蔽出来的情况。(如，独立于 TSF 其他部分的密码功能就是结构合理的)

#### 11.4.4.3 开发者行为元素

##### 11.4.4.3.1 ADV_INT.1.1D

**开发者应设计和实现[赋值：TSF 子集]，使内部结构合理。**

##### 11.4.4.3.2 ADV_INT.1.2D

**开发者应提供内部描述和论证过程。**

#### 11.4.4.4 证据的内容和形式元素

##### 11.4.4.4.1 ADV_INT.1.1C

**论证过程应解释用来判断“结构合理”的含义的特性。**

##### 11.4.4.4.2 ADV_INT.1.2C

**TSF 内部描述应证实指定的 TSF 子集结构合理。**

#### 11.4.4.5 评估者行为元素

##### 11.4.4.5.1 ADV_INT.1.1E

**评估者**应确认**所提供的信息满足证据的内容和形式的所有要求。**

##### 11.4.4.5.2 ADV_INT.1.2E

**评估者**应执行**指定的 TSF 子集内部分析。**

### 11.4.5 ADV_INT.2 内部结构合理

依赖关系：ADV_IMP.1 TSF 实现表示；
ADV_TDS.3 基础模块设计；
ALC_TAT.1 明确定义的开发工具。

#### 11.4.5.1 目的

本组件的目的是提供一种要求 TSF 结构合理的手段。意在于使用合理的工程原理设计和实现整个 TSF。

11.4.5.2 应用注释

期望用来自于 TOE 中的具体技术充分判断结构。此组件要求确定标准用以衡量结构是合理的。

11.4.5.3 开发者行为元素

11.4.5.3.1 **ADV_INT.2.1D**

开发者应设计和实现**整个 TSF**,使其内部结构合理。

11.4.5.3.2 **ADV_INT.2.2D**

开发者应提供内部描述和论证过程。

11.4.5.4 内容和形式元素

11.4.5.4.1 **ADV_INT.2.1C**

论证过程应**描述**用于判定“结构合理”的含义的特性。

11.4.5.4.2 **ADV_INT.2.2C**

TSF 内部描述应证实指定的**整个 TSF** 结构合理。

11.4.5.5 评估者行为元素

11.4.5.5.1 **ADV_INT.2.1E**

评估者**应确认**所提供的信息满足证据的内容和形式的所有要求。

11.4.5.5.2 **ADV_INT.2.2E**

评估者**应执行**指定的 TSF 子集内部分析。

11.4.6 **ADV_INT.3** 内部复杂度最小化

依赖关系:ADV_IMP.1 TSF 实现表示;
ADV_TDS.3 基础模块设计;
ALC_TAT.1 明确定义的开发工具。

11.4.6.1 目的

本组件的目的是提供一种要求 TSF 结构合理且复杂度最小化的方法。意在于使用合理的工程原理设计和实现整个 TSF。

11.4.6.2 应用注释

对于结构和复杂度充分性的判断期望源自 TOE 中使用的具体技术。此组件要求确定标准用以衡量复杂度是合理的。

11.4.6.3 开发者行为元素

11.4.6.3.1 **ADV_INT.3.1D**

开发者应设计**和实现整个 TSF,使内部结构合理**。

11.4.6.3.2 **ADV_INT.3.2D**

开发者应提供内部描述和论证过程。

11.4.6.4 **内容和形式元素**

11.4.6.4.1 **ADV_INT.3.1C**

论证过程应解释描述用于判定“结构合理”**及复杂性**的含义的特性。

11.4.6.4.2 **ADV_INT.3.2C**

TSF 内部描述应证实指定的整个 TSF 结构合理且不过于复杂。

11.4.6.5 **评估者行为元素**

11.4.6.5.1 **ADV_INT.3.1E**

评估者**应确认**所提供的信息满足证据的内容和形式的所有要求。

11.4.6.5.2 **ADV_INT.3.2E**

评估者**应执行**整个 TSF 的内部分析。

11.5 **安全策略模型(ADV_SPM)**

11.5.1 **目的**

本族目的是通过建立一个形式化的 TSF 安全策略模型,以及功能规范与安全策略模型之间的对应关系来提供额外的保障。为了保持内部一致性,安全策略模型期望能通过数学证明的方式来建立形式化的安全规则。

11.5.2 **组件分级**

本族只包含一个组件。

11.5.3 **应用注释**

TOE 的缺陷来源于对安全要求的错误理解或对安全要求的实现缺陷。对安全要求进行充分地定义可能很难实现,这是因为给出的定义必须足够精确,以防止在 TOE 实现过程中出现不期望的结果或细微的缺陷。在整个设计、实现和审查过程中,模型化的安全要求可用于指导准确的设计和实施过程,从而为 TOE 满足安全要求模型这一目标提供更多的保障。如果模型采用形式化语言来描述,且安全要求通过形式证明来验证,那么这个模型和由此产生的指导的准确性将得到显著改善。

形式化安全策略模型的建立可用于帮助识别和消除歧义的、不一致的、矛盾的或无法实施的安全策略元素。TOE 完成后,形式化模型可帮助评估者判断开发者对实现的安全功能的理解程度,以及安全要求和 TOE 的设计之间是否一致。一个无歧义的证明可用于建立对模型的信任。

形式化的安全模型是对重要的安全特征及其与 TOE 行为之间的关系的一种准确的形式化描述;它给出了一系列的规则和惯例,以调节 TSF 对系统资源的管理、保护和控制。该模型包括一系列限制条件和属性以指定信息和计算资源应如何防止被用于违背安全功能要求,同时还给出了一系列有说服力的工程实践论据,以说明这些限制条件和属性是如何在安全功能要求的执行过程中发挥重要作用的。模型不仅包含了描述安全功能的形式化内容,也包含了辅助性的文字来解释模型以及模型成立的条件。

TSF 安全行为的建模是综合其外部行为(TSF 与 TOE 的其他部分及其运行环境的交互)和内部行为来进行的。

TOE 的安全策略模型是通过分析 ST 中提出的安全要求,从其实现中以非形式的方法抽象出来的。如果 TOE 的工作原理(也称为“不变量”)是由其特征来驱动的,这个非形式化的抽象过程就能成功。非形式化的论证易于犯错,特别是涉及众多的主体、客体和操作之间的关系时。形式化模型的目的在于提升实施过程的严密性。为了最小化不安全状态产生的风险,安全策略模型的规则和性质应被映射为某个形式化模型中的相应属性和特征,此后安全属性可在这个严谨的模型下通过定理和形式化证明来获得。

虽然“形式化安全策略模型”是在学术界使用的术语,ISO/IEC 15408 没有对“安全”进行固定的定义,这里安全等同于对安全功能要求的任意声明。因此,这里的形式化安全策略模型仅仅是已声明的安全功能要求集合的形式化表示。

历来安全策略只与访问控制策略相关,这些访问控制策略或者是基于标记的(强制访问控制),或者是基于用户的(自由访问控制)。然而正如在 PP 或 ST 中描述的,安全策略不仅限于访问控制,还有审计策略、标识策略、鉴别策略、加密策略、管理策略和由 TOE 执行的任何其他安全策略。为此,ADV_SPM.1.1D 包含了赋值要求,以明确这些已采用形式化方法建模后的策略。

#### 11.5.4 ADV_SPM.1 形式化 TOE 安全策略模型

依赖关系:ADV_FSP.4 完备的功能规范。

##### 11.5.4.1 开发者行为元素

###### 11.5.4.1.1 ADV_SPM.1.1D

**开发者应提供一个形式化的安全策略模型[赋值:*被形式化模型化的策略列表*]。**

###### 11.5.4.1.2 ADV_SPM.1.2D

**对于形式化安全策略模型覆盖的每个策略,该模型应标识构成这一策略的安全功能要求声明的有关部分。**

###### 11.5.4.1.3 ADV_SPM.1.3D

**开发者应提供该模型与形式化功能规范的对应性的形式化证明。**

###### 11.5.4.1.4 ADV_SPM.1.4D

**开发者应提供该模型与功能规范的对应性的论证。**

##### 11.5.4.2 内容和形式元素

###### 11.5.4.2.1 ADV_SPM.1.1C

**该模型应是形式化的,必要时辅以解释性的文字,并且标识模型化的 TSF 安全策略。**

###### 11.5.4.2.2 ADV_SPM.1.2C

**对于所有被模型化的策略,模型定义该 TOE 的安全,提供该 TOE 不能达到非安全状态的形式化证明。**

###### 11.5.4.2.3 ADV_SPM.1.3C

**该模型与功能规范的一致性应采用正确的形式化级别进行论述。**

11.5.4.2.4 **ADV_SPM.1.4C**

**该对应性应表明功能规范相对该模型是一致的和完备的。**

11.5.4.2.5 **ADV_SPM.1.5C**

**该对应性论证应表明功能规范中描述的接口相对于 ADV_SPM.1.1D 中赋值的策略是一致的和完备的。**

11.5.4.3 评估者行为元素

11.5.4.3.1 **ADV_SPM.1.1E**

**评估者*应确认*所提供的信息满足证据的内容和形式的所有要求。**

## 11.6 TOE 设计(ADV_TDS)

### 11.6.1 目的

TOE 的设计描述提供了与 TSF 描述的上下文,以及对 TSF 的详尽描述。随着保障要求的增加,在说明中提供的详细程度也随之增加。随着 TSF 规模和复杂性的增加,适合多级分解。设计要求的目的是提供信息(与给定的保障级别相称的),以便确定是否实现了安全功能要求。

### 11.6.2 组件分级

本族中组件的分级是建立在所需的 TSF 信息量和设计描述要求的形式化程度的基础之上。

### 11.6.3 应用注释

设计文档的目的是为确定 TSF 边界以及描述 TSF 如何实现安全功能要求提供充足的信息。设计文档的数量和结构将取决于 TOE 的复杂性和安全功能要求的数量;通常,实现了大量的安全功能要求的非常复杂的 TOE 将比只实现了少量安全功能要求的非常简单的 TOE 需要更多的设计文档。非常复杂的 TOE 将受益(所提供的保障条款)于在描述设计中的不同层次的分解,而很简单的 TOE 不要求高层和低层的实现描述。

本族使用了两个层次的分解:子系统和模块。模块是功能最具体的描述:它是实现的描述。如果没有更多的设计决定,开发者应能够实现模块描述的部分 TOE。子系统是 TOE 设计的描述,它有助于提供高层次的描述,TOE 的一部分是做什么,以及如何做。因此,子系统可进一步分为低层次的子系统或分为模块。为了充分有效的描述 TOE 是如何工作的,非常复杂的 TOE 可能需要几个层次的子系统。相反,很简单的 TOE 可能并不需要子系统层次的描述,模块可以清楚地描述 TOE 是如何工作的。

设计文档通常采用的描述方法是,随着保障级别的增加,描述的重点由概括的(子系统级)转换为更详细的(模块级)。在某些情况下,当 TOE 很简单足以进行模块级别的描述时,虽然保障级要求子系统级别的描述,但单独提供一个模块级别的描述也是合适的。然而,对于复杂的 TOE,情况与此不同,若没有一个子系统级别的描述,即便对模块细节进行了大量的描述也让人难以理解。

这种方法遵循一般范型,提供 TSF 实现的额外细节将导致更多的保障,以确保正确实现安全功能要求,在测试(ATE:测试)中提供能够用于证实这些的信息。

在本族的要求中,术语*接口*用作通信(两个子系统或模块之间的)的手段。它描述了如何调用通信,这是类似于 TSFI(见功能规范(ADV_FSP))的细节。术语*相互作用*用于识别通信的目的,它识别两个子系统或模块进行通信的原因。

#### 11.6.3.1 子系统和模块细节

定义子系统和模块细节的要求：

a) 子系统和模块的简单列表；

b) 子系统和模块可以按照“SFR-执行”、“SFR-支撑”或“SFR-无关”进行分类(隐含或明确)；这些术语与功能规范(ADV_FSP)中的用法相同；

c) 子系统的*行为*是它要做什么，也可分为SFR-执行、SFR-支撑或SFR-无关三类。对子系统行为进行的分类不会超出子系统本身与安全功能要求的相关性。例如，SFR-执行子系统能有SFR-执行的行为，也能有SFR-支撑的或SFR-无关的行为；

d) 子系统的*行为概述*是它执行的动作的概述(如“TCP子系统将IP数据报组装成可靠的字节流的”)；

e) 子系统的*行为描述*是它所做的一切的解释。该描述应到可以很容易地确定行为是否与安全功能要求的实施有任何相关性的详细程度；

f) 子系统或模块之间的*相互作用的描述*标识子系统或模块通信的原因，和传递信息的特征。它不需要以接口规范那样的详细程度来定义信息。例如，“子系统X从内存管理器请求内存，内存管理器返回分配的内存地址”；

g) *接口描述*提供了模块之间的相互作用是如何实现的细节。而不是描述模块通信的原因或通信的目的(即交互作用的描述)，接口描述说明通信是如何实现的细节，包括了消息、信号、内部进程通信等方面的结构和内容；

h) *目的*描述模块如何提供它们的功能。它提供足够的细节，不需要进一步的设计决策。实现模块的实现表示和模块目的之间的对应关系，应该是显而易见的；

i) 无论元素中标识什么都*描述*模块。

在A.4 ADV_TDS:子系统和模块中，进一步非常详尽地解释了子系统和模块以及SFR-执行。

### 11.6.4 ADV_TDS.1 基础设计

依赖关系：ADV_FSP.2 安全执行功能规范。

#### 11.6.4.1 开发者行为元素

##### 11.6.4.1.1 ADV_TDS.1.1D

**开发者应提供TOE的设计。**

##### 11.6.4.1.2 ADV_TDS.1.2D

**开发者应提供从功能规范的TSFI到TOE设计中获取到的最低层分解的映射。**

#### 11.6.4.2 内容和形式元素

##### 11.6.4.2.1 ADV_TDS.1.1C

**设计应根据子系统描述TOE的结构。**

##### 11.6.4.2.2 ADV_TDS.1.2C

**设计应标识TSF的所有子系统。**

##### 11.6.4.2.3 ADV_TDS.1.3C

**设计应对每一个SFR-支撑或SFR-无关的TSF子系统的行为进行足够详细的描述，以确定它不是**

SFR-执行。

11.6.4.2.4　ADV_TDS.1.4C

**设计应概括 SFR-执行子系统的 SFR-执行行为。**

11.6.4.2.5　ADV_TDS.1.5C

**设计应描述 TSF 的 SFR-执行子系统间的相互作用和 TSF 的 SFR-执行子系统与其他 TSF 子系统间的相互作用。**

11.6.4.2.6　ADV_TDS.1.6C

**映射关系应证实 TOE 设计中描述的所有行为能够映射到调用它的 TSFI。**

11.6.4.3　评估者行为元素

11.6.4.3.1　ADV_TDS.1.1E

**评估者应确认提供的信息满足证据的内容与形式的所有要求。**

11.6.4.3.2　ADV_TDS.1.2E

**评估者应确定设计是所有安全功能要求的正确且完备的实例。**

11.6.5　ADV_TDS.2 结构化设计

依赖关系：ADV_FSP.3 带完整摘要的功能规范。

11.6.5.1　开发者行为元素

11.6.5.1.1　ADV_TDS.2.1D

开发者应提供 TOE 的设计。

11.6.5.1.2　ADV_TDS.2.2D

开发者应提供从功能规范的 TSFI 到 TOE 设计中获取到的最低层分解的映射。

11.6.5.2　内容和形式元素

11.6.5.2.1　ADV_TDS.2.1C

设计应根据子系统描述 TOE 的结构。

11.6.5.2.2　ADV_TDS.2.2C

设计应标识 TSF 的所有子系统。

11.6.5.2.3　ADV_TDS.2.3C

**设计应对每一个 TSF 的 SFR-无关子系统的行为进行足够详细的描述，以确定它是 SFR-无关。**

11.6.5.2.4　ADV_TDS.2.4C

设计应**描述** SFR-执行子系统的 SFR-执行行为。

11.6.5.2.5 **ADV_TDS.2.5C**

设计应概括SFR-执行子系统的**SFR-支撑和SFR-无关**行为。

11.6.5.2.6 **ADV_TDS.2.6C**

设计应概括**SFR-支撑**子系统的行为。

11.6.5.2.7 **ADV_TDS.2.7C**

**设计应描述TSF所有子系统间的相互作用。**

11.6.5.2.8 **ADV_TDS.2.8C**

映射关系应证实TOE设计中描述的所有行为能够映射到调用它的TSFI。

11.6.5.3 **评估者行为元素**

11.6.5.3.1 **ADV_TDS.2.1E**

评估者应确认提供的信息满足证据的内容与形式的所有要求。

11.6.5.3.2 **ADV_TDS.2.2E**

评估者应确定设计是所有安全功能要求的正确且完全的实例。

11.6.6 **ADV_TDS.3 基础模块设计**

依赖关系:ADV_FSP.4 完备的功能规范。

11.6.6.1 **开发者行为元素**

11.6.6.1.1 **ADV_TDS.3.1D**

开发者应提供TOE的设计。

11.6.6.1.2 **ADV_TDS.3.2D**

开发者应提供从功能规范的TSFI到TOE设计中获取到的最低层分解的映射。

11.6.6.2 **内容和形式元素**

11.6.6.2.1 **ADV_TDS.3.1C**

设计应根据子系统描述TOE的结构。

11.6.6.2.2 **ADV_TDS.3.2C**

**设计应根据模块描述TSF。**

11.6.6.2.3 **ADV_TDS.3.3C**

设计应标识TSF的所有子系统。

11.6.6.2.4 **ADV_TDS.3.4C**

**设计应描述每一个TSF子系统。**

11.6.6.2.5 **ADV_TDS.3.5C**

设计应描述 TSF 所有子系统间的相互作用。

11.6.6.2.6 **ADV_TDS.3.6C**

**设计应提供 TSF 子系统到 TSF 模块间的映射关系。**

11.6.6.2.7 **ADV_TDS.3.7C**

设计应描述**每一个 SFR-执行模块,包括它的目的及与其他模块间的相互作用。**

11.6.6.2.8 **ADV_TDS.3.8C**

**设计应描述每一个 SFR-执行模块,包括它的安全功能要求相关接口、其他接口的返回值、与其他模块间的相互作用及调用的接口。**

11.6.6.2.9 **ADV_TDS.3.9C**

**设计应描述每一个 SFR-支撑或 SFR-无关模块,包括它的目的及与其他模块间的相互作用。**

11.6.6.2.10 **ADV_TDS.3.10C**

映射关系应论证实 OE 设计中描述的所有行为能够映射到调用它的 TSFI。

11.6.6.3 **评估者行为元素**

11.6.6.3.1 **ADV_TDS.3.1E**

评估者应确认提供的信息满足证据的内容与形式的所有要求。

11.6.6.3.2 **ADV_TDS.3.2E**

评估者应确定设计是所有安全功能要求的正确且完全的实例。

11.6.7 **ADV_TDS.4 半形式化模块设计**

依赖关系:ADV_FSP.5 附加错误信息的完备的半形式化功能规范。

11.6.7.1 **开发者行为元素**

11.6.7.1.1 **ADV_TDS.4.1D**

开发者应提供 TOE 的设计。

11.6.7.1.2 **ADV_TDS.4.2D**

开发者应提供从功能规范的 TSFI 到 TOE 设计中获取到的最低层分解的映射。

11.6.7.2 **内容和形式元素**

11.6.7.2.1 **ADV_TDS.4.1C**

设计应根据子系统描述 TOE 的结构。

11.6.7.2.2 **ADV_TDS.4.2C**

设计应根据模块描述 TSF，以 **SFR-执行**、**SFR-支撑或 SFR-无关标出每一个模块**。

11.6.7.2.3 **ADV_TDS.4.3C**

设计应标识 TSF 的所有子系统。

11.6.7.2.4 **ADV_TDS.4.4C**

设计应提供每一个 TSF 子系统的**半形式化描述，适当时配以非形式化的、解释性的描述**。

11.6.7.2.5 **ADV_TDS.4.5C**

设计应描述 TSF 所有子系统间的相互作用。

11.6.7.2.6 **ADV_TDS.4.6C**

设计应提供 TSF 子系统到 TSF 模块间的映射关系。

11.6.7.2.7 **ADV_TDS.4.7C**

设计应描述每一个 SFR-执行**和 SFR-支撑**模块，包括它的目的及与其他模块间的相互作用。

11.6.7.2.8 **ADV_TDS.4.8C**

设计应描述每一个 SFR-执行**和 SFR-支撑**模块，包括它的安全功能要求相关接口、其他接口的返回值、与其他模块间的相互作用及调用的接口。

11.6.7.2.9 **ADV_TDS.4.9C**

设计应描述每一个 SFR-支撑和 SFR-无关模块，包括它的目的及与其他模块间的相互作用。

11.6.7.2.10 **ADV_TDS.4.10C**

映射关系应证实 TOE 设计中描述的所有行为能够映射到调用它的 TSFI。

11.6.7.3 **评估者行为元素**

11.6.7.3.1 **ADV_TDS.4.1E**

评估者应确认提供的信息满足证据的内容与形式的所有要求。

11.6.7.3.2 **ADV_TDS.4.2E**

评估者应确定设计是所有安全功能要求的正确且完全的实例。

### 11.6.8 ADV_TDS.5 完全半形式化模块设计

依赖关系：ADV_FSP.5 附加错误信息的完备的半形式化功能规范。

11.6.8.1 **开发者行为元素**

11.6.8.1.1 **ADV_TDS.5.1D**

开发者应提供 TOE 的设计。

11.6.8.1.2 **ADV_TDS.5.2D**

开发者应提供从功能规范的 TSFI 到 TOE 设计中获取到的最低层分解的映射。

11.6.8.2 内容和形式元素

11.6.8.2.1 **ADV_TDS.5.1C**

设计应根据子系统描述 TOE 的结构。

11.6.8.2.2 **ADV_TDS.5.2C**

设计应从模块的角度描述 TSF,**把每个模块指定为 SFR-执行、SFR-支撑或 SFR-无关**。

11.6.8.2.3 **ADV_TDS.5.3C**

设计应标识 TSF 的所有子系统。

11.6.8.2.4 **ADV_TDS.5.4C**

设计应提供每一个 TSF 子系统的半形式化描述,适当时配以非形式化的、解释性的描述。

11.6.8.2.5 **ADV_TDS.5.5C**

设计应描述 TSF 所有子系统间的相互作用。

11.6.8.2.6 **ADV_TDS.5.6C**

设计应提供 TSF 子系统到 TSF 模块间的映射关系。

11.6.8.2.7 **ADV_TDS.5.7C**

设计应为每一个模块提供**一个半形式化描述**,包括它的**目的**、**相互作用**、接口、其他接口的返回值、被其他模块调用的接口,**适当时配以非形式化的、解释性的描述**。

11.6.8.2.8 **ADV_TDS.5.8C**

映射关系应证实 TOE 设计中描述的所有行为能够映射到调用它的 TSFI。

11.6.8.3 评估者行为元素

11.6.8.3.1 **ADV_TDS.5.1E**

评估者应确认提供的信息满足证据的内容与形式的所有要求。

11.6.8.3.2 **ADV_TDS.5.2E**

评估者应确定设计是所有安全功能要求的正确且完备的实例。

11.6.9 **ADV_TDS.6** 带形式化高层设计表示的完全半形式化模块设计

依赖关系:ADV_FSP.6 附加形式化描述的完备的半形式化功能规范。

11.6.9.1 开发者行为元素

11.6.9.1.1 **ADV_TDS.6.1D**

开发者应提供 TOE 的设计。

11.6.9.1.2　**ADV_TDS.6.2D**

开发者应提供一个从功能规范的 TSFI 到 TOE 设计所描述的最低层分解的映射。

11.6.9.1.3　**ADV_TDS.6.3D**

开发者应提供 TSF 子系统的形式化说明。

11.6.9.1.4　**ADV_TDS.6.4D**

开发者应提供 TSF 子系统和功能规范的形式化说明间的一致性论证。

11.6.9.2　**内容和形式元素**

11.6.9.2.1　**ADV_TDS.6.1C**

设计应根据子系统描述 TOE 的结构。

11.6.9.2.2　**ADV_TDS.6.2C**

设计应从模块的角度描述 TSF，把每个模块指定为 SFR-执行、SFR-支撑或 SFR-无关。

11.6.9.2.3　**ADV_TDS.6.3C**

设计应标识 TSF 的所有子系统。

11.6.9.2.4　**ADV_TDS.6.4C**

设计应提供每一个 TSF 子系统的半形式化描述，适当时配以非形式化的、解释性的描述。

11.6.9.2.5　**ADV_TDS.6.5C**

设计应描述 TSF 所有子系统间的相互作用。

11.6.9.2.6　**ADV_TDS.6.6C**

设计应提供 TSF 子系统到 TSF 模块间的映射关系。

11.6.9.2.7　**ADV_TDS.6.7C**

设计应以半形式化方式描述每一个模块，包括它的目的、相互作用、接口、其他接口的返回值、被其他模块调用的接口，适当时用非形式化的、解释性的文字进行支撑。

11.6.9.2.8　**ADV_TDS.6.8C**

**TSF 子系统的形式化说明应以形式化方式描述 TSF，适当时配以非形式化的、解释性的描述。**

11.6.9.2.9　**ADV_TDS.6.9C**

映射关系应证实 TOE 设计中描述的所有行为能够映射到调用它的 TSFI。

11.6.9.2.10　**ADV_TDS.6.10C**

**TSF 子系统和功能规范的形式化说明间的一致性证明应证实 TOE 设计中描述的所有行为都是调用它的 TSFI 的正确且完备的精炼。**

#### 11.6.9.3 评估者行为元素

##### 11.6.9.3.1 ADV_TDS.6.1E

评估者应确认提供的信息满足证据的内容与形式的所有要求。

##### 11.6.9.3.2 ADV_TDS.6.2E

评估者应确定设计是所有安全功能要求的正确且完备的实例。

# 12 AGD类:指导性文档

指导性文档类为所有用户角色提供了指南文档的要求。为了安全的准备和操作TOE,有必要描述所有有关TOE安全操作方面的内容,这个类同时也描述了无意的错误配置和操作TOE的情况。

在多数情况下,按照下面的方式提供指南是合适的:依据TOE准备和TOE操作分别提供文档,或者依据不同的用户角色分别提供文档,如最终用户、管理员用户和运用软件或硬件接口进行应用开发者等。

指导性文档类细分为两个族,分别是关于预备用户指南(使交付的TOE达到与ST中描述的一致的操作环境评估配置状态)和操作用户指南(在TOE处于评估配置状态下的操作)。

图12给出了本类中的族及族中各组件之间的层次关系。

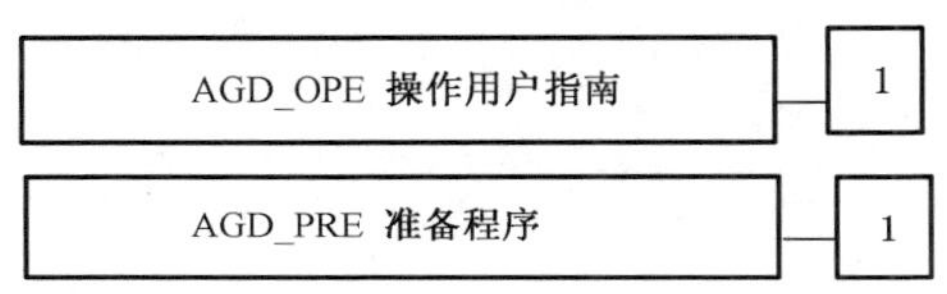


图12 AGD:指导性文档类分解

## 12.1 操作用户指南(AGD_OPE)

### 12.1.1 目的

操作用户指南是一种书面材料,计划被TOE评估配置中提到的所有类型的用户使用,这包括:最终用户、保证TOE以正确方式和最高安全方式运行的维护和管理人员以及其他使用TOE外部接口的用户(如程序员)。操作用户指南描述TSF所提供的安全功能,提供说明和指南(包括警告),以帮助理解TSF及其安全使用所必须的关键信息和动作。容易误解的或者不合理的指南不应出现在指导性文档中,而运行的所有模式的安全程序则应该包括在其中,以便于检测不安全状态。

操作用户指南为非恶意用户、管理员、应用提供者及其他运行TOE外部接口的人理解TOE的安全操作并且有目的地使用它提供一定的信心。用户指南的评估包括研究能否以一种TOE用户认为是安全而实际上是不安全的方式使用TOE。目的是要减小在运行过程中,那些可能使安全功能不能执行、无效或者不能成功激活安全功能的人为疏忽或者其他错误,最终导致没有检测到的安全状态存在的风险。

### 12.1.2 组件分级

本族中仅包含一个组件。

### 12.1.3 应用注释

或许存在TOE标识的不同用户角色或用户组能和TSF进行交互,在操作用户指南中应考虑这些用户角色和用户组。他们也许被大致按照管理员用户和非管理员用户分组,或者按照TOE的接收、验收、安装和维护、应用开发、修订、审计、日常管理和最终用户进行更加明确的分组。一种角色能包含大量权限或者只包含有一个权限。

AGD_OPE.1.1C 用户操作TOE期间与PP/ST中描述的运行环境的安全问题定义和安全目的有关的任何警示信息需包含在指南中。

AGD_OPE.1.3C 中涉及的安全值的概念与用户支配的安全参数有关。此时指南需提供这类参数的安全或不安全的设置。

AGD_OPE.1.4C 要求用户指南描述对所有安全相关事件的适当反应。虽然许多安全相关事件是功能执行的结果,但并不总是这样(如审计日志已满、检测到一个入侵)。此外,一个安全相关事件可以作为一系列特定功能的结果,相反地,几个安全相关事件也可能被一个功能触发。

AGD_OPE.1.7C 要求用户指南是清晰和合理的,容易误解的或者不合理的指南也许会让TOE的用户相信TOE是安全的,而实际上它不是。

容易造成误解的指南实例,如:一条指令可以用多于一种方式进行理解,其中一种也许会导致一种不安全的状态。

不合理的指南实例:按照复杂的程序交付且希望用户遵从该指南是不合理的。

#### 12.1.4 AGD_OPE.1 操作用户指南

依赖关系:ADV_FSP.1 基本功能规范。

##### 12.1.4.1 开发者行为元素

###### 12.1.4.1.1 AGD_OPE.1.1D

**开发者应提供操作用户指南。**

##### 12.1.4.2 内容和形式元素

###### 12.1.4.2.1 AGD_OPE.1.1C

**操作用户指南应对每一种用户角色进行描述,在安全处理环境中应被控制的用户可访问的功能和特权,包含适当的警示信息。**

###### 12.1.4.2.2 AGD_OPE.1.2C

**操作用户指南应对每一种用户角色进行描述,怎样以安全的方式使用TOE提供的可用接口。**

###### 12.1.4.2.3 AGD_OPE.1.3C

**操作用户指南应对每一种用户角色进行描述,可用功能和接口,尤其是受用户控制的所有安全参数,适当时应指明安全值。**

###### 12.1.4.2.4 AGD_OPE.1.4C

**操作用户指南应对每一种用户角色明确说明,与需要执行的用户可访问功能有关的每一种安全相关事件,包括改变TSF所控制实体的安全特性。**

###### 12.1.4.2.5 AGD_OPE.1.5C

**操作用户指南应标识TOE运行的所有可能状态(包括操作导致的失败或者操作性错误),它们与维持安全运行之间的因果关系和联系。**

12.1.4.2.6 AGD_OPE.1.6C

**操作用户指南应对每一种用户角色进行描述，为了充分实现ST中描述的运行环境安全目的所必须执行的安全策略。**

12.1.4.2.7 AGD_OPE.1.7C

**操作用户指南应是明确和合理的。**

12.1.4.3 评估者行为元素

12.1.4.3.1 AGD_OPE.1.1E

**评估者应确认所提供的信息满足证据的内容和形式的所有要求。**

12.2 准备程序(AGD_PRE)

12.2.1 目的

准备程序用于保证TOE以开发者预期的安全方式被接收和安装。要求为实现从TOE交付到使它进入初始运行环境的安全过渡做准备。TOE是否以一种不安全的方式进行配置或者安装，而这种方式是TOE用户认为是安全的。

12.2.2 组件分级

本族仅包含一个组件。

12.2.3 应用注释

满足这些要求的应用依赖多方面而变化，例如TOE是否是以运行状态交付的，或者是否在TOE拥有者场所安装了TOE。

准备程序包含的第一个程序是消费者按照开发者交付程序安全地接收TOE。如果开发者没有定义交付程序，安全验收必须得到其他的保证。

TOE的安装使它的运行环境状态与ST中提供的运行环境安全目的一致。

也有可能不需要安装，例如：智能卡，这种情况下要求和分析安装程序是不合适的。

由于准备程序不经常使用，而且可能只使用一次，本保障族的要求和操作用户指南(AGD_OPE)保障族的要求分开陈述。

12.2.4 AGD_PRE.1 准备程序

依赖关系：无。

12.2.4.1 开发者行为元素

12.2.4.1.1 AGD_PRE.1.1D

**开发者应提供TOE，包括它的准备程序。**

12.2.4.2 内容和形式元素

12.2.4.2.1 AGD_PRE.1.1C

**准备程序应描述与开发者交付程序相一致的安全接收所交付TOE必需的所有步骤。**

12.2.4.2.2　AGD_PRE.1.2C

**准备程序应描述安全安装TOE以及安全准备与ST中描述的运行环境安全目的一致的运行环境必需的所有步骤。**

12.2.4.3　评估者行为元素

12.2.4.3.1　AGD_PRE.1.1E

**评估者应确认所提供的信息满足证据的内容和形式的所有要求。**

12.2.4.3.2　AGD_PRE.1.2E

**评估者应运用准备程序确认TOE运行能被安全的准备。**

## 13　ALC类:生命周期支持

生命周期支持是在开发和维护期间,建立规则和对TOE的细化过程进行控制。如果安全分析和证据的产生均能够作为开发和维护活动的主要组成部分有规律地进行,那么将增强对TOE安全要求和TOE之间一致性的信心。

在产品生命周期内,是按照TOE由开发者负责或者用户负责来区分生命周期阶段,而不是按照TOE处于开发环境或用户环境区分的。将TOE移交给用户的时间点,也就是从ALC"生命周期支持"类到AGD"指导性文档"类的时间点。

ALC生命周期类由七个族组成。ALC_LCD"生命周期定义"族是TOE生命周期的高级描述,ALC_CMC"CM能力"族要求对配置项的管理进行详细描述,ALC_CMS"CM范围"族要求要求以定义的方式管理一个最小的配置项集合。ALC_DVS"开发安全"族与开发者物理的、程序的、人员的以及其他的安全措施有关,ALC_TAT"工具和技术"族关于开发者使用的开发工具和实现标准,ALC_FLR"缺陷纠正"族负责安全缺陷的处理。ALC_DEL"交付"族定义将TOE移交给消费者使用的程序,在TOE开发过程中产生的交付过程称为传输,是由本类其他族中定义的集成和接受程序来处理的。

在本类中,开发和相关的术语(开发者、开发)是指从一般意义上组成的开发和生产,而生产特指由实现表示变成最终TOE的转变过程。

图13给出了本类中的族及族中各组件之间的层次关系。

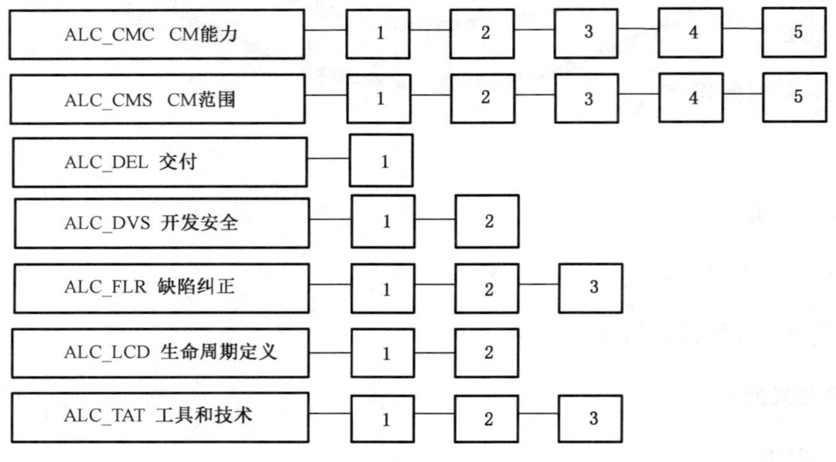


图13　生命周期支持类分解

## 13.1 CM能力(ALC_CMC)

### 13.1.1 目的

配置管理(CM)是一种用于增强TOE满足安全功能要求的保障方法。CM通过要求在TOE和相关信息的细化和修改过程中遵守一定的规章制度和采取一定的控制措施,以达到目的。CM系统通过提供一种跟踪任何变化的方法和确保所有修改都是经过了授权的,并且确保它们所控制的TOE部分的完整性。

本族的目的是要求开发者的CM系统具有一定的能力。这些旨在减少配置项意外或未经授权修改发生的可能性。从早期设计阶段到后继维护的整个过程,CM系统都应确保TOE的完整性。

引入自动CM工具的目的是为了提高CM系统的效率。虽然自动CM系统和手动CM系统都能被旁路或忽视,或者不能充分证明其可以阻止未授权的修改,至少自动的系统不易受人为错误或者疏忽的影响。

本族的目的包括以下几个方面:

a) 确保TOE在发送给消费者之前是正确的和完备的;

b) 确保在评估过程中没有遗漏配置项;

c) 防止对TOE配置项进行未授权地修改、增加或删除。

### 13.1.2 组件分级

本族中的组件是基于CM系统能力、开发者提供的CM文档范围以及证据进行分级的。

### 13.1.3 应用注释

虽然期望CM从早期设计阶段和其后的阶段都能适用,但本族要求至少在评估结束前部署并使用CM。

当TOE是一个产品的子集时,本族要求仅适用于TOE配置项,而不是整个产品。

如果开发者已经将CM系统分隔成不同的生命周期阶段(例如开发,生产和/或最终产品),则文档应包含上述的所有阶段。评估时应将分隔的CM系统作为标准中所陈述的完整CM系统的组成部分。

类似的,如果TOE的组成部分是由不同开发者或者在不同场所生产的,使用在不同地点的CM系统应该作为标准中所陈述的完整CM系统的组成部分。在这种情况下,完整性方面也需要考虑。

本族的部分元素涉及配置项。上述元素利用配置项列表中的所有配置项识别CM要求,但配置列表的内容由开发者自行完善。通过标识那些必须包含在配置列表中并因此受CM控制的特定项,ALC_CMS“CM范围”可用于限定开发者自行处理的能力。

ALC_CMC.2.3C要求CM系统应唯一地标识所有配置项,也要求给修改后的配置项分配一个新的唯一标识符。

ALC_CMC.3.8C要求证据应证实CM系统的运行与CM计划是一致的。举例如下:屏幕快照、CM系统输出的审计迹之类的文档,或开发者提供的CM系统详细论证。评估者有责任确定这些证据是否足以表明CM系统的运行与CM计划是一致的。

ALC_CMC.4.5C要求CM系统应提供一种自动化的方式支持TOE的生产。这就要求CM系统应提供一种自动化的方式来帮助确定在生成TOE时使用了正确的配置项。

ALC_CMC.5.10C要求CM系统提供一种自动化的方式来确定TOE和它以前版本之间的变化情况。如果TOE不存在以前的版本,开发者仍需要提供一种自动化的方式来确定TOE和将来版本之间的变化。

#### 13.1.4 ALC_CMC.1 TOE 标识

依赖关系:ALC_CMS.1 TOE CM 覆盖。

##### 13.1.4.1 目的

需要一个唯一的参照号,以确保 TOE 实例在被评估时不会产生歧义。用该参照号为 TOE 做标注,以确保 TOE 用户能唯一确认所使用的 TOE 实例。

##### 13.1.4.2 开发者行为元素

###### 13.1.4.2.1 ALC_CMC.1.1D

**开发者应提供 TOE 及其参照号。**

##### 13.1.4.3 内容和形式元素

###### 13.1.4.3.1 ALC_CMC.1.1C

**应给 TOE 标注唯一参照号。**

##### 13.1.4.4 评估者行为元素

###### 13.1.4.4.1 ALC_CMC.1.1E

**评估者应确认所提供的信息满足证据的内容和形式的所有要求。**

#### 13.1.5 ALC_CMC.2 CM 系统的使用

依赖关系:ALC_CMS.1 TOE CM 覆盖。

##### 13.1.5.1 目的

需要一个唯一的参照号,以确保 TOE 实例在被评估时不会产生歧义。用该参照号为 TOE 做标注,以确保 TOE 用户能唯一确认所使用的 TOE 实例。

配置项的唯一标识可以使我们对 TOE 的组成有更清晰的理解,从而有助于确定哪些配置项满足 TOE 评估要求。

CM 系统的使用增强了对配置项以受控方式进行维护的保障。

##### 13.1.5.2 开发者行为元素

###### 13.1.5.2.1 ALC_CMC.2.1D

开发者应提供 TOE 及其参照号。

###### 13.1.5.2.2 ALC_CMC.2.2D

**开发者应提供 CM 文档。**

###### 13.1.5.2.3 ALC_CMC.2.3D

**开发者应使用 CM 系统。**

13.1.5.3 内容和形式元素

13.1.5.3.1 **ALC_CMC.2.1C**

应给 TOE 标注唯一参照号。

13.1.5.3.2 **ALC_CMC.2.2C**

**CM 文档应描述用于唯一标识配置项的方法。**

13.1.5.3.3 **ALC_CMC.2.3C**

**CM 系统应唯一标识所有配置项。**

13.1.5.4 评估者行为元素

13.1.5.4.1 **ALC_CMC.2.1E**

评估者应确认所提供的信息满足证据的内容和形式的所有要求。

### 13.1.6 ALC_CMC.3 授权控制

依赖关系:ALC_CMS.1 TOE CM 覆盖;
ALC_DVS.1 安全措施标识;
ALC_LCD.1 开发者定义的生命周期模型。

13.1.6.1 目的

需要一个唯一的参照号,以确保 TOE 实例在被评估时不会产生歧义。用该参照号为 TOE 做标注,以确保 TOE 用户能唯一确认所使用的 TOE 实例。

配置项的唯一标识可以使我们对 TOE 的组成有更清晰的理解,从而有助于确定哪些配置项满足 TOE 评估要求。

CM 系统的使用增强了对配置项以受控方式进行维护的保障。

提供控制机制以确保不会对 TOE 进行未授权地修改("CM 访问控制"),并确保 CM 系统的正确功能和使用,有助于保持 TOE 的完整性。

13.1.6.2 开发者行为元素

13.1.6.2.1 **ALC_CMC.3.1D**

开发者应提供 TOE 及其参照号。

13.1.6.2.2 **ALC_CMC.3.2D**

开发者应提供 CM 文档。

13.1.6.2.3 **ALC_CMC.3.3D**

开发者应使用 CM 系统。

13.1.6.3 内容和形式元素

13.1.6.3.1 **ALC_CMC.3.1C**

应给 TOE 标注唯一参照号。

13.1.6.3.2 ALC_CMC.3.2C

CM 文档应描述用于唯一标识配置项的方法。

13.1.6.3.3 ALC_CMC.3.3C

CM 系统应唯一标识所有配置项。

13.1.6.3.4 ALC_CMC.3.4C

**CM 系统应提供措施使得只能对配置项进行授权变更。**

13.1.6.3.5 ALC_CMC.3.5C

**CM 文档应包括一个 CM 计划。**

13.1.6.3.6 ALC_CMC.3.6C

**CM 计划应描述 CM 系统是如何应用于 TOE 的开发过程。**

13.1.6.3.7 ALC_CMC.3.7C

**证据应证实所有配置项都正在 CM 系统下进行维护。**

13.1.6.3.8 ALC_CMC.3.8C

**证据应证实 CM 系统的运行与 CM 计划是一致的。**

13.1.6.4 评估者行为元素

13.1.6.4.1 ALC_CMC.3.1E

评估者应确认所提供的信息满足证据的内容和形式的所有要求。

13.1.7 ALC_CMC.4 生产支持和接受程序及其自动化

依赖关系:ALC_CMS.1 TOE CM 覆盖;
ALC_DVS.1 安全措施标识;
ALC_LCD.1 开发者定义的生命周期模型。

13.1.7.1 目的

需要一个唯一的参照号,以确保 TOE 实例在被评估时不会产生混淆。用该参照号为 TOE 做标注,以确保 TOE 用户能唯一确认所使用的 TOE 实例。

配置项的唯一标识可以使我们对 TOE 的组成有更清晰的理解,从而有助于确定哪些配置项满足 TOE 评估要求。

CM 系统的使用增强了对配置项以受控方式进行维护的保障。

提供控制机制以确保不会对 TOE 进行未授权地修改("CM 访问控制"),并确保 CM 系统的正确功能和使用,有助于保持 TOE 的完整性。

接受程序的目的是确保 TOE 的各组成部分的质量,并且确保配置项的任何建立或修改都是已授权的。接受程序是 TOE 集成过程和生命周期管理的一个基本元素。

在开发环境中,配置项是复杂的,没有自动化工具的支持难以控制各种变化。特别是这些自动化的工具必须能够应对开发期间出现的各种变化,并且保证这些变化都是已授权的。本组件的目的是确保通过自动化手段控制配置项。如果 TOE 是由多个开发者开发的,需要对 TOE 进行集成,自动化工具的使用才是足够的。

生产支持程序有助于保证从一个可管理的配置项集合以授权的方式正确生成 TOE,尤其是当涉及不同的开发者,而且必须执行集成过程的时候。

#### 13.1.7.2 开发者行为元素

##### 13.1.7.2.1 ALC_CMC.4.1D

开发者应提供 TOE 及其参照号。

##### 13.1.7.2.2 ALC_CMC.4.2D

开发者应提供 CM 文档。

##### 13.1.7.2.3 ALC_CMC.4.3D

开发者应使用 CM 系统。

#### 13.1.7.3 内容和形式元素

##### 13.1.7.3.1 ALC_CMC.4.1C

应给 TOE 标记唯一参照号。

##### 13.1.7.3.2 ALC_CMC.4.2C

CM 文档应描述用于唯一标识配置项的方法。

##### 13.1.7.3.3 ALC_CMC.4.3C

CM 系统应唯一标识所有配置项。

##### 13.1.7.3.4 ALC_CMC.4.4C

CM 系统应提供自动化的措施使得只能对配置项进行授权变更。

##### 13.1.7.3.5 ALC_CMC.4.5C

**CM 系统应以自动化的方式支持 TOE 的生产。**

##### 13.1.7.3.6 ALC_CMC.4.6C

CM 文档应包括 CM 计划。

##### 13.1.7.3.7 ALC_CMC.4.7C

CM 计划应描述 CM 系统是如何应用于 TOE 的开发的。

##### 13.1.7.3.8 ALC_CMC.4.8C

**CM 计划应描述用来接受修改过的或新创建的作为 TOE 组成部分的配置项的程序。**

##### 13.1.7.3.9 ALC_CMC.4.9C

证据应证实所有配置项都正在 CM 系统下进行维护。

#### 13.1.7.3.10 ALC_CMC.4.10C

证据应证实 CM 系统的运行与 CM 计划是一致的。

### 13.1.7.4 评估者行为元素

#### 13.1.7.4.1 ALC_CMC.4.1E

评估者应确认所提供的信息满足证据的内容和形式的所有要求。

## 13.1.8 ALC_CMC.5 高级支持

依赖关系:ALC_CMS.1 TOE CM 覆盖;
ALC_DVS.2 充分的安全措施;
ALC_LCD.1 开发者定义的生命周期模型。

### 13.1.8.1 目的

需要一个唯一的参照号,以确保 TOE 实例在被评估时不会产生混淆。用该参照号为 TOE 做标注,以确保 TOE 用户能唯一确认所使用的 TOE 实例。

配置项的唯一标识可以使我们对 TOE 的组成有更清晰的理解,从而有助于确定哪些配置项满足 TOE 评估要求。

CM 系统的使用增强了对配置项以受控方式进行维护的保障。

提供控制机制以确保不会对 TOE 进行未授权地修改("CM 访问控制"),并确保 CM 系统的正确功能和使用,有助于保证 TOE 的完整性。

接受程序的目的是确保 TOE 的各组成部分的质量,并且确保配置项的任何建立或修改都是已授权的。接受程序是 TOE 集成过程和生命周期管理的一个基本元素。

在开发环境中,配置项是复杂的,没有自动化工具的支持难以控制各种变化。特别是这些自动化的工具必须能够应付开发期间出现的多种变化,并且保证这些变化都是已授权的。本组件的目的是确保通过自动化手段控制配置项。如果 TOE 是由多个开发者开发的,需要对 TOE 进行集成,自动化工具的使用才是足够的。

生产支持程序有助于保证从一个可管理的配置项集合以授权的方式正确生成 TOE,尤其是当涉及不同的开发者,而且必须执行集成过程的时候。

要求 CM 系统能够标识用于生成 TOE 的实现表示的版本,有助于确保这些材料的完整性是受适当的技术、物理和程序上的安全措施保护的。

提供一种自动化的方式确定 TOE 版本间的变化,并标识哪些配置项会受其他配置项修改的影响,这有助于确定 TOE 后续版本间变化的影响。如此依次进行能提供一些有价值的信息,以确定 TOE 变更后所有配置项是否还相互一致。

### 13.1.8.2 开发者行为元素

#### 13.1.8.2.1 ALC_CMC.5.1D

开发者应提供 TOE 及其参照号。

#### 13.1.8.2.2 ALC_CMC.5.2D

开发者应提供 CM 文档。

13.1.8.2.3 ALC_CMC.5.3D

开发者应使用 CM 系统。

13.1.8.3 内容和形式元素

13.1.8.3.1 ALC_CMC.5.1C

应给 TOE 标记唯一参照号。

13.1.8.3.2 ALC_CMC.5.2C

CM 文档应描述用于唯一标识配置项的方法。

13.1.8.3.3 ALC_CMC.5.3C

**CM 文档应论证接受程序对所有配置项的变更都提供了充分且适当的复查。**

13.1.8.3.4 ALC_CMC.5.4C

CM 系统应唯一标识所有配置项。

13.1.8.3.5 ALC_CMC.5.5C

CM 系统应提供自动化的措施使得只能对配置项进行授权改变。

13.1.8.3.6 ALC_CMC.5.6C

CM 系统应以自动化的方式支持 TOE 的生产。

13.1.8.3.7 ALC_CMC.5.7C

**CM 系统应确保负责将某个配置项接受到 CM 中的人不是开发此配置项的人。**

13.1.8.3.8 ALC_CMC.5.8C

**CM 系统应标识组成 TSF 的配置项。**

13.1.8.3.9 ALC_CMC.5.9C

**CM 系统应以自动化的方式支持 TOE 所有变化的审计,审计迹中要包括源发者、日期和时间等信息。**

13.1.8.3.10 ALC_CMC.5.10C

**CM 系统应提供自动化的方式标识受已给定配置项的变化影响的所有其他配置项。**

13.1.8.3.11 ALC_CMC.5.11C

**CM 系统应能标识用于生成 TOE 的实现表示的版本。**

13.1.8.3.12 ALC_CMC.5.12C

CM 文档应包括 CM 计划。

13.1.8.3.13 ALC_CMC.5.13C

CM 计划应描述 CM 系统是如何应用于 TOE 开发过程。

#### 13.1.8.3.14 ALC_CMC.5.14C

CM 计划应描述用来接受修改过的或新创建的作为 TOE 组成部分的配置项的程序。

#### 13.1.8.3.15 ALC_CMC.5.15C

证据应证实所有配置项都正在 CM 系统下进行维护。

#### 13.1.8.3.16 ALC_CMC.5.16C

证据应证实 CM 系统的运行与 CM 计划是一致的。

#### 13.1.8.4 评估者行为元素

#### 13.1.8.4.1 ALC_CMC.5.1E

评估者应确认所提供的信息满足证据的内容和形式的所有要求。

#### 13.1.8.4.2 ALC_CMC.5.1E

**评估者应确定开发者提供用于测试活动的 TOE 的生产支持程序的应用。**

## 13.2 CM 范围(ALC_CMS)

### 13.2.1 目的

本族的目的是标识出纳入配置管理系统的配置项,并满足 ALC_CMC“CM 能力”族提出的 CM 要求。将配置管理应用到这些额外项目为 TOE 完整性维护提供了额外保障。

### 13.2.2 组件分级

本族中的组件是基于下列配置项进行分级的:TOE 及安全保障要求的评估证据、TOE 的组成部分、实现表示、安全缺陷、开发工具和相关信息。

### 13.2.3 应用注释

虽然 ALC_CMS“CM 范围”强制要求配置项列表并且该列表中的每一项都受 CM 控制,ALC_CMC“CM 能力”将配置项列表的具体内容留给开发者自行处理。ALC_CMS“CM 范围”通过识别那些必须包含到配置项列表中因而需满足 ALC_CMC“CM 能力”提出的 CM 要求的项目,限定开发者自行处理的能力。

### 13.2.4 ALC_CMS.1 TOE CM 覆盖

依赖关系:无。

#### 13.2.4.1 目的

CM 系统只能控制处于 CM 下配置项(即在控制项列表中标识的配置项)的改变。将 TOE 本身和 ST 中其他的安全保障要求的评估证据置于 CM 之下,可以确保它们的修改是在一个带正确授权的受控方式下进行的。

#### 13.2.4.2 应用注释

ALC_CMS.1.1C 要求 TOE 本身和 ST 中其他的安全保障要求的评估证据必须包含在配置项列表

中,因而需要满足 ALC_CMC“CM 能力”提出的 CM 要求。

#### 13.2.4.3 开发者行为元素

##### 13.2.4.3.1 ALC_CMS.1.1D

**开发者应提供 TOE 配置项列表。**

#### 13.2.4.4 内容和形式元素

##### 13.2.4.4.1 ALC_CMS.1.1C

**配置项列表应包括:TOE 本身和安全保障要求的评估证据。**

##### 13.2.4.4.2 ALC_CMS.1.2C

**配置项列表应唯一标识配置项。**

#### 13.2.4.5 评估者行为元素

##### 13.2.4.5.1 ALC_CMS.1.1E

**评估者应确认所提供的信息满足证据的内容和形式的所有要求。**

### 13.2.5 ALC_CMS.2 部分 TOE CM 覆盖

依赖关系:无。

#### 13.2.5.1 目的

CM 系统只能控制处于 CM 下配置项(即在控制项列表中标识的配置项)的改变。将 TOE 本身、TOE 组成部分和其他安全保障要求所需的评估证据置于 CM 之下,可以确保它们的修改是在一个带正确授权的受控方式下进行的。

#### 13.2.5.2 应用注释

ALC_CMS.2.1C 要求 TOE 的组成部分(交付给消费者的所有部分,例如硬件部分或可执行文件)必须包含在配置项列表中,因而需要满足 ALC_CMC“CM 能力”提出的 CM 要求。

ALC_CMS.2.3C 要求配置项列表要简要说明每一个 TSF 相关配置项的开发者。这里的“开发者”不是指某个人,而是负责开发该配置项的组织。

#### 13.2.5.3 开发者行为元素

##### 13.2.5.3.1 ALC_CMS.2.1D

开发者应提供 TOE 配置项列表。

#### 13.2.5.4 内容和形式元素

##### 13.2.5.4.1 ALC_CMS.2.1C

配置项列表应包括:TOE 本身、安全保障要求的评估证据和 **TOE 的组成部分**。

##### 13.2.5.4.2 ALC_CMS.2.2C

配置项列表应唯一标识配置项。

13.2.5.4.3 ALC_CMS.2.3C

**对于每一个 TSF 相关的配置项,配置项列表应简要说明该配置项的开发者。**

13.2.5.5 评估者行为元素

13.2.5.5.1 ALC_CMS.2.1E

评估者应确认所提供的信息满足证据的内容和形式的所有要求。

13.2.6 ALC_CMS.3 实现表示 CM 覆盖

依赖关系:无。

13.2.6.1 目的

CM 系统只能控制处于 CM 下配置项(即在控制项列表中标识的配置项)的改变。将 TOE 本身、TOE 组成部分、TOE 实现表示和其他安全保障要求所需的评估证据置于 CM 之下,可以确保它们的修改是在一个带正确授权的受控方式下进行的。

13.2.6.2 应用注释

ALC_CMS.3.1C 要求 TOE 的实现表示必须包含在配置项列表中,因而需要满足 ALC_CMC“CM 能力”提出的 CM 要求。

13.2.6.3 开发者行为元素

13.2.6.3.1 ALC_CMS.3.1D

开发者应提供 TOE 配置项列表。

13.2.6.4 内容和形式元素

13.2.6.4.1 ALC_CMS.3.1C

配置项列表应包括:TOE 本身、安全保障要求的评估证据、TOE 的组成部分**和实现表示**。

13.2.6.4.2 ALC_CMS.3.2C

配置项列表应唯一标识配置项。

13.2.6.4.3 ALC_CMS.3.3C

对于每一个 TSF 相关的配置项,配置项列表应简要说明该配置项的开发者。

13.2.6.5 评估者行为元素

13.2.6.5.1 ALC_CMS.3.1E

评估者应确认所提供的信息满足证据的内容和形式的所有要求。

13.2.7 ALC_CMS.4 问题跟踪 CM 覆盖

依赖关系:无。

#### 13.2.7.1 目的

CM 系统只能控制处于 CM 下配置项(即在控制项列表中标识的配置项)的改变。将 TOE 本身、TOE 的组成部分、TOE 的实现表示和其他安全保障要求所需的评估证据置于 CM 之下,可以确保它们的修改是在一个带正确授权的受控方式下进行的。

将安全缺陷置于 CM 之下,确保不会丢失或者遗忘安全缺陷报告,并且允许开发者跟踪安全缺陷,找到解决方案。

#### 13.2.7.2 应用注释

ALC_CMS.4.1C 要求安全缺陷必须包含在配置项列表中,因而需要满足 ALC_CMC"CM 能力"提出的 CM 要求。这将要求维护有关以前的安全缺陷及其解决方案的信息和当前安全缺陷的详细信息。

#### 13.2.7.3 开发者行为元素

##### 13.2.7.3.1 ALC_CMS.4.1D

开发者应提供 TOE 配置项列表。

#### 13.2.7.4 内容和形式元素

##### 13.2.7.4.1 ALC_CMS.4.1C

配置项列表应包括:TOE 本身、安全保障要求的评估证据、TOE 的组成部分、实现表示**和安全缺陷报告及其解决状态**。

##### 13.2.7.4.2 ALC_CMS.4.2C

配置项列表应唯一标识配置项。

##### 13.2.7.4.3 ALC_CMS.4.3C

对于每一个 TSF 相关的配置项,配置项列表应简要说明该配置项的开发者。

#### 13.2.7.5 评估者行为元素

##### 13.2.7.5.1 ALC_CMS.4.1E

评估者应确认所提供的信息满足证据的内容和形式的所有要求。

### 13.2.8 ALC_CMS.5 开发工具 CM 覆盖

依赖关系:无。

#### 13.2.8.1 目的

CM 系统只能控制处于 CM 下配置项(即在控制项列表中标识的配置项)的改变。将 TOE 本身、TOE 的组成部分、TOE 的实现表示和其他安全保障要求所需的评估证据置于 CM 之下,可以确保它们的修改是在一个带正确授权的受控方式下进行的。

将安全缺陷置于 CM 之下,确保不会丢失或者遗忘安全缺陷报告,并且允许开发者跟踪安全缺陷,找到其解决方案。

开发工具对于确保产生 TOE 的高质量版本十分重要。因此,对这些工具的修改进行控制是很重要的。

#### 13.2.8.2 应用注释

ALC_CMS.5.1 要求开发工具及其相关信息必须包含在配置项列表中，因而需要满足 ALC_CMC“CM 能力”提出的 CM 要求。编程语言和编译工具是开发工具的例子。关于 TOE 生成的选项(例如编译选项、生成选项和构建选项)是开发工具相关信息的一个例子。

#### 13.2.8.3 开发者行为元素

##### 13.2.8.3.1 ALC_CMS.5.1D

开发者应提供 TOE 配置项列表。

#### 13.2.8.4 内容和形式元素

##### 13.2.8.4.1 ALC_CMS.5.1C

配置项列表应包括：TOE 本身、安全保障要求的评估证据、TOE 的组成部分、实现表示、安全缺陷报告及其解决状态、**开发工具及其相关信息**。

##### 13.2.8.4.2 ALC_CMS.5.2C

配置项列表应唯一标识配置项。

##### 13.2.8.4.3 ALC_CMS.5.3C

对于每一个 TSF 相关的配置项，配置项列表应简要说明该配置项的开发者。

#### 13.2.8.5 评估者行为元素

##### 13.2.8.5.1 ALC_CMS.5.1E

评估者应确认所提供的信息满足证据的内容和形式的所有要求。

## 13.3 交付(ALC_DEL)

### 13.3.1 目的

本族关注的是如何将完成的 TOE 从开发环境安全传递到负责接受的用户手中。

交付要求需要详细说明系统控制、分发工具和程序等必要措施，确保在向用户分发 TOE 期间 TOE 的安全性得到维护。对于 TOE 的一个有效分发，用于分发 TOE 的程序负责处理 PP/ST 中标识的在交付过程中与 TOE 安全性相关的客观事实。

### 13.3.2 组件分级

本族只包含一个组件。一个增强的保护级别是通过要求交付程序与 AVA_VAN“脆弱性分析”族中假设的潜在攻击对应而建立的。

### 13.3.3 应用注释

在本族中不考虑从子承包商到开发者或不同开发地点之间的传递，这些在 ALC_DVS“开发安全”族中考虑。

将 TOE 移交由用户负责后，而不一定要将 TOE 送达到用户地点，即标志着交付阶段的结束。

可用的准备程序应考虑以下几个方面：

a） 确保消费者所接收到的TOE正好与被评估的TOE版本一致；

b） 避免/检测对TOE现行版本的任何篡改；

c） 防止提交一个错误的TOE版本；

d） 避免让消费者了解不必要的TOE分发知识：可能存在潜在攻击者不知道交付时间和如何交付的情形；

e） 避免/检测TOE在交付过程中被中途截取；和

f） 避免TOE在分发时被延迟或中止。

交付程序应包括上述方面暗含的可接受行为。如果提交，这些暗含的行为的一致性描述在AGD_PRE“准备程序”族中检查。

#### 13.3.4 ALC_DEL.1 交付程序

依赖关系：无。

##### 13.3.4.1 开发者行为元素

###### 13.3.4.1.1 ALC_DEL.1.1D

**开发者应将把TOE或其部分交付给消费者的程序文档化。**

###### 13.3.4.1.2 ALC_DEL.1.2D

**开发者应使用交付程序。**

##### 13.3.4.2 内容和形式元素

###### 13.3.4.2.1 ALC_DEL.1.1C

**交付文档应描述，在向消费者分发TOE版本时，用以维护安全性所必需的所有程序。**

##### 13.3.4.3 评估者行为元素

###### 13.3.4.3.1 ALC_DEL.1.1E

**评估者应确认所提供的信息满足证据的内容和形式的所有要求。**

### 13.4 开发安全(ALC_DVS)

#### 13.4.1 目的

开发安全与物理的、程序的、人员的以及其他的为保护TOE或者其部分而在开发环境中采用的安全措施有关。包括开发场地的物理安全和任何用于选择开发人员的程序。

#### 13.4.2 组件分级

本族中的组件是基于所要求的安全措施的充分性是否需要论证而分级的。

#### 13.4.3 应用注释

本族涉及用于消除或减少开发场地存在的威胁的一些措施。

评估者为了评估开发安全证据应该检查开发场地。包括TOE开发和生产涉及的子承包商场地。任何不检查的决定必须征得评估机构的同意。

尽管开发安全涉及TOE的维护并且因而同时涉及评估完成后的相关方面，但ALC_DVS“开发安全”要求仅说明那些在评估时实施的开发安全措施。此外，ALC_DVS“开发安全”不包含任何评估完成之后发起者有意使用的开发安全措施的相关要求。

应该承认，在TOE的开发环境中机密性并不总是涉及TOE保护的问题。“必需的”一词的使用，是考虑到要选择适当的防护措施。

#### 13.4.4 ALC_DVS.1 安全措施标识

依赖关系：无。

##### 13.4.4.1 开发者行为元素

###### 13.4.4.1.1 ALC_DVS.1.1D

**开发者应提供开发安全文档。**

##### 13.4.4.2 内容和形式元素

###### 13.4.4.2.1 ALC_DVS.1.1C

**开发安全文档应描述在TOE的开发环境中，保护TOE设计和实现的机密性和完整性所必需的所有物理的、程序的、人员的及其他方面的安全措施。**

##### 13.4.4.3 评估者行为元素

###### 13.4.4.3.1 ALC_DVS.1.1E

**评估者应确认所提供的信息满足证据的内容和形式的所有要求。**

###### 13.4.4.3.2 ALC_DVS.1.2E

**评估者应确认安全措施正在被使用。**

#### 13.4.5 ALC_DVS.2 充分的安全措施

依赖关系：无。

##### 13.4.5.1 开发者行为元素

###### 13.4.5.1.1 ALC_DVS.2.1D

开发者应提供开发安全文档。

##### 13.4.5.2 内容和形式元素

###### 13.4.5.2.1 ALC_DVS.2.1C

开发安全文档应描述在TOE的开发环境中，保护TOE设计和实现的机密性和完整性所必需的所有物理的、程序的、人员的及其他方面的安全措施。

###### 13.4.5.2.2 ALC_DVS.2.2C

**开发安全文档应论证安全措施提供了必需的保护级别以维护TOE的机密性和完整性。**

13.4.5.3 评估者行为元素

13.4.5.3.1 ALC_DVS.2.1E

评估者应确认所提供的信息满足证据的内容和形式的所有要求。

13.4.5.3.2 ALC_DVS.2.2E

评估者应确认安全措施正在被使用。

## 13.5 缺陷纠正(ALC_FLR)

### 13.5.1 目的

缺陷纠正要求开发者跟踪并纠正已发现的安全缺陷。尽管在TOE评估时不能确定将来是否遵从缺陷纠正程序,但评估开发者用于跟踪、纠正缺陷,并发布缺陷信息和纠正措施而采取的策略和程序是可行的。

### 13.5.2 组件分级

本族中的组件是基于缺陷纠正程序的范围不断扩大和缺陷纠正策略的严格性不断加深而分级的。

### 13.5.3 应用注释

本族通过要求TOE的开发者跟踪并纠正TOE的缺陷,保障将来对TOE进行维护和支持。除此以外,还包括一些关于缺陷纠正措施发布的要求。可是,本族不强行实施超出当前评估以外的评估要求。

认为TOE用户是用户组织中负责接收并实现安全缺陷修复的焦点。TOE用户不必是一个个人用户,可以是一个负责处理安全缺陷的组织代表。术语"TOE用户"的使用认可不同组织拥有不同的处理缺陷报告的程序,这些程序可以由一个个人用户实施,也可以由一个中心管理机构实施。

缺陷纠正程序应当描述用于处理所有遇到的缺陷类型的方法。这些缺陷可以是开发者、TOE用户或其他熟悉TOE的团队报告的。某些缺陷可能不能立即被修复。某些情况下,缺陷可能不能被修复,必须采取其他的措施(例如程序上的)来补救。所提供的文档应当包括为运行场所提供缺陷修复的程序,以及当修复被推迟(在过渡期间应采取的措施)或缺陷已不可能修补时提供缺陷信息的程序。

尽管原先评估的一些信息可能仍然适用,但在TOE发布之后对其进行变更,则该TOE即是未经评估的。本族中所使用的术语"TOE发布版本"是指一个已经过认证的TOE的发布版本,对它的变更都已经被接受。

### 13.5.4 ALC_FLR.1 基本的缺陷纠正

依赖关系:无。

13.5.4.1 开发者行为元素

13.5.4.1.1 ALC_FLR.1.1D

**开发者应文档化缺陷纠正程序并提交给TOE开发者。**

13.5.4.2 内容和形式元素

13.5.4.2.1 ALC_FLR.1.1C

**缺陷纠正程序文档应描述用于跟踪每一个TOE发布版本中所有已报告安全缺陷的程序。**

13.5.4.2.2 **ALC_FLR.1.2C**

**缺陷纠正程序应要求描述所提供的每个安全缺陷的性质和影响,以及缺陷修正的情况。**

13.5.4.2.3 **ALC_FLR.1.3C**

**缺陷纠正程序应要求标识对每一个安全缺陷所采取的修正动作。**

13.5.4.2.4 **ALC_FLR.1.4C**

**缺陷纠正程序文档应描述用于提供缺陷信息、修正物和修正动作指南给 TOE 用户的方法。**

13.5.4.3 评估者行为元素

13.5.4.3.1 **ALC_FLR.1.1E**

**评估者应确认所提供的信息满足证据的内容和形式的所有要求。**

### 13.5.5 ALC_FLR.2 缺陷报告程序

依赖关系:无。

13.5.5.1 目的

为了让开发者能够对来自 TOE 用户的安全缺陷报告采取适当的动作,并且知道该向谁发送修正补丁,TOE 用户需要了解如何将安全缺陷报告递交给开发者。开发者将缺陷纠正指南提供给 TOE 用户,确保 TOE 用户知道这一重要信息。

13.5.5.2 开发者行为元素

13.5.5.2.1 **ALC_FLR.2.1D**

开发者应文档化缺陷纠正程序并提交给 TOE 开发者。

13.5.5.2.2 **ALC_FLR.2.2D**

**开发者应建立一个程序来接受和处理所有的安全缺陷报告并要求修正这些缺陷。**

13.5.5.2.3 **ALC_FLR.2.3D**

**开发者应提供缺陷纠正指南给 TOE 用户。**

13.5.5.3 内容和形式元素

13.5.5.3.1 **ALC_FLR.2.1C**

缺陷纠正程序文档应描述用于跟踪每一个 TOE 发布版本中所有已报告安全缺陷的程序。

13.5.5.3.2 **ALC_FLR.2.2C**

缺陷纠正程序应要求描述所提供的每个安全缺陷的性质和影响,以及缺陷修正的情况。

13.5.5.3.3 **ALC_FLR.2.3C**

缺陷纠正程序应要求标识对每一个安全缺陷所采取的修正动作。

13.5.5.3.4 ALC_FLR.2.4C

缺陷纠正程序文档应描述用于提供缺陷信息、修正和修正动作指南给 TOE 用户的方法。

13.5.5.3.5 ALC_FLR.2.5C

**缺陷纠正程序应描述开发者接收 TOE 用户报告并询问 TOE 中可疑安全缺陷的手段。**

13.5.5.3.6 ALC_FLR.2.6C

**处理所报告的安全缺陷的程序应确保任何已报告的缺陷都已被纠正,并且纠正程序已发布给 TOE 用户。**

13.5.5.3.7 ALC_FLR.2.7C

**处理所报告的安全缺陷的程序应提供预防措施,确保对这些安全缺陷的任何修正都不会引入任何新的缺陷。**

13.5.5.3.8 ALC_FLR.2.8C

**缺陷纠正指南应描述 TOE 用户将 TOE 中任何可疑安全缺陷报告给开发者的手段。**

13.5.5.4 评估者行为元素

13.5.5.4.1 ALC_FLR.2.1E

评估者**应确认**所提供的信息满足证据的内容和形式的所有要求。

13.5.6 ALC_FLR.3 系统的缺陷纠正

依赖关系:无。

13.5.6.1 目的

为了让开发者能够对来自 TOE 用户的安全缺陷报告采取适当的动作,并且知道该向谁发送修正补丁,TOE 用户需要了解如何将安全缺陷报告递交给开发者,以及他们如何向开发者注册,以便能接收到修正补丁。开发者将缺陷纠正指南提供给 TOE 用户,确保 TOE 用户知道这一重要信息。

13.5.6.2 开发者行为元素

13.5.6.2.1 ALC_FLR.3.1D

开发者应文档化缺陷纠正程序并提交给 TOE 开发者。

13.5.6.2.2 ALC_FLR.3.2D

开发者应建立一个程序来接受和处理所有的安全缺陷报告并要求修正这些缺陷。

13.5.6.2.3 ALC_FLR.3.3D

开发者应提供缺陷纠正指南给 TOE 用户。

13.5.6.3 内容和形式元素

13.5.6.3.1 ALC_FLR.3.1C

缺陷纠正程序文档应描述用于跟踪每一个 TOE 发布版本中所有已报告安全缺陷的程序。

13.5.6.3.2 **ALC_FLR.3.2C**

缺陷纠正程序应要求描述所提供的每个安全缺陷的性质和影响,以及缺陷修正的情况。

13.5.6.3.3 **ALC_FLR.3.3C**

缺陷纠正程序应要求标识对每一个安全缺陷所采取的修正动作。

13.5.6.3.4 **ALC_FLR.3.4C**

缺陷纠正程序文档应描述用于提供缺陷信息、修正和修正动作指南给 TOE 用户的方法。

13.5.6.3.5 **ALC_FLR.3.5C**

缺陷纠正程序应描述开发者接收 TOE 用户报告并询问 TOE 中可疑安全缺陷的手段。

13.5.6.3.6 **ALC_FLR.3.6C**

**缺陷纠正程序应包含一个程序,要求及时反应并且自动分发安全缺陷报告和相应的修正给可能受到安全缺陷影响的注册用户。**

13.5.6.3.7 **ALC_FLR.3.7C**

处理所报告的安全缺陷的程序应确保任何已报告的缺陷都已被纠正,并且纠正程序已发布给 TOE 用户。

13.5.6.3.8 **ALC_FLR.3.8C**

处理所报告的安全缺陷的程序应提供预防措施,确保对这些安全缺陷的任何修正都不会引入任何新的缺陷。

13.5.6.3.9 **ALC_FLR.3.9C**

缺陷纠正指南应描述 TOE 用户将 TOE 中任何可疑安全缺陷报告给开发者的手段。

13.5.6.3.10 **ALC_FLR.3.10C**

**缺陷纠正指南应描述 TOE 用户向开发者注册以便有资格接收安全缺陷报告和修正的手段。**

13.5.6.3.11 **ALC_FLR.3.11C**

**缺陷纠正指南应标识特定的联系点,以便完全地报告和询问涉及 TOE 的安全问题。**

#### 13.5.6.4 评估者行为元素

13.5.6.4.1 **ALC_FLR.3.1E**

评估者**应确认**所提供的信息满足证据的内容和形式的所有要求。

## 13.6 生命周期定义(ALC_LCD)

### 13.6.1 目的

TOE 的开发和维护缺乏控制将导致 TOE 不能满足它的所有安全要求。因此,尽早在 TOE 生命周期内建立 TOE 开发和维护模型是很重要的。

使用TOE开发和维护模型并不能确保TOE满足它的所有安全功能要求。可能选择的模型是不胜任的或不适当的,因此无助于提高TOE的质量。使用一个已得到一组专家(例如技术专家、标准化组织)认可的生命周期模型,将提高开发和维护模型使TOE满足它的所有安全功能要求的机会。含有一些定量评估方法的生命周期模型的使用能进一步保障TOE开发过程的整体质量。

#### 13.6.2 组件分级

本族中的组件是基于关于生命周期模型的可测性和对该模型的遵从性的要求不断增加而分级的。

#### 13.6.3 应用注释

生命周期模型包括用于开发和维护TOE的程序、工具和技术。可被这样一个模型涵盖的过程包括设计方法、审查程序、项目管理控制、变化控制程序、测试方法和接受程序。一个有效的生命周期模型将在一个分配职责并监控进度的总体管理框架内,处理开发和维护过程的以上各个方面。

不同类型的接受情况由ISO/IEC 15408的不同族处理:子承包商部分交付的验收应由ALC_LCD“生命周期定义”族处理,接受后到内部的运输由ALC_DVS“开发安全”族处理,接受部分纳入CM系统在ALC_CMC“CM能力”中处理,交付TOE给消费者的验收在ALC_DEL“交付”族中处理。前三种验收可以交叉使用。

虽然生命周期定义涉及TOE的维护,且同时涉及评估完成后的相关方面,但TOE的评估需要通过对评估时所提供的TOE生命周期信息加以分析来增强保障。

如果生命周期模型能够充分降低TOE不满足它的所有安全要求的危险性,那么该生命周期模型就为TOE的开发和维护提供了必要的控制。

一个可测量的生命周期模型是一个为了测量产品的开发特性而使用了管理产品的定量评估方法(算术参数和/或量度)的模型。典型的量度是源代码复杂性量度、缺陷率(每定量代码的错误数)或者平均失败次数。为了安全性评估这些量度都是相关的,可用于降低缺陷率以提高质量,并因此最终增加了TOE的安全保障。

生命周期模型,一方面应考虑已存在的标准的生命周期模型(像瀑布模型),另一方面考虑标准的量度(像错误率),可以是二者结合。ISO/IEC 15408不要求生命周期完全地遵从某一个标准去定义这两方面。

#### 13.6.4 ALC_LCD.1 开发者定义的生命周期模型

依赖关系:无。

##### 13.6.4.1 开发者行为元素

###### 13.6.4.1.1 ALC_LCD.1.1D

**开发者应建立一个生命周期模型,用于TOE的开发和维护。**

###### 13.6.4.1.2 ALC_LCD.1.2D

**开发者应提供生命周期定义文档。**

##### 13.6.4.2 内容和形式元素

###### 13.6.4.2.1 ALC_LCD.1.1C

**生命周期定义文档应描述用于开发和维护TOE的模型。**

13.6.4.2.2 ALC_LCD.1.2C

**生命周期模型应为 TOE 的开发和维护提供必要的控制。**

13.6.4.3 评估者行为元素

13.6.4.3.1 ALC_LCD.1.1E

**评估者应确认所提供的信息满足证据的内容和形式的所有要求。**

13.6.5 ALC_LCD.2 可测量的生命周期模型

依赖关系:无。

13.6.5.1 开发者行为元素

13.6.5.1.1 ALC_LCD.2.1D

开发者应**基于一个可测量的生命周期模型**,建立一个生命周期模型,用于 TOE 的开发和维护。

13.6.5.1.2 ALC_LCD.2.2D

开发者应提供生命周期定义文档。

13.6.5.1.3 ALC_LCD.2.3D

**开发者应使用可测量生命周期模型来测量 TOE 的开发。**

13.6.5.1.4 ALC_LCD.2.4D

**开发者应提供生命周期输出文档。**

13.6.5.2 内容和形式元素

13.6.5.2.1 ALC_LCD.2.1C

生命周期定义文档应描述用于开发和维护 TOE 的模型,**包括用于测量 TOE 的质量及/或其开发的算术参数和/或量度的一些细节。**

13.6.5.2.2 ALC_LCD.2.2C

生命周期模型应为 TOE 的开发和维护提供必要的控制。

13.6.5.2.3 ALC_LCD.2.3C

**生命周期输出文档应提供运用可测量的生命周期模型测量 TOE 开发的结果。**

13.6.5.3 评估者行为元素

13.6.5.3.1 ALC_LCD.2.1E

评估者**应确认**所提供的信息满足证据的内容和形式的所有要求。

13.7 工具和技术(ALC_TAT)

13.7.1 目的

本族主要是选择用于开发、分析和实现 TOE 的工具。它包括一些要求,以防止将定义存在问题、不稳定或者不正确的开发工具用于开发 TOE。这里包括但不限于，编程语言、文档、实现标准，以及 TOE 其他部分如支持运行库。

#### 13.7.2 组件分级

本族中的组件是基于关于实现标准和实现依赖选项文档的描述和范围要求的不断增加而分级的。

#### 13.7.3 应用注释

这里对明确定义的开发工具有一个要求，即它们是描述清晰且完整的工具。例如，编程语言和计算机辅助设计(CAD)系统是基于标准机构公开发布的一个标准，因此认为是明确定义的。个人制作的工具需要进一步调查研究以阐明是否被明确定义。

ALC_TAT.1.2C 中的要求尤其适用于编程语言，以便保证源代码中的所有语句都无歧义。

在 ALC_TAT.2 和 ALC_TAT.3 中，如果实现指南已经被专家组(例如学术专家、标准组织)认可了，即可以接受作为实现标准。实现标准通常是某个特定行业普遍公用的、容易接受的、普遍使用的，但开发者特定的实现指南也可以接受为标准，这里强调的是专业技能。

工具和技术区分开发者使用的实现标准(ALC_TAT.2.3D)和包括第三方软件、硬件或固件的"TOE 的所有部分"的实现标准(ALC_TAT.3.3D)。ALC_CMS"CM 范围"引入的配置项列表要求为每一个 TSF 相关配置项说明是否是由 TOE 开发者或第三方开发者生成的。

#### 13.7.4 ALC_TAT.1 明确定义的开发工具

依赖关系：ADV_IMP.1 TSF 实现表示。

##### 13.7.4.1 开发者行为元素

###### 13.7.4.1.1 ALC_TAT.1.1D

**开发者应标识用于开发 TOE 的每个工具。**

###### 13.7.4.1.2 ALC_TAT.1.2D

**开发者应在文档中描述每个开发工具所选取的实现依赖选项。**

##### 13.7.4.2 内容和形式元素

###### 13.7.4.2.1 ALC_TAT.1.1C

**用于实现的每个开发工具都应是明确定义的。**

###### 13.7.4.2.2 ALC_TAT.1.2C

**每个开发工具的文档应无歧义地定义所有语句和实现用到的所有协定与命令的含义。**

###### 13.7.4.2.3 ALC_TAT.1.3C

**每个开发工具的文档应无歧义地定义所有实现依赖选项的含义。**

##### 13.7.4.3 评估者行为元素

###### 13.7.4.3.1 ALC_TAT.1.1E

**评估者应确认所提供的信息满足证据的内容和形式的所有要求。**

### 13.7.5 ALC_TAT.2 遵从实现标准

依赖关系:ADV_IMP.1 TSF 实现表示。

#### 13.7.5.1 开发者行为元素

##### 13.7.5.1.1 ALC_TAT.2.1D

开发者应标识用于开发 TOE 的每个工具。

##### 13.7.5.1.2 ALC_TAT.2.2D

开发者应在文档中描述每个开发工具所选取的实现依赖选项。

##### 13.7.5.1.3 ALC_TAT.2.3D

**开发者应描述开发者所使用的实现标准。**

#### 13.7.5.2 内容和形式元素

##### 13.7.5.2.1 ALC_TAT.2.1C

用于实现的每个开发工具都应是明确定义的。

##### 13.7.5.2.2 ALC_TAT.2.2C

每个开发工具的文档应无歧义地定义所有语句的含义,以及实现用到的所有协定与指令。

##### 13.7.5.2.3 ALC_TAT.2.3C

每个开发工具的文档应无歧义地定义所有实现依赖选项的含义。

#### 13.7.5.3 评估者行为元素

##### 13.7.5.3.1 ALC_TAT.2.1E

评估者应确认所提供的信息满足证据的内容和形式的所有要求。

##### 13.7.5.3.2 ALC_TAT.2.2E

**评估者应确认已经采用实现标准。**

### 13.7.6 ALC_TAT.3 遵从实现标准—所有部分

依赖关系:ADV_IMP.1 TSF 实现表示。

#### 13.7.6.1 开发者行为元素

##### 13.7.6.1.1 ALC_TAT.3.1D

开发者应标识用于开发 TOE 的每个工具。

##### 13.7.6.1.2 ALC_TAT.3.2D

开发者应在文档中描述每个开发工具所选取的实现依赖选项。

##### 13.7.6.1.3 ALC_TAT.3.3D

开发者应描述开发者**和任何 TOE 所有部分的第三方提供商**所使用的实现标准。

#### 13.7.6.2 内容和形式元素

##### 13.7.6.2.1 ALC_TAT.3.1C

用于实现的每个开发工具都应是明确定义的。

##### 13.7.6.2.2 ALC_TAT.3.2C

每个开发工具的文档应无歧义地定义所有语句和实现用到的所有协定与命令的含义。

##### 13.7.6.2.3 ALC_TAT.3.3C

每个开发工具的文档应无歧义地定义所有实现依赖选项的含义。

#### 13.7.6.3 评估者行为元素

##### 13.7.6.3.1 ALC_TAT.3.1E

评估者应确认所提供的信息满足证据的内容和形式的所有要求。

##### 13.7.6.3.2 ALC_TAT.3.2E

评估者应确认实现标准已被采用。

## 14 ATE 类:测试

“测试”类包括四个族:覆盖(ATE_COV),深度(ATE_DPT),独立测试(例如由评估者执行的功能测试)(ATE_IND),功能测试(ATE_FUN)。测试能为 TSF 是否符合前面所述(功能规范,TOE 设计及实现描述)提供保障。

本类的重点在于确认 TSF 依据其规范进行运作。本类不涉及穿透性测试,穿透性测试是基于对 TSF 的分析专门查找并标识 TSF 设计与实现过程中的脆弱性,在 AVA“脆弱性评估”类中将作为脆弱性评估的一个方面单独处理。

“测试”类将测试分为开发者测试和评估者测试。覆盖(ATE_COV)和深度(ATE_DPT)族涉及整个开发者测试,前者说明功能规范已被严格测试,后者说明针对其他设计描述(安全结构,TOE 设计,实现说明)的测试是否被满足。

功能测试族(ATE_FUN)描述了开发者该如何执行测试并该怎样记录这些测试。独立测试族(ATE_IND)描述了评估者测试,即评估者应该重复开发者的所有测试还是部分测试,以及该执行多少测试。

图 14 给出了本类中包含的族以及族内组件的层次结构。

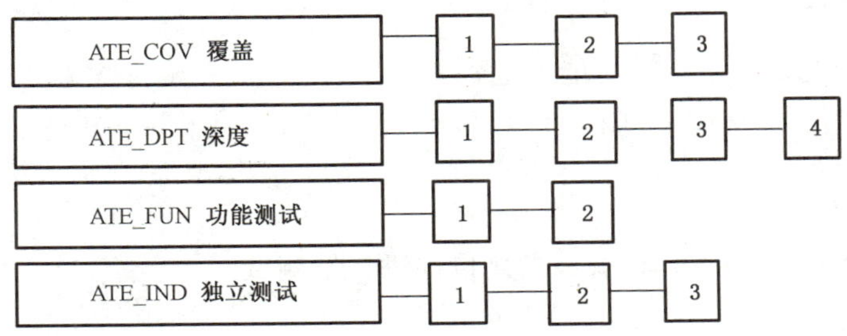


图 14 测试类分解

## 14.1 覆盖(ATE_COV)

### 14.1.1 目的

本族的目的是证实已经按照功能规范对 TSF 进行了测试。这是通过检查开发者的对应性证据来实现的。

### 14.1.2 组件分级

本族中的组件是基于规范说明来分级的。

### 14.1.3 应用注释

### 14.1.4 ATE_COV.1 覆盖证据

依赖关系:ADV_FSP.2 安全执行功能规范;
ATE_FUN.1 功能测试。

#### 14.1.4.1 目的

该组件的目的是确定已经对 TSF 的一些接口进行了测试。

#### 14.1.4.2 应用注释

在该组件中开发者表明了在测试文档中的测试如何与功能规范中的 TSF 接口对应。这可通过一个对应性陈述来实现,可以使用一个表格来说明。

#### 14.1.4.3 开发者行为元素

##### 14.1.4.3.1 ATE_COV.1.1D

**开发者应提供测试覆盖的证据。**

#### 14.1.4.4 内容和形式元素

##### 14.1.4.4.1 ATE_COV.1.1C

**测试覆盖的证据应表明测试文档中的测试与功能规范中的 TSF 接口之间的对应性。**

#### 14.1.4.5 评估者行为元素

##### 14.1.4.5.1 ATE_COV.1.1E

**评估者应确认所提供的信息满足证据的所有内容和形式要求。**

### 14.1.5 ATE_COV.2 覆盖分析

依赖关系:ADV_FSP.2 安全执行功能规范;
ATE_FUN.1 功能测试。

#### 14.1.5.1 目的

本组件的目的是确认已经对所有的 TSF 接口都进行了测试。

#### 14.1.5.2 应用注释

在该组件中开发者确认测试文档中的测试如何对应功能规范中的所有 TSF 接口。这可通过一个对应性陈述来实现,可以使用一个表格来说明,同时开发者也需提供对测试覆盖的分析。

#### 14.1.5.3 开发者行为元素

##### 14.1.5.3.1 ATE_COV.2.1D

开发者应提供对测试覆盖的**分析**。

#### 14.1.5.4 内容和形式元素

##### 14.1.5.4.1 ATE_COV.2.1C

测试覆盖**分析**应**证实**测试文档中的测试与功能规范中 TSF 接口之间的对应性。

##### 14.1.5.4.2 ATE_COV.2.2C

**测试覆盖分析应证实已经对功能规范中的所有 TSF 接口都进行了测试**。

#### 14.1.5.5 评估者行为元素

##### 14.1.5.5.1 ATE_COV.2.1E

评估者应确认所提供的信息满足证据内容和形式的所有要求。

### 14.1.6 ATE_COV.3 严格覆盖分析

依赖关系:ADV_FSP.2 安全执行功能规范;
ATE_FUN.1 功能测试。

#### 14.1.6.1 目的

本组件的目的是确认开发者已经对功能规范中的所有接口进行了彻底的测试。同时,本组件还要确认对所有 TSF 接口的所有参数已经进行了测试。

#### 14.1.6.2 应用注释

在该组件中开发者必须表明测试文档中的测试如何对应功能规范中所有的 TSF 接口。这可通过一个对应性陈述来实现,可以使用一个表格来说明;另外,开发者必须证实针对所有 TSF 接口的所有参数的测试活动,包括边界测试(例如核查超过特定范围时产生的错误)和一致性测试(例如当把访问权赋给用户 A,不但核实 A 现在获得了访问权,而且要核实用户 B 不能突然地获得了访问权)。严格地讲,这种测试不是*彻底*的,因为不能对参数每一种可能的值都进行检查。

#### 14.1.6.3 开发者行为元素

##### 14.1.6.3.1 ATE_COV.3.1D

开发者应提供对测试覆盖的分析。

#### 14.1.6.4 内容和形式元素

##### 14.1.6.4.1 ATE_COV.3.1C

测试覆盖分析应证实测试文档中的测试与功能规范中 TSF 接口之间的对应性。

##### 14.1.6.4.2 ATE_COV.3.2C

测试覆盖分析应证实已经对功能规范中的所有 TSF 接口进行了**完全地**测试。

#### 14.1.6.5 评估者行为元素

##### 14.1.6.5.1 ATE_COV.3.1E

评估者应确认所提供的信息满足证据内容和形式的所有要求。

### 14.2 深度(ATE_DPT)

#### 14.2.1 目的

本族中的组件涉及开发者做的TSF测试所能达到的详细程度。TSF测试是根据从额外设计说明和描述中(TOE设计,实现说明和安全结构描述等)导出的信息的深度不断增加而增加的。

本族的目的是降低在TOE开发中存在某些错误的风险。执行特定的内部接口测试不仅能保障TSF展现了所期望的外部安全行为,而且能保障这种行为来源于正确工作的内部功能。

#### 14.2.2 组件分级

本族中的组件分级是基于TSF陈述所提供的细节不断增加,即从TOE设计到实现表示而分级的。这个分级反映了ADV类中所提出的TSF表示。

#### 14.2.3 应用注释

TOE设计描述了内部组件(例如子系统)、TSF模块以及这些组件和模块之间的接口。TOE设计的测试证据必须表明所述行为的内部接口已经被使用和执行。这可通过对TSF的外部接口测试,或者通过单独对TOE子系统、模块接口测试来实现,也可能是通过借用某个测试套件实现。如果内部接口的某些方面不能通过外部接口来测试,那么要么论证这些方面不需要被测试,要么应该直接对内部接口进行测试。在后者的情况下,TOE设计需要充分详细以便于进行直接测试。

如果TSF的架构可靠性(在安全架构中(ADV_ARC))描述中引用了特定的机制,开发者所做的测试必须表明这个机制能和它描述的那样有效运行。

在该族的最高级别组件中,不仅要针对TOE设计进行测试,而且要对实现表示进行测试。

#### 14.2.4 ATE_DPT.1 测试:基本设计

依赖关系:ADV_ARC.1 安全架构描述;
ADV_TDS.2 结构化设计;
ATE_FUN.1 功能测试。

##### 14.2.4.1 目的

TSF子系统描述提供了TSF内部工作的一个高层描述。在TOE子系统级别上进行测试,能保障TSF子系统的行为和交互与TOE设计、安全结构描述是一致的。

##### 14.2.4.2 开发者行为元素

###### 14.2.4.2.1 ATE_DPT.1.1D

**开发者应提供测试深度分析。**

##### 14.2.4.3 内容和形式元素

###### 14.2.4.3.1 ATE_DPT.1.1C

**测试深度分析应证实测试文档中的测试与TOE设计中TSF子系统之间的对应性。**

14.2.4.3.2 **ATE_DPT.1.2C**

**测试深度分析应证实TOE设计中的所有TSF子系统都已经进行过测试。**

14.2.4.4 评估者行为元素

14.2.4.4.1 **ATE_DPT.1.1E**

**评估者应确认所提供的信息满足证据内容和形式的所有要求。**

### 14.2.5 ATE_DPT.2 测试:安全执行模块

依赖关系:ADV_ARC.1 安全架构描述;
ADV_TDS.3 基础模块设计;
ATE_FUN.1 功能测试。

14.2.5.1 目的

TSF的子系统和模块描述提供了TSF内部工作的一个高层描述,同时提供了SFR-执行模块的接口描述。在本TOE描述级别上进行测试,能保障TSF子系统和SFR-执行模块的行为和交互,与TOE设计和安全架构描述中的描述是一致的。

14.2.5.2 开发者行为元素

14.2.5.2.1 **ATE_DPT.2.1D**

开发者应提供测试深度分析。

14.2.5.3 内容和形式元素

14.2.5.3.1 **ATE_DPT.2.1C**

深度测试分析应证实测试文档中的测试与TOE设计中的TSF子系统、**SFR-执行模块**之间的一致性。

14.2.5.3.2 **ATE_DPT.2.2C**

测试深度分析应证实TOE设计中的所有TSF子系统都已经进行过测试。

14.2.5.3.3 **ATE_DPT.2.3C**

**测试深度分析应证实TOE设计中的SFR-执行模块都已经进行过测试。**

14.2.5.4 评估者行为元素

14.2.5.4.1 **ATE_DPT.2.1E**

评估者应确认所提供的信息满足证据内容和形式的所有要求。

### 14.2.6 ATE_DPT.3 测试:模块设计

依赖关系:ADV_ARC.1 安全架构描述;
ADV_TDS.4 半形式化模块设计;
ADV_FUN.1 功能测试。

#### 14.2.6.1 目的

TSF 的子系统和模块提供了 TSF 内部工作的一个高层描述,同时提供了模块接口的描述。在本 TOE 描述级别上进行测试,能保障 TSF 子系统和模块的行为和交互,与 TOE 设计和安全架构描述中是一致的。

#### 14.2.6.2 开发者行为元素

##### 14.2.6.2.1 ATE_DPT.3.1D

开发者应提供测试深度分析。

#### 14.2.6.3 内容和形式元素

##### 14.2.6.3.1 ATE_DPT.3.1C

深度测试分析应证实测试文档中的测试与 TOE 设计中的 TSF 子系统、模块之间的一致性。

##### 14.2.6.3.2 ATE_DPT.3.2C

测试深度分析应证实 TOE 设计中的所有 TSF 子系统都已经进行过测试。

##### 14.2.6.3.3 ATE_DPT.3.3C

测试深度分析应证实 TOE 设计中的**所有 TSF** 模块都已经进行过测试。

#### 14.2.6.4 评估者行为元素

##### 14.2.6.4.1 ATE_DPT.3.1E

评估者应确认所提供的信息满足证据内容和形式的所有要求。

### 14.2.7 ATE_DPT.4 测试:实现表示

依赖关系:ADV_ARC.1 安全架构描述;
ADV_TDS.4 半形式化模块设计;
ADV_IMP.1 TSF 实现表示;
ADV_FUN.1 功能测试。

#### 14.2.7.1 目的

TSF 的子系统和模块描述提供了 TSF 内部工作的一个高层描述,同时提供了模块接口的描述。在本 TOE 描述级别上进行测试,能保障 TSF 子系统和模块的行为和交互,与 TOE 设计、安全结构描述中的描述和实现表示是一致的。

#### 14.2.7.2 开发者行为元素

##### 14.2.7.2.1 ATE_DPT.4.1D

开发者应提供测试深度分析。

#### 14.2.7.3 内容和形式元素

##### 14.2.7.3.1 ATE_DPT.4.1C

深度测试分析应证实测试文档中的测试与 TOE 设计中的 TSF 子系统、模块之间的一致性。

##### 14.2.7.3.2 ATE_DPT.4.2C

测试深度分析应证实 TOE 设计中的所有 TSF 子系统都已经进行过测试。

##### 14.2.7.3.3 ATE_DPT.4.3C

测试深度分析应证实 TOE 设计中的所有模块都已经进行过测试。

##### 14.2.7.3.4 ATE_DPT.4.4C

**测试深度分析应证实 TSF 运行与其实现表示是完全一致的。**

#### 14.2.7.4 评估者行为元素

##### 14.2.7.4.1 ATE_DPT.4.1E

评估者应确认所提供的信息满足证据内容和形式的所有要求。

## 14.3 功能测试(ATE_FUN)

### 14.3.1 目的

开发者执行功能测试,用以保障测试文档中的测试被正确执行和记录。这些测试与 TSF 设计描述的对应性通过“覆盖”族(ATE_COV)和“深度”族(ATE_DPT)来实现。

本族有助于保障未知缺陷出现的可能性相对较小。

ATE_COV“覆盖”族、ATE_DPT“深度”族和 ATE_FUN“功能测试”族常组合起来定义由开发者提供的测试证据。评估者进行的独立功能测试由 ATE_IND“独立测试”族负责规范。

### 14.3.2 组件分级

本族包括两个组件,较高层组件要求分析顺序依赖性。

### 14.3.3 应用注释

执行测试的过程最好能提供测试程序和测试套的使用说明书,包括测试环境、测试条件、测试数据参数和值。测试过程还应该说明测试结果是如何从测试输入中导出的。

当某个特定测试的成功执行依赖于某个特定状态的存在时,顺序依赖性就十分重要了。例如:可能要求测试 B 必须紧接在测试 A 之后执行,因为 A 的成功执行是 B 成功执行的必要条件。这样,测试 B 的失败可能与顺序依赖性问题有关。在上面的例子中,测试 B 的失败可能是由于测试 C(而不是测试 A)紧接在它之前被执行而不是测试 A,也可能是与测试 A 的失败有关。

### 14.3.4 ATE_FUN.1 功能测试

依赖关系:ATE_COV.1 覆盖证据。

#### 14.3.4.1 目的

本组件的目的是由开发者证实测试文档中的测试都被正确执行和记录。

#### 14.3.4.2 开发者行为元素

##### 14.3.4.2.1 ATE_FUN.1.1D

**开发者应测试 TSF,并文档化测试结果。**

14.3.4.2.2 **ATE_FUN.1.2D**

**开发者应提供测试文档。**

14.3.4.3 内容和形式元素

14.3.4.3.1 **ATE_FUN.1.1C**

**测试文档应包括测试计划、预期的测试结果和实际的测试结果。**

14.3.4.3.2 **ATE_FUN.1.2C**

**测试计划应标识要执行的测试并描述执行每个测试的方案,这些方案应包括对于其他测试结果的任何顺序依赖性。**

14.3.4.3.3 **ATE_FUN.1.3C**

**预期的测试结果应指出测试成功执行后的预期输出。**

14.3.4.3.4 **ATE_FUN.1.4C**

**实际的测试结果应和预期的测试结果一致。**

14.3.4.4 评估者行为元素

14.3.4.4.1 **ATE_FUN.1.1E**

**评估者应确认所提供的信息满足证据内容和形式的所有要求。**

14.3.5 **ATE_FUN.2** 顺序的功能测试

依赖关系:ATE_COV.1 覆盖证据。

14.3.5.1 目的

本组件的目的是由开发者证实测试文档中的测试都被正确的执行和记录,同时保证测试是结构化的,例如避免反复论证正在测试的接口的正确性。

14.3.5.2 应用注释

尽管测试过程可以根据测试的顺序规定发起测试的前提条件,但可以不对排序进行基本原理证明。对于测试顺序的分析是确定测试充分性的一个重要因素,因为存在缺陷被测试的顺序掩盖的可能性。

14.3.5.3 开发者行为元素

14.3.5.3.1 **ATE_FUN.2.1D**

开发者应测试 TSF,并文档化测试结果。

14.3.5.3.2 **ATE_FUN.2.2D**

开发者应提供测试文档。

14.3.5.4 内容和形式元素

14.3.5.4.1 **ATE_FUN.2.1C**

测试文档应包括测试计划、预期的测试结果和实际的测试结果。

#### 14.3.5.4.2 ATE_FUN.2.2C

测试计划应标识要执行的测试和描述执行每个测试的方案，这些方案应包括对于其他测试结果的任何顺序依赖性。

#### 14.3.5.4.3 ATE_FUN.2.3C

预期的测试结果应指出测试成功执行后的预期输出。

#### 14.3.5.4.4 ATE_FUN.2.4C

实际的测试结果应和预期的测试结果一致。

#### 14.3.5.4.5 ATE_FUN.2.5C

**测试文档应包含测试步骤顺序依赖性的一个分析。**

### 14.3.5.5 评估者行为元素

#### 14.3.5.5.1 ATE_FUN.2.1E

评估者应确认所提供的信息满足证据的内容和形式的所有要求。

## 14.4 独立测试(ATE_IND)

### 14.4.1 目的

本族的目的是以“功能测试”族(ATE_FUN)、“覆盖”族(ATE_COV)和“深度”族(ATE_DPT)取得的保障为基础，评估者核查开发者的测试，并执行一些额外的测试。

### 14.4.2 组件分级

本族的分级是基于开发者测试文档和测试支持的数量以及评估者测试的数量。

### 14.4.3 应用注释

本族涉及 TSF 独立测试所能达到的程度。独立测试可以采用重复开发者的功能测试(整个或部分)或拓宽开发者测试的范围或深度的形式进行。这些行为是互补的，并且对于每个 TOE 必须制定一个适当的组合计划，这种组合应当考虑测试结果的可用性和覆盖度，以及 TSF 的功能复杂度。

对开发者测试的抽样是为了确认开发者已经开展了他所计划的 TSF 测试程序，并正确记录了结果。抽样数量受开发者功能测试结果的详细程度和质量的影响。评估者也应考虑设计额外测试的范围，以及在这两方面努力所带来的帮助。在某些情况下，重复所有的开发者测试也许是可行且合理的，但是比较费力而且效率低下。所以本族最高级别的组件应谨慎使用。抽样将涉及测试结果的全部有效范围，包括那些满足 ATE_COV“覆盖”和 ATE_DPT“深度”要求的结果。

在评估过程中，TOE 的不同配置也是需要考虑的，评估者必须评估所提供结果的适应性，并相应地制定自己的测试计划。

TOE 测试的适宜性基于对 TOE 的访问，以及运行测试所需要的支持性文档和信息(包括任何测试软件和工具)。这种支持需求由对其他保障族的依赖关系来负责处理。

另外，对 TOE 测试的适宜性也可能基于其他考虑，例如开发者提交的 TOE 不是最终版本。

术语“*接口*”是指在功能规范和 TOE 设计中描述的接口，其中传递的调用参数在实现表示中标识。需要用到接口的精确集合是由“覆盖”族(ATE_COV)和“深度”族(ATE_DPT)的组件确定的。

对这些接口子集的引用旨在允许评估者设计一组适当的测试集,这与所实施评估的目的是一致的。

#### 14.4.4 ATE_IND.1 独立测试—符合性

依赖关系:ADV_FSP.1 基础功能规范;
AGD_OPE.1 操作用户指南;
AGD_PRE.1 准备程序。

##### 14.4.4.1 目的

本组件的目的是证实 TOE 的运行与它的设计描述和指导性文档是一致的。

##### 14.4.4.2 应用注释

本组件不处理开发者测试结果的使用。当这些测试结果不可用时,或开发者的测试未经验证就接受时,这个组件是适用的。要求评估者设计并实施测试,以确认 TOE 的运行与设计实现,包括但不仅限于功能规范,是一致的。这样的方法是为了能通过有代表性的测试来取得正确运行的信心,而不是为了执行每一个可能的测试。为了此目的而计划的测试范围是一个方法论的问题,需要考虑一个特定 TOE 的环境以及其他测评活动的平衡。

##### 14.4.4.3 开发者行为元素

###### 14.4.4.3.1 ATE_IND.1.1D

**开发者应提供用于测试的 TOE。**

##### 14.4.4.4 内容和形式元素

###### 14.4.4.4.1 ATE_IND.1.1C

**TOE 应适合测试。**

##### 14.4.4.5 评估者行为元素

###### 14.4.4.5.1 ATE_IND.1.1E

**评估者应确认所提供的信息满足证据内容和形式的所有要求。**

###### 14.4.4.5.2 ATE_IND.1.2E

**评估者应测试 TSF 的一个子集,以确认 TSF 按照规定运行。**

#### 14.4.5 ATE_IND.2 独立测试—抽样

依赖关系:ADV_FSP.2 安全执行功能规范;
AGD_OPE.1 操作用户指南;
AGD_PRE.1 准备程序;
ATE_COV.1 覆盖证据;
ATE_FUN.1 功能测试。

##### 14.4.5.1 目的

本组件的目的是证实 TOE 的运行与其设计实现和指导性文档是一致的。评估者的测试确认开发者对功能规范中的接口进行了测试。

#### 14.4.5.2 应用注释

目的是开发者应当为评估者提供必须的材料用于有效的重现开发者的测试。材料可包括机器可读的测试文档、测试程序等。

本组件包含这样一个要求:即评估者应拥有开发者提供的可用测试结果,以补充测试程序。评估者将重复开发者测试的一个样本,以获得对所得到测试结果的信任。在建立上述的信任后,评估者将在开发者测试的基础上,通过执行额外的测试以另一种方式运行 TOE。在给定一个确定的资源水平,通过使用一个验证开发者测试结果的平台,相比仅使用开发者自己的测试而言,评估者能够确信 TOE 可在更大的范围内获得正确运行。在相信开发者已测试 TOE 后,评估者也将拥有更多的自由,适当时可以在文档检查或专业知识判断引起特别关心的某些领域集中测试。

#### 14.4.5.3 开发者行为元素

##### 14.4.5.3.1 ATE_IND.2.1D

开发者应提供用于测试的 TOE。

#### 14.4.5.4 内容和形式元素

##### 14.4.5.4.1 ATE_IND.2.1C

TOE 应适合测试。

##### 14.4.5.4.2 ATE_IND.2.2C

**开发者应提供一组与开发者 TSF 功能测试中同等的一系列资源。**

#### 14.4.5.5 评估者行为元素

##### 14.4.5.5.1 ATE_IND.2.1E

评估者应确认所提供的信息满足证据的内容和形式的所有要求。

##### 14.4.5.5.2 ATE_IND.2.2E

**评估者应执行测试文档中的测试样本,以验证开发者的测试结果。**

##### 14.4.5.5.3 ATE_IND.2.3E

评估者应测试 TSF 的一个子集以确认 TSF 按照规定运行。

### 14.4.6 ATE_IND.3 独立测试—完全

依赖关系:ADV_FSP.4 完备的功能规范;
AGD_OPE.1 操作用户指南;
AGD_PRE.1 准备程序;
ATE_COV.1 覆盖证据;
ATE_FUN.1 功能测试。

#### 14.4.6.1 目的

本组件的目的是证实 TOE 的运行与其设计实现和指导性文档是一致的。评估者测试包括重复所有的开发者测试。

#### 14.4.6.2 应用注释

目的是开发者应当为评估者提供必须的材料用于有效的重现开发者的测试，材料可包括机器可读的测试文档、测试程序等。

在本组件中，评估者必须重复所有的开发者测试，以作为测试程序的一个部分。如前面的组件一样，评估者也将会以不同于开发者的方式运行 TSF 以执行测试。在开发者测试非常详尽的情况下，评估者仅有极小的余地做到这样。

#### 14.4.6.3 开发者行为元素

##### 14.4.6.3.1 ATE_IND.3.1D

开发者应提供用于测试的 TOE。

#### 14.4.6.4 内容和形式元素

##### 14.4.6.4.1 ATE_IND.3.1C

TOE 应适合测试。

##### 14.4.6.4.2 ATE_IND.3.2C

开发者应提供与开发者 TSF 功能测试中同等的一系列资源。

#### 14.4.6.5 评估者行为元素

##### 14.4.6.5.1 ATE_IND.3.1E

评估者应确认所提供的信息满足证据的内容和形式的所有要求。

##### 14.4.6.5.2 ATE_IND.3.2E

评估者应执行测试文档中的**所有**测试，以验证开发者的测试结果。

##### 14.4.6.5.3 ATE_IND.3.3E

评估者应测试 TSF 确认**全部** TSF 按照规定运行。

# 15 AVA 类：脆弱性评定

AVA：脆弱性评定类负责处理在 TOE 开发或者运行过程中引入可被利用脆弱性的可能性。

图 15 给出了本类中包含的族以及族内组件的层次结构：

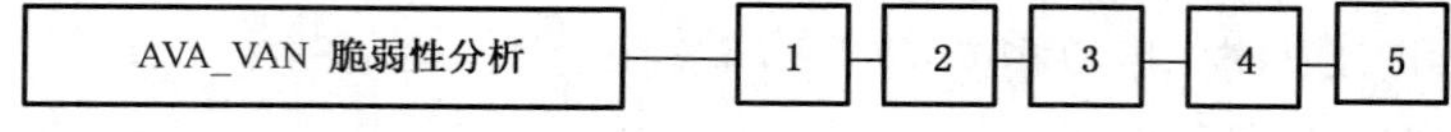


图 15 脆弱性评定类分解

## 15.1 应用注释

通常，脆弱性评定活动涉及 TOE 开发和运行中的各种脆弱性。开发脆弱性利用的是在开发过程中引入的 TOE 的一些属性，例如通过篡改、直接攻击或跟踪 TSF 等攻破 TSF 自我保护，或者通过跟踪、直接攻击 TSF 等攻破 TSF 域分隔，或者通过绕过(旁路)TSF 攻破不可旁路性。运行脆弱性利用非技术措施中的脆弱点去破坏 TOE 安全功能要求，例如误用或错误配置。“误用”考察的是在 TOE 的管理员或用户被认为是安全时，TOE 是否会以一种不安全的方式被配置或使用。

开发脆弱性评定是由“脆弱性分析”保障族 AVA_VAN 来处理的。基本上所有的开发脆弱性都能在 AVA_VAN“脆弱性分析”族中得到考虑，这是基于如下事实：这个族允许对一类攻击场景可以使用各种非特定的评定方法学。这些非特定的评定方法学再结合针对 TSF 特定的方法学，能使隐蔽信道被考虑到(使用非正式的工程学测量方法或实际的测试方法能对一个信道的带宽进行估算)或者使用足够的资源以一种直接的攻击来克服(TSF 技术概念中隐含的基于概率或置换机制；能通过定量或统计分析确定功能行为的限制或者克服它们必须的措施)。

如果在 ST 中规定这样的安全目标：TOE 的一个用户不能观察另一个用户的活动，或者保证信息流不能被利用而得到非法的数据信号，那么在执行脆弱性分析中必须考虑隐蔽信道分析。这些通常反映在 ST 中包含的 ISO/IEC 15408-2 不可观察性(FPR_UNO)、ISO/IEC 15408-2 访问控制策略(FDP_ACC)中的多级访问控制策略的或者 ISO/IEC 15408-2 数据流控制策略(FDP_IFC)要求中。

### 15.2 脆弱性分析(AVA_VAN)

#### 15.2.1 目的

脆弱性分析是一种评估方法，用来确定在评估 TOE 开发和预期运行期间潜在的脆弱性是否已被标识，或通过其他方法(例如缺陷假设或对基础安全机制安全行为的定量或统计分析)是否允许攻击者破坏安全功能要求。

脆弱性分析涉及攻击者能发现一些缺陷所造成的威胁，这些缺陷将允许对数据或者功能进行非授权的访问、允许能够干扰或改变 TSF，或者妨碍其他用户已授权能力。

#### 15.2.2 组件分级

本族中的组件是基于评估者进行脆弱性分析时不断增加的严格性以及攻击者标识和利用潜在脆弱性所需攻击潜力要求的不断增加而分级的。

#### 15.2.3 AVA_VAN.1 脆弱性调查

依赖关系：ADV_FSP.1 基础功能规范；
AGD_OPE.1 操作用户指南；
AGD_PRE.1 准备程序。

##### 15.2.3.1 目的

评估者执行公共可用信息的一个脆弱性调查，以确定那些可能很容易被攻击者发现的潜在脆弱性。

评估者执行穿透性测试，以确认潜在的脆弱性在 TOE 运行环境中不能被利用。评估者在假定具有基本的攻击潜力的情况下执行穿透性测试。

##### 15.2.3.2 开发者行为元素

###### 15.2.3.2.1 AVA_VAN.1.1D

**开发者应提供用于测试的 TOE。**

##### 15.2.3.3 内容和形式元素

###### 15.2.3.3.1 AVA_VAN.1.1C

**TOE 应适合测试。**

15.2.3.4 评估者行为元素

15.2.3.4.1 **AVA_VAN.1.1E**

**评估者应确认所提供的信息满足证据的内容和形式的所有要求。**

15.2.3.4.2 **AVA_VAN.1.2E**

**评估者应执行公共领域的调查以标识 TOE 的潜在脆弱性。**

15.2.3.4.3 **AVA_VAN.1.3E**

**评估者应基于已标识的潜在脆弱性实施穿透性测试，确定 TOE 能抵抗具有基本攻击潜力的攻击者的攻击。**

15.2.4 **AVA_VAN.2** 脆弱性分析

依赖关系：ADV_ARC.1 安全架构描述；
ADV_FSP.2 安全执行功能规范；
ADV_TDS.1 基础设计；
AGD_OPE.1 操作用户指南；
AGD_PRE.1 准备程序。

15.2.4.1 目的

评估者执行脆弱性分析以确认潜在脆弱性的存在。

评估者执行穿透性测试，以确认潜在的脆弱性在 TOE 运行环境中不能被利用。评估者在假定具有基本的攻击潜力的情况下执行穿透性测试。

15.2.4.2 开发者行为元素

15.2.4.2.1 **AVA_VAN.2.1D**

开发者应提供用于测试的 TOE。

15.2.4.3 内容和形式元素

15.2.4.3.1 **AVA_VAN.2.1C**

TOE 应适合测试。

15.2.4.4 评估者行为元素

15.2.4.4.1 **AVA_VAN.2.1E**

评估者应确认所提供的信息满足证据的内容和形式的所有要求。

15.2.4.4.2 **AVA_VAN.2.2E**

评估者应执行公共领域的调查以标识 TOE 的潜在脆弱性。

15.2.4.4.3 **AVA_VAN.2.3E**

**评估者应执行独立的 TOE 脆弱性分析去标识 TOE 潜在的脆弱性，在分析过程中使用指导性文档、**

**功能规范、TOE设计和安全结构描述**。

15.2.4.4.4 **AVA_VAN.2.4E**

评估者**应**基于已标识的潜在脆弱性实施穿透性测试，确定TOE能抵抗具有基本攻击潜力的攻击者的攻击。

### 15.2.5 AVA_VAN.3 关注点脆弱性分析

依赖关系：ADV_ARC.1 安全架构描述；
ADV_FSP.4 完备的功能规范；
ADV_TDS.3 基础模块设计；
ADV_IMP.1 TSF 实现表示；
AGD_OPE.1 操作用户指南；
AGD_PRE.1 准备程序；
ATE_DPT.1 测试：基本设计。

#### 15.2.5.1 目的

评估者执行脆弱性分析以确认潜在脆弱性的存在。

评估者执行穿透性测试，以确认潜在的脆弱性在TOE运行环境中不能被利用。评估者在假定具有增强型基本攻击潜力的情况下执行穿透性测试。

#### 15.2.5.2 开发者行为元素

15.2.5.2.1 **AVA_VAN.3.1D**

开发者应提供用于测试的TOE。

#### 15.2.5.3 内容和形式元素

15.2.5.3.1 **AVA_VAN.3.3C**

TOE应适合测试。

#### 15.2.5.4 评估者行为元素

15.2.5.4.1 **AVA_VAN.3.1E**

评估者应确认所提供的信息满足证据的内容和形式的所有要求。

15.2.5.4.2 **AVA_VAN.3.2E**

评估者应执行一个公共领域的调查以标识TOE的潜在脆弱性。

15.2.5.4.3 **AVA_VAN.3.3E**

评估者应针对TOE执行一个独立的脆弱性分析去标识TOE中潜在的脆弱性，在分析过程中使用指导性文档、功能规范、TOE设计、安全结构描述和**实现表示**。

15.2.5.4.4 **AVA_VAN.3.4E**

评估者应基于已标识的潜在脆弱性实施穿透性测试，确定TOE能抵抗具有**增强型基本**攻击潜力的攻击者的攻击。

### 15.2.6 AVA_VAN.4 系统的脆弱性分析

依赖关系:ADV_ARC.1 安全架构描述;
ADV_FSP.4 完备的功能规范;
ADV_TDS.3 基础模块设计;
ADV_IMP.1 TSF 实现表示;
AGD_OPE.1 操作用户指南;
AGD_PRE.1 准备程序;
ATE_DPT.1 测试:基本设计。

#### 15.2.6.1 目的

评估者执行系统的脆弱性分析以确认潜在脆弱性的存在。

评估者执行穿透性测试,以确认潜在的脆弱性在 TOE 运行环境中不能被利用。评估者在假定具有中等攻击潜力的情况下执行穿透性测试。

#### 15.2.6.2 开发者行为元素

##### 15.2.6.2.1 AVA_VAN.4.1D

开发者应提供用于测试的 TOE。

#### 15.2.6.3 内容和形式元素

##### 15.2.6.3.1 AVA_VAN.4.1C

TOE 应适合测试。

#### 15.2.6.4 评估者行为元素

##### 15.2.6.4.1 AVA_VAN.4.1E

评估者应确认所提供的信息满足证据的内容和形式的所有要求。

##### 15.2.6.4.2 AVA_VAN.4.2E

评估者应执行公共领域的调查以标识 TOE 的潜在脆弱性。

##### 15.2.6.4.3 AVA_VAN.4.3E

评估者应针对 TOE 执行独立的、**系统的**脆弱性分析去标识 TOE 潜在的脆弱性,在分析过程中使用指导性文档、功能规范、TOE 设计、安全结构描述和实现表示。

##### 15.2.6.4.4 AVA_VAN.4.4E

评估者**应**基于已标识的潜在脆弱性**实施**穿透性测试,确定 TOE 能抵抗具有**中等**攻击潜力的攻击者的攻击。

### 15.2.7 AVA_VAN.5 高级的系统的脆弱性分析

依赖关系:ADV_ARC.1 安全架构描述;

ADV_FSP.4 完备的功能规范；
ADV_TDS.3 基础模块设计；
ADV_IMP.1 TSF 实现表示；
AGD_OPE.1 操作用户指南；
AGD_PRE.1 准备程序；
ATE_DPT.1 测试：基本设计。

#### 15.2.7.1 目的

评估者执行系统的脆弱性分析以确认潜在脆弱性的存在。

评估者执行穿透性测试，以确认潜在的脆弱性在 TOE 运行环境中不能被利用。评估者在假定具有高等攻击潜力的攻击情况下执行渗透性测试。

#### 15.2.7.2 开发者行为元素

##### 15.2.7.2.1 AVA_VAN.5.1D

开发者应提供用于测试的 TOE。

#### 15.2.7.3 内容和形式元素

##### 15.2.7.3.1 AVA_VAN.5.1C

TOE 应适合测试。

#### 15.2.7.4 评估者行为元素

##### 15.2.7.4.1 AVA_VAN.5.1E

评估者应确认所提供的信息满足证据的内容和形式的所有要求。

##### 15.2.7.4.2 AVA_VAN.5.2E

评估者应执行公共领域的调查以标识 TOE 的潜在脆弱性。

##### 15.2.7.4.3 AVA_VAN.5.3E

评估者应针对 TOE 执行独立的、**系统的**脆弱性分析去标识 TOE 潜在的脆弱性，在分析过程中使用指导性文档、功能规范、TOE 设计、安全结构描述和实现表示。

##### 15.2.7.4.4 AVA_VAN.5.4E

评估者**应**基于已标识的潜在脆弱性**实施**穿透性测试，确定 TOE 能抵抗具有**高等**攻击潜力的攻击者的攻击。

## 16 ACO 类：组合

ACO“组合”类包括五个族。本族列出的保障要求，是为了提供确信一个组合 TOE 依靠过去评估过的软件、固件或硬件等组成部分所提供的安全功能是能够安全运行的信心。

“组合”是针对成功通过 ISO/IEC 15408 安全保障要求包(基本部件和依赖部件，参见附录 B)的评估的两个或更多的 IT 实体结合起来的一个整体，不包括对其中的 IT 实体进行的下一步的开发。额外

IT 实体(以前未经组件评估的实体)的开发也不包括。组合 TOE 形成了一种新的产品,它能被安装并集成进任何特定环境中以满足环境目的。

“组合”没有为组件的评估提供可选的方法。ACO 类的“组合”为组合 TOE 整合者提供了一种方法,作为可选的方法被用于 ISO/IEC 15408 中指定的其他保障级,在由两个或更多的成功评估过的组件合成的 TOE 评估过程中获得信心,而不需要重新评估合成的 TSF。(在整个 ACO 类中用组合 TOE 整合者指代“开发者”,任何与基本或依赖部件相关的开发者都这样阐述。)

第 8 章和 6.3 定义的组合保障包是衡量组合 TOE 的一种保障等级。这种保障等级是除了 EAL 之外的要求,因为对于依据 EAL 评估过的组件,得到一个 EAL 保障的结果,组合 TOE 必须满足 EAL 中所有的安全保障要求项。尽管重复使用能构成组合 TOE 的评估结果,但是经常会有组件的其他方面必须放到组合 TOE 中考虑,如 B.3 中描述的那些。由于一个组合 TOE 的评估活动涉及不同的部分,通常不可能获得关于组件额外方面的所有必需的证据用于申请合适的 EAL。因此,定义组合保障包来解决评估组件的组合以及获得一个有意义结果相关的问题。这些在附录 B 中有进一步的探讨。

图 16 给出了 ACO 各族之间的关系和部件间的关系。在组合 TOE 中,通常存在一个部件依赖另外一个部件提供服务的情形。需要服务的部件称为依赖部件,提供相应服务的部件称为基本部件。这种相互作用和区别在附录 B 中有进一步的讨论。假设依赖部件的开发者是正在以某种形式(作为开发者、发起者或来自依赖部件评估组织的、提供必要评估证据的协助人员)支持组合 TOE 的评估。CAP 保障包包括的 ACO 组件不应被用于组合 TOE 评估的增加物,因为这无法为组件提供任何有意义的保障。

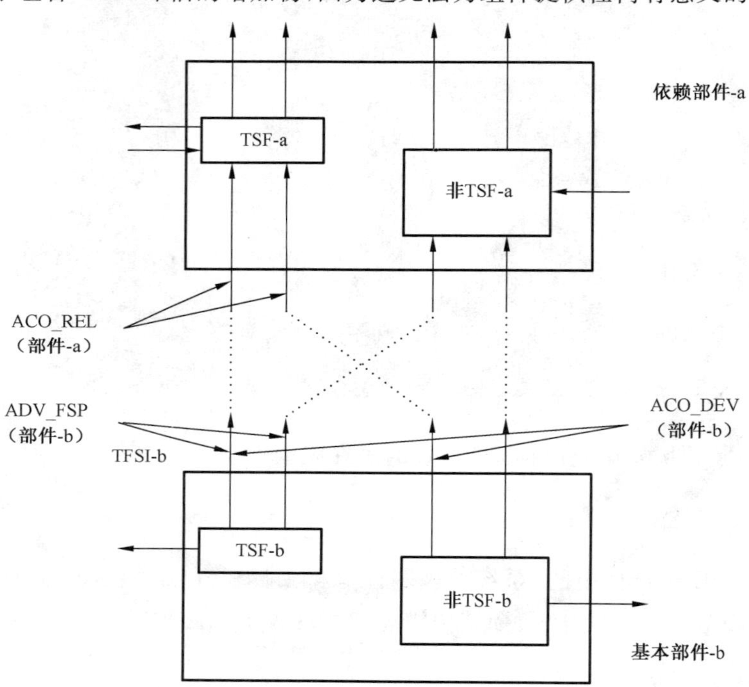


图 16 ACO 各族之间的关系和部件间的关系

在组合 TOE 评估过程中,ACO 类的族与 ADV、ATE、AVA 类是相似的交互方式,因此,那些类的要求规范在这里也是适用的。但有一些专门适用于组合 TOE 的特殊项。为了确定这些组件怎样作用,并且确定不同部件评估的差别,ACO_REL 族明确标示出依赖部件对基本部件的依赖关系。按照依赖部件调用基本部件安全功能要求提供的服务接口,详细说明对基本部件的这种依赖。基本部件提供的接口,作为更上层的支持行为,是基本部件对服务请求的响应,这将在 ACO_DEV 族中分析。ACO_DEV 族是基于 ADV_TDS 族的,从最简单的角度理解,每个部件的 TSF 可看作组合 TOE 的一个子系统,每个部件的额外部分可看作额外的子系统。因此,在组合 TOE 评估中,这些部件之间的接口被看作是不同子系统之间的相互作用。

提供给 ACO_DEV 的接口和支持行为描述可能是不完备的。这将在 ACO_COR 实施期间确定的。ACO_COR 族接受 ACO_REL 族和 ACO_DEV 族的输出,确定这些组件是否正在用于已经评估过的配置项中,并标示出说明文档中不完整的地方,这些标示将作为组合 TOE 测试(ACO_CTT)和脆弱性分析(ACO_VUL)活动的输入。

执行测试是为了确定组合 TOE 能够表现出组合 TOE 的安全功能要求所确定的预期行为,并且在高层次上证实组合 TOE 的不同部件之间接口的兼容性。

组合 TOE 的脆弱性分析受各部件评估脆弱性分析结果的影响。组合 TOE 脆弱性分析要分析部件评估的所有残余脆弱性,确定残余脆弱性在组合 TOE 中不可用。从各自部件评估完成之后,也会执行一次与部件相关问题的公共可用信息的调查。

图 17 描述了 ACO 各族之间的关系。如图中所示,实线箭头表明一个族获得的认识和证据流入下一个评估活动,虚线箭头表示一个评估活动明确地追溯到组合 TOE 的安全功能要求。

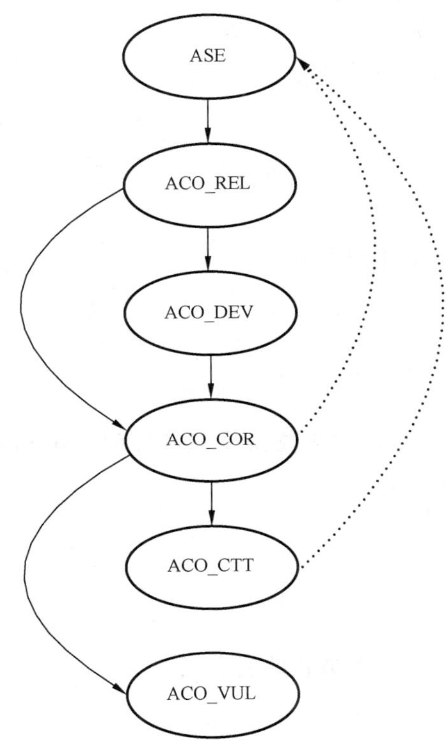


**图 17 ACO 各族之间的关系**

附录 B 中提供了组合 TOE 内部定义和相互作用的进一步阐述。

图 18 给出了本类中的族及族中各组件之间的层次关系。

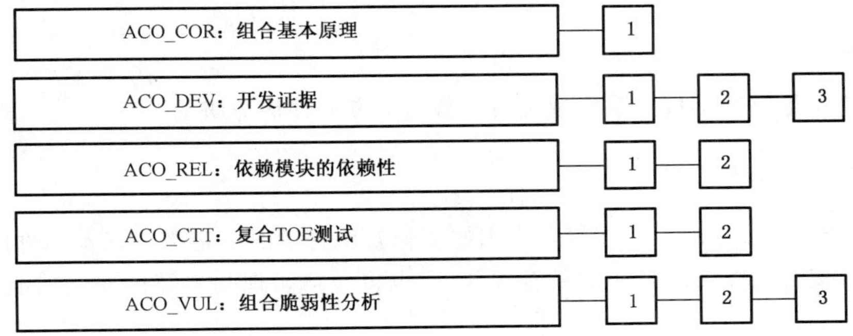


**图 18 组合类分解**

## 16.1 组合基本原理(ACO_COR)

### 16.1.1 目的

本族提出这样的要求:证实基本部件能为组合产品提供有效合适的保障级。

### 16.1.2 组件分级

本族仅包含一个组件。

### 16.1.3 ACO_COR.1 组合基本原理

依赖关系:ACO_DEV.1 功能描述;
ALC_CMC.1 TOE 标识;
ACO_REL.1 基本的依赖信息。

#### 16.1.3.1 开发者行为元素

##### 16.1.3.1.1 ACO_COR.1.1D

**开发者应提供基本部件的组合基本原理。**

#### 16.1.3.2 内容和形式元素

##### 16.1.3.2.1 ACO_COR.1.1C

**组合基本原理应证实,当基本部件设定为支持依赖部件的 TSF 所必需的时候,基本部件的支持功能至少已获得依赖部件同样的保障级。**

#### 16.1.3.3 评估者行为元素

##### 16.1.3.3.1 ACO_COR.1.1E

**评估者应*确认*信息满足证据的内容和形式的所有要求。**

## 16.2 开发证据(ACO_DEV)

### 16.2.1 目的

本族陈述随着细节的逐级增加,对基本部件的规范说明的相关要求。这些信息是确认提供合适的安全功能支持依赖部件的要求所必需的(依赖信息中表示的)。

### 16.2.2 组件分级

本族组件是基于提供的接口以及实现细节的数量逐渐增加而分级的。

### 16.2.3 应用注释

基本部件的 TSF 经常在缺少潜在组合应用的依赖知识的情况下定义。基本部件的 TSF 被定义成包括执行基本部件安全功能要求依赖的所有部分,这也将包括实现基本部件安全功能要求必需的所有部分。

基本部件的功能规范将根据基本部件提供的允许外部实体调用 TSF 操作的接口来描述 TSFI。这包括允许通过与 TSF 操作交互来调用安全功能要求的用户接口,也包括允许外部 IT 实体调用 TSF 的接口。

功能规范仅提供一份关于TSF提供了什么接口以及TSF功能被调用的方法的描述。因此,功能规范不需要提供外部实体和基本部件之间所有可能用到的接口的完整说明。不包括TSF对操作环境的要求/预期。依赖部件的TSF依赖于基本部件的描述在依赖部件的依赖性(ACO_REL)族中考虑,开发信息证据提供针对接口说明的一个反馈。

开发信息证据包括基本部件的一份规范说明。这可能是基本部件评估期间用于满足ADV要求的证据,或者是由基本部件的开发者或组合TOE开发者产生的另一种形式的证据。基本部件的规范说明用在开发证据期间(ACO_DEV),获得已提供合适的安全功能支持依赖部件要求的信心。这些证据要求细节的不断增加反映了组合TOE所要求的保障级别,期望能明显的反映出对这些部件运用保障包获得的不断增加的信心。评估者确定基本部件的这些描述和为依赖部件提供的依赖信息是否一致。

### 16.2.4 ACO_DEV.1 功能描述

依赖关系:ACO_REL.1 基本的依赖信息。

#### 16.2.4.1 目的

依赖部件所依赖的基本部件接口的描述是必需的。这将被检查,以确定其是否与依赖部件依赖的接口信息描述一致。

#### 16.2.4.2 开发者行为元素

##### 16.2.4.2.1 ACO_DEV.1.1D

**开发者应提供基本部件的开发信息。**

#### 16.2.4.3 内容和形式元素

##### 16.2.4.3.1 ACO_DEV.1.1C

**开发信息应描述组合TOE使用的基本部件的每个接口的目的。**

##### 16.2.4.3.2 ACO_DEV.1.2C

**开发信息应说明用于组合TOE的基本部件和依赖部件之间的接口对应性,以支持依赖部件的TSF。**

#### 16.2.4.4 评估者行为元素

##### 16.2.4.4.1 ACO_DEV.1.1E

**评估者*应确认*信息满足证据的内容和形式的所有要求。**

##### 16.2.4.4.2 ACO_DEV.1.2E

**评估者*应确定*所提供的接口描述与为依赖部件提供的依赖信息是一致的。**

### 16.2.5 ACO_DEV.2 基本的设计证据

依赖关系:ACO_REL.1 基本的依赖信息。

#### 16.2.5.1 目的

依赖部件所依赖的基本部件接口的描述是必需的,通过检查该描述以确定其是否与依赖部件依赖的接口信息描述一致。

另外，还要描述基本部件支持依赖部件TSF的安全行为。

#### 16.2.5.2 开发者行为元素

##### 16.2.5.2.1 ACO_DEV.2.1D

开发者应提供基本部件的开发信息。

#### 16.2.5.3 内容和形式元素

##### 16.2.5.3.1 ACO_DEV.2.1C

开发信息应描述组合TOE使用的基本部件的每个接口的目的**及其使用方法**。

##### 16.2.5.3.2 ACO_DEV.2.2C

**开发信息应提供基本部件支持依赖部件安全功能要求执行的行为的高层描述。**

##### 16.2.5.3.3 ACO_DEV.2.3C

开发信息应说明用于组合TOE的基本部件和依赖部件之间的接口对应性，以支持依赖部件的TSF。

#### 16.2.5.4 评估者行为元素

##### 16.2.5.4.1 ACO_DEV.2.1E

评估者**应确认**信息满足证据的内容和形式的所有要求。

##### 16.2.5.4.2 ACO_DEV.2.2E

评估者**应确定**所提供的接口描述与为依赖部件提供的依赖信息是一致的。

### 16.2.6 ACO_DEV.3 详细的设计证据

依赖关系：ACO_REL.2 依赖信息。

#### 16.2.6.1 目的

依赖部件所依赖的基本部件接口的描述是必需的。这将被检查，以确定其是否与依赖部件依赖的接口信息描述一致。

提供基本部件的结构的接口描述，以使评估者能确定是否是该接口构成了基本部件的TSF的一部分。

#### 16.2.6.2 开发者行为元素

##### 16.2.6.2.1 ACO_DEV.3.1D

开发者应提供基本部件的开发信息。

#### 16.2.6.3 内容和形式元素

##### 16.2.6.3.1 ACO_DEV.3.1C

开发信息应描述组合TOE使用的基本部件的每个接口的目的及其使用方法。

16.2.6.3.2 ACO_DEV.3.2C

**开发信息应标识用于组合 TOE 的提供接口的基本部件子系统。**

16.2.6.3.3 ACO_DEV.3.3C

开发信息应提供基本部件**子系统支持**依赖部件安全功能要求执行的行为的高层描述。

16.2.6.3.4 ACO_DEV.3.4C

**开发信息应提供接口到基本部件子系统之间的映射。**

16.2.6.3.5 ACO_DEV.3.5C

开发信息应说明用于组合 TOE 的基本部件和依赖部件之间的接口对应性，以支持依赖部件的 TSF。

16.2.6.4 评估者行为元素

16.2.6.4.1 ACO_DEV.3.1E

评估者**应确认**信息满足证据的内容和形式的所有要求。

16.2.6.4.2 ACO_DEV.3.2E

评估者**应确定**所提供的接口描述与为依赖部件提供的依赖信息是一致的。

### 16.3 依赖部件的依赖性(ACO_REL)

#### 16.3.1 目的

本族的目的是提供描述依赖部件依赖基本部件的依赖性证据。这些信息对于负责组合该部件和其他已评估过的 IT 部件形成组合 TOE，并负责解释组合之后的安全属性的人员是有用的。

提供组合 TOE 的依赖部件和基本部件之间的接口描述，这些接口或许在它们各自部件评估期间没有得到分析，因为这些接口不是它们各自部件 TOE 的 TSFI。

#### 16.3.2 组件分级

本族组件是根据依赖部件依赖基本部件的依赖性的描述的细节数量分级的。

#### 16.3.3 应用注释

依赖部件的依赖性族(ACO_REL)分析部件间的相互作用，依赖部件依靠基本部件提供的支持其安全功能运行的服务。基本部件的这些服务接口，或许在基本部件评估期间没有经过分析，因为基本部件的这些服务在过去部件评估中被认为是与安全无关的，或者因为这种服务的本质用途(如，调整字体)，再或者因为与 ISO/IEC 15408 相关的安全功能要求在基本部件的 ST 中没有声明(如，当在 ISO/IEC 15408-2 的 FIA：标识和鉴别安全功能要求中没有声明登录接口时)。在基本部件评估过程中，基本部件的这些接口经常视为功能接口，作为额外的安全接口(TSFI)在功能规范中加以考虑。

总的来说，功能规范中 TSFI 描述仅包括外部实体调用 TSF 接口以及这些调用的反馈。在这些部件评估期间没有明确考虑到的被 TSF 调用的接口，这些将在为了满足“依赖部件的依赖性”族(ACO_REL)要求提供的依赖信息中描述。

### 16.3.4 ACO_REL.1 基本的依赖信息

依赖组件:无。

#### 16.3.4.1 开发者行为元素

##### 16.3.4.1.1 ACO_REL.1.1D

**开发者应提供依赖部件的依赖信息。**

#### 16.3.4.2 内容和形式元素

##### 16.3.4.2.1 ACO_REL.1.1C

**依赖信息应描述依赖部件 TSF 依赖的基本部件硬件、固件和/或软件的功能。**

##### 16.3.4.2.2 ACO_REL.1.2C

**依赖信息应描述依赖部件 TSF 从基本部件请求服务的所有交互。**

##### 16.3.4.2.3 ACO_REL.1.3C

**依赖信息应描述依赖 TSF 是如何保护自身,以避免被基本部件干扰和削弱。**

#### 16.3.4.3 评估者行为元素

##### 16.3.4.3.1 ACO_REL.1.1E

**评估者***应确认***所提供的信息满足证据的内容和形式的所有要求。**

### 16.3.5 ACO_REL.2 依赖信息

依赖组件:无。

#### 16.3.5.1 开发者行为元素

##### 16.3.5.1.1 ACO_REL.2

开发者应提供依赖部件的依赖信息。

#### 16.3.5.2 内容和形式元素

##### 16.3.5.2.1 ACO_REL.2.1C

依赖信息应描述依赖部件 TSF 依赖的基本部件硬件、固件和/或软件的功能。

##### 16.3.5.2.2 ACO_REL.2.2C

依赖信息应描述依赖部件 TSF 从基本部件请求服务的所有交互。

##### 16.3.5.2.3 ACO_REL.2.3C

**依赖信息应根据使用的接口和这些接口的返回值来描述每种交互。**

##### 16.3.5.2.4 ACO_REL.2.4C

依赖信息应描述依赖 TSF 是如何保护自身,以避免被基本部件干扰和削弱。

#### 16.3.5.3 评估者行为元素

##### 16.3.5.3.1 ACO_REL.2.1E

评估者**应确认**所提供的信息满足证据的内容和形式的所有要求。

## 16.4 组合 TOE 测试(ACO_CTT)

### 16.4.1 目的

本族要求执行组合 TOE 测试以及组合 TOE 中用到的基本部件测试。

### 16.4.2 组件分级

本族组件是基于进行接口测试时不断增加的严格性,以及分析证实组合 TOE 的运行是与依赖信息和组合 TOE 安全功能要求符合性测试的充分性不断增加的严格性而分级的。

### 16.4.3 应用注释

与本族有关的,两个不同方面的测试如下:

a) 依赖部件执行安全功能所依赖的基本部件和依赖部件之间的接口测试,目的是证实它们的兼容性;

b) 组合 TOE 测试,目的是证实 TOE 运行与组合 TOE 的安全功能要求是一致的。

如果评估期间依赖部件使用的测试配置项包括把基本部件作为一个"平台"使用,而且测试分析充分证实了 TSF 是按照安全功能要求去运行的,则开发者不需要执行进一步的组合 TOE 功能测试。但是,如果在依赖部件的测试中基本部件没有被使用,或者任一部件的配置项改变了,那么开发者应该执行组合 TOE 的测试。可采取复测依赖部件开发者对依赖部件的测试的形式提供证据,充分证实组合 TOE TSF 的运行与安全功能要求是一致的。

开发者应提供对组合中用到的基本部件接口的测试证据。基本部件 TSFI 的运行可能已经作为 ATE:基本部件评估期间的测试活动的一部分通过了测试。因此,提供适当包含在基本部件评估的测试样例中的接口,组合基本原理(ACO_COR)确定基本部件按照基本部件评估配置项在运行,并且具有依赖部件 TSF 要求的所有安全功能,那么评估者行为 ACO_CTT.1.1E 可以通过重用基本部件的 ATE:测试结论来满足。

如果不是这种情形,组合中使用的基本部件接口,可能受到任何变更评估配置项的影响,那么所有额外的安全功能都要被测试,以确保它们能证实预期行为。需要被测试的预期行为是在依赖信息中所描述的那些(依赖部件的依赖性证据(ACO_REL))。

### 16.4.4 ACO_CTT.1 接口测试

依赖组件:ACO_REL.1 基本的依赖信息;
　　　　　ACO_DEV.1 功能描述。

#### 16.4.4.1 目的

本组件的目的是确保依赖部件所依赖的基本部件的每个接口都通过了测试。

#### 16.4.4.2 开发者行为元素

##### 16.4.4.2.1 ACO_CTT.1.1D

**开发者应提供组合 TOE 测试文档。**

16.4.4.2.2 **ACO_CTT.1.2D**

**开发者应提供基本部件接口测试文档。**

16.4.4.2.3 **ACO_CTT.1.3D**

**开发者应提供用于测试的组合 TOE。**

16.4.4.2.4 **ACO_CTT.1.4D**

**开发者应提供与基本部件开发者执行基本部件功能测试所用的同等的一系列资源。**

16.4.4.3 内容和形式元素

16.4.4.3.1 **ACO_CTT.1.1C**

**组合 TOE 和基本部件接口测试文档应由测试计划、预期测试结果和实际测试结果组成。**

16.4.4.3.2 **ACO_CTT.1.2C**

**开发者执行组合 TOE 测试的测试文档应证实 TSF 按照规定执行。**

16.4.4.3.3 **ACO_CTT.1.3C**

**开发者执行基本部件接口测试的测试文档应证实依赖部件所依赖的基本部件接口按照规定运行。**

16.4.4.3.4 **ACO_CTT.1.4C**

**基本部件应适于测试。**

16.4.4.4 评估者行为元素

16.4.4.4.1 **ACO_CTT.1.1E**

**评估者**应确认**所提供的信息满足证据的内容和形式的所有要求。**

16.4.4.4.2 **ACO_CTT.1.2E**

**评估者**应执行**测试文档中的测试样本，以验证开发者的测试结果。**

16.4.4.4.3 **ACO_CTT.1.3E**

**评估者**应测试**组合 TOE TSF 接口的一个子集，以确认复合 TSF 按照规定执行。**

16.4.5 **ACO_CTT.2** 严格的接口测试

依赖组件：ACO_REL.2 依赖信息；
ACO_DEV.2 基本的设计证据。

16.4.5.1 目的

本组件的目的是确保依赖部件所依赖的基本部件的每个接口都通过了测试。

16.4.5.2 开发者行为元素

16.4.5.2.1 **ACO_CTT.2.1D**

开发者应提供组合 TOE 测试文档。

16.4.5.2.2 **ACO_CTT.2.2D**

开发者应提供基本部件接口测试文档。

16.4.5.2.3 **ACO_CTT.2.3D**

开发者应提供用于测试的组合 TOE。

16.4.5.2.4 **ACO_CTT.2.4D**

开发者应提供与基本部件开发者执行基本部件功能测试所用的同等的一系列资源。

16.4.5.3 内容和形式元素

16.4.5.3.1 **ACO_CTT.2.1C**

组合 TOE 和基本部件接口测试文档应由测试计划、预期测试结果和实际测试结果组成。

16.4.5.3.2 **ACO_CTT.2.2C**

开发者执行组合 TOE 测试的测试文档应证实 TSF 按照规定运行**并且是完整的**。

16.4.5.3.3 **ACO_CTT.2.3C**

开发者执行基本部件接口测试的测试文档应证实依赖部件所依赖的基本部件接口按照规定运行**并且是完整的**。

16.4.5.3.4 **ACO_CTT.2.4C**

基本部件应适于测试。

16.4.5.4 评估者行为元素

16.4.5.4.1 **ACO_CTT.2.1E**

评估者**应确认**所提供的信息满足证据的内容和形式的所有要求。

16.4.5.4.2 **ACO_CTT.2.2E**

评估者**应执行**测试文档中的测试样本，以验证开发者的测试结果。

16.4.5.4.3 **ACO_CTT.2.3E**

评估者**应测试**组合 TOE TSF 接口的一个子集，以确认复合 TSF 按照规定执行。

## 16.5 组合脆弱性分析(ACO_VUL)

### 16.5.1 目的

本族要求分析公共可用脆弱性信息，同时分析由于组合可能引入的脆弱点。

### 16.5.2 组件分级

本族的组件是基于审查的公共脆弱性信息和进行独立脆弱性分析不断增加的详细程度而分级的。

### 16.5.3 应用注释

开发者应提供部件评估期间报告的任何残余脆弱点的详细资料。这些或许能从部件开发者或部件的评估报告中获得。这些将用作评估者对组合 TOE 在运行环境中脆弱性分析的输入。

检查组合 TOE 的运行环境，确保在组合 TOE 中，各部件运行环境（每个部件的 ST 中规定）的假设和目的是满足的。在实施组合 TOE 的 ASE 活动期间，已经对各部件和组合 TOE ST 之间的假设和目的一致性进行了初始分析。但是，随着 ACO_REL，ACO_DEV 和 ACO_COR 评估活动期间信息的不断获得，还需要对这个分析进行重新审查，确保，例如，依赖部件的假设是依赖部件 ST 中环境所陈述的，而不是由于组合重新提出的（例如，基本部件充分地处理了组合 TOE 中依赖部件 ST 的假设）。

评估者针对每个部件执行问题调查，标识自从部件评估完成之后，公共领域报告的潜在脆弱点。每个脆弱点都要进行测试。

如果组合 TOE 用到的基本部件是保障连续性证明活动的主体，评估者将考虑组合 TOE 脆弱性分析活动期间基本部件的变化。

#### 16.5.4 ACO_VUL.1 组合脆弱性审查

依赖组件：ACO_DEV.1 功能描述。

##### 16.5.4.1 开发者行为元素

###### 16.5.4.1.1 ACO_VUL.1.1D

**开发者应提供用于测试的组合 TOE。**

##### 16.5.4.2 内容和形式元素

###### 16.5.4.2.1 ACO_VUL.1.1C

**组合 TOE 应适于测试。**

##### 16.5.4.3 评估者行为元素

###### 16.5.4.3.1 ACO_VUL.1.1E

**评估者**应确认**所提供的信息满足证据的内容和形式的所有要求。**

###### 16.5.4.3.2 ACO_VUL.1.2E

**评估者**应执行**分析，确定基本部件和依赖部件标识的所有残余脆弱性，在组合 TOE 运行环境中都不能被利用。**

###### 16.5.4.3.3 ACO_VUL.1.3E

**评估者**应执行**公共领域信息的调查，标识在组合 TOE 运行环境中使用基本部件和依赖部件产生的潜在脆弱点。**

###### 16.5.4.3.4 ACO_VUL.1.4E

**评估者**应**根据**已**标识的脆弱点，**实施**穿透性测试，证实组合 TOE 能抵抗具有基本攻击潜力的攻击者进行的攻击。**

#### 16.5.5 ACO_VUL.2 组合脆弱性分析

依赖组件：ACO_DEV.2 基本的设计证据。

16.5.5.1 开发者行为元素

16.5.5.1.1 ACO_VUL.2.1D

开发者应提供用于测试的组合 TOE。

16.5.5.2 内容和形式元素

16.5.5.2.1 ACO_VUL.2.1C

组合 TOE 应适于测试。

16.5.5.3 评估者行为元素

16.5.5.3.1 ACO_VUL.2.1E

评估者**应确认**所提供的信息满足证据的内容和形式的所有要求。

16.5.5.3.2 ACO_VUL.2.2E

评估者**应执行**分析，确定基本部件和依赖部件标识的所有残余脆弱性，在组合 TOE 运行环境中都不能被利用。

16.5.5.3.3 ACO_VUL.2.3E

评估者**应执行**公共领域信息的调查，标识在组合 TOE 运行环境中使用基本部件和依赖部件产生的潜在脆弱点。

16.5.5.3.4 ACO_VUL.2.4E

**评估者**应**利用指导性文档、依赖信息和组合基本原理对组合 TOE** 执行**独立的脆弱性分析，标识组合 TOE 的潜在脆弱点**。

16.5.5.3.5 ACO_VUL.2.5E

评估者**应**根据已标识的脆弱点，**实施**穿透性测试，证实组合 TOE 能抵抗具有基本攻击潜力的攻击者进行的攻击。

16.5.6 ACO_VUL.3 增强的基本组合脆弱性分析

依赖组件：ACO_DEV.3 详细的设计证据。

16.5.6.1 开发者行为元素

16.5.6.1.1 ACO_VUL.3.1D

开发者应提供用于测试的组合 TOE。

16.5.6.2 内容和形式元素

16.5.6.2.1 ACO_VUL.3.1C

组合 TOE 应适于测试。

16.5.6.3 评估者行为元素

16.5.6.3.1 **ACO_VUL.3.1E**

评估者**应确认**所提供的信息满足证据的内容和形式的所有要求。

16.5.6.3.2 **ACO_VUL.3.2E**

评估者**应执行**分析,确定基本部件和依赖部件标识的所有残余脆弱性,在组合 TOE 运行环境中都不能被利用。

16.5.6.3.3 **ACO_VUL.3.3E**

评估者**应执行**公共领域信息的调查,标识在组合 TOE 运行环境中使用基本部件和依赖部件产生的潜在脆弱点。

16.5.6.3.4 **ACO_VUL.3.4E**

评估者**应**利用指导性文档、依赖信息和组合基本原理对组合 TOE **执行**独立的脆弱性分析,标识组合 TOE 的潜在脆弱点。

16.5.6.3.5 **ACO_VUL.3.5E**

评估者**应**根据已标识的脆弱点,**实施**穿透性测试,证实组合 TOE 能抵抗具有**增强型基本**攻击潜力的攻击者进行的攻击。

# 附 录 A
（资料性附录）
开发（ADV）

本附录包含辅助材料，为 ADV（开发类）的族中提出的话题做更进一步的解释和提供额外的例子。

## A.1 ADV_ARC：安全架构的补充材料

安全架构是 TSF 所展示的属性集合；这些属性包括自保护、域分离和不可旁路。拥有这些属性给予了 TSF 提供安全服务的信心基础。本附录给出了这些属性的附加材料，以及在安全架构描述内容上的讨论。

A.1.1～A.1.2 首先解释了这些属性，然后讨论描述 TSF 如何展示那些特性所需要的信息。

### A.1.1 安全架构属性

*自保护*是 TSF 用于保护自身的能力，以抵御外部实体可能导致 TSF 改变的操作。没有这些属性，TSF 可能无法执行它的安全服务。

常常有这种情况，TOE 使用其他 IT 实体提供的服务或资源来执行它的功能（例如依赖它下层操作系统的应用）。在这些情况中，TSF 不完全凭借自身保护自己，因为它依赖于其他 IT 实体保护其使用的服务。

域分离是这样一种属性，TSF 为每个操作其资源的不可信激活实体创建各自的安全域，并维持那些域彼此分离，这样没有实体能在其他实体域中运行。例如，操作系统 TOE 为每个与不可信实体相关的过程提供一个域（地址空间、进程环境变量）。

对有些 TOE 来说这样的域是不存在的，因为所有不可信实体的行为都由 TSF 来代理。包过滤防火墙就是此类 TOE 的一个例子，它没有不可信实体域；只有由 TSF 所维护的数据结构。那么，域的存在性依赖于 1）TOE 类型以及 2）TOE 的安全功能要求。TOE 若提供针对不可信实体的域，本族要求拥有不可信实体的域要与其他域隔离，以免受其他不可信实体域的干扰（不受 TSF 控制的影响）。

*不可旁路性*是 TSF（用安全功能要求说明）安全功能经常调用的一个属性，并且对于特定机制它不能被绕过。例如，通过安全功能要求对文件的访问控制被说明为 TSF 的一种能力，那么在调用 TSF 的访问控制机制（通过原始磁盘访问可能是这样一个接口的例子）之前必须不能存在直接访问此文件的接口。

拿自保护做例子，有些 TOE 可能很自然地依赖它们所处的环境，在 TSF 的不可旁路性中发挥作用。例如，某安全应用 TOE 要求它被底层操作系统调用。类似的，防火墙依赖于这样一个事实，即不存在内部网络和外部网络的直接连接通路，所有它们之间的通讯必须通过防火墙。

### A.1.2 安全架构描述

安全架构的描述解释 TSF 如何展示上面描述的这些属性。它描述域如何定义，TSF 之间如何保持隔离。它描述怎么阻止不可信进程获得 TSF 并修改它。它描述怎样确保 TSF 控制之下的所有资源得到充分的保护，以及确保 TSF 所要满足的安全功能要求相关的所有行为。它解释所有情况下（例如，假定它的低层环境调用正确，它的安全功能如何被调用？）环境扮演的角色。

安全架构以分解描述的方式描述展现 TSF 的自保护、域分离和不可旁路性属性。描述的级别与 ADV_FSP，ADV_TDS 和 ADV_IMP 要求的 TSF 描述相当。例如，如果 ADV_FSP 是仅有的 TSF 描述，那么就很难提供明确的架构级设计，因为无法获取可用的 TSF 内部工作细节。

然而,如果可获得 TOE 设计,即使最基础的级别(ADV_TDS.1),也会有一些构成 TSF 子系统的相关信息,或许也会有它们怎样执行自保护、域分离和不可旁路性的描述。例如,或许用户与 TOE 的所有交互被强制限制到某个步骤,服务于用户,选定所有用户的安全属性;架构设计应描述这样的进程如何产生,此进程的行为如何受 TSF 限制(因此它不能破坏 TSF),TSF 如何协调该进程中的所有行为(因此可解释为什么 TSF 不可被旁路),等等。

如果可获得的 TOE 设计更详细(例如,在模块级),或实现表示也可获得,那么对架构设计的描述相应地也要更详细,说明用户如何与 TSF 进行交互的过程,TSF 如何处理不同的请求,什么样的参数通过,什么样的程序保护(缓冲区预防,参数边界检查,校验时间/使用校验的时间,等等)在生效。类似的,若在 ST 中声明了 ADV_IMP 组件的 TOE 应加入执行相关的细节。

在安全架构描述中提供的解释应足够详细,应让人可判断其准确度。换句话说,简单的声明(例如,TSF 保持域分离)没有提供有用的信息让读者确信 TSF 的确创建并隔离了域。

#### A.1.2.1 域分离

如果 TOE 展现的域分离整个由其自己实现,应就如何实现有一个明确的描述。安全架构描述应解释由 TSF 定义的不同类型的域,怎么定义它们(例如,每个域中分配什么资源),所有资源是如何被保护的,域是如何被隔离的,因此在某域中的活动实体无法破坏另一个域中的资源。

对于 TOE 依赖其他 IT 实体来实现域分离的情况,公用的角色必须要明确说明。例如,某 TOE 是一个应用软件,它依赖底层操作系统去正确地呈现 TOE 定义的域;如果对于每个域,TOE 定义了分离进程空间,内存空间等,它依赖底层操作系统去正确且良好地执行(例如,仅允许在 TOE 软件申请的执行空间中执行进程)。

例如,执行域分离的机制(例如,内存管理,由硬件提供的受保护的处理模式,等等)将被识别和描述。要么,TSF 可以执行软件保护结构或编码习惯以有助于执行软件域分离,也可能通过将用户地址空间从系统地址空间勾画出来去实现。

脆弱性分析和测试(参见 AVA_VAN)活动应包括通过使用监控或直接攻击 TSF 的方式去破坏所描述的 TSF 域分离。

#### A.1.2.2 TSF 自保护

如果 TOE 展现的自保护整个是由其自身实现,应就如何实现有一个明确的描述。提供域分离的机制是为了定义 TSF 保护域,以阻止其他(用户)域,此机制应被识别并描述。

对于 TOE 依赖其他 IT 实体来实现保护自身的情况,公用的角色必须要明确说明。例如,某 TOE 是一个独立应用软件,它依赖底层操作系统去正确、良好地执行;该应用软件无法保护自身以对抗恶意操作系统对其破坏(例如,覆写其执行代码或 TSF 数据)。

安全架构描述也包括 TSF 如何处理用户输入,从而使 TSF 不会被用户输入所破坏。例如,TSF 可执行权限识别,并通过使用特权模式程序来处理用户数据从而自我保护。TSF 有可能使用基于处理器的隔离机制(例如,权限级别或环级别)将 TSF 代码和数据与来自于用户的代码和数据进行隔离。TSF 可以执行软件保护结构或编码习惯以有助于执行软件隔离,也可能通过将用户地址空间从系统地址空间勾画出来去实现。

有些 TOE 以消减功能模式(例如,单用户模式仅易于安装者或管理员进入)启动,接着转变至经评估之后的安全配置(不可信用户可以登录并使用 TOE 服务和资源的模式),安全架构描述也应包括对 TSF 如何保护该初始化代码不在评估后的配置模式下运行的描述。对于这样的 TOE,安全架构描述应解释是什么防止了仅初始化过程中可使用的服务(例如,直接访问资源)被评估后的配置所访问。还应解释当 TOE 正处于评估后的配置时,是什么防止了初始化代码被运行。

必须还要解释,可信初始化代码是如何维护 TSF(以及它的初始化进程)完整性的,这样初始化进程能够探测到可能导致 TSF 被欺骗以致相信它处于一个初始安全状态的所有的修改。

脆弱性分析和测试(参见 AVA_VAN)活动应包括通过使用篡改、直接攻击或监控 TSF 的方式去破坏所描述的 TSF 自我保护。

#### A.1.2.3 TSF 不可旁路性

不可旁路性的特性与那些允许旁路执行机制的接口有关。在大多数情况下与实现是有因果关系的,如果某程序员在编写了一个接口去访问或使用某对象时,针对这个对象的某些接口是安全功能要求机制的一部分,该程序员有责任使用这些接口,而不能尝试绕过这些接口。由于描述的是不可旁路性,那么有两个方面是必须要覆盖到的。

首先是组成 SFR-执行的这些接口。这些接口的属性是它们当中不能包含用于旁路 TSF 的操作或模式。ADV_FSP 和 ADV_TDS 使用的证据可能在很大程度上可被用于做出这个决定。因为不可旁路性关注的是,如果仅有可用在这些 TSFI 上的特定操作在文档(因为他们是 SFR-执行)中作了声明,其他操作都不可用,开发者应考虑是否额外的信息也有必要做出声明,即 SFR-支撑以及 SFR-无关的 TSFI 的操作不会提供给一个不可信实体去旁路正在执行的策略。如果此类信息有必要的话,也要被包含进安全架构描述。

不可旁路性的第二个方面涉及与 SFR-执行不相关的那些接口。依赖于 ADV_FSP 和 ADV_TDS 组件的声明,这些接口中的有些信息可能在功能规范和 TOE 设计文档中,也可能不在其中。这样的接口(或接口组)的描述信息应充分,使得读者能够确定执行机制不可被旁路(描述的详细程度与 ADV:开发类中提供的其他证据相当)。

安全功能不能被旁路的属性均应被应用于所有的安全功能。即设计描述应覆盖安全功能要求保护下的目标(例如 FDP_*组件)和 TSF 所提供的功能(例如,审计)。这些描述也应标识出那些与安全功能相关联的接口;也可以利用功能规范中使用的信息。该描述还应包括所有设计构件,例如目标管理器,以及它们的使用方法。例如,如果程序是被用作一个标准的宏来处理一个审计记录,该规定则是设计的一部分,促成了审计机制的不可旁路性。很重要的一个问题是,本文中*不可旁路性*不是尝试回答此问题"如果是恶意的话,TSF 执行的某部分是否可旁路安全功能",而是在文档中描述如何去执行不会旁路安全功能。

脆弱性分析和测试(参见 AVA_VAN)活动应包括通过绕过 TSF 的方式去破坏所描述的不可旁路性。

## A.2 ADV_FSP:TSFI 补充材料

制定 TSFI 的目的是为引导测试提供必须的信息;在不知道与 TSF 交互的各种可能途径的情况下,不可能充分测试 TSF 的行为。

要声明 TSFI 的两个方面:标识它们和描述它们。由于 TOE 可能的多样性,以及不同的 TSF,没有组成"TSFI"的标准接口集合。本附录提供的指南是关于确定哪些接口是 TSFI 的要素。

### A.2.1 确定 TSFI

为了标识 TSF 接口,必须首先识别构建 TSF 的 TOE 部分。这种识别实际上是 TOE 设计(ADV_TDS)分析的一部分,但是在保障包中不包含 TOE 设计(ADV_TDS)的情况下,开发者会暗含着(通过 TSFI 识别和描述)执行识别。在此分析中,如果 TOE 的一部分能够满足 ST(全部或部分)中的安全功能要求,那么必须认为它是 TSF 的一部分。例如,这包括 TOE 中用于 TSF 运行时初始化的所有细节,比如安全功能要求的执行没有开始(例如启动时)优先于 TSF 运行的软件能自保护。对 TSF 自保护、域分离和不可旁路的架构原则提供支持的 TOE 所有部分也包含在 TSF 中(参加安全架构 ADV_ARC)。

一旦定义了TSF,也就表明了TSFI。TSFI是由用户调用TSF(通过提供经TSF处理过的数据)服务的所有途径以及对这些服务的响应所构成。这些服务规定和响应是穿越TSF边界的方法。当然,有些服务会很明显,有些则不那么明显。当确定TSFI的时候要问的问题是"一个企图破坏安全功能要求的潜在攻击者是如何与TSF进行交互的?"下面的讨论将展现TSFI定义在不同情境下的应用。

#### A.2.1.1 电气接口

在智能卡这样的TOE中,攻击者不仅仅能够逻辑访问TOE,而且能够完全物理访问TOE,TSF的边界是物理边界。因此,所暴露的电口应被纳为TSFI,因为对它们的操作有可能影响到TSF的行为。因此,所有此类接口(电气触点)均需描述:可适用的多种电压,等等。

#### A.2.1.2 网络协议栈

对于执行协议处理的TOE来说,潜在攻击者可直接访问的TSFI应该是这些协议层。这不一定是整个协议栈,但也有可能是。

例如,TOE是一系列网络应用的集合,允许潜在攻击者影响协议栈的每个级别(例如,发送任意信号,任意电压,任意信息包,任意数据,等等),那么TSF的边界存在于协议栈的每层。因此,功能规范应处理每个协议栈的所有层次。

但是,如果TOE是个保护内网防止外网攻击的防火墙,潜在攻击者可能无法直接利用电压而进入TOE,所有极端的电压都不能穿透到因特网。即攻击者只能访问到网络层或更上层的协议。TSF边界存在于协议栈的每个层次。因此,功能规范应只描述到网络层或更上层的协议:它应根据有可能出现在网路上的正常输入描述防火墙所暴露的每个不同通讯层,以及正常和恶意输入所导致的后果。例如,网络协议层的描述应包括一个良好形态的IP包怎么构成,当同时接受到正确形态和错误形态的数据包时会发生什么。同样的,TCP层的描述应包括成功TCP连接,当同时发生成功建立连接和不成功建立连接或异常丢弃时会发生什么。假设防火墙的目的是为了过滤应用层命令(例如FTP或TELNET),对应用层的描述应包括防火墙能够识别和过滤的应用层命令,以及碰到未知命令时的处理结果。

对这些层的描述可参考公开发布的正使用的通讯标准(TELNET、FTP、TCP,等等),可注释出用户定义的选项。

#### A.2.1.3 外包

"封装程序"将复杂的系列化的交互动作翻译成简单的共用服务,例如,当操作系统创建应用程序所使用(见图A.1)的API。无论TSFI是系统调用还是依赖于应用程序使用的API:如果应用程序可以直接使用系统调用,那么系统调用就是TSFI接口。不过,如果禁止它们直接调用并且要求所有交互信息都通过API,那么API就应是TSFI。

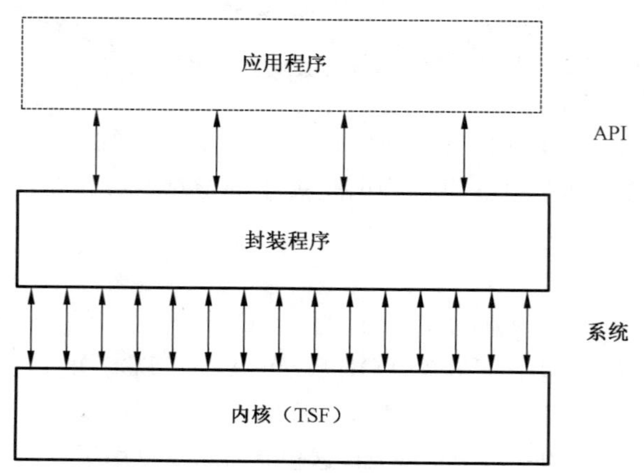


**图 A.1 封装程序图**

图形化的用户接口也类似:它在机器理解的命令和用户友好界面之间转换。类似的,如果用户访问到命令则它们就是 TSFI,或者用户被强制使用图形则图形(按钮,检查框,文本域)就是 TSFI。

在这两种例子中,若用户被禁止使用更原始的接口(例如系统调用或命令),值得注意的是对这种限制和强制的描述应被包含进安全架构描述(见图 A.1)。同样,封装程序也是 TSF 的一部分。

#### A.2.1.4 不可访问接口

对于特定 TOE,不是所有接口都是*可访问的*。即操作环境(安全目标中的)的安全目的有可能禁止访问这些接口,或者以几乎不可访问的方式限制访问。这样的接口不应被列为 TSFI。以下是一些例子:

a) 如果对于单独防火墙操作环境的安全目的的陈述为“防火墙的操作将会在一间服务器房间环境中,该房间只允许可信且经过培训的个人能访问,它还装配有不间断电源供应(应对电力故障)”,物理以及电力接口将是不可访问的,因为可信且培训过的个人将不会试图拆除防火墙并/或中断电力供应。
b) 如果对于软件防火墙(应用程序)操作环境的安全目的陈述为“操作系统和硬件将为应用程序提供安全域以防止其他程序的篡改”,那么在操作系统中可被其他程序(例如,删除或修改防火墙可执行文件,直接读或写防火墙的内存空间)访问防火墙的接口就应是不可访问接口,因为操作系统/硬件部分操作环境使得此接口不可访问。
c) 如果对于软件防火墙操作环境的安全目的描述为操作系统和硬件会如实地执行 TOE 命令,并且不会以任何方式篡改 TOE,那么防火墙用以从操作系统和硬件(执行机器代码指令,操作系统 API,例如创建、读、写或删除文件,图形 API 等)获取原始功能的接口应是不可访问的,因为操作系统/硬件是能够访问此接口的仅有的实体,并且它们全都可信。

对上述所有例子,这些不可访问接口就不是 TSFI。

### A.2.2 范例:复杂的 DBMS

图 A.2 举了一个复杂 TOE 的例子:依赖于 TOE 范围之外的硬件和软件的数据库管理系统(涉及像本讨论其余部分中的*IT 环境*)。为了简化本例子,TOE 等同于 TSF。带阴影的正方形代表 TSF,不带阴影的方形代表环境中的 IT 实体。TSF 包含数据库引擎、管理 GUI(标为 DB 的方形表示)和作为 OS 的一部分运行的执行一些安全功能的核心模块(标为 PLG 的方形表示)。TSF 核心模块有 OS 规范定义的入口的点,OS 会调用某些功能(这可能是设备驱动或者鉴权模块等)。关键在于这个可嵌入的核心模块提供了 ST 中功能要求描述的安全服务。

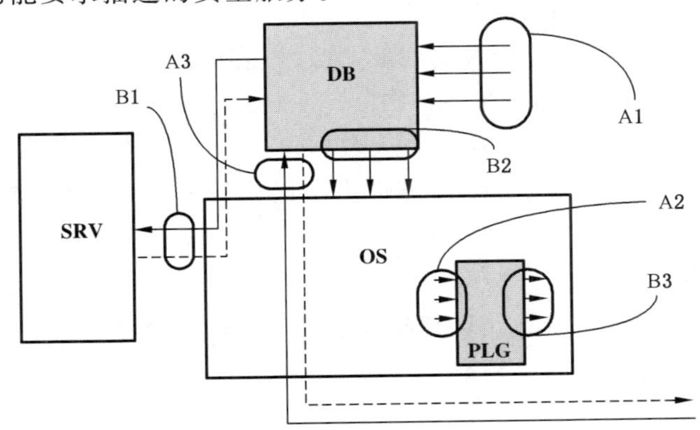


说明:

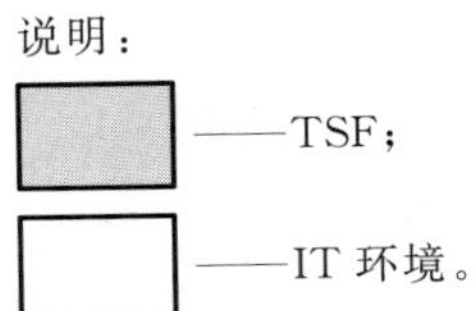


**图 A.2 DBMS 系统的接口**

IT 环境由操作系统本身(标为*OS* 的框)以及一个外部服务器(标为*SRF* )构成。就像操作系统,这个外部服务器提供 TSF 所依赖的某个服务,因此也要被列为 IT 环境。图中*Ax* 表示 TSFI,*Bx* 表示在 ACO:组合类中描述的其他接口。每个这样的接口组讨论如下。

接口组 A1 代表 TSFI 中最明显的集合。这些是用户用来直接访问数据库、其安全功能和资源的接口。

接口组 A2 代表 TSFI 中的操作系统调用以获得可嵌入模块所提供的功能。它们与 B3 类型的接口形成对照,B3 代表了可嵌入模块进行的调用以获取 IT 环境中的服务。

接口组 A3 代表了通过 IT 环境的 TSFI。在这种情况下,DBMS 使用一个私有应用级协议进行网络通讯。而 IT 环境负责提供许多支持协议(例如,以太、IP、TCP),用于从 DBMS 获取服务的应用层协议是一个 TSFI,必须在文档中描述。点线表示通过网络连接 TSF 的返回值/服务。

*Bx* 接口代表 IT 环境中的功能性接口。这些接口不是 TSFI,只有当 TOE 作为 ACO 类活动的一个部分被用于组合评估时才有必要讨论并分析它们。

### A.2.3 功能规范范例

在内外网之间使用的防火墙举例。它验证接收到的数据的源地址(确保外部数据不能试图伪装为源自内部的数据);如果它检测到任何这样的企图,它会将侵犯的企图保存为审计日志。通过建立从内部网络到防火墙的 telnet,连接管理员到防火墙。管理员行为可包含鉴权、修改密码、浏览审计日志以及设置或修改内外网的地址。

例如,防火墙为内部网络提供了如下接口:

a) IP 数据包;

b) 管理员命令。

为外部网络提供了如下接口:

a) IP 数据包。

**接口描述:IP 数据包**

数据包符合 RFC791 中描述的格式。

- 目的:从固定长度地址的源主机向目的主机传输数据块("数据包");同时,当通过小包网络进行传输时,如果有必要对长数据报提供分片和重组。
- 使用方法:它们出自底层(例如数据链路层)协议。
- 参数:下列 IP 数据包头:源地址,目的地址,分片标志位。
- 参数描述:[在 RFC791 中定义的("3.1 网际包头格式")]。
- 动作:传送非伪造的数据包;如果必要将大数据包进行分片;将分片数据重组形成数据包。
- 错误消息:(无)。无可靠性来担保(可靠性由上层协议提供)不可达数据包(例如,传输是必须要分片,但分片标志位未被设置)的丢弃。

**接口描述:管理员命令**

管理员命令为管理员提供了一条通路以与防火墙交互。这些命令和应答倚靠在任意内部网络主机所建立的一条 telnet 连接。可用的命令有:

- **密码**
  - 目的:管理员密码集合;
  - 使用方式:**Passwd** 〈*password* 〉;
  - 参数:密码;
  - 参数描述:新密码的值;
  - 动作:将密码改变为新提供的值。没有什么约束;
  - 错误信息:无。

- **读审计**
  - 目的:为管理员呈现审计日志;
  - 使用方式:**Readaudit**;
  - 参数:无;
  - 参数描述:无;
  - 动作:提供审计日志文本;
  - 错误信息:无。
- **设置内部地址**
  - 目的:设置内部网络地址;
  - 使用方式:**Setintaddr** 〈*address* 〉;
  - 参数:地址;
  - 参数描述:IP 地址(RFC791 中定义)的前三个域。例如,123.123.123;
  - 动作:改变用于定义内部网络的变量的内部值,该值用于判断伪装尝试;
  - 错误信息:"地址正在使用":表明所识别出的地址与外部网络地址相同。
- **设置外部地址**
  - 目的:设置外部地址;
  - 使用方式:**Setextaddr** 〈*address* 〉;
  - 参数:地址;
  - 参数描述:IP 地址(RFC791 中定义)的前三个域。例如,123.123.123;
  - 动作:改变用户定义外部网络的变量的内部值;
  - 错误信息:"地址正在使用":表明所识别出的外部地址与内部网络地址相同。

## A.3 ADV_INT:TSF 内部辅助材料

TOE 的多样性使得将所有东西整理地"结构清晰"或"最小复杂度"变得不可能。对结构化及复杂度的考量来自于 TOE 中使用的特定技术。例如,如果软件所展现出的特征符合软件工程的要求,则其可被认为结构清晰。

本附录所提供的辅助材料用于评估 TSF 基于过程的软件结构化和复杂度。这些材料基于软件工程著作中众所周知的信息。对于其他类型的内部构件(例如,硬件,面向对象的代码这样的非过程化软件等),也会考量相应最佳实践方面的著作。

### A.3.1 程序软件的结构

传统上按照程序软件的*模块化*程度评估程序软件的结构。用模块化设计编写的软件易于理解,该理解是通过阐明一个模块与其他模块的依赖关系(耦合),并且通过包含一个模块中仅与其他任务之间有强关联的任务(内聚)来实现的。模块化设计的使用减少了 TSF 元素之间的相互依赖,从而降低了因一个模块中的修改或错误将影响到整个 TOE 的风险。它的使用增强了设计的清晰度并增强了不发生非预期影响的保障。模块分解可取的附加属性是减少了冗余或非必要代码的数量。

最小化 TSF 中功能的数量使得评估者以及开发者只关注于 SFR-执行必需的功能、对易于理解贡献更多并更能降低设计或实现错误的可能性。

模块化分解、分层以及设计和实现过程中的简化,必须辅之以完善的软件工程的考虑。一个实用的、有用的软件系统通常会伴随着模块之间的一些不良耦合,一些松散相关的功能模块,以及模块设计中微妙或复杂之处。基于开发者的论证,这些与理想中模块化分解的偏差往往被视为要实现某种目标或约束所必须的,与性能、兼容性、未来的计划功能或其他一些因素有关,并且是可以接受的。在应用本类的要求中,必须充分考虑到合理的软件工程原则;但是,无论如何要达到易懂性的整体目标。

#### A.3.1.1 内聚

内聚是单一软件模块所执行的任务彼此之间的关联方式和程度。内聚的类型包括一致、通信、功能、逻辑,顺序和暂时。下面描述了这些类型内聚的特征,以需求性递减的顺序列出。

a) *功能*内聚:带有功能内聚的模块执行与单一目的相关的活动。功能内聚的模块将单一的输入类型转换成单一的输出类型,如一个堆栈管理器或队列管理器;

b) *顺序*内聚:带有顺序内聚的模块包含多个功能,其中每个功能的输出是其后续功能的输入。顺序内聚模块的一个例子是包含写审计记录和维护特定类型审计侵害持续累积计数功能的模块;

c) *通信*内聚:带有通信内聚的模块包含为模块中的其他函数产生输出,或使用模块内其他函数的输出。通信内聚模块的一个实例是包含强制、自主以及能力验证的访问验证模块;

d) *暂时*内聚:带有暂时内聚的模块包含着需要几乎同时执行的各类功能。暂时内聚模块的例子如初始化、恢复和关机模块;

e) *逻辑*(或程序)内聚:带有逻辑内聚的模块对不同数据结构执行类似活动。当模块功能对于不同的输入执行相关的、但又不同的操作,表现为逻辑内聚;

f) *偶然*内聚:带有偶然内聚的模块执行无关或松散的活动。

#### A.3.1.2 耦合

耦合是软件模块之间相互依赖的方式和程度;耦合的类型包括调用、公有和内容耦合。这些类型的耦合特征如下,以需求性递减的顺序列出:

a) 调用:如果两个模块通过使用它们文档说明的函数调用进行严格通信,这两个模块就是调用耦合;调用耦合的实例是数据、标记和控制,定义如下。

   1) *数据*:如果两个模块通过使用代表单一数据项的调用参数进行严格通信,这两个模块就是数据耦合。

   2) *标记*:如果两个模块通过使用由多个域组成或者包含有意义的内部结构的调用参数进行严格通信,这两个模块就是标记耦合。

   3) *控制*:如果一个模块传递意图影响另一个模块内部逻辑的信息,这两个模块就是控制耦合。

b) 共有:如果两个模块共享公共数据区或公共系统资源,这两个模块就是共有耦合。全局变量表明使用全局变量的模块是公共耦合的。通过全局变量的公共耦合通常是被允许的,但要有限度。例如,只被一个模块使用的变量放在全局区域是不合适的,应该移除。在评估全局变量的适宜性中需要考虑的其他因素有:

   1) 修改一个全局变量的模块个数:一般来说,应该只分配一个模块负责控制全局变量的内容,但可以由第二个模块共同承担该职责,在这种情况下,必须提供充分的论证。多于两个模块共同承担该职责是不能接受的(在评估中,应该谨慎确定哪个模块对变量内容负实际职责,例如,如果变量由单一程序修改,但该程序仅仅执行其调用者请求的修改,这是调用模块的职责,可以有多个这样的模块)。此外,作为确定复杂性的一部分,如果两个模块共同负责一个全局变量的内容,应清楚地说明它们之间是如何协调修改的。

   2) 引用全局变量的模块个数:虽然一般来说对引用全局变量的模块个数没有限制,多个模块引用的情况中应检查引用的有效性和必要性。

c) *内容*:如果一个模块能够直接引用另一个模块内部,这两个模块就是内容耦合(例如修改其他模块的代码或者引用其他模块内部的标签)。结果是一个模块的部分或所有内容将有效的包含在另一个模块中。可将内容耦合理解为使用了未公开模块接口,而在调用耦合中,仅仅使用了公开的模块接口。

### A.3.2 程序软件的复杂度

复杂度是对代码执行的判断点和逻辑路径的度量。软件工程学把复杂度作为软件的消极特征,因为它阻碍对代码逻辑性和流程的理解。其他妨碍对代码理解的是不必要的代码,因为它是无用的或冗余的。

用于划分抽象级别以及尽量减少循环依赖的分层的使用,可以更好的理解 TSF,为 TOE 安全功能要求是在实现上准确、完整的实例化提供更多的保障。

降低复杂度还包括减少或消除相互依赖关系,这既适合单层模块,也适合那些分层的模块。相互依赖的模块可互相依靠,以形成单一的结果,这可能导致死锁条件,或更糟糕的是,竞争状态(例如,检查时间与使用关注的时间),其最终结论是不确定的并且受在特定时刻的计算环境的影响。

设计复杂度最小化是一个参考验证机制的关键特征,其目的是得出一个很容易理解的 TSF,这样可以完全分析它(参考验证机制还有其他重要特征,如 TSF 自我保护和不可旁路性,ADV_ARC 族中的要求覆盖了这些特征)。

## A.4 ADV_TDS:子系统和模块

本节额外提供了 TDS 族和其对术语“子系统”和“模块”使用的指导。接下来讨论了诸如更详细的描述是如何变得有用,不详细的要求是如何被降低的。

### A.4.1 子系统

图 A.3 表明根据 TSF 的复杂度,设计可以用*子系统和模块*来描述(子系统比模块的抽象级别高);或者可以仅在一个抽象级别方面描述(例如低保障级别中的*子系统*、高级别中的*模块*)。如果给出了低级别的抽象(模块),在本质上也默认符合了对高级别抽象(子系统)的需求。下面在对子系统和模块的讨论中更详尽的阐述这个概念。

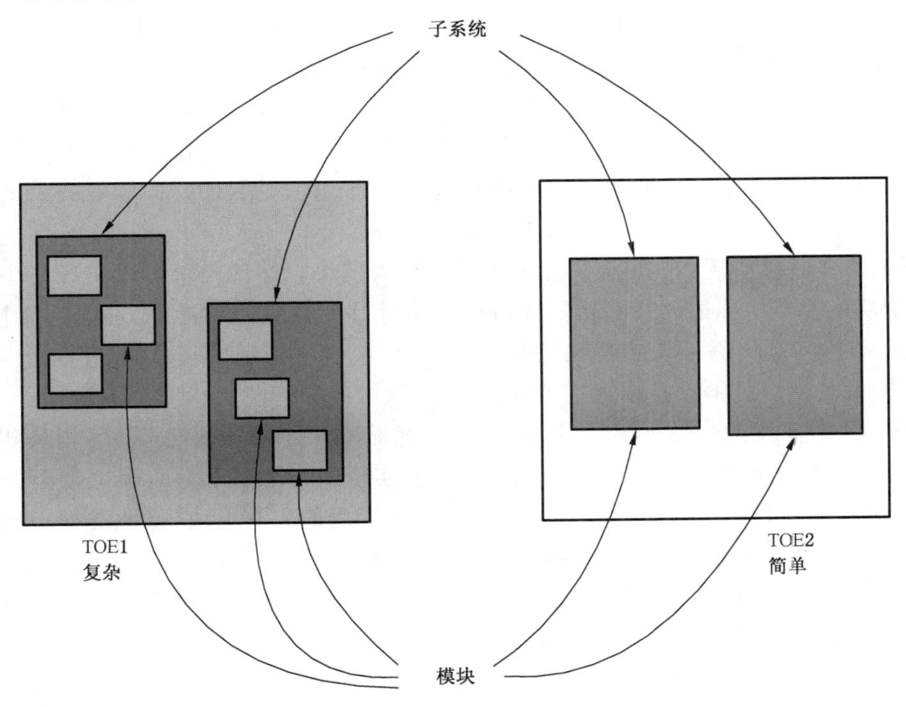


图 A.3 子系统和模块

期望开发者以子系统的方式描述 TOE 的设计。术语“子系统”用起来比较模糊，因此应将其对应于类似 TOE 的单元(例如，子系统、模块)。子系统甚至可以在范围上是不均匀的，只要描述子系统的要求得到满足。

子系统的第一个用途是区分 TSF 的边界，即组成 TOE 的 TSF 部分。一般情况下，如果子系统有能力(无论通过设计还是实现)影响任何安全功能要求的正确操作，则它是 TSF 的一部分。例如，对于依赖于不同的硬件执行模式的软件提供域分离(见 A.1)，SFR-执行的代码是在一个域中执行，那么认为在该域中执行的所有子系统是 TSF 的一部分。同样，如果该域以外的一台服务器实现了一个安全功能要求(例如，对它管理的对象执行访问控制策略)，那么它也将予以考虑为 TSF 的一部分。

子系统的第二个用途是当描述 TSF 如何工作时，它为在描述 TSF 的描写级别上提供的一种结构，没有必要包含应在模块描述中的低层实现细节(稍后讨论)。要么从高层描述(缺乏丰富的实现细节)要么从细节层面描述(提供对实现更多的洞察)子系统。对子系统的描述级别是由子系统对实施一个安全功能要求的负责程度确定的。

*SFR-执行子*系统，是一个提供了实现任意安全功能要求要素的机制子系统，或者直接支撑实现一个安全功能要求的子系统。如果子系统提供(实现)一个 SFR-执行 TSFI，则称为 SFR-执行子系统。

子系统也可确定为*SFR-支撑*和*SFR-无关*。SFR-支撑的子系统是 SFR-执行子系统为了实现一个安全功能要求所依赖的子系统，但不直接作为 SFR-执行子系统发挥作用。SFR-无关子系统是指不以支持的或实施的角色依赖于该子系统实现安全功能要求。

### A.4.2 模块

模块通常是一个相对较小的结构单位，能够按照所讨论的 TSF 内部(ADV_INT)对其进行刻画。当 ADV_TDS.3 基础模块设计(或以上)的要求和 TSF 内部(ADV_INT)要求都出现在一个 PP 或 ST 中，在 TOE 设计(ADV_TDS)要求中的术语“模块”与 TSF 内部(ADV_INT)要求的“模块”是同一实体。不像子系统，模块很详细地描述了实现，详细程度可以作为评估实现表示的指导。

重要的是要注意，取决于 TOE、模块和子系统可以参照相同的抽象。对于 ADV_TDS.1 基础设计和 ADV_TDS.2 结构化设计(在模块级不需要描述)，子系统描述提供有关 TSF 的细节的最低水平。对于 ADV_TDS.3 基础模块设计(需要模块的描述)，这些描述提供最低级别的细节，而子系统描述(如果它们作为独立的实体存在)只是把模块描述置于上下文中。也就是说，如果模块描述存在，就没有必要提供详细的子系统描述。在十分简单的 TOE 中，单独的“子系统描述”是没有必要的，可通过由模块提供的文件满足要求。对于复杂的 TOE，子系统描述(关于 TSF 的)的目的是向读者提供上下文，这样他们能够适当地集中他们的分析。这种差异如图 A.3 所示。

SFR-执行模块是直接实现 ST 安全功能要求(SFR)的模块。这种模块可以实现一个 SFR-执行的 TSFI，但在安全功能要求中陈述的一些功能性(例如，审计和对象重用功能)可能无法直接依赖于单一的 TSFI。子系统是这种情况，SFR-支撑模块是 SFR-执行模块所依赖的模块，但不直接负责实现安全功能要求。SFR-无关模块是不直接或间接地处理 SFR-执行的那些模块。

这一点很重要，需要注意的是确定“直接实现”的意思带有一定的主观性。该术语最狭义上讲，它可以被解释为一或两行实际执行比较，归零操作等的代码，实现了一个要求。一个更宽泛的解释，可能是它包括在 SFR-执行 TSFI 的模块，以及该模块可能会依次调用的所有模块(依此类推，直至完成调用)。这些解释都不是特别令人满意，因为第一种解释的狭隘可能会导致被错误地归类为安全功能要求的支撑模块，而第二个信息模块实际上不是真正安全功能要求执行模块但却被归为此类。

模块的描述应该是这样，人们可以从该描述创建模块的实现，将导致实现 1)根据给出的接口以及模块使用，应与实际 TSF 的实现相同，2)与 TSF 模块一致。例如，RFC 793 提供了一个高层次的 TCP 协议的描述。它必然是独立实现的。虽然它提供了丰富的细节，但这***不是***一个合适的设计说明，因为它在实现方面不是具体的。在实际实现中，可在该 RFC 中添加指定的协议，执行选择(例如，在执行的各个部分中全局数据与本地数据的使用)可能影响到所进行的分析。TCP 模块的设计说明会列出实现相关的接口(而不是那些在 RFC 793 中定义的),以及处理与实现 TCP 模块(假设它们是 TSF 的一部分)相关的算法说明。

在设计中,模块详细介绍了它们提供的功能(目的)、它们给出的接口、这些接口的返回值、它们的用途(其他模块提出),以及它们如何提供其功能的描述(这是一种描述算法的可能的途径)。

模块的目的应描述该模块提供什么功能。描述应足以使读者能够获得在架构上该模块的功能是什么的总体思路。

模块给出的接口是其他模块用来调用其功能的那些接口。接口包括*显式*接口(例如,其他模块调用的调用序列)以及*隐式*接口(例如,该模块操作的全局数据)。要描述接口如何被调用和返回的值。这种描述将包括参数列表,以及这些参数的描述。如果期望一个参数具有一组值(例如“flag”参数),该参数可能取的全部值将影响模块的处理也应被说明。同样,描述参数的数据结构,要标识和描述数据结构的每个字段。对全局数据的描述要提到它们是否可被模块进行读或写(或都可以)。

注意,不同的编程语言可能有额外不明显的“接口”,一个例子是在 C++中操作数或函数重载。在类描述中,这种“隐式接口”也将作为模块设计的一部分描述。注意,虽然模块可能只呈现一个接口,但更常见的是一个模块可呈现到一小组相关接口。

与此对应,某模块使用的接口必须被标识,这样它可以确定哪个模块正在被所描述的模块调用。从设计描述中必须也应清晰看出正在被调用模块的算法前提。例如,如果描述模块 A,并且它调用了模块 B 的冒泡排序程序,一个不充分的算法描述可能是这样的“模块 A 调用模块 B 中的*double_bubble* ()接口去执行一个冒泡排序”。一个充分的算法描述应是“模块 A 用访问控制实体列表调用*double_bubble*程序,*double_bubble*()将返回用户名首字母排序后的实体,接着按如下规则返回允许访问的域……”。设计中对一个模块的详细描述必须提供足够的细节,使其清晰看出作用于模块 A 的是冒泡排序接口。注意,展现这种调用接口的一种方法是调用树,这样算法描述就可被包含进被调用模块的算法描述中。

如前所述,模块的算法描述应说明模块的算法实现方式。这能够通过伪代码、流程图或非正式文本(ADV_TDS.3 基础模块设计)做到。它讨论了如何用模块的输入和调用的函数来完成模块的功能。它注意到全局数据、系统状态以及模块产生的返回值的变化。它达到这样的详细程度,得出的实现非常类似于 TOE 的真正实现。

应该注意的是源代码不符合模块文档的要求。虽然模块设计描述了实现,但这不是真正的实现。如果他们提供了源代码含义的解释,源代码周围的注释可能是足够的文档说明。只是说明每一行代码是做什么的行注释是无用的,因为它们没有解释该模块旨在完成什么。

在下面的元素中,对子系统和模块的分类命名方法(SFR-执行、SFR-支撑和 SFR-无关)用来描述信息的数量和类型,需要由开发者提供。元素被结构化,因此不要期望开发者仅提供指定的信息。也就是说,如果开发者的 TSF 文档在下面的要求中提供了信息,不期望开发者更新他们的文件以及将子系统和模块分类为 SFR-执行、SFR-支撑和 SFR-无关。这个标签的主要目的是允许用不太成熟开发方法的开发者(以及相关的构件,如详细的接口和设计文档)在不消耗必要成本的情况下提供必要的证据。

### A.4.3 分级方法

由于确定什么是 SFR-执行与 SFR-支撑(以及在某些情况下,甚至确定什么是 SFR-无关)带有主观性,下面的范型已在本族中采用。在本族的早期组件中,开发者提供适当的信息确定子系统分类到 SFR-执行等,并且很少有额外的证据提供给评估者用于考查对于这种说法的支持。当所需的保障级别增加,随着开发者仍然确定分类,评估者得到越来越多的证据是用来确认开发者的分类。

为了把评估者的分析重点放在 TOE 的安全功能要求相关部分,尤其是在较低保障级别中,族的组件被分级,这样,最初的详细信息只用来描述 SFR-执行的架构实体。当保障级别增加,需要为 SFR-支撑及(最终)SFR-无关的实体提供更多的信息。应该注意,即使是需要完整的信息,它不要求所有这些信息在同一详细级别上分析。在所有情况下重点应放在是否已提供和分析了*必要的*信息。

表 A.1 总结出本族每个组件描述的结构实体所需的信息。

**表 A.1 分级详细描述**

| | TSF 子系统 | | | TSF 模块 | | |
|---|---|---|---|---|---|---|
| | SFR-执行 | SFR-支撑 | SFR-无关 | SFR-执行 | SFR-支撑 | SFR-无关 |
| ADV_TDS.1 基础设计(非形式化陈述) | 结构、SFR-执行行为概述、相互作用 | 指定支撑[a] | 指定支撑 | | | |
| ADV_TDS.2 结构化设计(非形式化陈述) | 结构、SFR-执行行为的详细描述、其他行为的概述、相互作用 | 结构、其他行为的概述、相互作用 | 指定支撑、相互作用 | | | |
| ADV_TDS.3 基础模块设计(非形式化陈述) | 描述、相互作用 | 描述、相互作用 | 描述、相互作用 | 目的、安全功能要求接口[b] | 相互作用、目的 | 相互作用、目的 |
| ADV_TDS.4 半形式化模块设计(半形式化陈述) | 描述、相互作用 | 描述、相互作用 | 描述、相互作用 | 目的、安全功能要求接口 | 目的、安全功能要求接口 | 相互作用、目的 |
| ADV_TDS.5 完全半形式化模块设计(半形式化陈述) | 描述、相互作用 | 描述、相互作用 | 描述、相互作用 | 目的、所有接口[c] | 目的、所有接口 | 目的、所有接口 |
| ADV_TDS.6 带形式化高层设计表示的完全半形式化模块设计(半形式化陈述、附加的形式化陈述) | 描述、相互作用 | 描述、相互作用 | 描述、相互作用 | 目的、所有接口 | 目的、所有接口 | 目的、所有接口 |

[a] *指定支撑*意味着只需要提供的文档足够支撑子系统或模块的分类。

[b] *安全功能要求接口*意味着模块描述包含每个安全功能要求相关接口的返回值和其他模块调用的接口。

[c] *所有接口*意味着模块描述包含每个接口的返回值以及其他模块调用的接口。

## A.5 形式化方法补充材料

形式化方法提供 TSF 及其行为的数学表示法,ADV_FSP.6 附加形式化描述的完备的半形式化功能规范、ADV_SPM.1 形式化 TOE 安全策略模型和 ADV_TDS.6 带形式化高层设计表示的完全半形式化模块设计都要求形式化方法。形式化方法有两个方面:用于形式化表示的规范语言,以及算术证明形式化规范完整性和正确性的*理论证据*。

形式化规范是基于完善的数学概念表达的。这些数学概念用于定义良好的语义、语法和推理规则。形式化系统是一种身份和关系的抽象系统,能够通过指定形式化字母表,在基于形式化语法的字母之上的形式化语言,以及用形式化语言中的句子建立的一套形式化的推理规则描述。

评估者应检查识别的形式化系统,以确保:

- 定义了形式化系统的语义、语法和推理规则或定义被引用。
- 每个形式化系统伴随着解释性的文字，提供了定义的**语义**，以确保：
  1) 解释性文字提供被正规使用公认之外的上下文中使用的术语、缩写和首字母缩写的已定义的含义；
  2) 使用形式化方法和半形式化符号要伴随着非正式风格的支持性解释性文字，用于明确其含义；
  3) 形式化系统能够表达适用的SFP的规则和特点、TSF安全功能和接口（提供作用、异常和错误消息的详细信息）、本保障族指定的使用了符号的子系统或模块。
  4) 符号提供规则来确定有效语法结构的意义。
- 每一个形式化系统采用一个形式化语法，提供了用以明确地识别结构的规则。
- 每一个形式化系统提供证据规则
  5) 支持完善的数学概念的逻辑推理；
  6) 有助于防止矛盾的产生。

如果开发人员使用了评估机构已经接受的形式化系统，评估者能够依靠系统的形式化和强度水平，并关注于TOE规范和相应证据相关的形式化系统实例化。

形式化风格支持基于安全特征、改进的一致性和陈述的对应关系安全属性的数学证明。形式化工具支持似乎应该足够，否则人工推导变得长篇大论、无法理解。形式化工具也易于降低人工推导固有的错误概率。

形式化系统的例子：

- **Z规范语言**极富表现力，并支持许多不同的方法或风格的形式化规范。已使用的Z主要面向模型的规范，使用*图解*来形式化指定操作。更多信息参见 http://vl.zuser.org/。
- **ACL2**是一个开放源码的形式化系统，包括基于Lisp的规范语言和定理证明。更多信息参见 http://www.cs.utexas.edu/users/moore/acl2/。
- **Isabelle**是一种流行的通用定理，证明环境允许用形式化语言表达数学公式，并提供工具用来证明在逻辑演算中的这些公式（其他信息参见，例如 http://www.cl.cam.ac.uk/Research/ HVG/Isabelle/）。
- **B方法**是一个基于命题演算、带推理规则和理论集合的一阶谓词演算的形式化系统（更多信息参见，例如 http://vl.fmnet.info/b/）。

# 附 录 B
# （资料性附录）
# 组合（ACO）

本附录的目的是解释组合评估和 ACO 标准的一些概念。本附录没有定义 ASE 标准，在第 10 章能找到有关的定义。

## B.1 组合 TOE 评估的必要性

整个 IT 市场是由许许多多特定种类的产品/技术提供商组成的。尽管有些交叉，PC 硬件提供商可能也提供应用软件和/或操作系统，或者芯片厂商可能也开发用于他们自己芯片组的专用操作系统，但通常情况是，一个 IT 解决方案是由很多不同类型的提供商共同实现的。

有时除了需要提供单个部件的保障之外，还需要提供组合部件的保障。尽管这些提供商之间有合作，但是部件的技术整合所需的特定材料的分发，协议则很少涉及提供的设计信息和开发过程/程序证据的详细程度。从被另一个部件依赖的部件开发者得到的信息不足，意味着依赖部件的开发者不能访问对依赖部件和基本部件执行 EAL2 或更高级别的评估所需的信息。因此，虽然仍能执行依赖部件的任意保障级别的评估，但对组合部件执行 EAL2 保障级或更高级的评估，需要重用对部件开发者执行各种评估的评估证据和结果。

ACO 标准的目标是用于一个 IT 实体依赖另一个实体提供安全服务的情形。提供服务的实体称为“基本部件”，接受服务的实体称为“依赖部件”。这种关系在很多情况下存在。例如，一个应用程序（依赖部件）可能使用一个操作系统（基本部件）提供的服务。可选地，两个关联的应用程序的情形，要么在通用操作系统环境下，要么运行在单独的硬件平台上，这种关系可能是对等的。如果存在一个占支配地位的实体向辅助实体提供服务，那么这个占支配地位的实体被认为是基本部件而辅助实体认为是依赖部件。如果对等体以相互的方式为彼此提供服务，那么，每个实体被认为既是提供服务的基本部件，也是得到服务的依赖部件。这将要求对每种部件实体重复运用 ACO 组件的所有要求。

另一个目标是更加广泛的适用性，逐步地（组合 TOE 由一个依赖部件和一个基本部件组成，而这个基本部件又是另一个组合 TOE 的依赖部件）适用于更加复杂的关系，但这或许需要进一步的阐述。

组合 TOE 评估仍然要求各个部件进行了独立的评估，因为组合评估以各个部件的评估结果为基础。或许当组合 TOE 开始评估时，依赖部件的评估仍在进行中。但是，依赖部件的评估必须在组合 TOE 评估完成之前完成。

组合评估活动可能与依赖部件评估同时进行。这将归因于以下两个因素：

a） 经济/业务驱动——依赖部件开发者要么是组合评估活动的发起者，要么支持这些活动，因为从依赖部件评估得到的可交付的评估证据或结果是组合评估活动必需的。

b） 技术驱动——随着逐步理解依赖部件最近经历（正在经历）部件评估，并且所有与评估有关的可交付的评估证据或结果都是可用的，组件要考虑所必需的保障级是否由基本部件提供（例如，考虑基本部件自部件评估完成以来的变化）。因此，没有要求组合期间重新验证依赖部件的评估活动。同时，基本部件组成的（其中一个）用作依赖部件评估期间的依赖部件测试的测试配置项，由 ACO_CTT 去考虑这个配置项中的基本部件。

要求依赖部件评估得到的评估证据作为组合 TOE 评估活动的输入。要求基本部件评估得到的唯一的评估资料作为组合 TOE 评估活动的输入，该资料是：

a） 基本部件评估期间报告的基本部件的残余脆弱点。这是 ACO_VUL 评估活动要求的。

组合 TOE 评估不要求其他从基本部件评估活动得到的评估证据，因为基本部件组合评估的结果将被重用。如果组合 TOE TSF 包括的要比基本部件的部件评估期间 TSF 要多,那么可能要求基本部件的其他信息。

基本部件和依赖部件的部件评估假定在为 ACO 组件确定最终结论的时候已经完成了。

ACO_VUL 组件仅考虑抵御具有增强型基本攻击潜力的攻击者。这将根据提供的关于基本部件是如何提供依赖部件依赖的服务的设计信息的级别,运用 ACO_DEV 活动。因此,尽管构成组合 TOE 的部件的保障级可能高于 EAL4 级,但采用 CAP 对组合 TOE 进行评估所能获得的信心与对部件 TOE 进行 EAL4 评估所能获得的信心相当。

## B.2 执行组合 TOE 的安全目标评估

开发者将会提供一份 ST 文档,用于组合 TOE(基本部件+依赖部件)的评估。ST 会标识用于组合 TOE 的保障包,该保障包利用部件评估获得的保障为复合实体提供保障。

在 ST 中考虑部件组合的目的是从环境和要求的角度验证部件间的兼容性,同时也评定组合 TOE ST 与部件 ST 以及 ST 描述的安全策略是一致的。这包括要确定部件 ST 与其描述的安全策略是兼容的。

组合 TOE ST 可能涉及部件 ST 的内容,或 ST 作者可能在组合 TOE ST 中选择性的重述部件 ST 的内容,并提供如何在组合 TOE ST 中描述部件 ST 的基本原理。

在为组合 TOE ST 执行 ASE_CCL 评估活动期间,评估者要确定在组合 TOE ST 中部件 ST 的描述是准确的。这将通过确定组合 TOE ST 与部件 TOE ST 的一致性得到了论证获得。同时,评估者也需要确定依赖部件运行环境的依赖条件在组合 TOE 中得到了充分的满足。

组合 TOE 描述将会描述组合方案。描述组合方案的逻辑上和物理上的范围和边界,也会标识部件间的逻辑边界。描述中会标识每个部件提供的安全功能。

组合 TOE 安全功能要求的陈述会标识满足每个安全功能要求的部件。如果某个安全功能要求是由两个部件满足的,那么陈述会标识各个部件满足安全功能要求的不同方面。同样的,组合 TOE 概要规范会标识各个部件提供的上述安全功能。

应用于组合 TOE ST 的安全目标评估要求(ASE 包)应与部件评估中使用的安全目标评估要求(ASE 包)一致。

部件 ST 评估的评估结果重用的一个例子是组合 TOE ST 直接引用部件 ST。例如,如果组合 TOE ST 引用部件 ST,作为其安全功能要求陈述的一部分,评估者能理解完成所有赋值和选择的操作(ASE_REQ 中陈述的)在部件评估中已经满足了。

## B.3 组合 IT 实体间的相互作用

基本部件的 TSF 经常在缺少对潜在应用的依赖性的知识的情况下被定义,有了这些知识基本部件才能被组合。基本部件的 TSF 被定义成包括执行基本部件安全功能要求依赖的所有部分,这也将包括实现基本部件安全功能要求必需的所有部分。

基本部件的 TSFI 表示 TSF 为安全功能要求陈述中定义的外部实体提供调用 TSF 服务的接口。包括用户接口和外部 IT 实体的接口。但是,TSFI 仅包括 TSF 的接口,因此,不需要外部实体和基本部件之间所有可用接口的详尽说明。基本部件可能提供被认为是与安全无关的服务接口,或者因为这种服务的固有用途(如,调整字体),再或者因为与 ISO/IEC 15408 相关的安全功能要求在基本部件的 ST 中没有声明(如,当在 ISO/IEC 15408-2 的 FIA:标识和鉴别安全功能要求中没有声明登录接口时)。

基本部件提供的功能接口是除安全接口(TSFI)之外的接口,在基本部件评估期间是不要求考虑的。通常包括依赖部件调用基本部件提供的服务使用到的接口。

基本部件可能包括一些间接调用 TSFI 的接口,例如,用于调用 TSF 服务的 API,这些在基本部件评估期间是不考虑的。

图 B.1 表示了基本部件和接口的抽象。

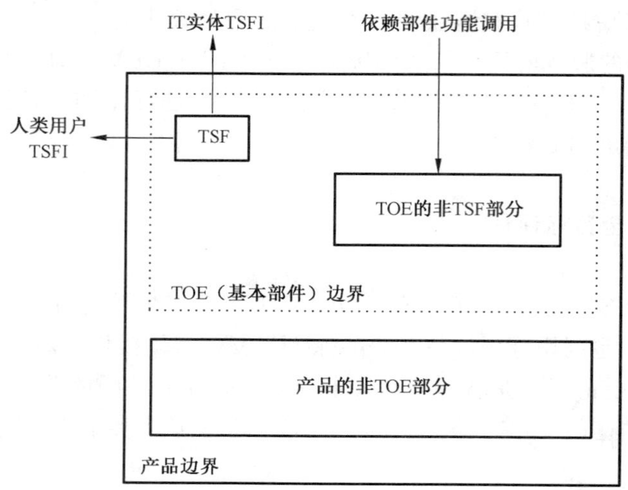


**图 B.1 基本部件抽象**

依赖于基本部件的依赖部件类似于以下定义:部件 ST 安全功能要求中定义的外部实体接口被划分为 TSFI 类,并且在 ADV_FSP 中检查。

任何依赖 TSF 要求环境对某一安全功能要求提供支持,应表明为了确保所陈述的依赖部件安全功能要求的执行,依赖 TSF 要求从环境获得某种服务。这种服务是在依赖部件边界之外的,基本部件也不可能在依赖部件 ST 中作为外部实体被定义,因此,依赖 TSF 调用低层平台(基本部件)的服务,不会作为功能规范(ADV_FSP)评估活动的一部分被分析。这种对基本部件的依赖将作为环境安全目的在依赖部件 ST 中描述。

图 B.2 表示了依赖部件和接口的抽象。

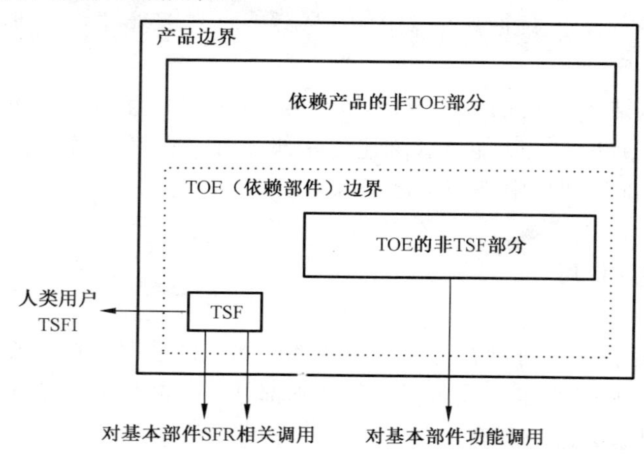


**图 B.2 依赖部件抽象**

当考虑基本部件和依赖部件的组合,如果依赖部件的 TSF 要求从基本部件获得服务以支持安全功能要求的实施,那么需要定义服务接口。如果该服务是由基本部件 TSF 提供的,那么接口应是基本部件的 TSFI,因此,会在基本部件的功能规范中定义。

但是,如果依赖部件 TSF 调用的服务不是基本部件 TSF 提供的(即它是在基本部件的非 TSF 部分或者甚至是基本部件的非 TOE 部分实现的(图 B.3 中没有实例)),除非该服务是基本部件 TSF 间接产生,否则将不存在与该服务相关的基本部件 TSFI。依赖部件服务接口到运行环境都在“依赖部件的依赖性”族(ACO_REL)中考虑。

组合 TOE TSF 中涉及基本部件的非 TSF 部分,是由于依赖部件依靠基本部件支持依赖部件的安全功能要求的这种依赖性。因此,这种情况下,组合 TOE 的 TSF 会大于各部件 TSF 之和。

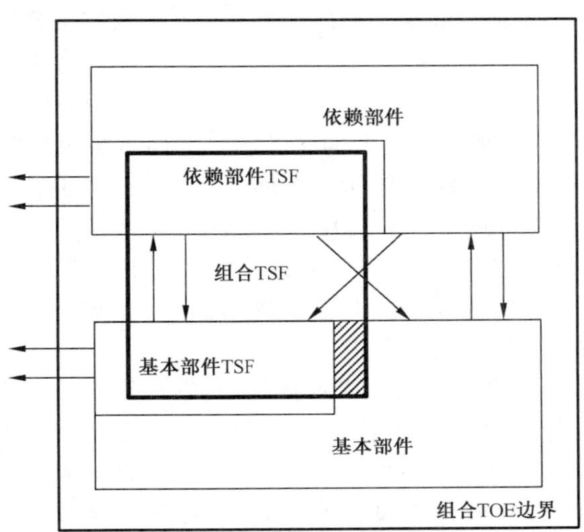


图 B.3 组合 TOE 抽象

在基本部件评估过程中,可能会出现基本部件 TSFI 以不可预料的方式被调用的情况。因此,要求对基本部件 TSFI 进行进一步的测试。

图 B.4 以及支持性文本将进一步描述可能的接口。

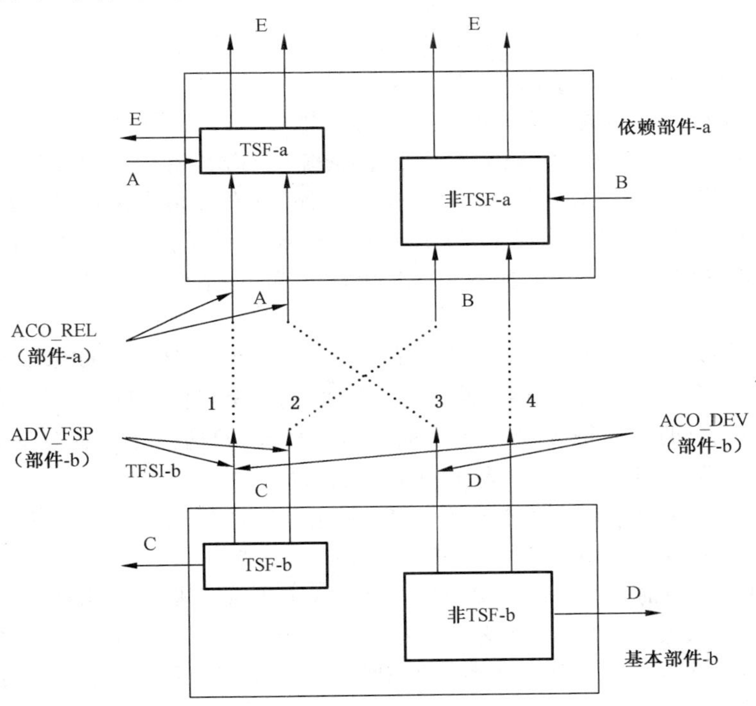


图 B.4 组合 TOE 的接口

a) *进入依赖部件*:a 的箭头(A 和 B)表示部件期望环境对服务请求作出回应(依赖部件对环境要求的回应);

b) 从基本部件:b *出来*的箭头(C 和 D)表示基本部件向环境提供的服务接口;

c) 部件之间的虚线表示两个接口之间的交互;

d) 其他的(灰色)箭头表示 ISO/IEC 15408 描述的接口。

下面是一个简要说明,解释了需要考虑的事项。

图中有部件-a(依赖部件-a)和部件-b(基本部件):TSF-a *出来*的箭头是 TSF-a 提供的服务,因此称为 TSFI(a);类似的,TSF-b("C")*出来*的箭头称为 TSFI(b)。在它们各自的功能规范中有详细描述。部件-a 向它的环境请求服务:TSF(a)需要的服务标记为"A",其他的(与 TSF-a 无关的)服务标记为"B"。

当部件-a 和部件-b 组合起来,{部件-a 需要的服务}和{部件-b 提供的服务}会有 4 种可能的组合形式,如图中虚线表示(接口对之间的交互)。任何一种都可能存在于某种特定的组合中。

a) TSF-a 需要 TSF-b 提供的服务("A"连接"C"):这是非常直接的,"C"的细节在部件-b 的功能规范中。这种情况的所有接口应在部件-b 的功能规范中定义。

b) 非 TSF-a 需要 TSF-b 提供的服务("B"连接"C"):这是非常直接的("C"的细节也在部件-b 的功能规范中),但不是重要的:安全方式。

c) 非 TSF-a 需要非 TSF-b 提供的服务("B"连接"D"):没有关于"D"的细节,但这些接口的使用不涉及安全相关的内容,因此在评估中不需要考虑,尽管对于开发者来说是一个综合性的问题。

d) TSF-a 需要非 TSF-b 提供的服务("A"连接"D"):当部件-a 和部件-b 对"安全服务"有不同的理解时,这将会出现。或许部件-b 没有关于 I&A 的声明(在 ST 中没有 FIA 安全功能要求),但是部件-a 需要环境提供鉴权。关于"D"接口没有可用的详细资料(它们不是 TSFI(b),因此它们不在部件-b 的功能规范中)。

注意:如果上述 d 描述的这种交互存在,那么组合 TOE 的 TSF 将会是 TSF-a+TSF-b+非 TSF-b。否则,组合 TOE 的 TSF 将会是 TSF-a+TSF-b。

图 B.4 中的第 2 和第 4 种接口与组合 TOE 评估不直接相关。接口 1 和接口 3 将会在不同族的实施期间考虑:

a) 功能规范(ADV_FSP)(部件-b)描述 C 接口。

b) 依赖部件的依赖性(ACO_REL)描述 A 接口。

c) 开发证据(ACO_DEV)描述第一种连接中的 C 接口和第三种连接中的 D 接口。

可能运用组合的一个典型的例子是数据库管理系统(DBMS)依赖它低层的操作系统(OS)。在 DBMS 部件评估期间,将会对 DBMS 的安全属性做一个评定(在评估中运用的保障组件要指定到何种严格程度):标识 TSF 边界,评估功能规范,以确定其是否描述了 TSF 提供的安全服务接口,也许会提供 TSF 的一些额外信息(其设计、架构、内部组织),测试 TSF,评估生命周期的各个阶段和指导性文档,等等。

但是,DBMS 评估不要求 DBMS 依赖 OS 的依赖性相关的任何证据。DBMS 的 ST 最可能在它的假设部分陈述关于 OS 的假设,在它的环境部分,陈述 OS 的安全目的。DBMS ST 甚至可能根据 OS 的安全功能要求呈现环境目的。但是,没有 OS 规范与功能规范、架构描述或者关于 DBMS 其他的 ADV 证据中的细节映射。依赖部件的依赖性(ACO_REL)能满足这些需求。

依赖部件的依赖性(ACO_REL)描述依赖 TOE 调用基本部件提供服务的接口。这些是对请求做出响应的接口。该接口描述是从依赖部件的角度提供的。

开发证据(ACO_DEV)描述基本部件提供的用于响应依赖部件服务请求的接口。这些接口映射到依赖信息中标识的相关依赖部件接口。(映射的完整性,即描述的基本部件接口是否对应了所有的依赖部件接口,在这里没有验证,而是在组合基本原理中验证(ACO_COR))。子系统提供的接口在高级别的 ACO_DEV 组件中描述。

依赖部件要求的所有没有在基本部件中描述的接口,在组合基本原理族(ACO_COR)的基本原理中介绍。基本原理也负责陈述依赖部件依赖的基本部件接口是否已在基本部件评估中考虑。对于任何在基本部件评估中没有考虑的接口,将会提供一份关于使用这些接口对基本部件 TSF 影响的基本原理文档。

# 附 录 C
## （资料性附录）
## 保障组件依赖关系的交叉引用

在第9章～第16章的组件中列出的依赖关系是保障组件之间的直接依赖性。

以下的保障组件依赖关系表列出了功能组件之间直接、间接和可选的依赖关系。作为功能组件依赖方的每个组件在表中占据一列，每个功能组件在表中占据一行。表格单元中的值表示行中标的组件直接要求列中标的组件（用“×”表示）或间接要求列中标的组件（用“-”表示）。如果表格单元为空，则该组件不依赖于另一个组件。

表C.1～表C.8给出了各保障类组件之间的依赖关系。

**表 C.1 ACO:组合类的依赖关系表**

| | ACO_DEV.1 | ACO_DEV.2 | ACO_DEV.3 | ACO_REL.1 | ACO_REL.2 | ALC_CMC.1 | ALC_CMS.1 |
|---|---|---|---|---|---|---|---|
| ACO_COR.1 | × | | | × | | × | — |
| ACO_CTT.1 | × | | | × | | | |
| ACO_CTT.2 | | × | | — | × | | |
| ACO_DEV.1 | | | | × | | | |
| ACO_DEV.2 | | | | × | | | |
| ACO_DEV.3 | | | | | × | | |
| ACO_REL.1 | | | | | | | |
| ACO_REL.2 | | | | | | | |
| ACO_VUL.1 | × | | | — | | | |
| ACO_VUL.2 | | × | | — | | | |
| ACO_VUL.3 | | | × | | — | | |

**表 C.2 ADV:开发类的依赖关系表**

| | ADV_FSP.1 | ADV_FSP.2 | ADV_FSP.3 | ADV_FSP.4 | ADV_FSP.5 | ADV_FSP.6 | ADV_IMP.1 | ADV_TDS.1 | ADV_TDS.3 | ADV_CMC.5 | ADV_CMS.1 | ALC_DVS.2 | ALC_LCD.1 | ALC_TAT.1 |
|---|---|---|---|---|---|---|---|---|---|---|---|---|---|---|
| ADV_ARC.1 | × | — | | | | | | × | | | | | | |
| ADV_FSP.1 | | | | | | | | | | | | | | |
| ADV_FSP.2 | | — | | | | | | × | | | | | | |
| ADV_FSP.3 | | — | | | | | | × | | | | | | |
| ADV_FSP.4 | | — | | | | | | × | | | | | | |

表 C.2（续）

| | ADV_FSP.1 | ADV_FSP.2 | ADV_FSP.3 | ADV_FSP.4 | ADV_FSP.5 | ADV_FSP.6 | ADV_IMP.1 | ADV_TDS.1 | ADV_TDS.3 | ADV_CMC.5 | ADV_CMS.1 | ALC_DVS.2 | ALC_LCD.1 | ALC_TAT.1 |
|---|---|---|---|---|---|---|---|---|---|---|---|---|---|---|
| ADV_FSP.5 | | — | | — | | | × | × | — | | | | | — |
| ADV_FSP.6 | | — | | — | | | × | × | — | | | | | — |
| ADV_IMP.1 | | — | | — | | | — | — | × | | | | | × |
| ADV_IMP.2 | | — | | — | | | — | — | × | × | — | — | — | × |
| ADV_INT.1 | | — | | — | | | × | — | × | | | | | × |
| ADV_INT.2 | | — | | — | | | × | — | × | | | | | × |
| ADV_INT.3 | | — | | — | | | × | — | × | | | | | × |
| ADV_SPM.1 | | — | | × | | | | — | | | | | | |
| ADV_TDS.1 | | × | | | | | | — | | | | | | |
| ADV_TDS.2 | | — | × | | | | | — | | | | | | |
| ADV_TDS.3 | | — | | × | | | | — | | | | | | |
| ADV_TDS.4 | | — | | — | × | | — | — | — | | | | | — |
| ADV_TDS.5 | | — | | — | × | | — | — | — | | | | | — |
| ADV_TDS.6 | | — | | — | | × | — | — | — | | | | | — |

表 C.3　AGD:指导性文档类的依赖关系表

| | ADV_FSP.1 |
|---|---|
| AGD_OPE.1 | × |
| AGD_PRE.1 | |

表 C.4　ALC:生命周期支持类的依赖关系表

| | ADV_FSP.2 | ADV_FSP.4 | ADV_IMP.1 | ADV_TDS.1 | ADV_TDS.3 | ALC_CMS.1 | ALC_DVS.1 | ALC_DVS.2 | ALC_LCD.1 | ALC_TAT.1 |
|---|---|---|---|---|---|---|---|---|---|---|
| ALC_CMC.1 | | | | | | × | | | | |
| ALC_CMC.2 | | | | | | × | | | | |
| ALC_CMC.3 | | | | | | × | × | | × | |

**表 C.4（续）**

| | ADV_FSP.2 | ADV_FSP.4 | ADV_IMP.1 | ADV_TDS.1 | ADV_TDS.3 | ALC_CMS.1 | ALC_DVS.1 | ALC_DVS.2 | ALC_LCD.1 | ALC_TAT.1 |
|---|---|---|---|---|---|---|---|---|---|---|
| ALC_CMC.4 | | | | | | × | × | | × | |
| ALC_CMC.5 | | | | | | × | | × | × | |
| ALC_CMS.1 | | | | | | | | | | |
| ALC_CMS.2 | | | | | | | | | | |
| ALC_CMS.3 | | | | | | | | | | |
| ALC_CMS.4 | | | | | | | | | | |
| ALC_CMS.5 | | | | | | | | | | |
| ALC_DEL.1 | | | | | | | | | | |
| ALC_DVS.1 | | | | | | | | | | |
| ALC_DVS.2 | | | | | | | | | | |
| ALC_FLR.1 | | | | | | | | | | |
| ALC_FLR.2 | | | | | | | | | | |
| ALC_FLR.3 | | | | | | | | | | |
| ALC_LCD.1 | | | | | | | | | | |
| ALC_LCD.2 | | | | | | | | | | |
| ALC_TAT.1 | — | — | × | — | — | | | | | — |
| ALC_TAT.2 | — | — | × | — | — | | | | | — |
| ALC_TAT.3 | — | — | × | — | — | | | | | — |

**表 C.5　APE:保护轮廓评估类的依赖关系表**

| | APE_ECD.1 | APE_INT.1 | APE_OBJ.2 | APE_REQ.1 | APE_SPD.1 |
|---|---|---|---|---|---|
| APE_CCL.1 | × | × | | × | |
| APE_ECD.1 | | | | | |
| APE_INT.1 | | | | | |
| APE_OBJ.1 | | | | | |
| APE_OBJ.2 | | | | | × |
| APE_REQ.1 | × | | | | |
| APE_REQ.2 | × | | × | | — |
| APE_SPD.1 | | | | | |

**表 C.6 ASE:安全目标评估类的依赖关系表**

| | ADV_ARC.1 | ADV_FSP.1 | ADV_FSP.2 | ADV_TDS.1 | ASE_ECD.1 | ASE_INT.1 | ASE_OBJ.2 | ASE_REQ.1 | ASE_SPD.1 |
|---|---|---|---|---|---|---|---|---|---|
| ASE_CCL.1 | | | | | × | × | | × | |
| ASE_ECD.1 | | | | | | | | | |
| ASE_INT.1 | | | | | | | | | |
| ASE_OBJ.1 | | | | | | | | | |
| ASE_OBJ.2 | | | | | | | | | × |
| ASE_REQ.1 | | | | | × | | | | |
| ASE_REQ.2 | | | | | × | | × | | |
| ASE_SPD.1 | | | | | | | | | |
| ASE_TSS.1 | | × | | | — | × | | × | |
| ASE_TSS.2 | × | — | — | — | — | × | | × | |

**表 C.7 ATE:测试类的依赖关系表**

| | ADV_ARC.1 | ADV_FSP.1 | ADV_FSP.2 | ADV_FSP.3 | ADV_FSP.4 | ADV_FSP.5 | ADV_IMP.1 | ADV_TDS.1 | ADV_TDS.2 | ADV_TDS.3 | ADV_TDS.4 | AGD_OP3.1 | AGD_PRE.1 | ALC_TAT.1 | ATE_COV.1 | ATE_FUN.1 |
|---|---|---|---|---|---|---|---|---|---|---|---|---|---|---|---|---|
| ATE_COV.1 | | | × | | | | | — | | | | | | | — | × |
| ATE_COV.2 | | | × | | | | | — | | | | | | | — | × |
| ATE_COV.3 | | | × | | | | | — | | | | | | | — | × |
| ATE_DPT.1 | × | — | — | — | | | | — | × | | | | | | — | × |
| ATE_DPT.2 | × | — | — | | — | | | — | | × | | | | | — | × |
| ATE_DPT.3 | × | — | — | | — | — | — | — | | — | × | | | — | — | × |
| ATE_DPT.4 | × | — | — | | — | — | × | — | | — | × | | | — | — | × |
| ATE_FUN.1 | | | — | | | | | — | | | | | | | × | — |
| ATE_FUN.2 | | | — | | | | | — | | | | | | | × | — |
| ATE_IND.1 | | × | | | | | | | | | | × | × | | | |
| ATE_IND.2 | | — | × | | | | | — | | | | × | × | | × | × |
| ATE_IND.3 | | — | — | | × | | | — | | | | × | × | | × | × |

**表 C.8　AVA:脆弱性评定类的依赖关系表**

| | ADV_ARC.1 | ADV_FSP.1 | ADV_FSP.2 | ADV_FSP.4 | ADV_IMP.1 | ADV_TDS.1 | ADV_TDS.3 | AGD_OPE.1 | AGD_PRE.1 | ALC_TAT.1 |
|---|---|---|---|---|---|---|---|---|---|---|
| AVA_VAN.1 | | × | | | | | | × | × | |
| AVA_VAN.2 | × | × | — | | | × | | × | × | |
| AVA_VAN.3 | × | — | × | — | × | — | × | × | × | — |
| AVA_VAN.4 | × | — | × | — | × | — | × | × | × | — |
| AVA_VAN.5 | × | — | × | — | × | — | × | × | × | — |

# 附　录　D
（资料性附录）
# PP 和保障组件的交叉引用

表 D.1 给出了 PP 与 APE 类的族、组件之间的关系。

表 D.1　PP 保障级汇总

| 保障类 | 保障族 | 保障组件 | |
|---|---|---|---|
| | | 低保障要求 PP | PP |
| 保护轮廓评估 | APE_CCL | 1 | 1 |
| | APE_ECD | 1 | 1 |
| | APE_INT | 1 | 1 |
| | APE_OBJ | 1 | 2 |
| | APE_REQ | 1 | 2 |
| | APE_SPD | | 1 |

# 附 录 E
(资料性附录)
# EAL 和保障组件的交叉引用

表 E.1 给出了评估保障级与评估类、族和组件之间的关系。

表 E.1 评估保障级汇总

| 保障类 | 保障族 | 评估保障级(EAL)依据的保障组件 | | | | | | |
|---|---|---|---|---|---|---|---|---|
| | | EAL1 | EAL2 | EAL3 | EAL4 | EAL5 | EAL6 | EAL7 |
| 开发 | ADV_ARC | | 1 | 1 | 1 | 1 | 1 | 1 |
| | ADV_FSP | 1 | 2 | 3 | 4 | 5 | 5 | 6 |
| | ADV_IMP | | | | 1 | 1 | 2 | 2 |
| | ADV_INT | | | | | 2 | 3 | 3 |
| | ADV_SPM | | | | | | 1 | 1 |
| | ADV_TDS | | 1 | 2 | 3 | 4 | 5 | 6 |
| 指导性文档 | AGD_OPE | 1 | 1 | 1 | 1 | 1 | 1 | 1 |
| | AGD_PRE | 1 | 1 | 1 | 1 | 1 | 1 | 1 |
| 生命周期支持 | ALC_CMC | 1 | 2 | 3 | 4 | 4 | 5 | 5 |
| | ALC_CMS | 1 | 2 | 3 | 4 | 5 | 5 | 5 |
| | ALC_DEL | | 1 | 1 | 1 | 1 | 1 | 1 |
| | ALC_DVS | | | 1 | 1 | 1 | 2 | 2 |
| | ALC_FLR | | | | | | | |
| | ALC_LCD | | | 1 | 1 | 1 | 1 | 2 |
| | ALC_TAT | | | | 1 | 2 | 3 | 3 |
| 安全目标评估 | ASE_CCL | 1 | 1 | 1 | 1 | 1 | 1 | 1 |
| | ASE_ECD | 1 | 1 | 1 | 1 | 1 | 1 | 1 |
| | ASE_INT | 1 | 1 | 1 | 1 | 1 | 1 | 1 |
| | ASE_OBJ | 1 | 2 | 2 | 2 | 2 | 2 | 2 |
| | ASE_REQ | 1 | 2 | 2 | 2 | 2 | 2 | 2 |
| | ASE_SPD | | 1 | 1 | 1 | 1 | 1 | 1 |
| | ASE_TSS | 1 | 1 | 1 | 1 | 1 | 1 | 1 |
| 测试 | ATE_COV | | 1 | 2 | 2 | 2 | 3 | 3 |
| | ATE_DPT | | | 1 | 2 | 3 | 3 | 4 |
| | ATE_FUN | | 1 | 1 | 1 | 1 | 2 | 2 |
| | ATE_IND | 1 | 2 | 2 | 2 | 2 | 2 | 3 |
| 脆弱性评定 | AVA_VAN | 1 | 2 | 2 | 3 | 4 | 5 | 5 |

# 附 录 F
## （资料性附录）
## CAP 和保障组件的交叉引用

表 F.1 给出了组合保障级与评估类、族和组件之间的关系。

**表 F.1 评估保障级汇总**

| 保障类 | 保障族 | 组合保障包(CAP)依据的保障组件 | | |
|---|---|---|---|---|
| | | CAP-A | CAP-B | CAP-C |
| 组合 | ACO_COR | 1 | 1 | 1 |
| | ACO_CTT | 1 | 2 | 2 |
| | ACO_DEV | 1 | 2 | 3 |
| | ACO_REL | 1 | 1 | 2 |
| | ACO_VUL | 1 | 2 | 3 |
| 指导性文档 | AGD_OPE | 1 | 1 | 1 |
| | AGD_PRE | 1 | 1 | 1 |
| 生命周期支持 | ALC_CMC | 1 | 1 | 1 |
| | ALC_CMS | 2 | 2 | 2 |
| | ALC_DEL | | | |
| | ALC_DVS | | | |
| | ALC_FLR | | | |
| | ALC_LCD | | | |
| | ALC_TAT | | | |
| 安全目标评估 | ASE_CCL | 1 | 1 | 1 |
| | ASE_ECD | 1 | 1 | 1 |
| | ASE_INT | 1 | 1 | 1 |
| | ASE_OBJ | 1 | 2 | 2 |
| | ASE_REQ | 1 | 2 | 2 |
| | ASE_SPD | | 1 | 1 |
| | ASE_TSS | 1 | 1 | 1 |